风电场建设与管理创新研究丛书

# 海上风电场工程勘测技术

汪华安　周川　王占华　主编

中国水利水电出版社
www.waterpub.com.cn
·北京·

## 内 容 提 要

本书是《风电场建设与管理创新研究》丛书之一，系统地介绍了海上风电场工程勘测的相关技术。全书共分10章，包括概述、海上风电场波浪观测与计算、海上风电场潮汐观测与计算、海上风电场海流观测与计算、海上风电场控制测量、海上风电场海底地形测量、海上风电场场地稳定性评价、海上风电场地基岩土工程条件分析及设计参数确定、海上风电场主要勘察技术手段、新技术在海上风电场勘测中的应用等内容。本书的主要特点是将海上风电场工程勘测的基本原则、工具方法和案例相结合，具有一定的系统性和实用性。

本书图文并茂，案例丰富，可读性强，既可供海上风电场工程勘测管理与技术人员使用，还可供相关专业的院校师生学习参考。

图书在版编目（CIP）数据

海上风电场工程勘测技术 / 汪华安, 周川, 王占华主编. -- 北京 : 中国水利水电出版社, 2021.11
（风电场建设与管理创新研究丛书）
ISBN 978-7-5226-0182-3

Ⅰ. ①海… Ⅱ. ①汪… ②周… ③王… Ⅲ. ①海风－风力发电－发电厂－工程勘测－研究 Ⅳ. ①TM614

中国版本图书馆CIP数据核字(2021)第213673号

| | |
|---|---|
| 书　　名 | 风电场建设与管理创新研究丛书<br>**海上风电场工程勘测技术**<br>HAISHANG FENGDIANCHANG GONGCHENG KANCE JISHU |
| 作　　者 | 汪华安　周　川　王占华　主编 |
| 出版发行 | 中国水利水电出版社<br>（北京市海淀区玉渊潭南路1号D座　100038）<br>网址：www.waterpub.com.cn<br>E-mail：sales@waterpub.com.cn<br>电话：(010) 68367658（营销中心） |
| 经　　售 | 北京科水图书销售中心（零售）<br>电话：(010) 88383994、63202643、68545874<br>全国各地新华书店和相关出版物销售网点 |
| 排　　版 | 中国水利水电出版社微机排版中心 |
| 印　　刷 | 天津嘉恒印务有限公司 |
| 规　　格 | 184mm×260mm　16开本　30.5印张　632千字 |
| 版　　次 | 2021年11月第1版　2021年11月第1次印刷 |
| 印　　数 | 0001—3000册 |
| 定　　价 | **118.00**元 |

# 《风电场建设与管理创新研究》丛书

## 编　委　会

# 《风电场建设与管理创新研究》丛书

## 主 要 参 编 单 位

（排名不分先后）

河海大学
哈尔滨工程大学
扬州大学
南京工程学院
中国三峡新能源（集团）股份有限公司
中广核研究院有限公司
国家电投集团山东电力工程咨询院有限公司
国家电投集团五凌电力有限公司
华能江苏能源开发有限公司
中国电建集团水电水利规划设计总院
中国电建集团西北勘测设计研究院有限公司
中国电建集团北京勘测设计研究院有限公司
中国电建集团成都勘测设计研究院有限公司
中国电建集团昆明勘测设计研究院有限公司
中国电建集团贵阳勘测设计研究院有限公司
中国电建集团中南勘测设计研究院有限公司
中国电建集团华东勘测设计研究院有限公司
中国长江三峡集团公司上海勘测设计研究院有限公司
中国能源建设集团江苏省电力设计院有限公司
中国能源建设集团广东省电力设计研究院有限公司
中国能源建设集团湖南省电力设计院有限公司
广东科诺勘测工程有限公司

内蒙古电力（集团）有限责任公司
内蒙古电力经济技术研究院分公司
内蒙古电力勘测设计院有限责任公司
中国船舶重工集团海装风电股份有限公司
中建材南京新能源研究院
中国华能集团清洁能源技术研究院有限公司
北控清洁能源集团有限公司
国华（江苏）风电有限公司
西北水利水电工程有限责任公司
广东粤电阳江海上风电有限公司
江苏省风电机组结构工程研究中心
中国水利水电科学研究院

# 本书编委会

**主　　编**　汪华安　周　川　王占华

**副 主 编**　黄玉林　曾　亮　孟永旭

**参编人员**　（按姓氏笔画排序）

王　俊　王　浩　王东甫　王宽君　邓卫红　邓锡斌

龙　群　冯　曦　冯卫兵　李元曦　狄圣杰　汪明元

陈旭军　陈秀华　胡向阳　钟建平　贾玉明　倪兴也

黄　佳　黄亚珏　谭　亚　潘冬冬

# 丛书前言

随着世界性能源危机日益加剧和全球环境污染日趋严重，大力发展可再生能源产业，走低碳经济发展道路，已成为国际社会推动能源转型发展、应对全球气候变化的普遍共识和一致行动。

在第七十五届联合国大会上，中国承诺“将提高国家自主贡献力度，采取更加有力的政策和措施，二氧化碳排放力争于2030年前达到峰值，努力争取2060年前实现碳中和。”这一重大宣示标志着中国将进入一个全面的碳约束时代。2020年12月12日我国在“继往开来，开启全球应对气候变化新征程”气候雄心峰会上指出：到2030年，风电、太阳能发电总装机容量将达到12亿kW以上。进一步对我国可再生能源高质量快速发展提出了明确要求。

我国风电经过20多年的发展取得了举世瞩目的成就，累计和新增装机容量位居全球首位，是最大的风电市场。风电现已完成由补充能源向替代能源的转变，并向支柱能源过渡，在我国经济发展中起重要作用。依托“碳达峰、碳中和”国家发展战略，风电将迎来与之相适应的更大发展空间，风电产业进入“倍速阶段”。

我国风电开发建设起步较晚，技术水平与风电发达国家相比存在一定差距，风电开发和建设管理的标准化和规范化水平有待进一步提高，迫切需要对现有开发建设管理模式进行梳理总结，创新风电场建设与管理标准，建立风电场建设规范化流程，科学推进风电开发与建设发展。

在此背景下，《风电场建设与管理创新研究》丛书应运而生。丛书在总结归纳目前风电场工程建设管理成功经验的基础上，提出适合我国风电场建设发展与优化管理的理论和方法，为促进风电行业科技进步与产业发展，确保工程建设和运维管理进一步科学化、制度化、规范化、标准化，保障工程建设的工期、质量、安全和投资效益，提供技术支撑和解决方案。

《风电场建设与管理创新研究》丛书主要内容包括：风电场项目建设标准化管理，风电场安全生产管理，风电场项目采购与合同管理，陆上风电场工程施工与管理，风电场项目投资管理，风电场建设环境评价与管理，风电场建设项目计划与控制，海上风电场工程勘测技术，风电场工程后评估与风电机组状态评价，海上风电场运行与维护，海上风电场全生命周期降本增效途径与实践，大型风电机组设计、制造及安装，智慧海上风电场，风电机组支撑系统设计与施工，风电机组混凝土基础结构检测评估和修复加固等多个方面。丛书由数十家风电企业和高校院所的专家共同编写。参编单位承担了我国大部分风电场的规划论证、开发建设、技术攻关与标准制定工作，在风电领域经验丰富、成果显著，是引领我国风电规模化建设发展的排头兵，基本展示了我国风电行业建设与管理方面的现状水平。丛书力求反映国内风电场建设与管理的实用新技术，创建与推广风电中国模式和标准，并借助“一带一路”倡议走出国门，拓展中国风电全球路径。

丛书注重理论联系实际与工程应用，案例丰富，参考性、指导性强。希望丛书的出版，能够助推风电行业总结建设与管理经验，创新建设与管理理念，培养建设与管理人才，促进中国风电行业高质量快速发展！

2020年6月

# 本书前言

随着世界各国对能源安全、生态环境、气候变化等问题日益重视，加快发展风电等可再生能源已成为国际社会推动能源转型发展、应对全球气候变化的普遍共识和一致行动。海上风电因其风能资源丰富且开发潜力巨大，对于应对全球气候变化问题具有重大意义。将大力发展海上风电作为能源转型的主要方向已成为全球能源行业的共识。截至2020年底，全球海上风电累计装机容量达到约35293MW。根据全球风能理事会（GWEC）最新预测，在现有风电政策下，未来十年全球将新增海上风电装机容量235GW，这一增量相当于现有海上风电装机规模的7倍。

2020年以来，习近平总书记多次就碳达峰、碳中和及可再生能源发展发表重要讲话，我国经济、社会将迎来全面低碳变革，能源清洁低碳转型将提档加速。海上风电由于其自身优点得到越来越多的关注与重视，已经成为我国可再生能源开发新的增长点与主要方向。我国海上风电起步较晚，经历了技术引进和试点先行、统筹规划和特许权招标探索阶段的经验积累，目前已经进入了规模化、商业化发展阶段。全国10多个沿海省份均开展了海上风电规划研究工作，江苏、福建、山东、广东、浙江、上海、河北、海南和辽宁等省份编制的海上风电发展规划获得了国家能源局的批复。

海上风电场在自然环境相对恶劣的海洋中建设并运行。波浪、潮汐、海流、海床、海洋地质等外部环境对海上风电场的设计与运维有着重要的影响。海上风电场的勘测成果可为风电机组基础设计与安装以及海洋地质灾害的防治提供基础资料。同时，海上风电场勘测成果也是影响风电场机位布置、电缆路径、工程造价、运维方案等工作的重要因素。因此，海上风电场勘测工作是海上风电项目前期开发的关键性环节。

本书主要针对海上风电场工程勘测技术进行介绍，具有一定的系统性和实用性。全书共分10章，第1章主要介绍了海上风电场工程勘测特点和主要内容；第2章主要介绍了海上风电场波浪观测与计算，阐述了波浪观测、统计特征及其分布规律、波浪数值模拟、设计波浪要素推算等内容；第3章主要介绍了海上风电场潮汐观测与计算，阐述了潮汐理论、潮位观测、潮汐分析及预报、潮汐类型、基准面与特征潮位、设计潮位推算、风暴潮等内容；第4章主要介绍了海上风电场海流观测与计算，阐述了海流观测、潮流、风海流、波浪流、设计流速推算等内容；第5章主要介绍了海上风电场控制测量，阐述了海上风电场平面控制测量和高程控制测量等内容；第6章主要介绍了海上风电场海底地形测量，阐述了海上导航定位测量、单波束测深系统、多波束测深系统等内容；第7章主要介绍了海上风电场场地稳定性评价，阐述了活动断裂及地震活动、海底滑坡、海底浊流、活动沙丘、浅层气、埋藏古河道及古三角洲、泥底辟、不规则浅埋基岩及礁（孤）石等内容；第8章主要介绍了海上风电场地基岩土工程条件分析及设计参数确定，阐述了岩土分类及特征、岩土勘察基本要求、岩土参数分析及地基承载力评价、岩土工程分析评价等内容；第9章主要介绍了海上风电场主要勘察技术手段，阐述了地球物理勘探、钻探和取样、海上原位测试、室内试验等内容；第10章主要介绍了新技术在海上风电场勘测中的应用，阐述了基于无人船的船基海底地形测量、反演技术、机载遥感测量技术等内容。

由于编者水平有限，书中难免存在不足之处，希望广大读者批评指正。

**作者**

2021年10月

目 录

# 第1章 概　　述

海上风电场工程是一项电力海洋工程。海洋工程的发展历史可以追溯到20世纪40年代，1947年第一台石油钻井平台“Superior”号于距离美国路易斯安那州海岸18mile的近海搭建完成（Randolph和Gourvenec，2011），当时由于技术限制，水深仅仅为6m。石油相关海洋工程从20世纪中叶以来发展迅速，主要为大陆架较浅区域的海上石油天然气钻井平台、人工岛等建设工程，还包括大陆架较深水区域的如浮船式平台、半潜式平台、自升式平台和浮式炼油厂等建设工程，同时还有配套的海底管道、海缆路由等建设工程。随着交通运输的发展，海洋工程也从石油天然气能源开采逐渐向运输工程方向发展，涉及诸如海底隧道、跨海桥梁、海港码头、海上围海造陆机场等交通运输设施。我国拥有海岸线长度约32000km，大陆架面积约1300000km$^2$，专属经济区200～300km$^2$。

随着我国海洋强国战略的提出，海洋资源利用成为了新的发展重点，其中以新能源的开发作为当前的重中之重，由此带来了一波海上风能、潮汐能、潮流能和波浪能等海洋能源开发的高峰。海上风电作为海洋新能源中技术最成熟的一种，不仅资源潜力巨大，而且开发利用市场条件良好，存在极大的发展空间。海上风电的发展具有显著的社会和经济效益，对推动我国新能源开发和海洋资源利用有着重要意义。

从世界范围看，风电技术日趋成熟，风电机组正朝着大型化、高效率的方向发展，海上风电已解决机组安装、电力传输、机组防腐蚀等技术难题，进入大规模商业化开发阶段。随之而来的是海上风电场选址水深与离岸距离的不断增加，这使得海上风电场工程的建设难度和投资成本增加，对海上风电场勘测的要求也越来越高。良好的海上风电场勘测成果与精准的勘测参数取值往往能够有效地降低海上风电场工程的造价并提高工程的安全性，这也凸显了海上风电场工程勘测的重要性。

## 1.1 海上风电场工程勘测特点

### 1.1.1 海洋水文的特点

海上风电场工程从建设阶段开始，全生命周期均要在海洋中运行，时刻受到海洋水文动力（波浪、海流、潮汐等）的影响。海洋水文动力荷载是海上风电场工程最重要的荷载之一，因此，为保证海上风电场经济合理、安全可靠地开发，必须掌握建设海域的原始水文资料，并为海上风电场工程提供相应的水文设计资料。

为了能够准确揭示海洋在时间和空间上的分布特征和变化规律，海洋资料必须具有如下特点：

（1）精确性。现场数据采集需要使用先进、精密的观测仪器。海洋水文数据观测记录准确可靠，应尽量避免仪器的系统误差、观测过程的随机误差和观测人员的过失误差，使其综合误差不超过各要素所规定的精度。

（2）代表性。观测记录应能确切、客观地反映现场要素的实际情况，避免其他环境影响以及不可靠的调查方法等因素所导致的记录的虚假现象。

（3）连续性。各海洋水文要素的变化，无论在时间上还是在空间分布上都应该是连续的，其变化趋势应呈平滑曲线。若出现剧升或者急降的异常极值或不连续现象，都须查明原因，辨别真伪。

（4）同步性。要了解海洋要素的分布特征，必须在同一时刻将不同区域的海洋水文要素进行比较分析，才能符合实际状况，反映客观规律。

### 1.1.2 海洋测量的特点

长期以来，我国基础海洋测量工作是由海军规划和组织实施的，交通部门组织和实施港口与航道海洋工程测量，近年来沿海各省、自治区、直辖市测绘局也在开展部分海洋测量工作。海上风电场海洋测量的目的是查明拟建海上风电场海底的地貌、地形情况，为风电场的设计、运营提供基础地理信息，是海上风电场工程建设必要的基础性工作。与陆域工程测量相比，海上风电场海洋测量存在基础资料缺乏、保密性要求更高、测量成果存在时间有效性等显著特点。

海洋测量的主要对象是风电场使用海域，调查内容主要是海洋深度、海底地貌、礁石和沉船等地物。与陆地测量不同的是海洋没有陆地那样的水系、植被、居民地和道路网等要素，同时海底地貌也比陆地地貌要简单，地貌单元巨大，鲜有人类活动的痕迹。但是海洋测量并不比陆地测量简单，相反，海洋测量在许多方面要比陆地测量困难：陆地测量中常用的光学仪器在海洋测量中使用困难，卫星遥感测量和航空摄影测量只局限于海水透明度很好的浅海区域；海洋测量主要使用声学仪器，但是超声波在海水中的传播速度随海水的物理性质（如海水盐度和温度等）的变化而不同，这在很大程度上增加了海洋测量的困难。

由于海洋水体的存在，海洋测量在基本理论、测量仪器、技术方法上有以下明显不同于陆地测量的特点：

（1）测量工作的实时性。海洋测量的工作环境是起伏不平的海上，基本为动态测

量，无法重复观测，精密测量实施难度大，无法达到陆地测量的精度水平。

(2) 海底地形地貌的不可视性。测量人员无法通过肉眼观测海底地貌，海洋测量一般采用超声波等仪器，而传统的回声测深只能沿测线进行，导致测线之间成为测量的空白区，在海底地形的详测时则需要进行加密。近年来常采用全覆盖的多波束测深系统，可以极大提高水下地貌分辨率，但会增加一定的测量时间和经费。

(3) 测量基准的变化性。海洋测量的深度基准面具有区域性，与陆地测量采用全国统一坐标系不同，海洋测量很难在全国范围内实现统一。

(4) 测量内容的综合性。海洋测量需要同时完成多种观测项目，作业时需要多种仪器配合施测，与陆地测量不同，海洋测量具有很强的综合性。

### 1.1.3 海洋岩土勘察的特点

由于“由陆向海”的历史原因，过去我国对海上风电场工程的勘察不够重视。用不满足勘探要求的调查船和设备完成外业调查工作，轻则会增加工程建设成本，给工程埋下不可估量的安全隐患，重则破坏行业良性发展生态，给海上风电发展带来较大的危害。我国有漫长的海岸线，从北到南依次濒临渤海、黄海、东海和南海，各海域海底地形地貌、地质灾害、地层性质复杂多样，因此海上风电场工程在选址、设计、施工前非常有必要进行海洋岩土勘察，为风电机组基础设计、安装以及不良地质现象的防治措施提供基础资料。对此，应选用先进的勘察设备和经验丰富的勘察设计单位，牢固树立海上风电场工程的“红线意识”，准确获取地勘数据（李红有等，2019）。

不同于陆上风电项目，海上风电场建设不仅牵扯到海域功能的区分、航道、电缆铺设、环保，甚至还与国防安全等一系列问题息息相关。因此，在海上风电场的建设中，海洋岩土勘察直接关系到风电机组布机范围、电缆路径、桩型选择、工程造价等问题，海洋岩土勘察被视为项目前期开发的关键性环节，也是海上风电开发建设中最重要的输入边界资料（李红有等，2019）。

海洋岩土勘察主要包括海洋钻探、海洋物探和海洋原位测试等内容。

#### 1.1.3.1 海洋钻探特点

随着各国对海洋开发的不断重视，其海洋钻探技术水平也在不断提高，许多发达国家（英国、挪威、法国、日本、美国等）的海洋钻探技术已经向信息化、智能化、自动化、可视化迈进。但受限于各国国情和海洋勘测的侧重点不同，各国海洋钻探和取样技术、标准存在一定的差异。

我国的海洋钻探技术具有悠久的历史。由于存在风浪、潮流、水深等影响，海洋钻探设备、钻探工艺和取样技术均与陆地存在差异，其所选钻探设备、钻进工艺和取样技术等均需要适应海洋自然环境变化的要求，同时还需要兼顾海水深度、勘探规模

和工程性质等条件。由于钻机与海底孔口间存在不同深度的海水，海上钻探施工时，受潮汐、海流、风暴和波浪等因素影响，增大了海洋钻探的复杂性，对海洋钻探取样和原位测试造成影响。同时，我国沿海区域具有广阔的潮间带，具有落潮露滩和涨潮淹没等特点。以上都造成了海洋钻探与传统陆上钻探作业的巨大不同。

海洋钻探平台可以分为漂浮式和固定式。漂浮式以船筏为主，一般为双船拼装式和单船组装式，也包括浮箱、油桶等组成的平台，其受到水深和风浪等条件影响较大；固定式主要有桁架式和自升式，平台重量通过桩等基础被海底土承受，其稳定性较好，受风浪等影响较小。

目前在国内应用较多的海洋钻探平台为漂浮式，一般适用于 20m 以下海域的钻探作业，多由渔船、工程船等改进，单船组装式吨位较大，钻探平台安装在船体一侧或船体中间；双船拼装式由两条相对较小的船拼装而成，钻探平台安装在两条船的甲板中间；浮箱、油桶等钻探平台在潮间带应用广泛。

对于水深较深的海域，一般采用自升式平台，其优点在于可以在较高风速和流速的情况下进行作业，并且平台本身稳定性很好，可以进行高精度的原位测试，这是漂浮式平台不具有的能力。但自升式平台也具有一定的缺点，其桩腿入土和起锚都需要较长时间，传统自升式平台需要配备具有相应拖动能力的拖船来辅助平台移动定位。

在海洋钻探取样方面，受海上动力环境因素影响，取样和运输都可能造成不同程度的扰动，由于场地远离陆地试验室，难以及时取样进行室内试验。为了降低取样的扰动性，一般需要安装护孔导管，对于漂浮式平台作业，还需安装升沉补偿装置，用来克服海浪和水位变化的影响。同时海上试验和原位测试也受海洋环境的影响较大。

同时，取土器种类较多，国内科研机构和大学研制了适合各种土的取土器，如适用于淤泥质土的冰冻取土器、重力取土器，适用于松散地层的玻璃钢取土工具等。但由于存在着一些缺陷或取土器本身使用功能受限，致使应用范围较窄。在海洋钻探中，考虑到工程进度和工作效率，常用的多为厚壁取土器，但其对土样扰动大，使土的强度和变形特性发生显著变化。近年来，适用于软黏土的薄壁取土器已逐渐推广，薄壁取土器对土样扰动小，取样效果好，但在取样回次以及高含水淤泥取样上还是存在一些不足。另外，福建沿海区域的散体状和碎裂状强风化花岗岩、花岗岩残积土取样也是一大难题，由于强风化花岗岩和花岗岩残积土遇水易崩解，常采用植物胶钻探法，但是植物胶本身对试样强度也存在一定影响，能否正确反映真实的土体强度特性也值得思考。

为此，对于海洋钻探，需要在原有的基础上，针对当前海洋钻探与取样技术存在的薄弱环节，结合工程需要进行攻关，以进一步更新技术，在原状取样方面取得新的进展。

在安全作业方面，由于勘察现场远离海岸，在交通通信、急救、逃生、救生、标

识信号、照明、消防、平台检测等方面，海洋钻探与陆上钻探相比都有特别的要求。为满足生产和生活需求，需要专门的海上交通船只、卫星电话或甚高频电话来保证与陆上的通信能力，并要与各级搜救中心、陆地管理部建立通信联络制度，同时配备足够的专用海上救生衣、逃生筏等救生和逃生设施，并对作业人员进行专门培训和管理，制订完善的应急预案。海上突发情况很多，海上外来急救十分不便，首先要开展自救，必须配备急救药箱以应对消毒、止血、包扎等需要，并需考虑常见疾病和突发疾病，配备足够的药品。

#### 1.1.3.2 海洋物探特点

海洋地质勘察与陆上地质勘察方法不同主要是因为海水覆盖的原因，勘察人员无法直接观察勘察区域，各种勘察手段都需借助相关仪器设备才能进行。海洋物探是地球物理学原理与技术在海洋工程中的具体应用，是海洋岩土勘察的重要方面，具有快速、准确和无损等特点，是对勘探区域地层的宏观揭露，同时弥补了传统钻探的不足，在海洋大型重点工程的设计中发挥了重要的作用（刘保华等，2005）。

海洋物探经过了数十年的发展，已相对成熟，但国内外海洋物探的侧重点在于对深埋资源（如深部蕴涵油气的地层和矿体）的勘探，应用物探方法勘探海上油气田和矿床已取得了巨大成功，海洋物探已成为海洋资源勘探中不可或缺的手段（曾亮等，2019）。

海洋物探的探测深度可以达到数百甚至数千米，海底及浅部地层信息一般作为干扰剔除，以突显深部的目标信息。而海上风电场工程物探恰恰相反，主要研究近海的海底及浅、中部地层工程特性以及不良地质现象，近海海上风电场工程的基础埋深一般为数十米，水深一般小于 30m，有效的勘探深度一般不大于 150m，其研究对象和技术与深部油气和矿产资源的物探相比有较大的差别，如果直接引用深层海洋物探技术，将会滤除有用的浅、中层信息，而这些恰恰是海上风电场工程的有用信息。

海洋物探技术自身存在以下基本特点：

（1）海洋物探的深度与观测仪器的分辨率成反比，所研究对象（场源体）的深度越大，观测到的场的分辨能力就越低。为了获取深部的地层资料，只能使用低频信号，但是会丧失一定的分辨能力。如何使得深度与分辨率达到最佳搭配，需根据任务的具体情况，选择采用的最佳观测技术和方法。

（2）海洋物探方法的反演都具有多解性，即使构成地球物理场的因素是明确的，对场的观测值的解译也可能具有多样性。只有综合各种地球物理资料和地质资料，互相补充，互为验证，才能使解释成果更接近实际地质情况。

（3）海洋物探一般是以海底岩层的某一种物理性质差异作为基础，从不同角度去识别海底地层的结构，应尽可能地利用测区内的钻孔和物探资料，准确地确定岩土的各种物性参数。因此，进一步完善各种勘探设备和探测技术，加强对各种地质和地球物理资料的综合研究，才能不断提高海洋工程物探能力。

综上，借鉴深层海洋物探方法及其成功经验，研究浅、中地层为对象的海上风电场工程物探技术，通过选用合适的仪器设备和技术参数，为海上风电勘察提供有效、便捷和经济的勘探手段，是目前海洋物探的主要发展方向。

**1.1.3.3 海洋原位测试特点**

海洋建（构）筑物的地基与陆上建（构）筑物不同的地方在于，海洋环境与动力荷载条件极端恶劣，其经受的应力历史和受力情况均十分复杂，除建（构）筑物自重的作用以外，还经常遭受暴风波浪的瞬时和循环作用。同时，海洋建（构）筑物地基常由软黏土、粉土与可液化砂土等组成，与陆上工程相比，这些海洋工程结构物地基的动力响应存在显著的差别。

与陆地钻孔取样不同，在海上钻孔取样时，由于风浪、潮流等恶劣条件影响，导致钻孔取样时的土体扰动问题尤其突出，同时土样运输与储存的时间也较长，因此很难得到可靠的未扰动土样。以浙江海域为例，由于沉积环境、组成成分及天然固结状态等条件的不同，浙江海域以淤泥质黏土为主，其主要力学特性为强度低、渗透性差，具有明显的高压缩性、流变性、触变性，在波浪等荷载往复作用下常呈现软化特性。

为此，为了得到更加准确的海洋土的工程特性，需要开展一系列的海洋原位测试方法。顾名思义，原位测试就是在土层原来的位置进行测试的方法，其优点是可以基本保持土体的天然结构，在天然含水量以及原位应力状态下，测定土的工程力学特性指标。由于海洋工程原状未扰动土样取样极其困难，原位测试在海洋岩土勘察中具有不可替代的作用。海洋原位测试手段主要有孔压静力触探试验（Cone Penetration Test Eith Pore Pressure Measurement）、十字板剪切试验（Vane Shear Test）、旁压试验（Pressuremeter Test）、扁铲侧胀试验（Flat Dilatometer Test）、标准贯入试验（Standard Penetration Test）和动力触探试验（Dynamic Penetration Test）等。

海洋岩土勘察过程中所遇到的各种特殊困难条件也促进了原位测试的发展，与陆上试验相比，海洋原位测试首先要克服水下和波浪作用对测试的影响。自20世纪70年代初开始，以海洋孔压静力触探试验为代表的原位测试方法就在海洋岩土勘察中发挥着重要的作用，当时的海洋静力触探通常在钻管底部进行，可以有效防止波浪对测试的影响，通过液压系统将探杆以固定的速度带动探头贯入土中，通过探头上的传感器测得的连续数据来对岩土层参数进行估算，这种依靠钻孔的测试方式（Randolph，2011）一般称为井下式（图1-1）。

随着技术的发展，在水深较深的环境下，井下式难以采用，海床式（图1-1）应运而生，通过吊架、遥控操作系统及海床式设备系统开展原位测试。目前最先进的海

(a) 井下式

(b) 海床式

图 1-1 典型海洋原位测试方法

床式设备系统的测试深度可达水下 3000m。

井下式测试有如下特点：①可测试的深度较大，在目前工程实践中贯入深度可超过 150m；②可以通过钻孔贯穿硬夹层，不会对测试形成障碍；③可以在同一钻孔中进行不同类型原位测试或取样；④水深较大时不适用。

海床式测试有如下特点：①较为便利，且适用于深水条件下；②可以避免钻孔引起的扰动问题，测试结果更为可靠；③硬塑状黏性土或密实的无黏性土地层需要较大的贯入阻力，而海床式测试方法很多时候无法提供较大的贯入力，因此贯入深度受限。

海洋原位测试是目前海洋工程中获得工程地质岩土参数的主要手段，也是海上风电场工程的主要探测手段。但是，海洋原位测试也存在一些问题，比如机理不成熟、测试边界条件难以控制、原位测试结果和土的参数之间具有经验依赖性、不同区域的土体参数解译时存在不同的经验系数等问题。因此海洋原位测试解译时，还需要同时结合室内试验结果进行综合评价。同时，各种参数解译的经验公式也在不停地更新中，每个地区的经验系数范围也有所不同。因此，海洋原位测试数据的解译也在极大程度上依赖于岩土工程师们的经验。

#### 1.1.3.4 国内外海上风电岩土勘察现状对比

由于国内外海上风电岩土勘察存在成本差异，目前我国海洋岩土勘察主要以民船改造，配备相应的钻探及相配套的原位测试设备（如标准贯入试验设备）进行机械钻探为主，适当挑选部分机位开展海洋静力触探试验。而国外如欧洲主要以船只配备静力触探设备开展勘察，钻探船只配备扫孔及取样的相应设备，根据实际情况适当选择部分机位开展钻探工作。钻探配备标准贯入为主的勘察方式是沿用我国陆上勘察的做法，钻探的优点在于可更为直观地进行地层划分，但标准贯入试验在海上工程中判断土体的参数是否适用仍值得商榷，尤其目前多数海上风电场地段水深较深，普遍大于10m，钻孔深度普遍大于30m，而《海上平台场址工程地质勘察规范》（GB/T 17503—2009）规定，海上标准贯入试验的试验点水深不应大于10m，标准贯入试验深度不应大于30m，根据标准贯入试验获得的参数存在偏保守的可能，取得的土样取出后由于应力释放，在室内难以精确模拟土在自重应力下的力学性状，可能会造成试验结果与实际土体性质偏差较大的问题。而孔压静力触探试验（CPTU）由于在海底实际环境中进行测试，可获得最为真实的土体性质，由于数据精度高，再现性好，具有勘探与测试的双重功能，而且CPTU试验对比以往陆上常规单、双桥静力触探划分地层的局限性增加了孔隙水压力测试功能，大大提高了其判别土类、划分土层和获取土体工程性质指标的能力。目前以CPTU试验为主的勘察手段在欧美发达国家的海上风电岩土勘察中已得到广泛应用，而相应技术在国内仍处于起步阶段。

## 1.2　海上风电场工程勘测主要内容

与陆地工程勘测相比，海上风电场工程勘测涉及的专业面更为宽广，本书依据海洋环境从海水水体，到海床地形，到床底地质的顺序，将其划分为海上风电场海洋水文、海洋测量和海洋岩土勘察三大部分。

海洋水文勘测主要分析海洋水文动力要素，即海浪、潮汐、海流的变化与分布规律。海上风电场工程测量一般包括水深测绘、海底面状况侧扫、海底地形地貌测绘、底床稳定性测绘。海上风电场工程岩土勘察一般包括海底岩土的物理力学性质评价、海底近表层沉积地层结构探测、海洋水动力环境和腐蚀环境调查。

海上风电场工程勘测必须结合海上风电场风电机组选型，基础选型、稳定性和变形控制要求，海域动静力荷载特性和自然条件等进行；并且有目的性和针对性，在认识海洋水文、地质条件的基础上，正确地分析水动力参数、海洋地质灾害或不良地质问题，进行工程建议，为海上风电场工程的设计、施工、运行和评估提供可靠依据。

### 1.2.1　海上风电场海洋水文勘测

海上风电场海洋水文勘测的主要工作内容是针对波浪、潮汐、海流等海洋水文动力要素开展周边海洋水文数据收集、现场水文数据观测以及水文设计参数计算等工作。

翔实可靠的水文原始数据是开展水文设计的重要依据，但由于我国的专用海洋站点的设置比较稀疏，往往距离海上风电场工程的要求较远，因此在海上风电场工程海域开展现场海洋水文要素观测是必要的。通常的观测手段包括冬、夏季全潮水文观测

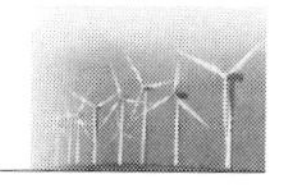

与波浪、潮汐、海流周年定点观测等。其观测的主要要素有多点同步的海流数据、悬沙数据、潮位数据、海温盐度数据，以及定点周年的波浪数据、海流数据、潮位数据等。

水文设计数据主要是针对波浪、潮汐、海流等开展波浪特征值、设计波要素、风浪联合分布、潮汐特征值、设计高（低）水位、极端高（低）水位、调和分析、设计海流以及其他设计规范中需求的要素的分析计算。此外，应结合海洋水文动力条件，开展泥沙与海床演变分析及桩基础冲刷分析。对于受海冰影响的海域，还应开展海冰分析计算。

### 1.2.2　海上风电场海洋测量

海上风电场海洋测量的主要内容包括控制测量（大地测量、海洋定位）、障碍物探测（磁力仪、侧扫声呐）和水下地形地貌测量（水深测量、水位观测）。

（1）定位。随着海上风电场工程的逐渐发展，慢慢从近岸向远岸转变，海洋测量中，使用一般的光学仪器和陆标进行定位已不能满足要求。为此，出现了多种无线电定位仪器，包括：①近程，无线电测向仪、无线电指向标和高精度近程无线电定位系统等；②中远程，阿尔法、奥米加、罗兰C和台卡等双曲线无线电定位系统，其定位距离较远，但是精度较低。一般情况下，中远海海底的地形多较为平坦，精度的降低不会影响其成果的使用，因此还是可以满足航海的需求。但是，目前海洋工程开发已远远超出交通运输的需求，海洋工程建设和海洋科学的研究都需要更为精确的测量手段。目前的水声定位系统、卫星定位系统以及全球定位系统都已在海洋测量中得到了使用。尤其是采用全球定位系统进行海洋测量定位的精度已可达到米级，并还有进一步提高的可能。

（2）验潮。验潮又称为水位观测或潮汐观测，是海洋测量的重要组成部分。其目的是通过潮汐测量资料来计算该地区的潮汐调和常数、深度基准面、平均海平面和潮汐预报，同时提供不同时刻的水位改正数。验潮站在合理位置布设，一般可以采用水尺或自动验潮站（井式自记验潮、声学式验潮仪验潮、超声波潮汐计验潮、全球定位系统验潮、压力式验潮仪验潮、潮汐遥感测量验潮等）。验潮站根据使用功能分类，可以分为长期验潮站、海上定点验潮、短期验潮站和临时验潮站。长期验潮站主要用于计算平均海面（需要两年以上连续观测的水位资料）和深度基准面，是测区水位控制的基础。短期验潮站则与长期验潮站一起确定区域的深度基准面，测量时间一般要求连续30天。海上定点验潮需要在大潮期间，至少与长期验潮站或短期验潮站同步观测3次/日，才可以用来推算深度基准面、平均海面和预报瞬时水位。临时验潮站与海上定点验潮类似，也需要最少与长期或短期验潮站同步观测3天，可以联合测定深度基准面或平均海面，同时可以观测瞬时水位并对水位进行改正。

（3）测深。海洋测深的方法主要有测深杆、测深锤、多波束测深系统、机载激光测深系统等（杨敏，2012）。测深杆主要用于水深小于5m的浅水区域，测深杆一般为木制或竹质材料支撑，直径3～5cm，长度3～5m，其底部设有直径5～8cm的铁制圆盘。测深锤主要适用于8～10m水深且流速不大的水域，测深锤由锤和测深绳组成，锤的重量视流速而定，测深绳一般为10～20m长。多波束测深系统一般称为“声呐列阵测深系统”，多波束测深系统与单波束测深系统相比，每次可以在与测线正交的扇面内发射上百个波束，可同时获得与测线垂直方向上连续多个水深数据。机载激光测深系统又称为“机载主动遥感测深系统”，是通过机载激光发射和接收设备发射脉冲激光进行水底探测的技术。机载的部分由激光测深仪、定位和姿态设备组成，可以采集水深数据；地面的部分由计算机和磁带机等数据处理仪器组成，可以用来综合处理和分析所采集的数据。

### 1.2.3　海上风电场岩土勘察

海上风电场岩土勘察包括海底近表层沉积地层结构探测、海底岩土的物理力学性质研究等。在海上风电场工程前期进行海洋岩土勘察时必须结合工程建设阶段的特点，包括海上风电机组基础类型、特点、稳定性和变形控制要求，以及海域动静力荷载特性等进行。从采用的勘察方法来分，可以分为海上风电场工程的物探、钻探、原位测试和室内试验等。通过物探手段，可以得到海底近表层沉积的地层结构和海底障碍物。通过钻探、原位测试和室内试验可以得到各个岩土层的物理力学参数，为风电机组基础设计提供有效参数。

海上风电场工程的海洋岩土勘察方法通常包括：①海底地层结构物探方法，一般可采用浅地层剖面仪或者中地层剖面仪（多道地震）调查，可以得到大致的海底地层结构；②海底障碍物探测，可采用侧扫声呐或者海洋磁力仪，可以有效查明水下障碍物，对风电机组选址提供一定依据；③海洋钻探，可以采取各个岩土层的芯样，并进行底质与底层水采样；④海洋原位测试，可以得到较为准确的现场原位岩土力学参数；⑤海洋室内岩土动静力特性试验，可以得到更为系统的岩土物理力学参数，分析单桩竖向、水平向静力和动力承载性能，估算极限承载力；⑥水土腐蚀性环境参数测定，可以用来评价海水以及土层对桩基础（钢或者钢筋混凝土）的腐蚀性，对材料耐久性保护起一定指导作用。

海上风电场工程的海洋岩土勘察过程一般包括：①海上风电场工程前期资料的收集，一般是收集该区域的地质构造、地层以及地震资料，初步评价场区的地质构造稳定性，初步评价场地的适宜性，最后提供有关地震设计的基本参数；②勘察方案策划与研究；③勘察大纲编制，一般包括勘察任务、手段、内容、勘探点布置、组织机构分工和勘察进度计划等；④勘察质量、安全与环境管理方案编制与培训；⑤勘察外业

实施；⑥对钻探取样得到的岩芯、土样以及水样进行室内试验；⑦对原位测试数据进行解释分析；⑧将解译得到的数据结果和室内试验得到的土层参数成果一同进行整理，对海上风电场工程地质条件进行综合分析与评价；⑨海上风电场工程的海洋岩土勘察报告的编制和审核，一般包括桩基础选型和持力层建议、沉桩可能性评价、基础的地震液化评价分析、不良地质灾害可能性分析、环境的腐蚀性评价等；⑩勘察成果验收，资料归档。

# 参 考 文 献


［1］ 李平，杜军. 浅地层剖面探测综述［J］. 海洋通报，2011，30（3）：344－340.

［2］ 刘保华，丁继胜，裴彦良，等. 海洋地球物理探测技术及其在近海工程中的应用［J］. 海洋科学进展，2005，23（3）：374－384.

［3］ 许启云，周光辉，张明林，等. 海上风电场钻探技术［J］. 西北水电，2017（4）：83－86.

［4］ 杨敏. 测绘综合能力［M］. 北京：测绘出版社，2012.

［5］ 张发展. 浅气层井喷事故发生规律研究［J］. 石油知识，2008（6）：12－15.

［6］ 张琳，王振红，徐建，等. 海洋风电钻探与取土问题初析［J］. 浙江建筑，2016，33（5）：40－42.

［7］ 曾亮，储韬玉，王占华，等. 海上风电勘测中的物探技术［J］. 工程勘察，2019（7）：66－72.

［8］ 李红有，吴永祥，周全智，迟洪明. 我国海上风电场地质勘察问题及对策［J］. 船舶工程，2019增刊：41，399－402.

［9］ Randolph M. Recent advances in offshore geotechnics for deep water oil and gas developments［J］. Ocean Engineering，2011，38（7）：818－834.

［10］ Randolph M，Gourvenec S. Offshore geotechnical engineering［M］. Boca Raton：CRC press，2011.

# 第2章　海上风电场波浪观测与计算

## 2.1　概　　述

海洋中的波浪是海水运动形式之一，它的产生是外力、重力与海水表面张力共同作用的结果。引起海水运动的外力因素很多，如风、大气压力的变化、天体的引潮力、海底地震以及人类活动的船体运动等。由这些因素引起的海水运动，其周期可在极宽的范围内变化，如潮波的周期为半天至1天，海啸的周期为几十分钟，风浪的周期为几秒钟，而海水表面张力波的周期则不足1s。本章将主要论述由风引起的重力波，它是风浪、涌浪和近岸波浪的总称。风浪主要是指在风直接作用下产生的波浪；涌浪指风停止、转向或离开风区传播至无风水域的波浪；涌浪传播到浅水区，由于受到水深和地形变化的影响，发生变形，出现波浪的折射、绕射和破碎而形成近岸波浪。

虽然海浪的剖面形状复杂，但人们常把它理想化为如图2-1所示的规则剖面，并以各种波浪要素来表征其特性。

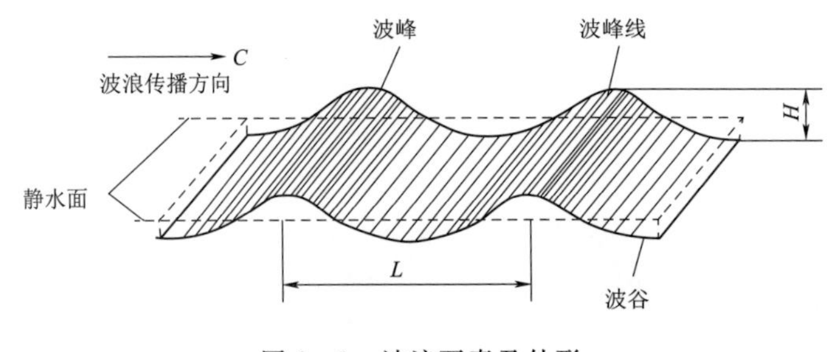


图2-1　波浪要素及外形

波浪要素的定义如下：

（1）波峰。波浪剖面高出静水面的部分，其最高点称为波峰顶。

（2）波谷。波浪剖面低于静水面的部分，其最低点称为波谷底。

（3）波峰线。垂直波浪传播方向上各波峰顶的连线。

（4）波向线。与波峰线正交的线，即波浪传播方向。

（5）波高。相邻波峰顶和波谷底之间的垂直距离，通常以 $H$ 表示，单位以m计。

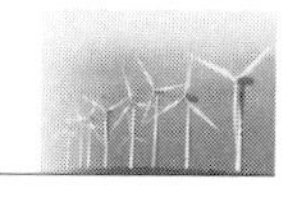

台风影响期间，在我国广东沿海曾记录到最大波高达 17m 的巨浪。

（6）波长。两相邻波峰顶（或波谷底）之间的水平距离，通常以 $L$ 表示，单位以 m 计。海浪的波长可达上百米，而潮波的波长则可达数公里。

（7）波周期。波浪起伏一次所需的时间，或相邻两波峰顶通过空间固定点所经历的时间间隔，通常以 $T$ 表示，单位以 s 计。我国沿海波浪周期一般为 4～8s，曾记录到的最长周期为 20s。

（8）波陡。波高与波长之比，通常以 $\delta$ 表示，即 $\delta=H/L$。海洋上常见的波陡范围为 1/30～1/10。波陡的倒数称为波坦。

（9）波速。波浪移动的速度，通常以 $C$ 表示，它等于波长除以周期，即 $C=L/T$，单位以 m/s 计。

波浪可以按各种不同的标准进行分类。

1. 强制波、自由波和混合浪

强制波指引起波浪的扰动力连续作用于水面，波动性质依赖于扰动力性质的波动。在风直接作用下产生的风浪就是一种强制波，其外形相对于垂直轴是不对称的，波浪的背风面较迎风面为陡。自由波指扰动力消失后在重力作用下继续传播的波浪，其性质已不完全依赖于原有的扰动力。如风停止后海面上继续存在的波浪或离开风区传播至无风水域上的涌浪就是一种自由波。涌浪的外形比较规则，波面光滑。海面上还经常遇到风浪与风区外传播来的涌浪相叠加而成的波浪，称为混合浪。

2. 毛细波、重力波和长周期波

按使海水水质点在运动过程中恢复到平衡位置的复原力的性质对波浪进行分类，可以分为毛细波、重力波和长周期波。复原力以表面张力为主时称为毛细波或表面张力波，如海面上刚起风或风力很小时出现的微小皱曲的涟波就是毛细波，其周期常小于 1s。当波浪尺度较大时，水质点恢复平衡位置的力主要是重力，这种波浪称为重力波，如风浪、涌浪、地震波以及船行波等。长周期波主要指日、月引力造成的潮波，还包括大洋涌浪、海湾风壅振荡等周期较长的波动，其复原力是重力及科氏力。

3. 不规则波和规则波

海面上接踵而来的各个波浪的波浪要素是不断变化的，它是一种不规则的随机现象，这样的波浪称为不规则波，图 2-2 为海面上一段实测波浪记录。为了便于研究波浪运动，人们将实际的不规则波浪系列用一个理想的各个波的波浪要素均相等的波浪系列来代替，这种理想的波浪称为规则波，如实验室内用人工方法产生的规则波。海上涌浪也接近规则波。

4. 长峰波和短峰波

在海面上可清楚地看到一个个接踵而来的波峰和波谷，波峰线是一些很长的、几乎互相平行的直线时，这种波浪称为长峰波或二维波。涌浪就是一种长峰波。而在大

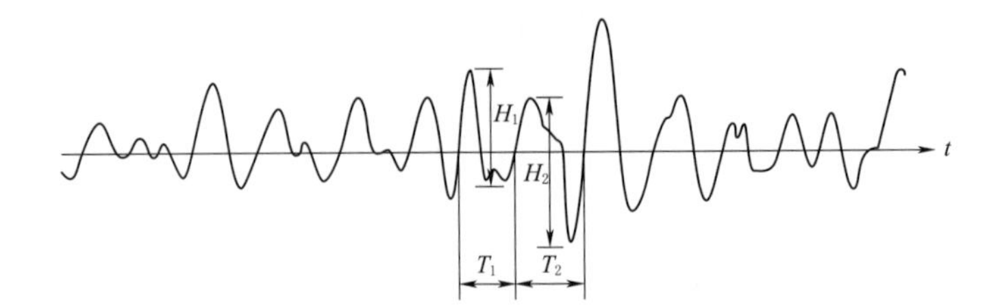


图 2-2　海面实测波浪记录

$H_1$、$H_2$—波高；$T_1$、$T_2$—周期

风作用下，波峰线难以辨别，波峰和波谷如棋盘格般交替出现，这种波浪称为短峰波或三维波。风浪通常为短峰波。

5. 前进波和驻波

海面上形成的波峰线向前或向岸传播的波浪称为前进波。驻波（或称立波）是波形不向前传播、波峰和波谷在原地作周期性升降的波浪，它是前进波遇到海岸陡崖或直墙式建筑物后反射回去与前进波相互干涉的结果，此时驻波的波高是前进波的两倍。

6. 深水前进波和浅水前进波

在水深大于半波长的水域中传播的波浪称为深水前进波（简称深水波）。深水波不受海底的影响，其水质点运动轨迹接近于圆形，且波动主要集中于海面以下一定深度的水层内，又常称为短波。

根据微幅波理论（线性理论），规则深水波的波速 $C_0$、波长 $L_0$ 和周期 $T_0$ 的相互关系为

$$C_0=\frac{L_0}{T_0}=\sqrt{\frac{gL_0}{2\pi}} \quad 或 \quad L_0=\frac{gT_0^2}{2\pi} \tag{2-1}$$

式中　$g$——重力加速度，m/s²。

当深水波传至水深 $d<\frac{1}{2}L$ 的水域时，称为浅水前进波（简称浅水波）。浅水波受海底摩擦的影响，水质点运动轨迹接近椭圆，且水深相对于波长较小，故又称长波。

规则浅水波的波速 $C$、波长 $L$ 和周期 $T$ 的相互关系为

$$C=\sqrt{\frac{gL}{2\pi}\tanh\frac{2\pi d}{L}} \quad 或 \quad L=\frac{gT^2}{2\pi}\tanh\frac{2\pi d}{L} \tag{2-2}$$

式中　$d$——水深，m；

$\frac{2\pi d}{L}$——以正切双曲线函数表示的浅水因子。

观测表明，波浪由深水传入浅水后，周期不变，即

$$T=T_0 \tag{2-3}$$

7. 振荡波和推移波

在一个波周期内，水质点运动轨迹是封闭的或接近于封闭，即水质点仅在原地作振荡运动，这种波浪称为振荡波。而在一个波周期内，水质点有明显位移，称为推移波。浅水波传向近岸，发生变形，波陡增大，直至波浪破碎，而破碎后继续向岸推进，形成击岸波，并多次破碎，都属于推移波。击岸波最后一次破碎后形成击岸水流。

根据波浪行近海岸时的变化，对于坡度较缓的海滩，近岸水域按不同水深可大致划分为四个区域，即深水区、浅水区、击岸波区和岸边区，如图 2-3 所示。事实上，由于波浪的不规则性，确切地划分各个区域的分界位置是不可能的，图 2-3 仅是根据理想规则波确定的。图中 $d_b$ 表示波浪破碎处水深，对应的波高称为破碎波高，以 $H_b$ 表示。

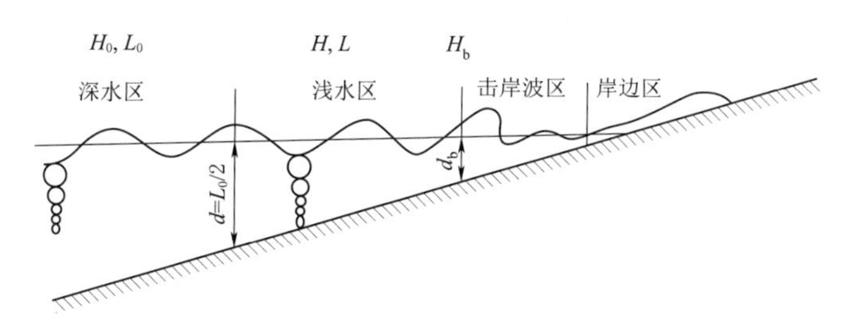


图 2-3 海岸区划分

## 2.2 波 浪 观 测

### 2.2.1 测站设置

海上风电场址内至少需要布置 1 个波浪长期观测站。对于开敞海域的近海风电场，宜结合场区内地形变化特征，将测站布置在场区内代表水深位置处；对于水深较浅、地形复杂的近岸潮间带风电场，宜将测站布置在距工程场区较近，且对工程场区影响较大的常浪向或强浪向、水深较大及水面开阔的海域。

### 2.2.2 观测方法

#### 2.2.2.1 观测仪器

国内各台站最早使用的测波仪器为岸用光学测波仪，由于该方法测得的波浪数据精度有限，而且仅限于岸边观测，受人为因素很大，所以现在使用较少。目前，海上风电场工程勘察阶段采用的测波仪器主要有声学测波仪、重力测波仪和压力式等带波向的测波仪。图2-4列出了几种常用的波浪观测仪器。

(a) 声学测波仪

(b) 重力测波仪

(c) 测波浮标系统

图2-4　波浪观测仪器

#### 2.2.2.2　观测要素

主要观测要素为1/3波高、1/10波高、最大波高、平均波高、1/3周期、1/10周期、最大周期、谱峰周期、平均周期、平均波向、波型和海况，辅助要素为风速和风向。

#### 2.2.2.3　单位与准确度

(1) 波高测量单位为m，记录取一位小数。准确度规定为两级：一级为±10%，二级为±15%。海上风电场项目准确度应采用一级。

(2) 波周期测量单位为s，准确度为±0.5s。

(3) 平均波向测量单位为(°)，准确度为±5°。

#### 2.2.2.4　观测时间

海上风电场项目波浪观测时间不少于1年，宜与海上测风、潮汐和海流观测同步开展。观测站处连续整点观测，或者每3h观测一次，观测时间为北京标准时间02：00、05：00、08：00、11：00、14：00、17：00、20：00、23：00。

#### 2.2.2.5　采样时间间隔

自记测波仪的采样时间间隔应不大于0.5s，连续记录波数不少于100个波；记录时长视平均波周期的大小而定，可取17～20min。

#### 2.2.2.6　观测方案

*1. 声学测波仪*

声学测波仪自带多种传感器，不用额外集成其他传感器，可同时进行波浪、海流和潮汐的长期实时监测，也可直接实时传输波浪观测数据至服务器，同时仪器内部备份原始数据，保证完整的观测数据。波高的测量能力来自大量验证和优化的表面声学

示踪算法（AST），AST 通过垂向换能器的回程测距的方法估算到表面的距离。使用三个倾斜的波束测量剖面流速，其剖面范围取决于其声学频率，可以在波数据采集和剖面流速测量之间切换。

观测方案有两种：第一种是在海上风电场址内布置坐底式自容式声学测波仪，坐底安装时，对于淤泥质海床应预留下沉量，对于砂质海床应防止仪器倾斜过大；第二种是依托海上风电场已建成的测风塔，设计一种连接测波仪和桩基的高强度不锈钢架，将数据传输电缆连接到测风塔上部平台，并建立数据存储和传输基站，通过无线数据网络将实时数据传回到用户的终端，从而建立一套完整的波浪实时观测系统，安装在固定结构物上，即实时传输式声学测波仪，并应考虑结构物对波浪反射的影响，结构物对波浪有反射影响时，宜考虑移站。声学测波仪工作示意如图 2-5 所示，声学测波仪现场安装如图 2-6 所示。

图 2-5　声学测波仪工作示意图

图 2-6　声学测波仪现场安装图

采用声学测波仪进行观测，水下安装，不易丢失；不受极端天气影响，可以进行长期稳定观测，安全可靠；声学测波仪价格适宜，结构小巧，便于野外携带。

2. 重力测波仪

重力测波仪是 20 世纪 60 年代逐渐发展起来的新型测波仪器，它分为船用和浮标用两类。浮标用的重力测波仪又称为测波浮标，国外在海洋调查中已普遍采用，主要有“波浪骑士”测波浮标和遥控测波仪等。重力测波仪测波点应便于锚系的投放及固定，水域最大流速宜小于 2m/s，最小水深宜大于 5m。

(1) 测波浮标。测波浮标由海上、陆上两大部分组成：海上部分主要是浮标主体和弹性的锚系系统，包括浮标体、加速度计、闪光灯、电子线路、组合电池、发射天线及锚系等，统称为发射系统；陆上部分由接收天线、接收机、鉴频器、时控电路、记录仪、调制解调器、磁带式磁盘记录器及附属的后处理系统，如微处理机等组成。图 2-7 为重力测波仪结构组成示意图，图 2-8 和图 2-9 为数据接收天线和浮标锚链系统。

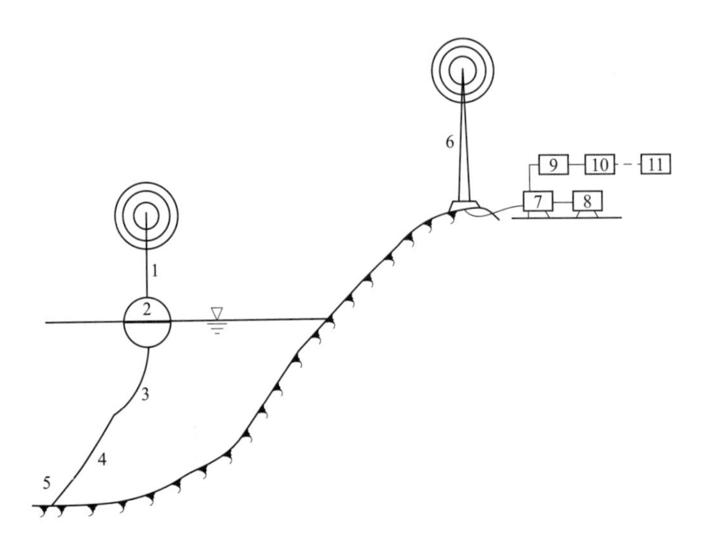


图 2-7　重力测波仪结构组成示意图

1—发射天线；2—浮标；3—橡皮缆；4—尼龙绳；5—锚链及锚；6—接收天线；7—接收机；8—记录仪；9—调制解调器；10—磁带式磁盘记录器；11—微处理机

图 2-8　数据接收天线

图 2-9　浮标锚链系统

重力测波仪采用重力加速度原理进行波浪测量，当测波浮标随波面变化作升沉运动时，安装在浮标内的垂直加速度计输出一个反映波面升沉运动加速度的变化信号，对该信号做二次积分处理后，即可得到对应于波面升沉运动高度变化的电压信号，将

该信号做模数转换和计算处理后可以得到波高的各种特征值及其对应的波周期。利用波高倾斜一体化传感器、方位传感器除可以测得波高的各种特征值和对应的波周期外，还可以测得浮标随波面纵倾、横倾和浮标方位的三组参数，通过计算处理，得到波浪的传播方向。浮标测得的波浪各特征值通过在浮标内设存储卡进行长期存储，具有采集数据连续性好、精度高等优点；并可将实时数据发送至岸上的接收器，使相关人员能及时、准确地了解当地海况。图2-10为测波浮标现场工作图片。

图2-10　测波浮标

测波浮标的测量精度较高，所以观测成果认可度较高。但是也有缺点，如一般用于近岸浅水海域、维护成本较高、长期置于海面容易丢失等。

(2) 遥控测波仪。遥控测波仪通过测量波面水质点运动的加速度测量波高，它利用安装在浮标内或浮标下的重力加速度计来反映海面水质点的运动。波面水质点（浮标）在不同的时刻具有不同的重力加速度，为此只需把测得的反映重力加速度大小的频率信号经过二次电路积分，就可获得相应的波高信号。积分器输出的相应于波高的电压信号，输入到压控振荡器，从而得到相应于波高的频率输出，并作为调制信号来调制发射机载波，再通过发射天线把信号发到岸站。陆上接收机收到波浪信号，再把频率信号转换回到电压值，由记录仪描绘出波浪曲线图形，波浪信号同时输给收录机记录在磁盘或磁带上。磁盘或磁带通过回放，经解调和模数转换后成为数字量输入到计算机里进行各种处理分析。后处理系统主要包括微处理机、打印机、绘图仪等，作业时可以进行现场实时处理，也可以事后通过磁盘、磁带回放处理。

遥控测波仪的工作方式是由时钟控制定时记录，如每3h、4h或6h记录一次，每次1530min，视机种不同而异，亦可根据需要启动机器进行连续记录。这类测波仪测量的最大波高可达20～30m，遥控距离10～50km不等，是光学测波仪无法比拟的。浮标内蓄电池的工作寿命可达6～10个月。

遥控测波仪的输出资料除波形曲线外，经微处理机处理后还可给出波浪的各种特征值，如平均波高、平均周期、最大波高、最大周期等及波浪频率谱、方向谱等。

遥控测波仪的优点是自动化程度高、适应性强、不受天气影响，可获得大风浪时的资料；缺点是成本高、维修费用大、浮标易丢失或受损、有些仪器还不能给出波向。因此，目前在我国这类仪器还仅局限于海洋调查和筑港地区的临时观测站使用。

3. 压力式测波仪

压力式测波仪的基本原理是利用海面波动时所形成的不同的水柱压力差来测定波高。

压力测波仪的特点是采用差动式压力变换器：在它的一侧感受总的静水压力，各种周期性的波动由低通过滤器滤去；而另一侧则感受总的水柱压力加上波浪压力，两者之差即为波浪信息，该信息与由潮汐变化、大气压力变化等所引起的水柱变化无关。仪器采用硅半导体应变计式传感器，电子设备中采用集成电路，压力传感器由一个充满油的膜盒与水隔离，故不受阻塞、生物污损及泥沙淤积影响。压力传感器可装在海底以上0～60m各种水深处，可嵌装在结构物上，也可系于缆绳上，但波浪感应压力随水深增加而衰减，故仪器最大安置水深不宜过深，以不超过15m为宜。

压力测波仪因传感器位于水下，无活动部件，故仪器的平均无故障工作时间比其他仪器高；缺点是无法记录波向，波浪中的高频短波会随着传感器设置水深的增加而更多地被滤掉。

4. *海况及波型观测*

海况是指在风力作用下的海面外貌特征，共分为10级，见表2-1，波型分类见表2-2。

**表2-1　海况等级表**

| 海况等级 | 海面征状 |
|---|---|
| 0 | 海面光滑如镜，或仅有涌浪存在 |
| 1 | 波纹或涌浪和波纹同时存在 |
| 2 | 波浪很小，波峰开始破裂，浪花不呈白色而呈玻璃色 |
| 3 | 波浪不大，但很触目，波峰破裂，其中有些地方形成白色浪花，即白浪 |
| 4 | 波浪具有明显的形状，到处形成白浪 |
| 5 | 出现高大的波峰，浪花占了波峰上很大的面积，风开始削去波峰上的浪花 |
| 6 | 波峰上被风削去的浪花开始沿着波浪斜面伸长成带状，有时波峰出现风暴波的长波形状 |
| 7 | 风削去的浪花带布满了波浪斜面，并且有些地方到达波谷，波峰上布满了浪花层 |
| 8 | 稠密的浪花布满了波浪斜面，海面变成白色，只有波谷内某些地方没有浪花 |
| 9 | 整个海面布满了稠密的浪花，空气中充满了水滴和飞沫，能见度显著降低 |

**表2-2　波型分类表**

| 波型 | 符号 | 海浪外貌特征 |
|---|---|---|
| 风浪 | F | 受风力的直接作用，波型极不规则，波峰较尖，波峰线较短，背风面比迎风面陡，波峰上常有浪花和飞沫 |
| 涌浪 | U | 受惯性力作用传播，外形较规则，波峰线较长，波向明显，波陡较小 |
| 混合浪 | FU | 风浪和涌浪同时存在，风浪波高与涌浪波高相差不大 |
|  | F/U | 风浪和涌浪同时存在，风浪波高明显大于涌浪波高 |
|  | U/F | 风浪和涌浪同时存在，风浪波高明显小于涌浪波高 |

### 2.2.3　资料处理

收集波浪资料时，应特别注意测波点的地理位置及测波仪类型。波浪观测的原始

数据填入日报表后，经分析填入月报表中，再经统计汇集成年报表，海岸与近海工程设计中常需查阅的是波浪月报表。对于遥测的波浪资料，一般都记录波高和周期的各种特征值，必要时还可调出当时波浪剖面形状或频谱供研究。

根据各向各级波浪出现频率及其大小绘制的图称为波浪玫瑰图，首先对某海区多年波浪观测资料进行统计整理，先将波高或周期分级，一般波高可每间隔 0.5～1.0m 为一级，周期每间隔 1s 为一级，然后从月报表中统计各向各级波高或周期的出现次数，并除以统计期间的总观测次数，即得频率。为得到可靠的波浪玫瑰图，一般需 1～3 年的连续资料，或选择有代表性的典型年份的资料。

波浪玫瑰图有多种绘制方法，图 2-11 所示给出其中两种，同理可绘制出相应的周期频率玫瑰图。波浪玫瑰图也可以根据工程施工、营运等需要，分别按月或季节绘制。

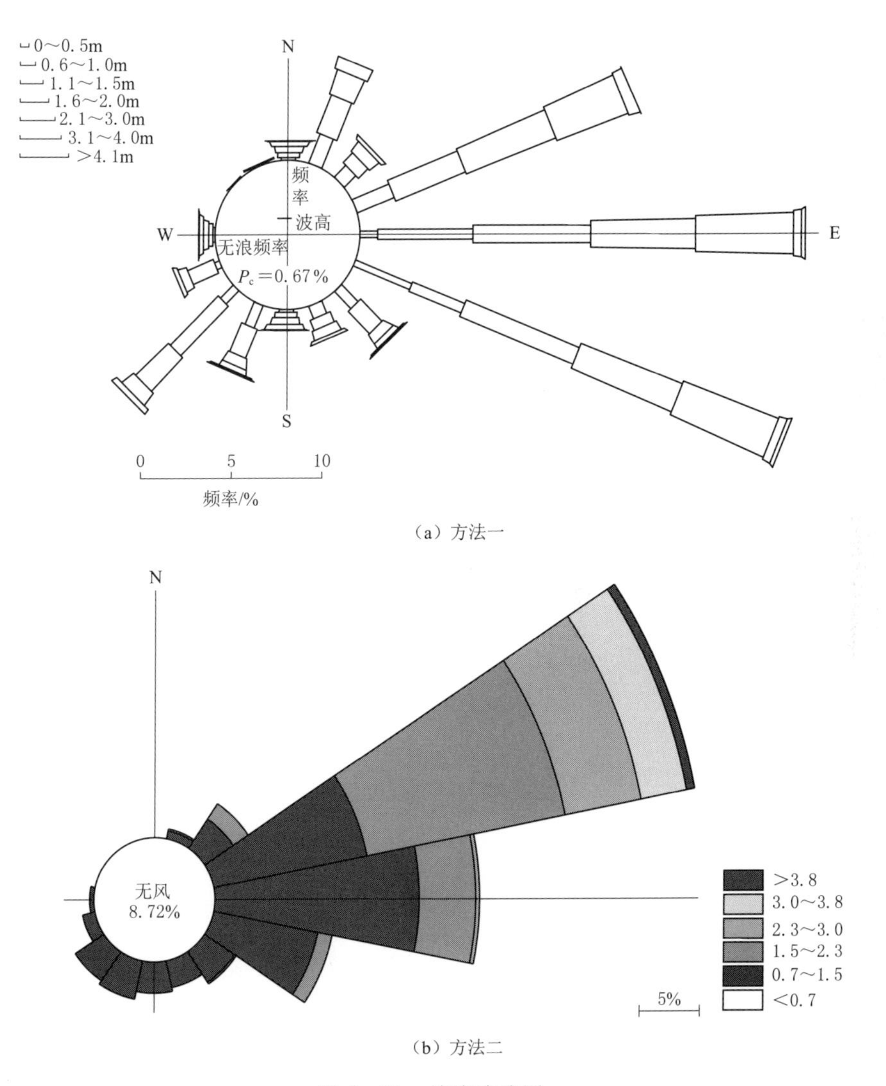

(a) 方法一

(b) 方法二

图 2-11　波浪玫瑰图

# 2.3　波浪统计特征及其分布规律

## 2.3.1　波浪统计特征

如果用连续自动记录的遥测重力测波仪进行波浪观察，则可以记录到海面上某固定点波面随时间变化的过程线，如图 2-12 所示，它显然不同于规则波，而是一个复杂的不规则波波列。在一定的时间及地点，实际海洋波浪的出现及其大小完全是随机的，预先无法确知，这种波浪称为随机波或不规则波。以波高为例，每次观测可测得一个确定的结果，但每次观测的结果彼此是不相同的，是随时间随机变化的，这种变化只能采用随机函数加以描述，也叫随机过程。

图 2—12 中横坐标表示时间，同时也代表静水面，纵坐标代表波面相对于静水面的垂直位移。波面自上而下跨过横轴的交点称为下跨零点（例如 3 点、6 点），而自下而上跨过横轴的交点称为上跨零点（例如 0 点、9 点）。在一个周期内取波面的最高点作为波峰顶（例如 4 点），波面的最低点作为波谷底（例如 7 点），而 5 点、8 点不能作为波峰顶、波谷底。

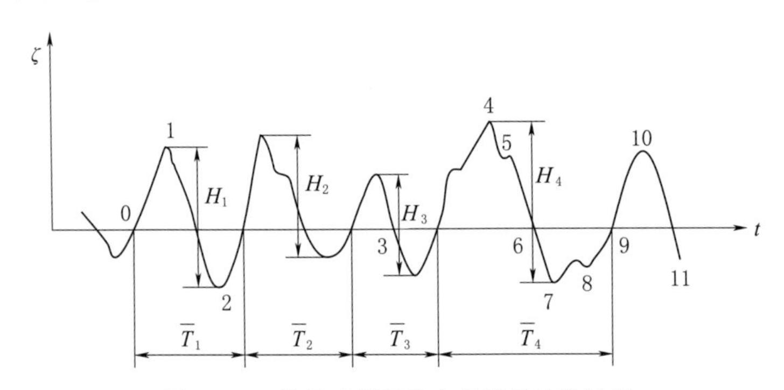


图 2-12　波浪观测记录中的随机波浪过程

波浪的尺度常用波高和周期表示。对于不规则波，通常采用上跨（或下跨）零点法定义波高和周期。以上跨零点法为例，取平均水位为零线，把波面上升与零线相交的点作为一个波的起点。波形不规则地振动降到零线以下，接着又上升再次与零线相交，这一点作为该波的终点（也是下一个波的起点）。如横坐标轴是时间，则两个连续上跨零点的间距便是这个波的周期。若坐标轴是距离，则此间距是这个波的波长。把这两点间的波峰最高点到波谷最低点的垂直距离定义为波高。对于中间可能存在的小波动，只要不与零线相交即不予考虑。

根据上跨零点法取得波列数据后，需要计算其统计特征，以评估波系的大小。目前一般有两种方法：①特征波法，即对波高、周期等进行统计分析，采用有某种统计

特征值的波作为代表波；②谱方法。

对于特征波的定义，欧美国家多采用部分大波的平均值法，俄罗斯等采用超值累积率法，我国则两者兼用。通常采用大约连续观测的100个波作为一个标准段进行统计分析。

1. 部分大波均值特征波

（1）最大波 $H_{max}$、$T_{max}$。最大波即波列中波高最大的波浪。$T_{max}$表示相应于最大波高 $H_{max}$的周期。

（2）1/10大波 $H_{1/10}$、$T_{H1/10}$。波列中各波浪按波高大小排列后，取前1/10的波的平均波高和平均周期。

（3）有效波（1/3大波）$H_{1/3}$、$T_{H1/3}$。按波高大小次序排列后，取前1/3的波的平均波高和平均周期。

（4）平均波高 $\overline{H}$ 和平均波周期 $\overline{T}$。波列中所有波高的平均值和周期的平均值。

$$\left.\begin{aligned}\overline{H}&=\frac{\sum_{i=1}^{N}H_i}{N}\\ \overline{T}&=\frac{\sum_{i=1}^{N}T_i}{N}\end{aligned}\right\}\tag{2-4}$$

（5）均方根波高 $H_{rms}$，其计算公式为

$$H_{rms}=\sqrt{\frac{1}{N}\sum_{i=1}^{N}H_i^2}\tag{2-5}$$

这些特征波中最常用的是有效波，国外文献中泛指海浪的波高多指 $H_{1/3}$。

2. 累积频率特征波

为进一步研究波高或周期大小的分布规律，需绘制频率直方图。首先计算各波高的比值 $H_i/H$，即波高的模比系数 $K_i$，显然平均波高的模比系数等于1.0。

以适当的间距（即组距）$\Delta H/\overline{H}$ 将波列分成若干组，计算出各间距上、下限对应的波高。统计各组波高的出现次数 $n_i$，将 $n_i$ 除以总次数 $N$，得各组波高出现的区间频率，即

$$f_i=\frac{n_i}{N}\tag{2-6}$$

显然 $\sum_{i=1}^{N}f_i=1.0$。各组波高出现的频率各不同，在模比系数等于1.0，即平均波高附近出现的波高频率大，而在两端出现的频率较小。

为求各组距内任何一个波高可能出现的频率，即平均频率，假定组距内任一波高出现的机会均等，且组距内所有波高出现的总频率应等于区间频率。于是平均频率就

是区间频率除以组距，即 $f_i/(\Delta H/\overline{H})$。

以模比系数为纵坐标，平均频率为横坐标，绘出图2-13（a）所示的波高平均频率直方图。显然，图上各个矩形的面积就是各组的区间频率 $f_i$ 且各面积之和为1.0。当组距接近于无限小时，直方图趋于曲线，该曲线与纵轴包围的面积就是1.0，此时横坐标转化为频率密度，而曲线即为频率密度曲线。波高频率密度曲线的特点是“两头小、中间大”，即平均值附近的波高出现机会最多。

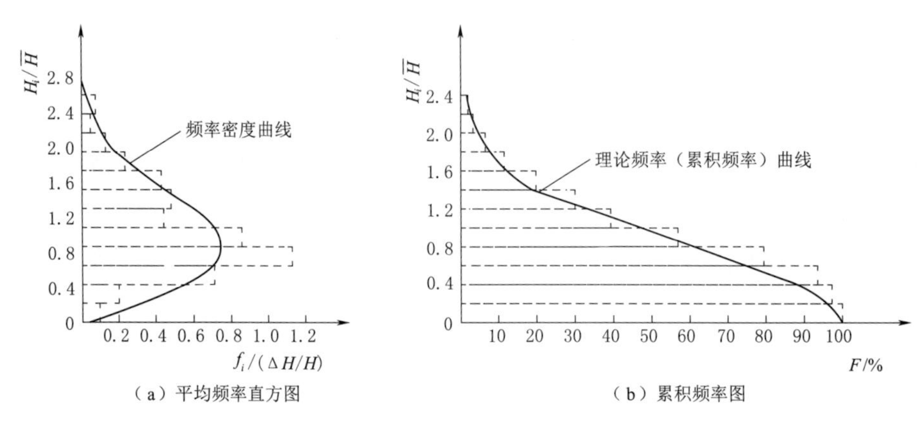


图2-13　波高分布规律

在工程设计中，通常要求知道波列中不小于某一波高的机会，即某一波高的累积频率，或要求知道给定某一累积频率的波高值。统计的累积频率的计算公式为

$$F_i=\frac{\sum_{i=1}^{N} n_i}{N}\times 100\% \tag{2-7}$$

经验表明，取用连续的100～150个波进行统计就已能充分、准确地反映波浪的统计性质，这些波经历的时间为10～20min。如果取的波数太少，则不能保证样本的代表性，使统计结果不稳定；反之，波数取得太多太长，又不能保证波浪处于稳定的定常状态，即不能保证采样的一致性，从而影响成果的可靠性。

3. 波高的频率分布

根据朗格特-希金斯（Longuet-Higgins）对于窄谱波的分析，对于深水波，波列中的波面振幅 $a$ 符合瑞利（Rayleigh）分布，其分布函数为

$$f(a)=\frac{a}{\sigma_\eta^2}e^{-\frac{a^2}{2\sigma_\eta^2}} \tag{2-8}$$

其中

$$\sigma_\eta^2=\overline{(\eta-\overline{\eta})^2}$$

式中　$\sigma_\eta^2$——波面方差。

利用求原点矩的方法可得平均振幅的表达式为

$$\overline{a}=\int_0^{\infty}af(a)\mathrm{d}a=\sqrt{\frac{\pi}{2}}\sigma_\eta \tag{2-9}$$

将式（2-9）及 $H=2a$、$\overline{H}=2\overline{a}$ 代入式（2-8）可得以平均波高表示的波高的理论概率分布函数为

$$f(H)=\frac{\pi}{2}\frac{H}{\overline{H}^2}\mathrm{e}^{-\frac{\pi}{4}\left(\frac{H}{\overline{H}}\right)^2} \tag{2-10}$$

相应的波高累积频率（简称累积率）函数 $F(H)$ 的计算公式为

$$F(H)=\int_H^{\infty}f(\xi)\mathrm{d}\xi \tag{2-11}$$

即

$$F(H)=\mathrm{e}^{-\frac{\pi}{4}\left(\frac{H}{\overline{H}}\right)^2} \tag{2-12}$$

根据式（2-12）可得到累积率波高 $H_{F\%}$ 与平均波高 $\overline{H}$ 的关系，即

$$H_{F\%}=\overline{H}\left(\frac{4}{\pi}\ln\frac{1}{F}\right)^{1/2} \tag{2-13}$$

例如

$$H_{1\%}=2.42\overline{H},H_{5\%}=1.95\overline{H},H_{13\%}=1.61\overline{H} \tag{2-14}$$

常用的部分大波的平均波高与平均波高 $\overline{H}$ 关系为

$$H_{1/10}=2.03\overline{H},H_{1/3}=1.60\overline{H},H_{\mathrm{rms}}=1.13\overline{H} \tag{2-15}$$

当波列足够长，即 $N$ 足够大时，最大波高的数学期望值为

$$\frac{\overline{H}_{\max}}{H_{1/3}}=\left(\frac{\ln N}{2}\right)^{1/2} \tag{2-16}$$

实测资料的检验证明，瑞利分布仅适用于深水区。当波浪由深水逐渐传向浅水区时，波高的分布规律发生变化，水深 $d$ 开始影响波高的分布。令 $\overline{H}/d=H^*$，此时，波高的分布函数表示为

$$F(H)=\mathrm{e}^{-\frac{\pi}{4(1+H^*/\sqrt{2\pi})}\left(\frac{H}{\overline{H}}\right)^{\frac{2}{1-H^*}}} \tag{2-17}$$

或

$$H_F=\overline{H}\left[\frac{4}{\pi}\left(1+\frac{H^*}{\sqrt{2\pi}}\right)\ln\frac{1}{F}\right]^{\frac{1-H^*}{2}} \tag{2-18}$$

该分布函数称为格鲁霍夫斯基（Глуховский）分布。当 $H^*=0$，即水很深时，式（2-18）还原为深水中的式（2-13）。

式（2-18）是经验性的，无法从理论上予以推导，但因它与实际资料很吻合，且与式（2-13）在 $H^*=0$ 处能衔接，故被接受。应该指出该式中的平均波高 $\overline{H}$ 已不再是深水中的平均波高，而是相应水深 $d$ 处的平均波高。

## 2.3.2　波浪谱

### 2.3.2.1　波浪谱的概念

波浪是一种十分复杂的流体运动，仅简单的规则波动不能充分地对其进行描述，前述的统计规律也只能反映它外在表现的规律，而不能说明其内部结构。为了进一步研究海浪，需引入波浪谱的概念。波浪谱揭示海浪的内部结构及其能量分布。显然波浪的内部结构和外观表现规律又是密切联系的，因为研究的是同一个对象，只是从两个方面入手而已。也正因为波浪的内部结构复杂，导致其外观表现千变万化。

复杂的波浪可理解为许多（理论上为无限）个振幅和频率不等且初相错置的简谐波的叠加。因此，朗格特-希金斯提出海面上某一固定点的波面方程为

$$\xi(t)=\sum_{n=1}^{\infty}a_n\cos(\omega_n t+\varepsilon_n) \tag{2-19}$$

由于组成波的初位相 $\varepsilon_n$ 是随机量，它的变化范围为 $0\sim2\pi$，且均匀分布，故其概率密度函数为

$$f(\varepsilon)=\frac{1}{2\pi} \tag{2-20}$$

式（2-19）中每个组成波具有不同的能量，根据微幅波理论的波能公式，可知单位面积垂直水柱（自波动水面至水底）内各个组成波的能量为

$$E_n=\frac{1}{2}\rho g a_n^2 \tag{2-21}$$

式中　$\rho$——水的密度；

　　$g$——重力加速度。

于是任意频率间隔 $\omega\sim(\omega+\delta\omega)$ 内的波能量为

$$\frac{1}{2}\rho g\sum_{\omega}^{\omega+\delta\omega}a_n^2 \tag{2-22}$$

此能量显然与频率间隔 $\delta\omega$ 成比例，并与此间隔内各频率的组成波的能量有关，令

$$S(\omega)\delta(\omega)=\frac{1}{2}\sum_{\omega}^{\omega+\delta\omega}a_n^2 \tag{2-23}$$

式中　$S(\omega)$——频率的某一函数。

为了说明函数 $S(\omega)$ 的物理意义，研究物理量

$$\frac{1}{\delta\omega}\sum_{\omega}^{\omega+\delta\omega}\frac{1}{2}\rho g a_n^2 \tag{2-24}$$

即求频率介于 $\omega\sim(\omega+\delta\omega)$ 范围内各组成波的能量之和，除以 $\delta\omega$ 得此间隔内的平均能量。函数 $S(\omega)$ 显然与式（2-24）成比例，$S(\omega)$ 乘以常数 $\rho g$ 就是频率位于

间隔 $\omega$～（$\omega+\delta\omega$）内各组成波所提供的能量，即它表示波浪能量相对于组成波频率的分布。如取 $\delta\omega=1$，式（2-24）表示单位频率间隔内的能量，从而 $S(\omega)$ 比例于单位频率间隔内的能量，即能量密度。$S(\omega)$ 称为波谱，由于它反映能量密度，故也称为能谱，又由于它给出能量相对于频率的分布，故也称为频谱。

显然，将波谱在整个频率范围内从 0～∞积分，其结果就是波浪总能量，即

$$E=\rho g\int_{0}^{\infty}S(\omega)\mathrm{d}\omega \tag{2-25}$$

如以频率 $\omega$ 为横坐标，$S(\omega)$ 为纵坐标，则可绘得波能量相对于频率的分布图，即波谱图，如图 2-14 所示。

由图 2-14 可见，$\omega=0$ 附近的波谱值很小，随 $\omega$ 加大，波谱值急骤地增大至最大值 $S_{\max}$，它对应的频率，称为波谱的峰频 $\omega_{\max}$。$\omega$ 再增大，谱密度较快并逐渐缓慢地减小，最后趋于零。理论上 $S(\omega)$ 分布于 $\omega=0$～∞范围内，但实际上，其显著部分集中于较窄的频率带内。换言之，在构成波浪的组成波中，频率很小及很大者提供的能量很小，能量的主要部分集中在某一频率范围内。

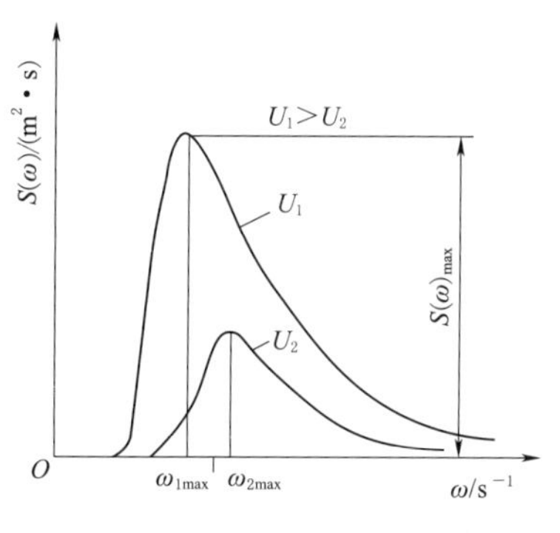


图 2-14　波谱图

这种波浪内部结构的特点也反映到波浪外在表现的性质，即直接观测到的波浪高低长短不齐，但其中频率很小（周期很大）和频率很大（周期很小）的波都很少，大多数波浪的频率介于一较狭窄的频率范围内。显然，图 2-14 中波谱曲线与横坐标所包围的面积与波浪的总能量 $E$ 成比例。随着风电场风速的增大，波谱曲线下面的总面积增大，即总能量增大，波谱的显著部分涉及的频率范围也扩大，且随风速增大，波谱的显著部分向低频率方向推移，因此海浪中显著部分的波周期随之增大。

由式（2-21）可看出，如长度和时间的单位取 m 和 s，则谱密度的单位为 $\mathrm{m}^2\cdot\mathrm{s}$。

理论上可以证明波面纵坐标 $\xi(t)$ 的方差 $\sigma^2$ 与波动的总能量成比例，即

$$\sigma^2=\int_{0}^{\infty}S(\omega)\mathrm{d}\omega=m_0,r=0 \tag{2-26}$$

式中　$m_0$——谱的零阶矩；

　　　$r$——阶矩数。

谱的各阶矩的通式为

$$m_r=\int_{0}^{\infty}\omega^r S(\omega)\mathrm{d}\omega \tag{2-27}$$

波面的方差 $\sigma^2$ 是由波浪外观表现统计出的统计特征值，而 $m_0$ 是波浪内部能量结构的特征值，因此波浪的外观表现就是通过式（2-26）与其内部能量结构联系起

来的。

有时波谱的横坐标 $\omega$（也称圆频率）以频率 $f(f=1/T)$ 代替，此时 $S(\omega)$ 转换为以 $f$ 表示的波谱 $S(f)$。因为 $\omega=2\pi/T=2\pi f$，两频率比值 $\omega/f=2\pi$，为一常值。设 $\delta\omega$ 对应的 $f$ 的间隔为 $\delta f$，且在两间隔中能量相等，即 $S(f)\delta f=S(\omega)\delta\omega$，于是得 $S(f)=S(\omega)\delta\omega/\delta f$，因此

$$S(f)=2\pi S(\omega) \tag{2-28}$$

或

$$S(\omega)=\frac{S(f)}{2\pi}$$

#### 2.3.2.2　波浪谱形成举例

国内外已提出很多风浪谱，其最常见的一般形式为

$$S(\omega)=\frac{A}{\omega^{p}}e^{-\frac{B}{\omega^{q}}} \tag{2-29}$$

式中　$A$、$B$——包含风要素（风速、风时、风距）或波要素（波高、周期）的参量；

$p$、$q$——指数，$p$ 常取 4～6，$q$ 常取 2～4。

目前国内外工程界常使用的风浪谱如下。

1. 劳曼（Neuman）谱

劳曼谱是 20 世纪 50 年代初世界上最先提出的波谱，它是利用在不同风速下观测到的波高和周期的关系推导出来的半理论半经验公式，其中适用于充分成长的风浪的形式为

$$S(\omega)=\frac{2.4}{\omega^{6}}e^{-\frac{4.44(H_{1/10})^{-4/5}}{\omega^{2}}} \tag{2-30}$$

劳曼谱的缺点主要是，由于使用的是目测资料，精度较差，故目前已趋淘汰。

2. 皮尔逊-莫斯柯维奇（Pierson－Moscowitz，P－M）谱

P－M 谱是利用 20 世纪 50—60 年代在北大西洋得到的几百段波浪观测资料分析后得到的，其以波要素表达的形式为

$$S(\omega)=\frac{0.78}{\omega^{5}}e^{-\frac{1.225}{H^{2}\omega^{4}}}=\frac{0.78}{\omega^{5}}e^{-\frac{3.11}{H_s^{2}\omega^{4}}} \tag{2-31}$$

式中　$H_s$——有效波 $H_{1/3}$。

P－M 谱为经验谱，由于所依据的资料比较充分可靠，分析方法比较合理，使用也较方便，故在波浪研究和工程设计中得到广泛应用，已逐渐取代了劳曼谱，它适用于风浪的充分成长阶段。

3. JONSWAP（Joint North Sea Wave Project）谱

JONSWAP 谱是利用 20 世纪 60 年代英国、荷兰、美国和法国等在北海进行波浪观测的资料得到的，其表达式为

$$S(\omega)=\frac{0.78}{\omega^5}\exp\left(-\frac{3.11}{H_s^2\omega^4}\right)\gamma^{\exp\left[-\frac{(\omega-\omega_{max})^2}{2\sigma^2\omega_{max}^2}\right]} \tag{2-32}$$

式中 $\gamma$——谱峰升高因子，$\gamma=1.5\sim6$，一般取平均值 $\gamma=3.3$；

$\omega_{max}$——谱峰频率；

$\sigma$——峰形系数。

$\sigma$ 的取值为

$$\sigma=\begin{cases}0.07, \omega\leqslant\omega_{max}\\0.09, \omega>\omega_{max}\end{cases} \tag{2-33}$$

比较式（2-32）与式（2-31），可见 JONSWAP 谱仅比 P-M 谱多乘了一项谱峰升高因子 $\gamma$，所以其谱形在谱峰附近将比 P-M 谱增大，变得更尖突，说明波浪能量高度集中于谱峰频率附近。

由于此谱是由迄今最系统的海浪观测结果得来的，资料又包括了深、浅水充分成长风浪和成长过程的风浪，因此得到广泛的应用。

4. 勃列斯奈德（Bretschneider）-光易谱

此谱是日本学者光易在原勃氏谱的基础上进行修正得到的，其形式为

$$S(f)=0.257H_s^2T_s(T_sf)^{-5}e^{-1.03(T_sf)^{-4}} \tag{2-34}$$

式中 $T_s$——有效波周期，经统计 $T_s=1.11\overline{T}$。

$S(f)$ 与 $S(\omega)$ 的关系见式（2-28）。此谱适用于风浪成长阶段，故在工程问题上也得到了广泛的应用。

5. 文圣常谱

1989 年，青岛海洋大学文圣常教授等提出了文圣常谱。此谱是由理论导出的，谱中包含的参数很容易求得，精确度高于 JONSWAP 谱，且适用于深、浅水，并通过检验证明与实测资料相符合。该谱已被列入我国海港工程技术规范，作为规范谱使用。谱函数中引入尖度因子 $P$ 和浅水因子 $H^*$，当已知有效波高 $H_s$(m) 和有效波周期 $T_s$(s) 时，其表达式如下：

（1）对于深水水域，当水域深度 $d$ 满足 $H^*=0.626H_s/d\leqslant0.1$ 的条件时，风浪谱的形式为

$$\left.\begin{aligned}S(f)&=0.0687H_s^2T_sPe^{-95\left[\ln\frac{P}{1.522-0.245P+0.00292P^2}\right](1.1T_sf-1)^{12/5}}, 0\leqslant f\leqslant1.05/T_s\\S(f)&=0.0824H_s^2T_s^{-3}(1.522-0.245P+0.00292P^2)f^{-4}, f>1.05/T_s\end{aligned}\right\} \tag{2-35}$$

其中

$$P=95.3\frac{H_s^{1.35}}{T_s^{2.7}} \tag{2-36}$$

式中 $P$——谱尖度因子，应满足 $1.54\leqslant P<6.77$ 的条件。

（2）对于浅水水域，当 $0.1<H^*\leqslant0.5$ 时，风浪谱中引入浅水因子 $H^*=\overline{H}/d$，

风浪谱的表达式为

$$\left.\begin{aligned} S(f) &= 0.0687H_s^2 T_s P e^{-95\left[\ln\frac{P(5.813-5.137H^*)}{(6.77-1.088P+0.013P2)(1.307-1.426H^*)}\right](1.1T_s f-1)^{12/5}}, 0 \leqslant f \leqslant 1.05/T_s \\ S(f) &= 0.0687H_s^2 T_s^{-3}\frac{(6.77-1.088P+0.013P^2)(1.307-1.426H^*)}{(5.813-5.137H^*)}\left(\frac{1.05}{T_s f}\right)^m, f > 1.05/T_s \end{aligned}\right\} \tag{2-37}$$

其中

$$m = 2(2-H^*)$$

谱尖度因子 $P$ 仍由式（2-36）计算，其值应满足 $1.27 \leqslant P < 6.77$。

应指出的是，式（2-35）及式（2-37）中（$1.1T_s f-1$）的值，当 $f$ 较小时，它是负值，此时应先取平方，然后再取 6/5 次方，以保证波谱密度不出现负值。

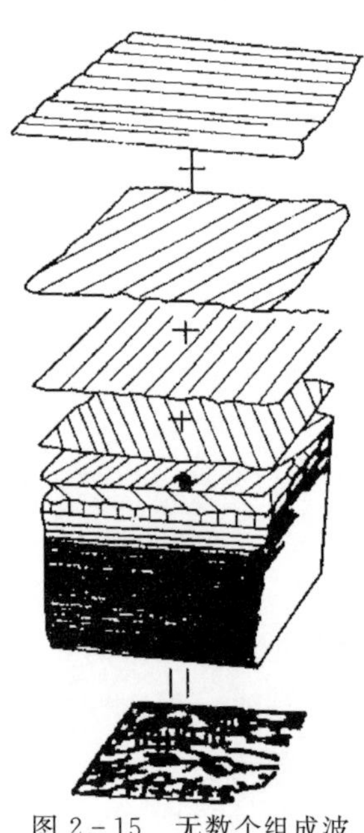
图 2-15　无数个组成波叠加成三维海浪场

波浪的能量由无数个频率不同的组成波提供，但是前述内容仅能描述固定点的波面随时间的变化，不涉及波浪的传播方向，而实际上海面的波浪场是三维的，其能量不仅分布在一定的频率范围内，而且也分布在不同的传播方向上。进一步研究海浪的波谱结构，须把实际的海浪视作由很多不同频率 $\omega_n(n=1,2,\cdots,\infty;0<\omega_n<\infty)$、不同方向 $\theta_m(m=1,2,\cdots,\infty;-\pi<\theta_m<\pi)$ 的简谐波叠加而成，在 $x$、$y$ 平面上沿与 $x$ 轴成 $\theta_m$ 角方向上传播的每个组成波的振幅为 $a_n$、频率为 $\omega_n$、初相为 $\varepsilon_{nm}$，如图 2-15 所示。

在 $x$、$y$ 平面上与 $x$ 轴成斜向的简谐波可写为

$$\xi(x,y,t) = a\cos[k(x\cos\theta + y\sin\theta) - \omega t + \varepsilon] \tag{2-38}$$

其中

$$k = \frac{2\pi}{L}$$

式中　$k$——与波长有关的参数，称为波数。

于是可由无限个斜向简谐波组成多向不规则波，其表达式为

$$\xi(x,y,t) = \sum_{n=1}^{\infty}\sum_{m=1}^{\infty} a_n\cos[k_n(x\cos\theta_m + y\sin\theta_m) - \omega_n t + \varepsilon_{nm}] \tag{2-39}$$

根据微幅波理论，对于深水波，波数是 $k_n=\omega_n^2/g$。式（2-39）表示，在时刻 $t$ 时的波面，由具有各种方向角 $\theta_m(-\pi<\theta_m<\pi)$ 和各种频率 $\omega_n(0<\omega_n<\infty)$ 的无限个组成波叠加而成。

对于任何频率间隔 $\delta\omega$ 和方向间隔 $\delta\theta$ 内的组成波，其能量为 $\frac{1}{2}a_n^2$，与频谱相似，可得方向谱密度函数 $S(\omega,\theta)$ 为

$$\sum_{\delta\omega}\sum_{\delta\theta}\frac{1}{2}a_n^2=S(\omega,\theta)\mathrm{d}\omega\mathrm{d}\theta \tag{2-40}$$

其中 $0\leqslant\omega_n<\infty,\ -\pi\leqslant\theta_m\leqslant\pi$

方向谱 $S(\omega,\theta)$ 给出不同方向上各组成波的能量相对于频率的分布，或就给定的频率而言，$S(\omega,\theta)$ 表征组成波能量相对于方向的分布，因此其图形是三维的，如图 2-16 所示。从理论上讲，方向角 $\theta$ 的变化范围为 $-\pi\sim\pi$，但实际上波浪能量多分布在主波向两侧各 $\pm\pi/2$ 甚至更窄的范围内。

海浪的方向谱与波谱之间的关系为

$$S(\omega)=\int_{-\pi}^{\pi}S(\omega,\theta)\mathrm{d}\theta \tag{2-41}$$

波面方差 $\sigma^2$ 与式（2-26）相似，可写为

$$\sigma^2=\int_{-\pi}^{\pi}\int_{0}^{\infty}S(\omega,\theta)\mathrm{d}\omega\mathrm{d}\theta \tag{2-42}$$

海浪方向谱函数的形式一般为

$$\left.\begin{aligned}S(\omega,\theta)&=S(\omega)G(\omega,\theta)\\ \text{或}\quad S(f,\theta)&=S(f)G(f,\theta)\end{aligned}\right\} \tag{2-43}$$

式中　$S(\omega)$、$S(f)$——频率谱；

$G(\omega,\theta)$、$G(f,\theta)$——方向分布函数，简称方向函数。

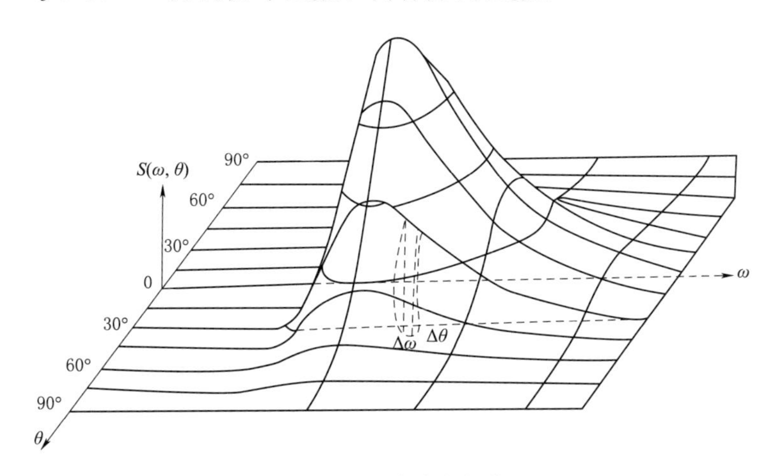


图 2-16　海浪方向谱

方向函数必须符合下列条件

$$\left.\begin{aligned}&\int_{-\pi}^{\pi}G(\omega,\theta)\mathrm{d}\theta=1.0\\ \text{或}\quad&\int_{-\pi}^{\pi}G(f,\theta)\mathrm{d}f=1.0\end{aligned}\right\} \tag{2-44}$$

下面介绍几种常用的方向函数。

1. 简单的经验公式

方向函数最简单的经验公式是假定方向分布与频率无关，即

$$G(f,\theta)=G(\theta)=C(s)\cos^{2s}(\theta-\theta_0),|\theta-\theta_0|<\frac{\pi}{2} \tag{2-45}$$

式中　$\theta$——组成波的方向；

$\theta_0$——主波向；

$s$——数值常数，它表示波能方向分布的集中程度。

采用不同的 $s$ 值，可由式（2-45）推导得相应的 $C(s)$ 值为

$$C(s)=\frac{1}{\sqrt{\pi}}\frac{\Gamma(n+1)}{\Gamma\left(n+\frac{1}{2}\right)}=\frac{2n!!}{\pi(2n-1)!!} \tag{2-46}$$

其中　$2n!!=2n\times(2n-2)\times\cdots\times4\times2$；$(2n-1)!!=(2n-1)\times(2n-3)\times\cdots\times3\times1$

式中　$\Gamma$——伽玛函数。

如当 $s=1$ 时，$C=2/\pi$；$s=2$ 时，$C=8/3\pi$ 等。$s$ 的取值范围为 1～10，$s$ 取值越大，波能的方向分布越集中。

2. 光易型方向函数

现场实测资料表明，波浪方向可能分布在全平面内，因此朗格特-希金斯（1963）把方向函数表示为

$$G(f,\theta)=G_0(s)\left|\cos\left(\frac{\theta}{2}\right)\right|^{2s} \tag{2-47}$$

其中

$$G_0(s)=\left[\int_{\theta_{\min}}^{\theta_{\max}}\cos\left(\frac{\theta}{2}\right)\mathrm{d}\theta\right]^{-1}$$

如取 $\theta_{\min}=-\pi$，$\theta_{\max}=\pi$，得

$$G_0(s)=\frac{1}{\pi}2^{2s-1}\frac{\Gamma^2(s+1)}{\Gamma(2s+1)} \tag{2-48}$$

即以参数 $s$ 表示方向函数的集中度，若假设 $s$ 不随频率 $f$ 变化，式（2-47）可称为半角余弦型分布。

光易采用三叶式浮标于 1971—1974 年在日本附近公海和海湾内进行了一系列观测，得到参量 $s$ 与频率 $f$ 的关系为

$$s=\begin{cases}S_{\max}\left(\dfrac{f}{f_p}\right)^5, & f<f_p\\ S_{\max}\left(\dfrac{f}{f_p}\right)^{-2.5}, & f\geqslant f_p\end{cases} \tag{2-49}$$

式中　$f_p$——谱峰频率，合田良实建议取 $f_p=1/(1.05T_{1/3})$；

$S_{\max}$——谱峰对应的方向集中度参数。

取 $S_{max}=20$，计算各频率（$f^*=f/f_p$）的方向函数，如图 2-17 所示。

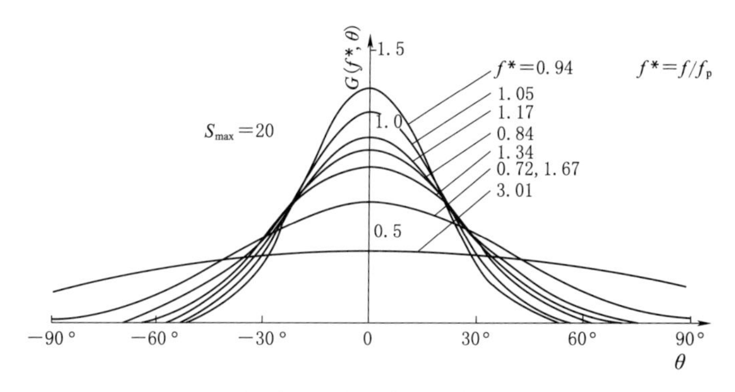


图 2-17 光易型方向函数的示例（$S_{max}=20$）

因此，只要确定 $S_{max}$ 即可确定光易型方向分布函数 $G(f,\theta)$，在得到充分研究以前，合田良实建议采用：风浪 $S_{max}=10$；衰减距离短的涌浪（波陡较大）$S_{max}=25$；衰减距离长的涌浪（波陡较小）$S_{max}=75$。

3. Donelan 方向函数

Donelan 等（1985）在观测、分析风浪方向谱的基础上，给出方向分布函数

$$G(f,\theta)=\frac{1}{2}\beta\ \mathrm{sech}^2\beta\theta \tag{2-50}$$

其中

$$\left.\begin{array}{ll}\beta=2.61(f/f_p)^{1.3}, & 0.56\leqslant f/f_p\leqslant 0.95\\ \beta=2.28(f/f_p)^{-1.3}, & 0.95<f/f_p\leqslant 1.6\\ \beta=1.24, & f/f_p<0.56\text{ 或 }f/f_p>1.6\end{array}\right\}$$

式中 $\beta$——参数。

当 $f/f_p=0.95$ 时，参数 $\beta$ 达最大值 $\beta_{max}=2.44$，方向分布最窄。

海浪传入浅水后，在地形的影响下发生一系列变化，出现折射、绕射、反射等现象，这些复杂的现象与不同方向的组成波有明显的关系，需借助方向谱来进行研究。此外，近海泥沙的搬运及浮式建筑物等对海浪的响应都与波浪的能量方向分布有关，海浪的方向谱为此提供了有力的手段。

## 2.4 波浪数值模拟

目前用于波浪数值模拟的主要数学模型按照原理基本上可以分为缓坡方程模型、Boussinesq 方程模型和能量平衡模型三类。尽管上述模型可包含波浪场的许多动力机制，但各自还存在一定的局限性。比如，波谱组成波能量平衡模型不能考虑由近岸地形和建筑物引起的绕射和反射效应，而考虑到风生机制和波-波相互作用的质量、动量守恒方程模型还有待于进一步完善。鉴于各自的优缺点，上述三类模型经常被联合

应用于海洋及海岸带波浪场的实际计算中。

### 2.4.1 缓坡方程模型

Berkhoff（1972）首先提出了缓变水深定常波传播的线形模型——波浪缓坡方程，其表达式为

$$\nabla(cc_g \nabla\phi)+k^2 cc_g\phi=0 \tag{2-51}$$

其中

$$\phi(x,y)=\tilde{\phi}(x,y,z)\frac{ch(kd)}{ch[k(h+z)]^{e^{-i\omega t}}} \tag{2-52}$$

$$c=\omega/k$$

$$c_g=\frac{\partial\omega}{\partial k}$$

式中　$\tilde{\phi}(x,\ y,\ z)$——波动势函数；

$\omega$——圆频率；

$k$——波数；

$c$——波速；

$c_g$——波群速度。

$\omega$ 和 $k$ 满足的弥散关系为

$$\omega^2=gk\tanh(kh) \tag{2-53}$$

缓坡方程可以看作是势波动理论三维 Laplace 方程的一种近似形式，将三维问题简化为二维问题，是线性单频波的折射绕射方程，成立条件是必须满足缓坡假定，即 $\nabla h/kh=1$。基于缓坡方程的模型主要从波浪的整体特征来描述波动能量、波高、波长、频率等波要素的变化，并不涉及具体的水质点的运动过程。缓坡方程自提出以来，由于形式简单、适用范围广，很快在计算中得到广泛的应用。

由于缓坡方程是椭圆型偏微分方程，直接求解时每个波长的离散至少要有 8 个网格点，需要求解庞大的矩阵，故难以用于较大海域的计算。另外，方程也没有考虑底摩擦损耗、波浪破碎、波-波非线性作用、波流相互作用等物理现象。因此，很多学者都致力于缓坡方程的修改和改进，通过对原始缓坡方程的改进，满足海岸及港口工程中的港池、航道、海湾及防波堤堤前、海岸带开敞水域和岛屿前等的波流场情况的模拟需求。对缓坡方程的改进工作可以分为简化和推广两大类。

对式（2-51）作标准代换，有

$$\tilde{\phi}=(cc_g)^{1/2}\phi \tag{2-54}$$

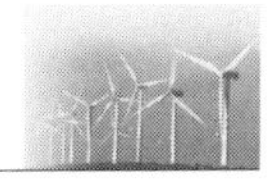

进而可写成 Helmholtz 方程的形式，即

$$\nabla^2\tilde{\phi}+\kappa^2\tilde{\phi}=0 \tag{2-55}$$

其中

$$\kappa^2=k^2-\frac{\nabla^2(cc_g)^{1/2}}{(cc_g)^{1/2}} \tag{2-56}$$

Kiby 等（1983）采用抛物线近似方法对缓坡方程进行简化，导出抛物线近似型缓坡方程。Copeland（1985）对缓坡方程进行变形，得到了双曲型缓坡方程。Ebersole 则通过变换得到了 Ebersole 型方程。

对缓坡方程的推广改进主要包括考虑底摩擦损耗、水流影响、波-波非线性作用及不规则波和波流破碎等方面的现象。许多学者根据考虑的物理机制的不同，对缓坡方程进行了相应的改进。

Booij（1981）首先在缓坡方程中引入底摩擦项 $i\omega W\varphi$，其中 $W$ 为底摩擦因子。洪广文、冯卫兵（1995、1996）提出了考虑能耗影响的缓变水深和流场水域中非定常波浪传播理论模型，其公式为

$$\frac{\mathrm{d}}{\mathrm{d}t}\left(\frac{\mathrm{d}}{\mathrm{d}t}+W^*\right)\Phi+(\nabla\cdot\boldsymbol{U})\left(\frac{\mathrm{d}}{\mathrm{d}t}+W^*\right)\Phi-\nabla(cc_g\,\nabla\Phi)+(\tilde{\sigma}^2-k^2\tilde{c}\tilde{c}_g)\Phi=0 \tag{2-57}$$

式中 $\Phi$——复平面势；

$W^*$——能耗系数，可推广应用于风能摄入系数；

$\boldsymbol{U}$——水平速度矢量。

此模型可化为等价的由波作用守恒方程、光程函数方法、频率守恒和波数无旋性方程构成的控制方程组，也称为波流联合折射绕射数学模型。

Kirby 将水深视为 $h(x, y)$ 和快速变化的小振幅波动 $\delta(x, y)$ 的叠加，推导出适用于剧变地形的波流折射绕射方程，其公式为

$$\Phi-\nabla_h(cc_g\,\nabla_h\Phi)+(\omega^2-k^2cc_g)\Phi+\frac{g\,\nabla_h(\delta\,\nabla_h\Phi)}{\cosh^2(kh)}=0 \tag{2-58}$$

此方程比非定常缓坡方程多出含有 $\delta$ 的项，适用于较陡坡度海底地形上波流的传播变形计算。

## 2.4.2 Boussinesq 方程模型

通过改变水深积分过程，考虑垂向流速及压强分布的影响，Boussinesq（1872）直接描述波动过程中水质点的运动，假定波浪水质点运动水平速度上下均匀、垂向速度从底面为零线性增加到自由表面的最大值，将 N－S 方程简化成一维非线性控制方程，建立了经典的一维非线性控制方程，称为 Boussinesq 方程。Peregrine 于 1967 年进一步推导出了缓变水深下的二维经典 Boussinesq 方程，形式为

$$\left.\begin{aligned}\frac{\partial\eta}{\partial t}+\frac{\partial[(h+\eta)u]}{\partial x}+\frac{\partial[(h+\eta)v]}{\partial y}=0\\\frac{\partial u}{\partial t}+u\frac{\partial u}{\partial x}+v\frac{\partial u}{\partial y}+g\frac{\partial\eta}{\partial x}=\frac{1}{2}h\left[\frac{\partial^3(hu)}{\partial x^2\partial t}+\frac{\partial^3(hv)}{\partial x\partial y\partial t}\right]-\frac{1}{6}h^2\left[\frac{\partial^3 u}{\partial x^2\partial t}+\frac{\partial^3 v}{\partial x\partial y\partial t}\right]\\\frac{\partial v}{\partial t}+u\frac{\partial v}{\partial x}+v\frac{\partial v}{\partial y}+g\frac{\partial\eta}{\partial y}=\frac{1}{2}h\left[\frac{\partial^3(hv)}{\partial y^2\partial t}+\frac{\partial^3(hu)}{\partial x\partial y\partial t}\right]-\frac{1}{6}h^2\left[\frac{\partial^3 v}{\partial y^2\partial t}+\frac{\partial^3 u}{\partial x\partial y\partial t}\right]\end{aligned}\right\}\tag{2-59}$$

式中　$\eta$——波面相对于静水面的高度；
$u(x,y,t)$、$v(x,y,t)$——垂向平均的水质点速度矢量沿 $x$、$y$ 方向的分量；
$h$——总水深。

对于 Boussinesq 方程的求解，可以用有限差分方法或有限元方法，对于其中的时间积分处理，较为常用的方法有预测-校正（P－C）法和 ADI（Alternating Direction Implicit）法。方程引进的假设和近似比较少，能较好地考虑非线性作用、摩擦损耗、底边界和近岸边界条件，能够描述不规则波与方向谱在浅水区域的非线性转换，能够讨论能量在频率间的转换和每个波形的变化，以及波面在浅水区域的变形等。

由于经典的 Boussinesq 方程是包含弱频率色散性质的浅水方程，只能适用于较浅的水域，一般最大水深与深水波长的比值 $d/L_0\leqslant 0.22$，而近岸波浪水质点运动的波长一般只有几十米，波周期几秒到十几秒，要描述水质点的波动特征，每个波长范围内必须至少设置 8 个计算网格点，因此不适用于海岸工程中水深变化较大的水域和考虑不规则波情况。

1978 年丹麦水力研究所（Danish Hydraulic Institute，简称 DHI 公司）的 Abbott 参照 Boussinesq 的思路推出类似的 Boussinesq 方程，并在此基础上建立 Boussinesq 方程波浪数学模型。1980 年 Hauguel 建立了相似的模型，1991 年丹麦水力研究所的 Madsen 对方程的色散关系进行了改进，并同时考虑缓变地形的影响，提出了修正的 Boussinesq 方程模型，修正后的 Boussinesq 方程能够适用于水深与深水波长之比 $d/L_0\leqslant 0.5$的水域，基本满足工程的要求。1993 年加拿大的 Nwou 用特定水深层的水平速度变量推导出可随水深层的参量选取来调整其色散特征的 Boussinesq 方程。

Witting 使用了一种不同的精确形式，非线性、沿水深积分动量方程来表示不同水深的水平速度变量，将其色散性精度提高到 Airy 波频散解的 4 阶 Pade 近似，不论在深水区还是浅水区都获得了相对精确的结果，但在变水深的条件下则无法适用。此后，McCowan（1987）、Madsen（1991，1992）、Nwogu（1993）、张永刚等（1995）、Gobbi 和 Kiby（1996）、Kennedy（2000）等分别采用不同的方法提高 Boussinesq 方程的色散精度，使得方程的适用范围逐步扩展。

学者们也提出了若干适用于较大水深的推广模式：洪广文推导出一个含有耗散项的三维高阶非线性和频散性波浪传播理论模型及其相应的二维四阶 Boussinesq 型控制方程组，它适用于任意底坡变化（缓坡和陡坡），相对水深 $L/h>1$ 的水域；朱良生建立了包括控制方程、造波方法、开边界和固壁边界条件的确定等完整的适用于从浅水到深水任意底坡变化水域的三维非线性规则波和不规则波数值模拟理论模式及计算方法；张洪生从适用于水底任意变化水域并含有耗散项的三维高阶非线性与频散性波浪传播理论模型出发，建立了相对水深 $L/h>1$、底坡任意变化，包括任意水深点流场及波动净压力场求解的非线性波传播模型。

在 Boussinesq 方程模型发展过程中，澳大利亚的 McCowan、丹麦的 Madsen 和加拿大的 Nwogu 在理论研究及推广应用上做出了突出的贡献。Boussinesq 方程波浪模型的建立和发展进一步丰富和完善了波浪数学模型的研究，这些模型经过大量实际项目的检验，其可靠性与实用性被各国学者所公认。

### 2.4.3 能量平衡模型

20 世纪 50 年代初，Pierson 最先将 Rice 关于无线电噪声的理论应用于波浪，从此利用谱描述波浪随机过程成为波浪研究的主要途径。20 世纪 50 年代提出的 Neuman 谱和 Bretschneider 谱曾在波浪数值预报和工程设计上发挥过重要的作用，但它们是由波浪表示波高与周期或波长关系导出的，与通常意义的 Fourier 谱的定义不一致。20 世纪 60—70 年代提出的 P-M 谱和 JONSWAP 谱是由实测波浪记录分析和拟合得到的，符合 Fourier 谱的定义，而且由于数据基础比较坚实，尤其是 JONSWAP 谱，其观测资料是至今最系统和精度最高的波浪观测资料，因此，JONSWAP 谱至今仍是最常用的波浪频谱模式。20 世纪 80 年代以后，波浪模型研究和计算取得了较大突破。Wolf 等（1988）首次进行了联合波浪、潮汐风暴潮数值模拟的实用性研究，结果显示由潮汐风暴产生的时空瞬变流场和水深变化引起的波浪折射在浅水是明显的。Janssen（1988）利用准线性风生浪理论，研究发现在海、气界面上，风、浪间的相互作用及耦合效果十分明显。

能量平衡方程模型是一种基于能量守恒原理的波浪谱模型，描述波浪波动能量、波高、波长、波频率等要素的变化。事实上海岸工程建设、海岸带资源的开发和保护、泥沙计算等关心的也是波浪各要素的大小，而不是具体的水质点的运动过程。波浪谱模型考虑了影响近岸波浪要素变化的主要因子，包括海底地形、背景流场和障碍物等对波浪传播的影响，风能的输入、白帽耗散、水深变化引起的波浪破碎、底摩阻损耗、波-波非线性作用等物理过程。各物理过程用不同的源函数表示，有效地简化了波流场的动力学，同时对空间和时间没有苛刻的要求，可适用于较大范围地形的长时间计算。模型的建立基础依赖于时间的能量平衡方程，即

$$\frac{\partial E(x,y,t,f,\theta)}{\partial t}+\nabla[c_{g}(x,y,f)E(x,y,t,\theta)]=S_{\omega}+S_{n}+S_{d}+S_{f}+S_{p} \tag{2-60}$$

式中　$E$——$t$ 时刻在点（$x$，$y$）处关于频率 $f$、方向角 $\theta$ 的能量谱；

$S_{\omega}$、$S_{n}$、$S_{d}$、$S_{f}$、$S_{p}$——源函数项，分别代表风能的输入、波-波非线性作用、波浪破碎损耗、底摩阻损耗和渗透损耗。

通过估算方程中的能量谱 $E$ 即可求出有效波高、谱峰频率等波浪参数。由于基于能量平衡方程的模型不能反映由近岸海底地形和建筑物引起的波流绕射和反射效应，因此对局部区域波浪计算的精度有一定的影响。

### 2.4.4　常用波浪数值模拟软件

1. MIKE21 软件

丹麦水力研究所是丹麦一所私营研究和技术咨询机构，成立于 1964 年，MIKE21 是该公司开发的系列水动力学软件（DHI Software）之一，属于平面二维自由表面流模型。丹麦水力研究所不断采用 MIKE21 作为研究手段，在应用中发展和改进该软件。MIKE21 在多年的持续发展和世界范围内大量工程应用经验的基础上逐渐发展完善，在平面二维自由表面流数值模拟方面具有如下的强大功能：

（1）用户界面友好，属于集成的 Windows 图形界面。

（2）具有强大的前、后处理功能。在前处理方面，能根据地形资料进行计算网格的划分；在后处理方面具有强大的分析功能，如流场动态演示及动画制作、计算断面流量、实测与计算过程的验证、不同方案的比较等。

（3）可以进行热启动，当用户因各种原因需暂时中断 MIKE21 模型时，只要在上次计算时设置了热启动文件，再次开始计算时将热启动文件调入便可继续计算，极大地方便了计算时间有限制的用户。

（4）能进行干、湿节点和干、湿单元的设置，能较方便地进行滩地水流的模拟。

（5）具有功能强大的卡片设置功能，可以进行多种控制性结构的设置，如桥墩、堰闸、涵洞等。

（6）可以定义多种类型的水边界条件，如流量、水位或流速等。

（7）可广泛地应用于二维水力学现象的研究，如潮汐、水流、风暴潮、传热、盐流、水质、波浪紊动、湖震、防浪堤布置、船运，以及泥沙侵蚀、输移和沉积等，被推荐为河流、湖泊、河口和海岸水流的二维仿真模拟工具。

MIKE21 系列中的波浪模块自从发布以来在国际上得到了广泛的应用，主要包括 MIKE21 SW 模型、MIKE21 BW 模型、MIKE3 WAVE 模型等。

2. SWAN 模型

SWAN 模型属于能量平衡模型，由第三代海浪模型 WAM 改进而来，针对近岸地区的

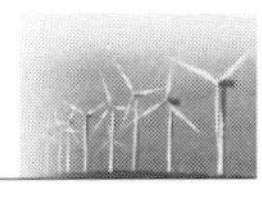

海浪传播变形的特点，较全面地考虑波浪浅化、折射、反射、底部摩擦、破碎、白浪、风能输入及波浪非线性效应，采用全隐式有限差分格式无条件稳定，与采用显式有限差分格式的传统波浪谱模型相比，即使在很浅水域，其时间步长也可以很大。

SWAN模型适用于海岸、湖泊、河口水域风浪、涌浪及混合浪的预报，在直角坐标和球坐标下以矩形网格进行嵌套计算、以曲线网格进行数值计算，适用于大、中、小水域。它能够模拟水底地形和流场的变化引起的波浪折射、浅化，逆流时波浪的反射和破碎，波浪遇到障碍物的透射及阻碍，波浪增水，还能预报计算域内波高、波周期、波长、波陡、波浪行进方向、近底水质点的运动速度、波能传播方向、能量耗散、单位水面所受波力等海岸工程所需的重要参数。由于引入透射系数，该模型能预报防波堤、潜堤对计算域波场的影响。

由于SWAN模型未准确考虑绕射效应，若在一两个波长的水平范围内波高变化太大，则模型计算结果将出现偏差，因此在障碍物附近及港湾内的计算结果不理想，但大量研究表明，与规则波相比，不规则波的绕射效应远低于规则波，其影响约在一个波长范围内。另外，SWAN模型虽能模拟流场中的波浪场，却不能计算出波生流。

3. FUNWAVE－TVD模型

与SAWN模型一样，FUNWAVE波浪模型也是一套开源代码。Wei等（1995）在考虑了源函数造波、底部摩擦、波浪破碎、子网格稳动、动边界狭缝法和海绵层消波后得到拓展后的Boussinesq方程，特拉华大学的Kirby等（1998）在Wei等开发的完全非线性Boussinesq方程的基础上首次创立了FUNWAVE模型。最开始的FUNWAVE模型在空间导数上采用交错差分法，在时间步长上采用四阶ABM（Adams－Bashforth－Moulton）迭代法，这种方法的空间差分采用了混合的方法，在阶导数上采用四阶精确中心差分法，在三阶导数上采用三阶精确差分法。

在此基础上，Shi等（2012）提出了FUNWAVE－TVD数值模型。该模型在理论与数值解法上都有了较大的改进，主要包括：利用有限体积和有限差分相结合的方法对方程在空间上进行离散采用基于三阶Runge－Kuta方法的自适性时间步长，利用MUSCL－TVD解法对于波浪破碎的处理采用激波捕捉法，在计算中采取HLL构造方法等。改进后的模型不但能综合考虑波浪的折射、绕射、反射和变浅效应等的影响，而且也能用来模拟波浪、水流和浅水长波的三波相互作用以及波浪与结构物等相互作用的现象。

## 2.5 设计波浪要素推算

### 2.5.1 设计波浪标准

设计波浪是指在海上风电场工程设计中，在设计各类建筑物和它们的各个部分时所选用的波浪要素。对于不同的设计项目，应当采用不同的设计波浪标准。由于海洋工程的造价通常很高，所以在选取设计波浪时，既要考虑到长期使用中可能出现的不利情况，保证建筑物的安全，又要符合经济节约的原则。

设计波浪的标准包括两个方面：①设计波浪的重现期标准；②设计波浪的波列累积频率标准。

设计波浪的重现期标准是指某一特定的波列平均多少年出现一次，它代表波浪要素的长期（以几十年计）统计分布规律。设计波浪的重现期标准主要反映建筑物的使用年限和重要性。

设计波浪的波列累积频率标准是指设计波浪要素在实际海面上不规则波列中的出现概率，它代表波浪要素的短期（以十几分钟计）统计分布规律。在该统计期间，可以认为海面处于定常状态，或者说波浪要素的平均状态不随时间而改变。设计波浪的波列累积频率标准主要反映波浪对不同类型建筑物的不同作用性质。

## 2.5.2　设计波浪的推算

对于海岸工程，利用长期测波资料站（20 年以上）的年极值波浪推算不同重现期的设计波浪高，但是由于长期的近岸波浪实测资料获取非常困难，通常采用波浪数值模拟的方法推算工程点处的多年的波浪要素。对于广东、福建等东南沿海区域，由于每年台风影响频繁，大浪通常是台风造成的。所以，波浪数值模拟时必须对其进行计算。同时，由于我国沿海属于季风性气候，每年冬季的寒潮大风也会造成大浪过程，所以进行波浪数值模拟时也需要加以考虑。

### 2.5.2.1　波浪控制方程

动谱能量方程形式为

$$\frac{\partial}{\partial t}N+\frac{\partial}{\partial x}C_{x}N+\frac{\partial}{\partial y}C_{y}N+\frac{\partial}{\partial \sigma}C_{\sigma}N+\frac{\partial}{\partial \theta}C_{\theta}N=\frac{S}{\sigma} \tag{2-61}$$

式中　$N$——动谱能量密度；

$\sigma$——相对波浪频率；

$\theta$——波向；

$C_x$、$C_y$——波浪沿 $x$、$y$ 方向传播的速度；

$C_\sigma$、$C_\theta$——波浪在 $\sigma$、$\theta$ 坐标下的传播速度；

$S$——源汇项。

$$S=S_{in}+S_{nl}+S_{ds}+S_{bot}+S_{surf} \tag{2-62}$$

式中　$S_{in}$——风能输入项；

$S_{nl}$——非线性波-波相互作用的能量传输；

$S_{ds}$——波浪白帽耗散造成的能量损失；

$S_{bot}$——波浪底部摩阻所造成的能量损失；

$S_{surf}$——波浪破碎所导致的能量损失。

1. 风能输入项

相关研究成果表明，风浪的成长率由波龄决定，海洋表面的空气拖曳力在风浪的生成中起着重要作用。风能输入项 $S_{in}$的表示形式为

$$S_{in}(f,\theta)=\max[\alpha,\gamma E(f,\theta)] \tag{2-63}$$

式中 $\alpha$——线性增长率；

$\gamma$——非线性增长率。

非线性增长率 $\gamma$ 可表示为

$$\left.\begin{array}{ll}\gamma=\left(\dfrac{\rho_a}{\rho_w}\right)\left(\dfrac{1.2}{\kappa^2}\mu\ln^4\mu\right)\sigma\left[\left(\dfrac{u^*}{c}+z_\alpha\right)\cos(\theta-\theta_w)\right], & \mu\leqslant1\\ \gamma=0 & ,\mu>1\end{array}\right\} \tag{2-64}$$

式中 $\rho_a$——空气密度；

$\rho_w$——水体密度；

$\kappa$——卡门常数，取 0.41；

$\mu$——无量纲临界高度；

$\sigma$——相对角度；

$u^*$——风摩阻速度；

$c$——波速；

$\theta$、$\theta_w$——波向和风向。

$$\mu=kz_o e^{\kappa/x} \tag{2-65}$$

$$x=\left(\frac{u^*}{c}+z_\alpha\right)\cos(\theta-\theta_w) \tag{2-66}$$

$$z_\alpha=0.011 \tag{2-67}$$

线性增长率 $\alpha$ 可表示为

$$\alpha=\begin{cases}\dfrac{c}{g^2 2\pi}\left[-(u_*\cos(\theta-\theta_w)^4)\exp\left(-\left(\dfrac{\sigma}{\sigma_{PM}}\right)^{-4}\right)\right]\Rightarrow\cos(\theta-\theta_w)>0\\ 0\Rightarrow\cos(\theta-\theta_w)\leqslant0\end{cases} \tag{2-68}$$

式中 $c$——波速，取 $1.5\times10^{-5}$ m/s；

$g$——重力加速度；

$\sigma_{PM}$——谱峰频率。

$$\sigma_{PM}=\frac{0.13g}{28u^*} \tag{2-69}$$

拖曳力系数 $C_D$ 表示为

$$\left.\begin{aligned} C_D &= 1.2875\times10^{-3}, & U_w &< 7.5\text{m/s} \\ C_D &= 0.8\times10^{-3}+6.5\times10^{-5}U_w, & U_w &\geqslant 7.5\text{m/s}\end{aligned}\right\} \tag{2-70}$$

式中　$U_w$——10m 高度风速。

2. 非线性波-波相互作用项

四波相互作用项按照 Hasselmann 等所提出离散相互作用近似（discrete interaction approximation，DIA）量化考虑非线性波-波相互作用项 $S_{nl}$，DIA 经发展以后已广泛采用于第三代波浪模型中。

三波相互作用在浅水条件时显得十分重要，因为它会导致能量在各个频率之间发生穿越传递。本模型采用由 Eldeberky 和 Battjes 提出的简化方法考虑三波相互作用。

3. 白帽损耗

假设白帽损耗的动力学诱因是由于压力引起的能量损失，白帽损耗所引起的耗散项表示为

$$S_{ds} = -\omega E \tag{2-71}$$

白帽损耗项可以进一步表示为

$$S_{ds}(f,\theta) = -C_{ds}\left(\frac{\hat{\alpha}}{\hat{\alpha}_{PM}}\right)^m \left\{(1-\delta)\frac{k}{\bar{k}} + \delta\left(\frac{k}{\bar{k}}\right)^2\right\}\bar{\sigma}E(f,\theta) \tag{2-72}$$

式中　$\hat{\alpha}$——全局谱陡；

$\hat{\alpha}_{PM}$——$PM$ 谱波陡；

$C_{ds}$、$\delta$、$m$——常数，在 WAM cycle 4 中，$C_{ds}=4.1\times10^{-5}$、$\delta=0.5$，$m=4$；

$\bar{\sigma}$——平均相对角频；

$\bar{k}$——平均波数。

$$\hat{\alpha} = \bar{k}\sqrt{E_{tot}} \tag{2-73}$$

式中　$E_{tot}$——波能谱总波能。

4. 底部摩阻损耗

因底部摩阻损耗而导致的能量耗散表示为

$$S_{bot}(f,\theta) = -\left[C_f + \frac{f_c(\bar{u}\bar{k})}{k}\right]\frac{k}{\sinh 2kd}E(f,\theta) \tag{2-74}$$

式中　$C_f$——摩阻系数，$C_f$ 范围介于 0.01～0.1m/s，具体取值需根据底床条件及水流条件综合考虑；

$k$——波数；

$d$——水深；

$f_c$——水流摩阻系数；

$u$——流速。

$$C_f = f_w u_b \tag{2-75}$$

式中 $f_w$——恒定摩擦因子；

$u_b$——波浪圆周质点速度均方差。

$$u_b=\left[2\int_{f_1}^{f_{max}}\int_\theta \frac{\bar{\sigma}^2}{\sinh^2(kh)}E(f,\theta)\mathrm{d}\theta\mathrm{d}f\right]^{1/2} \tag{2-76}$$

参数尼古拉斯粗糙度 $k_n$ 用以描述当地地理性质糙率，由此摩擦因子可进一步表示为

$$\left.\begin{aligned}&f_w=e^{-5.977+5.213(a_b/k_n)^{-0.194}} &&, a_b/k_n\geqslant 2.016389\\&f_w=0.24 &&, a_b/k_n<2.016389\end{aligned}\right\} \tag{2-77}$$

式中 $a_b$——波浪底部质点圆周位移。

$$a_b=\left[2\int_{f_1}^{f_{max}}\int_\theta \frac{1}{\sinh^2(kh)}E(f,\theta)\mathrm{d}\theta\mathrm{d}f\right]^{1/2} \tag{2-78}$$

$k_n$ 默认值为 0.04m。根据以往研究，$k_n$=0.01～0.04m。

5. 波浪破碎损耗

浅水地区波浪破碎及能量损耗项表示为

$$S_{surf}(f,\theta)=-\frac{2\alpha_{BJ}Q_b\bar{f}}{X}E(f,\theta) \tag{2-79}$$

式中 $\alpha_{BJ}$——率定常数，用以衡量波浪破碎率；

$Q_b$——波浪破碎部分；

$\bar{f}$——平均频率；

$X$——以当前随机波总波能与最大允许传播波高波能的比率。

$$X=\frac{E_{tot}}{H_m^2/8}=\left(\frac{H_{rms}}{H_m}\right)^2 \tag{2-80}$$

式中 $E_{tot}$——总波能；

$H_m$——最大允许波高。

在浅水中，最大波高往往受到当地水深的影响，因此可以用相对波高指标 $\gamma$ 来判断波浪破碎与否，$\gamma$=0.5～1.0，且受到岸滩边坡大小和波要素的影响。

根据瑞利分布，$Q_b$ 可由下式决定

$$\frac{Q_b-1}{\ln Q_b}=X=\left(\frac{H_{rms}}{H_m}\right)^2 \tag{2-81}$$

式（2-81）可采用 Newton-RapHson 迭代方法求解，其非线性迭代的初值可近似给出

$$\left.\begin{aligned}&Q_b=(1+2x^2)e^{-1/x} && , && x<0.5\\&Q_b=1-(2.04z)(1-0.44z)\quad z=1-x && , && 0.5\leqslant x<1\\&Q_b=1 && , && x\geqslant 1\end{aligned}\right\} \tag{2-82}$$

式（2-82）在起伏地形和平坦地形上均有良好的应用。

6. 绕射

模型中采用联合折射绕射近似来考虑波浪的绕射。该方法在忽略相位信息的前提下，基于缓坡方程来考虑波浪的绕射和折射。在考虑绕射时，模型中波数 $k$ 可表示为

$$k^2=\kappa^2(1+\delta_a) \tag{2-83}$$

式中　$\kappa$——线性波理论决定的分离参数；

$\delta_a$——绕射参数。

$$\delta_a=\frac{\nabla(cc_g\nabla a)}{\kappa^2 cc_g a} \tag{2-84}$$

式中　$c$、$c_g$——未考虑绕射作用下的波浪相位速度和波群速度；

$a$——波幅。

### 2.5.2.2　台风风场模型

台风风场和气压场的构建对准确模拟风暴增水过程十分关键。真实的台风风场最好根据经验风场和背景风场叠加构造。根据已有国内外研究成果，通过 Holland 经验风场与 ERA－5 背景风场通过一个权重系数叠加构造新的台风风场的方法可以得到较好的模拟效果，权重系数根据计算点与台风中心距离的不同而不同，台风中心区域使用 Holland 风压模型的经验风场，台风外围区域采用 ERA－5 背景风场，保证两个风场数据的平稳过渡，更加接近实际台风风场。

Holland 经验风场的表达式为

$$w(r)=\left[\frac{B}{\rho_\alpha}\left(\frac{RMW}{r}\right)^B(P-P_0)e^{-\left(\frac{RMW}{r}\right)^B}+\left(\frac{rf}{2}\right)^2\right]^{0.5}-\frac{rf}{2} \tag{2-85}$$

式中　$B$——Holland 气压剖面参数；

$\rho_\alpha$——空气密度；

$RMW$——最大风速半径；

$P$——台风外围气压；

$P_0$——台风中心气压；

$r$——计算点到台风中心的距离；

$f$——科氏力参数。

台风最大风速半径存在多个经验公式，但是台风浪数值模拟多数采用 Graham 的经验公式，其表达式为

$$RMW=28.52\text{th}[0.0873(\varphi-28)]+12.22e^{\frac{P_0-1013.2}{33.86}}+0.2V+37.2 \tag{2-86}$$

式中　$\varphi$——台风中心纬度；

$V$——台风中心移动速度。

风场构造公式为

$$\vec{V}_{New}=\vec{V}_{Holland}(1-e)+e\vec{V}_{ERA-5} \tag{2-87}$$

其中

$$e=\frac{C^4}{1+C^4}$$

$$C=\frac{r}{nRMW}$$

式中 $\vec{V}_{\text{Holland}}$——Holland 经验风场；

$\vec{V}_{\text{ERA-5}}$——ERA－5 背景风场；

$e$——权重系数；

$C$——考虑台风影响范围的一个系数；

$n$——系数，$n=9$。

#### 2.5.2.3 计算区域及时空分别率

模型的范围包括整个南海海域，台风浪计算域范围为 5.9°～28.5°N，103.8°～132.9°E，最大网格精度为 1.5°×1.5°，最小网格精度为 0.3′×0.3′，时间步长为 180s，整个大模型范围如图 2－18 所示。计算海域水深数据采用工程区域实测水深数据和 ETOPO1 地形数据插值而成，水深起算基面为平均海平面。

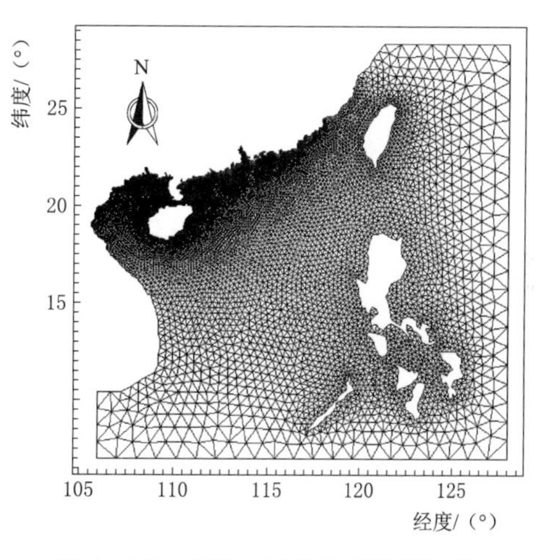


图 2－18 南海台风浪模型计算网格

#### 2.5.2.4 台风浪模型验证

为了能够真实地模拟台风浪的传播过程，通常需要根据实测台风浪波高数据对波浪数学模型进行验证。下述台风浪的实测有效波高数据均来自广东省沿海各临时测波站，图 2－19 给出了实测波高的对比验证过程，可以看出，建立的台风浪数学模型比较准确地刻画了台风浪过程。通常情况下当台风风场预报准确时，就可以得到满意的数值后报结果。

#### 2.5.2.5 设计波浪推算

重现期的波浪要素还需要通过台风浪的极值进行频率统计分析得到，常用的方法为求矩适线法，选用理论累积频率曲线的目的是拟合经验累积频率点，进而达到外延的目的。

根据《港口与航道水文规范》（JTS 145—2015）中的规定，波高和周期的频率曲线可以采用 P－Ⅲ型曲线，如图 2－20 所示。但是，由于样本的实际资料所得到的统计参数存在一定的误差范围，在计算时可以由适线法调整参数，因而存在一定的任意性，特别是系列中存在少数特大值时，任意性更为明显，因此应探讨更为合理的线型。有条件时，也可以根据实测资料拟合最佳的原则，选配极值Ⅰ型分布（Gumbul

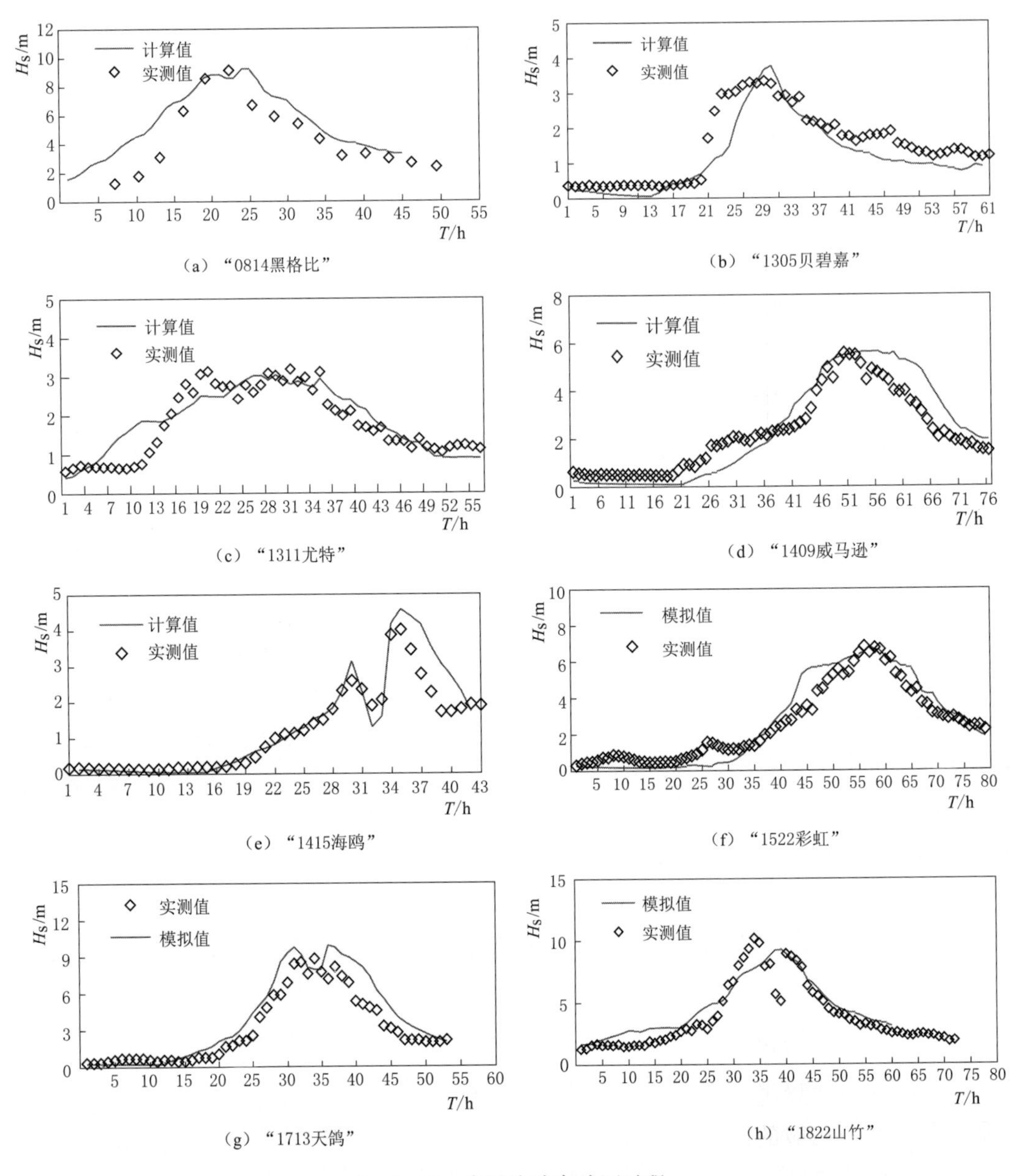


图2-19　台风浪波高验证过程

分布)、对数正态分布和威布尔分布等其他的理论频率曲线，确定不同重现期的设计波浪。

在台风多发地区，某一个波向一年中出现一个以上较大台风波高时，可以按照台风波高的最大值系列取样，采用Poisson-Gumbul复合极值分布确定不同重现期的设计波浪，不同重现期的设计波高 $H_p$ 的计算公式为

$$H_p=\frac{X_p}{\alpha}+u \tag{2-88}$$

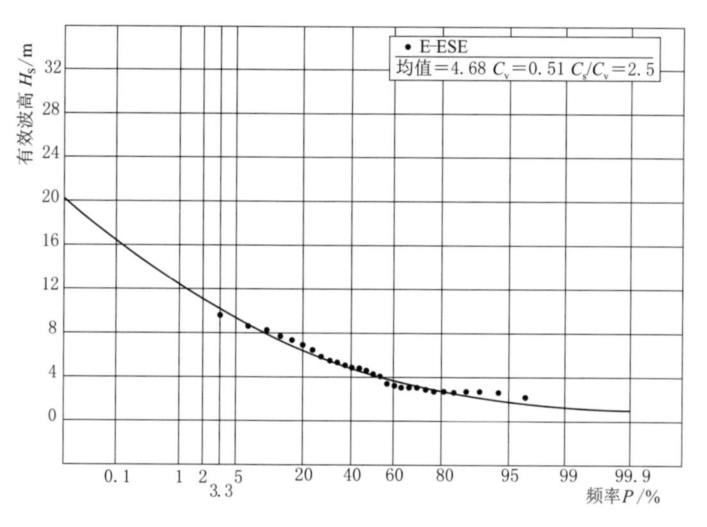


图 2-20　采用 P-Ⅲ型曲线推算设计波浪

$$X_p = -\ln\left\{-\ln\left[1+\frac{\ln(1-P)}{\lambda}\right]\right\} \tag{2-89}$$

$$\alpha = \frac{\sigma_n}{S} \tag{2-90}$$

$$u = \overline{H} - \frac{y_n}{\alpha} \tag{2-91}$$

$$\overline{H} = \frac{1}{n}\sum_{i=1}^{n} H_i \tag{2-92}$$

$$S = \sqrt{\frac{1}{n}\sum_{i=1}^{n} H_i^2 - \left(\frac{1}{n}\sum_{i=1}^{n} H_i\right)^2} \tag{2-93}$$

式中　$H_p$——与频率对应的设计波高，m，$P=100/T_R$ 为重现期（年）；

$X_p$——与台风浪年均频次 $\lambda$ 有关的函数，由 Poisson - Gumbul 复合极值分布律得出，$\lambda=n/N$，$N$ 为台风浪资料总年数，$X_p$ 可根据设计频率 $P$ 和相应的 $\lambda$ 值由表查得；

$\alpha$——系数；

$u$——系数；

$P$——频率，%；

$\lambda$——台风浪年均次数；

$\sigma_n$——系数，查表可得；

$S$——$n$ 个台风波高的均方差，m；

$\overline{H}$——$n$ 个台风波高的平均值，m；

$y_n$——系数，查表可得；

$H_i$——波高变量，m；

$n$——台风波高个数。

# 参 考 文 献

[1] 邱大洪. 工程水文学［M］. 4版. 北京：人民交通出版社，2011.
[2] 邹志利. 海岸动力学［M］. 4版. 北京：人民交通出版社，2009.
[3] 俞聿修. 随机波浪及其工程应用［M］. 3版. 大连：大连理工大学出版社，2003.
[4] 杨春平. 近岸波浪传播变形数值计算方法比较［D］. 南京：河海大学，2007.
[5] 潘冬冬，周川，王俊，李健华. 粤东近岸深水区周年波浪特征分析［J］. 南方能源建设，2020，7（4）：34-40.
[6] 中华人民共和国交通运输部. JTS 145—2015 港口与航道水文规范［S］. 北京：人民交通出版社，2016.
[7] 潘冬冬，王俊，周川. 基于“山竹”台风的波浪数值模拟［J］. 水道港口，2021（2）：194-199.
[8] 国家能源局. NB/T 31029—2019 海上风电场风能资源测量及海洋水文观测规范［S］. 北京：中国水利水电出版社，2019.

# 第3章　海上风电场潮汐观测与计算

## 3.1　概　　述

### 3.1.1　潮汐现象

地球上的海水受到月球、太阳和其他天体引力的作用而产生的一种周期性升、降运动，称为潮汐。产生潮汐现象的主要原因是，地球上不同海域距离月球和太阳的相对位置不同，所受到的引力有所差异，从而导致地球上海水的相对运动。地球上各海域除了受到月、日的引力作用外，还有地球与月和地球与日在绕其共同质心运动而产生的惯性离心力，这种引力和离心力的合力称为引潮力，由其引起的海面升降称为天文潮。此外，台风、寒潮等天气系统带来的大风或者气压巨变也能引起海面水位异常升降，这种现象称为风暴潮。

海上风电场工程的规划、勘察、设计、施工、营运与管理，均需要了解、掌握所在海域潮汐变化的规律。为了能够正确地应用潮位观测资料来推求工程所需的设计潮位，本章首先介绍了潮汐现象及其成因，潮汐现象的周期性特征和影响潮汐变化的天文因素、气象因素和地理因素等，然后重点论述了潮位的观测、分析以及设计潮位的推算。

对潮汐学中常用名词作如下解释。

1. 高潮和低潮

在潮汐升降的每一周期中，当海面涨至最高时，称作高潮或者满潮；当海面降至最低时，称作低潮或者干潮。

2. 涨潮和落潮

从低潮至高潮的过程中，海面逐渐升涨为涨潮。自高潮至低潮，海面逐渐下落为落潮。

3. 平潮和停潮

当潮汐达到高潮的时候，海面暂停升降，此时为平潮；在低潮暂停升降现象为停潮。平潮（停潮）时间的长短因地而异，通常为几分钟至几十分钟，最长可达1～2h以上。一般取平潮（停潮）的中间时刻为高潮时（低潮时），但有些港口为了实用方便，也可以平潮（停潮）开始时为高（低）潮时。

4. 潮差

相连的高潮与低潮的水位高度差，称作潮差。潮差的大小因地因时而异。潮差的平均值称作平均潮差。

5. 涨潮时间和落潮时间

从低潮时至高潮时所经历的时间，称作涨潮时间；从高潮时至低潮时所经历的时间，称作落潮时间。

6. 大潮和小潮

由于月球和太阳在空间上相对位置的周期变化，使潮汐尺度大小也发生周期变化。当太阳、月球在一条直线上时，太阳潮与月球潮的潮汐椭球长轴的指向相同，两潮相加，形成朔望大潮。太阳、月球成垂直位置时，两者潮汐椭球的长轴互相垂直，两潮相减，形成上、下弦月的小潮。因为半月中会出现一次大潮与一次小潮，就形成了潮汐的半月不等现象。

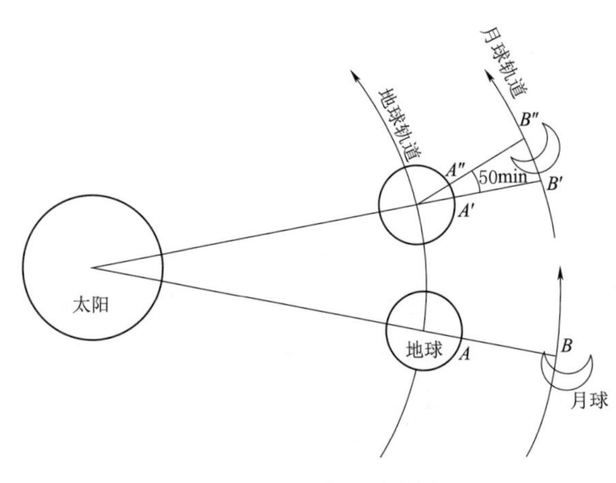

图3-1　月中天示意图

7. 月中天

月球经过该地的子午线圈时刻，称作当地月中天（或太阴中天），月球每天经过子午线圈两次，离天顶较近的一次称为月上中天，离天顶较远的一次称为月下中天。

地球绕太阳公转一周为一年，地球自转一周平均约需24h，月球绕地球公转一周大约需要一月。如图3-1所示，月球在$B$点时，地球上$A$点为月上中天，之后地球自转一周至$A'$点，但是此时月球不在$B'$点，已经转到$B''$点，所以地球需要再转到$A''$点，才是第二次月上中天时，从$A'$至$A''$所需要时间约为50min，故从第一次月上中天至第二次月上中天时，就是一太阴日，平均需时24h 50min。既然今天的月上中天比昨天的月上中天时间迟50min，那么今天的高潮（低潮）时就比昨天约迟50min，例如昨天高潮时为08：00，则今天的高潮时便约为08：50。

### 3.1.2　引潮力及引潮势

#### 3.1.2.1　天体运动基本知识

海洋潮汐现象是由天体的引力作用引起的，随着地、月、日三者的相对运动，潮汐将产生与天体运动对应的复杂的周期性变化，为了解这些天体运动的性质和掌握它

们的运动周期，了解一些天体运动的基本知识，作为定量地计算潮汐是十分必要的。

1. 天球

我们看到的“天空”，好像一个巨大的球体，各种星体镶嵌在球体的表面上。这个以球中心为中心，以无限长为半径的圆球称作天球。宇宙间的各种星体统称为天体。我们所看见的星体在天球上的位置称为天体视位置。实际上各天体与地球距离远近不一，并无真正的“天球”存在。天体的视位置也是只有方向而无距离的概念。

如图 3-2 所示，伸延地轴至天球就是天轴，天轴在天球的两交点是天极，分称北天极和南天极。将地球赤道无限扩大至天球是天赤道。通过天极和天体视位置的大圆称为天体时圈。以地球上观察者所在点为基准，铅直向上伸延至天球的点是天顶，铅直向下伸延至天球的点是天底。在天球上，通过天极和天顶（天底）的大圆称为天子午线。

如图 3-3 所示，黄道为地球上的人看到太阳于一年内在恒星之间所走的视路径，黄道和天赤道交角为 23°27′。这是地球绕太阳公转而产生的太阳周率视运动。黄道与天赤道的交点称二分点：太阳在黄道上由南向北穿过天赤道的点称春分点（$r$）；太阳由北向南穿过天赤道的点称秋分点。黄道上赤纬最大的点是二至点：北赤纬最大 $\delta=23°27'$，是夏至点；南赤纬最大 $\delta=-23°27'$，是冬至点。太阳在黄道上运动至南北赤纬最大的点以后，就要返回运动，于是地球上南北纬 23°27′称为（太阳）回归线。

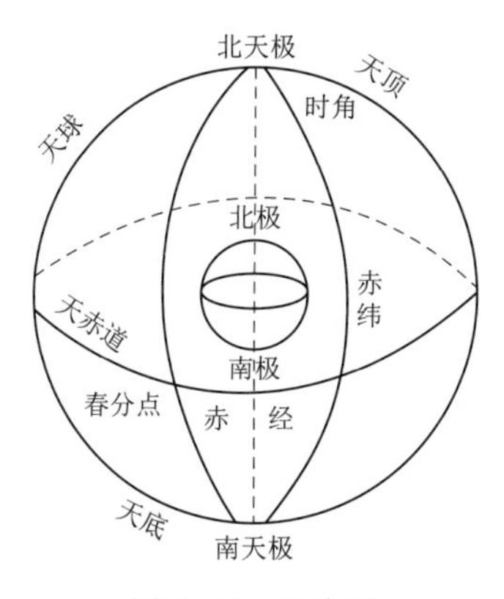


图 3-2 天球图

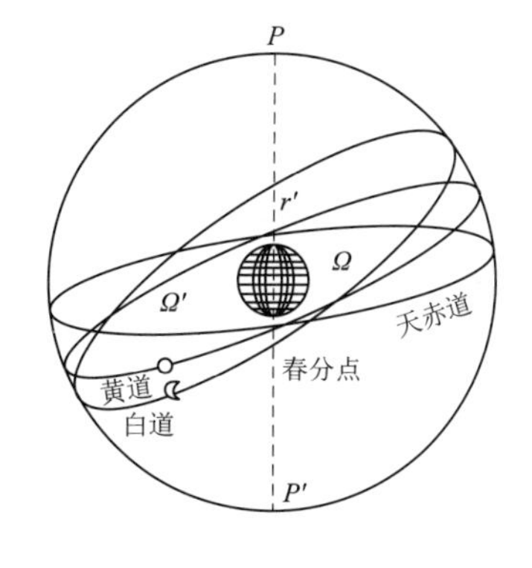


图 3-3 黄道面与白道面

月球绕地球运动的轨道是椭圆的，称为月球轨道。在视运动中，月球绕地球运动的轨道在天球上的投影称为白道。白道与黄道有固定的交角，约为 5°9′。白道与黄道有二交点：月球在白道上由南向北穿过黄道的点是升交点；月球由北向南穿过黄道的点是降交点。由于太阳对月球运动的影响，升交点沿黄道向西退行，约 18.61 年完成退行周期。交点退行引起赤白交角的周期变化，当升交点与春分点重合时，赤白交角达最大，而升交点与秋分点重合时赤白交角最小。赤白交角变化幅度为 23°27′+5°9′。

2. 天体坐标系

天球上度量天体位置共有赤道坐标系、黄道坐标系、地平坐标系和白道坐标系四种坐标系，这里仅介绍赤道坐标系和黄道坐标系。

（1）赤道坐标系。以天赤道为基本圆，以春分点为原点。赤经为通过春分点的赤经圆与通过某天体的赤经圆（时圈）在北极所成的角度，或在黄道上所夹的弧长，自春分点起，沿着与天球周日视运动相反的方向度量，以时、分、秒表示；赤纬为天球上从天赤道沿时圈到天体（视位置）的角距，从赤道起算，0°～90°，赤道以北为正，以南为负，以度、分、秒表示。

（2）黄道坐标系。以黄道为基本圆，以春分点为原点。春分点的黄经圈与通过某天体的黄经圈在黄极所成的角度，或在黄道上所夹的弧长，称为天体黄经，在黄道上由春分点沿与太阳周年运动相同的方向量度（0°～360°）；从黄道开始，沿某天体的黄经圈到该天体的角距称为该天体的黄纬，在黄道北为正，黄道以南为负。由上述可知，春分点是天文学上的坐标原点。

3. 地球、月球和太阳的运动

（1）天体周日视运动。观察者因地球周日自转，每天所见的天体由东向西的运行，称作天体的周日视运动。观察者子午圈与天体时圈在天赤道上的弧长或在天极的夹角称为天体时角，从观察者子午圈向西量度0°～360°或0～24h。当天体时圈与午半圈相合，时角为零，天体位于上中天，当天体时圈与子半圈相合，时角为180°，天体位于观察者脚下，是下中天。

天体对某地子午线绕转一圈的时间称为一日。太阳绕地球子午线一周是太阳日，等于24h；月球绕地球子午线一圈为太阴日，约为24.8412h。一恒星日为23时56分4秒，比太阳日少3分56秒。

（2）太阳的周年视运动。太阳在黄道上对恒星运转的周期称为恒星年（365.2564日），它是地球绕太阳公转的真正周期。太阳从春分点出发，在黄道上运转一周，再回到春分点所需要的时间称为一年，是太阳年，也称回归年。一回归年等于365.2422日，为365日5时46秒。近点年（365.2596日）是太阳在黄道上对近地点运转的周期，它体现日地距离的变化周期。

一个回归年的长度不正好是太阳日的整数，现今世界各地通用的公历（俗称阳历），规定：取365日为一平年，尚余0.2422日，于是又规定凡是4的整数倍的年份定为闰年。闰年共366日，在2月增加1日为29日，但这样4年一闰，又比4个回归年多出0.0311日，即400年里要多出3.11日。于是公历又规定，凡100整数倍的年份仍为平年，只有400整数倍的年份才定为闰年。这样累积3000年才差1日，才认为没有多大影响。平年和闰年相差1日，在潮汐计算中很重要。

（3）月球的视运动。月球在白道上，因对不同特征点运动，而有各种月周期，月

球在白道上相对地-日联线运动一周所需的时间为朔望月，又称太阳月（29.53 日）。朔望月反映着月相盈亏周期。月球相对地球-恒星联线运转一周称恒星月（27.32166 日）。月球对近地点运转一周为近点月（27.55455 日）。月球在白道上对升交点运转一周为交点月（27.21222 日）。月球在白道上对着赤白交点（赤纬为零）运转一周为回归月（27.32158 日）。

太阳在黄道上运行的速度不均匀，又因黄道和天赤道不在同一平面内，所以一年中真太阳日长短不一，用它计时很不方便。在天文学中为了弥补这一缺陷，假想有一天体在天赤道上以均匀的速度由西向东运动，速度等于太阳在黄道上运行的平均速度，这个假想的天体，称为“平太阳”。

（4）区时和世界时。某地子午线的时间，当平太阳处于下中天、平太阳时角为180°的时刻定为 0 时，当太阳处于上中天、平太阳时角为 0°的时刻定为 12 时，为此地地方太阳时，简称地方时。因而，同一经度线上各地的地方时均相同。时角（$T$）与时间（大小时 $t$）的关系为 $T=15°t+180°$。

随着社会生产的发展和文化的交流，各地因时间不同，凡由一经度到另一经度就要调整时间，多有不便。19 世纪 80 年代开始，各地陆续采用标准时，以某一子午线的时间为邻近地区的共同时间。1884 年国际经度会议制定了时区制度，将地球表面按经线划分为 24 区，称为时区。以英国 Greenwich 天文台本初子午线为基准，东西经度各 7.5°的范围做为零时区，然后每隔 15°为一时区，以东（西）经度 7.5°～22.5°的范围为东（西）一时区，依次类推。在每一时区内一律使用它的中央子午线上的时间，称为该区的“标准时”。每越过一时区的界线，时间相差 1h。各国为了自己的方便，可以采用一个或几个时区作为自己的时间。我国的标准时是东八区时（北京时）。

世界时也是 Greenwich 平太阳时，用于统一全世界的电信和科学记的时间，因而也是世界各地时间的统一标准。

### 3.1.2.2 引潮力

根据万有引力定律，任何两个质点之间彼此存在着互相吸引的力量，这一吸引力的大小同它们的质量的乘积成正比，而和它们之间距离的平方成反比。地球上的潮汐现象正是由天体对它的引力作用所致。

现以地-月系统为例。地球绕地-月公共质心的运动如果不考虑地球的自转，地球保持着平移运动，可以证明：地球在该平移运动过程中所产生的惯性离心力在各点量值相等，且方向都指向背离月球的方向，如图 3-4 所示。

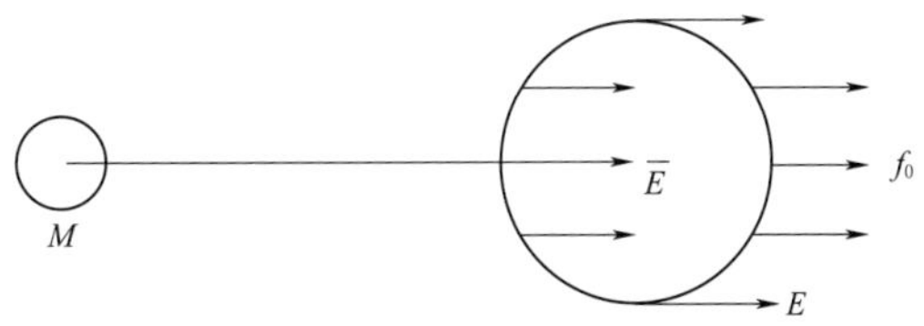

图 3-4 地球在平移运动中的离心力

设地球上单位质量的物体所受的离心力为 $f_0$，则整个地球所受的总的离心

力 $Ef_0$ 应和月球对地球总的吸引力 $\mu_0 ME/D^2$ 处于平衡状态，即有

$$Ef_0=\mu_0\frac{ME}{D^2} \tag{3-1}$$

则

$$f_0=\mu_0\frac{M}{D^2} \tag{3-2}$$

式中　$E$——地球质量；

$M$——月球质量；

$D$——地月中心之间的距离；

$\mu_0$——万有引力常数。

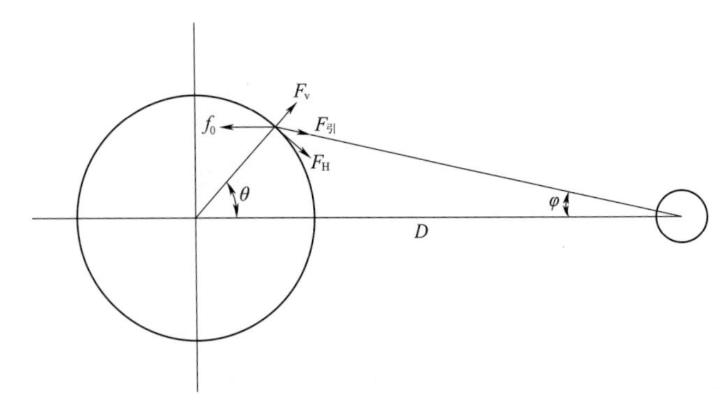


图3-5　引潮力示意图

地球上任意一点单位质量的物体受到月球的引力的大小为 $\mu_0 M/L^2$，$L$ 是该点于月球之间的距离，该力的方向沿该点和月球的联线指向月球。

定义月球引潮力 $\vec{F}$ 为单位质量海水质点所受月球引力与该点随地球绕地-月共同质心运动的惯性离心力之和，即

$$\vec{F}=\vec{F}_{引}+\vec{F}_{惯} \tag{3-3}$$

按图3-5可以得到月球引潮力的垂直、水平分量为

$$\begin{cases}F_V=\mu_0\dfrac{M}{L^2}\cos(\theta+\varphi)-\mu_0\dfrac{M}{D^2}\cos\theta\\[2ex] F_H=\mu_0\dfrac{M}{L^2}\sin(\theta+\varphi)-\mu_0\dfrac{M}{D^2}\sin\theta\end{cases} \tag{3-4}$$

式中　$\theta$——该点的地心天顶距。

式（3-4）中规定垂直地面向上为正，顺时针的水平方向为正，因为

$$\begin{cases}\cos(\theta+\varphi)=\dfrac{D\cos\theta-r}{L}\\[2ex] \sin(\theta+\varphi)=\dfrac{D\sin\theta}{L}\\[2ex] L^2=D^2+r^2-2rD\cos\theta\end{cases} \tag{3-5}$$

而最后一式又可写为

$$\frac{1}{L}=\frac{1}{D}\sum_{n=0}^{\infty}\left(\frac{r}{D}\right)^n P_n\cos\theta \tag{3-6}$$

其中 $P_n(\cos\theta)$ 为 $n$ 次 Legendre 多项式。如果只取 $\left(\frac{r}{D}\right)^2$ 项，则

$$\frac{1}{L}=\frac{1}{D}\left[1+\left(\frac{r}{D}\right)\cos\theta+\frac{1}{2}\left(\frac{r}{D}\right)^2(3\cos^2\theta-1)\right] \tag{3-7}$$

将式（3-7）代入式（3-5）可得

$$\begin{cases}F_V=\dfrac{\mu_0 M}{D^2}\left[\left(\dfrac{r}{D}\right)(3\cos^2\theta-1)+\dfrac{3}{2}\left(\dfrac{r}{D}\right)^2(5\cos^2\theta-3)\cos\theta\right]\\ F_H=\dfrac{\mu_0 M}{D^2}\left[\left(\dfrac{r}{D}\right)\dfrac{3}{2}\sin2\theta+\dfrac{3}{2}\left(\dfrac{r}{D}\right)^2(5\cos^2\theta-1)\sin\theta\right]\end{cases} \tag{3-8}$$

同理，太阳引潮力的垂直、水平分量为

$$\begin{cases}F'_V=\dfrac{\mu_0 S}{D_1^2}\left[\left(\dfrac{r}{D}\right)(3\cos^2\theta-1)+\dfrac{3}{2}\left(\dfrac{r}{D}\right)^2(5\cos^2\theta_1-3)\cos\theta_1\right]\\ F'_H=\dfrac{\mu_0 S}{D_1^2}\left[\left(\dfrac{r}{D}\right)\dfrac{3}{2}\sin2\theta_1+\dfrac{3}{2}\left(\dfrac{r}{D_1}\right)^2(5\cos^2\theta_1-1)\sin\theta_1\right]\end{cases} \tag{3-9}$$

式中　$S$——太阳质量；

$D_1$——地日中心距离；

$\theta_1$——相应点的地心天顶距。

太阳系的其他八大行星对地球上海水质点的引潮力可同样推论计算。因它们与地球的距离不如月球那么近，质量又不如太阳那么大，因此它们的引潮力比月球和太阳的引潮力小得多，可以忽略不计。

由引潮力的定义可知，地球任一质点都受到月球和太阳引潮力的作用。这样，地球上的海水、湖水、大气、弹性地壳等都要发生周期性地“潮汐运动”，在地球物理学的领域内，除海洋潮汐外，大气潮汐和地球潮汐都是重要的运动过程。

根据月球和太阳引潮力可得出以下结论：

（1）当地球绕地轴自转的时候，地球表面各点的引潮力将出现周期性变化，但由于地-月-日三体的复杂运动，引潮力以致海洋潮汐将有十分复杂的周期变化。牛顿创立引潮力学说，解释了潮汐发生的物理原因，说明了潮汐变化的天文变化周期，是重大贡献。

（2）在推导月球引潮力公式时，略去 $(r/D)^2$ 以上的项，最后结果才与 $1/D^3$ 成比例，若在计算中保留 $(r/D)^2$ 项，则在月球引潮力公式中除有 $1/D^3$ 的项以外尚有 $1/D^4$ 的项，虽然其量值小，在提高潮汐计算近似程度时，须考虑以上的忽略。

（3）引潮力的量值与扰动天体的质量成正比，和扰动天体与地心的距离的三次方成反比，而月球与地心的距离比太阳与地心的距离小许多（$D=384400$km），故太阳引潮力仍比月球引潮力小。若设二扰动天体的天顶距离相等 $\theta=\theta'$，计算证明 $F/F'=2.17$，即月球引潮力是太阳引潮力的 2.17 倍，或说太阳引潮力是月球引潮力的 46%。

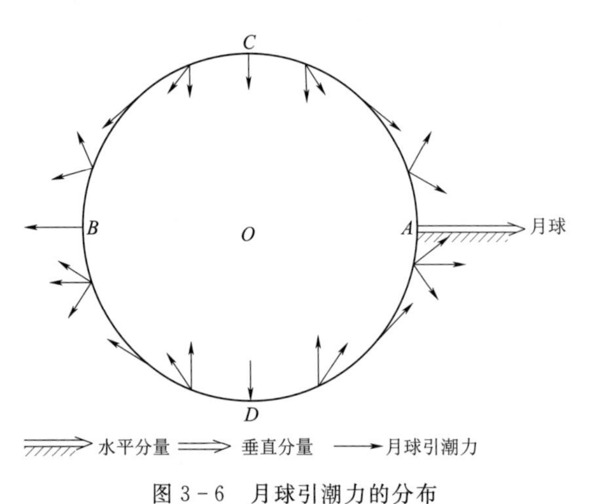


图 3-6　月球引潮力的分布

可见反映在海洋潮汐中，月球引潮力即月地相对运动的影响占主要地位。

(4) 月球水平引潮力的分布如图 3-6所示。

(5) 月球引潮力的垂直分量在 $A$、$B$ 两点达最大值，而在 $C$、$D$ 两点的量值是 $A$、$B$ 两点的一半，方向指向地心。

(6) 由引潮力的定义可知，地心处引潮力恒为零。

(7) 太阳引潮力的分布，无论垂直分量或水平分量，均与月球引潮力分布对应地相似。

**3.1.2.3　引潮势**

月球对地球上任一点 $P$（图 3-4）单位质量的引力势为 $\mu_0 M/L$，对地心单位质量物体的引力势为 $\mu_0 M/D$。那么 $P$ 点相对于地心的引潮势为

$$V=\mu_0 M\left(\frac{1}{L}-\frac{1}{D}-\frac{r\cos\theta}{D^2}\right) \tag{3-10}$$

其中，最后一项是地球绕地月公共质心平移运动产生的惯性离心力势。

同理，$P$ 点的太阳引潮势为

$$V_{\mathrm{S}}=\mu_0 S\left(\frac{1}{L_1}-\frac{1}{D_1}-\frac{r\cos\theta_1}{D_1^2}\right) \tag{3-11}$$

下面以月球为例作进一步地讨论。对于地球表面的任一点，$r$ 等于地球半径 $a$。将式（3-6）代入式（3-10）可得

$$V=\frac{\mu_0 M}{D}\sum_{n=2}^{\infty}\left(\frac{a}{D}\right)^n P_n\cos\theta \tag{3-12}$$

由于 $\mu_0=\dfrac{ga^2}{E}$，令 $G=\dfrac{3gM}{4E}\left(\dfrac{a}{\overline{D}}\right)^3 a$，其中 $\overline{D}$ 为地-月中心距离的平均值，可得

$$\begin{aligned}V&=\frac{2}{3}G\left(\frac{\overline{D}}{D}\right)^3(3\cos^2\theta-1)+\frac{2}{3}G\left(\frac{\overline{D}}{D}\right)^4\left(\frac{a}{\overline{D}}\right)(5\cos^3\theta-3\cos\theta)\\&\quad+\frac{1}{6}G\left(\frac{\overline{D}}{D}\right)^5\left(\frac{a}{\overline{D}}\right)^2(35\cos^4\theta-30\cos^2\theta+3)+\cdots\\&=\Omega_2+\Omega_3+\Omega_4+\cdots\end{aligned} \tag{3-13}$$

对于月球引潮势来说，$\Omega_2$ 在整个潮汐中占主导地位，$\Omega_3$、$\Omega_4$ 与之相比是次要的。

# 3.2 潮 位 观 测

近岸潮汐的变化不但与引潮力有关，还常受到水文气象因素、海岸形态及水底地形等影响，各地的差异甚大。对于海上风电场工程的设计潮位推算，需要有至少20年以上的实测潮位资料。但是在拟建工程场址处一般没有长期的实测潮位资料，所以需要开展至少1年以上的实测潮位观测。

## 3.2.1 测站布设

潮位测站分为长期测站与短期测站，测站总数应不少于2个，长期测站数量不少于1个。潮位测站布设的密度应能反映工程海域潮汐变化情况，相邻测站之间的距离应满足最大高潮位差不大于1m，最大潮时差不大于2h，且潮汐性质基本相同。对潮时差和潮高变化大的海域，需相应增设短期潮位测站。

潮位测站应选择在与外海畅通、水流平稳、不易淤积、波浪影响较小的海域；应避开冲刷严重、易坍塌的海岸；在理论最低潮时，水深应大于1m。布设时尽可能利用岛礁及海上测风塔及栈桥等海上建筑物。

对于多场区风电场工程，每个场区内均应有不少于1个代表测站。若场区内不易设站，应在距离场区较近且潮汐特性基本相同的地方设站。

## 3.2.2 观测方法

1. 观测仪器

潮位观测可以采用压力式和声学式等潮位仪进行，目前应用较多的是压力式潮位仪，如图3-7所示。

2. 观测要求

观测潮位通常采用锚锭系统或利用海上建筑物观测等方式，采用锚锭系统测量水位，锚锭系统投放和回收步骤应符合《海洋调查规范》（GB/T 12763.1～11—2007）的规定。观测前应确认潮位仪各项参数设置正确，打开主机开关，记下第一次采样时间。潮位观测应防止仪器下陷，确保仪器在垂直方向没有变动，观测结束收回仪器时，应确认仪器工作正常。

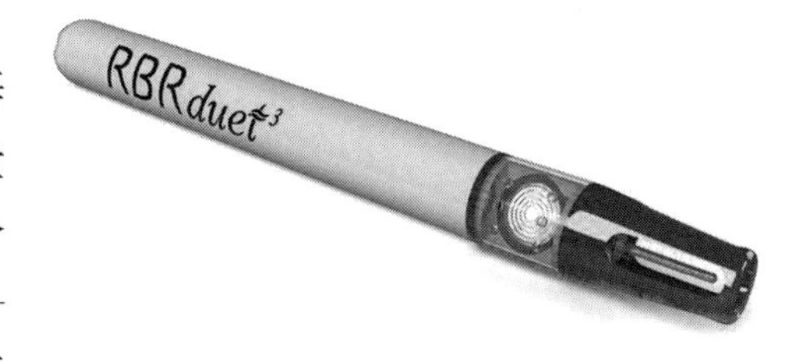


图3-7　压力式潮位仪

3. 观测要素

（1）总压强，它是气压与水压的总和。由潮位仪的压力传感器测得，单位为 kPa。

(2) 现场水温，由潮位仪的温度传感器测得，单位为℃。

(3) 现场气压，由自记气压表测得，单位为 kPa。

4. 观测准确度

潮位观测的准确度分为三级：一级为±0.01m；二级为±0.05m；三级为±0.10m。海上风电场项目潮位观测的准确度应达到二级。

5. 观测时间

在工程水域设立的潮位长期测站，观测期应在 369 天以上，满足潮汐预报时间长度要求，全潮水文观测期间设立的潮位短期测站，应获取不少于 1 个月（30 天）的潮位资料，观测期至少在其他水文要素首次测验前 1～2 天开始，并连续观测到其他水文要素全部测验结束。

6. 采样时间间隔

连续观测在 30 天以内时，采样时间间隔为 5min；连续观测超过 30 天以上时，采样时间间隔为 10min。

### 3.2.3　资料处理

根据观测数据记录的起止日期和时间，检查数据的总数是否正确、有无误码以及数据是否正常。经审查数据无误、进行气压修正后，按照相关转换公式计算潮位值，并将结果填入潮位观测记录表。观测期间如遇大风天气，应进行风暴潮分析和计算。

## 3.3　潮汐分析及预报

### 3.3.1　潮汐调和分析

由实测潮位资料可以看出，各个海域的潮位变化都具有较好的周期性，但是各测站潮位变化过程千差万别，这是因为潮汐的变化除了受到日、月引潮力的作用外，还受到地区性的气象、水文、地形和深度等多种因素的影响。

数学分析已经证明，潮位曲线可以近似地用许多余弦曲线的叠加来表示，故海洋潮汐可以看作是由许多振幅、周期、位相不同的分潮叠加组成，每一个分潮都是由天球赤道面上作等速圆周运动的某一个假想天体所引起的。以月球引力为例，可以设想在天球上有许多运动速度各异、和地球的距离各不相同的假想月球，它们围绕地球运动的轨道都是圆，由这些假想月球对地球引潮力的合力应和实际月球的引潮力相同。每个假想月球对应一个分潮，例如主太阴半日分潮 $M_2$ 就是由假想的理想月球的引潮力所引起的，其绕地球周期和绕月球的周期相同，但它是在赤道平面上，以地球为圆

心作圆周运动。对于天球上的太阳和其他天体引力都可以参考应用。

从理论上讲，分潮的数目很多，但是按照其影响因素的特点，分潮主要有天文分潮、浅水分潮、气象分潮三类。

1. 天文分潮

该分潮完全由天文因素产生。天文分潮的数目有很多，主要有主太阴半日分潮 $M_2$、主太阳半日分潮 $S_2$、太阴太阳赤纬日分潮 $K_1$、主太阴日分潮 $O_1$、太阴太阳赤纬半日分潮 $K_2$、主太阴椭圆率半日分潮 $N_2$、主太阴椭圆率日分潮 $Q_1$、主太阳日分潮 $P_1$ 等。

2. 浅水分潮

天文分潮都是一种规则波形，但是当潮波自深水传至近岸以后，由于水深变浅，潮波前坡变陡，后坡变缓，类似波浪进入浅水传至岸边那样变形，涨潮历时要比落潮历时为短，其周期可采用等于原来周期的1/2、1/3、1/4的各种分潮叠加而成。因此，每一个天文分潮传至浅水地区，可以有一系列的浅水分潮。以 $M_2$ 分潮为例，就有 $M_4$、$M_6$、$M_8$ 等浅水分潮。

3. 气象分潮

潮汐周期变化也受到气象因素（如季风、降水和气压等）的影响。季风、降水等具有以年为单位的周期。其他因素，如局部短暂的风对海面的影响就没有什么周期性；又如气压突变可能引起海面短周期的驻波型振动，其周期由几分钟至一小时以上。在潮汐调和分析中，对于这类变化的考虑，主要采取以年为周期的分潮 $S_a$。

每一个分潮都可以由余弦曲线来表示，通过实测观测资料的分析，每一个分潮的一般形式为

$$h=fR'\cos[qt+(v_0+u)-k] \tag{3-14}$$

式中 $h$——分潮的潮高；

$R'$——分潮的平均振幅（半潮差）；

$f$——分潮振幅的一个改正因子；

$q$——分潮的角速度；

$t$——平均地方时；

$v_0+u$——分潮的相角，是从某年月日子夜零时起算起的相角；

$k$——分潮迟角，是由于海底摩擦、海水惯性等引起的高潮时滞后于月中天时刻的相角，因地而异，各分潮也不同。

$f$、$q$、$v_0+u$ 均可以通过查表3-1得到，故只要能够求出每个分潮的 $R'$ 和 $k$，则该分潮便可求得。$R'$ 和 $k$ 随地点而异，但对于某固定地点为常数，故称为潮汐调和常数。

调和分析的目的就是根据实测潮位过程推求当地各组成分潮的调和常数。将每个

分潮的表达式都写成标准形式，即

$$h=R\cos(qt-\theta) \tag{3-15}$$

比较式（3-14）与式（3-15）可得

$$fR'=R$$

$$(v_0+u)-k=-\theta$$

所以，调和常数 $R'$和 $k$ 分别为

$$R'=\frac{R}{f}$$

$$k=(v_0+u)+\theta$$

即只要求出分潮的振幅 $R$ 和相角 $\theta$，就可以计算出分潮的调和常数 $R'$和 $k$。

将式（3-15）展开，可得

$$h=R\cos\theta\cos qt+R\sin\theta\sin qt=a\cos qt+b\sin qt \tag{3-16}$$

式中，$a=R\cos\theta$，$b=R\sin\theta$；则 $R=\sqrt{a^2+b^2}$，$\theta=\tan^{-1}\left|\frac{b}{a}\right|$。如果 $a$、$b$ 已知，$R$ 和 $\theta$ 就可以确定。

若某一验潮站任一时刻的实测潮位以 $h'(t)$ 表示，该时刻的预报潮高以 $h(t)$ 表示，则

$$h(t)=A_0+\sum_{i=1}^{n}(a_i\cos q_it+b_i\sin q_it) \tag{3-17}$$

式中　$A_0$——平均海平面高程；

$n$——分潮总数，理论上讲有许多个，但是大部分分潮影响不大，可不必计算。

在潮汐预报中，一般采取11个分潮（表3-1）或者63个分潮进行计算。具体分析方法一般采取最小二乘法，简要介绍如下：

**表3-1　11个分潮的角速度和周期**

| 种类 | 名　称 | 符号 | 角速度/(°/平太阳日) | 周期/h |
|---|---|---|---|---|
| 半日分潮 | 主太阴半日分潮 | $M_2$ | 28.98 | 12.42 |
| | 主太阴椭圆率半日分潮 | $N_2$ | 28.44 | 12.66 |
| | 主太阳半日分潮 | $S_2$ | 30.00 | 12.00 |
| | 太阴太阳赤纬半日分潮 | $K_2$ | 30.82 | 14.96 |
| 日分潮 | 主太阴日分潮 | $O_1$ | 13.94 | 25.82 |
| | 主太阴椭圆率日分潮 | $Q_1$ | 13.40 | 26.87 |
| | 主太阳日分潮 | $P_1$ | 14.96 | 24.07 |
| | 太阴太阳赤纬日分潮 | $K_1$ | 15.04 | 23.93 |
| 浅水分潮 | 太阴浅水1/4分潮 | $M_4$ | 57.96 | 6.21 |
| | 太阴太阳浅水分潮 | $MS_4$ | 58.98 | 6.10 |
| | 太阴浅水1/6分潮 | $M_6$ | 86.94 | 4.14 |

令实测潮位过程 $h'(t)$ 与预报潮位 $h(t)$ 间的离差平方和为

$$S=\int_0^T[h'(t)-h(t)]^2\mathrm{d}t \tag{3-18}$$

若使得预报值与实测值间符合最好，即 $S=\min$，其充分和必要条件是

$$\begin{cases}\dfrac{\partial S}{\partial A_0}=0\\ \dfrac{\partial S}{\partial a_i}=0\ ,i=1,2,\cdots,n\\ \dfrac{\partial S}{\partial b_i}=0\end{cases} \tag{3-19}$$

式（3-19）为一个 $2n+1$ 元方程组。求解方程组可得 $A_0$、$a_i$、$b_i$，即 $A_0$、$R_i$ 及 $Q_i$，再代入潮汐预报的计算模式，进行潮汐预报计算。

### 3.3.2 潮汐预报

利用潮汐调和分析方法，只要计算出今后日、月、地的相对位置，利用该地点的调和常数，就可以预报未来任何时刻的潮汐，潮汐表就是根据此原理推算出来的。我国每年的潮汐表列有沿海各个主要港口潮汐的预报资料。

1. 潮汐表的内容

潮汐表的内容包括各主要港口每日高（低）潮的潮时和潮高预报，同时列出农历、所在地点经纬度、使用的标准时和潮高基准面，还包括潮汐“差比数和潮信表”，该表列有重要港口和邻近附港的潮时差、潮差比率、平均海面等，据此可以推算出附港的潮汐预报值，同时还列有平均高潮（低潮）间隙、大（小）潮升。

潮汐表中所预报的沿海各港口潮汐仅代表正常情况下的潮汐情况，不包括气象异常或者某些特殊因素的影响在内。一般当潮时之差在 20～30min、潮高之差小于 0.3m 时，即可认为预报与实际一致。

2. 推求任意时刻的潮高和任意潮高的潮时的计算方法

把潮位曲线近似看成余弦曲线形式，以 360°为一个周期，从高潮至低潮相位变化为 0°～180°，即 $\cos\theta$ 为 1 到 −1。从高潮和低潮之间求任意时刻 $t$ 的潮高时，先要求出 $t$ 所对应的相角（从高潮时为 0°开始）并用半潮差乘以这个角度的余弦，再加上半潮面本身的高度，即可求出该时刻的潮高，如图 3-8 所示。

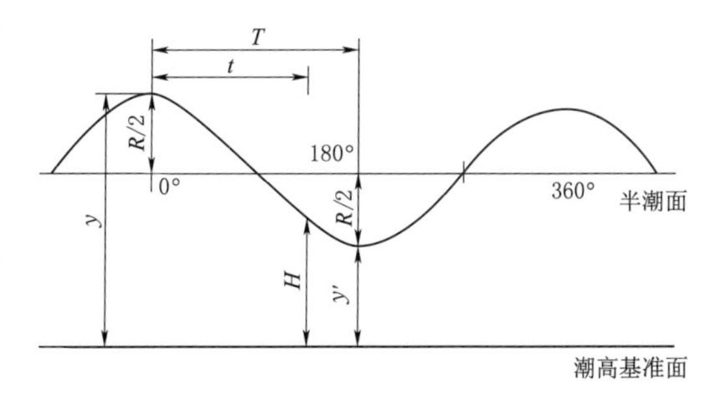

图 3-8 求任意时刻的潮高

求任意时刻潮高公式为

$$H=Y-\frac{R}{2}\left[1-\cos\left(\frac{t}{T}\times180°\right)\right] \tag{3-20}$$

或

$$H=Y'+\frac{R}{2}\left[1+\cos\left(\frac{t}{T}\times180°\right)\right] \tag{3-21}$$

式中　$H$——任意时刻的潮高；

$Y$——高潮高；

$Y'$——低潮高；

$T$——涨潮或落潮历时；

$t$——任意时刻至高潮时的时间间隔；

$R$——潮差。

## 3.4　潮　汐　类　型

潮位变化曲线随地点、日期而异，非常复杂。但是，从长期记录来看，大体可分为半日潮、全日潮、不规则半日混合潮和不规则全日混合潮四种类型，如图 3-9 所示。

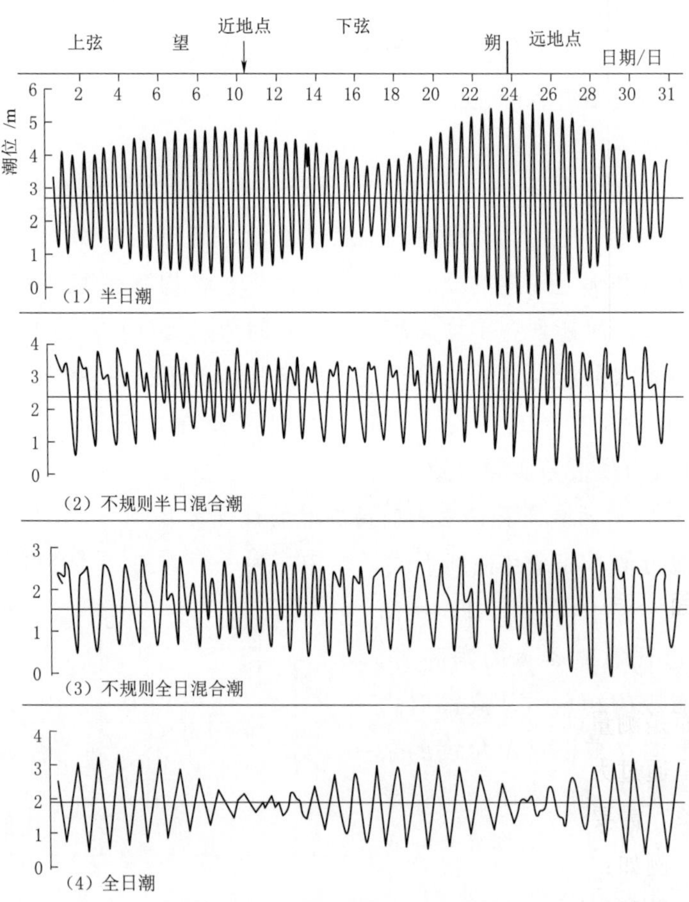


图 3-9　四种潮汐月过程曲线

1. 半日潮

在一个太阴日（24h 50min）内发生两次高潮和两次低潮，相邻两次高潮和两次低潮的潮位大致相等，涨潮历时和落潮历时相同，潮位曲线近似为对称的余弦曲线。

2. 全日潮

一个太阴月中的大多数太阴日，每日出现一次高潮和一次低潮。在全日潮海区观察发现，每当月偏北和偏南的日期过后几天，潮差便显得特别大；反之，在月出正东和月没正西的日期过后几天，潮差都特别小，甚至1日内会出现两次潮汐。

3. 混合潮

混合潮分为不规则半日混合潮和不规则全日混合潮。不规则半日混合潮指在一个太阴日内也有两次高潮和两次低潮，但是相邻的高潮或低潮其高度不等，涨潮历时和落潮历时也不同。不规则全日混合潮是指在半个月的多数日子里为不规则半日潮，但有时也发生每日一次高潮和一次低潮的全日潮现象，但是全日潮的天数不超过7天。

根据潮汐表中潮汐性质的定义进行潮汐类型的划分，即

$$\begin{cases} \dfrac{H_{K_1}+H_{O_1}}{H_{M_2}}<0.5 & \text{半日潮} \\ 0.5\leqslant\dfrac{H_{K_1}+H_{O_1}}{H_{M_2}}\leqslant 2.0 & \text{不规则半日混合潮} \\ 2.0<\dfrac{H_{K_1}+H_{O_1}}{H_{M_2}}\leqslant 4.0 & \text{不规则全日混合潮} \\ \dfrac{H_{K_1}+H_{O_1}}{H_{M_2}}>4.0 & \text{全日潮} \end{cases} \tag{3-22}$$

式中　$H_{K_1}$、$H_{O_1}$、$H_{M_2}$——潮汐调和常数的振幅。

## 3.5 基准面与特征潮位

### 3.5.1 基准面

1. 平均海平面

平均海平面是测量陆地上人工建筑物和自然物高程的一个起算面。这个起算面也称作基准面，是通过大地测量的水准网来相对固定的。它是客观存在的，由于海洋里存在各种波现象，需要采用间接的方法将其确定下来。平均海平面具有以一年为周期的规律性变化，例如：我国渤海、黄海7、8月最高；东海9月最高；南海则10、11月最高。其原因是我国海区夏秋两季气压低，又多东南风，而冬春季气压高，西北风

强。平均海平面的多年变化与天文要素有关，天文要素是以18.6年为周期变化的，要得到精确的多年平均海平面，必须取19年每小时潮位的平均值。我国统一的陆地高程零点——1985国家高程基准，就是青岛验潮站1952—1979年验潮资料的平均海平面。

2. 理论深度基准面

平均海平面是确定陆地高程的零点，但是，对于海洋而言，由于潮位的升降，海面大约有一半的时间是低于平均海平面。因此，如果以平均海平面作为深度的零点进行海图标深，则实际上约有一半的时间没有那么深。为了保证航海的安全，常采用一种基准面，使得在绝大部分时间内实际水深大于海图上所标明的深度值。许多国家的深度基准面都不相同，例如，英国采用最低天文潮面，美国、瑞典和荷兰等国采用平均低潮面，俄罗斯采用理论深度基准面作为海图上的深度基准面，即以本站多年潮位资料算出理论上可能的最低水深作为深度基准面，以便于利用海图计算实际水深。

我国从1956年以后，基本采用理论最低潮面作为深度基准面。它是按照苏联弗拉基米尔斯基方法计算的，即以8个主要天文分潮组合的最低潮面为深度基准面。在浅海区及海平面季节变化较大的海区，又考虑3个浅水分潮和2个长周期气象分潮，共13个分潮。理论上，这样所算得的最低潮面应与这些分潮直接做19年预报所得的最低潮面（即最低天文潮面）一致。

3. 潮高基准面

潮汐表上预报潮位值的零点称为潮高基准面，它在平均海平面以下，与海图深度基准面也不一定一致。因此，任何时刻某海区某处的实际水深就等于海图深度加上潮高基准面与海图深度基准面之间的差值和该海区潮汐表上的预报潮位值。潮位值是海面相对于某一基准面的差值，基准面不同，该值可以不同，它是一个相对值；水深则是海面至海底的高度，它是一个绝对值，与基面无关。

### 3.5.2　特征潮位

（1）最高（低）潮位。它是指历史上曾经观测到的最高（低）潮位值。

（2）平均最高（低）潮位。它是指在多年潮位观测资料中，取每年最高（低）潮位的多年平均值。

（3）平均大潮高（低）潮位。它是指取每月两次大潮的高（低）潮位的多年平均值。

（4）平均小潮高（低）潮位。它是指取每月两次小潮的高（低）潮位的多年平均值。

各种基准面与不同特征潮位间如图3-10所示。

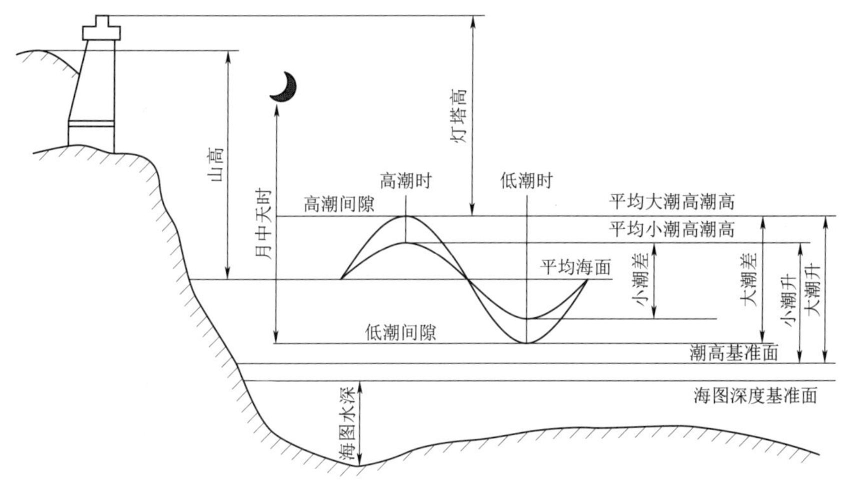


图 3-10 基准面与特征潮位

## 3.6 设计潮位推算

设计潮位在海洋工程的设计与施工中是一个重要的水文参数，它不仅直接关系到海工建筑物的高程，而且也影响到建筑物类型的选择和结构计算等。设计潮位通常包括设计高、低水位，极端高、低水位等。

### 3.6.1 设计潮位的推算

1. 设计潮位的标准

根据《港口与航道水文规范》(JTS 145—2015) 的规定：位于海岸和感潮河段常年潮流段的港口，设计高水位应采用高潮累积频率 10%的潮位，简称高潮 10%；设计低水位应采用低潮累积频率 90%的潮位，简称低潮 90%。如已有历时累积频率统计资料，其设计高、低水位也可分别采用历时累积频率 1%和 98%的潮位。

2. 资料年限

为了确定设计高、低水位，在进行潮位累积频率统计时，应有多年的实测潮位资料或至少完整一年逐日每小时的实测潮位资料。

3. 设计潮位的推算方法

从设计潮位的设计标准和要求可知，设计潮位的推算需采用两种方法：一种是绘制潮位历时累积频率曲线；另一种是绘制高潮或低潮累积频率曲线。

(1) 潮位历时累积频率曲线的绘制。取全年逐日每小时的实测潮位值作为原始统计数据进行频率分析。在绘制曲线之前，应仔细审查原始资料的可靠性、一致性与完整性，并对短缺或漏测资料进行插补。曲线的绘制具体步骤如下：

1）找出资料中最高和最低潮位，在两者之间采用 20cm（或 10cm）为一级进行分组。

2）按月统计各级潮位出现次数，再计算高于各组下限的潮位在 1 年中出现的累积次数。

3）设累积次数为 $m$，总次数为 $n$，则高于该组下限的潮位累积频率为 $P=m/n\times 100\%$。

4）取潮位为纵坐标，累积频率 $P$ 为横坐标，将各累积频率值绘于相应潮级下限处，把各点连成光滑的曲线，即为潮位历时累积频率曲线，然后在曲线上读取历时累积频率 1%的潮位值作为设计高潮位，历时累积频率 98%的潮位值作为设计低潮位。图 3-11 为某站潮位历时累积频率曲线。

（2）高潮或低潮累积频率曲线的绘制。它是以每日两次高潮和两次低潮的潮位值作为统计数据而绘制的累积频率曲线，其绘制方法与潮位历时累积频率曲线的绘制方法相同。图 3-12 为某站高潮和低潮累积频率曲线。

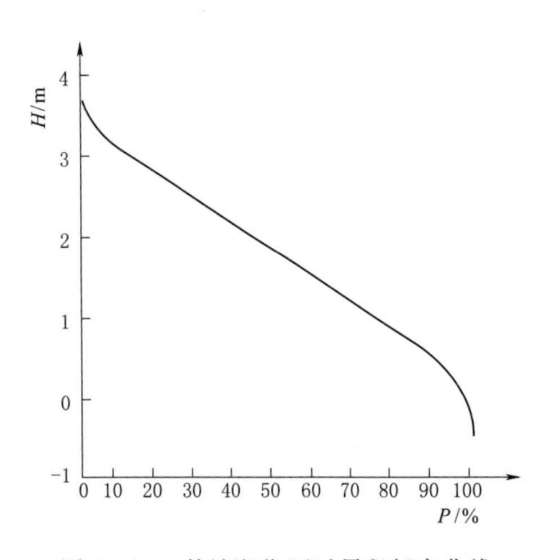

图 3-11　某站潮位历时累积频率曲线

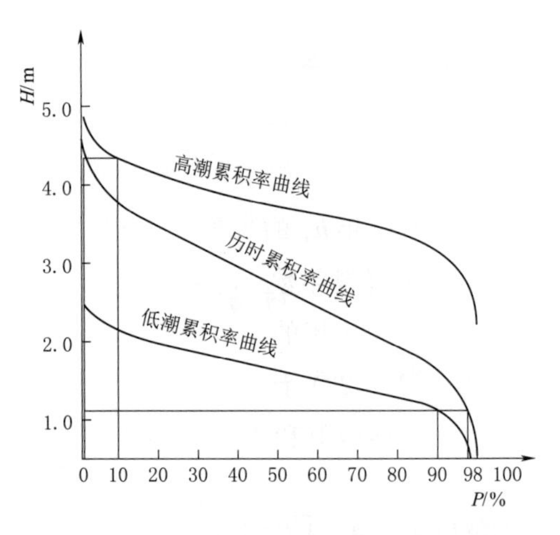

图 3-12　某站高潮和低潮累积频率曲线

### 3.6.2　极端水位的推算

极端水位是海洋工程建筑物在非正常工况下的高、低水位。主要是由于寒潮、台风、低压、地震、海啸所造成的增减水与天文潮组合而成，其重现期是以几十年来计算的。

（1）极端潮位的标准。根据《港口与航道水文规范》（JTS 145—2015）的规定：极端高水位应采用重现期为 50 年的年极值高水位，极端低水位应采用重现期为 50 年的年极值低水位。

（2）资料年限。为了确定极端高、低水位，在应用频率分析方法进行统计分析

时，要求应具有不少于20年的年最高、最低潮位实测资料，并须调查历史上出现的特殊水位。

(3) 极端水位的推算方法。推算相应指定频率或者重现期的海港和潮汐影响明显的河段的高潮位值或低潮位值，应采用极值Ⅰ型分布律。对于海上风电场工程而言，主要推求的重现期潮位有100年一遇高潮位、100年一遇低潮位、50年一遇高潮位和50年一遇低潮位等。

当有 $n$ 个年最高潮位值或年最低潮位值 $h_i$，不同重现期的高潮位和低潮位可以采用极值Ⅰ型分布律计算

$$h_P=\overline{h}\pm\lambda_{PN}S \tag{3-23}$$

$$\overline{h}=\frac{1}{n}\sum_{i=1}^{n}h_i \tag{3-24}$$

$$S=\sqrt{\frac{1}{n}\sum_{i=1}^{n}h_i^2-\overline{h}^2} \tag{3-25}$$

式中 $h_P$——与频率 $P$ 对应的高潮位值或低潮位值，m；

$\overline{h}$——$n$ 年 $h_i$ 的平均值，m；

$\lambda_{PN}$——与频率 $P$ 及资料年数 $N$ 有关的系数；

$S$——$n$ 年 $h_i$ 的均方差，m；

$n$——资料年数；

$h_i$——第 $i$ 年的年最高潮位值或年最低潮位值，m。

根据式(3-23)计算出理论频率曲线，同时绘出经验频率点进行适线，如图3-13所示。通过调整均值和 $C_v$，得到一条与经验点配合最佳的理论频率曲线。

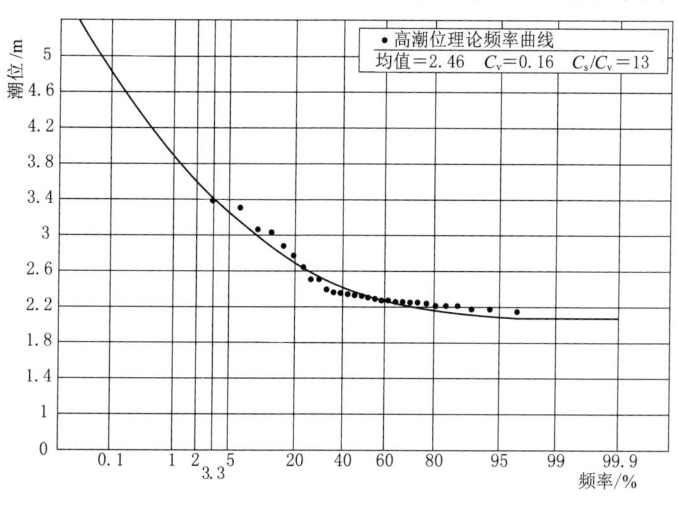


图3-13 重现期潮位推求适线图

（4）特大潮位的处理。若在 $n$ 年验潮资料以内或者以外，发现历时特高或者特低潮位，在计算极端高、低水位时应进行特大值处理，其关键是调查确定特大值的量值 $X_N$ 及其相应的重现期 $N$。$T$ 年（$P=1/T$）一遇的极端高、低潮位计算公式为

$$X_P=\overline{X}_N\pm\lambda_{PN}S_{XN} \tag{3-26}$$

式中 $\overline{X}_N$、$S_{XN}$——考虑特大值后的年最高、低潮位系列的平均值与均方差值；

$\lambda_{PN}$——考虑了特大值重现期 $N$ 后的系数值，可采用《港口与航道水文规范》（JTS 145—2015）的附录。

若在调查的 $N$ 年中，仅出现过一次特高（低）潮位值 $X_N$，且该特大值在实测资料的 $n$ 年以外，则式（3-26）各参数计算公式为

$$\overline{X}_N=\frac{1}{N}\left(X_N+\frac{N-1}{n}\sum_{i=1}^{n}X_i\right) \tag{3-27}$$

$$S_{XN}=\sqrt{\frac{1}{N}\left(X_N^2+\frac{N-1}{n}\sum_{i=1}^{n}X_i^2\right)-(\overline{X}_N)^2} \tag{3-28}$$

特大值的经验频率 $P=\dfrac{1}{N+1}\times100\%$，其他经验点仍用 $P=\dfrac{m}{n+1}\times100\%$计算。

在特大值处理中，其关键是确定特大值的量值 $X_N$ 及其重现期 $N$。由于是历史调查，所得到的 $N$ 值不可能很准确，只能是一个范围。

## 3.7 风 暴 潮

### 3.7.1 风暴潮的形成与传播

风暴潮通常会引起沿海很大的灾害。在天文潮出现高潮时，如遭遇强风和气压骤变所引起的海面异常升降现象，称为风暴潮。风暴潮又称为风暴增水或气象海啸，负风暴潮也称为风暴减水。

依据诱发风暴潮的大气扰动特征，通常可分为由热带风暴（如台风、飓风等）所引起的风暴潮和由温带气旋所引起的风暴潮两类，其区别在于：由热带风暴所引起的风暴潮一般伴随急剧的水位变化；而由温带气旋所引起的风暴潮，其水位变化是持续的而不是急剧的。前者反映气旋移动速度、风场和气压的变化急剧。在我国北方的黄海、渤海区域，由于冷、暖气团激荡较为激烈，也有因寒潮或冷空气所引起的风暴潮。

对于风暴潮的形成与传播举例说明如下。图 3-14 所示为海上突然出现一个热带风暴，在风暴中心低压区将立刻引起海水上升，海面水体升高与气压降低的静态效应是：气压下降 100Pa；水位约增长 1cm。同时，风暴中心周围的强风以湍流切应力的

作用引起表面海水形成一个与风场同样的气旋式环流。但由于地球自转所形成科氏力场的作用，海流在北半球将向右偏，形成一个表面海水的辐射。由于海水运动的连续性，深层海水必将流入作为补偿，这就形成了在深层海水的辐聚，开始时是沿着径向流向深层海水中心，由于科氏力的作用而使海流向右偏，成为深层水中的逆时针环流。海面受到低气压的作用以及深层流辐聚所形成的局部海面隆起，以孤立波形式随着风暴的移行而传播，在广阔的洋面上可视为一个强迫前进波。在这个波形成的同时，也形成了由风暴中心向四面八方传播出去的自由长波，以长波速度移行。当它们传播至浅水海域时，特别是风暴所携带的强迫风暴潮波爬上大陆架的浅水域，或进入边缘浅海、海湾或江河口的时候，由于水深变浅，再加上强风的直接作用、地形的缓坡影响等，能量急剧集中，风暴潮也就急剧地发展起来。

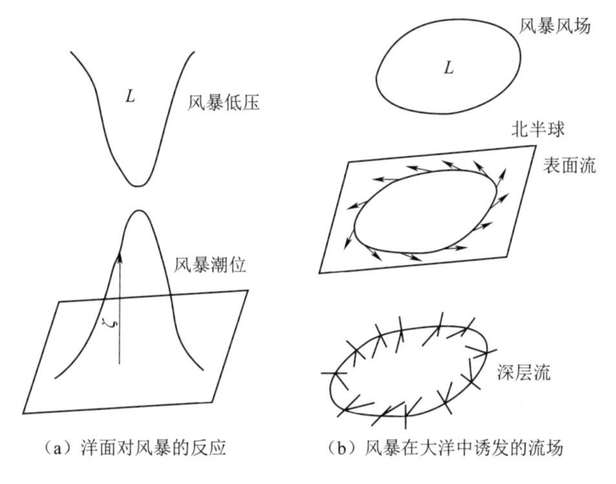


图 3-14 风暴潮的形成与大洋中的流场

以某港一次风暴潮的记录为例加以分析，该曲线是验潮曲线与潮汐预报曲线的差值。由图 3-15 可以看出，风暴潮传至大陆架或者港湾中，大致可以分为三个阶段。

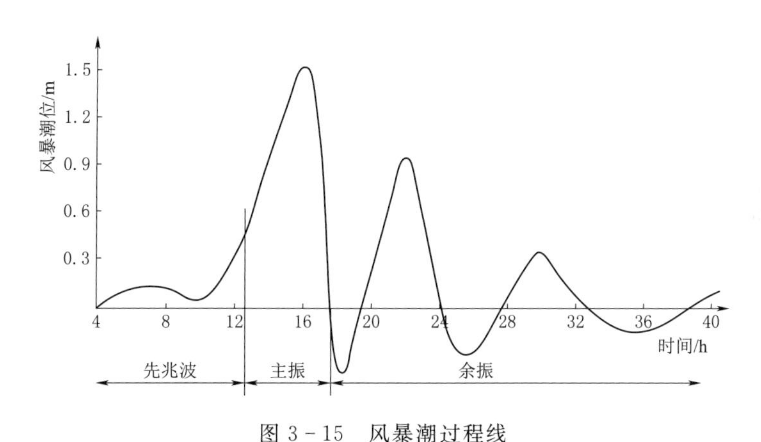


图 3-15 风暴潮过程线

第一阶段，当台风还远在外海时，风暴潮尚未到来之前，在验潮曲线中已能看到有一缓慢的（有时波幅达到 20～30cm）低频波动，常把这种在风暴潮来临之前向岸传播的波称为先兆波。该阶段波幅不大，但是持续时间长，通常超过 10h，从而形成“风未到，水先到”的长波增水，为风暴潮来临的预兆。

第二阶段，风暴已逼近或过境时，该海区水位将急剧升高，潮高可达数米，常导致风暴潮灾害。此阶段又称为主振阶段，通常可持续数小时，个别可长达 2～3 天（如美国 1966 年 Cala 飓风风暴潮主振时间约 50h）。主振持续时间基本取决于最大风暴潮高值出现时刻的热带风暴尺度及移动速度，移动速度小而尺度大的风暴，其风暴潮的持续时间一般比较长。

第三阶段，风暴过境以后，即风暴潮的主振阶段过去后，仍存在一系列的余振，因此，该阶段又称为余振阶段。余振阶段的最危险情况发生在它的高峰恰恰遭遇天文大潮高潮时，这时完全有可能使实际水位超出该地区的警戒水位而泛滥成灾，值得引起警惕。

特别指出，当风暴的移行速度（台风中心移动速度）与当地风暴潮长波波速接近时，将发生共振现象，导致异常的水位壅高。

### 3.7.2 风暴潮数值模拟

采用我国海台风风暴潮空间二维水动力数值模式进行风暴潮的数值模拟，在网格精度、地形和风场等条件准确的情况下，就能得到正确的风暴潮推算结果。

#### 3.7.2.1 水动力控制方程

此处所用数值模型的控制方程为二维浅水方程，在笛卡尔坐标系下可表示为

$$\frac{\partial h}{\partial t}+\frac{\partial h\bar{u}}{\partial x}+\frac{\partial h\bar{v}}{\partial y}=hS \tag{3-29}$$

$$\frac{\partial h\bar{u}}{\partial t}+\frac{\partial h\bar{u}^2}{\partial x}+\frac{\partial h\bar{u}\,\bar{v}}{\partial y}=f\bar{v}h-gh\frac{\partial \eta}{\partial x}-\frac{h}{\rho_0}\frac{\partial p_{\mathrm{a}}}{\partial x}-\frac{gh^2}{2\rho_0}\frac{\partial \rho}{\partial x}+\frac{\tau_{\mathrm{sx}}}{\rho_0}-\frac{\tau_{\mathrm{bx}}}{\rho_0}-\frac{1}{\rho_0}\left(\frac{\partial S_{\mathrm{xx}}}{\partial x}-\frac{\partial S_{\mathrm{xy}}}{\partial y}\right)+\frac{\partial (hT_{\mathrm{xx}})}{\partial x}+\frac{\partial (hT_{\mathrm{xy}})}{\partial y}+hu_{\mathrm{s}}S \tag{3-30}$$

$$\frac{\partial h\bar{v}}{\partial t}+\frac{\partial h\bar{v}^2}{\partial y}+\frac{\partial h\bar{u}\,\bar{v}}{\partial x}=f\bar{u}h-gh\frac{\partial \eta}{\partial y}-\frac{h}{\rho_0}\frac{\partial p_{\mathrm{a}}}{\partial y}-\frac{gh^2}{2\rho_0}\frac{\partial p}{\partial y}+\frac{\tau_{\mathrm{sy}}}{\rho_0}-\frac{\tau_{\mathrm{by}}}{\rho_0}-\frac{1}{\rho_0}\left(\frac{\partial S_{\mathrm{yx}}}{\partial x}-\frac{\partial S_{\mathrm{yy}}}{\partial y}\right)+\frac{\partial (hT_{\mathrm{xy}})}{\partial x}+\frac{\partial (hT_{\mathrm{yy}})}{\partial y}+hv_{\mathrm{s}}S \tag{3-31}$$

式中 $x$、$y$——笛卡尔坐标系；

$t$——时间；

$h$——总水深，$h=\eta+d$；

$\eta$、$d$——水面标高和静水深；

$\bar{u}$、$\bar{v}$——$x$、$y$ 方向的平均速度；

$f$——柯式参数，$f=2\Omega\sin\phi$；

$\Omega$——公转角速度；

$\phi$——纬度；

$g$——重力加速度；

$\rho$——水的密度；

$S_{xx}$、$S_{xy}$、$S_{yx}$、$S_{yy}$——辐射应力张量的分量；

$p_a$——大气压；

$\rho_0$——相对密度；

$S$——源汇项。

$\overline{u}$ 和 $\overline{v}$ 表示平均值，定义为深度方向速度的平均值，计算公式为

$$h\overline{u}=\int_{-d}^{\eta}u\mathrm{d}z,h\overline{v}=\int_{-d}^{\eta}v\mathrm{d}z \tag{3-32}$$

$T_{ij}$ 根据深度平均速度梯度的涡黏性公式来估算，各项均包括了黏性摩擦、湍流摩擦和对流项，即

$$T_{xx}=2A\frac{\partial\overline{u}}{\partial x},T_{xy}=A\left(\frac{\partial\overline{u}}{\partial y}+\frac{\partial\overline{v}}{\partial x}\right),T_{yy}=2A\frac{\partial\overline{u}}{\partial y} \tag{3-33}$$

采用梯度-应力方程来计算水平应力，有

$$F_u=\frac{\partial}{\partial x}\left(2A\frac{\partial u}{\partial x}\right)+\frac{\partial}{\partial y}\left[A\left(\frac{\partial u}{\partial y}+\frac{\partial v}{\partial x}\right)\right] \tag{3-34}$$

式中　$A$——水平涡黏度。

水面边界条件与底部边界条件为

$$z=\eta:\frac{\partial\eta}{\partial t}+u\frac{\partial\eta}{\partial x}+v\frac{\partial\eta}{\partial y}-w=0,\left(\frac{\partial u}{\partial z},\frac{\partial v}{\partial z}\right)=\frac{1}{\rho_0 v_t}(\tau_{sx},\tau_{sy}) \tag{3-35}$$

$$z=-d:u\frac{\partial d}{\partial x}+v\frac{\partial d}{\partial y}+w=0,\left(\frac{\partial u}{\partial z},\frac{\partial v}{\partial z}\right)=\frac{1}{\rho_0 v_t}(\tau_{bx},\tau_{by}) \tag{3-36}$$

式中　$(\tau_{sx},\tau_{sy})$、$(\tau_{bx},\tau_{by})$——水面风应力和底部应力在 $x$、$y$ 方向分量。

总水深 $h$ 可通过水面的运动学边界条件获得，流场根据动量方程与连续性方程获得，垂向连续性方程积分可得

$$\frac{\partial h}{\partial t}+\frac{\partial h\overline{u}}{\partial x}+\frac{\partial h\overline{v}}{\partial y}=hS+\hat{P}-\hat{E} \tag{3-37}$$

式中　$\hat{P}$——降水量；

$\hat{E}$——蒸发量；

$\overline{u}$、$\overline{v}$——平均速度。

#### 3.7.2.2　紊流模型、应力方程

1. 水平涡黏性系数

在实际的操作中，水平涡黏性系数常定义为一个常数，也可使用 Smagorinsky 提出的公式进行计算，即

$$A=c_s^2l^2\sqrt{2S_{ij}} \tag{3-38}$$

式中　$c_s$——常数；

$l$——特征长度；

$S_{ij}$——变形率。

$$S_{ij}=\frac{1}{2}\left(\frac{\partial u_i}{\partial x_j}+\frac{\partial u_j}{\partial x_i}\right)(i,j=1,2) \tag{3-39}$$

2. 底部应力

底部应力通过二次摩擦定律来计算，即

$$\frac{\vec{\tau}_b}{\rho_0}=c_f\vec{u}_b|\vec{u}_b| \tag{3-40}$$

式中　$c_f$——拖曳系数；

$\vec{u}_b$——沿水深平均流速，$\vec{u}_b=(u_b，v_b)$。

摩擦速度为

$$U_{\tau b}=\sqrt{c_f|u_b|^2} \tag{3-41}$$

拖曳系数可通过曼宁系数或谢才系数进行计算。在进行二维计算时，计算方程式为

$$c_f=\frac{g}{C^2},c_f=\frac{g}{(Mh^{1/6})^2} \tag{3-42}$$

3. 表面风应力

对于海洋表面无冰区域，表面风应力 $\bar{\tau}_s=(\tau_{sx}，\tau_{sy})$，由经验公式计算为

$$\bar{\tau}_s=\rho_a c_d|u_w|\bar{u}_w \tag{3-43}$$

式中　$\bar{u}_w$——海平面以上 10m 高处的风速，$\bar{u}_w=(u_w，v_w)$；

$c_d$——空气拖曳系数。

摩擦速度与表面风压力通过下式关联：

$$U_{\tau s}=\sqrt{\frac{\rho_a c_f|u_w|^2}{\rho_0}} \tag{3-44}$$

空气拖曳系数 $c_d$ 的计算公式为

$$c_d=\begin{cases}c_a & w_{10}<w_a\\ c_a+\dfrac{c_b-c_a}{w_b-w_a}(w_{10}-w_a) & w_a\leqslant w_{10}<w_b\\ c_b & w_{10}\geqslant w_b\end{cases} \tag{3-45}$$

式中　$w_a$、$w_b$、$c_a$、$c_b$——风应力经验系数，$w_a=7\text{m/s}$，$w_b=25\text{m/s}$，$c_a=1.255\times 10^{-3}$，$c_b=2.425\times 10^{-3}$。

#### 3.7.2.3 台风风场模型

台风风场和气压场的构建对准确模拟风暴增水过程十分关键。真实的台风风场最好根据经验风场和背景风场叠加构造。根据已有国内外研究成果，通过 Holland 经验风场与 ERA-5 背景风场叠加一个权重系数构造新的台风风场的方法可以得到较好的模拟效果，权重系数根据计算点与台风中心距离的不同而不同，台风中心区域使用 Holland 风压模型的经验风场，台风外围区域采用 ERA-5 背景风场，保证两个风场数据的平稳过渡，更加接近实际台风风场。

Holland 经验风场的表达式为

$$w(r)=\left[\frac{B}{\rho_{\alpha}}\left(\frac{RMW}{r}\right)^{B}(P-P_{0})\mathrm{e}^{-\left(\frac{RMW}{r}\right)^{B}}+\left(\frac{rf}{2}\right)^{2}\right]^{0.5}-\frac{rf}{2} \tag{3-46}$$

式中 $B$——Holland 气压剖面参数；

$\rho_{\alpha}$——空气密度；

$RMW$——最大风速半径；

$P$——台风外围气压；

$P_0$——台风中心气压；

$r$——计算点到台风中心距离；

$f$——科氏力参数。

台风最大风速半径存在多个经验公式，但是台风浪数值模拟多数采用 Graham 的经验公式，即

$$RMW=28.52\mathrm{th}[0.0873(\varphi-28)]+12.22\mathrm{e}^{\frac{P_0-1013.2}{33.86}}+0.2V+37.2 \tag{3-47}$$

式中 $\varphi$——台风中心纬度；

$V$——台风中心移动速度。

风场构造公式为

$$\vec{V}_{\mathrm{New}}=\vec{V}_{\mathrm{Holland}}(1-e)+e\vec{V}_{\mathrm{ERA\text{-}5}} \tag{3-48}$$

式中 $V_{\mathrm{Holland}}$——Holland 模型经验风场；

$V_{\mathrm{ERA\text{-}5}}$——ERA-5 背景风场；

$e$——权重系数，$e=C^4/(1+C^4)$；

$C$——考虑台风影响范围的一个系数，$C=r/(nRMW)$，取 $n=9$。

#### 3.7.2.4 风暴潮模拟结果验证

采用风暴潮数学模型对具有实测数据的台风风暴潮过程进行模拟计算，并与实测增水过程进行对比验证，如图 3-16 所示，可以看出，建立的风暴潮数学模型比较准确地刻画了台风风暴潮增水过程。所以，只要台风风场预报准确就可以得到满意的结果。

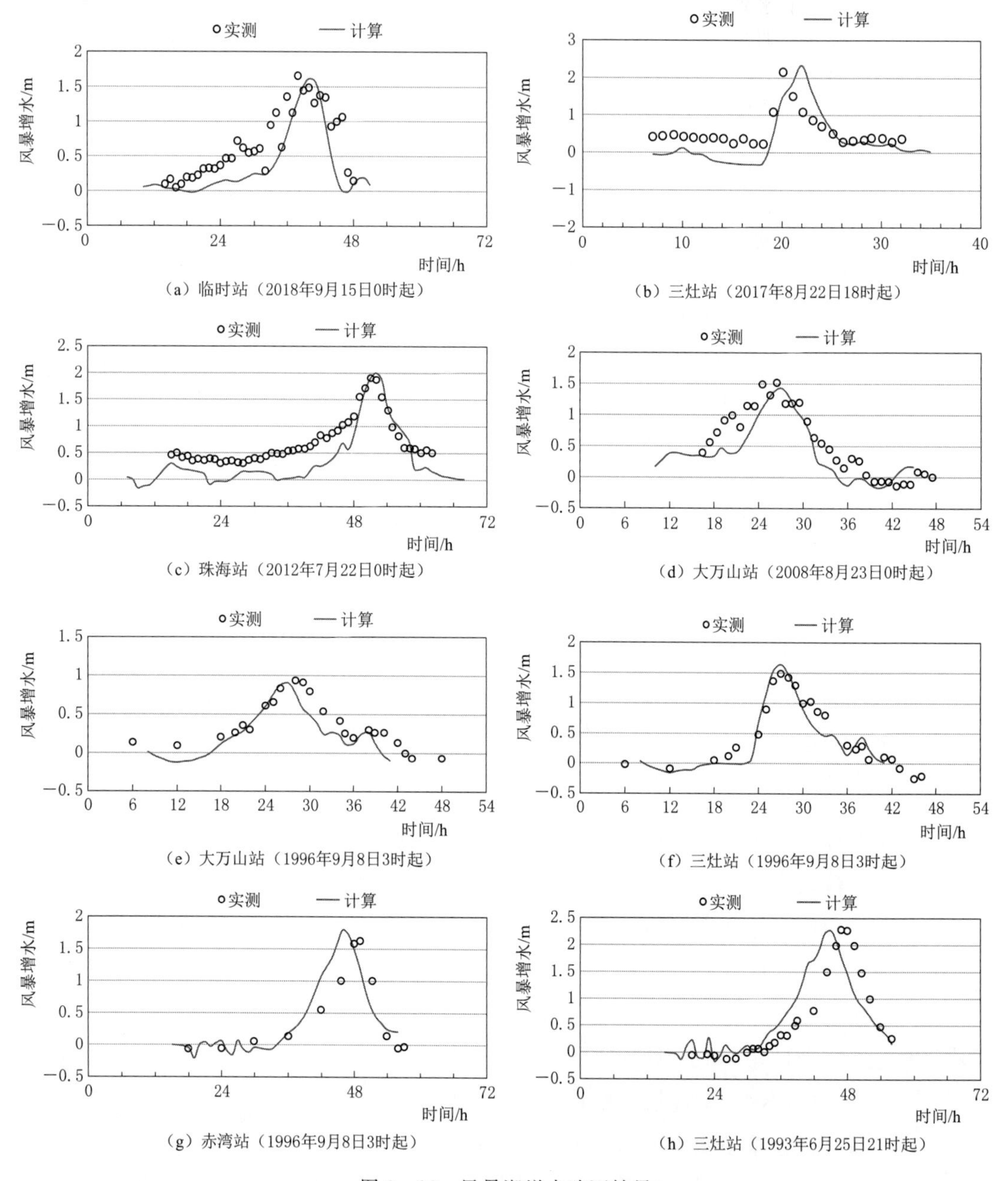


图 3-16　风暴潮增水验证结果

# 参 考 文 献


[1]　陈宗镛. 潮汐学［M］. 北京：科学出版社，1980.

[2]　方国洪，郑文振，等. 潮汐和潮流的分析和预报［M］. 北京：海洋出版社，1986.

[3]　黄祖珂，黄磊. 潮汐原理与计算［M］. 青岛：中国海洋大学出版社，2005.

[4] 邱大洪，等. 工程水文学 [M]. 北京：人民交通出版社，2010.

[5] 侍茂崇，等. 海洋调查方法 [M]. 青岛：中国海洋大学出版社，2016.

[6] 国家海洋信息中心. 2020 潮汐表 [M]. 北京：海洋出版社，2019.

[7] 中华人民共和国交通运输部. JTS 145—2015 港口与航道水文规范 [S]. 北京：人民交通出版社，2016.

[8] 国家能源局. NB/T 31029—2019 海上风电场风能资源测量及海洋水文观测规范 [S]. 北京：中国水利水电出版社，2019.

[9] 中华人民共和国住房和城乡建设部. GB 51395—2019 海上风力发电场勘测标准 [S]. 北京：中国计划出版社，2019.

# 第4章　海上风电场海流观测与计算

## 4.1 概　　述

近岸海流一般可以分为潮流和非潮流。潮流是海水受日、月等天体引潮力作用而产生的海水周期性的水平运动。非潮流又可分为永久性的和暂时性的两类：永久性的海流主要是大洋环流，如台湾暖流、赤道流、墨西哥湾流、黑潮等；暂时性的海流主要是因为气象因素的变化，如风和浪的作用所产生的风海流和波浪流。

外海海水流动的形式很多，按其生成原因可分为以下类型：

（1）潮流。由日月等天体引潮力作用引起的，与潮汐伴随产生的周期性海水水平运动。

（2）风海流。由于风和海面的摩擦作用所引起的海流，其流向受地球自转偏向力的影响，在北半球偏于风向的右方，在南半球偏于左方。

（3）波浪流。由于近岸区波浪破碎而形成的一种水平流动。

（4）气压梯度流。由于大气压力的改变，致使高气压区水位降低，而低气压区水位增高，由此产生的海流称为气压梯度流。

（5）密度梯度流。由于水层温度和盐度分布不均匀，海区内水团密度分布也不均匀，由此产生的海流称之为密度梯度流。

（6）补偿流。海水水团的流动必然在某些海区形成海水的亏缺，此亏缺必须由邻近水团来补充，由此产生的海流称为补偿流。

## 4.2 海　流　观　测

由于近岸海区水深、地形的影响以及水文、气象条件的变化，使得近岸海流的变化非常复杂，因此应用各种计算方法及公式时，都必须根据现场实测资料进行对比分析和验证，才能进行实际计算。根据《海上风电场工程风能资源测量及海洋水文观测规范》（NB/T 31029—2019）和其他技术要求，海上风电场工程的勘察阶段主要进行全潮水文观测、周年海流观测等。以全潮水文观测为例进行介绍。

### 4.2.1 测站设置

（1）海流测站布设范围应包围工程场区，对工程区潮流特性影响较大的各水道、海湾、河口处应布设测站，测站总数应不少于 6 个。对于海底地形地貌、岸线及动力环境复杂的风电场，应适当增加测站数量。

（2）若工程场区面积在 $100km^2$ 以内，布置在场区内的测站数量不少于 2 个。若工程场区面积在 $100km^2$ 以上，场区面积每增加 $20km^2$，需相应增加 1 个测站。

### 4.2.2 观测方法

1. 观测仪器

一般观测方法有船只锚碇测流、锚碇潜标测流、锚碇明标测流等，常用的测流仪主要有点式海流计、声学多普勒剖面流速仪等。图 4-1 列出 4 种常用的海流观测仪器。

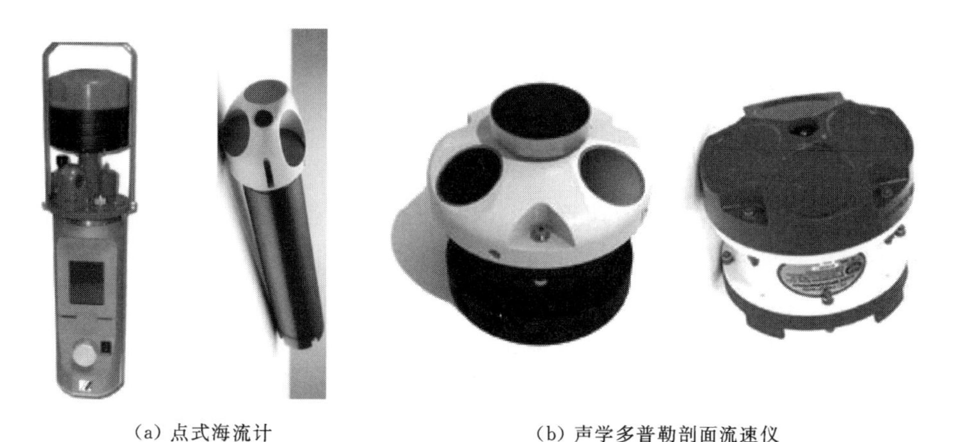

(a) 点式海流计　　(b) 声学多普勒剖面流速仪

图 4-1　海流观测仪器

2. 观测要素

观测要素为流速、流向，辅助观测要素为水深、风速、风向。

3. 测量准确度

海上风电场项目宜采用定点连续观测方式，并且应达到表 4-1 的准确度。

表 4-1　海流观测的准确度

| 流　速 | 准　确　度 | |
|---|---|---|
| | 流速 | 流向 |
| <100cm/s | ±5cm/s | ±5° |
| ≥100cm/s | ±5% | |

4. 观测层次

观测层次按实测水深进行分层，应符合表 4-2 的规定。

5. 采样时段

海流流向为瞬时值；海流流速值通常采用 3min 的平均流速。

**表4-2　观　测　层　次**

| 水深范围/m | 观　测　层　次 |
| --- | --- |
| $H \leqslant 5$ | 三点法（0.2$H$、0.6$H$、0.8$H$） |
| $5 < H \leqslant 50$ | 六点法（表层、0.2$H$、0.4$H$、0.6$H$、0.8$H$、底层） |
| $50 < H \leqslant 100$ | 表层、5m、10m、15m、20m、25m、30m、50m、75m、底层 |

注　1. 表层指水面以下0.5m处的水层；底层指离海底0～1.0m处的水层；水深不足5m时，可以免测底层；0.2$H$、0.4$H$、0.6$H$、0.8$H$分别指水面以下0.2$H$、0.4$H$、0.6$H$、0.8$H$深度处的水层，$H$为总水深。
2. 观测底层时，应保证仪器不触底。

6. 连续观测的时间长度与时次

海流连续观测的时间不少于25h，可以从低潮位（涨潮前1h）开始观测，至少每小时观测1次。预报潮流的测站，应不少于三次符合良好天文条件的周日连续观测。

### 4.2.3　观测步骤

1. 船只锚碇测流的基本步骤

（1）观测期间首先应记录观测日期、站位坐标等有关信息。

（2）采用点式海流计观测时，待点式海流计沉放至预定水层后，即可进行流速和流向的测量并进行数据记录。

（3）采用声学多普勒剖面流速仪观测时，可根据仪器性能、现场水深和观测任务的具体要求设置垂向分层间隔，同时观测多层海流。测流时应记录观测开始时间和结束时间。

（4）当施放海流计的钢丝绳或电缆的倾角超过10°时，应对仪器沉放深度进行倾角订正。

（5）在锚碇船上进行海流连续观测时，应每3h观测一次船位。如发现船只严重走锚，其位置与初始定位的距离超过50m时，应移至原位，重新开始观测。

（6）全潮水文测站的周日连续观测过程中海流数据不得缺测。若中断观测2h以上，应重新开始观测。

船只锚碇测流如图4-2所示。

2. 锚碇潜标测流的基本步骤

（1）任务的准备。根据研究目的和任务要求，结合观测海区风场、流场、水深、地形和海底底质及船只设备状况，确定锚碇系统的系留方式，拟定详细的布放方案。出海前进行仪器的实验检查，使海流仪和声学释放器处于正常工作状态。按锚碇系统设计、计算，准备好全部器材。

（2）锚碇系统的投放。船只到达锚碇投放点前，进行海流仪的采样设置，再次检查海流仪和声学释放器的工作状态，尤其是无线电发射机的状态。在甲板上连接各部件。船只到达测点后，应抛锚并用GPS进行准确定位；同时，注意调整船向，使作

图 4-2 船只锚碇测流

业一侧船舷迎风向。按“先锚后标”的顺序进行布放，先放沉块，然后顺次下放声学释放器、点式海流计、浮力球。详细记录各工作步骤，内容应包括海流仪采样设置、开始工作时间、下水时间、沉块着落海底的时间、锚碇的精确位置及有否异常情况等。

(3) 锚碇系统的回收。回收船只应有 GPS 或其他定位设备，并应备有工作艇。回收应在良好海况下的白天进行。当船只到达锚碇站后，把声学应答器放至海面下 5～10m 处，发射指令信号，同时注意搜索上浮的浮标。浮标上浮后，用抛钩钩住系统的尼龙绳，利用船上的吊车和弹簧缆机收回锚碇系统；或者放下工作艇，把缆绳系到浮标上收回锚碇系统。

3. 锚碇明标测流的基本步骤

(1) 锚碇系统的投放。明标投放方法与潜标的投放基本相同。明标投放前应发布航行通告。明标上的闪光装置应具备防水密闭功能，保证正常连续闪光。

(2) 锚碇系统的回收。明标目标清晰，当船只到达锚碇站后，可利用船只上的吊车和绞缆机收回锚碇系统。

### 4.2.4 资料处理

(1) 对原始采集数据进行合理性检查。

(2) 计算出各观测层次的流速，并将处理结果按规定格式存入数据文件。

(3) 应对仪器的技术性能以及测区的磁偏角进行流向修正。

(4) 绘制海流的时间序列矢量图和垂直分布图。

由于在近岸带实测的海流是潮流、风海流、波浪流等综合性水流，为了应用方

便，通常将其分解为周期性的潮流和非周期性的余流。潮流和余流的分析可以采用调和分析方法和流速分离法。

流速分离法需假定在某一较短时间内，余流的方向和速度为一个恒定值。因此，可以将每小时观测得到的海流矢量分解为东分流 $v$ 和北分流 $u$，公式为

$$\left.\begin{aligned} v &= U_0 \sin\theta_0 \\ u &= U_0 \cos\theta_0 \end{aligned}\right\} \tag{4-1}$$

式中　$U_0$——实测流速；

$\theta_0$——流向。

根据每小时的东分流和北分流，计算得到一个太阴日内的平均东分流 $\overline{v}$ 和平均北分流 $\overline{u}$，则余流的流速 $U$ 和流向 $\theta$ 的计算公式为

$$\left.\begin{aligned} U &= \sqrt{\overline{v}^2 + \overline{u}^2} \\ \theta &= \tan^{-1}\frac{\overline{v}}{\overline{u}} \end{aligned}\right\} \tag{4-2}$$

以下根据某海上风电场工程全潮水文观测大潮期间的实测数据绘制海流平面与垂向矢量图，如图 4-3 所示。

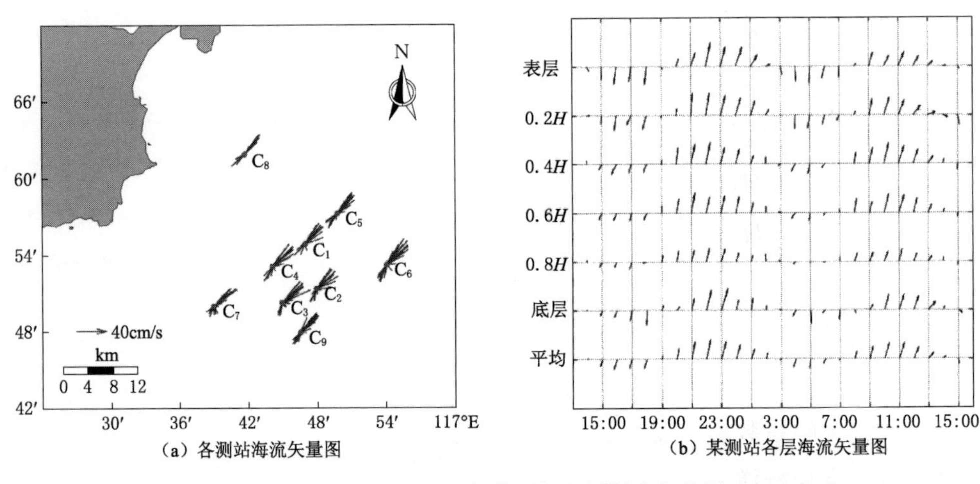


图 4-3　各测站海流矢量图与各层海流矢量图

# 4.3　潮　　流

## 4.3.1　潮流现象

海水受月球和太阳的作用，除了产生潮汐现象外，同时还产生周期性的水平流动，此种现象称作潮流。潮汐为海水上下的垂直运动，潮流为水平流动。在多数地点，潮汐的升降与潮流涨退的类型是相似的，也就是说，潮汐的上升是外海海水涨潮

流流入所致，潮汐的下落，是海水流向外海的结果。但是有些地区，潮汐和潮流的类型不一致，就是潮汐性质与潮流性质不相同，例如，在秦皇岛附近，潮汐基本属于规则日潮性质，而潮流却为半日潮流性质；在烟台外海的潮汐为半日潮性质，而潮流却为全日潮流性质。潮汐与潮流类型的相似或不相似现象，取决于各海区潮波系统的分布特征。

由于受到沿岸地形与潮波系统的传播影响，使得近岸海区潮流变得非常复杂，在海峡、水道或者湾口等处的潮流，流速可能很大。通常将由外海经内海向港湾流动的潮流称作涨潮流，由港湾流向外海的潮流称作落潮流。潮流在涨潮流与落潮流的转流时刻，一般流速较小，如果流速为零，称作憩流。在旋转式潮流中有出现流速较弱的时间，但是一般不会出现憩流现象。

### 4.3.2 潮流准调和分析

潮流的流向是指潮流流去的方向，以正北作为流向的起算点（0°），且向东计算，Ⅰ、Ⅱ、Ⅲ、Ⅳ代表四个象限，正东为 90°、正南为 180°、正西为 270°；而流速大小用 cm/s 表示，由于潮流既有大小，又有方向，所以是一个矢量。

两个分量随时间的变化与潮汐性质是一样的。借用潮位表示符号 $h(t)$ 表示潮流的某一个分量，用六个准调和分潮表达为

$$
\begin{aligned}
h(t)=x_0&+D_{O_1}H_{O_1}\cos(15°t-d_{O_1}-g_{O_1})+D_{K_1}H_{K_1}\cos(15°t-d_{K_1}-g_{K_1})\\
&+D_{M_2}H_{S_2}\cos(30°t-d_{M_2}-g_{M_2})+D_{S_2}H_{S_2}\cos(30°t-d_{S_2}-g_{S_2})\\
&+D_{M_4}H_{M_4}\cos(60°t-d_{M_4}-g_{M_4})+D_{MS_4}H_{MS_4}\cos(60°t-d_{MS_4}-g_{MS_4})
\end{aligned}
\tag{4-3}
$$

式中 $x_0$——常流；

$H$、$g$——分潮调和常数；

$D$、$d$——振幅系数和相角订正，由计算公式根据观测时间的日期计算出，或由海洋局海洋科技情报研究所出版的《天文变量表》中查出。该表列出了每天 0 时的 $O_1$、$K_1$、$M_2$、$S_2$、$M_4$ 和 $MS_4$ 6 个准调和分潮的 $D$ 和 $d$ 值。

$D$ 和 $d$ 随时间而变，特别 $d$ 值变化比较快，这是由于相角写成 $p15°t-d-g$，（$p=1$，2，4）的形式，但 $t$ 前面的系数（$p15°$）并不代表分潮真正的角速率。其真正的角速率应该还包含 $d$ 对时间的导数。

式（4-3）包含全日潮族两个分潮：$O_1$ 和 $K_1$，半日潮族两个分潮：$M_2$ 和 $S_2$，浅海两个分潮：$M_4$ 和 $MS_4$。假设从一次周日观测资料，能将全日潮族、半日潮族和 1/4 日分潮族分离开来，给出它们的振幅和初位相：$F_1$、$f_1$、$F_2$、$f_2$ 和 $F_4$、$f_4$，则式（4-3）可对各分潮族分别写出，例如对半日潮族，有

$$D_{M_2}H_{M_2}\cos(30^\circ t-d_{M_2}-g_{M_2})+D_{S_2}H_{S_2}\cos(30^\circ t-d_{S_2}-g_{S_2})=F_2\cos(30^\circ t-f_2) \tag{4-4}$$

式（4-4）右端展开，有

$$F_2\cos(30^\circ t-f_2)=F_2\cos f_2\cos30^\circ t+F_2\sin f_2\sin30^\circ t$$

令

$$A_2=F_2\cos f_2, B_2=F_2\sin f_2 \tag{4-5}$$

由式（4-4）得

$$\begin{cases}\overline{D}_{M_2}H_{M_2}\cos(\overline{d}_{M_2}+g_{M_2})+\overline{D}_{S_2}H_{S_2}\cos(\overline{d}_{S_2}+g_{S_2})=A_2\\ \overline{D}_{M_2}H_{M_2}\sin(\overline{d}_{M_2}+g_{M_2})+\overline{D}_{S_2}H_{S_2}\sin(\overline{d}_{S_2}+g_{S_2})=B_2\end{cases} \tag{4-6}$$

式中　$\overline{D}_{M_2}$、$\overline{D}_{S_2}$、$\overline{d}_{M_2}$、$\overline{d}_{S_2}$——观测中间时刻的天文变量。

方程中有四个未知数 $H_{M_2}$、$g_{M_2}$、$H_{S_2}$、$g_{S_2}$，要解出它们至少要四个方程。有两种办法：一是进行两次以上周日观测，得到四个以上方程；另一种是在 $M_2$ 和 $S_2$ 分潮之间引入某种关系，一般是潮位的这两个分潮调和常数的振幅比和迟角差，这个关系叫做差比关系。这两种方法分别称作不引入差比关系方法和引入差比关系方法。杜德森曾给出两次周日观测的不引入差比关系方法和一次周日观测的引入差比关系方法；方国洪则把它们都推广到任意多次观测的情形。以下先介绍任意多次观测不引入差比关系的方法。

1. 不引入差比关系

令

$$\begin{cases}\overline{D}_{M_2}\cos\overline{d}_{M_2}=a_M, & \overline{D}_{M_2}\sin\overline{d}_{M_2}=b_M\\ \overline{D}_{S_2}\cos\overline{d}_{S_2}=a_S, & \overline{D}_{S_2}\sin\overline{d}_{S_2}=b_S\end{cases} \tag{4-7}$$

$$\begin{cases}H_{M_2}\cos g_{M_2}=x_{M_2}, & H_{M_2}\sin g_{M_2}=y_{M_2}\\ H_{S_2}\cos g_{S_2}=x_{S_2}, & H_{S_2}\sin g_{S_2}=y_{S_2}\end{cases} \tag{4-8}$$

则式（4-6）化为线性方程组

$$\begin{cases}a_M x_{M_2}-b_M y_{M_2}+a_S x_{S_2}-b_S y_{S_2}=A_2\\ b_M x_{M_2}+a_M y_{M_2}+b_S x_{S_2}+a_S y_{S_2}=B_2\end{cases}$$

如果进行了 $N$ 次周日观测，$N\geqslant2$，则可得包含 $2N$ 个方程的线性方程组

$$\begin{cases}a_{Mi}x_{M_2}-b_{Mi}y_{M_2}+a_{Si}+x_{S_2}-b_{Si}y_{S_2}=A_{2i}\\ b_{Mi}x_{M_2}+a_{Mi}y_{M_2}+b_{Si}+x_{S_2}+a_{Si}y_{S_2}=B_{2i}\end{cases}\quad (i=1,2,\cdots,N) \tag{4-9}$$

式中　$i$——第 $i$ 次周日观测的相应量值。

一般来说，式（4-9）是矛盾的线性方程组，可以用最小二乘法处理，得出这个方程组的法方程为

$$\begin{cases}a_2x_{M_2}+\gamma_2x_{S_2}+\delta_2y_{S_2}=\kappa_2\\ a_2y_{M_2}-\delta_2x_{S_2}+\gamma_2y_{S_2}=\lambda_2\\ \gamma_2x_{M_2}-\delta_2x_{S_2}+\beta y_{S_2}=\mu_2\\ \delta_2x_{M_2}+\gamma_2x_{S_2}+\beta_2y_{S_2}=\nu_2\end{cases} \tag{4-10}$$

其中

$$
\begin{cases}
\alpha_2=\sum(a_{Mi}^2+b_{Mi}^2)=\sum\overline{D}_{M_2 i}^2\\
\beta_2=\sum(a_{Si}^2+b_{Si}^2)=\sum\overline{D}_{S_2 i}^2\\
\gamma_2=\sum(a_{Mi}a_{Si}+b_{Mi}b_{Si})=\sum\overline{D}_{M_2 i}\bar{\bar{D}}_{S_2 i}\cos(\overline{d}_{M_2 i}-\overline{d}_{S_2 i})\\
\delta_2=\sum(-a_{Mi}b_{Si}+b_{Mi}a_{Si})=\sum\overline{D}_{M_2 i}\bar{\bar{D}}_{S_2 i}\sin(\overline{d}_{M_2 i}-\overline{d}_{S_2 i})\\
\kappa_2=\sum(A_{2i}a_{Mi}+B_{2i}b_{Mi})=\sum F_{2i}\bar{\bar{D}}_{M_2 i}\cos(f_{2i}-\overline{d}_{M_2 i})\\
\lambda_2=\sum(-A_{2i}b_{Mi}+B_{2i}a_{Mi})=\sum F_{2i}\bar{\bar{D}}_{M_2 i}\sin(f_{2i}-\overline{d}_{MS_2 i})\\
\mu_2=\sum(A_{2i}a_{Si}+B_{2i}b_{Si})=\sum F_{2i}\bar{\bar{D}}_{S_2 i}\cos(f_{2i}-\overline{d}_{S_2 i})\\
\nu_2=\sum(-A_{2i}b_{Si}+B_{2i}a_{Si})=\sum F_{2i}\bar{\bar{D}}_{S_2 i}\sin(f_{2i}-\overline{d}_{S_2 i})
\end{cases}
\tag{4-11}
$$

$\sum$代表 $\sum\limits_{i=1}^{N}$，则式（4-10）的解为

$$
\begin{cases}
x_{M_2}=\eta_2\kappa_2-\theta_2\mu_2-\iota_2\nu_2\\
y_{M_2}=\eta_2\lambda_2+\iota_2\mu_2-\theta_2\nu_2\\
x_{S_2}=-\theta_2\kappa_2+\iota_2\lambda_2+\zeta_2\mu_2\\
y_{S_2}=-\iota_2\kappa_2-\theta_2\lambda_2+\zeta_2\nu_2
\end{cases}
\tag{4-12}
$$

其中

$$
\begin{cases}
(\zeta_2,\eta_2,\theta_2,\iota_2)=(\alpha_2,\beta_2,\gamma_2,\delta_2)/\varepsilon_2\\
\varepsilon_2=\alpha_2\beta_2-\gamma_2^2-\delta_2^2
\end{cases}
\tag{4-13}
$$

对于全日分潮和1/4分潮，有完全相似的公式。

求出 $X_{M_2}$、$Y_{M_2}$、$X_{S_2}$ 和 $Y_{S_2}$ 后，可以计算出调和常数

$$
\begin{cases}
H_{M_2}=\sqrt{x_{M_2}^2+y_{M_2}^2}\\
g_{M_2}=\tan^{-1}\dfrac{y_{M_2}}{x_{M_2}}
\end{cases}
\tag{4-14}
$$

结果分析：良好观测日期（良好天文条件）。

式(4-11)～式(4-13)确立了 $X_{M_2}$、$Y_{M_2}$、$X_{S_2}$、$Y_{S_2}$ 与 $A_{2i}$、$B_{2i}$（$i=1，2，\cdots，N$）之间的函数关系，进一步明确得到

$$
\begin{cases}
x_{M_2}=\sum[(\beta_2a_{Mi}-\gamma_2a_{Si}+\delta_2b_{Si})A_{2i}+(\beta_2b_{Mi}-\delta_2a_{Si}-\gamma_2b_{Si})B_{2i}]/\varepsilon_2\\
y_{M_2}=\sum[(-\beta_2b_{Mi}+\delta_2a_{Si}+\gamma_2b_{Si})A_{2i}+(\beta_2a_{Mi}-\gamma_2a_{Si}+\delta_2b_{Si})B_{2i}]/\varepsilon_2\\
x_{S_2}=\sum[(-\gamma_2a_{Mi}-\delta_2b_{Mi}+\alpha_2a_{Si})A_{2i}+(\delta_2a_{Mi}-\gamma_2b_{Mi}+\alpha_2b_{Si})B_{2i}]/\varepsilon_2\\
y_{S_2}=\sum[(-\delta_2a_{Mi}+\gamma_2b_{Mi}-\alpha_2b_{Si})A_{2i}+(-\gamma_2a_{Mi}-\delta_2b_{Mi}+\alpha_2a_{Si})B_{2i}]/\varepsilon_2
\end{cases}
\tag{4-15}
$$

可以看出这是一个线性关系。由于实测水位中包含着噪声 $r$，故分析所得出的 $A_2$、$B_2$ 值也必定包含着误差。假定 $A$ 的误差与 $B$ 的误差不相关，而且不同次周日观

测的这些误差之间也不相关；同时假定这些误差的数学期望是零，方差都等于 $\nu_2$，可以得到 $x_{M_2}$ 的方差为

$$\nu_{M_2}=\nu_2\left\{\sum_{i=1}^{N}\left[(\beta_2 a_{Mi}-\gamma_2 a_{Si}+\delta_2 b_{Si})^2+(\beta_2 b_{Mi}-\delta_2 a_{Si}-\gamma_2 b_{Si})^2\right]/\varepsilon_2^2\right\}=\nu_2\beta_2/\varepsilon_2 \tag{4-16}$$

可求得 $y_{M_2}$、$x_{S_2}$、$y_{S_2}$ 的方差，结果是 $y_{M_2}$ 的方差也是 $v_2\beta_2/\varepsilon_2$，而 $x_{S_2}$、$y_{S_2}$ 的方差也相同，都是 $v_{S_2}=v_2\alpha_2/\varepsilon_2$。

$$v_{M_2}=\frac{\beta_2}{\varepsilon_2}v_2,v_{S_2}=\frac{\alpha_2}{\varepsilon_2}v_2$$

$v_{M_2}$ 和 $v_{S_2}$ 的平均值为

$$V_2=\frac{0.5(\alpha_2+\beta_2)}{\varepsilon_2}v_2 \tag{4-17}$$

用 $V_2$ 来表征半日分潮调和常数误差的大小，其中 $v_2$ 前面的系数 $0.5(\alpha_2+\beta_2)/\varepsilon_2$ 称作误差传播系数，它与天文变量 $D$、$d$ 有关，下面详细地讨论这个关系。

由于 $D_{M_2}$ 和 $D_{S_2}$ 与 1 相差不大，故在一定的观测天数 $N$ 的情况下，$\alpha_2$ 和 $\beta_2$ 的变化幅度也不太大，决定误差传播系数大小的主要是量值 $\varepsilon_2$。由式（4-13）和式（4-11）可知

$$\begin{aligned}\varepsilon_2&=\alpha_2\beta_2-\gamma_2^2-\delta_2^2\\&=\sum\overline{D}_{M_2i}^2\sum\overline{D}_{S_2i}^2-\left[\sum\overline{D}_{M_2i}\overline{D}_{S_2i}\cos(\overline{d}_{M_2i}-\overline{d}_{S_2i})\right]^2-\left[\sum\overline{D}_{M_2i}\overline{D}_{S_2i}\sin(\overline{d}_{M_2i}-\overline{d}_{S_2i})\right]^2\end{aligned} \tag{4-18}$$

为了减小传播系数，必须使 $\varepsilon_2$ 尽可能地大，在一定观测天数的条件下，应当使 $\gamma_2^2+\delta_2^2$ 尽可能地小。

$$\gamma_2^2+\delta_2^2=\left[\sum\overline{D}_{M_2i}\overline{D}_{S_2i}\cos(\overline{d}_{M_2i}-\overline{d}_{S_2i})\right]^2+\left[\sum\overline{D}_{M_2i}\overline{D}_{S_2i}\sin(\overline{D}_{M_2i}-\overline{d}_{S_2i})\right] \tag{4-19}$$

如果构造一矢量，把（$d_{M_2}-d_{S_2}$）作为它的方向，$\sum D_{M_2}D_{S_2}$ 作为它的长度，则所有各观测日期的这种矢量的和的长度即等于（$\gamma^2+\delta^2$）$^{1/2}$。为求得较准确的调和常数，应当使各天的矢量尽量互相对消，以减小矢量和的长度。如果各次观测（或其中的大部分）的 $d_{M_2}-d_{S_2}$ 具有相近的角度，即使观测天数不少，仍然不能算得准确的结果。因此，当比值（$\gamma^2+\delta^2$）$/\alpha_2\beta_2\ll1$，则称观测的天文条件是好的；若接近 1，则是不良的。在良好的天文条件下，即当（$\gamma^2+\delta^2$）$/\alpha_2\beta_2\approx0$ 的情况下，$x_{M_2}$、$y_{M_2}$ 和 $x_{S_2}$、$y_{S_2}$ 的方差为 $v_{M_2}=v_2/\alpha_2$ 和 $V_{S_2}=v_2/\beta_2$。若近似取 $D_{M_2}\approx D_{S_2}\approx1$，则有 $v_{M_2}\approx V_{S_2}\approx v_2/N$。

上面是以半日潮为例说明，对于全日潮情况完全类似。如果打算用 $N$ 次周日观测同时计算出六个分潮的调和常数，那么不但要求 $\varepsilon_2$ 尽可能大，而且也要求全日族的 $\varepsilon_1$ 也尽可能大。在实际选择观测日期时，应当同时考虑半日潮族和全日潮族的天文条件。至于四分日潮，因 $\varepsilon_4$ 和 $\varepsilon_2$ 差不多同时增大和减小，不必再考虑。

2. 引入差比关系

若 $N=1$，则必须在 $M_2$ 和 $S_2$ 之间预先引入差比关系。但是在 $N>1$ 时，也可以引入差比关系进行计算，而且 $N$ 越大，算得的结果常常越准确。所以下面将考虑 $N\geqslant 1$的普遍情形。

如果有许多长期的测站，已知它们的调和常数，可以算出 $S_2$ 和 $M_2$ 的迟角差 $g_2'=g_{S_2}-g_{M_2}$，振幅比 $H_2'=H_{S_2}/H_{M_2}$。容易发现，$g_2'$和 $H_2'$随地点的变化通常是不大的。因此对欲分析的短期观测站，可以根据本海区 $g_2'$、$H_2'$值，甚至也可以用附近长期测站的 $g_2'$、$H_2'$值作为本站的值。可以认为短期测站的 $g_2'$、$H_2'$是预先知道的，即

$$\begin{aligned} g_{S_2}-g_{M_2}&=g_2' \\ H_{S_2}/H_{M_2}&=H_2' \end{aligned} \tag{4-20}$$

这样，式（4-6）可化为

$$\begin{cases} \overline{D}_{M_2}H_{M_2}\cos(\overline{d}_{M_2}+g_{M_2})+\overline{D}_{S_2}H_2'H_{M_2}\cos(\overline{d}_{S_2}+g_2'+g_{M_2})=A_2 \\ \overline{D}_{M_2}H_{M_2}\sin(\overline{d}_{M_2}+g_{M_2})+\overline{D}_{S_2}H_2'H_{M_2}\sin(\overline{d}_{S_2}+g_2'+g_{M_2})=B_2 \end{cases} \tag{4-21}$$

若令

$$\begin{cases} a_2=\overline{D}_2\cos\overline{d}_2=\overline{D}_{M_2}\cos\overline{d}_{M_2}+\overline{D}_{S_2}H_2\cos(\overline{d}_{S_2}+g_2) \\ b_2=\overline{D}_2\sin\overline{d}_2=\overline{D}_{M_2}\sin\overline{d}_{M_2}+\overline{D}_{S_2}H_2\sin(\overline{d}_{S_2}+g_2) \end{cases} \tag{4-22}$$

则有

$$\begin{aligned} a_2x_{M_2}-b_2y_{M_2}&=A_2 \\ b_2x_{M_2}+a_2y_{M_2}&=B_2 \end{aligned} \tag{4-23}$$

对于 $N$ 次周日观测（$N\geqslant 1$），可得

$$\begin{cases} a_{2i}x_{M_2}-b_{2i}y_{M_2}=A_{2i} \\ b_{2i}x_{M_2}+a_{2i}y_{M_2}=B_{2i} \end{cases} \quad (i=1,2,\cdots,N) \tag{4-24}$$

用最小二乘法容易求得式（4-24）的解为

$$\begin{cases} x_{M_2}=\dfrac{\sum(A_{2i}a_{2i}+B_{2i}b_{2i})}{\sum(a_{2i}^2+b_{2i}^2)}=\dfrac{\sum F_{2i}\overline{D}_{2i}\cos(f_{2i}-\overline{d}_{2i})}{\sum\overline{D}_{2i}^2} \\ y_{M_2}=\dfrac{\sum(-A_{2i}b_{2i}+B_{2i}a_{2i})}{\sum(a_{2i}^2+b_{2i}^2)}=\dfrac{\sum F_{2i}\overline{D}_{2i}\sin(f_{2i}-\overline{d}_{2i})}{\sum\overline{D}_{2i}^2} \end{cases} \tag{4-25}$$

对于其他两个潮族，也可同样处理。只不过对四分潮族，可取 $g_4'=g_2'$，$H_4'=2H_2'$。

结果分析仍以半日潮族为例，说明引入差比关系所得调和常数的可靠性问题。$M_2$、$S_2$ 分潮的调和常数是按式（4-25）和式（4-20）计算的，即

$$\begin{cases} x_{M_2}=\dfrac{\sum(A_{2i}a_{2i}+B_{2i}b_{2i})}{\sum(a_{2i}^2+b_{2i}^2)} \\ y_{M_2}=\dfrac{\sum(-A_{2i}b_{2i}+B_{2i}a_{2i})}{\sum(a_{2i}^2+b_{2i}^2)} \end{cases} \tag{4-26}$$

和

$$\begin{cases} x_{S_2}=x'_2x_{M_2}-y'_2y_{M_2} \\ y_{S_2}=y'_2x_{M_2}+x'_2y_{M_2} \end{cases} \tag{4-27}$$

其中

$$\begin{cases} x'_2=H'_2\cos g'_2 \\ y'_2=H'_2\sin g'_2 \end{cases} \tag{4-28}$$

与不引入差比关系方法不同，由于这里引入差比关系 $g'_2$、$H'_2$，而这两个数并不是欲分析站本身的数值，所以是有误差的。因而调和常数的误差不仅与 $A_{2i}$、$B_{2i}$（$i=1,2,3,\cdots,N$）的误差有关，而且与差比数的误差也有关，所以情况要更复杂些。

3. 潮族的分离

为了从一次或几次周日观测数据求得调和常数，必须将全日、半日、1/4 日潮族分离开。分离的方法可以有许多种，其中计算最简便的是利用杜德森给出的算子，它是一个元素全部由 0 和±1 构成的 24×7 矩阵 $\boldsymbol{W}$，即

$$\boldsymbol{W}=\begin{vmatrix}
0 & -1 & -1 & 1 & 1 & 1 & 1 \\
1 & -1 & -1 & 1 & 1 & 0 & 1 \\
1 & -1 & -1 & 1 & 1 & -1 & 1 \\
1 & -1 & -1 & -1 & 1 & -1 & -1 \\
1 & -1 & -1 & -1 & 1 & 0 & -1 \\
1 & -1 & -1 & -1 & 1 & 1 & -1 \\
1 & 1 & -1 & -1 & -1 & 1 & 1 \\
1 & 1 & -1 & -1 & -1 & 0 & 1 \\
1 & 1 & -1 & -1 & -1 & -1 & 1 \\
1 & 1 & -1 & 1 & -1 & -1 & -1 \\
1 & 1 & -1 & 1 & -1 & 0 & -1 \\
1 & 1 & -1 & 1 & -1 & 1 & -1 \\
1 & 1 & 1 & 1 & 1 & 1 & 1 \\
1 & 1 & 1 & 1 & 1 & 0 & 1 \\
1 & 1 & 1 & 1 & 1 & -1 & 1 \\
1 & 1 & 1 & -1 & 1 & -1 & -1 \\
1 & 1 & 1 & -1 & 1 & 0 & -1 \\
1 & 1 & 1 & -1 & 1 & 1 & -1 \\
1 & -1 & 1 & -1 & -1 & 1 & 1 \\
1 & -1 & 1 & -1 & -1 & 0 & 1 \\
1 & -1 & 1 & -1 & -1 & -1 & 1 \\
1 & -1 & 1 & 1 & -1 & -1 & -1 \\
1 & -1 & 1 & 1 & -1 & 0 & -1 \\
1 & -1 & 1 & 1 & -1 & 1 & -1
\end{vmatrix}$$

假设对某一天，已经知道由 24 个数据组成，中间时刻为 $\bar{t}$，相邻数据对应时间的间隔为 1h 的观测子序列 $\boldsymbol{Z}$，其表达式为

$$\boldsymbol{Z}=(h_{\bar{t}-11.5},h_{\bar{t}-10.5},\cdots,h_{\bar{t}+10.5},h_{\bar{t}+11.5}) \tag{4-29}$$

$\boldsymbol{Z}$ 可以看作 1×24 矩阵。上面两个矩阵的乘积是一个 1×7 矩阵，记作

$$\boldsymbol{ZW}=(U_0^*,U_1^*,V_1^*,U_2^*,V_2^*,U_4^*,V_4^*) \tag{4-30}$$

具体就是

$$\begin{cases}U_0^*=\sum\limits_{m=1}^{24}h_{\bar{t}-12.5+m}\\U_1^*=(-\sum\limits_{m=1}^{6}+\sum\limits_{m=7}^{18}-\sum\limits_{m=19}^{24})h_{\bar{t}-12.5+m}\\V_1^*=(-\sum\limits_{m=1}^{12}+\sum\limits_{m=13}^{24})h_{\bar{t}-12.5+m}\\U_2^*=(\sum\limits_{m=1}^{3}-\sum\limits_{M=4}^{9}+\sum\limits_{m=10}^{15}-\sum\limits_{m=16}^{21}+\sum\limits_{m=22}^{24})h_{\bar{t}-12.5+m}\\V_2^*=(\sum\limits_{m=1}^{6}-\sum\limits_{M=7}^{12}+\sum\limits_{m=13}^{18}-\sum\limits_{m=19}^{24})h_{\bar{t}-12.5+m}\\U_4^*=h_{\bar{t}-12.5+m}+(-\sum\limits_{m=3}^{4}+\sum\limits_{m=6}^{7}-\sum\limits_{m=9}^{10}+\sum\limits_{m=12}^{13}-\sum\limits_{m=15}^{16}+\sum\limits_{m=18}^{19}-\sum\limits_{m=21}^{22})h_{\bar{t}-12.5+m}+h_{\bar{t}+11.5}\\V_4^*=(\sum\limits_{m=1}^{3}-\sum\limits_{m=4}^{6}+\sum\limits_{m=7}^{9}-\sum\limits_{m=10}^{12}+\sum\limits_{m=13}^{15}-\sum\limits_{m=16}^{18}+\sum\limits_{m=19}^{21}-\sum\limits_{m=22}^{24})h_{\bar{t}-12.5+m}\end{cases} \tag{4-31}$$

如上所述，六个准调和分潮的表达式中［式（4－3）］，$t$ 前面的系数并不代表分潮真正角速率，真正角速率为 $\sigma_C$($C=O_1$、$K_1$、$M_2$、$S_2$、$M_4$ 和 $MS_4$)。振幅系数和相角都是随时间在变化的，不便于分析使用。$D$、$d$ 为中间时刻 $\bar{t}$ 的值，记为 $\overline{D}$、$\bar{d}$。为方便起见，可取中间时刻所在日期零时的值，$D$ 仍记为 $\overline{D}$，$\bar{d}$ 记为 $d^{(0)}$，$\bar{d}=d^{(0)}+(p15°-\sigma)\bar{t}$。

式（4－3）写为 6 个调和项之和，即

$$\begin{aligned}h=&X_0+\overline{D}_{O_1}H_{O_1}\cos(\sigma_{O_1}t-d_{O_1}^{(0)}-g_{O_1})+\overline{D}_{K_1}H_{K_1}\cos(\sigma_{K_1}t-d_{K_1}^{(0)}-g_{K_1})\\&+\overline{D}_{M_2}H_{M_2}\cos(\sigma_{M_2}t-d_{M_2}^{(0)}-g_{M_2})+\overline{D}_{S_2}H_{S_2}\cos(\sigma_{S_2}t-d_{S_2}^{(0)}-g_{S_2})\\&+\overline{D}_{M_4}H_{M_4}\cos(\sigma_{M_4}t-d_{M_4}^{(0)}-g_{M_4})+\overline{D}_{MS_4}H_{MS_4}\cos(\sigma_{MS_4}t-d_{MS_4}^{(0)}-g_{MS_4})\end{aligned} \tag{4-32}$$

将 $d^{(0)}$ 换成 $t$ 时刻的迟角订正 $d$，式（4－32）可写成

$$h_t=X_0+\sum\overline{D}_CH_C\cos[\sigma_C(t-\bar{t})+p_C15°\bar{t}-\bar{d}_C-g_C] \tag{4-33}$$

其中

$$p_{O_1}=p_{K_1}=1,p_{M_2}=p_{S_2}=2,p_{M_4}=p_{MS_4}=4$$

式（4－33）的时间 $t-\bar{t}$ 从－11.5 增加到 11.5。如将式（4－33）代入式（4－30），可得

$$\left.\begin{aligned}U_0^* &= 24X_0 + \sum_C I_{U0,C}\overline{D}_C H_C\cos(\overline{d}_C + g_C - p_C 15°l)\\ U_q^* &= \sum_C I_{Uq,C}\overline{D}_C H_C\cos(\overline{d}_C + g_C - p_C 15°l) \qquad q=1,2,4\\ V_q^* &= \sum_C I_{Vq,C}\overline{D}_C H_C\sin(\overline{d}_C + g_C - p_C 15°l)\end{aligned}\right\} \quad (4-34)$$

式中　$I_{U0,C}$、$I_{Uq,C}$、$I_{Vq,C}$——与分潮角速率有关的常数。

$$\left.\begin{aligned}I_{U0,C} &= 8\cos6\sigma_C\cos3\sigma_C\cos1.5\sigma_C(1+2\cos\sigma_C)\\ I_{U1,C} &= 8\sin6\sigma_C\sin3\sigma_C\cos1.5\sigma_C(1+2\sin\sigma_C)\\ I_{V1,C} &= 8\sin6\sigma_C\cos3\sigma_C\cos1.5\sigma_C(1+2\cos\sigma_C)\\ I_{U2,C} &= -8\cos6\sigma_C\sin3\sigma_C\sin1.5\sigma_C(1+2\cos\sigma_C)\\ I_{V2,C} &= -8\cos6\sigma_C\sin3\sigma_C\cos1.5\sigma_C(1+2\cos\sigma_C)\\ I_{U4,C} &= -16\cos6\sigma_C\cos3\sigma_C\sin1.5\sigma_C\sin\sigma_C\\ I_{V4,C} &= -8\cos6\sigma_C\cos3\sigma_C\sin1.5\sigma_C(1+2\cos\sigma_C)\end{aligned}\right\} \quad (4-35)$$

其具体数值见表4-3。可以看出，$U_0^*$ 的主要贡献来自于 $X_0$；$U_1^*$、$V_1^*$ 的主要贡献来自于 $O_1$、$K_1$ 分潮；$U_2^*$、$V_2^*$ 的主要贡献来自于 $M_2$、$S_2$；$U_4^*$、$V_4^*$ 的主要贡献来自于 $M_4$、$MS_4$。这样看来，通过与矩阵 $\boldsymbol{W}$ 相乘，不同潮族已经基本上分开；但是由于各族的分潮频率并不正好是倍数，这个运算不可能把各潮族彻底分开，例如 $U_1^*$、$V_1^*$ 中，除了 $O_1$、$K_1$ 外，也包含着 $M_2$、$M_4$、$MS_4$ 等分潮的影响。

**表4-3　$I_{U,C}$，$I_{V,C}$，$I_{X,C}$，$I_{Y,C}$ 及 $J_{X,C}$，$J_{Y,C}$ 的数值**

| $C$ | $O_1$ | $K_1$ | $M_2$ | $S_2$ | $M_4$ | $MS_4$ |
|---|---|---|---|---|---|---|
| $I_{U0,C}$ | 1.81 | −0.07 | −0.84 | 0.00 | −0.85 | −0.43 |
| $I_{U1,C}$ | 14.57 | 15.35 | 1.69 | 0.00 | −0.02 | 0.00 |
| $I_{V1,C}$ | 16.28 | 15.28 | 0.09 | 0.00 | 0.18 | 0.05 |
| $I_{U2,C}$ | −0.62 | 0.03 | 15.03 | 15.45 | −1.71 | −0.86 |
| $I_{V2,C}$ | −1.62 | 0.07 | 15.85 | 15.45 | −0.09 | −0.03 |
| $I_{U4,C}$ | −0.11 | 0.00 | 0.28 | 0.00 | 13.16 | 13.60 |
| $I_{V4,C}$ | −0.69 | 0.03 | 0.80 | 0.00 | 16.00 | 16.12 |
| $I_{X0,C}$ | 0.075 | −0.003 | −0.035 | 0.000 | −0.035 | −0.018 |
| $I_{X1,C}$ | 0.949 | 1.000 | 0.110 | 0.000 | −0.001 | 0.000 |
| $I_{Y1,C}$ | 1.065 | 1.000 | 0.000 | 0.000 | 0.012 | 0.003 |
| $I_{X2,C}$ | −0.041 | 0.002 | 1.000 | 1.028 | −0.114 | −0.057 |
| $I_{Y2,C}$ | −0.102 | 0.004 | 1.000 | 0.975 | −0.006 | −0.002 |
| $I_{X4,C}$ | −0.008 | 0.000 | 0.021 | 0.000 | 1.000 | 1.033 |

续表

| $C$ | $O_1$ | $K_1$ | $M_2$ | $S_2$ | $M_4$ | $MS_4$ |
|---|---|---|---|---|---|---|
| $I_{Y4,C}$ | −0.043 | 0.002 | 0.050 | 0.000 | 1.000 | 1.008 |
| $J_{X0,C}$ | −0.075 | 0.003 | 0.035 | 0.000 | 0.035 | 0.018 |
| $J_{X1,C}$ | 0.051 | 0.000 | −0.110 | 0.000 | 0.001 | 0.000 |
| $J_{Y1,C}$ | −0.065 | 0.000 | −0.006 | 0.000 | −0.012 | −0.003 |
| $J_{X2,C}$ | 0.041 | −0.002 | 0.000 | −0.028 | 0.114 | 0.057 |
| $J_{Y2,C}$ | 0.102 | −0.004 | 0.000 | 0.025 | 0.006 | 0.002 |
| $J_{X4,C}$ | 0.008 | 0.000 | −0.021 | 0.000 | 0.000 | −0.033 |
| $J_{Y4,C}$ | 0.043 | −0.002 | −0.005 | 0.000 | 0.000 | −0.008 |

为了以后计算的方便，引入

$$\left.\begin{aligned}(X_0^*,I_{X_0,O_1},I_{X_0,K_1},\cdots,I_{X_0,MS_4})&=(U_0^*,I_{U_0,O_1},I_{U_0,K_1},\cdots,I_{U_0,MS_4})/24\\(X_1^*,I_{X_1,O_1},I_{X_1,K_1},\cdots,I_{X_1,MS_4})&=(U_1^*,I_{U_1,O_1},I_{U_1,K_1},\cdots,I_{U_1,MS_4})/I_{U_1,K_1}\\(Y_1^*,I_{Y_1,O_1},I_{Y_1,K_1},\cdots,I_{Y_1,MS_4})&=(V_1^*,I_{V_1,O_1},I_{V_1,K_1},\cdots,I_{V_1,MS_4})/I_{V_1,K_1}\\(X_2^*,I_{X_2,O_1},I_{X_2,K_1},\cdots,I_{X_2,MS_4})&=(U_2^*,I_{U_2,O_1},I_{U_2,K_1},\cdots,I_{U_2,MS_4})/I_{U_2,M_2}\\(Y_2^*,I_{Y_2,O_1},I_{Y_2,K_1},\cdots,I_{Y_2,MS_4})&=(V_2^*,I_{V_2,O_1},I_{V_2,K_1},\cdots,I_{V_2,MS_4})/I_{V_2,M_2}\\(X_4^*,I_{X_4,O_1},I_{X_4,K_1},\cdots,I_{X_4,MS_4})&=(U_4^*,I_{U_4,O_1},I_{U_4,K_1},\cdots,I_{U_4,MS_4})/I_{U_4,M_4}\\(Y_4^*,I_{Y_4,O_1},I_{Y_4,K_1},\cdots,I_{Y_4,MS_4})&=(V_4^*,I_{V_4,O_1},I_{V_4,K_1},\cdots,I_{V_4,MS_4})/I_{V_4,M_4}\end{aligned}\right\}\tag{4-36}$$

则有

$$\left.\begin{aligned}X_0^*&=X_0+\sum\overline{D}_cH_c\cos(\overline{d}_c+g_c-p_c15^\circ\overline{t})\\X_q^*&=\sum I_{xq,e}\overline{D}_CH_C\cos(\overline{d}_c+g_c-p_c15^\circ\overline{t})\\Y_q^*&=\sum I_{Yq,e}\overline{D}_CH_C\sin(\overline{d}_c+g_c-p_c15^\circ\overline{t})\end{aligned}\right\}\tag{4-37}$$

$I_{X,C}$、$I_{Y,C}$的数值见表 4－3。由式（4－37）和表 4－3 可以看出，$X_q^*$、$Y_q^*$ 主要由潮族 $q$ 分潮的贡献所构成。为了更加明确，引入完全由本族所构成的量 $X_q$、$Y_q$，其表达式为

$$\left.\begin{aligned}X_1&=\overline{D}_{O_1}H_{O_1}\cos(\overline{d}_{O_1}+g_{O_1}-p_{O_1}15^\circ\overline{t})+\overline{D}_{K_1}H_{K_1}\cos(\overline{d}_{K_1}+g_{K_1}-p_{K_1}15^\circ\overline{t})\\Y_1&=\overline{D}_{O_1}H_{O_1}\sin(\overline{d}_{O_1}+g_{O_1}-p_{O_1}15^\circ\overline{t})+\overline{D}_{K_1}H_{K_1}\sin(\overline{d}_{K_1}+g_{K_1}-p_{K_1}15^\circ\overline{t})\\X_2&=\overline{D}_{M_2}H_{M_2}\cos(\overline{d}_{M_2}+g_{M_2}-p_{M_2}30^\circ\overline{t})+\overline{D}_{S_2}H_{S_2}\cos(\overline{d}_{S_2}+g_{S_2}-p_{S_2}30^\circ\overline{t})\\Y_2&=\overline{D}_{M_2}H_{M_2}\sin(\overline{d}_{M_2}+g_{M_2}-p_{M_2}30^\circ\overline{t})+\overline{D}_{S_2}H_{S_2}\sin(\overline{d}_{S_2}+g_{S_2}-p_{S_2}30^\circ\overline{t})\\X_4&=\overline{D}_{M_4}H_{M_4}\cos(\overline{d}_{M_4}+g_{M_4}-p_{M_4}60^\circ\overline{t})+\overline{D}_{MS_4}H_{MS_4}\cos(\overline{d}_{MS_4}+g_{MS_4}-p_{MS_4}60^\circ\overline{t})\\Y_4&=\overline{D}_{M_4}H_{M_4}\sin(\overline{d}_{M_4}+g_{M_4}-p_{M_4}60^\circ\overline{t})+\overline{D}_{MS_4}H_{MS_4}\sin(\overline{d}_{MS_4}+g_{MS_4}-p_{MS_4}60^\circ\overline{t})\end{aligned}\right\}\tag{4-38}$$

由式（4－37）可得

$$\left.\begin{aligned} X_0^* &= X_0 + \sum_C J_{X0,C}\overline{D}_C H_C \cos(\overline{d}_C + g_C - p_C 15°\overline{t}) \\ X_q^* &= X_q^* + \sum_C J_{Xq,C}\overline{D}_C H_C \cos(\overline{d}_C + g_C - p_C 15°\overline{t}) \\ Y_q^* &= Y_q^* + \sum_C J_{Yq,C}\overline{D}_C H_C \sin(\overline{d}_C + g_C - p_C 15°\overline{t}) \end{aligned}\right\} \tag{4-39}$$

式中 $J_{X0,C}$、$J_{Xq,C}$、$J_{Yq,C}$ 的数值很容易由 $I_{X0,C}$、$I_{Xq,C}$、$I_{Yq,C}$ 换算过来，已列入表 4－3中。$J_{X0,C}$、$J_{Xq,C}$、$J_{Yq,C}$是一些较小的系数。若令

$$\left.\begin{aligned} F_q\cos\varphi_q &= X_q \\ F_q\sin\varphi_q &= Y_q \end{aligned}\right\} \tag{4-40}$$

$$f_q = \varphi_q + q15°\overline{t} \tag{4-41}$$

$$\left.\begin{aligned} A_q &= F_q\cos f_q \\ B_q &= F_q\sin f_q \end{aligned}\right\} \tag{4-42}$$

根据式（4－38），有

$$\left.\begin{aligned} &\overline{D}_{O_1}H_{O_1}\cos(\overline{d}_{O_1}+g_{O_1})+\overline{D}_{K_1}H_{K_1}\cos(\overline{d}_{K_1}+g_{K_1})=A_1 \\ &\overline{D}_{O_1}H_{O_1}\sin(\overline{d}_{O_1}+g_{O_1})+\overline{D}_{K_1}H_{K_1}\sin(\overline{d}_{K_1}+g_{K_1})=B_1 \\ &\overline{D}_{M_2}H_{M_2}\cos(\overline{d}_{M_2}+g_{M_2})+\overline{D}_{S_2}H_{S_2}\cos(\overline{d}_{S_2}+g_{S_2})=A_2 \\ &\overline{D}_{M_2}H_{M_2}\sin(\overline{d}_{M_2}+g_{M_2})+\overline{D}_{S_2}H_{S_2}\sin(\overline{d}_{S_2}+g_{S_2})=B_2 \\ &\overline{D}_{M_4}H_{M_4}\cos(\overline{d}_{M_4}+g_{M_4})+\overline{D}_{MS_4}H_{MS_4}\cos(\overline{d}_{MS_4}+g_{MS_4})=A_4 \\ &\overline{D}_{M_4}H_{M_4}\sin(\overline{d}_{M_4}+g_{M_4})+\overline{D}_{MS_4}H_{MS_4}\sin(\overline{d}_{MS_4}+g_{MS_4})=B_4 \end{aligned}\right\} \tag{4-43}$$

式（4－43）给出了调和常数与 $A_q$、$B_q$ 的关系。由前述推导过程可以看到，只要对潮高序列 **Z** 作运算 **ZW**，然后通过式（4－39），便可得 $X^*$、$Y^*$。若式（4－38）右边第二项已知，则可算得 $X$、$Y$。从而借助式（4－39）～式（4－42）即得 $A_q$、$B_q$。因此下面是如何由 $A_q$、$B_q$ 计算出调和常数。当然，可以先令它们为零，以 $X^*$、$Y^*$ 替代 $X$、$Y$，所得便是调和常数的近似值，将近似值代入式（4－38）右边第二项，得到的 $X$、$Y$ 值便足够准确，用新的 $X$、$Y$ 值就可以算出所需要的调和常数。

4. 天文变量 $D$ 和 $d$

引潮力第二展开式的 8 项中，头两项是长周期项，不能考虑；最末一项比例于 $\sin^4 1/2$，只有最大项（第 6 项）的 0.2%，可以忽略，因此只剩下 5 项。对太阳引潮力也有相应的 5 项。此外，辐射潮 $S_2$ 也有一定量值，总共有 11 项。现将 11 项列于表 4－4 中，表中的每一项为一个子分潮，振幅（略去公共因子）记作 $W$，相角记作 $\mu_1 15°t-\omega$。相角中时间 $t$ 是从子夜零时起算，单位为 h，因此 $15°t$ 即等于平太阳时角 $T+180°$。每个子分潮包含的主要调和分潮也列于表中。根据各子分潮包含的主要调和分潮的频率，打算将它们合并为 $O_1$、$K_1$、$M_2$ 和 $S_2$ 四个准调和分潮。以 $O_1$ 为例说明对实际分潮进行合并的有关问题。

**表 4-4　子分潮的系数、天文相角和包含的主要调和分潮**

| 子分潮 | 系数 $W$ | 天文相角 | 包含的主要调和分潮 |
|---|---|---|---|
| $O_1$ | $\left(\frac{\overline{R}}{R}\right)^3\sin I\cos^2\frac{I}{2}$ | $15^\circ t-(2\lambda-h'+\nu-2\xi+90^\circ)$ | $O_1$、$Q_1$、$\rho_1$、$M_1$（部分）、$2Q_1$、$\sigma_1$、… |
| $K_{1a}$ | $\left(\frac{\overline{R}}{R}\right)^3\frac{\sin 2I}{2}$ | $15^\circ t-(-h'+\nu-90^\circ)$ | $K_1$（太阴部分）、$J_1$、$M_1$（部分）、$x_1$、$\theta_1$、… |
| $K_{1b}$ | $\left(\frac{\overline{R}}{R}\right)^3\sin I\sin^2\frac{I}{2}$ | $15^\circ t-(2\lambda-h'+\nu+2\xi-90^\circ)$ | $O$、$O_1$、… |
| $K_{1c}$ | $\left(\frac{\overline{R}'}{R'}\right)^3 s\sin\omega\cos^2\frac{\omega}{2}$ | $15^\circ t-(2\lambda'-h'+90^\circ)$ | $P_1$、$\pi_1$、… |
| $K_{1d}$ | $\left(\frac{\overline{R}'}{R'}\right)^3 s\frac{\sin 2\omega}{2}$ | $15^\circ t-(-h'-90^\circ)$ | $K_1$（太阳部分）、$\psi_1$、… |
| $K_{1e}$ | $\left(\frac{\overline{R}'}{R'}\right)^3 s\sin\omega\sin^2\frac{\omega}{2}$ | $15^\circ t-(-2\lambda'-h'-90^\circ)$ | $\phi_1$、… |
| $M_2$ | $\left(\frac{\overline{R}}{R}\right)^3\cos^4\frac{I}{2}$ | $30^\circ t-(2\lambda-h'+2\nu-2\xi)$ | $M_2$、$N_2$、$L_2$（部分）、$2N_2$、$\nu_2$、$\lambda_2$、$\mu_2$、… |
| $S_{2a}$ | $\left(\frac{\overline{R}}{R}\right)^3\frac{\sin^2 I}{2}$ | $30^\circ t-(-h'+2\nu)$ | $K_2$（太阴部分）、$L_2$（部分）、… |
| $S_{2b}$ | $\left(\frac{\overline{R}'}{R'}\right)^3 s\cos^4\frac{\omega}{2}$ | $30^\circ t-(2\lambda'-2h')$ | $S_2$、$T_2$、$R_2$、… |
| $S_{2c}$ | $\left(\frac{\overline{R}'}{R'}\right)^3 s\frac{\sin^2\omega}{2}$ | $30^\circ t-(-2h')$ | $K_2$（太阳部分）、… |
| $S_{2d}$ | $0.101 s\cos^4\frac{\omega}{2}$ | $30^\circ t-112^\circ$ | $S_2$（辐射） |

表 4-4 中 $O_1$ 子分潮展开后，包含着 $O_1$、$Q_1$、$\rho_1$ 等纯调和分潮，不需要将其具体展开式写出，而只要给出一个形式上的表达式，即

$$W\cos(15^\circ t-\omega)=\sum C_1\cos(\sigma_1 t+\upsilon_{0i}) \tag{4-44}$$

其中

$$W=\left(\frac{\overline{R}}{R}\right)^3\sin I\cos^2\frac{I}{2},\omega=2\lambda-h'+\nu+2\xi-90^\circ$$

$\sigma$ 的单位是°/h。假定右边展开式中，当 $i=1$ 时为 $O_1$ 调和分潮，式（4-44）也可写为

$$\begin{aligned}W\cos(15^\circ t)\cos\omega+W\sin(15^\circ t)\sin\omega=&\left[\sum_i C_i\cos(\Delta\sigma_i t-\upsilon_{0i})\right]\cos(15^\circ t)\\&+\left[\sum_i C_i\sin(\Delta\sigma_i t-\upsilon_{0i})\right]\sin(15^\circ t)\end{aligned} \tag{4-45}$$

其中

$$\Delta\sigma_i=15^\circ t-\sigma_i \tag{4-46}$$

由此可得

$$\left.\begin{aligned}W\cos\omega&=\sum_i C_i\cos(\Delta\sigma_i t-\upsilon_{0i})\\W\sin\omega&=\sum_i C_i\sin(\Delta\sigma_i t-\upsilon_{0i})\end{aligned}\right\} \tag{4-47}$$

与式（4-44）右边各引潮力调和分潮相对应的实际调和分潮为

$$\sum_i H_i\cos(\Delta\sigma_i t+\upsilon_{0i}-g_i)=\sum_i H_i\cos(15^\circ t-\Delta\sigma_i t+\upsilon_{0i}-g_i) \tag{4-48}$$

现在将这些分潮都合并到第一个，即 $O_1$ 分潮。若调和常数之间满足

$$\left.\begin{aligned}&H_2/H_1=C_2/C_1, H_3/H_1=C_3/C_1,\cdots\\&g_2-g_1=(\sigma_2-\sigma_1)A, g_3-g_1=(\sigma_3-\sigma_1)A,\cdots\end{aligned}\right\}\tag{4-49}$$

式中　$A$——常量。

则式（4-46）中振幅可写为 $H_i=\dfrac{C_i}{C_1}H_1$，位相为

$$\begin{aligned}15^{\circ}t-\Delta\sigma_i t\upsilon_{0i}-g_i&=15^{\circ}t-\Delta\sigma_i t+\upsilon_{0i}-g_i-(\sigma_i-\sigma_1)A\\&=15^{\circ}t-\Delta\sigma_i(t-A)+\upsilon_{0i}-(15^{\circ}-\sigma_1)A-g_i\end{aligned}$$

故式（4-48）化为

$$\begin{aligned}&\sum_i H_i\cos(\Delta\sigma_i t+\upsilon_{0i}-g_i)\\&=\frac{H_1}{C_1}\sum_i C_i\cos[15^{\circ}t-\Delta\sigma_i(t-A)+\upsilon_{0i}-(15^{\circ}-\sigma_1)A-g_i]\\&=\frac{H_1}{C_1}\{\sum_i C_i\cos[\Delta\sigma_i(t-A)-\upsilon_{0i}]\cos[15^{\circ}t-(15^{\circ}-\sigma_1)A-g_i]\\&\quad+\sum_i C_i\sin[\Delta\sigma_i(t-A)-\upsilon_{0i}]\sin[15^{\circ}t-(15^{\circ}-\sigma_1)A-g_i]\}\end{aligned}\tag{4-50}$$

若将式（4-47）右边的 $t$ 以 $t-A$ 代替，则所得的 $W$ 和 $\omega$ 值便是 $t-A$ 时刻的值，可记为 $W_{t-A}$ 和 $\omega_{t-A}$，即

$$\left.\begin{aligned}W_{t-A}\cos\omega_{t-A}&=\sum_i C_i\cos[\Delta\sigma_i(t-A)-\upsilon_{0i}]\\W_{t-A}\sin\omega_{t-A}&=\sum_i C_i\sin[\Delta\sigma_i(t-A)-\upsilon_{0i}]\end{aligned}\right\}\tag{4-51}$$

将式（4-51）代入式（4-50），得

$$\sum_i H_i\cos(\Delta\sigma_i t+\upsilon_{0i}-g_i)=\frac{H_1}{C_1}W_{t-A}\cos[15^{\circ}t-\omega_{t-A}-(15^{\circ}-\sigma_1)A-g_i]\tag{4-52}$$

若记

$$\left.\begin{aligned}D&=W_{t-A}/C_1\\d&=\omega_{t-A}+(15^{\circ}-\sigma_1)A\end{aligned}\right\}\tag{4-53}$$

则有

$$\sum_i H_i\cos(\Delta\sigma_i t+\upsilon_{0i}-g_i)=DH_1\cos(15^{\circ}t-d-g_i)\tag{4-54}$$

与天文情况有关的变量 $D$ 和 $d$ 分别称作准调和分潮的振幅系数和迟角订正。

引潮力的一组调和分潮可以通过式（4-44）由一个引潮力准调和分潮代表，相应一组实际调和分潮也可以通过式（4-54）由一个实际的准调和分潮代表。而且，如果条件（4-50）满足，实际准调和分潮的振幅和相角与 $A$ 小时前的引潮力准调和

分潮相应量有关，与其余时刻，特别是与当时的引潮力则没有关系，故 $A$ 称为这个准调和分潮的潮龄。

5. $D$ 和 $d$ 值的实际计算公式

由于 $O_1$、$K_1$、$M_2$ 和 $S_2$ 各准调和分潮 $D$、$d$ 值变化不十分迅速，一般只对零时直接应用公式计算，对其余时间，可由零时的值内插得出。

基本天文元素 $s$、$h'$、$p$、$N'$、$p'$ 的计算公式在考虑潮龄 $A$ 后，要改写为

$$\left.\begin{aligned}
s&=277^\circ.02+129^\circ.3848(Y-1900)+13^\circ.1764\left[n+i+\frac{1}{24}(t-A)\right]\\
h'&=280^\circ.19-0^\circ.2387(Y-1900)+0^\circ.9857\left[n+i+\frac{1}{24}(t-A)\right]\\
p&=334^\circ.39+40^\circ.6625(Y-1900)+0^\circ.1114\left[n+i+\frac{1}{24}(t-A)\right]\\
N'&=100^\circ.84+19^\circ.3282(Y-1900)+0^\circ.0530\left[n+i+\frac{1}{24}(t-A)\right]\\
p'&=281^\circ.22+0^\circ.0172(Y-1900)+0^\circ.00005\left[n+i+\frac{1}{24}(t-A)\right]
\end{aligned}\right\}\tag{4-55}$$

式中　$n$、$i$——1 月 1 日起算的日期序数和 1900 至 $Y$ 年的闰年数。

式（4-55）的含义是，为了计算某一天 $t$ 时的天文变量 $D$、$d$ 值，需以这时刻前 $A$ 小时来取代这个时刻。潮龄 $A$ 有两种基本取法：一种是对 $O_1$、$K_1$、$M_2$ 和 $S_2$ 分别取各自的值，但如果要计算某一个时刻的 $D$、$d$ 值，必须计算四组不同的基本天文元素；另一种是取全日潮的视差潮龄 $\frac{g_{O_1}-g_{Q_1}}{\sigma_{O_1}-\sigma_{Q_1}}$ 或半日潮视差潮龄 $\frac{g_{M_2}-g_{N_2}}{\sigma_{M_2}-\sigma_{N_2}}$ 来代替所有四个分潮的潮龄，因为在所有被合并掉的分潮中，$Q_1$ 和 $N_2$ 是最主要的分潮，所以着重考虑它们，同时由于这两个分潮系由月地距离的变化，亦即月球视差的变化引起的，故这种潮龄反映了实际潮汐落后于视差变化的时间间隔，称为视差潮龄。下面将采用第二种取法。

知道基本天文要素后，就可以计算出 $I$、$\nu$、$\xi$、$\lambda$ 和 $\overline{R}/R$ 等各个量，有

$$\left.\begin{aligned}
\lambda'&=h'+1^\circ.92\sin(h'-p')+0^\circ.02\sin2(h'-p')\\
\overline{R}'/R'&=1+0.0168\cos(h'-p')+0.0003\cos2(h'-p')\\
\lambda&=s+6^\circ.29\sin(s-p)+0^\circ.02\sin2(s-p)\\
&\quad+1^\circ.17\sin(s-2h'+p)+0^\circ.62\sin2(s-h')\\
&=h'+1^\circ92\sin(h'-p')+0^\circ.02\sin2(h'-p')\\
\overline{R}/R&=1+0.0548\cos(s-p)+0.003\cos2(s-p)\\
&\quad+0.0093\cos(s-2h'+p)+0.0078\cos2(s-h')\\
I&=\cos^{-1}(0.91369-0.03569\cos N')\\
\nu&=\sin^{-1}(-0.08968\sin N'/\sin I)\\
\xi&=\sin^{-1}[(0.91739-0.01788\cos N')\sin\nu]
\end{aligned}\right\}\tag{4-56}$$

然后，根据表 4-4 计算出各子分潮的 $W$、$\omega$ 值。例如对 $K_{1b}$分潮，有

$$\left.\begin{aligned} W_{K_{1b}} &= (\overline{R}/R)^3 \sin I \sin^2 \frac{I}{2} \\ \omega_{K_{1b}} &= -2\lambda - h' + \nu + 2\xi - 90^\circ \end{aligned}\right\}$$

计算中的 $s$ 和 $\omega$ 值分别为 0.4592 和 23°.452。由于基本天文元素是 $A$h 以前的值，故 $W$ 和 $\omega$ 也是 $A$h 以前的值。可根据下列各式算出所求时刻的 $D$、$d$ 值，即

对于 $O_1$ 准调和分潮，有

$$\left.\begin{aligned} D_{O_1} &= W_{O_1}/C_{O_1} = 2.6529 W_{O_1} \\ d_{O_1} &= \omega_{O_1} + (15^\circ - \sigma_{O_1})A = \omega_{O_1} + 1^\circ.0570A \end{aligned}\right\} \tag{4-57}$$

对 $K_1$ 准调和分潮，有

$$\left.\begin{aligned} W_{K_1}\cos\omega_{K_1} &= \sum_{\nu=a,b,c,d,e} W_{K_1\nu}\cos\omega_{K_1} \\ W_{K_1}\sin\omega_{K_1} &= \sum_{\nu=a,b,c,d,e} W_{K_1\nu}\sin\omega_{K_1} \end{aligned}\right\} \tag{4-58}$$

$$\left.\begin{aligned} D_{K_1} &= W_{K_1}/C_{K_1} = 1.8864 W_{K_1} \\ d_{K_1} &= \omega_{K_1} + (15^\circ - \sigma_{K_1})A = \omega_{K_1} - 0^\circ.0411A \end{aligned}\right\} \tag{4-59}$$

对 $M_2$ 准调和分潮，有

$$\left.\begin{aligned} D_{M_2} &= W_{M_2}/C_{M_2} = 1.1012 W_{M_2} \\ d_{M_2} &= \omega_{M_2} + (15^\circ - \sigma_{M_2})A = \omega_{M_2} + 1^\circ.0159A \end{aligned}\right\} \tag{4-60}$$

对 $S_2$ 准调和分潮，有

$$\left.\begin{aligned} W_{S_2}\cos\omega_{S_2} &= \sum_{\nu=a,b,c,d} W_{S_2\nu}\cos\omega_{S_2} \\ W_{S_2}\sin\omega_{S_2} &= \sum_{\nu=a,b,c,d} W_{S_2\nu}\sin\omega_{S_2} \end{aligned}\right\} \tag{4-61}$$

$$\left.\begin{aligned} D_{S_2} &= W_{S_2}/0.967C_{S_2} = 2.4478 W_{S_2} \\ d_{S_2} &= \omega_{S_2} + (30^\circ - \sigma_{S_2})A - 5^\circ.6 = \omega_{S_2} - 5^\circ.6 \end{aligned}\right\} \tag{4-62}$$

在浅水区还可以引入一些浅水分潮。例如：由半日分潮 $M_2$ 和 $S_2$ 引起的四分日分潮为 $M_4$、$MS_4$ 和 $S_4$。根据浅水潮波的动力学理论，振幅和迟角订正应分别为

$$\left.\begin{aligned} &D_{M_4} = D_{M_2}^2, d_{M_4} = 2d_{M_2} \\ &D_{MS_4} = D_{M_2}D_{S_2}, d_{MS_4} = d_{M_2} + d_{S_2} \\ &D_{S_4} = D_{S_2}^2, d_{S_4} = 2d_{S_2} \end{aligned}\right\} \tag{4-63}$$

但是在一个潮族有三个分潮的情况下分析较麻烦，同时 $S_4$ 是一个很小的分潮，可以忽略。四分日潮族中也只有两个分潮的 $D$、$d$ 值按照式（4-63）前两式进行计算。一种细致的做法是把 $S_4$ 合并到 $MS_4$ 中，合成分潮主要成分是 $MS_4$，故仍称作 $MS_4$，这个 $MS_4$ 的 $D$、$d$ 值的计算公式为

$$\left.\begin{aligned}D_{MS_4}\cos d_{MS_4}=D_{M_2}D_{S_2}\cos(d_{M_2}+d_{S_2})+D_{S_2}^2H'_{MS_4}\cos(2d_{S_2}+g'_{MS_4})\\D_{MS_4}\sin d_{MS_4}=D_{M_2}D_{S_2}\sin(d_{M_2}+d_{S_2})+D_{S_2}^2H'_{MS_4}\sin(2d_{S_2}+g'_{MS_4})\end{aligned}\right\}\quad(4-64)$$

式中 $H'_{MS_4}=H_{S_4}/H_{MS_4}$，$g'_{MS_4}=g_{S_4}-g_{MS_4}$，这两个值通常不大稳定，可以取一个大约的数值。理论上，它们应分别等于 $\frac{1}{2}H_{S_2}/H_{M_2}$ 和 $g_{S_2}-g_{M_2}$，在我国近海可大略取作 0.17°和 52°。

### 4.3.3 潮流椭圆要素

计算得到潮流北、东分量的调和常数后，根据调和常数可以计算其椭圆要素。对一个分潮，潮流北、东分量流速可写为

$$\left.\begin{aligned}u=DU\cos[\sigma t-d^{(0)}-\xi]\\v=DV\cos[\sigma t-d^{(0)}-\eta]\end{aligned}\right\}\quad(4-65)$$

式中　$U$、$\xi$、$V$、$\eta$——北、东分量调和常数。

假设考虑平均状况，取 $D=1$，$t$ 从零时起算。现将时间坐标轴平移，令

$$t=d^{(0)}/\sigma+t'$$

式（4-65）改写为

$$\begin{aligned}u=U\cos(\sigma t'-\xi)\\v=V\cos(\sigma t'-\eta)\end{aligned}\quad(4-66)$$

式（4-66）为椭圆参数方程，潮流速矢端的轨迹为椭圆，也称潮流椭圆。圆长半轴为该分潮最大流速，短半轴为最小流速。

式（4-66）合成流速和流向为

$$w=[U^2\cos2(\sigma t'-\xi)+V^2\cos2(\sigma t'-\eta)]^{0.5}\quad(4-67)$$

$$\theta=\arctan\frac{V\cos(\sigma t'-\xi)}{U\cos(\sigma t'-\eta)}\quad(4-68)$$

式（4-67）对 $t'$的微分为

$$\frac{\mathrm{d}w}{\mathrm{d}t}=-\frac{\sigma}{2}\frac{U^2\sin^2(\sigma t'-\xi)+V^2\sin^2(\sigma t'-\eta)}{\sqrt{U^2\cos^2(\sigma t'-\xi)+V^2\cos^2(\sigma t'-\eta)}}$$

令其为零，即发生极值流速的时刻，亦即

$$w=U^2\sin^2(\sigma t'-\xi)+V^2\sin^2(\sigma t'-\eta)=0$$

展开整理后，得

$$\tan 2\sigma t'=\frac{U^2\sin 2\xi+V^2\sin 2\eta}{U^2\cos 2\xi+V^2\cos 2\eta}$$

为区别起见，发生极值流速时的 $t'$ 以 $\tau$ 代替，所以发生最大或最小流速的时间为

$$\tau=\frac{1}{2\sigma}\arctan\frac{U^2\sin 2\xi+V^2\sin 2\eta}{U^2\cos 2\xi+V^2\cos 2\eta} \tag{4-69}$$

或改写为

$$\zeta=\tau\sigma=\frac{1}{2}\arctan\frac{U^2\sin 2\xi+V^2\sin 2\eta}{U^2\cos 2\xi+V^2\cos 2\eta}$$

当 $\frac{d^2w}{dt^2}<0$ 和 $\frac{d^2w}{dt^2}>0$ 时，为发生最大和最小流速的时刻。

求出发生最大流速的时间后，可求得最大流速 $W_{大}$ 和最小流速 $w_{小}$ 为

$$W_{大}=\frac{1}{2}\left[\sqrt{U^2+V^2+2UV\sin(\eta-\xi)}+\sqrt{U^2+V^2-2UV\sin(\eta-\xi)}\right]$$

$$w_{小}=\frac{1}{2}\left[\sqrt{U^2+V^2+2UV\sin(\eta-\xi)}-\sqrt{U^2+V^2-2UV\sin(\eta-\xi)}\right]$$

以及最大流速的方向 $\Theta$

$$\Theta=\frac{1}{2}\arctan\frac{2UV\cos(\eta-\xi)}{U^2-V^2} \tag{4-70}$$

潮流椭圆的旋转方向由式（4－70）对 $t$ 的微分可得，即

$$\frac{d\theta}{dt}=\frac{u\frac{dv}{dt}-v\frac{du}{dt}}{u^2+v^2}$$

以 $u=U\cos(\sigma t'-\xi)$、$v=V\cos(\sigma t'-\eta)$ 代入，经整理得

$$\frac{d\theta}{dt}=\sigma\frac{UV\sin(\eta-\xi)}{U^2\cos^2(\sigma t-\xi)+V^2\cos^2(\sigma t-\eta)} \tag{4-71}$$

式（4－71）中，当分子 $\sin(\eta-\xi)>0$，即 $0°<\eta-\xi<180°$ 为右旋，即顺时针，记以“－”；当 $\sin(\eta-\xi)<0$，即 $180°<\eta-\xi<360°$ 为左旋，即逆时针，记以“＋”。

### 4.3.4 潮流的可能最大流速

根据《港口与航道水文规范》（JTS 145—2015）的规定，对于半日潮流的海区，潮流的可能最大流速 $\vec{V}_{max}$ 的计算公式为

$$\vec{V}_{max}=1.295\vec{W}_{M_2}+1.245\vec{W}_{S_2}+\vec{W}_{K_1}+\vec{W}_{O_1}+\vec{W}_{M_4}+\vec{W}_{MS_4} \tag{4-72}$$

式中 $W$——分潮流的最大流矢量。

对于全日潮流的海区，潮流的可能最大流速 $\vec{V}_{max}$ 的计算公式为

$$\vec{V}_{max}=\vec{W}_{M_2}+\vec{W}_{S_2}+1.600\vec{W}_{K_1}+1.450\vec{W}_{O_1} \tag{4-73}$$

对于不规则半日潮流和不规则全日潮流的海区，潮流的可能最大流速 $\vec{V}_{max}$ 取式（4-72）和式（4-73）计算中的较大值。

### 4.3.5 潮流分类

1. 按潮流循环周期

按潮流的循环周期可分为半日潮流、不规则半日潮流，其周期为 6h 12.5min；全日潮流、不规则全日潮流，其周期为 12h 25min。判别标准为

$$\left.\begin{array}{ll}\dfrac{W_{O_1}+W_{K_1}}{W_{M_2}}<0.5 & \text{为半日潮流}\\ 0.5<\dfrac{W_{O_1}+W_{K_1}}{W_{M_2}}\leqslant 2.0 & \text{为不规则半日潮流}\\ 2.0<\dfrac{W_{O_1}+W_{K_1}}{W_{M_2}}\leqslant 4.0 & \text{为不规则全日潮流}\\ \dfrac{W_{O_1}+W_{K_1}}{W_{M_2}}>4.0 & \text{为全日潮流}\end{array}\right\} \tag{4-74}$$

式中 $W_{O_1}$、$W_{K_1}$、$W_{M_2}$——主太阴日分潮流、太阴太阳赤纬日分潮流和主太阴半日分潮流的椭圆长半轴的长度。

2. 按潮流流向

潮流又可分为旋转流和往复流两种，根据潮流的椭圆旋转率 $k$ 值来描述，$k$ 值为潮流椭圆的短半轴与长半轴之比，其值介于－1～1。$k$ 的绝对值越小则越接近往复流，越大则越接近旋转流。$k$ 值的正负号表示潮流旋转的方向，正号表示逆时针方向旋转，负号表示顺时针方向旋转。

（1）旋转流。多出现在外海或广阔的海域以及江河入海口以外海域，后者多因两个往复式潮流斜交而形成旋转式潮流。旋转流的方向和速度，不断随时间而改变，一般北半球的潮流大部分是按顺时针方向旋转，而南半球的潮流多按逆时针方向旋转。

（2）往复流。多出现在河口、海峡或狭窄港湾内，由于受地形条件的限制，往往造成往复式潮流。典型的往复流在一个潮周期中，其流向范围较狭窄，只是在正、反两个方向上作周期性的交换变化，其最大流速与最小流速相差很大，有两次流速接近于零。两种潮流矢量的变化如图 4-4 所示。

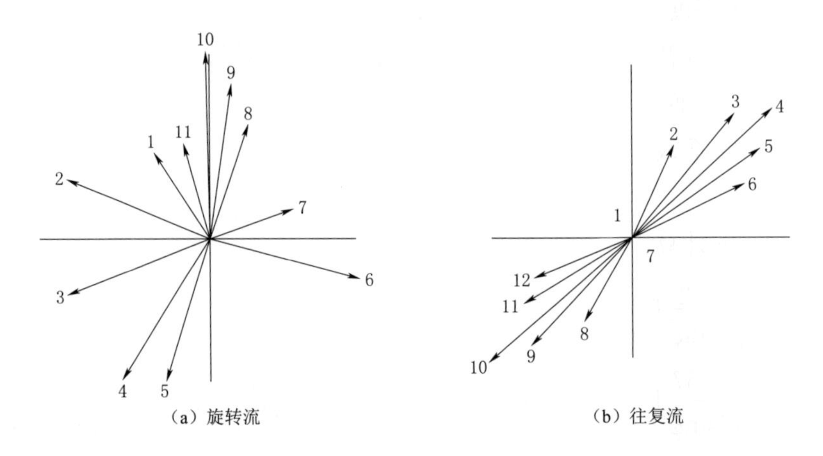


图 4-4　旋转流和往复流

## 4.4 风　海　流

风海流（漂流）是风和水面摩擦所引起的海水流动。

### 4.4.1　漂流理论

为了描述风海流，需要介绍艾克曼（V. W. Ekman）的漂流理论。该理论有两点假设：一是漂流发生在广阔的大洋中，或者离岸较远的大洋中；二是大洋深度是无限的，至少有足够深度以便使稳定的风向、风力能引起恒定的漂流。

1. 流向

表层漂流的方向，在北半球偏于风向右 45°，在南半球则偏左 45°。这种偏转不随风速、流速、纬度的改变而改变。

2. 流速

表层流速与风速的经验关系为

$$V_0=\frac{0.0127}{\sqrt{\sin\varphi}}U \tag{4-75}$$

式中　$U$——风速，m/s；

$\varphi$——纬度；

0.0127——风力系数。

漂流流速随水深的增加将迅速减小，流向则随水深增加在北半球对风逐渐偏右。对于无限深海域，在深度为 $Z$ 处的漂流流速 $V$ 的复数表达式为

$$V=V_0\mathrm{e}^{-\frac{\pi}{D}Z+i\left(\frac{\pi}{4}-\frac{\pi}{D}Z\right)} \tag{4-76}$$

式中 $D$——摩擦深度，m。

在 $Z=D$ 处，其流速仅为表面漂流流速的1/23，其流向却与表面流向相反，如图 4－5 所示，此流速流向的垂线分布称为艾克曼螺旋形分布。

摩擦深度 $D$ 的计算公式为

$$D=\begin{cases}\dfrac{7.6}{\sqrt{\sin\varphi}}U, U>6\text{m/s}\\ \dfrac{3.67}{\sqrt{\sin\varphi}}U^{\frac{3}{2}}, U<6\text{m/s}\end{cases} \quad (4-77)$$

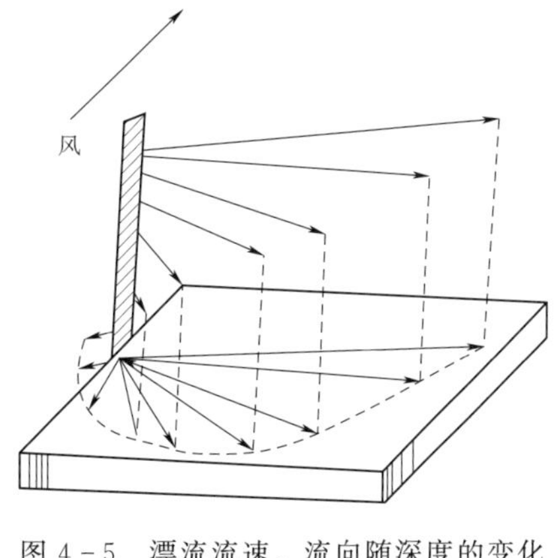


图 4－5 漂流流速、流向随深度的变化

艾克曼还研究了有限水深对漂流流向的影响，发现水深 $d$ 越浅，则表面流向与风向之间的偏角 $\alpha$ 值越小。相对水深 $d/D$ 与 $\alpha$ 之间的关系见表 4－5 所示。

**表 4－5 相对水深 $d/D$ 与 $\alpha$ 的关系**

| $d/D$ | 0 | 0.1 | 0.25 | 0.5 | 0.75 | 1 | 2 | … |
|---|---|---|---|---|---|---|---|---|
| $\alpha$ | 0 | 3.7° | 21.5° | 45° | 45.5° | 45° | 45° | 45° |

### 4.4.2 风海流计算

根据不同规范给出风海流的计算方法。

《港口与航道水文规范》（JTS 145—2015）的附录中给出了近岸海区内风海流的估算方法，当海流实测资料不足时，风海流的流速估算为

$$V_u=KU \quad (4-78)$$

式中 $V_u$——风海流的流速，m/s；

$K$——系数，$0.024\leqslant K\leqslant 0.030$；

$U$——平均海面上 10m 处的 10min 平均风速，m/s。

## 4.5 波 浪 流

波浪从深海向浅海岸边传播的过程中，因海底摩擦、渗透和海水涡动等造成能量损耗，而水深变浅会使波浪能量集中而发生破碎，也造成能量损耗，就会引起波浪能量的重新分布。近岸水域由于波浪作用所引起近岸南海流系主要由三部分组成：①波浪引起的质量输送；②平行海岸的顺岸流；③流向外海的离岸流或称裂流，如图 4－6 所示。离岸流是近岸流系中最显著的部分，它是穿过破碎区向外海流动的一束较强而

狭窄的集中于表面的水流，流速通常超过1m/s；其最窄处称为“颈”部，流速最大；其外端有时可达破波线外500m并扩大到较大面积，称之为“头”部，流速最小；离岸流是靠顺岸流来维持的，两者的衔接处，称为补偿流。顺岸流沿着岸线流动，平均流速可达0.3m/s，有时也会出现1m/s以上的情况。

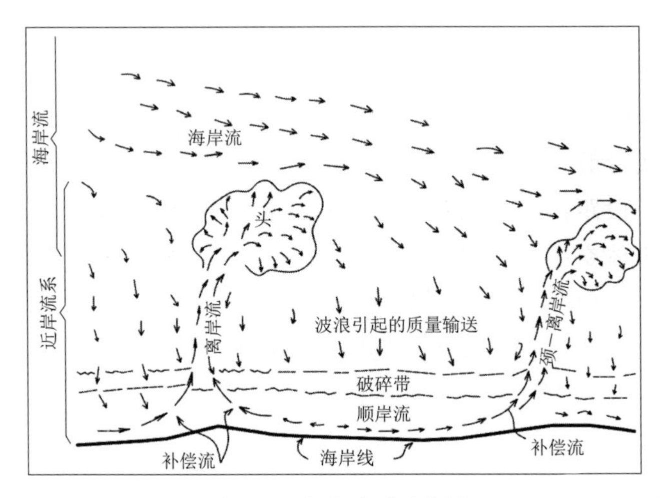


图4-6　海岸流系示意图

对于海上风电场工程，海缆路由的铺设都要从近岸水域登陆，在海岸动力较强水域，通常都会受到近岸流系的影响。所以，在设计时需要根据近岸波浪流的影响考虑海缆路由的线路选择和埋深等问题。

1. 波浪引起的质量输送

波浪在向岸传播过程中，波动水质点的运动轨迹是不封闭的，在波浪传播方向上存在着净的水体运移或称质量输送。按二阶Stokes有限振幅波理论，其平均传质速度表达式为

$$\overline{U}=\left(\frac{\pi H}{L}\right)^{2}\frac{C}{2}\frac{\cosh\left[4\pi\left(\frac{Z+d}{L}\right)\right]}{\sinh^{2}\left(\frac{2\pi d}{L}\right)} \tag{4-79}$$

式中　$H$——波高；

$L$——波长；

$C$——波速；

$d$——水深。

式（4-79）在深水区可以简化为

$$\overline{U}_{0}=\left(\frac{\pi H_{0}}{L_{0}}\right)^{2}C_{0}\mathrm{e}^{-\frac{4\pi Z}{L_{0}}} \tag{4-80}$$

脚标 0 代表深水相应波要素。$Z$ 轴以静水面为零点，向上为正。

2. 顺岸流的推算

顺岸流的产生主要是波浪破碎后沿岸存在着驱动分量的结果，其研究方法可分为两种：一种是应用能量和动量守恒原理，计算整个破波断面上水体的平均顺岸流流速；另一种是应用辐射应力，即引用波浪所引起的剩余动量流的概念，研究破波区内顺岸流的流速横向分布。

3. 离岸流特征

从沿岸卫星或者航空摄影图片可以看到，沿岸水流除了向岸和平行海岸运移外，还存在相隔一段距离出现的集中向海流注的浓浊水流，这就是外海和破碎区之间最引人注目的水体交换作用过程的离岸流，它是穿越破波区、挟带着水体从一狭窄通道冲向外海的集中“射流”，其成因主要是由于沿岸的波高变化及复杂的地形影响所致。

## 4.6 设计流速推算

设计流速的推算最直接、最准确的方法是根据工程场址处的长期实测流速资料进行极值统计分析，通过频率分析的方式得到不同重现期的设计流速。但是，由于近岸海域长期实测海流数据的获取非常困难，很难通过该方法进行设计流速的推算。实际工程中通常根据以下方法进行计算。

1. 可能最大流速法

根据《港口与航道水文规范》(JTS 145—2015)，对于以潮流和风海流为主的近岸海区，海流的可能最大流速可以取潮流可能最大流速与风海流可能最大流速的矢量和。这是一种推算工程场址处设计流速的方法，但是由于没有明确的重现期标准，而且风海流的可能最大流速也很难准确计算，所以该方法也只是一种设计流速的估算方法。

2. 数值模拟后报法

通过对工程海域多年长序列的气象、波浪、潮汐和风暴潮等多因素的精细化数值模拟计算，可以得到工程所在位置处长期的流速和流向的结果，再根据计算结果进行年极值的统计分析，最后根据频率统计的方法得到不同重现期的设计流速。

(1) 模型介绍。采用空间二维水动力数值模式进行长序列的海流数值模拟后报，具体水动力学方程在 3.6 节风暴潮部分已有叙述，此处就不再赘述。当模型的网格精度、地形数据、潮汐边界、波浪边界和风场条件等因素准确的情况下，依据已有的现场海流实测数据，就能得到正确的海流数值模型。

(2) 结果验证。采用海流数学模型对具有实测一个月的海流数据的海域进行数值

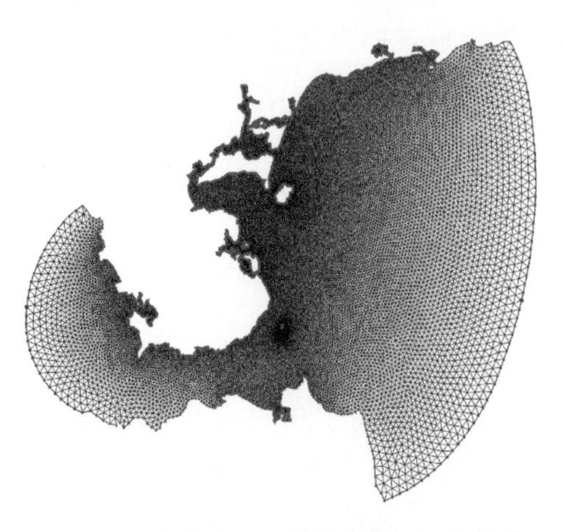

图 4-7　广东湛江海域数值模拟网格剖分

模拟后报，模型计算网格如图 4-7 所示，将数值模拟得到的流速、流向过程与实测数据进行对比验证，如图 4-8 所示。可以看出，建立的二维海流数学模型比较准确地反演了垂向海流的基本特征。

（3）设计流速推算。设计流速的推算方法与设计潮位类似，相应频率或者重现期的设计海流流速值可以采用极值Ⅰ型分布律和 P-Ⅲ型频率分布等方法。对于海上风电场工程而言，主要推求的重现期潮位有 100 年一遇设计流速、50 年一遇设计流速等。

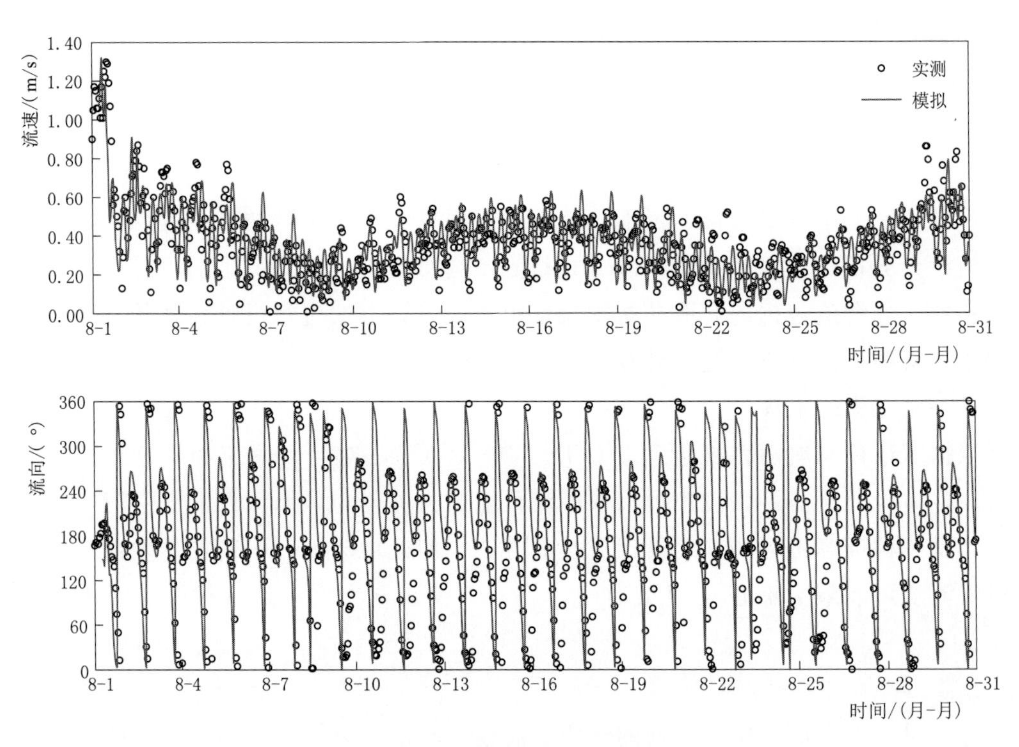


图 4-8　流速流向验证过程

# 参 考 文 献


［1］　陈宗镛. 潮汐学［M］. 北京：科学出版社，1980.

［2］　方国洪，郑文振，等. 潮汐和潮流的分析和预报［M］. 北京：海洋出版社，1986.

［3］　黄祖珂，黄磊. 潮汐原理与计算［M］. 青岛：中国海洋大学出版社，2005.

［4］　邱大洪，等. 工程水文学［M］. 北京：人民交通出版社，2010.

[5] 侍茂崇，等. 海洋调查方法［M］. 青岛：中国海洋大学出版社，2016.

[6] 周川，潘冬冬，王俊，李健华. 海上风电项目建设期和运营期环境影响研究——以广东粤电湛江外罗海上风电项目为例（报批稿）［R］. 2020.

[7] 中华人民共和国交通运输部. JTS 145—2015 港口与航道水文规范［S］. 北京：人民交通出版社，2016.

[8] 国家能源局. NB/T 31029—2012 海上风电场风能资源测量及海洋水文观测规范［S］. 北京：中国水利水电出版社，2013.

[9] 中华人民共和国住房和城乡建设部. GB 51395—2019 海上风力发电场勘测标准［S］. 北京：中国计划出版社，2019.

# 第5章　海上风电场控制测量

## 5.1 概　　述

海洋大地测量是研究海洋大地控制点网及确定地球形状大小，研究海面形状变化的科学。海洋大地测量控制网是陆上大地网向海域的扩展。海洋大地控制网主要由海底控制点、海面控制点（如固定浮标）以及海岸或岛屿上的大地控制点相连而成。由于海上风电场处于近海浅水区，因此控制测量采用海岸、岛屿控制网。

海上风电场控制测量是海上风电场海洋测绘的基础，海上风电场控制测量基本上是海岸、岛屿控制测量。在海岸、岛屿布设的控制点组成控制网，为海底地形测量提供控制基础，也为海上风电场工程作业高精度作业提供控制。

## 5.2 海上风电场平面控制测量

### 5.2.1 海上风电场常用的坐标系

海上风电场基本采用两种坐标系，即与陆地测量一致的大地坐标系（参心坐标系）和地心坐标系。

我国于20世纪50年代和80年代分别建立了1954年北京坐标系和1980西安坐标系，测制了各种比例尺地形图，在国民经济、社会发展和科学研究中发挥了重要作用，限于当时的技术条件，我国大地坐标系基本上是依赖于传统技术手段实现的。1954年北京坐标系采用的是克拉索夫斯基椭球体，该椭球在计算和定位的过程中没有采用我国的数据，该系统在我国范围内符合得不好，不能满足高精度定位以及地球科学、空间科学和战略武器发展的需要。20世纪70年代，我国大地测量工作者经过二十多年的艰苦努力，终于完成了全国一等、二等天文大地网的布测。经过整体平差，采用1975年IUGG第十六届大会推荐的参考椭球参数，建立了1980西安坐标系。1980西安坐标系在我国经济建设、国防建设和科学研究中发挥了巨大作用。

随着社会的进步，国民经济建设、国防建设和社会发展、科学研究等对国家大地坐标系提出了新的要求，迫切需要采用原点位于地球质量中心的坐标系统，即地心坐

标系。采用地心坐标系，有利于采用现代空间技术对坐标系进行维护和快速更新，测定高精度大地控制点三维坐标，并提高测图工作效率。

2008年3月，由国土资源部正式上报国务院《关于中国采用2000国家大地坐标系的请示》，并于2008年4月获得国务院批准。自2008年7月1日起，我国全面启用2000国家大地坐标系，国家测绘局授权组织实施。

1. 2000国家大地坐标系

2000国家大地坐标系，是我国当前最新的国家大地坐标系，英文名称为China Geodetic Coordinate System 2000，英文缩写为CGCS2000。

2000国家大地坐标系的原点为包括海洋和大气的整个地球的质量中心；2000国家大地坐标系的$Z$轴由原点指向历元2000.0的地球参考极的方向，该历元的指向由国际时间局给定的历元为1984.0的初始指向推算，定向的时间演化保证相对于地壳不产生残余的全球旋转，$X$轴由原点指向格林尼治参考子午线与地球赤道面（历元2000.0）的交点，$Y$轴与$Z$轴、$X$轴构成右手正交坐标系。

2000国家大地坐标系采用的地球椭球参数如下：长半轴$a=6378137$m；扁率$f=1/298.257222101$；短半轴$b=6356752.31414$m；极曲率半径$R=6399593.62586$m；第一偏心率$e=0.0818191910428$。

2. 1980西安坐标系

1978年4月在西安召开全国天文大地网平差会议，确定重新定位，建立我国新的坐标系，由此有了1980年国家大地坐标系。1980年国家大地坐标系采用地球椭球基本参数为1975年国际大地测量与地球物理联合会（IUG）第十六届大会推荐的数据。该坐标系的大地原点设在我国中部的陕西省泾阳县永乐镇，位于西安市西北方向约60km，故称1980年西安坐标系，又简称西安大地原点。基准面采用青岛大港验潮站1952—1979年确定的黄海平均海水面（即1985国家高程基准）。

椭球参数采用IUG 1975年大会推荐的参数，因而可得西安80椭球两个最常用的几何参数如下：长半轴$a=(6378140\pm5)$m；短半轴$b=6356755.2882$m；扁率$\alpha=1/298.257$；第一偏心率的平方=0.00669438499959；第二偏心率的平方=0.00673950181947。

3. WGS-84大地坐标系

WGS-84大地坐标系是1984世界大地坐标系（World Geodetic System）的简称，它是美国国防制图局于1984年建立的，是GPS卫星星历的参考基准，也是协议地球参考系的一种。

WGS-84大地坐标系原点是地球的质心，空间直角坐标系的$Z$轴指向BIH（1984.0）定义的地极（CTP）方向，即国际协议原点CIO，它由IAU和IUGG共同推荐。$X$轴指向BIH定义的零度子午面和CTP赤道的交点，$Y$轴和$Z$、$X$轴构成右手坐标系。WGS-84椭球采用国际大地测量与地球物理联合会第十七届大会测量常数推荐值，采用的两个常用基本几何参数：长半轴 $a=(6378137.0\pm2)$ m；扁率 $f=1/298.257223563$。

海上风电场测量控制网使用的坐标系基本为以上三种，随着我国大地坐标系的建设完善，2000国家大地坐标系越来越广泛应用于海上风电场控制测量。

## 5.2.2 海岸三角控制测量

海岸、岛屿控制网测量是在国家高等级控制点的基础上加密控制点，其布网、观测方法和计算与陆上控制测量相同。由于GPS在测量上的广泛应用，在海岸、远离陆地的岛屿上布设控制点组成GPS控制网有利于海上风电场工程建设。本节简述海岸常规三角测量方法，着重讲述GPS控制测量的内容和方法。

用常规三角测量方法建立海岸控制网有以下步骤：

（1）收集测区内已有测量成果及精度分析的资料。

（2）进行控制网图上设计，常用三角网网型有正三角形、矩形大地四边形、中点多边形，还可布设导线网。

（3）对所布设的图形进行精度估算，以检查各等级的最弱点是否符合设计。

（4）进行观测作业。

（5）对观测成果平差计算及精度评定，四等、一级导线测量的主要技术要求应符合表5-1的规定。

**表5-1 四等、一级导线测量的主要技术要求**

| 等级 | 导线长度/km | 平均边长/km | 测角中误差/(″) | 测距中误差/mm | 测距相对中误差 | 水平角测回数 | | 方位角闭合差/(″) | 导线全长相对闭合差 | 最弱相邻点边长相对中误差 |
|---|---|---|---|---|---|---|---|---|---|---|
| | | | | | | 1″级仪器 | 2″级仪器 | | | |
| 四等 | 20.0 | 1.5 | 2.5 | 20 | 1/80000 | 4 | 6 | $5\sqrt{n}$ | ≤1/40000 | ≤1/40000 |
| 一级 | 8.0 | 1.0 | 5 | 30 | 1/40000 | — | 3 | $10\sqrt{n}$ | ≤1/20000 | ≤1/20000 |

## 5.2.3 GPS控制测量

GPS以其全天候、无需通视、高精度，能进行陆-岛、岛-岛联测等特点，在海上风电场控制测量中有极大的优越性。海上风电场GPS控制测量工序可划分为方案设计、外业实施及内业数据处理三个阶段。

### 5.2.3.1 GPS网的精度标准及分类

用于海上风电场工程的GPS控制网根据相邻点的平均距离和精度，参照《工程测量规范》（GB 50026—2007）中的二等、三等、四等和一级、二级，其技术指标见表5-2。

**表 5-2 GPS 控制网精度技术指标表**

| 等级 | 平均边长 $d$ /km | 固定误差 $a$ /mm | 比例系数误差 $b$ /(mm/km) | 约束点间的边长相对中误差 | 约束平差后最弱边相对中误差 |
|---|---|---|---|---|---|
| 二等 | 9 | ≤10 | ≤2 | 1/250000 | 1/120000 |
| 三等 | 4.5 | ≤10 | ≤5 | 1/150000 | 1/70000 |
| 四等 | 2 | ≤10 | ≤10 | 1/100000 | 1/40000 |
| 一级 | 1 | ≤10 | ≤20 | 1/40000 | 1/20000 |
| 二级 | 0.5 | ≤10 | ≤40 | 1/20000 | 1/10000 |

以上各等级控制网相邻点间的基线精度的计算公式为

$$\sigma=\sqrt{a^2+(bd)^2} \tag{5-1}$$

式中 $\sigma$——基线长度中误差，mm；

$a$——固定误差，即 GPS 接收机标称精度中的固定误差，mm；

$b$——比例系数误差，即 GPS 接收机标称精度中的比例误差系数，mm/km；

$d$——GPS 网中相邻点间的基线长度，km。

海上风电场 GPS 控制点的分布是为满足海上风电场海洋勘测及工程建设运行的需要，GPS 网边长根据《全球定位系统（GPS）测量规范》（GB/T 18314—2009）作如表 5-3 划分。

**表 5-3 GPS 网边长要求** 单位：km

| 项目 | 级别 | | |
|---|---|---|---|
| | C | D | E |
| 相邻点最小距离 | 5 | 2 | 1 |
| 相邻点最大距离 | 40 | 15 | 10 |
| 相邻点平均距离 | 15～10 | 10～5 | 5～2 |

#### 5.2.3.2 GPS 网的基准设计

GPS 测量获得的是 GPS 基线向量，它属于 WGS-84 大地坐标系的三维坐标差。而在工程建设中，实际需要国家坐标系或地方独立坐标系的坐标。所以在 GPS 网的技术设计时，必须明确 GPS 成果所采用的坐标系统和起算数据，即明确 GPS 网所采用的基准，这项工作即为 GPS 网的基准设计。

GPS 网的基准包括位置基准、方位基准和尺度基准。方位基准一般是由网中的起始方位角来提供的，也可由 GPS 网中的各基线向量共同来提供。利用网中的若干控制点作为 GPS 网中的已知点进行附和网平差时，方位基准将由这些已知点间的方位角提供。尺度基准是由 GPS 网中的基线来提供的，这些基线可以是地面电磁波测距边或已知点间的固定边，也可以是 GPS 网中的基线向量。随着 GPS 定位技术的发展，GPS 测量的结果与甚长基线干涉测量（VLBI）、卫星激光测距（SLR）等结果能很好地相符，其精度可优于 $10^{-9}$，且没有明显的系统误差，因此，目前均采用 GPS 测量所求得的基线作为尺度基准而不再用电磁波测距边作为尺度基准。因此，GPS 网的基准设计主要是确定网的位置基准。

GPS 网的位置基准取决于网中起算点的坐标和平差方法。确定网的位置基准一般可采用下列方法：①选取网中一个点的坐标并加以固定或给以适当的权；②网中各点坐标均不固定，通过自由网违逆平差或拟稳平差来确定网的位置基准；③在网中选取若干个点的坐标并加以固定或给以适当的权。采用前两种方法进行 GPS 网平差时，对网的定向和尺度都没有影响。在进行同精度观测的情况下，网中各基线向量的精度仍保持相同。网中各点的位置精度将随着离起算点的远近及图形结构的不同而互不相同。

GPS 网的基准设计准则如下：

（1）为求定 GPS 点在国家坐标系或地方独立坐标系的坐标，应在国家坐标系或地方独立坐标系中选定起算数据和联测原有高等级控制点若干个，用以坐标转换。在选择联测控制点时既要考虑充分利用旧资料，又要使新建的高精度 GPS 网不受旧资料精度较低的影响，一般而言，海上风电场 GPS 控制网与附近的国家或地方高等级控制点联测 2～3 个点。

（2）为保证 GPS 网进行约束平差后坐标精度的均匀性以及减少尺度比例误差影响，对 GPS 网内重合的高等级国家点，要适当地构成长边图形进行联测。

（3）GPS 网经平差计算后，可以得到 GPS 点在地面参照坐标系中的大地高，为求得 GPS 点的正常高，可据具体情况联测高程点，联侧的高程点需均匀分布于网中，对丘陵或山区联测高程点应按高程拟合曲面的要求进行布设。具体联测宜采用不低于四等水准或与其精度相等的方法进行。

（4）新建 GPS 网的坐标系应尽量与测区过去采用的坐标系统一致，如果采用的是地方独立或工程坐标系，一般还应该了解以下参数：①采用的参考椭球；②坐标系的中央子午线经度；③纵、横坐标加常数；④坐标系的投影面高程及测区平均高程异常值；⑤起算点的坐标值。

#### 5.2.3.3　GPS 控制网布设

对于海上风电场 GPS 网，应根据测区已有测量资料、工程特点、精度要求、卫星状况、接收机数量以及交通状况等进行综合设计。

1. GPS 网特征条件计算方法相关的 GPS 网构成基本概念

（1）观测时段：测站上开始接收卫星信号到观测停止，连续工作的时间段，简称时段。

（2）同步观测：2 台或 2 台以上接收机同时对同一组卫星进行的观测。

（3）同步观测环：3 台或 3 台以上接收机同步观测获得的基线向量所构成的闭合

环，简称同步环。

(4) 独立观测环：由独立观测所获得的基线向量构成的闭合环，简称独立环。

(5) 异步观测环：在构成多边形环路的所有基线向量中，只要有非同步观测基线向量，则该多边形环路称作异步观测环，简称异步环。

(6) 独立基线：对于 $N$ 台 GPS 接收机的同步观测环，有 $J$ 条同步观测基线，其中独立基线数为 $N-1$。

(7) 非独立基线：除独立基线外的其他基线称作非独立基线，总基线数与独立基线之差即为非独立基线数。

2. GPS 网布设时通常要求

(1) 应与 2 个及 2 个以上国家或地方高等级控制点联测。

(2) 控制网中的长边宜构成大地四边形或中点多边形。

(3) 控制网由独立观测边构成一个或若干个闭合环或附合路线，且闭合环或附合路线中的边数不多于 6 条。

(4) 控制网中独立基线的观测总数不宜少于必要观测基线数的 1.5 倍。

(5) 海上风电场 GPS 控制网的图形布设通常有点连式、边连式、网连式及边点混合连接式等方式，如图 5-1 所示。

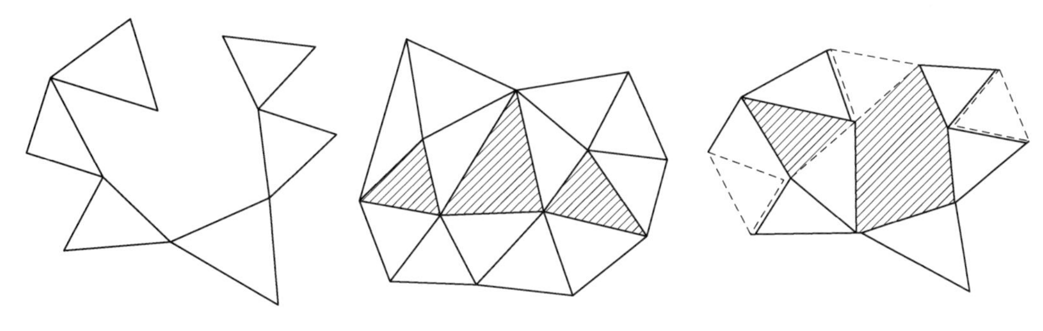

图 5-1 GPS 网图形布设

1) 点连式是指相邻同步图形之间仅有一个公共点的连接。这种方式布点所构成的图形几何强度很弱，没有或极少有非同步图形闭合条件，在海上风电场工程控制网中一般不单独使用。

2) 边连式是指同步图形之间有一条公共基线连接。这种布网方式，网的几何强度较高，有较多的复测边和非同步图形闭合条件。

3) 网连式是指相邻同步图形之间有两个以上的公共点连接，它的几何强度和可靠性指标相当高，但对接收机数量要求较多（4 台以上），适用于较高精度的控制测量。

4) 边点混合连接式是指把点连式与边连式有机结合起来，组成 GPS 网，既能保证网的几何强度，提高网的可靠性指标，又能减少外业工作量，降低成本。

#### 5.2.3.4 GPS选点和埋设

由于GPS测量观测站之间不要求相互通视，而且网的图形结构比较灵活，所以选点工作比常规控制测量选点要简便。但点位的选择对于保证观测工作的顺利进行和保证测量结果的可靠性有重要意义。在实地选点前，收集有关布网任务与测区的资料，包括测区1∶5000或更大比例尺地形图、测区高分辨率遥感卫星影像，已有各类控制点、卫星定位连续运行基准站的资料等。同时，选点位置要顾及测区情况，特别是交通、通信、供电、气象、地质及大地点等情况。

GPS点点位的基本要求如下：

(1) 便于安置接收设备和操作，视野开阔，视场内障碍物的高度角不超过15°，以减弱多路径误差。

(2) 远离大功率无线电发射源（如电视台、电台、微波站等），远离高压输电线和微波无线电信号传送通道。

(3) 附近不应有强烈反射卫星信号的物件（如大型建筑物等）。

(4) 交通便利，并有利于其他测量手段扩展和联测。

(5) 地面基础稳定，利于标石的长期保存。

(6) 充分利用符合要求的已有控制点。

(7) 选站时尽可能使测站附近的局部环境（地形、地貌、植被等）与周围大环境保持一致，以减少气象元素的代表性误差。

(8) 当所选点位需进行水准联测时，选点人员应进行实地踏勘水准线路以满足水准要求。

各级GPS点的标石和标志必须稳定、坚固以利长久保存和利用。埋设固定的标石或标志根据《全球定位系统（GPS）测量规范》（GB/T 18314—2009）的相关要求执行。每个点位标石埋设结束后，应填写表5-4点之记。

#### 5.2.3.5 GPS观测工作

GPS网布设完成后，准备和检查好GPS接收机和各种必要的设备，按照工作计划和调度命令，就可进行外业观测。外业观测主要包括天线安置、观测作业和数据采集。

1. GPS观测准备工作

(1) GPS接收仪的一般性检视。主要检查GPS设备是否在合格鉴定有效期内，接收机各部件是否齐全、完好，紧固部件是否松动与脱落，设备的使用手册及资料是否齐全等。

(2) 通电检验。通电检验的主要项目包括设备通电后有关信号灯、按键、显示系统和仪表工作情况，以及自测试系统工作情况。当自测试正常后，按操作步骤进行卫星捕获与跟踪，以检验其工作情况。

**表 5-4 GPS 点点之记**

测区：　　　　　　　　　　　　　　　　图幅：

<table>
<tr><td>点名</td><td colspan="3">村</td><td>类级</td><td></td><td colspan="2">概略位置</td><td colspan="4"></td></tr>
<tr><td>所在地</td><td colspan="5"></td><td colspan="2">最近住所及距离</td><td colspan="4"></td></tr>
<tr><td>地类</td><td colspan="2"></td><td colspan="2">土质</td><td></td><td colspan="2">冻土深度</td><td colspan="2"></td><td>解冻深度</td><td></td></tr>
<tr><td colspan="3">最近邮电设施</td><td colspan="3"></td><td colspan="2">供电情况</td><td colspan="4"></td></tr>
<tr><td colspan="3">最近水源及距离</td><td colspan="3"></td><td colspan="2">石子来源</td><td colspan="2"></td><td>沙子来源</td><td></td></tr>
<tr><td colspan="2">本点交通情况<br>（至本点通路与<br>最近车站、码头<br>名称及距离）</td><td colspan="4"></td><td>交通<br>线路<br>图</td><td colspan="5"></td></tr>
<tr><td colspan="6">选　点　情　况</td><td colspan="6">点　位　略　图</td></tr>
<tr><td>单位</td><td colspan="5"></td><td colspan="6" rowspan="5"></td></tr>
<tr><td>选点员</td><td colspan="3"></td><td>日期</td><td></td></tr>
<tr><td colspan="4">是否需联测<br>坐标与高程</td><td colspan="2">是</td></tr>
<tr><td colspan="4">建议联测等级<br>与方法</td><td colspan="2"></td></tr>
<tr><td colspan="4">起始水准点及距离</td><td colspan="2"></td></tr>
<tr><td colspan="6">埋　石　情　况</td><td colspan="3">标石断面图</td><td colspan="3">接收机天线计划位置</td></tr>
<tr><td>单位</td><td colspan="5"></td><td colspan="3" rowspan="6"></td><td colspan="3" rowspan="6"></td></tr>
<tr><td>埋石员</td><td colspan="3"></td><td>日期</td><td></td></tr>
<tr><td colspan="4">利用旧点及情况</td><td colspan="2"></td></tr>
<tr><td colspan="4">保管人</td><td colspan="2"></td></tr>
<tr><td colspan="4">保管人单位及服务</td><td colspan="2"></td></tr>
<tr><td colspan="4">保管人住址</td><td colspan="2"></td></tr>
<tr><td colspan="4">备注</td><td colspan="8"></td></tr>
</table>

（3）试测检验。试测检验主要是检验接收机精度及其稳定性。试测检验是在不同长度的基线上进行，两台 GPS 接收机所测的基线长与标准值比较，以确定接收机的精度和稳定性。通常至少应在每年使用接收机前进行一次检验。

（4）编制 GPS 卫星可见性预报及观测时段的选择。GPS 定位精度与观测卫星的几何图形有密切关系，卫星几何图形的强度越好，定位精度越高；从观测站观测卫星的高度角越小，卫星分布范围越大；则几何精度因子 GDOP 值越小，定位精度越高。通常要求 GDOP 值小于 6。

GPS 接收机的商用数据处理系统都带有卫星可见预报软件。使用软件时，需在当前子目录下存有前观测时卫星星历文件；调入预报软件后，输入预计观测站的概略坐标、预计观测日期和观测卫星的高度的截止角。软件先读取前期卫星星历文件的卫星日程表，按预计观测日期计算卫星位置，再利用测站坐标计算卫星高度角，选取高度角大于高度的截止角的所有卫星进行预报，按时间顺序列出所有可见卫星信息。

2. 天线安置

天线的精确安置是实现精密定位的前提条件之一。通常情况下，天线应尽量利用三脚架安置在标志中心的垂线方向上，直接对中；天线的圆水准泡必须居中；天线定向标志线应指向正北，并顾及当地磁偏角的影响，以减弱相位中心偏差的影响，定向误差一般不应大于±5°。

天线安置后，在圆盘天线间隔120°的3个方向分别测量天线高。3次测量天线高的结果之差不应大于3mm，取平均值作为最后的天线高记入测量手簿中，天线高记录取值至毫米位。

3. 观测作业

观测的主要任务是捕获GPS卫星信号并对其进行跟踪、接收和处理信号，以获取所需的定位观测数据。

天线安置完成后，在离开天线适当位置安放GPS接收机，接通接收机与电源、天线、控制器的连接电缆（或蓝牙等其他无线连接），并经过预热和静置，即可启动接收机进行观测。

在外业观测过程中，仪器操作人员应注意以下事项：

（1）观测组应严格按规定的时间进行作业。

（2）经检查接收机电源电缆和无线等各项连接无误，方可开机。

（3）开机后经检验有关指示灯与仪表显示正常后，方可进行自测试并输入测站、观测单元和时段等控制信息。

（4）接收机启动前与作业过程中，应随时逐项填写测量手簿中的记录项目。

（5）接收机开始记录数据后，观测员可使用专用功能键和选择菜单，查看测站信息、接收卫星数、卫星号、卫星健康状况、各通道信噪比、相位测量残差、实时定位的结果及其变化、存储介质记录和电源情况等，如发现异常情况或未预料到的情况，应记录在测量手簿的备注栏内，并及时报告作业调度者。

（6）每时段观测开始及结束前各记录一次观测卫星号、天气状况、实时定位经纬度和大地高、PDOP值等。一次在时段开始时，一次在时段结束时。时段长度超过2h，应每当UTC整点时增加观测记录上述内容一次，夜间放宽到4h。

（7）每时段观测前后应各量取天线高一次。两次量高之差不应大于3mm，取平均值作为最后天线高。若互差超限，应查明原因，提出处理意见记入测量手簿记事栏。

（8）观测员要细心操作，观测期间防止接收设备震动，更不得移动，要防止人员和其他物体碰动天线或阻挡信号。

（9）观测期间，不应在天线附近50m以内使用电台、10m以内使用对讲机；雷雨季节架设天线要防止雷击，雷雨过境时应关机停测，并卸下天线。

（10）天气很冷时，接收机应适当保暖；天气很热时，接收机应避免阳光直接照晒，确保接收机正常工作。

（11）在观测过程中要特别注意供电情况，除在出测前认真检查电池容量是否充足外，作业过程中观测人员需及时处理接收机低电压报警，以免造成仪器内部数据的破坏或丢失。

（12）观测过程中要随时查看仪器内存或硬盘容量，每日观测结束后，应及时将数据转存至计算机硬盘等外部存储介质上，确保观测数据不丢失。

（13）经检查，所有规定作业项目均已全面完成，并符合要求，记录与资料完整无误，方可迁站。

一时段观测过程中不应进行以下操作：①接收机重新启动；②进行自测试；③改变卫星截止高度角；④改变数据采样间隔；⑤改变天线位置；⑥按动关闭文件和删除文件等功能键。

4. 观测记录

GPS外业观测工作中，所有信息资料均须妥善记录，记录成果主要包括观测记录和测量手簿。

（1）观测记录由GPS接收机自动进行，均记录在存储介质上，其主要内容有：①载波相位观测值及相应的观测历元；②同一历元的测距伪码观测值；③GPS卫星星历及卫星钟差参数；④实时绝对定位结果；⑤测站控制信息及接收机工作状态信息。

（2）测量手簿是在接收机启动前及观测过程中，由观测者随时填写。根据相关作业规范要求，观测前和观测过程中应按要求及时填写各项内容，书写要认真细致，字迹清晰、工整、美观。测量手簿各项观测记录一律使用铅笔，不应刮、涂改，不应转抄或遣记，如有读、记错误，可整齐划掉，将正确数据写在上面并注明原因。其中天线高、气象读数等原始记录不应连环涂改。

### 5.2.4 GPS测量数据处理

GPS接收机采集记录的是GPS接收机天线至卫星伪距、载波相位和卫星星历等数据，观测值中有对4颗以上卫星的观测数据以及地面观测数据等。GPS数据要从原始的观测值出发得到最终的测量定位成果，其数据处理过程大致分为GPS测量数据的基线向量解算、GPS基线向量网平差以及GPS网平差或与地面网联合平差等几个阶段。数据处理的基本流程如图5-2所示。

首先是GPS数据采集，GPS接收机在接收野外观测记录的原始观测数据和野外观测记录的同时用随机软件解算出测站点的位置和运动速度等，提供导航服务；然后

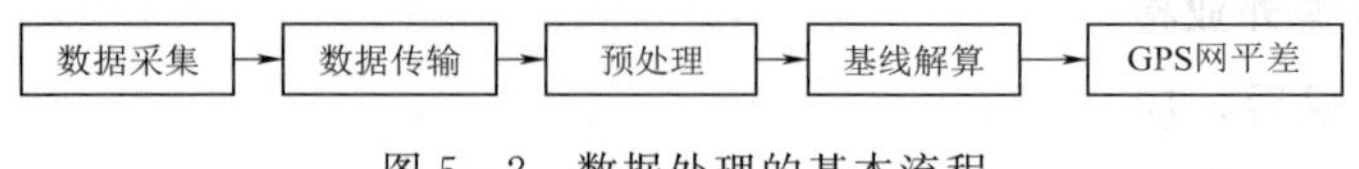


图 5-2　数据处理的基本流程

数据传输至基线解算一般是用随机软件（后处理软件）将接收机记录的数据传输至计算机；接着在计算机上进行预处理和基线解算；最后，GPS 网平差包括 GPS 基线向量网平差、GPS 网与地面网联合平差等内容。

**5.2.4.1　GPS 观测数据预处理与质量检核**

为获得 GPS 观测向量并对观测成果进行质量检核，先要进行 GPS 数据的预处理，根据预处理结果对观测数据的质量进行分析并评价，以确保观测成果和定位结果的预期精度。

GPS 网数据处理分基线解算和网平差两个阶段。各阶段数据处理软件可采用随机软件或经正式鉴定的软件，对于高精度的 GPS 网成果处理也可选用国际著名的 GAMIT/GLOBK、BERNESE、GIPSY、GFZ 等软件。

**5.2.4.2　基线解算（数据预处理）**

对于两台及以上接收机同步观测值进行独立基线向量（坐标差）的平差计算称作基线解算。每一个厂商所生产的 GPS 接收机都会配备相应的基线解算软件，其使用方法有各自不同的特点，但在使用步骤上大体相同。GPS 基线解算的过程主要包括以下步骤：

（1）原始观测数据的读入。在进行基线解算时，先要读取原始的 GPS 观测值数据。一般来说，各接收机厂商随接收机一起提供的数据处理软件都可以直接处理从接收机中传输出来的 GPS 原始观测值数据，而由第三方所开发的数据处理软件则不一定能对各接收机的原始观测数据进行处理，要处理这些数据，首先需要进行格式转换。目前，最常用的格式是 RINEX 格式，对于按此种格式存储的数据，大部分的数据处理软件都能直接处理。

（2）外业输入数据的检查与修改。在读入了 GPS 观测值数据后，就需要对观测数据进行必要的检查。检查的项目包括测站名、点号、测站坐标、天线高等。对这些项目进行检查的目的是为了避免外业操作时的错误操作。

（3）设定基线解算的控制参数。基线解算的控制参数用以确定数据处理软件采用何种处理方法来进行基线解算，设定基线解算的控制参数是基线解算时的一个非常重要的环节，通过控制参数的设定，可以实现基线的精化处理。

（4）基线解算的过程一般是自动进行的，无须过多的人工干预。

（5）基线质量的检验。基线解算完毕后，基线结果并不能马上用于后续的处理，还必须对基线的质量进行检验，只有质量合格的基线才能用于后续的处理，如果不合格，则需要对基线进行重新解算或重新测量。

#### 5.2.4.3　观测数据外业检核

基线解算完成后，应对基线的质量进行检查，实际上也就是对外业观测数据进行质量检查。除根据解算基线时软件提供的基线质量指标（单位权重误差 RMS、整周模糊度检验值 RATIO、相对定位精度样子 RDOP）进行检查外，主要从同步环、异步环和重复基线的闭合差等方面检查 GPS 外业观测数据的质量。

1. 每个时段同步观测数据的检核

基线解算时，如果观测值的改正数大于某一个阈值，则认为该观测数据含有粗差，必须将其剔除。被剔除数据观测值的数量与观测数总数的比值，就是数据剔除率，数据剔除率应小于 10%。数据剔除率从一定程度上反映可 GPS 原始观测值的质量，数据剔除率越高，观测值的质量就越差。

采用单基线处理模式时，对于采用同一种数学模型的基线解，其同步时段的三边同步环的坐标分量相对闭合差和全长相对闭合差不得超过表 5-5 所列限差。

**表 5-5　同步环闭合差限差要求（$\times 10^{-6}$）**

| 限差类型 | 等　级 | | | | |
|---|---|---|---|---|---|
| | 二等 | 三等 | 四等 | 一级 | 二级 |
| 坐标分量相对闭合差 | 2.0 | 3.0 | 6.0 | 9.0 | 9.0 |
| 环线全长相对闭合差 | 3.0 | 5.0 | 10.0 | 15.0 | 15.0 |

2. 重复基线的检核

同一条基线若观测了多个时段，则可得到多个基线结果，这种具有多个独立观测结果的基线就是重复基线。各等级 GPS 观测数据任意两个时段重复基线长度较差 $\Delta d$ 应满足：

$$\Delta d \leqslant 2\sqrt{2}\rho \tag{5-2}$$

3. 同步环检核

当环中基线为多台接收机同步观测时，在 $N$ 台仪器同步观测构成的同步环中，有 $N(N-1)/2$ 条同步观测基线，只有 $N-1$ 条独立基线，各基线是不独立的，其理论闭合差恒为零，但由于观测误差、数据处理软模型不完善等，使得同步环闭合差不为零。同步闭合环中各边坐标分量闭合差及环线闭合差为

$$\left.\begin{aligned} W_X &= \sum_{i=1}^{N} \Delta X_i \\ W_Y &= \sum_{i=1}^{N} \Delta Y_i \\ W_Z &= \sum_{i=1}^{N} \Delta Z_i \end{aligned}\right\} \tag{5-3}$$

$$W = \sqrt{W_X^2 + W_Y^2 + W_Z^2} \tag{5-4}$$

式中　$\Delta X_i$、$\Delta Y_i$、$\Delta Z_i$——第 $i$ 条基线向量的坐标分量。

同步环坐标分量闭合差和环线闭合差应满足

$$\left.\begin{aligned} W_X &\leqslant \frac{\sigma}{5}\sqrt{N} \\ W_Y &\leqslant \frac{\sigma}{5}\sqrt{N} \\ W_Z &\leqslant \frac{\sigma}{5}\sqrt{N} \end{aligned}\right\} \tag{5-5}$$

$$W \leqslant \frac{\sigma}{5}\sqrt{3N} \tag{5-6}$$

式中　$\sigma$——各等级控制网基线精度，按平均边长计算。

当同步环的闭合差较小时，通常只能说明 GPS 基线向量的计算合格，并不能说明 GPS 边的观测精度高，也不能发现接受信号受到干扰而产生的某些粗差。

4. 异步环检核

在构成闭合环的基线向量中，非同步观测基线构成的闭合环称为异步环。独立观测的基线向量构成的闭合图形闭合差理论上应为零，但由于观测误差、数据处理模型误差等因素的综合影响，导致异步环闭合差不为零。异步环的坐标分量闭合差和环线闭合差应满足

$$\left.\begin{aligned} W_X &\leqslant 3\sigma\sqrt{N} \\ W_Y &\leqslant 3\sigma\sqrt{N} \\ W_Z &\leqslant 3\sigma\sqrt{N} \end{aligned}\right\} \tag{5-7}$$

$$W \leqslant 3\sigma\sqrt{3N} \tag{5-8}$$

5. 野外返工补测与重测

对经过检核超限的基线在充分分析的基础上，进行野外返工观测。基线返工应注意以下几个问题：

(1) 无论何种原因造成一个控制点不能与两条合格独立基线相连接，则在该点上应补测或重测不少于 1 条独立基线。

(2) 可以舍弃在复测基线边长较差、同步环闭合差、异步环闭合差检验中超限的基线，但必须保证设计基线后的独立环所含基线数；否则，应重测该基线或有关的同步环。

(3) 由于点位不符合 GPS 测量要求而造成一个测站多次重测仍不能满足各项限差技术规定时，应按技术设计要求另增选新点进行重测。

#### 5.2.4.4　GPS 网平差处理

GPS 网平差计算都采用专用的 GPS 网平差计算软件或相应的随机商用平差软件

进行。在GPS外业观测数据同步环、异步环和重复基线闭合差满足质量检核要求后，以所有独立基线组成闭合图形，以三维基线向量及其相应方差阵作为观测信息，以一个点的WGS-84大地坐标系三维坐标作为起算数据，进行GPS网的无约束平差。再在无约束平差确定的有效观测量的基础上，在国家坐标系或地方独立坐标系下进行三维约束平差或二维约束平差。

在使用数据处理软件进行GPS网平差时，需要进行基线向量提取、三维无约束平差、约束平差/联合平差和质量分析与控制四个步骤。

1. 基线向量提取

要进行GPS网平差，首先必须提取基线向量，构建GPS基线向量网。提取基线向量时，需要遵循以下几项原则：

(1) 必须选取相互独立的基线，若选取了不相互独立的基线，则平差结果会与真实的情况不相符合。

(2) 选取的GPS基线向量都能与其他非同步观测的GPS基线向量构成异步环。

(3) 选取质量好的基线向量，基线质量好坏可以依据RMS、RDOP、Ratio、同步环闭合差、异步环闭合差及重复基线长度较差来判定。

(4) 选取能构成边数较少的异步环的基线向量。

(5) 选取边长较短的基线向量。

2. 三维无约束平差

GPS网的最小约束平差/自由网平差中所采用的观测量完全为GPS基线向量，平差通常在与基线向量相同的地心地固系下进行。在平差进行过程中，最小约束平差除了引入一个提供位置基准信息的起算点坐标外，不再引入其他的外部起算数据，而自由网平差则不引入任何外部起算数据。它们之间的一个共性就是都不引入会使GPS网的尺度和方位发生变化的起算数据，而这些起算数据将影响网的几何形状，因而有时又将这两种类型的平差统称为无约束平差。这种通过一个起算点坐标来提供GPS网位置基准的无约束平差，常常又被称为最小约束平差。

由于在GPS网的无约束平差中，GPS网的几何形状完全取决于GPS基线向量，而与外部起算数据无关，因此，GPS网的无约束平差结果实际上也完全取决于GPS基线向量。所以，GPS网的无约束平差结果质量的优劣，以及在平差过程中所反映出的观测值间几何不一致性的大小，都是观测值本身质量的真实反映。由于GPS网无约束平差的这一特点，一方面，通过GPS网无约束平差所得到的GPS网的精度指标被作为衡量GPS网内符合精度的指标；另一方面，通过GPS网无约束平差所反映出的观测值的质量，又被作为判断粗差观测值及进行相应处理的依据。

由此可见，无约束平差主要达到以下两个目的。

(1) 根据无约束平差的结果，在所构成的GPS网中是否有粗差基线。如发现含有粗差的基线则需要进行相应的处理。必须使得最后用于构网的所有基线向量均满足质量要求。

(2) 调整各基线向量观测值的权，使得它们相互匹配。无约束平差是在WGS-84大地坐标系中进行的，通过平差提供各测点在WGS-84大地坐标系中的三维坐标、各基线向量三个坐标差观测值的改正数、基线长度、基线方位及相关的精度信息等。基线向量的改正数绝对值应满足

$$
\begin{aligned}
V_{\Delta x} &\leqslant 3\sigma \\
V_{\Delta y} &\leqslant 3\sigma \\
V_{\Delta z} &\leqslant 3\sigma
\end{aligned}
\tag{5-9}
$$

当基线向量改正数不满足式(5-9)的要求时，应剔除粗差基线，直至符合要求。

3. 约束平差/联合平差

GPS网的约束平差中所采用的观测量也完全为GPS基线向量，但与无约束平差所不同的是，在平差进行过程中，引入了会使GPS网的尺度和方位发生变化的外部起算数据。只要在网平差中引入了边长、方向或两个以上的起算点坐标，就可能会使GPS网的尺度和方位发生变化。GPS网的约束平差常被用于实现GPS成果由基线解算时所用GPS卫星星历所采用的参照系到特定参照系的转换。

在进行GPS网平差时，如果采用的观测值不仅包括GPS基线向量，而且还包含边长、角度、方向和高差等地面常规管测量，则这种平差被称为联合平差。联合平差的作用大体上与约束平差相同，也是用于实现GPS成果由基线解算时所用GPS卫星星历所采用的参照系到特定参照系的转换，不过在大地测量应用中通常采用约束平差，而联合平差则通常出现在工程应用中。

约束平差或联合平差可根据需要在三维空间或二维空间中进行。

(1) 约束平差的具体步骤。

1) 指定进行平差的基准和坐标系统。

2) 指定起算数据。

3) 检验约束条件的质量。

4) 进行平差解算。

(2) 约束平差流程。

1) 利用最终参与无约束平差的基线向量形成观测方程，观测值的权阵采用在无约束平差中经过调整后(如果调整过)最终所确定的观测值权阵。

2) 利用已知点、已知边长和已知方位等信息，形成限制条件方程。

3) 对所形成的数学模型进行求解，得出待定参数的估值和观测值等的平差值、观测值的改正数以及相应的精度统计信息。

约束平差是在国家或地方坐标系中进行的，通过平差提供各测点在国家或地方坐标系中的三维或二维坐标、基线向量的改正数、基线长度、基线方位及相关的精度信息等。基线向量的改正数与提出粗差后无约束平差结果的同名基线相应改正数应满足

$$\begin{cases} dV_{\Delta x} \leqslant 2\sigma \\ dV_{\Delta y} \leqslant 2\sigma \\ dV_{\Delta z} \leqslant 2\sigma \end{cases} \tag{5-10}$$

同名基线相应改正数不满足式（5－10）的要求时，可认为作为约束的已知坐标、边长、方位与 GPS 网不兼容，应剔除某些误差较大的约束值直至符合要求。

## 5.3 海上风电场高程控制测量

高程控制网是海上风电场沿岸各种比例尺测图、海底地形图深度基准面的高程控制基础。海上风电场高程控制测量网是在国家等级控制网内建立加密网，分为四等、五等两个级别。高程控制采用水准测量、电磁波测距三角高程测量或全球导航定位系统（GNSS）高程测量。

海上风电场首级高程控制网的等级应根据工程规模、控制网的用途和精度要求合理选择。首级高程控制网应布设成环形网，加密网宜布设成附合路线或结点网。为水位观测布设的验潮站主要水准点应纳入首级高程控制网。

### 5.3.1 垂直基准

在海上风电场工程中既可以使用基于高程基准的海底地形图，也可以使用基于当地深度基准的海底水深图，高程基准和深度基准统称为垂直基准。为了海图与陆图的拼接，必须统一高程基准和深度基准，基本方法是深度基准纳入国家高程体系。

#### 5.3.1.1 国家高程基准

高程基准面就是地面点高程的统一起算面，由于大地水准面所形成的体形大地体——与整个地球最为接近的体形，因此通常采用大地水准面作为高程基准面。

大地水准面是假想海洋处于完全静止的平衡状态时的海水面延伸到大陆地面以下所形成的闭合曲面。事实上，海洋受着潮汐、风力的影响，永远不会处于完全静止的平衡状态，总是存在着不断的升降运动，但是可以在海洋近岸的一点处竖立水位标尺，成年累月地观测海水面的水位升降，根据长期观测的结果可以求出该点处海洋水面的平均位置，人们假定大地水准面就是通过这点处实测的平均海水面。

长期观测海水面水位升降的工作称为验潮，进行这项工作的场所称为验潮站。

根据各地的验潮结果表明，不同地点平均海水面之间还存在着差异，因此，对于一个国家来说，只能根据一个验潮站所求得的平均海水面作为全国高程的统一起算面——高程基准面。

1956年，我国根据基本验潮站应具备的条件，认为青岛验潮站位置适中，地处我国海岸线的中部，而且青岛验潮站所在港口是有代表性的规律性半日潮港，又避开了江河入海口，外海海面开阔，无密集岛屿和浅滩，海底平坦，水深在10m以上。因此，在1957年确定青岛验潮站为我国基本验潮站，验潮井建在地质结构稳定的花岗石基岩上，以该站1950—1956年7年间的潮汐资料推求的平均海水面作为我国的高程基准面。以此高程基准面作为我国统一起算面的高程系统称为1956黄海高程系统。

1956黄海高程系统的高程基准面的确立，对统一全国高程有其重要的历史意义，对国防和经济建设、科学研究等方面都起了重要的作用。但从潮汐变化周期来看，确立“1956黄海高程系统”的平均海水面所采用的验潮资料时间较短，还不到潮汐变化的一个周期（一个周期一般为18.61年），同时又发现验潮资料中含有粗差，因此有必要重新确定新的国家高程基准。

新的国家高程基准面是根据青岛验潮站1952—1979年27年间的验潮资料计算确定，根据这个高程基准面作为全国高程的统一起算面，称为1985国家高程基准。

1985国家高程基准经国家批准，从1988年1月1日开始启用，以后凡涉及高程基准时，一律由原来的1956年黄海高程系统改用1985国家高程基准。由于新布测的国家一等水准网点是以1985国家高程基准起算的，因此，以后凡进行各等级水准测量、三角高程测量以及各种工程测量，尽可能与新布测的国家一等水准网点联测，即使用国家一等水准测量成果作为传算高程的起算值，如不便于联测时，可在1956年黄海高程系统的高程值上改正一固定数值，而得到以1985国家高程基准为准的高程值。

陆地高程的控制体系由水准方法建立高程网通过联测来实现。我国的国家高程控制测量分为一等、二等、三等、四等水准测量。一等水准是国家高程控制网的骨干，是研究地壳垂直运动及有关科学问题的依据；二等水准附合于一等水准环上，是国家高程控制的全面基础；三等、四等水准测量为直接求得平面控制点的高程供地形测图和各种工程建设的高程需要。平面控制点的高程也可用三角高程法测定。海上风电场首级高程控制网的等级，应根据工程规模、控制网的用途和精度要求合理选择，宜与国家水准点联测。

#### 5.3.1.2　海图深度基准

海洋水深测量的深度观测值经过吃水、声速等项改正后，可方便地归算为相对于瞬时海平面的深度值，因为瞬时海平面具有明显的时间变化特征，以瞬时海平面作为基准会给水深数据表示带来不确定性。为方便水深数据的表示和管理，需选用稳定的基准面。

在水深测量和编制海图时，通常采用低于平均海平面的一个面作为海图深度基准面，此面在绝大部分时间内都应在水面下，但它不是最低的深度面，在某些很低的低潮时还会露出来。我国1956年以后基本统一采用理论深度基准面作为海图深度基准面，如图5-3所示。目前，我国规定以“理论最低潮位”为海图深度基准面，亦为潮位基准面。

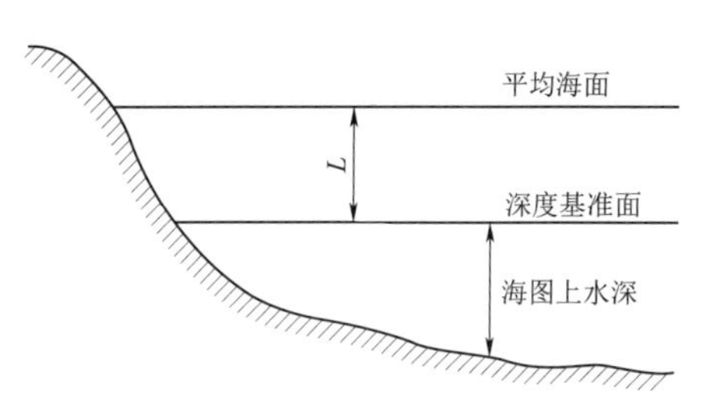


图5-3 深度基准面示意图

为工程建设需要，将海图深度基准纳入国家高程基准。沿岸验潮站在设立时，同时设立验潮站工作水准点和主要水准点，这些水准点不仅可检测和修正水尺零点的变化，还与国家或工程测量水准网相连接，因此，可以方便地获得水尺零点的高程，进而求得当地平均海平面在国家高程系中的高程。

## 5.3.2 水准测量

水准测量又名几何水准测量，是用水准仪和水准尺测定地面上两点间高差的方法。在地面两点间安置水准仪，观测竖立在两点上的水准尺，按尺上读数推算两点间的高差。通常由水准原点或任一已知高程点出发，沿选定的水准路线逐站测定各点的高程，如图5-4所示。由于不同高程的水准面不平行，沿不同路线测得的两点间高差将有差异，所以在整理国家水准测量成果时，须按所采用的正常高程系统加以改正，以求得正确的高程。

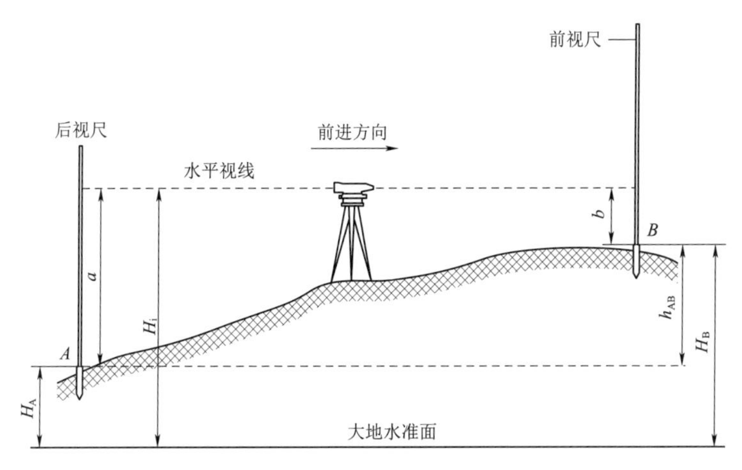


图5-4 水准测量原理

目前我国水准仪是按仪器所能达到的每千米往返测高差中数的偶然中误差这一精度指标划分等级的，按照表5-6共分为DS05、DS1、DS3和DS10等4个等级。

**表 5-6　水准仪精度指标划分**

| 水准仪型号 | DS05 | DS1 | DS3 | DS10 |
|---|---|---|---|---|
| 千米往返测高差中数的偶然中误差 | ≤0.5mm | ≤1mm | ≤3mm | ≤10mm |
| 主要用途 | 国家一等水准测量及地震监测 | 国家二等水准测量及精密水准测量 | 国家三等、四等水准测量及一般工程水准测量 | 一般工程水准测量 |

DS3 级和 DS10 级水准仪又称为普通水准仪，用于我国国家三等、四等水准及普通水准测量；DS05 级和 DS1 级水准仪称为精密水准仪，用于国家一等、二等精密水准测量。

为满足海上风电场测量的需要，需在测区埋设并测定高程控制点，这些点称为水准点（Bench Mark），简记为 BM。水准测量通常是从水准点引测其他点的高程。

当预测的高程点距水准点较远或高差很大时，就需要连续多次安置仪器以测出两点的高差。如图 5-5 所示，为测 $A$、$B$ 点高差，在 $AB$ 线路上增加 $P_1$、$P_2$、$P_3$ 等中间点，将 $AB$ 高差分成若干个水准测站。其中间点仅起传递高程的作用，称为转点（Turning Point），简写为 TP 或者 ZD。转点无固定标志，无需算出高程。单站高差测量结果经累加即为线路高差。当输入 $A$、$B$ 两点高程时，就可以计算出理论高差与实际高差的差值，即闭合差。

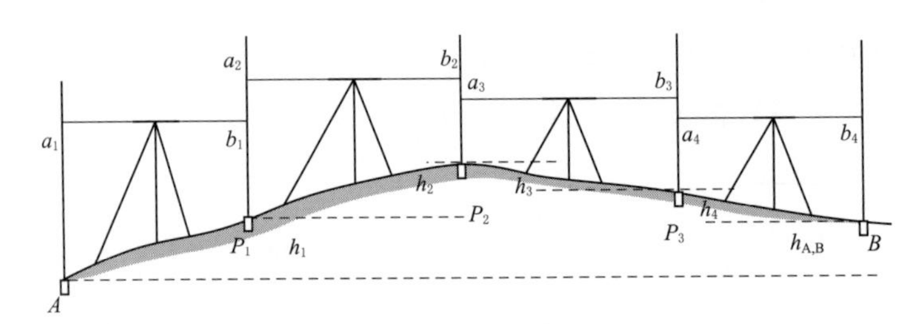


图 5-5　水准测量中的高程传递

水准测量的观测要求见表 5-7。

**表 5-7　水准测量的观测要求**

| 等级 | 仪器类型 | 最大视距长度/m | 前后视距差/m | 测站前后视距累积差/m | 视线高度 | 重复测量次数 |
|---|---|---|---|---|---|---|
| 三等 | DS3 | 75 | 2.0 | 5.0 | 三丝能读数 | ≥3 次 |
| | DS1、DS05 | 100 | | | | |
| 四等 | DS3 | 100 | 3.0 | 10.0 | 三丝能读数 | ≥2 次 |
| | DS1、DS05 | 150 | | | | |
| 五等 | 光学水准仪（DS3） | 150 | ≤20.0 | ≤100.0 | 三丝能读数 | — |
| | 数字水准仪（DSZ3） | 100 | ≤20.0 | ≤100.0 | 能读数 | ≥2 次 |

水准测量线路及观测精度要求应符合表5-8的规定。

**表5-8 水准测量线路及观测精度要求**

| 等级 | 路线长度/km | 每千米高差全中误差/mm | 检测已测测段高差之差/mm | 附合路线或环线闭合差 | |
|---|---|---|---|---|---|
| | | | | 平地/mm | 山地/mm |
| 三等 | 200 | 6 | $20\sqrt{R}$ | $12\sqrt{L}$ | $4\sqrt{n}$ |
| 四等 | ≤100 | 10 | $30\sqrt{R}$ | $20\sqrt{L}$ | $6\sqrt{n}$ |
| 五等 | ≤45 | 15 | $40\sqrt{R}$ | $30\sqrt{L}$ | $10\sqrt{n}$ |

注 $R$为检测测段的长度，$R<1$km时按1km计算；$L$为附合路线或环线长度；$n$为测站数。

### 5.3.3 三角高程测量

三角高程测量是指通过观测两个控制点的水平距离和高度角求定两点间高差的方法。三角高程测量简单灵活，受地形条件限制小，是测定大地控制点高程的基本方法，一般都是在一定密度的水准网控制下，用三角高程测量的方法测定控制点的高程。光电测距三角高程采取一定措施后，其精度可以达到四等水准测量的精度要求。

1. 三角高程测量的基本原理

如图5-6所示，已知点$A$的高程为$H_A$，$B$为待定点，待求高程为$H_B$。在点$A$安置经纬仪，照准点$B$目标顶端$M$，测得竖直角$\alpha$。量取仪器高$i$和目标高$v$。

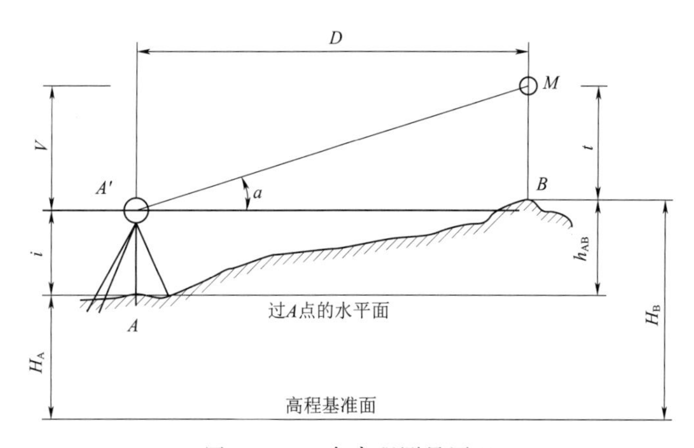


图5-6 三角高程测量原理

如果测得$A'$、$M$之间的距离为$D'$，则$A$、$B$点的高差$h_{AB}$为

$$h_{AB}=D'\sin\alpha+i-v \tag{5-11}$$

如果测得$A$、$B$点的水平距离$D$，则高差$h_{AB}$为

$$h_{AB}=D\tan\alpha+i-v \tag{5-12}$$

则$B$点高程为

$$H_B=H_A+h_{AB} \tag{5-13}$$

式（5-11）～式（5-13）是假定地球表面为水平面（即水准面为水平面）、观测视线为直线的基础上推导得到的。当地面上两点间距离小于300m时，可以近似认为这些假设条件是成立的，上述公式也可以直接应用。但两点间的距离超过300m时，就要考虑地球曲率对高程的影响，加以曲率改正，称为球差改正，其改正数为$c$。同时，观测视线受大气折光的影响而成为一条向上凸起的弧线，需加以大气折光影响的改正，称为气差改正，其改正数为$\gamma$。以上两项改正合称为球气差改正，简称两差改正，其改正数为$f=c-\gamma$。

两差改正数可表示为

$$f=c-\gamma=(1-k)\frac{D^2}{2R} \tag{5-14}$$

式中　$k$——大气垂直折光系数，是随地区、气候、季节、地面覆盖物和视线超出地面高度等条件的不同而变化的，$k$值在0.08～0.14之间，一般取$k=0.14$。

由式（5-14）可知，$f$恒大于零，为了减少两差改正数$f$，《城市测量规范》（CJJ 8—2011）规定，代替四等水准的光电测距三角高程，其边长不应大于1km。减少两差改正误差的另一个方法是，在$A$、$B$两点同时进行对向观测，此时可以认为$k$值是相同的，两差改正$f$也相等。取往返测高差的平均值为以抵消掉$f$，即

$$\overline{h}_{AB}=\frac{1}{2}[(D\tan\alpha_A+i_A-v_B)-(D\tan\alpha_B+i_B-v_A)] \tag{5-15}$$

2. 测量方法及要求

（1）在测站上安置仪器（经纬仪或全站仪），量取仪高；在目标点上安置觇牌（标杆或棱镜），量取觇标高。

（2）经纬仪或全站仪采用测回法观测竖直角，取平均值为最后计算取值。

（3）采用全站仪或测距仪测量两点之间的水平距离或斜距。

（4）采用对向观测，即仪器与目标杆位置互换，按前述步骤进行观测。

（5）应用推导出的公式计算出高差及由已知点高程计算未知点高程。

《工程测量规范》（GB 50026—2007）对全站仪测距三角高程的观测要求列于表5-9。要求垂直角往返观测，四等垂直角观测宜采用觇牌为照准目标，每照准1次读数2次，2次读数较差不大于3″。仪器和觇牌（测距棱镜）的高度应在观测前后各量测一次，精确到1mm，并取平均值作为最终高度。

3. 主要误差

观测边长$D$、垂直角$a$、大气垂直折光系数$K$的测定误差及仪器高$i$和觇牌高的测量误差均会给三角高程测量成果带来误差。

表 5-9 三角高程的观测要求

| 等级 | 垂直角观测 | | | | 距离观测 | |
|---|---|---|---|---|---|---|
| | 仪器精度 | 测回数 | 指标差较差 | 测回较差 | 仪器精度 | 观测次数 |
| 四等 | 2″ | 3 | ≤7″ | ≤7″ | 10mm | 往返各一次 |
| 五等 | 2″ | 4 | ≤10″ | ≤10″ | 10mm | 往一次 |

（1）边长误差决定于距离丈量方法。用普通视距法测定距离，精度只有1/300，即，300m的边长，其误差达±1m；用正弦定理根据三角形内角解析边长，主要决定于角度测量精度，一级小三角的测角中误差为±10″，最弱边边长误差为1/10000；用电磁波测距仪（光电经纬仪及全站仪）测距，精度很高，边长误差一般为几万分之一到几十万分之一。边长误差对三角高程的影响与垂直角大小有关，垂直角越大，其影响也越大。

（2）垂直角误差包括仪器误差、观测误差和外界环境的影响。仪器误差由经纬仪等级所决定，垂直度盘的分划误差、偏心误差等都是影响因素。观测误差有照准误差、指标水准管居中误差等。外界环境的影响主要是大气垂直折光的影响。垂直角误差对三角高程的影响与边长及推算高程路线总长有关，边长或总长越长，对高程的影响也越大。因此，垂直角的观测应选择大气折光影响较小的阴天和每天的中午观测较好，推算三角高程路线还应选择短边传递，对路线上的边数也有限制。

（3）大气垂直折光系数 $K$ 的测定误差。实验证明，$K$ 的中误差为±0.03～±0.05。另外，一般采用 $K$ 的平均值计算球气差 $\gamma$ 时，也会有误差。取直、反觇高差的平均值作为高差成果，可以大大减弱大气垂直折光误差的影响。

（4）仪器高 $i$ 和觇牌高的量测误差有多大，对高差的影响也会有多大。因此，应仔细量测仪器高和觇牌高。

电磁波测距三角高程测量的主要技术要求应符合表5-10的规定。

表 5-10 电磁波测距三角高程测量的主要技术要求

| 等级 | 每千米高差全中误差 /mm | 边长 /km | 观测次数 | 对向观测高差较差 /mm | 附合或环形闭合差 /mm |
|---|---|---|---|---|---|
| 四等 | 10 | ≤1 | 对向观测 | $45\sqrt{D}$ | $20\sqrt{[D]}$ |
| 五等 | 15 | ≤1 | 对向观测 | $60\sqrt{D}$ | $30\sqrt{[D]}$ |

注 1. $D$ 为电磁波测距边长度，单位为km。
2. 线路长度不应超过相应等级水准路线的总长度。

## 5.3.4 GPS 高程测量

GPS高程测量是利用GPS测量技术直接测定地面点的大地高，或间接确定地面点的正常高的方法。在GPS控制测量中，经过基线向量三维无约束平差后，可求得各点的大地高平差值，根据测区内网中若干点的已知高程拟合确定各点的高程异常值，即可求得地面点的正常高。GPS高程测量精度可达到厘米级，应用越来越广。

GPS高程测量按以下要求进行：

（1）高程异常变化平缓的地区可使用GPS方法施测高程控制测量，数据采集应采用静态相对定位方法，时间应大于相应等级的平面测量所需的时间。

（2）当采用拟合的方法求解高程值时，应在测区周围和测区内联测高一级的水准点。平原地区，联测的水准点不宜少于6个点；丘陵或山地不宜少于10个点。未知点较多时，联测点宜大于未知点点数的1/5或联测点间的距离不应大于5km。联测的水准点应均匀分布于网中，外围水准点连成的多边形应包含整个测区。测区分几种地形时，应在地形变化部位联测几何水准。

（3）根据求得的GPS点间的正常高程差，在已知点间组成附合或闭合高程导线，其闭合差应符合规定。

（4）应选取大于未知点数量10%的未知点进行检核，其与已知点间的高差之差应符合规定。

工程实践中，GPS高程测量精度等级为五等水准测量，主要技术要求应符合表5-11的规定。

**表5-11 五等GPS高程测量主要的技术要求**

| 大地高中误差/cm | 与基准站的距离/km | 观测次数 | 起算点等级 |
|---|---|---|---|
| ≤±3.0 | ≤5.0 | ≥2 | 四等及以上水准点 |

# 参 考 文 献

[1] 徐绍铨，等. GPS测量原理及应用［M］. 武汉：武汉大学出版社，2013.

[2] 田林亚，等. 工程控制测量［M］. 武汉：武汉大学出版社，2011.

[3] 李征航，等. GPS测量与数据处理［M］. 武汉：武汉大学出版社，2005.

[4] 中华人民共和国国家质量监督检验检疫总局，中国国家标准化管理委员会. GB/T 18314—2009 全球定位系统（GPS）测量规范［S］. 北京：中国标准出版社，2009.

[5] 中华人民共和国国家质量监督检验检疫总局，中国国家标准化管理委员会. GB/T 12897—2006 国家一、二等水准测量规范［S］. 北京：中国标准出版社，2006.

[6] 中华人民共和国国家质量监督检验检疫总局，中国国家标准化管理委员会. GB/T 12898—2009 国家三、四等水准测量规范［S］. 北京：中国标准出版社，2009.

# 第6章 海上风电场海底地形测量

## 6.1 概 述

海上风电场海底地形测量的主要工作内容是海上风电场海域水深测量，其是测定水底各点平面位置及其在水面以下的深度，以及海道测量和海底地形测量的基本手段。测深器具通常使用测深杆、测深铅锤、回声测深仪、多波束回声测深系统和海底地貌探测仪等。所测得的瞬时水面下的深度，经测深仪改正和水位改正，可以归算到由深度基准面起算的深度。

海上风电场海底地形测量包括以下内容：

(1) 深度测量，即沿测深线方向，按一定间隔测取待测深度点（称测深点）的深度。水下地形测量的发展随着测深手段的不断完善而发展。在回声测深仪问世前，水下地形测量靠人工测深手段（测深杆、铅锤）来进行，这种原始的测深方法精度低，费工费时，但在潮间带等海上风电场海底地形测量时仍有应用价值。20世纪20年代出现的回声测深仪利用水声换能器垂直向水下发射声波并接受水底回波，根据回波时间来确定被测点的水深。当测量船在水上航行时，船上测深仪可测得一条连续的水深线，通过水深的变化，可以了解水下地形的情况。

20世纪60年代初开始，多种类型的多波束测深系统先后问世，其最大工作深度为200～1200m，横向覆盖宽度可达深度的三倍以上。与传统的单波束测深系统每次测量只能获得测量船垂直下方一个海底测量深度值相比，多波束测深系统能获得一个条带覆盖区域内多个测量点的海底深度值，实现了从“点—线”测量到“线—面”测量的跨越。

此外，记载激光雷达测深仪从20世纪60年代末期开始用于水质透明度好的水域。测深深度可达60m，目前该项技术尚在探索使用阶段。

(2) 测深点定位，即精确地测取测深点的平面位置并用解析法或图解法将测深定位点测绘到海底地形图上。海底地形测量的定位可用岸上目标、岸基无线电定位系统和卫星定位系统定位的方法，也可用海底控制点来定位。

(3) 精度校正，即为保证成图质量而认真分析测得资料，对平面控制测量、高程控制测量和测深点定位的精度、航行障碍物探测的完善性、测深线布设的合理性、深

度点的密度及等深线勾绘的准确性等进行评价，并用定位点的点位中误差评定定位点的精度。

## 6.2　海上导航定位测量

海上导航定位测量是在海洋中的船舶上应用各种测量仪器来测定船舶所在位置的方法，包括天文定位、船用六分仪、无线电定位、卫星定位及惯性导航系统等定位方法。

传统的海道测量主要是在沿岸海域进行。沿岸海域在天气较好、风浪较小的时候测量，通常使用光学仪器，利用陆地目标定位。这与陆地定位测量有些相似，只不过天气再好，测量船也是摇摆不定的，因而海洋定位测量精度要比陆地定位测量精度低得多。现代微波测距、激光测距等先进仪器的使用，对海洋定位测量精度的提高十分有利。随着航海、海洋开发事业逐步向远海发展，海道测量也由沿岸逐步向远海发展，使用光学仪器和陆标进行定位已不能满足要求。为此，多种无线电定位仪器研制而出，近程的如无线电指向标、无线电测向仪、高精度近程无线电定位系统等；中远程的如罗兰 C、台卡、奥米加、阿尔法等双曲线无线电定位系统……这些定位系统定位距离都比较远，但精度一般都比较低。由于中远海海底地形都比较平坦，精度略低不会影响测量成果的使用，因此仍能满足航海等的需要。

现代海洋开发事业已远远超出交通运输的范畴，对海洋的资源调查勘测、海洋工程建设、海洋科学研究等需要更精确的测量成果。水声定位系统和卫星定位系统，尤其是将全球定位系统（GPS）引入海洋测量中后，利用 GPS 进行海洋测量定位的精度已可达到米级，并且还在进一步研究提高。

相对于无线电波信号来说，声波信号可以在水下传播较远的距离，因此声波发射设备可以作为信号标进行导航：在水底设置若干声标，即海底控制点，利用一定的方法测定这些水下声标的相对位置；当一个待定船位的测量船通过声波发射设备向水中发射声脉冲询问信号时，水下声标接收该信号并发回应答信号，应答信号被测量船接收并经计算机处理后，可得到测量船的定位结果。目前在水下进行定位和导航最常用的方法就是声学方法。由水下声发射器及接收器相互作用，可以构成声学定位系统。按接收基阵或应答器阵的基线长度，声学定位系统可分为长基线、短基线和超短基线三种。根据不同的定位要求，可以利用不同的定位系统。声学定位技术是对已知目标在一个特定的时间和空间中进行定位的技术。随着电子计算机微处理技术的发展和应用，它可以实时、快速、连续自动地显示出所需要的位置信息。声学定位同时可以解决水深测量，也是重要的发展方向。

海上导航定位测量的基本任务就是确定物体在空间的位置，而对位置的描述都是

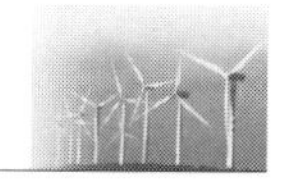

建立在某一特定的空间框架之上，即建立参考椭球面和相应的坐标系统。由于采用的参考椭球面及定位方法不同，同一地点在不同坐标系中的坐标值也不相同。在海上导航定位测量计算中，由于海上定位分为绝对定位和相对定位，因此经常遇到不同坐标系之间的转换。

坐标系转换是在相同参考基准下不同坐标表达形式之间的转换；基准转换是指在不同的参考基准（包括参考椭球的参数以及参考椭球在空间的定位定向等）之间的转换。此二者在处理海上导航定位中经常使用。

## 6.2.1 局域差分 GPS（LADGPS）定位

### 6.2.1.1 差分 GPS 原理

GPS 误差主要来源于 GPS 卫星、卫星信号的传播过程和地面接收设备。对 GPS 定位而言，GPS 卫星的空间几何分布也会对定位精度产生一定程度的影响。一般情况下，标准定位服务（SPS）的精度为 20～30m，为了限制其他国家将 SPS 用于军事领域，美国军方通过选择可用性（SA）技术在卫星星历中人为地加入误差。目前，SA 技术造成的测距误差平均为 33m。在天顶开阔的条件下，有 SA 的 SPS 一般能够保证定位误差小于 40m 的数据量大于全部数据量的 50%，但只有约 95%的数据误差小于 100m。

由于精确定位服务（PPS）不公开提供，而 SPS 又人为地降低了定位精度，致使需要高精度定位的民用用户需要使用差分技术，以提高 SPS 的定位精度，从而形成了差分全球定位系统，简称 DGPS。DGPS 简单的工作原理：把已知的测定点作为差分基准站，在差分基准站安装基准 GPS 接收机，并用 GPS 接收机连续地接收 GPS 信号，经处理后与基准站的已知位置进行比对，求解出实时差分修正值，以广播或数据链传输方式，将差分修正值传送至附近的 GPS 用户，以修正其 GPS 定位解，提高其局部范围内用户的定位精度。

美国政府实施了 SA 政策，其结果使卫星钟差和星历误差显著增加，使原来的实时定位精度从 15m 降至 100m。在这种情况下，利用差分技术能消除这一部分误差，更显示出差分 GPS 的优越性。根据差分 GPS 基准站发送的信息方式可将差分 GPS 定位分为位置差分、伪距差分和载波相位差分三类，这三类差分法的工作原理是相同的，即都是由基准站发送改正数，由用户站接收并对其测量结果进行改正，以获得精确的定位结果。所不同的是，发送改正数的具体内容不一样，其差分定位精度也不同。

1. *位置差分原理*

位置差分是一种最简单的差分方法，任何一种 GPS 接收机均可改装和组成这种差分系统。

安装在基准站上的GPS接收机观测4颗卫星后便可进行三维定位，解算出基准站的坐标。由于存在着轨道误差、时钟误差、SA影响、大气影响、多径效应以及其他误差，解算出的坐标与基准站的已知坐标是不一样的，存在误差。基准站利用数据链将此改正数发送出去，由用户站接收，并且对其解算的用户站坐标进行改正。

最终得到的改正后的用户坐标已消去了基准站和用户站的共同误差，例如卫星轨道误差、SA影响、大气影响等，提高了定位精度。以上先决条件是基准站和用户站观测同一组卫星。位置差分法适用于用户与基准站间距离在100km以内的情况。

2. 伪距差分原理

伪距差分是目前用途最广的一种技术，几乎所有的商用差分GPS接收机均采用这种技术。国际海事无线电委员会推荐的RTCM SC-104也采用了这种技术。

在基准站上的接收机要求得它至可见卫星的距离，并将此计算出的距离与含有误差的测量值加以比较，利用一个α-β滤波器将此差值滤波并求出其偏差；然后将所有卫星的测距误差传输给用户，用户利用此测距误差来改正测量的伪距；最后，用户利用改正后的伪距来解出本身的位置，就可消去公共误差，提高定位精度。

与位置差分相似，伪距差分能将两站公共误差抵消，但随着用户到基准站距离的增加，又出现了系统误差，这种误差用任何差分法都是不能消除的。用户和基准站之间的距离对精度有决定性影响。

3. 载波相位差分原理

载波相位差分技术又称为RTK（Real Time Kinematic）技术，是建立在及时处理两个测站的载波相位基础上的。载波相位差分技术能实时提供观测点的三维坐标，并达到厘米级的高精度。

与伪距差分原理相同，载波相位差分由基准站通过数据链及时将其载波观测量及站坐标信息一同传送给用户站，用户站接收GPS卫星的载波相位与来自基准站的载波相位，并组成相位差分观测值进行及时处理，能及时给出厘米级的定位结果。

#### 6.2.1.2　LAD GPS定位系统的组成

LAD GPS定位系统在局部区域中应用差分GPS技术，先在该区域中布设一个差分GPS网，该网由若干个差分GPS基准站组成，还包括一个或者数个监控站。位于该局域GPS网中的用户根据多个基准站所提供的改正消息，经平差后求得自己的改正数。LAD GPS定位系统按照基准站的不同，分为单基准站差分和多基准站差分，根据信息发送的方式又可分为位置差分、伪距差分及载波相位差分等。

单基准站LAD GPS系统是根据一个基站站所提供的差分改正信息对用户站进行改正的差分GPS系统，如图6-1所示。单基准站差分GPS系统由基准站、无线电数据通信链、用户站三部分组成。一台GPS接收机在基准站上进行观测，根据基准站

已知精密坐标，计算出基准站到卫星的距离改正信息，并由基准站实时将这一改正信息发送出去。用户站即流动台站，用户 GPS 接收机在进行 GPS 观测的同时，也接受基准站的改正信息，并对其定位结果进行改正，从而提高定位精度。

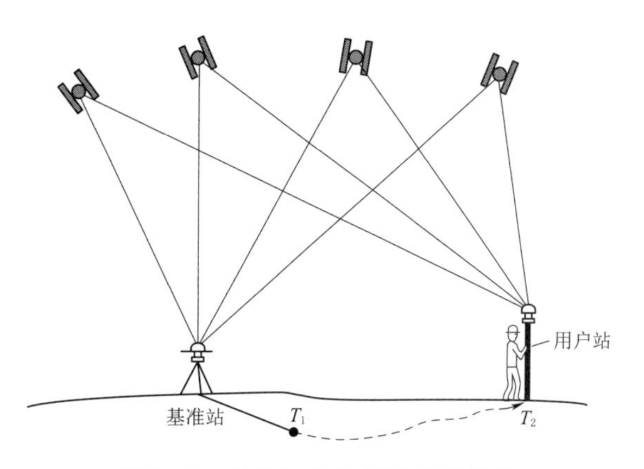


图 6-1 单基站差分 GPS 系统组成

单基准站差分 GPS 系统结构和算法较为简单，技术上较为成熟。该方法的前提是要求用户站误差和基准站误差具有较强的相关性，定位精度随着用户站与基准站之间的距离增加而迅速降低，因此，主要用于小范围的差分定位工作。

多基准站差分 GPS 系统的用户接收多个基准站提供的改正信息，经平差后求得用户站的定位改正数。多基准站 LAD GPS 技术对来自多个基准站的改正信息进行平差计算以求得用户站的坐标改正数或距离改正数，多基准站 LAD GPS 提供改正量主要有以下方法：

（1）各基准站以统一格式发射各自的改正信息，用户接收机接收各基准站的改正量，并取其加权平均，作为用户站的改正数。其中改正数的权根据用户站与基准站的相对位置来确定。由于应用了多个高速差分 GPS 数据流，所以要求多倍的通信带宽，效率较低。

（2）根据各基准站的分布，预先在网中构成以用户站与基准站的相对位置为函数的改正数的加权平均模型，并将其统一发送给用户。这种方式不需要增加通信带宽，是一种较为有效的方法。

多基准站 LAD GPS 系统较单基站 LAD GPS 系统的可靠性和精度均有所提高。但数据处理是把各种误差的影响综合在一起进行改正的，而实际上不同误差对定位的影响特征是不同的，将各种误差综合在一起，用一个统一的模式进行改正，就必然存在不合理的因素，影响定位精度，且这种影响会随着用户站到基准站距离的增大而增大，导致差分定位的精度迅速下降。所以在多基准站 LAD GPS 系统中，只有在用户站距基准站不太远时，才能获得较好的精度。因而基准站必须保持一定的密度和均匀度。

根据基准站提供的差分改正信息的不同，LAD GPS 分为伪距差分、位置差分和载波相位差分。

#### 6.2.1.3 位置差分

位置差分的优点是需要传输的差分改正数较少，计算方法简单。其缺点主要为要求基准站和用户站观测同一组卫星的情况，用户站与基准站的距离较长时难以满足这一要求，故只适用于用户与基准站间距离在 100km 以内的情况。

#### 6.2.1.4 伪距差分

伪距差分将一台接收机安置在基准站上进行观测。根据基准站已知精密坐标，计算出基准站到卫星的距离改正数，并由基准站实时地将这一改正数发送出去，用户接收机在进行 GPS 观测的同时，也接收到基准站的改正数，并对其定位结果进行改正，从而提高定位精度。

在基准站上，观测所有卫星，根据基准站已知坐标（$X_0$，$Y_0$，$Z_0$）和测出的各卫星的地心坐标（$X^j$，$Y^j$，$Z^j$），求出每颗卫星每一时刻到基准站的真正距离 $R^j$，有

$$R^j=[(X^j-X_0)^2+(Y^j-Y_0)^2+(Z^j-Z_0)^2]^{\frac{1}{2}} \tag{6-1}$$

其伪距为 $\rho_0^j$，则伪距改正数为

$$\Delta\rho^j=R^j-\rho_0^j \tag{6-2}$$

其变化率为

$$d_\rho^j=\frac{\Delta\rho^j}{\Delta t} \tag{6-3}$$

基准站将 $\Delta\rho^j$ 和 $d_\rho^j$ 发送给用户，用户在测出的伪距 $\rho^j$ 上加改正，求出经改正后的伪距为

$$\rho_p^j(t)=\rho^j(t)+\Delta\rho^j(t)+d_\rho^j(t-t_0) \tag{6-4}$$

坐标计算公式为

$$\rho_p^j=[(X^j-X_p)^2+(Y^j-Y_p)^2+(Z^j-Z_p)^2]^{\frac{1}{2}}+C\delta_t+V_1 \tag{6-5}$$

式中　$\delta_t$——钟差；

$V_1$——接收机噪声。

GPS 定位中，存在三部分误差：①多台接收机公有的误差，如卫星钟误差、星历误差；②传播路径误差，如电离层误差、对流层误差；③接收机固有的误差，如内部噪声、通道延迟、多路径效应。采用差分定位，可完全消除第①部分误差，可大部分消除第②部分误差。

伪距差分的优点：基准站提供所有卫星的改正数，用户接收机观测任意 4 颗卫星，就可完成定位。因提供的 $\Delta\rho^j$ 和 $d_\rho^j$ 是改正数，可满足 RTCMSC－104 标准（国际海事无线电委员会）。

缺点：GPS 伪距差分定位建立在用户的位置或距离误差与基准站的误差完全相同这一基础上。当用户与基准站之间的距离不断增加时，这种误差相关性将变得越来越

弱，从而使用户的定位精度迅速下降。当用户离基准站较近时（如20km左右时），这种方法的定位精度有可能达到亚米级；当间距增加至200km时，定位精度将下降为5m左右。

**6.2.1.5 载波相位差分**

位置差分和伪距差分能满足米级定位精度，已广泛应用于导航、水下测量等。而载波相位差分可使实时三维定位精度达到厘米级。

载波相位差分方法有两种：一种为修正法，与伪距差分相同，基准站将载波相位的改正量发送给用户站，以对用户站的载波相位进行改正实现定位；另一种是将基准站的载波相位发送给用户站，并由用户站将骨干侧值求差进行坐标解算，称为差分法。修正法属准RTK技术，差分法为真正RTK技术。

**6.2.1.6 网络RTK定位**

网络RTK也称多基准站RTK，是近年来在常规RTK和差分GPS的基础上建立起来的一种新技术。它的基本原理是在一个较大的区域内稀疏地、较均匀地布设多个基准站，构成一个基准站网，借鉴广域差分GPS和具有多个基准站的局域差分GPS的基本原理和方法来设法消除或削弱各种系统误差的影响，获得高精度的定位结果。网络RTK可克服常规RTK的缺陷，实现长距离（70～100km）RTK定位。多基准站RTK技术的基础是建立多个GPS基准站，即建立多个基准站连续运行卫星定位导航服务系统（Continuous Operation Reference Stations，CORS）。国家测绘地理信息局已颁布了《全球导航卫星系统连续运行参考站网建设规范》（CHT 2008—2005），建立CORS已是测绘的基础建设，目前网络RTK已得到广泛应用。

CORS系统由基准站系统、数据处理控制中心、数据传输与播发系统、用户应用系统组成，各基准系统与数据处理控制中心间通过数据传输系统连接成一体，形成专用网络。

（1）基准站系统。CORS基准站的数量视区域大小决定。《全球导航卫星系统连续运行参考站网建设规范》（CHT 2008—2005）规定，两基准站之间的距离为20～80km。GPS基准站的功能是连续进行GPS观测，并实时将GPS观测值传输至数据处理控制中心，同时提供系统完好性监测服务。

（2）数据处理控制中心用于接收各基准站数据，进行数据处理，形成多基准站差分定位用户数据，组成一定格式的数据文件，分发给用户。数据处理控制中心是CORS的核心单元，也是高精度实时动态定位得以实现的关键所在。中心24h连续不断地根据各基准站所采集的实时观测数据在区域内进行整体建模解算，自动生成一个对应于用户站点位的虚拟参考站（包括基准站坐标和GPS观测值信息），并通过现有的数据传输与播发系统向各类需要测量和导航的用户以国际通用格式提供码相位/载波相位差分改正信息，以便实时解算出用户站的精确点位。

(3) 数据传输与播发系统实时接收数据处理控制中心的相位差分改正，并实时发布，供各用户站接收使用。CORS 也可发布精密星历，供精密定位使用。

(4) 用户应用系统包括用户信息接收系统、网络型 RTK 定位系统、事后和快速精密定位系统以及自主式导航系统、监控定位系统等。按照应用的精度不同，用户服务子系统可以分为毫米级用户系统、厘米级用户系统、分米级用户系统、米级用户系统等；而按照用户的应用不同，可以分为测绘与工程用户（厘米、分米级）、车辆导航与定位用户（米级）、高精度用户（事后处理）、气象用户等几类。

测绘与工程用户 GPS 实时接收由数据传输与播发系统的相位差分改正信息，结合自身 GPS 观测值，组成双差相位观测值，快速确定整周模糊度参数和位置信息，完成厘米级实时定位。也可进行静态相对定位，获取毫米级高精度三维坐标。

### 6.2.2　广域差分 GPS（WADGPS）定位

WADGPS 主要由主站、监测站、数据通信网络和用户设备组成。

1. 主站

在一个较大区域内设置一个中心站，根据各监测站的 GPS 观测量，以及各监测站的一直坐标，计算 GPS 卫星星历并外推 12h 星历；计算星历误差、卫星钟差及大气延时误差三项误差改正，并将这些改正信息和参数传输至各发射台站。

2. 监测站

监测站设置在已知精确三维地心坐标位置，监测站的数量一般不少于 4 个。监测站将伪距观测值、相位观测值、气象数据等通过数据链实时发送到主站。

3. 数据通信网络

WADGPS 的数据通信包括两部分，即监测站与主站之间的数据传递和 WADGPS 网与用户之间的数据通信。数据通信科采用数据通信网，如 Internet 或其他通信数据专用网，或通信卫星。

4. 用户设备

包括单站 GPS 接收机和数据链的用户端，用户在接收 GPS 卫星信号的同时，还能接收主站发射的差分改正数，并据之修正原始 GPS 观测数据，最后结算出高精度的 GPS 定位结果。

WADGPS 提供给用户的改正量是每颗可见 GPS 卫星星历的改正量、时钟偏差修正量和电离层延时改正模型，其目的就是最大幅度地降低监测站与用户站间定位误差的时空相关，改善和提高实时差分定位的精度，同 LADGPS 相比，WADGPS 具有如下特点：

(1) 中心站、监测站与用户站之间的距离大幅增加的情况下，定位精度不会出现明显下降，即定位精度与用户站和基准站之间的距离无关。

(2) 在大区域内建立 WADGPS 网，需要的监测站数量少，投资小。

(3) WADGPS 具有较均匀的精度分布，在其覆盖范围内任一地区定位精度相当，且其定位精度较 LADGPS 高。

(4) WADGPS 的覆盖范围可以扩展到 LADGPS 不易覆盖的区域，如远洋、沙漠、森林等。

(5) WADGPS 使用的硬件设备及通信工具昂贵，软件技术复杂，运行和维护费用较 LADGPS 高。

#### 6.2.2.1 系统原理

WADGPS 是针对 LADGPS 定位中存在的问题，将观测误差按误差的不同来源划分成星历误差、大气延时误差及卫星钟差来进行改正，以提高差分定位的精度和可靠性。

WADGPS 技术原理是对 GPS 观测量的误差源分别加以区分和模型化，然后将计算出来的每一个误差源的误差修正值（差分值）通过数据通信链传输给用户，对用户在 GPS 定位中的误差加以修正，以达到削弱这些误差源和改善用户 GPS 定位精度的目的。这种方法不仅削弱了 LADGPS 技术中主控站和用户站之间定位误差对时空的相关性，而且又保持了 LADGPS 的定位精度。因此在 WADGPS 系统中，只要数据通信链有足够能力，主控站和用户站间的距离原则上是没有限制的。

*1. 星历误差*

由星历给出的卫星在空间的位置与实际位置之差称为星历误差。GPS 卫星星历分为预报星历和后处理星历。预报星历又称广播星历。广播星历是由全球定位系统的地面控制部分所确定和提供的，是定位卫星发播的无线电信号上载有预报一定时间内卫星轨道根数的电文信息，受美国反电子欺骗政策（Anti-Spoofing，AS）和 SA 政策影响，GPS 广播星历精度较低，其误差影响与基准站和用户站之间的距离成正比，是 GPS 定位的主要误差来源之一。WADGPS 依赖区域中基准站对卫星的连续跟踪，对卫星进行区域精密定轨，确定精密星历，并以之取代广播星历。

*2. 大气延时误差*

大气延时误差包括电离层延时和对流层延时，是常规差分 GPS 提供的综合改正值，包含基准站处的大气延时改正，当用户距离基准站很远时，两地大气层的电子密度和水汽密度不同，对 GPS 信号的延时也不一样，使用参考站处的大气延时量来代替用户的大气延时必然引起误差。

WADGPS 技术通过建立精确的区域大气延时模型，能够精确地计算出其作用区域内的大气延时量。

*3. 卫星钟差*

精确改正其他误差后，残余误差中卫星钟差误差影响最大，常规差分 GPS 利用

广播星历提供的卫星钟差改正数，这种改正数仅近似反映了卫星钟与标准GPS时间的物理差异，实际上，受SA的抖动影响，卫星钟差随机变化达300ns，等效伪距为90m。WADGPS可以计算出卫星钟各时刻的精确钟差值。

**6.2.2.2 星基增强系统（SBAS）**

星基增强系统（Satellite-Based Augmentation System，SBAS），通过地球静止轨道（GEO）卫星搭载卫星导航增强信号转发器，可以向用户播发星历误差、卫星钟差、电离层延迟等多种修正信息，实现对于原有卫星导航系统定位精度的改进。全球已经建立起了多个SBAS，如美国的WAAS（Wide Area Augmentation System）、StarFire、OmniSTAR、欧洲EGNOS、日本MSAS、基于北斗卫星导航系统的“中国精度”等。

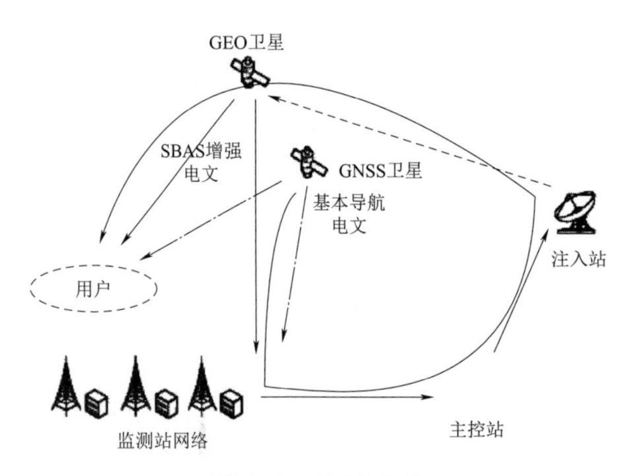


图6-2 SBAS组成

系统原理：首先，由大量分布极广的差分站（位置已知）对导航卫星进行监测，获得原始定位数据（伪距、载波相位观测值等）并送至中央处理设施（主控站），后者通过计算得到各卫星的各种定位修正信息，通过上行注入站发给GEO卫星，最后将修正信息播发给广大用户，从而达到提高定位精度的目的，系统组成如图6-2所示。

这里简要介绍StarFire和OmniSTAR两种系统。

1. StarFire

使用StarFire网络（国际海事卫星广播）和NavCom全球差分GPS系统，在南北纬76%之间的任何时候、任何地点，无须架设基准站，用一台GPS接收机就能在全球完成分米级定位精度的实时GPS差分系统。该系统于1999年4月开始运行以来，具备99.99%的联机可靠性。该系统又简称为RTG。

RTG技术采用在世界范围内的28个双频参考站来对差分信息进行收集。这些信息收集以后发回数据处理中心，经数据处理中心处理后，形成一组差分改正数，将其传送到卫星上，然后通过卫星在全世界范围内进行广播。采用RTC技术的GPS接收机在接收GPS卫星信号的同时也接收卫星发出的差分改正信号，从而达到实时高精度定位。应用该系统无须建立测区的基准站或进行后处理即可完成分米级实时定位，当使用StarFire校正信号时，收敛后可提供小于5cm的位置精度。

整个StarFire由参考站、数据处理中心、注入站、地球同步卫星、用户站五部分

组成。

(1) 参考站。StarFire包括遍布全球的100多个参考站组成的双频参考站网，利用双频GNSS接收机，24h连续作业采集GNSS卫星信息，并实时向数据中心发送。

(2) 数据处理中心。全球有两个数据处理中心，分别为位于美国加利福尼亚的Redondo Beach和伊利诺斯的Moline。中心从100多个参考站不断接收数据，然后经过分析计算得到GPS卫星轨道改正数和钟差改正数，将其发送至卫星信号上传系统。

(3) 注入站。系统注入站有加拿大的Laurentides、英格兰的Goonhilly和新西兰的Auckland 3个。注入站是连接数据中心与海事卫星的关键部分，它将从数据中心接收到的信息实时发送给卫星，从而完成地面与卫星的信息交换。

(4) 地球同步卫星（Inmarsat）。三颗卫星即为本系统一般状态下使用的卫星。三颗卫星是沿赤道轨道平行分布的地球同步卫星。由于其轨道较高，可以覆盖南北纬76°之间的所有范围。也就是说，在其覆盖范围内均可以接收到稳定的、同等质量的差分改正信号，从而达到世界范围内同等精度。目前这样的同步卫星共有7颗，接收机可自动选择信号较强的卫星。

(5) 用户站。用户接收机由两部分组成，一个是双频GNSS接收机，一个是L波段的通信接收器。双频GNSS接收机跟踪所有可见的卫星以获得伪距、载波相位、星历等数据，从而获得GNSS卫星的测量值。L波段的接收器则接收地球同步卫星播发的差分改正数据。用户站使用改正数据对接收机测量的伪距、相位以及星历进行改正后，可获得分米级精度的实施定位成果。

2. OmniSTAR

OmniSTAR是一套覆盖全球的高精度差分增强系统，面向单频和双频高精度用户提供基于星基播发提供GPS广域差分服务，精度从分米级至厘米级。

OmniSTAR由分布在全球的100多个单频、双频地面参考站和分别位于美国、欧洲、澳大利亚的3个控制中心以及用于播发差分改正数据的海事卫星组成。控制中心对各参考站的数据进行分析和处理，并将生成的差分改正数据通过海事卫星广播给用户，为陆地、空中应用提供全天候的高精度、高可靠性的实时差分定位商业服务。

OmniSTAR提供虚拟基站（VBS）、高精度（HP）和扩展高精度（XP）三种GPS差分等级的服务。OmniSTAR VBS是一个亚米级的服务，一个典型的24h的VBS采样显示的$2\sigma$（95%）置信度下的水平位置偏差小于1m，而$3\sigma$（99%）的位置偏差接近于1m。新的OmniSTAR HP服务在$2\sigma$（95%）的置信度下的水平位置偏差小于10cm，$3\sigma$（99%）的水平位置偏差小于15cm。除了南北纬60°以外的部分地区外，OmniSTAR服务覆盖了全球大部分陆地。

#### 6.2.2.3 北斗增强系统

北斗卫星导航系统（BeiDou Navigation Satellite System，BDS，以下简称“北斗系统”）是中国着眼于国家安全和经济社会发展需要，自主建设、独立运行的卫星导航系统，是为全球用户提供全天候、全天时、高精度的定位、导航和授时服务的国家重要空间基础设施。2020年7月31日，北斗三号全球卫星导航系统正式开通。北斗三号全球卫星导航系统（简称“北斗三号系统”），由24颗中圆地球轨道卫星、3颗地球静止轨道卫星和3颗倾斜地球同步轨道卫星，共30颗卫星组成。构建了稳定可靠的星间链路，可实现星间星地联合组网。

北斗系统定位导航授时服务性能指标如下：

服务区域：全球。

定位精度：水平10m、高程10m（95%）。

测速精度：0.2m/s（95%）。

授时精度：20ns（95%）。

服务可用性：优于95%；其中，在亚太地区，定位精度水平5m、高程5m（95%）。实测结果表明，北斗系统服务能力全面达到并优于上述指标。

北斗系统具有以下特点：①北斗系统空间段是采用三种轨道卫星组成的混合星座，与其他卫星导航系统相比高轨卫星更多，抗遮挡能力更强，尤其低纬度地区性能优势更为明显；②北斗系统提供多个频点的导航信号，能够通过多频信号组合使用等方式提高服务精度；③北斗系统创新融合了导航与通信能力，具备定位导航授时、星基增强、地基增强、精密单点定位、短报文通信和国际搜救等多种服务能力。

北斗增强系统包括地基增强系统（BeiDou ground - based augmentation system）与星基增强系统。北斗地基增强系统是北斗卫星导航系统的重要组成部分，按照“统一规划、统一标准、共建共享”的原则，整合国内地基增强资源，建立以北斗为主、兼容其他卫星导航系统的高精度卫星导航服务体系，如图6-3所示。作为导航应用的核心，北斗地基增强系统由基准站网络、数据处理系统、运营服务平台、数据播发系统和用户终端五部分组成。基准站接受卫星导航信号后，通过数据处理系统形成相应信息，经由卫星、广播、移动通信等手段实时播发给应用终端，实现定位服务。利用北斗/GNSS高精度接收机，通过地面基准站网，利用卫星、移动通信、数字广播等播发手段，在服务区域内提供1～2m、分米级和厘米级实时高精度导航定位服务。2018年5月，北斗地基增强系统已完成基本系统研制建设，已经在全国建立了超过1800个地基增强站，具备为用户提供广域实时米级、分米级、厘米级和后处理毫米级定位精度的能力。

千寻位置网络有限公司基于北斗卫星导航系统全球定位系统、全球卫星导航系

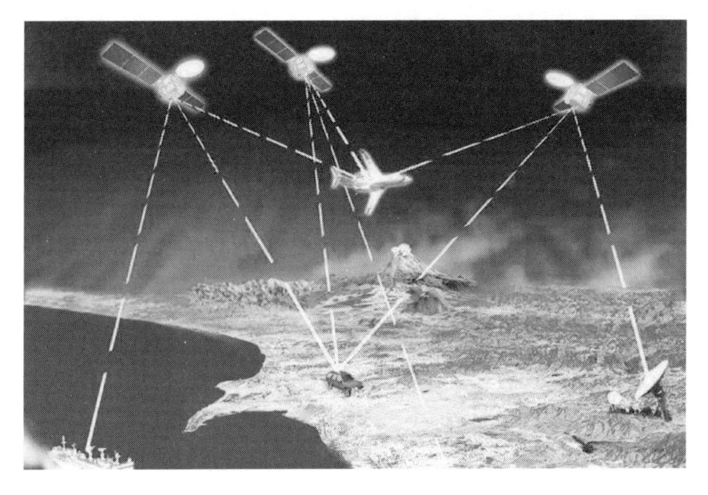

图 6-3 北斗地基增强系统

统（Global Navigation Satellite System，GLONASS）、伽利略卫星导航系统（Galileo Satellite Navigation System，Galileo）基础定位数据，以“互联网＋位置（北斗）”为理念，利用遍及全国的超过 1800 个地基增强站及自主研发的定位算法，通过互联网技术进行大数据运算，并通过北斗地基增强系统增强全国一张网的整合与建设，构建位置服务开放平台，为全国用户提供包括动态厘米级和静态毫米级在内的多种不同精度的位置服务及延展服务，利用互联网运营模式整合产业上下游，推进高精度应用，实现部门间、地区间和用户间资源统筹、数据共享，满足国家、行业、大众市场对精准位置服务的需求。

千寻位置网络有限公司建立了统一的时空基准，可实现跨地域无缝衔接，把高精度定位变成触手可及、随需而用、低门槛的公共服务，成为智能社会的重要时空基础设施。其中：亚米级的“千寻跬步”已覆盖全国；实时厘米级的“千寻知寸”和静态毫米级的“千寻见微”已覆盖江苏、安徽、湖南、湖北等 25 个经济发达省市和全国主要公路干道、河道及二级以上城市。千寻位置网络有限公司地基增强参考站呈网格化分布，提供广域厘米级定位服务，相比于精度随距离增加而递减的单基站模式更加稳定可靠，具有全覆盖、高可靠、快响应、低成本、易推广的特点。

测绘中常用千寻位置网络有限公司提供的服务产品如下：

(1)“千寻知寸”FindCM——厘米级高精度定位服务。基于 RTK 技术开发，具有稳定、高效、支持高并发的特点，提供实时厘米级定位精度，是工程测量领域应用最为广泛的服务。

(2)“千寻跬步”FindM——亚米级高精度定位服务。基于航向（实时动态码相位差分）技术开发，支持全国范围内定位服务。稳定性高、响应速度快、数据容量大，可应用于物流监控、导航、可穿戴设备等。

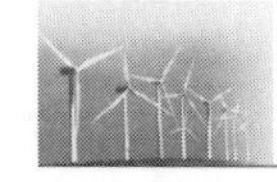



（3）“千寻见微”FindMM——毫米级高精度定位服务。基于卫星定位地基增强站及后台处理的高精度定位差分算法。精度高、稳定性高，可为危旧楼房监测、边坡监测等对定位精度要求极高的行业提供实际应用。

（4）FindTrace——高精度（GNSS+INS）后处理服务。依托遍布全国的卫星定位地基增强站数据以及全球精密星历数据，通过智能组网、长基线RTK、卫星与惯性导航融合、反向平滑等算法，为测量测绘、农业植保、飞行巡检等行业提供后处理的更高精度的轨迹、姿态数据。

图6-4为工程测量中应用成熟的“千寻知寸”工作流程。

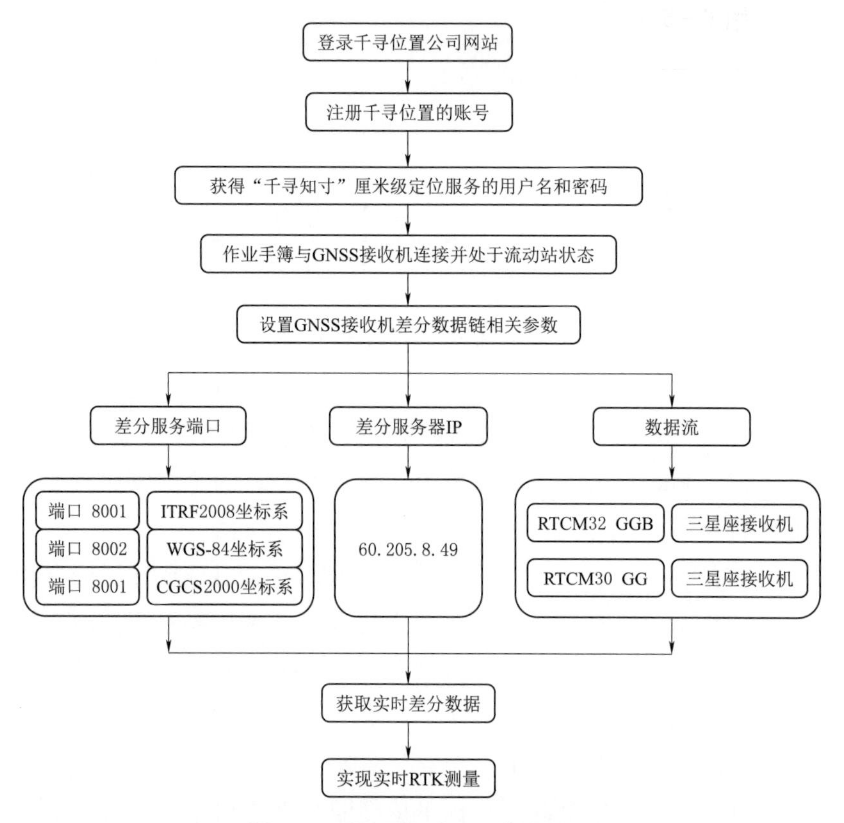


图6-4　“千寻知寸”工作流程图

“千寻知寸”基于网络RTK的差分定位原理，依托遍布全国的卫星定位地基增强站，融合各类定位技术，以互联网方式提供7×24h高可用差分播发，面向全国31个省市范围的各类终端和应用系统，提供实时厘米级精度的位置纠偏数据服务。“千寻知寸”在全国有1800个地基增强站、14万个VRS虚拟点，每隔5km会切换基站，基站切换时RTK将重新初始化，由于基线较短，可快速达到固定解。在定位环境良好的情况下，水平精度为1～5cm，高程精度为水平精度的1～1.5倍。千寻知寸提供了3个RTK端口，每个端口对应不同的坐标系统，其中8001端口对应ITRF2008坐

标系（2016.0历元）、8002端口对应WGS84坐标系（G1762版本）、8003端口对应CGCS2000坐标系（ITRF97框架2000.0历元）。

北斗星基增强系统通过地球静止轨道卫星搭载卫星导航增强信号转发器，可以向用户播发星历误差、卫星钟差、电离层延迟等多种修正信息，实现对于原有卫星导航系统定位精度的改进。北斗星基增强系统空间段包括3颗播发SBAS增强信号的北斗系统GEO卫星，第一颗GEO卫星已于2018年11月1日成功发射。

我国首个北斗星基高精度增强服务系统——"中国精度"于2015年6月正式面向全球用户提供服务，可向用户分别提供亚米级、分米级和厘米级3种不同精度层级的定位服务，如图6-5所示，其性能指标见表6-1。

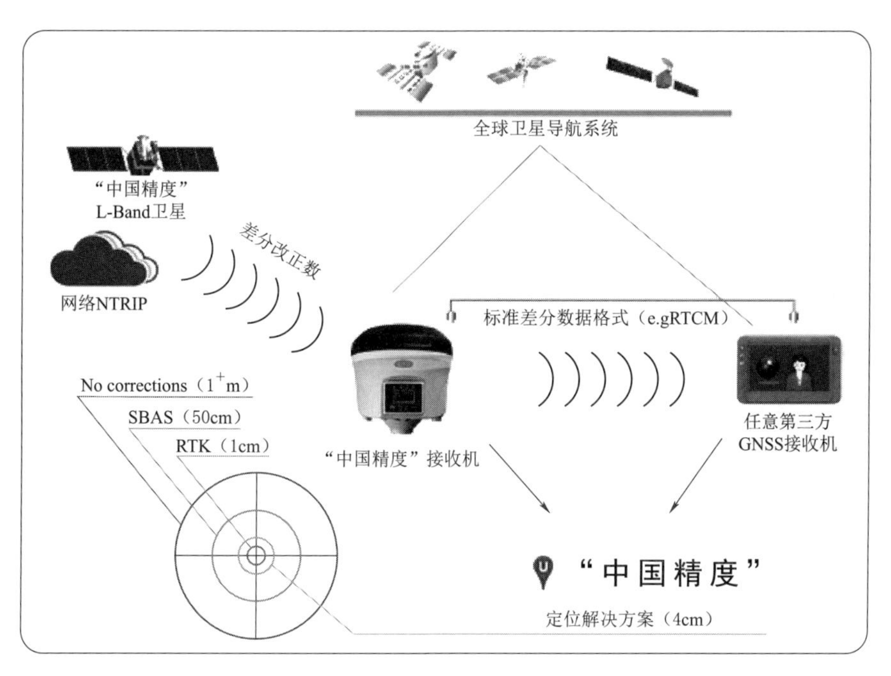


图6-5 北斗星基高精度增强服务系统——"中国精度"

**表6-1 "中国精度"性能指标表**

| 指　标 | 支持系统 | 目前播发BDS+GPS+GLONASS改正数据，具备增强Galileo系统的能力 |
|---|---|---|
| 服务范围 | GEO卫星L波段服务 | 75°S～75°N，180°W～180°E |
|  | 互联网NTRIP服务 | 全球互联网接入地区 |
| 服务精度 | H100等级 | 优于1m（$2\sigma$） |
|  | H30等级 | 优于0.3m（$2\sigma$） |
|  | H10等级 | 优于0.08m（$2\sigma$） |

北斗星基增强系统与北斗地基增强系统相结合，可形成更高效的卫星导航高精度定位服务网络，构建了国土测绘、海洋勘探、精准农业、灾害监测、无人机以及

无人驾驶等专业应用以及汽车导航、移动手机等大众化应用的高精度位置服务基础环境。

### 6.2.3　其他导航定位方法

1. 光学定位测量

光学定位只能用于近岸段水下测量的定位，可作为沿岸测量的辅助方法。在采用人工测深方式进行水深测量时，可采用该方法进行定位，一般包括交会法和极坐标法。

交会法、极坐标法应符合以下规定：

(1) 测站点的精度不应低于图根点的精度。

(2) 作业中和结束前，均应对起始方向进行检查，水平角允许偏差应小于1″，超限应予以改正。

(3) 交会法定位的交会角宜控制在30°～150°。

2. 信标差分定位

信标差分定位是利用我国已经建立的海上无线电信标台，在其所发射的信号中加入差分修正信号，提供亚米级精度导航定位。目前，我国的信标台已经覆盖了全部的沿海区域，在近海岸线均可接收到信标信号，可广泛用于水深测量、海底侧扫等海上测量作业的导航定位。

3. 水深定位系统

水深定位系统是建立在超声波传播技术基础之上的一种海上定位技术和方法，通过测定声波信号传播时间或相位差进行海上定位。

水深定位系统所测得的目标位置结合起来进行坐标变换，就能得到水下目标在大地几何坐标中的位置或轨迹。水深定位依赖于几何原理的水声学定位方法，通常用声基线的距离或激发的声学单元的距离来对声学定位系统进行分类。根据所实施的原理和测量手段不同，可分为“方位—方位”“方位—距离”和“距离—距离”3种测量系统。大部分的长基线、短基线系统都属于后者。距离测量水深定位系统是通过测量水下声源所辐射的声信号从发射到接收所经历的时间及声速来确定声源到各接收点的距离，从而实现对目标的定位。

超短基线定位系统的所有声单元（三个以上）集中安装在一个换能器中，组成声基阵，声单元之间的相互位置精确测定，组成声基阵坐标系，声基阵坐标系与船的坐系之间的关系要在安装时精确测定，包括位置（$X$、$Y$、$Z$偏差）和姿态（声基阵的安装偏差角度：横摇、纵摇和水平旋转）。系统通过测定声单元的相位差来确定换能器到目标的方位（垂直和水平角度）；换能器与目标的距离通过测定声波传播的时间，再用声速剖面修正波束线确定距离。以上参数的测定中，垂直角和距离的测定受声速的影响特别大，其中垂直角的测量尤为重要，直接影响定位精度，所以多数超短基线

定位系统建议在应答器中安装深度传感器，借以提高垂直角的测量精度。超短基线定位系统要测量目标的绝对位置（地理坐标），根据声基阵的位置、姿态以及船舷向推算，由 GPS、运动传感器和电罗经提供。

超短基线的优点是集成系统价格低廉，操作简便容易，实施中只需一个换能器，安装方便，定位精度较高；其缺点是安装后的校准需要非常准确，测量目标的绝对定位精度依赖外围设备（电罗经、姿态和深度）的精度。

# 6.3 单波束测深系统

## 6.3.1 基本原理

单波束测深是利用声波在水中的传播特性测量水体深度的技术。声波在均匀介质中作匀速直线传播，在不同界面上产生反射。利用这一原理，选择对水的穿透能力最佳、频率在 1500Hz 附近的超声波，在海面垂直向海底发射声信号，并记录从声波发射信号到信号由水底返回的时间间隔。通过模拟或直接计算，测定水体的深度。

如图 6-6 所示，安装在测量船下的发射机换能器，垂直向水下发射一定频率的声波脉冲，以声速 $c$ 在水中传播到水底，经反射或散射返回，被接收换能器所接收。自发射脉冲声波的瞬间至接收换能器收到水底回波的时间为 $t$，换能器的吃水深度为 $d$，则水深 $H$ 为

$$H = ct/2 + d \qquad (6-6)$$

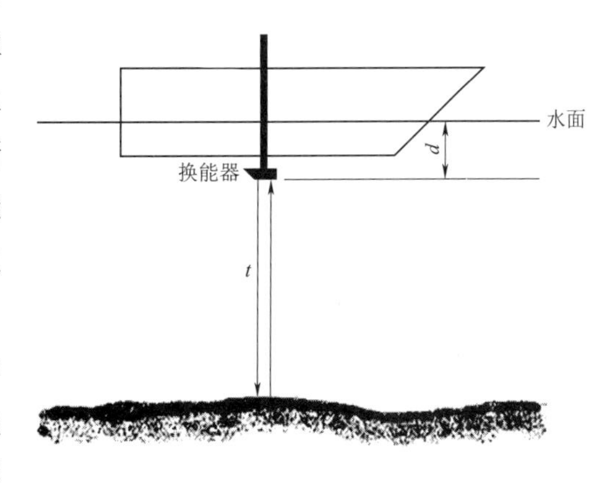


图 6-6 声速测深原理

海水中的声速随着水介质的温度、盐度及静水压力增加而增加，其中对声速影响最大的是海水温度的变化。而海水的温度、盐度及静水压力又随海区、深度、时间而变化，因此，在测定海底地形时，必须同时对声速进行测定。

单波束测深仪在绝大部分的水深测量中取代了测深锤和测深杆等人工方法，是目前国内外进行水深测量的最基本仪器。但是传统的单波束测深时通常布设平行测线，即单波束测深仪智能测量船正下方的水深、测线之间的水下地形，特别是一些孤立的特征地形很容易被遗漏。

单波束测深仪性能要求见表 6-2。

表 6-2　单波束测深仪性能要求

| 性　能 | 指　标　要　求 |
| --- | --- |
| 测深精度 | 水深 $H \leqslant 20$m，深度中误差限值±0.2m |
| | 水深 $H > 20$m，深度中误差限值±0.01$H$ |
| 工作频率 | 10～220kHz |
| 换能器垂直指向角 | 3°～30° |
| 连续工作时间 | >24h |
| 适航性 | 船速不大于 15 节，船横摇 10°和 5°纵摇情况下能正常工作 |
| 记录方式 | 数字记录 |
| 定位精度 | 测图比例尺不大于 1∶5000 时，定位点点位中误差限值图上 1.0mm |
| | 测图比例尺 1∶500～1∶5000 时，定位点点位中误差限值图上 1.5mm |

## 6.3.2　系统安装及校准

1. 系统组成

单波束测深系统主要由定位系统、单波束测深仪、采集显示软件三部分组成。

测深系统主要由计算机控制显示软件和下位机部分两部分组成。计算机控制显示软件用于控制下位机工作的参数，及显示下位机传输来的水下声图。下位机部分由换能器发射模块、接收模块、DSP 处理模块、电源模块四部分组成。换能器将电能转换成声能并向水底发射，声能以回波的形式从水底返回，并通过换能器被转换成电能，供给电子线路进行处理、计算后，将结果传送到工控机上并显示出来。

发射模块、接收模块是测深仪的前端，主要功能是：发射模块产生稳定、高强度的探测声波，接收模块将换能器接收到的微弱水底反射信号进行放大，并滤掉其中的噪声，提供给测深仪的 DSP 处理模块进行采样、计算等后续处理。DSP 处理模块的主要功能是：接收计算机送来的控制参数，控制发射，提供整个系统的同步信号，A/D（模拟信号采集、数字信号输出或者处理）采样数据，把测得的水深数据与声图通过 USB 传输到嵌入式工控机中。

定位系统有岸上定位、GNSS 卫星定位、水下定位等方式。目前常用的定位方式是 GNSS 卫星定位，包括 DGNSS、GNSS RTK 等定位方式，其中 GNSS RTK 方式定位无需水位改正，定位精度高，尤其适合 RTK 信号可覆盖的近海岸区域水深测量作业。

2. 系统安装

正确安装换能器是单波束测深仪安装的一个至关重要的部分。若安装不正确，测量取得的数据将无法接受。

通常，临时性的安装，换能器被悬挂在舷侧；而永久性安装则要求换能器进行船

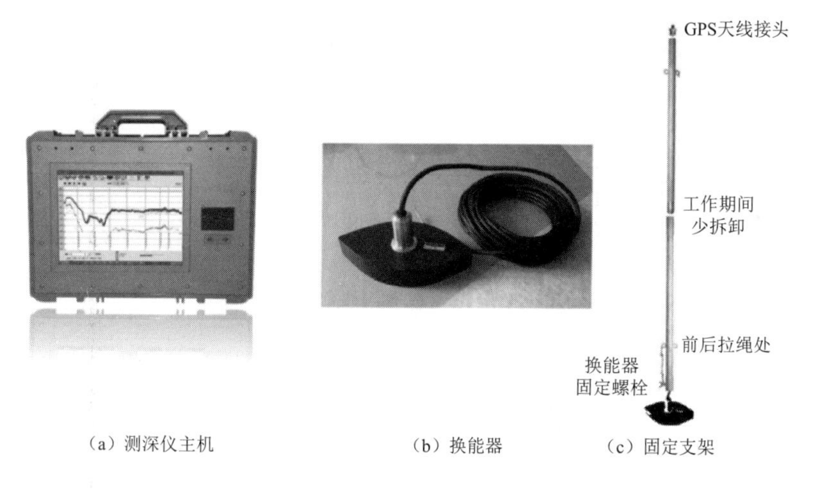


（a）测深仪主机　（b）换能器　（c）固定支架

图 6-7　单波束测深系统组成

体安装。不管哪种情况，换能器应尽可能安装在水面以下更深的位置，这样舷侧安装的换能器在有浪的情况下就不至于露出水面而影响测量。换能器的入水深度一般为0.3～0.8m，具体情况应根据流速、航速和测量船的吃水深度而定。换能器的长轴要平行于船艇的轴线，GNSS 天线应与换能器位于同一铅垂线上。首选的换能器安装位置是在船的龙骨附近，这样将使船的纵、横摇角度产生的影响降至最小。

换能器应安装在尽可能远离船首的船尾，以避免船首波浪产生的气泡经过换能器的表面而影响测量。换能器应远离湍流和气泡穴（旋涡），例如螺旋桨、船首推进器、船体上的突伸物等附近，都会产生不同程度的湍流和气泡穴。

换能器安装时，同样应考虑船体内产生的机械噪声源（引擎、螺旋桨、泵、发电机等）。在某些机械耦合噪声严重的情况下，就要求换能器与船体的机械去耦，实施减震安装。

换能器的舷侧安装如图 6-8 所示，在这种安装方式中，固定换能器用的安装管的尺寸必须较好地保证换能器在水下足够深的位置，并且要用钢缆把换能器分别向船前和船后拉紧，固定在船上结实的支架上。

3. 声速校准与吃水改正

为保证测深成果可靠，在测深前必须对测深仪进行现场校准，以确定测深时应使用的声速。单波束测深中声速误差仅影响测点的深度，通常采用水深比较改正或实测声速剖面进行声速校准。在未实测声速剖面的情况下，可采用现场利用已知水深校对法对实际声速值进行校准，校准时水深应大于 5m，深度校准限差不大于±0.05m，水深大于 20m 时采用水文资料计算或实测声速剖面进行声速校准。

吃水改正指水面至换能器的距离改正，其方法为：检查换能器吃水深度，进行两

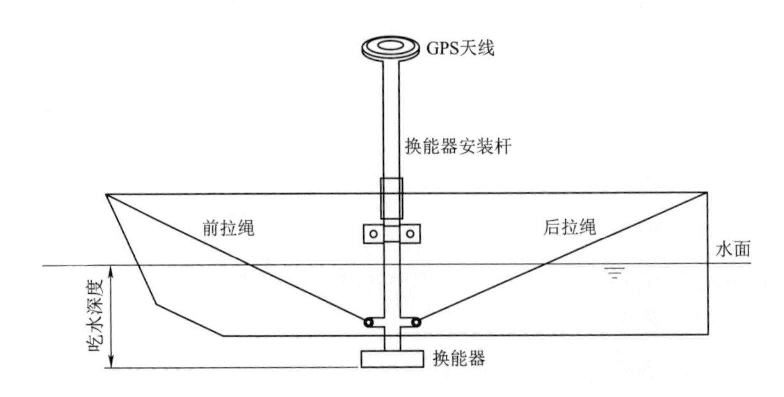


图 6-8　换能器的舷侧安装

次测量，互差值不大于 0.01m，取均值作为最后结果。

### 6.3.3　测线布设

海底地形测量测线一般布设为直线，又称测深线。测深线分为主测线和检测线两大类。布设测线时主要考虑测线方向与测线间隔。

1. 测线方向

主测线方向应垂直等深线的总方向，检测线垂直主测线，检测线长度不少于主测线总长度的 5%。特殊水域测线布设有如下要求：

(1) 沙嘴岬角延伸处，一般应布设辐射线，如布设辐射线还难以查明其延伸范围时，则应适当布设平行于其轮廓线的测线。

(2) 重要海区的礁石与小岛周围应布设螺旋形测线。

(3) 锯齿形海岸，测线应与岸线总方向成 45°角。

(4) 码头附近水域，应从码头壁外 1～2m 开始，图上每隔 2mm 平行码头壁布设 2～3 条测线。

2. 测线间隔

主测线间隔一般为图上 1～2cm，螺旋形测线间隔一般为图上 0.25cm。辐射线的间隔最大为图上 1cm，最小为图上 0.25cm。检测线的方向与主测线垂直。

现单波束系统中测线亦称为计划线，在操作系统中确定测区范围坐标、测线方向、测线间隔等参数，即可较方便地生成计划线，作为测量船作业时行驶的航线。

### 6.3.4　测深数据采集

测深时，测量船按照布设的测线逐条施测。测深数据采集时，通过可视化实时导

航系统，测量船按布设的测线行驶，应注意实际测线不能偏离设计测线间距的 50%。测深仪自动记录数据，测点间距一般为图上 1cm。海底地形变化显著地段应适当加密，海底平坦或水深超过 20m 的水域可适当放宽。

测深仪测深时应注意下列事项：

（1）水深不超过 1m 时停止用测深仪测深以保证设备安全。

（2）注意海上风浪变化，水面波高超过 0.6m 时停止测深。

（3）在测量过程中，注意 RTK 或全球星站差分技术的稳定性，如果有跳点及时检查，调整信标机工作状态。

（4）作业过程中观察测深仪的定位信号和测深信号显示，图 6-9 为某测深仪作业过程数据采集界面，出现异常记录或空白记录时要记录时间，如长时间异常，应停船检查。

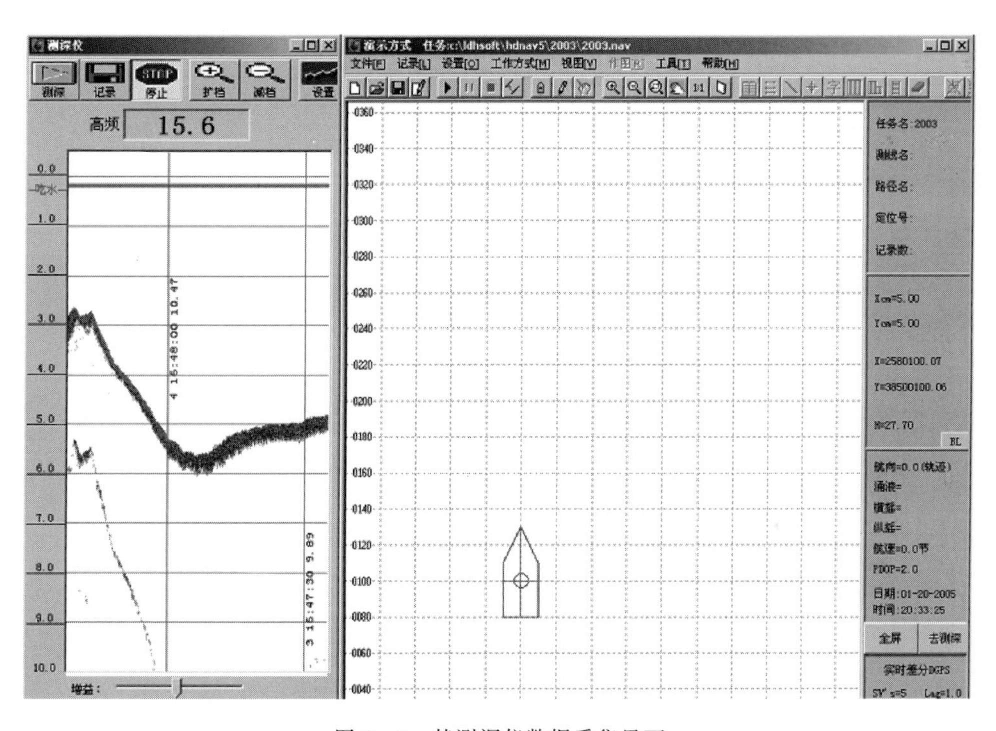


图 6-9 某测深仪数据采集界面

# 6.4 多波束测深系统

## 6.4.1 多波束测深系统概述

为了进一步发展海洋调查和勘查工作，迫切需要先进的测深手段和方法提供支撑，基于此类需求，20 世纪 20 年代回声测深技术应运而生。它利用声电换能器垂直向下发射和接收回波，并根据波束历时以及声速确定水深。利用回声测深仪进行海底地形测量的技术称为常规测深技术，它对人类认识海底世界起到了划时代的作用。

回声测深仪的出现是海洋测深技术的一次飞跃，其优点是速度快、记录连续，有了回声测深仪才有了今天真正意义上的海图。但从图 6－10 单波束测深原理可知，传统测深仪有两大缺陷：①采样点间距过大，对海底信息的反映比较粗糙；②波束角较大，对微地形测量时，常引起较大的深度误差。显然，传统的回声测深技术已不能完全满足当今海洋调查研究以及对海底地形地貌的精细描述要求。

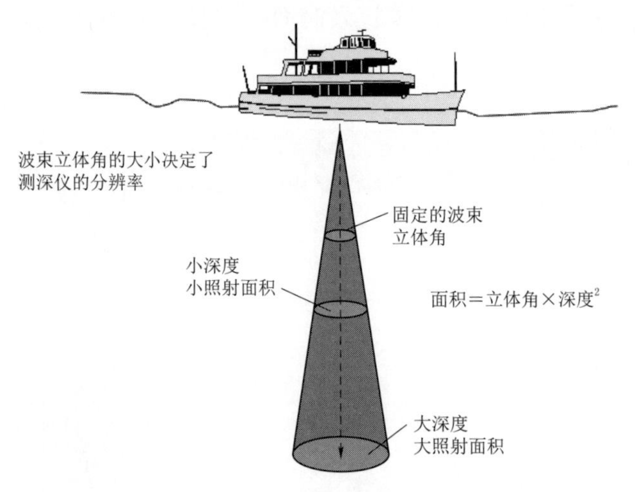

图 6－10　单波束测深原理及局限性示意图

20 世纪 70 年代出现的多波束测深系统是在回声测深仪的基础上发展起来的。多波束测深系统基于回声定位原理，在不考虑流压差影响下，发射阵列沿垂直航迹方向呈扇面发射声波，辅以严格的补偿机制和高效的数控系统，可在一个观测单元内获取大量的波束脚印点。随着声呐载体的移动，将获得整片水域内一定密度的地形观测值数据，从而比较可靠地描绘出海底地形地貌的精细特征。与回声测深仪相比，多波束测深系统具有测量范围大、速度快、精度高、记录数字化和实时自动绘图等优点，将传统的测深技术从原来的点、线扩展到面，并进一步发展到立体测深和自动成图，使海底地形图描绘得又快又准。这使水深测量又经历了一场革命性的变革，深刻地改变了海洋学科领域的调查研究方式及最终的成果质量。

随着计算机技术、信息产业和材料工艺等高技术的迅猛发展，国内外对多波束测深技术的开发应用日益成熟。根据海洋测量的需要，国际海道测量组织（IHO）已在 1994 年 9 月的摩纳哥会议上制定了新的海道测量标准 IHO S－44，并规定在高级别的水深测量中必须使用多波束全覆盖式测深技术。随着多波束测深技术应用范围的不断深入和扩展，其全覆盖式测量、高工作效率、密集采样、兼顾测深和侧扫声呐等特点被越来越被多的用户所认同，人们对这种测深技术的要求也越来越高。多波束测深技术经过了 30 年，特别是近 10 年的发展，其仪器设备无论是结构设计还是观测精度，都已达到了相当成熟和相对稳定的阶段，不同类型仪器间的性能差异越来越小，目前

在国际市场上，几乎所有的多波束测深系统的测量精度都能达到甚至超过 IHO S-44 标准。

多波束测深技术是水声技术、计算机技术、导航定位技术和数字化传感器技术等多种技术的高度集成。测深时，载有多波束测深系统的船每发射一个声脉冲，不仅可以获得船下方的垂直深度，而且可以同时获得垂直航迹方向不同波束角对应的水深值。多波束测深系统的工作原理是利用发射阵列向海底发射宽扇区覆盖的声波，利用接收阵列对返回声波进行振幅和相位检测，通过发射、接收扇区指向的正交性形成波束脚印，对这些脚印进行底跟踪，经过模拟/数字信号处理、延时或相位移后相加求和，形成数百个海底条带上采样点的水深数据，其测量条带覆盖范围为水深的 2～10 倍，与现场采集的导航定位及姿态数据相结合，从而能够精确、快速地测出沿航线一定宽度内水下目标的大小、形状和高低变化，比较可靠地描绘出海底地形的三维特征。

为了保证测量精度，必须消除船在航行时纵横摇摆的影响，一般采用姿态传感器进行姿态修正。除了姿态传感器，多波束测深系统工作时还借助电罗经、GPS 测量的定位数据、声速剖面仪测量的声速剖面数据，计算出每个波束的具体位置。由于单次发射的波束多，采集的海底水深点密集，以每秒发射 5 次（仪器最高可达 50 次/s）、单次发射 512 个波束计算，理论上多波束测深系统工作一分钟就可采集 153600 个水深数据，密集的水深数据可以真实、直观地反映海底地貌形态。

由图 6-11 可知，多波束测深系统同单个宽波束的回声测深仪相比，具有横向覆盖范围大（为深度的几倍）、波束窄（1°～2°）、效率高等优点，适用于海上工程施工区和重要航道的较大面积的精确测量，也可以用于精确测定航行障碍物的位置、深度。它能绘出海底三维图形，消除了使用单波束测深仪时判读的困难。

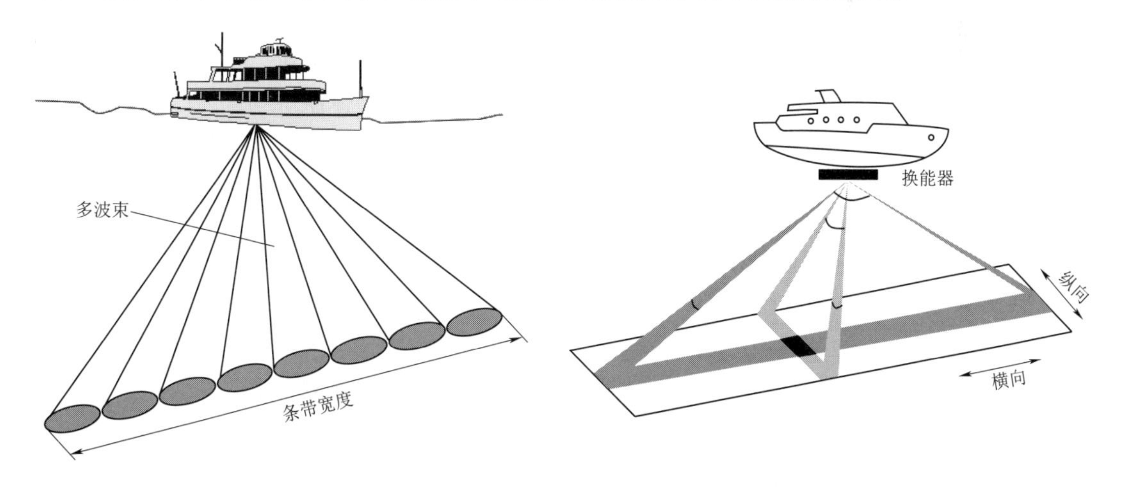


图 6-11 多波束测深原理及优势

多波束测深系统通常按照测量量程可以分为浅水多波束（1～500m）、中水多波束（5～2000m）、深水多波束（5～5000m以上），按照工作原理可以分为条带多波束和相涉多波束。

### 6.4.2　多波束测深系统构成及设备性能参数

典型多波束测深系统应包括3个子系统：①多波束声学子系统，包括多波束发射、接收换能器阵、多波束信号控制处理电子柜；②波束空间位置传感器子系统，包括电罗经、运动传感器、卫星定位系统、表面声速计、SVP声速剖面仪；③数据采集、处理子系统，包括多波束实时采集、后处理计算机及相关软件和数据显示、输出、储存设备。多波束测深系统构成如图6-12所示。

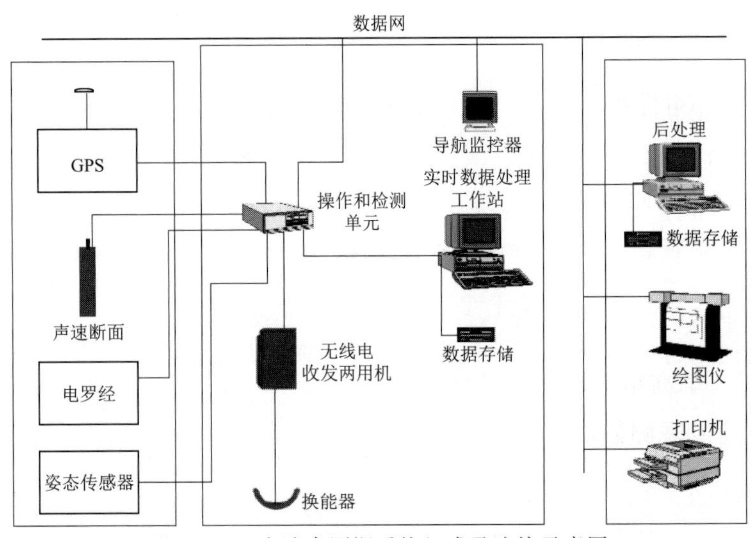


图6-12　多波束测深系统组成及连接示意图

多波束测深系统的性能要求要满足表6-3的要求。

表6-3　多波束测深系统性能要求

| 性　能 | 要　　求 |
|---|---|
| 测深精度 | 水深$H \leqslant 20$m，深度中误差限值±0.2m |
| | 水深$H > 20$m，深度中误差限值±0.01$H$ |
| 换能器波束角 | ≤2° |
| 姿态传感器 | 横摇、纵倾测量精度不低于0.05°，升沉测量精度不低于0.05m或实际升沉量的5%，电罗经测量精度不低于0.1° |
| 定位精度 | 测图比例尺不大于1∶5000时，定位点点位中误差限值为图上1.0mm |
| | 测图比例尺1∶500～1∶5000时，定位点点位中误差限值为图上1.5mm |

#### 6.4.2.1　定位、航向、姿态测量空间位置系统

定位、航向、姿态测量系统包含提供大地坐标的DGPS差分卫星定位系统和用以

提供测量船横摇、纵倾、航向、升沉等姿态数据的姿态传感器。此处对当前海洋测绘中使用较多的 POS MV（Position and Orientation Systems for Marine Vessels）系统进行简介。

图 6-13 POS MV 系统

POS MV 系统（图 6-13）在多波束测深系统提供精确的、连续的及完整的位置和方向，包括经度、纬度、高程、横摇、纵倾、航向、升沉。POS MV 系统采用紧耦合卡尔曼滤波器将惯性导航仪和 GPS 进行组合导航，此种组合方式优势主要体现在，在较少卫星可接收的情况下，GNSS 观测数据可作为 INS 的辅助数据源，甚至在 GNSS 完全失效时，也能够持续地解算出位置和方向。

POS MV 系统硬件由 POS 计算机系统（PCS）、惯性测量单元（IMU）和两个 GNSS 天线 3 部分组件组成，软件系统为 POSPac 后处理软件。

1. PCS

PCS 包含处理单元和 I/O 接口硬件，提供串口和以太网接口，与常见的水下地形测量设备和采集软件连接。PCS 还提供一个 USB 插口，以导入 GNSS 和惯性导航观测数据，用于 POSPac 后处理软件。

2. IMU

IMU 包括 3 个高精度角度传感器和 3 个高质量加速度计，提供 INS 算法输入所需的角度和加速度观测数据。

IMU 也可用于 GNSS 短期失效的位置和方向确定。在 POS MV 上进行的静态和动态测试已经证明，当 GNSS 完全失效 1min 左右时，其定位偏移小于 5m，横摇、纵倾、航向和升沉基本上不受影响。这一特征在 GNSS 信号可能会被遮挡的区域特别有用。

3. GNSS 天线

系统的 GNSS 天线用于追踪所有可用的 GPS、GLONASS、BeiDou2、Galileo、QZSS 和地球同步卫星，包括 Fugro Marinestar GPS 和 GNSS 的服务。

双 GNSS 天线以水平偏移量超过 1m 的方式安装于测量船体上，完成一次自我校准流程后，POS MV 输出 IMU 的真实航向。POS MV 使用卡尔曼滤波器校准 INS 和 GNSS 误差，以获得精确的位置、速度、姿态和航向数据。

GNSS 的定位模式可采用惯性导航辅助 RTK 和星站差分技术 GNSS 定位。

4. 后处理软件

POSPac MMS 惯性导航辅助 GNSS 软件利用 POS MV 记录的惯性数据和 GNSS 观测数据，通过计算得到位置和姿态数据。软件工具包包括单基站数据导入、多基站数据导入（SmartBase™）、RTK 后处理（PP-RTX™）、GNSS 后处理和融合（IN-

Fusion™）技术。

（1）SmartBase™利用网络GNSS参考站生成精确的虚拟站观测数据。借助SmartBase™，POSPac的惯性导航辅助GNSS后处理系统可在离最近网络参考站100km的距离内实现厘米级的定位精度，以支持单基站处理。

（2）PP-RTX™用于提供独立于基站的全球厘米级定位。

（3）输出。POSPac惯性导航辅助GNSS后处理产生平滑的轨迹估计（SBET），并对误差进行客观估计。SBET文件格式（连同误差指标）可以导入到最近的多波束条带后处理软件包中。

POS MV系统参数为：

定位精度（POSPac MMS IAPPK）为水平±8mm+1ppm×基线长度；垂直±15mm+1ppm×基线长度。

航向动态精度为0.01°（4m基线）；0.02°（2m基线）。

升沉精度为5cm或5%（实时测量）、2cm或2%（处理后）。

横摇、纵倾角精度为0.008°。

#### 6.4.2.2　多波束测深仪

海上风电海洋测绘适用浅水型多波束测深仪，当前应用较广泛的浅水型多波束测深仪有丹麦RESON公司的SeaBat系列、美国R2sonic公司的Sonic系列、挪威Kongsberg公司的EM2040系列等。近年来，国内多波束测深仪也取得了长足进步，已有商用型产品在航道及海洋工程中应用。国产浅水多波束测深仪与国外精度相近，但稳定性与国外产品还存在一定差距。

多波束测深仪由换能器和便携式的声呐处理器组成，如图6-14所示。

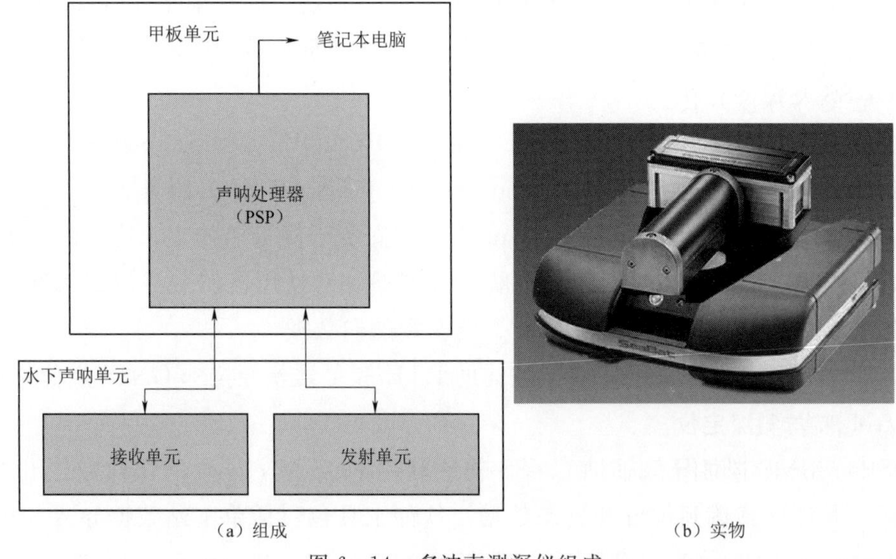


（a）组成　　（b）实物

图6-14　多波束测深仪组成

多波束测深仪按照“无缝覆盖要求”，对海底进行全覆盖式的水深测量，获取高精度的水下三维地形图，同时可以辅助和验证侧扫声呐的障碍物探测目标分析结果。

多波束测深仪探头的发射单元发出声波，到达水下再被海底或者其他传播路径上的障碍物反射。反射的信号由探头的接收单元接收，经过内部电子元件采集、数字化，传递至甲板上的处理器进行波束成型和信号处理。处理器格式化数字输出信号，传递给外围数据处理系统，也作为操作者电脑和声呐系统的联系界面。

运行软件的电脑从处理器接收波束数据、水柱数据和海底探测数据等，包括了海底线监测窗口，水柱数据、后向散射数据和侧扫数据显示窗口以及传感器监测窗口和整个系统的内置测试环境监测窗口。

1. 声速剖面仪和表面声速仪

声速剖面仪和表面声速仪能够为多波束、单波束数据采集提供实时的测量区域水柱中的声速数据，提高水深测量精度，如图 6-15 所示。

2. 验潮仪

验潮仪实时自动采集潮位变化信息，读数精度高于人工测量值，可用于水深测量潮位改正，提高水深测量精度，如图 6-16 所示。

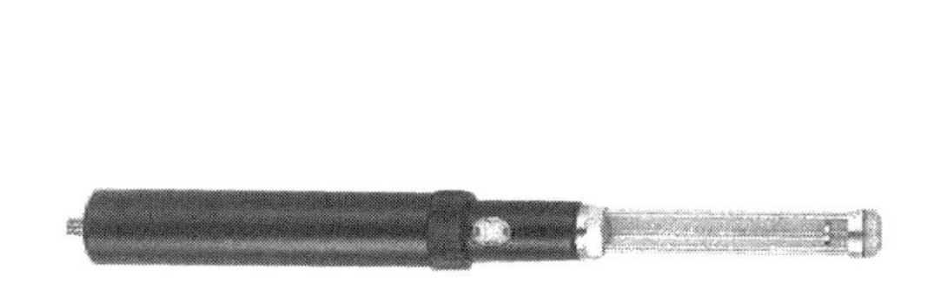

图 6-15 表面声速仪

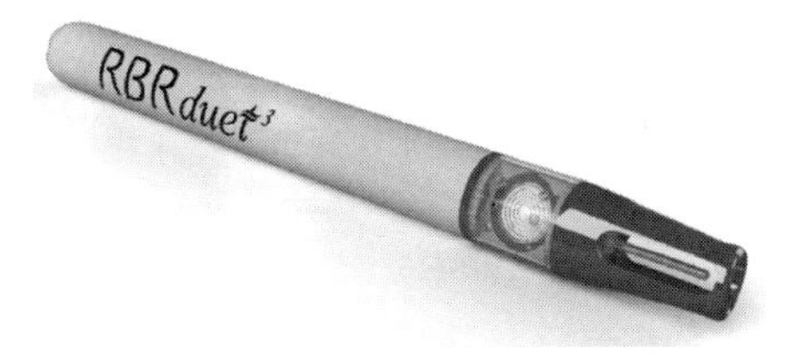


图 6-16 验潮仪

典型验潮仪的性能参数：

(1) 温度传感器。量程为−5～35℃，初始精度为±0.002℃，分辨率小于 0.00005℃。

(2) 压力（深度）传感器。初始精度为满量程的±0.05%，分辨率小于满量程的 0.001%。

(3) 采样参数。采样频率：2Hz 每 24h（连续模式）；2Hz、4Hz、8Hz 和 16Hz（潮位模式）。采样周期：1s～24h。

### 6.4.3 工作流程

多波束水深测量工作流程如图 6-17 所示。

#### 6.4.3.1 导航与测深定位检测

海域测量导航定位作业前应检测设备的定位精度，检测精度应小于规范的限差要求，应分别在测区或附近的一个等级点（精度不低于 GPS 一级控制点）上对定位设备进行不少于 24h 的静态比对测试，采样间隔不大于 1min，检测定位设备的稳定性。

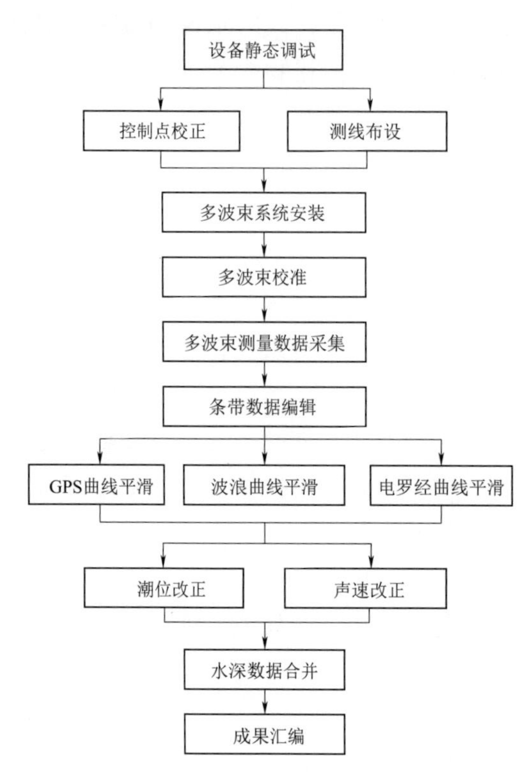


图6-17　多波束水深测量工作流程图

仪器采集数据稳定且采集数据精度满足要求后方可使用。

#### 6.4.3.2　多波束测线布设

多波束测线布设的主要原则是满足规定的测区全覆盖测量，测线布设要求如下：

（1）主测线布设方向应按工程的需要选择平行于等深线的走向、潮流的流向、航道轴线方向或测区的最长边等其中之一布设。

（2）多波束扫测线间隔按实际水深的4倍灵活布设，有效测深宽度根据仪器性能、回波信号质量、潮汐、测区水深、测量性质、定位精度、水深测量精度以及水深点的密度而定。主测线的间隔应不大于有效测深宽度的80%，保证多波束能全覆盖扫测，且其有效条带重合度大于条带宽度的15%。在重要航行水域，测线的间隔应不大于有效测深宽度的50%。

（3）确定测线长度时，应综合考虑水位改正、声速变化、数据安全维护等因素。

（4）检测线应垂直于主测线均匀布设，并至少通过每一条主测线一次；检测线总长应不少于主测线总长的5%；检测线采用单波束或其他多波束测深系统进行测量，当使用多波束测深系统做检测线比对分析时，应使用其中央波束。

（5）测线的补测：当资料记录不清晰，或发现不符合技术要求的测线时，现场技术负责人应马上要求作业人员对不合格测线进行补测；测深作业时如船只航迹间隔超过航线1/2间距也要补测。

（6）测线的增加：当测线间重叠范围不足15%时，中间再补测一条测线。

#### 6.4.3.3　系统安装及校准

（1）多波束换能器应安装在噪声低且不容易产生气泡的位置。多波束换能器的横向、纵向及航向安装角度应满足系统安装的技术要求，具体的设备安装测试根据系统随机技术手册进行。

（2）姿态传感器应安装在能准确反映多波束换能器姿态或测船姿态的位置，其方向线应平行于船的艏艉线，具体的设备安装测试根据系统随机技术手册进行。

（3）电罗经安装时应使电罗经的读数零点指向船艏并与船的艏艉线方向一致，同

时要避免船上的电磁场干扰，具体的设备安装测试根据系统随机技术手册进行。

（4）定位设备的接收天线应安装在测量船顶部避雷针以下的开阔地方，应避免船上其他信号的干扰。

（5）系统所使用的设备（发电机、电脑、控制中心等）应按照仪器规定的技术要求接地。

（6）系统各配套设备的传感器位置与测量船坐标系原点的偏移量应精确测量，读数至1cm，往返各测一次，水平方向往返测量互差应小于5cm，竖直方向往返测量互差应小于2cm，在限差范围内取其均值作为测量结果。

（7）系统安装以后，应测定多波束换能器的静态吃水改正参数，其测量方法如下：多波束固定杆总长减去水面以上部分的固定杆长度，再加上固定杆底端到换能器阵列面垂直高度即为多波束测深系统换能器的静态吃水深度。因多波束固定杆总长是固定值且已知，关键是测量固定杆水上部分的长度。在测量该值时，需确保船舶平衡，避免倾斜，并由两人分别测量水面至杆顶的长度，互差值不大于0.01m，取均值作为最后结果。由此计算的换能器静态吃水深度应精确量至1cm。

（8）系统安装以后，除应测定多波束换能器的静态吃水改正参数外，还应测量作业船舶在各种航速下的动态吃水改正参数，其测量方法如下：

1）选择一处海底平坦、底质较坚硬的海区，水深为船吃水深度的7倍左右，且该海区要能保证船只用各种速度航行。

2）在测定海区抛一浮标，船停于浮标旁，用测深仪精确测定水深，最少测量三组数据，取均值作为船舶静态测量的水深值；然后测量船以测量时的各种速度（快速、中速、慢速）通过浮标相同位置（船在停止状态下的测深位置），并测量船舶运动时的水深值。

3）每种船速应观测3次以上，然后对相同速度测量的水深值取平均值，根据船舶静态测量的水深值计算与动态测量的水深值差值。该差值加上静态吃水深度，即为测量船在某一航速下的动态吃水深度。

4）船在航行时中尾部一般要下坐，当换能器位置处于船尾一端时，动态吃水深度为静态吃水深度和所测得的船尾下坐值之和；航行时船首一般向上抬起，当换能器处于船首时，动态吃水深度为静态吃水深度减去所测得的船首上抬值之差。

5）如果测区潮汐变换较大，计算的水深值时应加入潮位改正参数。

（9）系统各配套设备的传感器的位置变动或更换设备后，应重新测定和重新校准。测量期间如系统受到外力影响，应重新校准。

（10）多波束测深系统校准：在正式开始作业前，于测区合适水域布设测线进行多波束横偏、纵偏、艏偏、时延校正，测定及计算出多波束测深系统的校正参数，校准一般按定位时延、横摇偏差、纵摇偏差、航向偏差等顺序进行。

定位时延的测定与校准宜选择在水深浅于10m、水下地形坡度10°以上的水域或在水下有礁石、沉船等明显特征物的水域，在同一条测线上沿同一航向以不同船速测量两次，其中一次的速度应大于等于另一次速度的两倍，两次测量作为一组，取三组或以上的数据计算校准值，中误差应小于0.05s。

横摇偏差的测定与校准宜选择在水深大于或等于测区内的最大水深、水下地形平坦的水域进行，测量船在同一测线上相反方向相同速度测量两次为一组，取三组或以上的数据计算校准值，中误差应小于0.05°。

纵摇偏差的测定与校准宜选择在水深大于或等于测区内的最大水深、水下坡度10°以上的水域或在水下有礁石、沉船等明显特征物的水域进行，在同一条测线上相反方向相同速度测量两次作为一组，取三组或以上的数据计算校准值，中误差应小于0.3°。

航向偏差的测定与校准宜选择在水深大于或等于测区内的最大水深、水下坡度10°以上的水域或在水下有礁石、沉船等明显特征物的水域进行，使用两条平行测线（测线间隔控制在2～3倍水深）以相同速度、相同方向各测量一次作为一组，取三组或以上的数据计算校准值，中误差应小于0.1°。

（11）系统的校准参数应由两人以上分别计算。参数一经确定，不得随意修改。

（12）系统的各项安装参数、校准参数、综合测深误差、精度比对结果应在多波束测深系统校准报告中准确记录。技术主管人员应对多波束测深系统校准报告进行审核。

（13）经过定位时延、横摇偏差、纵摇偏差和航向偏差测定与校准后，应对其综合测深误差进行测定。综合测深误差的测定应选择在水深大于或等于测区内的最大水深、水下地形平坦的水域按正交方向分别布设测线进行测量，并比对重叠部分的水深，水深比对不符值的点数不应超过参加比对总点数的15%，比对不符值的限差计算公式为（或查多波束水深测量极限误差图）

$$e=\pm\sqrt{2}\Delta=\pm\sqrt{2(a^2+b^2d^2)} \tag{6-7}$$

式中 $e$——多波束水深测量主、检比对极限误差，m；

$\Delta$——测深极限误差，m。

$a$——系统误差，m；

$b$——测深比例误差参数；

$d$——水深，m；

$bd$——测深比例误差。

#### 6.4.3.4 多波束测深数据采集

多波束测深系统可自动采集扫测范围内的各点水深值，采用的多波束采集控制软件可通过调节增益、功率及发射频率等功能来保证水深点数据的质量，同时，在主控

计算机中可监视船体与测线之间的关系。数据采集后，为检测测线数据的采集质量，系统可支持计算机对待检数据进行回放。外业工作结束后，即可利用相关数据软件进行数据的处理与成图。

多波束外业数据采集中系统参数的设置应根据海测作业区域特征进行，以保证获取数据的质量和精度。

1. 量程设置

量程设置决定“看”多远。如果量程设置太短，边缘波束会丢失；如果量程设置太长，会导致噪声数据增加。量程设置会影响 ping 率，量程越长，ping 率越低。

图 6－18 情形下，量程设置过短，边缘波束不能打到水底，因为这些波束里没有水底数据，底跟踪处理就只能看到水体的噪声了。特殊情况下，如果不需要水底的边缘波束，而是想看小部分水底数据，如海底管线调查，则可因此提高 ping 率，增加声密度。

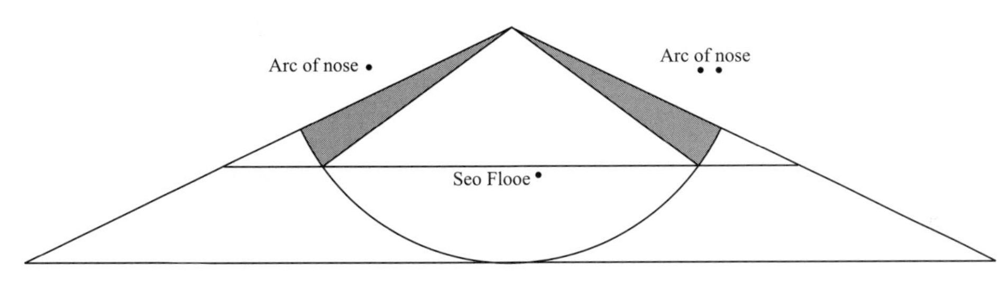


图 6－18　量程设置过短

如图 6－19 所示，量程设置过长，接收阵就会“打开”过长，当接收从海底反射回波时就会记录过长。假背景噪声会放大，这样会产生更有噪声的数据。

2. 脉冲长度

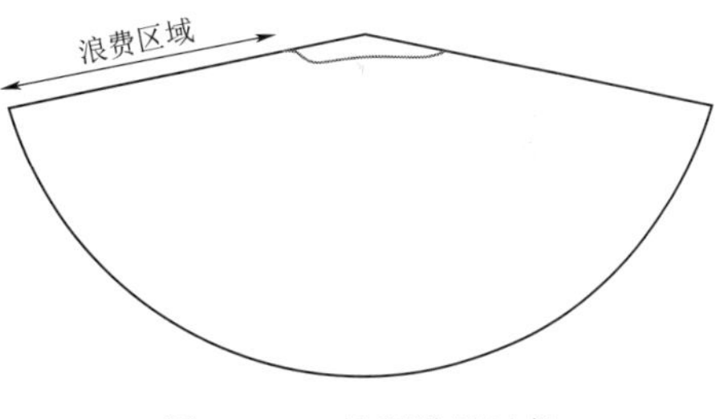


图 6－19　量程设置过长

对于已定的功率设置，短脉冲长度可以在更短的量程内提供更高的分辨率。长的脉冲长度能提供足够的量程以保证测深范围，但长脉冲将给水深测量带来更多噪声，分辨率也更低。当在大水深满功率工作时，需要增加脉冲长度以获得大量程，满足测深需求。

在某些情况下，例如水体混浊时，较窄的脉冲长度可能效果并不好，而较长的脉冲长度或许可以获得较优的分辨率，也可以通过调低频率来实现。

3. 波束模式

高密度波束可以提供特殊图像清晰度和细节，或使用小部分波束来使数据结果更快出来。通过在浅水使用较少的波束，系统可以只收集需要的数据，从而减少存储和数据处理的需求。也可以保持恒定海底波束间隔来提供最小数据容量下的高质量结果。

数据采集作业中一般有等距模式（Equi - Distant）、等角模式（Equi - Angle）和中间模式（Intermediate）三种波束模式。

（1）等距模式：可达140°或150°覆盖角。为了保持最大可能的波带覆盖来保持一定数量的波束量，一般目的的测量都会选用此模式。为整个波带提供高密度等距波束。

（2）等角模式：可达165°覆盖角。通常用于倾斜探头往上打波束、水柱数据记录，或减少记录的数据量。可以用最少的波束提供等角分布。

（3）中间模式：可达140°或150°覆盖角。适用于一般目的的测量、倾斜探头模式或双头操作。为整个波带提供高密度波束。

在等距模式中，间隔会修正，以保持水底波束的间隔相同，确保一个平的底部面；在等角模式里，覆盖波带的波束是以一个中心点发射保持间隔的。一般使用等距模式用于一般测量任务以保持一定数量的波束量，或适用于水底比较平的情况。

当需要测量例如沉船、海洋桩基础、港口墙体这种竖直建筑时，可以优先使用中间模式或等角模式。因为，在此类情况下扇形边缘波束的大重叠，使用等距模式扫复杂构造会引起物件放大变形而失真。

水深测量外业数据采集过程中应注意以下内容：

（1）在测量前，应将测量范围、水下障碍物、助航标志、特殊水深等信息数据输入到系统中。

（2）作业前应对系统设置的投影参数、椭球体参数、坐标转换参数以及校准参数等数据进行检查。

（3）每天作业前，应检查测量船的水舱和油舱的平衡情况，要保持船舶的前后及左右舷的吃水一致。

（4）每天作业前和作业后，应分别量取系统多波束换能器的静态吃水值，如发生变化应在系统参数中及时调整。

（5）每天作业前和作业后，应对系统的中心波束进行测深比对，比对限差应小于式（6 - 1）中Δ测深极限误差的50%。

（6）多波束扫测时，需要使用表面声速探头实时测量声速信息，并输入处理器中，同时应根据声速变化值采集声速剖面数据，声速剖面测量时间间隔应不超过3h，如测区跨度大，应先调查测区的声速变化情况，如声速变化小于2m/s，可以不分区测量，否则应分区测量。

（7）测深精度需求分析。水深小于（含）30m的水域，精度应满足规范《多波束测深系统测量技术要求》（JT/T 790—2010）中特等测量的要求。水深大于30m的水

域，精度应满足上述规范中一等测量至三等测量的要求，即

$$\Delta=\pm\sqrt{a^2+(bd)^2}$$

式中 $\Delta$——测深极限误差，m；

$a$——系统误差，m；

$b$——测深比例误差参数；

$d$——水深，m；

$bd$——测深比例误差。

(8) 在测量过程中，对测量船的航行速度应进行实时监控，测量时的最大船速计算公式为

$$v=2\tan\frac{a}{2}\times(H-D)N \tag{6-8}$$

式中 $v$——最大船速，m/s；

$a$——纵向波束角，(°)；

$H$——测区内最浅水深，m；

$D$——换能器吃水，m；

$N$——多波束的实际数据更新率，Hz。

(9) 为取得良好的资料，对船舶的航速、航迹进行控制非常必要，包括：

1) 驾驶员和舵手应掌握调查测区的转流时刻及主流向，调整好航向校正值。

2) 舵手认真观察定位导航检测屏幕，及时调整航向。

3) 调查作业中非紧急情况严禁倒车及急速转向。

4) 系统的所有设备稳定工作后，方可进行测深作业。在正式采集数据之前，应按预定的航速和航向在测线延长线上稳定航行不少于 1min。

5) 在测线上不允许直接改变船只航向。

6) 在工作中，船只航速必须保持稳定且最大航速不得高于 6 节。

7) 大雾天气能见度低于 5m 时，停止作业。

(10) 在测量过程中，应实时监测系统各配套设备的传感器运转、数据记录等情况。当现场质量监测不符合要求时，应停止作业。如果系统发生故障应立即停止作业，待查明原因并对相关设备进行检测和校准后方可继续作业。图 6-20 为某型号多波束数据采集作业监控窗口。

(11) 在 GPS 信号丢失或无差分信号时应停止测量，转弯处应停止测量，以保证多波束水深测量的精度。

(12) 在测量过程中，应实时监控多波束测深数据的覆盖情况和测深信号的质量，当信号质量不稳定时，应及时调整多波束发射与接收单元的参数，使波束的信号质量处于稳定状态。

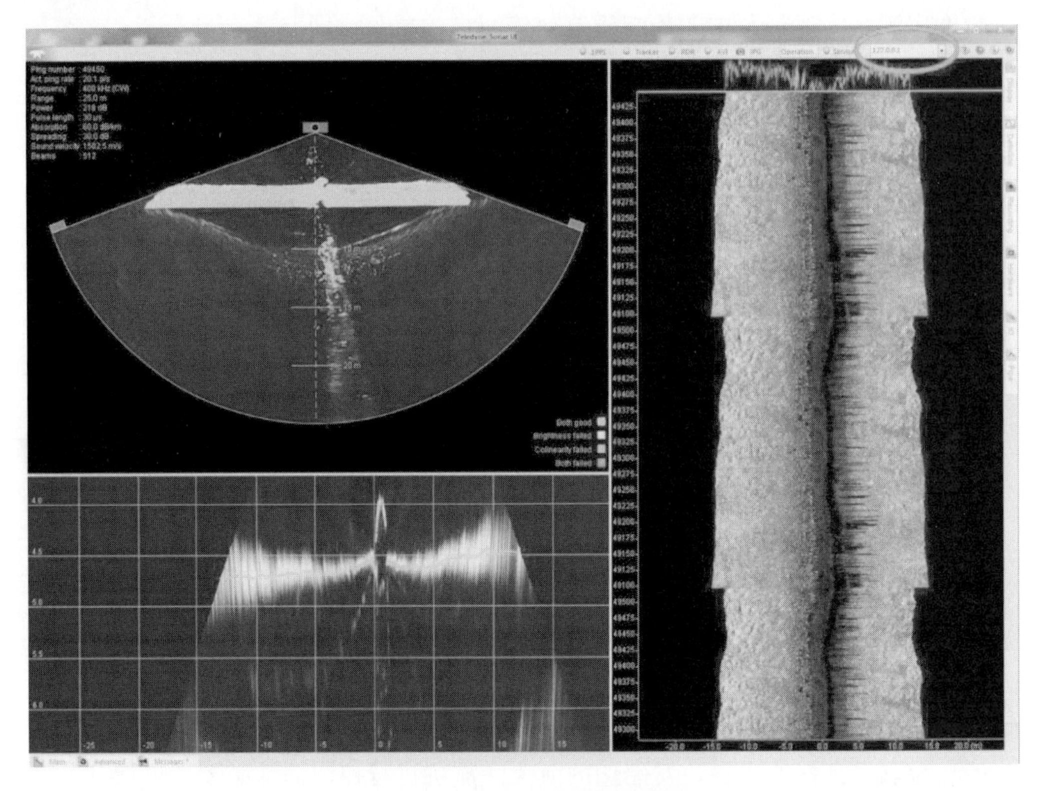

图 6-20　多波束作业数据采集窗口

（13）野外作业时，操作员应在每条调查测线的开始和结束时，填写测线参数标签，标记清楚标号、测线名称、航向、起始时间、结束时间；测线调查过程中，应正确记录清晰定位点号及现场所遇特殊情况并签上操作员的姓名。

（14）作业过程中测深数据的补测与重测如下：

1）多波束测线不能全覆盖，中间空白区域应补测。

2）发现浅点或可疑点应复测，必要时应多次且不同方向探测。

3）测深仪测深回波信号中断或模糊不清，在图上超过 3mm，应补测该段。

4）如发现障碍物，应现场从不同方向利用多波束中间区域的波束加密测量。

5）每天测量结束后应备份测量数据，核对系统的参数并检查数据质量。发现水深漏空、水深异常、测深信号的质量差等不符合测量精度要求的情况，应进行补测。

#### 6.4.3.5　数据处理及绘图

以某型号多波束配套数据软件为例，具体流程如图 6-21 所示，包括：创建新项目，将 PDS CONTROL CENTER 数据格式转换成 Caris 软件格式；加载剖面声速改正文件；加载潮位改正文件；创建地域图表；计算 TPU 值；创建 CUBE 地形曲面；数据编辑及数据质量控制；验证 CUBE 地形曲面；输出数据（水深值、等值线、地貌图像）。

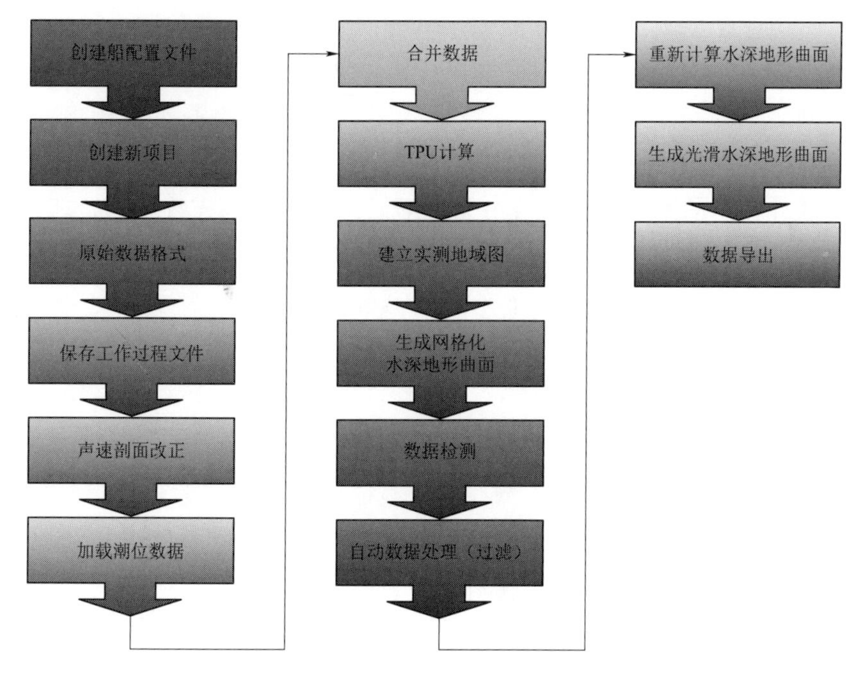


图 6－21　多波束数据处理流程图

多波束数据经 Caris 数据处理软件可输出水深点坐标、海底地形地貌图像、海底地形三维模型等数据格式。最终成果利用 Caris 生成 0.5m×0.5m（或者精度更高的模型）海底地形 CUBE 曲面，在该水深值范围内，可有效地确定海底地物的位置，如海底电缆、礁石等。数据处理时注意以下几点要求：

（1）数据处理之前，应先检查数据处理软件中设置的投影参数、椭球体参数、坐标转换参数、各传感器的位置偏移量、系统校准参数等相关数据的准确性。

（2）数据处理时，应结合多波束测深系统外业测量记录，根据需要对水深数据进行声速改正、水位改正。应对每条测深线的定位数据、电罗经数据、姿态数据和水深数据分别进行编辑。

（3）水深数据编辑时，应根据海底地形、各波束测得的水深数据的质量选择合理的参数滤波，然后进行人机交互处理。对于无法判断的点，应从作业水域、回波个数、信号质量等方面进行分析。

（4）在数据经过编辑及各项改正后，应再次对所有的水深数据进行综合检查，根据各水深的传播误差及附近的水深利用表面模型进行评估，剔除不合理水深数据。

（5）符合质量要求的水深，应根据制图比例尺和数据用途对符合要求的水深数据进行抽稀，水深点图上间距一般不应大于 5mm。

（6）检查断面与测深断面宜垂直相交，检查点数不应少于 5%。检查断面与测深横断面相交处，图上 1mm 范围内水深点的深度较差，不符值限差按式 $\varepsilon=\pm\sqrt{2}\Delta$ 计算或查多波束水深测量主、检比对极限误差图，当水深比对不符点超过参加比对总点数的 15%时，应综合分析超限原因，合理处置，必要时应重测验证。

（7）经确定的水深特殊浅点应以该点为中心按要求绘制水深图和水下数字地形图。

（8）将软件输出的水深值编辑成海底地形图绘制所需格式数据，处理后的水深数据格式应与该软件的制图系统相匹配。

（9）每条测线的编辑情况、数据处理的参数及异常点的检查、处理应在多波束测深系统数据处理记录中做好记录，并作为质检人员对数据处理质量进行检查的依据。

（10）数据处理后发现下列问题时应进行补测或重测：

1）测量区域内水深漏空或相邻测线的重叠带宽度不符合规定。

2）水深异常、信号质量不满足测深精度要求等情况。

3）使用的系统未按规定校准或比对精度超限。

4）测量船速超过最大限速。

5）水位控制、观测资料不符合有关测量规范的要求。

6）主、检比对超限的点数超过参加比对总点数的 15%。

7）相邻测深线或不同测量日期所测水深拼接误差超限。

8）存在疑问的特殊浅点未进行加密测量或虽经加密测量但仍不能确定。

9）其他需要补测或重测的问题。

图 6-22 和图 6-23 分别为海上风电场工程扫测的沉船及海底电缆工程中多波束扫测的海底地形地貌三维图像。

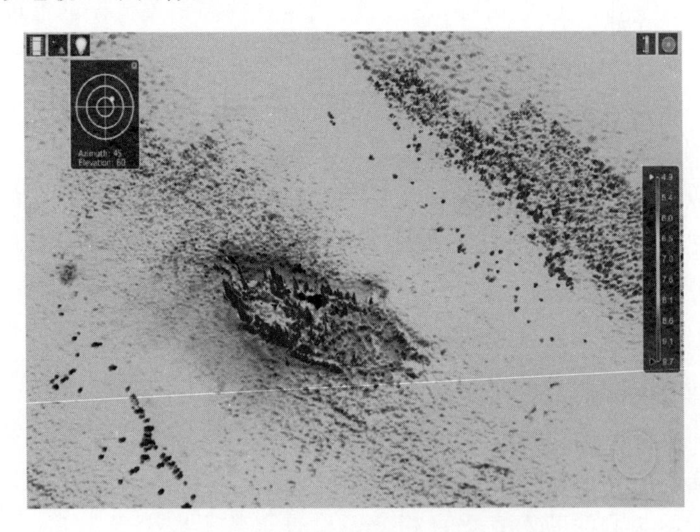

图 6-22　某海上风电场工程扫测的沉船

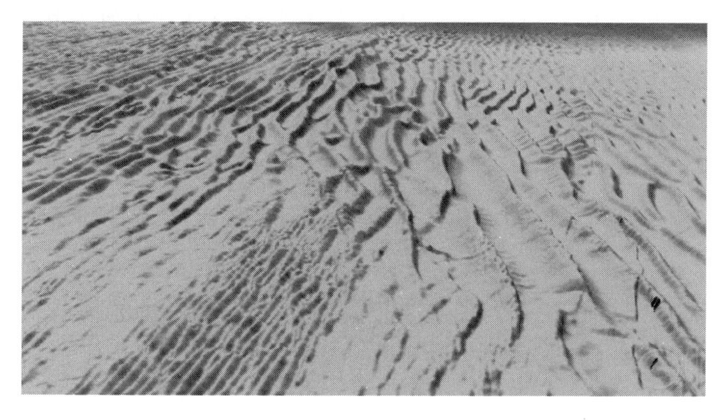

图 6-23 某海底电缆工程中多波束扫测的海底地形地貌三维图像

#### 6.4.3.6 测深检查

测深过程或测深结束后，应对测深断面进行检查。检测线与主测线垂直相交，检测线总长应不少于测线总长的5%。利用多波束测深系统进行检测线测量时，应使用中央波束。

图上1mm范围内水深点深度较差的限差不应超过表6-4的规定。

表 6-4 深度检查较差的限差

| 水深 $H$/m | $H\leqslant 20$ | $H>20$ |
|---|---|---|
| 深度检查较差的限差/m | 0.4 | $0.02H$ |

出现以下情形之一的，应进行补测：

(1) 测线间隔大于设计测线间隔1.5倍。

(2) 使用多波束测深系统全覆盖侧深时，如因偏航、船只规避等原因导致测线间有未覆盖区域时。

(3) GNSS定位时，卫星数少于3颗，连续发生信号异常以及GNSS精度自评不合格的时段。

(4) 测深点号与定位点号不符，且无法纠正。

(5) 测深期间，验潮中断。

## 6.5 其他测深方法

在水下地形测量中，最早的测深工具是测深杆和测深锤等人工测深手段，现在的测深设备主要是测深声呐，但在极浅滩涂区、潮间带等声呐设备无法工作的地方，这些人工测深工具仍可发挥作用。

测深杆用金属或其他材料制成并带有底盘，刻有标度以供读数。在浅滩测量时，回声测深仪难以反映小于1m的水深，同时存在测深仪换能器刮擦水底的风险，此时使用测深杆进行水深测量是一种有效的方法。

测深锤的绳索上有用于读数的刻度标示。测深锤只使用于水深较小、流速不大的浅水区。测深时应使测深锤的绳索处于垂直位置，再读取水面与绳索相交的数值，其测深精度与操作人员的熟练程度有很大关系，且工作效率低。

使用人工测深方法应在水深20m以内、流速不大的海域，测深精度要求见表6-5。

**表6-5　人工测深精度要求**

| 水深范围/m | 测深仪器或工具 | 流速/(m/s) | 测点深度中误差/m |
| --- | --- | --- | --- |
| 0～4 | 测深杆 | — | 0.1 |
| 0～10 | 测深锤 | <1 | 0.15 |
| 0～20 | 测深锤 | <0.5 | 0.2 |

# 参　考　文　献

[1]　赵建虎. 现代海洋测绘［M］. 武汉：武汉大学出版社，2007.

[2]　徐绍铨，张华海，杨志强，等. GPS测量原理及应用［M］. 武汉：武汉大学出版社，2008.

[3]　田林亚，等. 工程控制测量［M］. 武汉：武汉大学出版社，2011.

[4]　中华人民共和国国家质量监督检验检疫总局，中国国家标准化管理委员会. GB/T 18314—2009 全球定位系统（GPS）测量规范［S］. 北京：中国标准出版社，2009.

[5]　刘忠臣，周兴华，陈义兰，等. 浅水多波束系统及其最新技术发展［J］. 海洋测绘，2005，25（6）：67-70.

# 第 7 章　海上风电场场地稳定性评价

本章主要针对活动断裂及地震活动和海洋地质灾害说明其对海上风电场场地稳定性的影响，按国家相关规范规定，主要作定性分析，评价确定场地稳定性。

海洋地质灾害按其危害程度、成因动力条件等因素，主要划分为两类：一是具有活动能力的破坏性地质灾害，诸如活动断裂及地震活动、海底滑坡、浅层气、海底浊流、活动沙丘与沙波、泥底辟等；二是不具有活动能力的限制性地质条件，诸如古河道及古三角洲、不规则浅埋基岩及礁（孤）石等（图 7 - 1）。

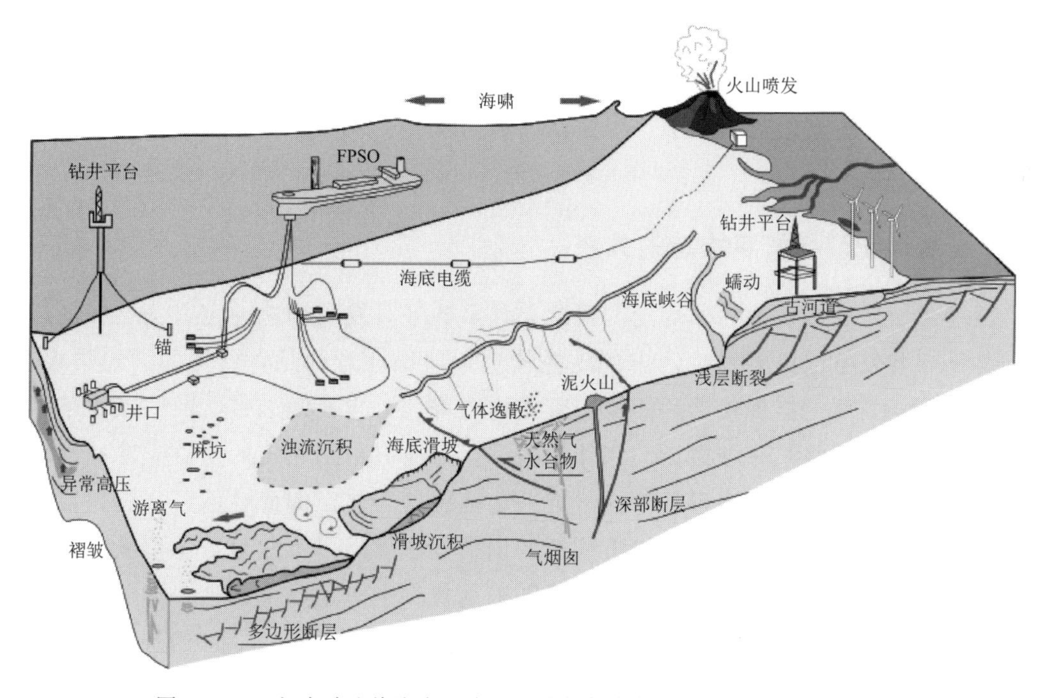


图 7 - 1　理想大陆边缘海底及浅层地质灾害分布（据 Francesco 等修改）

## 7.1　活动断裂及地震活动

### 7.1.1　活动断裂及地震活动的定义

活动断裂是指第四纪以来曾发生过活动、正在活动或未来可能活动的断裂构造。地震活动，又称地动、地振动，是地壳经过长时间受力快速释放能量过程中造成震动，并在期间会产生地震波的一种自然现象。需要说明的是，在进行海洋工程地震构造环境评价时，通常将断层最新一次活动年代只追溯到晚更新世初或约100ka前（叶银灿等，2012）。国家地震局、国家核安全局对活动断裂含义曾联合发文规定：自晚更新世以来或约100ka以来没有活动迹象的断裂称为不活动断裂，反之则称为活动断裂。

活动断裂和地震活动同属构造成因型不良地质作用。地震活动由于地壳断层之间的相对运动而产生，因此，断裂（特别是活动断裂）与地震活动有着极为密切的联系（李西双，刘保华等，2008），两者通常相生相伴，如：1976年的唐山大地震发生在一条长84～140km的断裂带上；1995年日本阪神地震则与Nojima断层的活动有关；美国西海岸沿San Andress断裂带至今仍是强烈的地震活动构造带。因此，本章节将活动断裂及地震活动合并叙述。

### 7.1.2　活动断裂的分类

活动断裂有多种分类方法，根据断层形成的力学性质可分为张性断层、剪性断层和压性断层；根据断层的运动方式可分为正断层、逆断层和平移断层；根据断层的活动时代可分为早更新世活动断层、中更新世活动断层、晚更新世活动断层和全新世活动断层。

### 7.1.3　活动断裂与发震构造的关系

活动断裂与发震构造并非等同的概念。鄢家全等对发震构造的定义为：在现代构造条件下，曾发生或可能发生地震的地质构造。值得注意的是，这里的“地质构造”绝非单指断层，而是指现代活动的构造带或构造单元，包括断裂带、断陷或压陷盆地和褶皱等。即使是与某一断层活动相伴的地震，由地震台网测定的余震震源空间分布形态也表明，发震构造应当包括断层附近一定范围的岩体。因此，不可以将发震构造简化为发震断层。鄢家全等对于发震构造的识别方法提出以下建议：①以新构造单元为基础划分地震构造区；②按历史重演原则识别曾发生过地震的构造，即凡有较可靠中强以上地震震中、有小地震呈丛或呈带分布，或有可信古地震遗迹的地段，均宜识别出符合现代构造条件的发震构造；③根据地震构造区内曾发生过不同震级地震的构造标志，再按类比原则推断可能的发震构造；④综合评定地震构造区的极限地震，并以此作为区内发震构造最大潜在地震的阈限。

### 7.1.4　我国活动断裂及地震活动的分布特征

我国海域包括渤海、黄海、东海、南海以及台湾东侧太平洋部分水域。我国海域活动断裂非常发育：渤海断裂构造比较发育，断裂走向优势方位是NNE和NWW，

最重要的活动断层是郯庐活动断裂，次为渤海 NWW 向活动断层；黄海海域活动断层主要包括北部盆地北缘断层、北部盆地南缘断层、北部盆地 NNW 断层、南部盆地南缘断层、栟茶河断裂、苏北滨海断裂等；东海海域主要活动断裂有 8 条，分别为温州-镇海活动断层、西湖-基隆活动断层、男岛-赤尾屿活动断层、龙王主活动断层、草垣-与那国活动断层、舟山-国头活动断层、鱼山-久米活动断层、台湾东海 NW 向活动断层；南海海域活动断层包括南澎-担杆活动断层、珠江口盆地北缘活动断层、北卫滩-台湾浅滩活动断层、珠江口盆地南缘活动断层、中央海盆北缘活动断层、台湾海峡 NW 向活动断层、马尼拉海沟活动断层等。

渤海及其邻近区域是我国重要的油气资源区，又是我国政治中心和经济圈，同时也是我国大陆东部强震的多发区。已有的天然地震记录表明，自 1568 年以来，渤海海域有记录的 6 级以上的地震 6 次，7～7.5 级大震 3 次，其中，以 1888 年 7.5 级地震为最大；而最近的人工地震调查显示，渤海海域中一些断裂的破裂面已直达海底。郯庐断裂与 NW 向张家口（北京）-蓬莱断裂被认为是渤海主要的新生代活动构造带。在陆域，上述两条断裂带晚第四纪以来具有强烈的活动性，沿断裂带多次发生地震活动；而在海域，由于缺乏断裂浅部结构（自海底以下 300～500m）信息，对断裂的最新活动性质和动力学机制缺乏足够的了解，使得对渤海地震活动带，特别是强震活动带的划分、发震构造的确定等问题上尚存在着争议。

福建-粤东沿海，特别是沿泉州-汕头一带是我国另一个强震多发区。据不完全统计，1600 年来该区共发生 7 级以上地震 4 次，6 级地震 5 次，5 级地震 27 次。该断裂带沿粤闽沿海分布，由数条规模较大的 NE 或 NEE 向断裂斜列组成，是一条新生代强烈活动的地震带，$M \geqslant 4^{3/4}$ 地震震中的分布表明，东南沿海（台湾除外）的中强地震主要集中于滨海断裂带上，在台湾海峡西侧尤为明显。

### 7.1.5 活动断裂的勘察手段

20 世纪 90 年代以来，海域活动断裂逐步得到重视。国外学者在一些海底活动较为活跃的海域，如爱琴海、西地中海、日本海南缘、马尔马拉海和阿尔及利亚的 Boumerdes 等海域开展了活动断裂的研究，其中以马尔马拉海域的研究最为详细。上述研究中借助了海洋地球物理方法（主要是高分辨率声学探测）、水下照相/摄像技术和海底取样等技术手段来获得海底断裂最近活动的几何学、运动学和动力学特征，还获得了一些断裂的发震历史和古地震信息。目前对海底活动断裂和地震活动主要有以下的研究方法：

1. 高分辨率声学探测

高分辨率声学探测技术（包括多波束水深测量技术、侧扫声呐技术和人工反射地震探测技术）是研究海底活动断裂几何学和运动学特征最常用和最有效的手段。海底地形地貌是现代构造活动最直接的证据，如正断层的活动可以在海底形成台阶，走滑断层可以将标志性地貌错动等。通过海底多波束地形测量结合侧扫声呐影像，可以获得断裂及周边精确的地形数据和地貌特征，从而可以直观地了解断裂构造的走向和性质，并可以粗略估计其活动强度；还可以确定海底的发震断裂。由于海水具有较强的一致性，故与陆域地震勘测相比，在海域可以获得分辨率更高的地震剖面资料。现在海域使用的高分辨率浅地层剖面系统能够获得垂向分辨率优于1m甚至厘米级的地层剖面，可以清楚地揭示晚第四纪沉积地层的结构、断裂构造的产状、平面组合特征、运动学特征、活动强度以及沉积地层与断裂之间的变形关系。

2. 水下照相/摄像

使用水下照相/摄像技术可以直观地了解海底断裂活动形成的陡崖和地震活动产生的震积体，有时甚至可以观察到更为细致的断裂活动产生的破裂面特征和变形特征，从而了解海底断裂的运动学特征、古地震和特征地震等。

3. 海底钻孔

跨越断裂两侧进行海底钻孔也是研究海底活动断裂的常用手段。通过岩心样品古环境分析、年代测定，结合地震资料可以建立沉积地层的年代格架，从而可以解析断裂生长发育史。另外，位于断裂上的钻孔可以提供断裂变形、埋藏古震积体等信息。

4. 年代测定

断裂最新活动年代的确定是活动构造研究中的重要部分。目前，陆域活动断裂研究中最常用的方法是取断层泥进行测年，常用的方法有射性碳定年法（14C ASM）、热释光（TL）和电子自旋共振（ESR）。近年来的一些研究表明，由于在断层泥获得和测年过程中容易受到自然或人为因素扰动，利用断层泥测定断裂最新活动时代的方法需要十分慎重。而对于海底活动断裂，由于其上端常位于现代松散沉积物中，无法取得断层泥，但可以通过间接的方法获得断裂活动的时代，即通过测定钻孔岩心样品的年龄建立起沉积地层的年代格架，从而根据断裂与标志性地层错动或覆盖关系来确定其最新的活动时代。一些研究似乎表明，这种获得断层最新活动时代的方法较某些情况下陆域断层泥测年更为准确，如赵根模等利用在渤海西部海域获得的高分辨率声学剖面结合沉积物样品测年资料研究发现，一些第三纪断层一直活动到全新世，而这些断层原来被认为第四纪初期以来便停止活动。另外，第四纪沉积地层的旋回性和磁性反转事件也可以用于断裂活动时代的确定。

5. GPS变形测量和OBS观测

现代GPS技术也应用于海底断裂的研究。利用现代GPS技术，可以测量板块运动的方向和速度、走滑断裂沿走向的运动量，反演现代构造应力场。在沿海底活动断裂发生的微震和构造应力状态研究方面，海底地震仪起着重要的作用。利用海底地震仪可以记录到沿断裂的微震情况，并可根据沿断裂发生天然地震记录，求取震源机制解，可以恢复断裂所处的构造应力状态。

6. γ射线测量

γ射线测量可用于海底活动断层调查。日本学者胁田宏等把放射性检测器放在海底拖航，采用光纤传输的测定系统，根据不同的射线强度来推测海底断层位置。实验结果表明，海底完全可以测出γ射线，并可推断其浓度，从而帮助判定海域活动断层的存在及位置。

### 7.1.6 活动断裂及地震活动对工程的影响及危害

长期以来，位于海底的活动断裂因被巨大的水体覆盖而不为人们所重视。然而事实证明，海底活动断裂和地震活动所带来的危害和损失也是十分巨大的。

活动断裂对工程建筑的影响主要体现在错动变形和引起地震两个方面：①活动断裂的蠕动位移对建筑物产生直接影响，活动断裂常具有水平及垂直移动，如果建筑物跨越这种部位，就会被拉裂，发生变形破坏；②活动断裂引起的地震会对附近（一定范围）建筑物产生破坏。

海底地震活动是构造运动的产物，伴随着断层引起的地面错动及其伴生的地面变形，其产生的海底地面强烈震动变形，会导致场地破坏、斜坡破坏、地基变形破坏和基础共振破坏等，并可触发海底滑坡、砂土液化、海底泥流、海啸、陷落等地质灾害，对海洋工程危害巨大。

断裂活动比较弱、地震震级小而烈度低、地壳稳定性较好的海区，区域稳定性评价应属于稳定地区，否则属于非稳定地区。

### 7.1.7 海上风电场活动断裂及地震活动的防治

活动断裂及地震活动将引起地基土或地层错动、裂缝、滑移等巨大变形，或引起软土震陷、砂土液化、崩塌、滑坡等，对工程安全具有巨大影响，因此在开展海上风电场等工程建设时，应提前规划，做好前期勘测工作，利用相关研究方法查明海底活动断裂和发震断裂的位置。对活动断裂、发震断裂的地震效应，应根据其基本活动形式和工程的重要性进行评价，大型工程在进行可行性研究勘察时，建议避让活动断裂和发震断裂，场地内存在发震断裂且无法避让时，应判断活动断裂的最新活动年代、断层错动幅度及其可能引发的最大地震震级等，并对断裂的工程影响进行评价。

## 7.2 海 底 滑 坡

### 7.2.1 海底滑坡的定义

滑坡是斜坡不稳定性最普遍的表现形式，一般由三个形态单元组成：①滑坡源

区，位于滑坡的上部；②滑坡沉积物输送区，位于滑坡的中部；③滑坡沉积物堆积区，位于滑坡的下端。海底滑坡是海底松散沉积物在自重、海流、波浪或突发的振动等自然力推动下整体由高位势向低位势运移的一种现象，是海底地层不稳定性的一种常见表现形式，通常发生在坡面开阔、坡体组成物质的颗粒较细且含水量较高的部位（刘科，王建华，2017）。狭义的海底滑坡通常指海底未固结的松软沉积物或存在软弱结构面的岩石，在重力作用下沿斜坡发生的快速滑动过程，包括平移滑坡、旋转滑坡；广义的海底滑坡一般涵盖海底沉积物搬运的各种过程，还包括蠕动、崩塌与重力流（碎屑流、颗粒流、液化流、浊流）现象。

### 7.2.2　海底滑坡的分类

海底滑坡根据不同考量因素，可划分为多种类型，按滑动构造和形态特征将海底滑坡划分为溜席型、液化型、崩塌型三大类（陈自生，1988）；根据空间形态可分为块状滑坡、层状滑坡和混合型滑坡（寇养琦，1990）；冯文科等从海底滑坡的体积、厚度以及地层与滑面的关系等角度，对海底滑坡进行类型划分，见表 7－1。

**表 7－1　海底滑坡分类标准（冯文科等，1994）**

| 分类依据 | 分　类 | 分类标准 | 分类依据 | 分　类 | 分类标准 |
|---|---|---|---|---|---|
| 滑体规模/$10^4 m^3$ | 小型滑坡 | ＜3 | 滑体厚度/m | 薄层滑坡 | ＜6 |
| | 中型滑坡 | 3～50 | | 中层滑坡 | 6～20 |
| | 大型滑坡 | 50～300 | | 厚层滑坡 | 20～50 |
| | 超大型滑坡 | ＞300 | | 巨厚层滑坡 | ＞50 |

依据滑坡形态，Prior D B 等（1982）在研究陆坡失稳的基础上提出了海底滑坡的分类（图 7－2），是较为全面的。

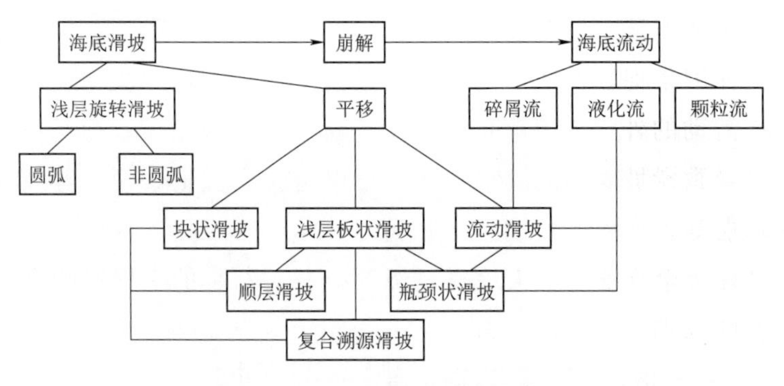


图 7－2　海底滑坡分类方案

### 7.2.3　海底滑坡的特征

海底滑坡的特征主要包括分布特征、发生的坡度、滑移距离、滑坡的土类等 4 个

方面，见表7-2。

表7-2 海底滑坡的特征

| 项　目 | 内　　容 |
| --- | --- |
| 分布特征 | 主要发生在陆坡、海底峡谷、三角洲等海域，其中陆坡区最集中 |
| 发生坡度 | 0.5°～60°，变化非常大，大部分滑坡发生于非常平缓的斜坡上，85%的滑坡发生在小于10°的斜坡上 |
| 滑移距离 | 大多数滑坡的滑移距离小于1km，较少滑坡拥有较长的滑移距离，滑移距离与坡角呈负相关，即滑移距离越长的滑坡，坡角越小 |
| 滑坡土类 | 滑坡土类中黏土所占比例最大，原因之一是因为海底浅层大部分是由细颗粒土组成的。此外，在海洋黏土和粉土中，因渗透性较低且多具有剪缩的趋势，在不排水剪应力的作用下，可以积累超孔隙水压力，这样剪切强度就会降低进而导致滑坡 |

### 7.2.4 海底滑坡的形成机制

陆域滑坡一般发生在陡坡地段，而海底滑坡的发生与地形坡度并无紧密关联，其在陡坡和缓坡情况下均易在短时间内产生大规模块体运动。海底滑坡能够在坡度小于1°的情况下发生，而滑动距离可达数百公里，滑动体积量可能高达上亿立方米，低角度（<1°）斜坡上发生水下滑坡已在全世界范围内广泛发现，世界最著名的海底滑坡是大约8200年前发生在挪威的Storegga滑坡，该滑坡影响范围达到90000km$^2$，体积达3000km$^3$，而其平均坡度仅为0.6°～0.7°。海底滑坡区别于陆地滑坡的主要特点为滑坡影响面积更广、滑动距离更远、可以在非常缓的坡度条件下发生。

海底滑坡形成的基本机制与陆地滑坡有相似之处，如当下滑力大于抗滑力，便发生滑坡。与此同时，海洋环境更为复杂，其成因机制又具特殊性，特殊性主要表现在触发因素方面。影响海底滑坡的因素众多、复杂，这些因素大致可分为内在因素和外在因素两类：内在因素促使海床土体强度降低，减小斜坡抵抗外力的能力；外在因素是促使斜坡直接滑动的外部应力。两类因素同时存在，共同影响斜坡稳定性。

内在因素是导致滑坡的基本条件，包括沉积物物理力学性质、海底地形条件、海底底质存在软弱层等。

1. 沉积物物理力学性质

海底沉积物的物理力学性质与陆地岩土体存在明显差异。海相沉积物的孔隙比相当于陆地淤泥的3～5倍，含水量是陆地淤泥的2～4倍，这导致沉积物抗剪强度降低，灵敏度、液限和塑限增大：如大陆架沉积物抗剪强度仅为2～4kPa；海洋粉土十字板强度随超孔隙水压力升高而降低，超固结比和剪切围压受剪切应变速率影响较大，临界状态强度随超固结比和剪切围压增大而增大；深海能源易受扰动、土力学特性不稳定等。

2. *海底地形条件*

对于低抗剪强度的海底沉积物而言，形成海底滑坡无需较大坡度，甚至坡度不到1°的海底也可发生滑坡。多数海底滑坡发生在角度较小、长度较大的斜坡上：Hance统计了399例海底滑坡坡角，发现最频值为3°～4°，中值为4°，平均值为5.8°，其中85%的海底滑坡坡角小于10°；YeHe等对南海北部陆坡中部的海底滑坡进行统计，结果显示海底滑坡的坡角均值为6.52°；Pinet等指出位于加拿大劳伦海峡的海底滑坡的坡角也很小。海底滑坡既可以在大陆架、大陆坡发生，也可以在近似水平的平缓海底存在。与陆地滑坡相比，海底滑坡的坡角明显偏小，但滑坡体启动后，可在小角度海底保持运动，甚至长达1500km。

3. *海底底质存在软弱层*

地层或岩土体中存在的软弱层为海底滑坡创造滑移条件，并可能发展为海底滑坡的滑移面，是海底滑坡的发育地，该类软弱层包括断层面、沉积物界面、基岩面、层理面、不整合面、侵蚀面以及裂隙、裂缝等。

另外，形成海底滑坡的内在条件还包括充足的沉积物物源供应以及由此导致的超压等，满足上述条件的海底环境并不少见，Hampton等、Lee等总结了种海底滑坡的易发区域，包括峡湾、大陆边缘的活跃河口三角洲、海底峡谷沉积扇、开放型大陆坡、大洋火山岛和海脊。

外在条件即触发海底滑坡的因素大致有15种之多，包括地震和构造运动、沉积物快速沉积、孔隙气体和天然气水合物分解渗出、泥火山、波浪、潮流、侵蚀、岩浆火山、盐底辟、洪水、蠕变、海啸、海平面波动、人类活动和冰川作用。

### 7.2.5　海底滑坡的勘察手段

由于环境和技术条件的限制，目前还难以直接监测到海底斜坡的破坏过程以及破坏后块体长距离运移过程。因此，认识海底滑坡最直接的手段就是运用海洋地球物理调查技术和钻探取样技术对典型海底滑坡的海底形态、沉积物变形、地层结构开展调查。现场调查手段包括地球物理探测（多波束测深系统、高分辨率的地层剖面仪系统、侧扫声呐系统以及高分辨率的单道与多道地震技术）、钻孔取样、测定年代试验等，适用于鉴别大尺度海底滑坡的规模、发生年代，推断滑坡的模式及发生机制，并且在判定海底工程地质条件方面也有很大优势。但现场调查手段仅适用于已经发生的海底滑坡，存在一定时滞性与局限性。

原位观测是海底滑坡发生前，事先在海床内埋设测量仪器（如孔压探头、三轴加速度传感器、测斜仪等传感器），测量滑坡发生时土体动力响应过程，但观测难度较大，且花费较高。原位观测技术可针对海底滑坡发生前及发生过程中的海床沉积物的动态变化给出具有时效性的数据，更有利于研究海底滑坡的发生机理以及滑动过程。

但由于海底观测对所涉及的设备技术、耗费成本要求很高，且海底滑坡的随机性太强，因此捕捉滑坡过程具有一定难度。

### 7.2.6 海底滑坡对海上风电场的危害及防治

海底滑坡直接影响到海上风电场的稳定性，危害风电机组、海上升压站和海缆等海上风电设施。对海上风电场的场址选择，具有颠覆性影响。

海底滑坡多发生在峡湾、大陆边缘的活跃河口三角洲、海底峡谷沉积扇、开放型大陆坡、大洋火山岛和海脊等区域。因此，在海上风电场等海洋工程建设的选址阶段，应特别注意场址的选择，尽量避免在上述地形地貌区建设重要海洋工程，以避免海底滑坡危及工程安全，若工程场址无法变更，就必须考虑滑坡风险，强化工程设计，提高工程安全性。如海上风电场工程进行基础设计时，须考虑滑坡因素对吸力桶式等基础型式的影响；在海底电缆路由设计时，由于海底电缆必须长距离穿越这一区域，可设计海底电缆沿垂直等深线方向布置，使其在滑坡和浊流发生时受到的冲击力最小，提高安全性。

## 7.3 海 底 浊 流

### 7.3.1 海底浊流的定义

浊流是密度流或重力流的一种特殊形式，是由于流体中湍动悬浮着的沉积物所造成的密度差异而引起流动的水流。其内颗粒的支撑方式是流体搅动支撑，内颗粒处于一种自悬浮状态。从流变学来看，浊流为一种液态流。海底浊流是由覆盖在大陆架边缘或大陆斜坡上部的泥砂发生大规模滑动而形成的一种高密度混浊流。此种大规模滑动通常是由于突发性地质灾害事件，如地震、火山活动引起，导致泥砂卷入悬浮状态，形成稠密的混浊流层。

### 7.3.2 海底浊流的成因机制

浊流产生的环境条件复杂多样，一般包括物质条件、动力机制和地理环境三个方面。

河流搬运携带大量的陆源碎屑物输送入海，堆积在大陆架、大陆坡附近，由于陆源碎屑物的不断供给，沉积物不断堆积，当堆积至一定程度时，重力作用所产生的剪切应力超过土体抗剪强度时，沉积物会顺坡向下滑动或滑塌。章伟艳等（2002）研究南海东部海底浊流沉积后认为，形成浊流的主要原因是有大量陆源碎屑物堆积在坡度较陡的大陆架或大陆坡外缘，这是产生浊流的重要物质基础和必要物质条件。

产生浊流的动力机制比较复杂，通常与沉积物的堆积厚度及其抗剪强度相关。即海底浊流发生的主要原因是大陆架和大陆坡上的堆积物失稳，这可以由重力作用致使剪切应力增加而引起或由于堆积物自身剪切强度的减小而造成。波浪、海流的侵蚀作用使斜坡变陡或沉积物快速堆积使厚度迅速增加等，都是引起沉积物剪切应力增加的因素。而风暴、海啸，尤其是地震引起的砂土液化或软土震陷等均可以造成沉积物剪切强度减小。

地理环境也是产生浊流的重要因素。据调查，在珠江口、韩江口、长江口外的水下三角洲前缘，海底坡度明显变陡，南黄海的旧黄河口外水下三角洲前缘陡坡更大。大量松散且未胶结的泥砂堆积在河口水下三角洲地区，容易发生滑塌或滑坡，一旦滑坡发生，将随之产生海底浊流。我国海域辽阔，大陆架、大陆坡、海山、海丘、海底槽、海底谷、海底扇等地貌类型发育齐全，尤其南海海盆-中央盆地、西南海盆，周边地形陡峭。而当海底坡度达到1°时，即可产生滑坡或滑塌，南海盆地周边为陡峻的大陆坡环绕，这种周围高、中央低平的深水海盆是产生浊流的重要的地理环境条件。

除以上因素影响外，浊流还受气候变化、海平面变化、柯氏力作用等因素的影响。

多数浊流源自陆坡（坡度大）或河口（沉积物快速堆积，故不稳定），不稳定沉积体在外力（如地震）作用下产生水下滑坡，滑坡体在朝深水移动的过程中与周围水体混合形成高密度浑浊层，即浊流。浊流顺着海底斜坡向深海流动，由于流速快，具有很强的侵蚀能力，能开凿新的海底峡谷或改造原有的峡谷形态。浊流的传输距离一般远远大于初始滑坡体的运动距离，可达几百甚至上千公里，直达深海海盆。当浊流进入深海海盆，地形坡度减小，其速度随之降低，造成浊流体内的泥砂有序沉降，形成粒度向上变细的砂质浊积岩。

### 7.3.3　海底浊流的分布特征

浊流沉积在我国分布广泛，从前寒武纪到第四纪地层以及现代海洋沉积中几乎都存在（李继亮等，1978；郑浚懋等，1980；袁迎如，1987；郝治纯等，1987）。浊流作用普遍存在于海洋和湖泊中，不规则海底尤为发育。我国南海、东海均有浊流发育，因各海域的地理环境、物质来源、动力机制等的差别，各海域的浊流有各自特点。

南海海底浊流非常发育，海盆内平均每10m岩芯有32.9层浊积岩出现（Damuth J E，1979）。根据区域又细分为南海东部、南部、西部、北部浊流，南海东部浊流沉积主要分布于南海东北部的陆坡下部、台湾西南、东沙群岛东南、巴士海峡以西、笔架海山旁、马尼拉海沟、吕宋岛西部海区、北吕宋海槽、西吕宋海槽、管事滩海峡等海域；南海南部浊流主要分布于礼乐滩北缘、西北缘，南沙群岛北缘的岛坡坡脚，礼

乐海槽，南海海槽等海槽、海底山与深海平原；南海西部浊流主要分布于西部大陆坡，海底谷、海底扇与南海西南海盆的深海平原；南海北部浊流主要分布于海底谷、海底扇、深海平原。东海浊流主要分布于冲绳海槽的中部、西南部水深大于1000m的槽底。

### 7.3.4 海底浊流对海上风电场的危害及防治

海底浊流具有极强的侵蚀能力，从河口滨海区横穿大陆架、大陆坡，切割海底，其运动距离可达几百甚至上千公里，直达深海盆地，因此，常常给各类海底及海上工程带来巨大的危害。

海底浊流给海底电缆和管线工程带来的灾害事件很多，例如亚德里亚海发生的一次浊流，含水浊积物体积仅 $0.8km^3$，但流速大，将海底多条电缆切断；在阿尔及利亚海岸，1954 年的奥尔良维尔地震后，随即发生了浊流，折断了海底电缆，破坏了输油管道；刚果河、马格达莱那河口外和新不列颠海沟、峡谷发生的几起浊流，先后折断多处海底管线。海底浊流同样威胁海洋平台的安全，1964 年伊莱飓风诱发了海底松散沉积物大块滑坡，并产生海底浊流，毁坏了摩根城南面海上的 6 个钻井平台；1965 年受贝特西飓风袭击，海底土体出现旋转性滑坡，在强劲的浊流作用下，一座自升式平台遭到重大损害；1977 年加拿大某海区发生浊流，海底刷深 3m 以上，致使奥迪克·吉尔弗廷德号自升式钻井平台发生重大事故。

海底浊流对海上工程的危害不可小觑，尤其近年来我国大力发展海上风电，浊流对风电机组及风电机组基础的威胁应引起重视，在海上风电工程场址地质勘察中，一定要把海底浊流及其危害性的调查研究和工程评价作为重要内容，为工程选址、设计、施工提供准确翔实的资料。

## 7.4 活 动 沙 丘

### 7.4.1 活动沙丘的定义和分类

陆架海底砂质沉积物在海洋浪、潮、流等水动力作用下，发育了各种起伏的地貌，包括侵蚀地貌和堆积地貌，通称它们为底床形态，简称底形。当海洋中底层水流流速大于沙粒的起动流速时，底砂就会运动并侵蚀海底，从而塑造成各种侵蚀沟槽和模痕等负向底形，或者堆积成各种凸起的底形。各种尺度的沙丘称为横向底形，纵向底形则指平行于底流平均方向，与波浪作用相关的线性形式等（Allen，1982），包括纵向沙漠沙丘，河、海床上的沙带。以往曾有沙波、波痕、沙浪等称呼，术语和分类均较混乱，1987 年国际沉积地质专业会议建议使用水下（海底）沙丘，并按规模分类为小、中、大、巨四级，见表7-3。

**表7-3 水下沙丘分类**

| 等级 | 小 | 中 | 大 | 巨 |
|---|---|---|---|---|
| 波长/m | 0.6～5 | 5～10 | 10～100 | >100 |
| 波高/m | 0.075～0.4 | 0.4～0.75 | 0.75～5 | >5 |

波脊线垂直于陆架主水流方向的丘状或新月形底形称为水下沙丘，它是最常见的水下地形。凡陆架砂质海底，底流速超过20cm/s的区域就容易发育大小不等的沙丘。较小的水下沙丘，波高只有3～5cm；而中、大型水下沙丘，高达数米乃至数十米。

陆架水下沙丘与河道沙丘的形态特征基本相似，但陆架水流包含周期性变向的潮流、定向的海流和偶发性的暴风浪流，远比河道里的定向持续水流复杂得多，且两者所塑造的沙丘在形态特征上也存在许多差异，分别表现于波高、波长、沙波指数、不对称指数、两坡坡度、表面特征、脊线形态等方面。不同的形态结构反映出海底动力和底砂的差异。叶银灿（1984）对东海扬子浅滩上沙丘形态划分为直线形、格子状、树枝状和蜂窝状等四种类型，并分析了它们所处的环境（表7-4）。

**表7-4 东海扬子浅滩沙丘的形态特征和形成环境（叶银灿，1984，修改）**

| 类型 | | 波长 $L$/m | 波高 $H$/m | 沙丘指数 $L/H$ | 形态描述 | 形成环境 |
|---|---|---|---|---|---|---|
| 大型沙丘 | 直线形 | 2.3～8.0 | 0.37～0.97 | 6～25 | 波峰直线形，连续发育，波高、波长稳定，剖面不对称 | 分布于水深28～51m处残留的中细砂区，在稳定的单向水流作用下形成 |
| | 格子状 | 5.5～13.6 | 0.20～0.96 | 10～28 | 波峰格子状、菱形，由两组波长和波向不同的大型沙波叠置而成 | 分布于水深35～52m处残留的中细砂区，在较强而波向变化的水流作用下形成 |
| | 树枝状 | 5.6～7.6 | 0.35～0.54 | 13～22 | 呈不规则的树枝状、连钩状，波峰窄、波脊平宽 | 分布于水深38～44m处的粗粉砂至细砂区，在较弱而不稳定的水流作用下形成 |
| | 蜂窝状 | 6.3～8.0 | 0.25～0.30 | 18～22 | 波峰多呈蜂窝状、舌状，峰谷延续性差，无明确的方向性 | 分布于水深17～63m处的粗粉砂底质区，外观似生物掘穴 |

### 7.4.2 活动沙丘的分布范围

沙丘普遍存在于河流、河口和浅海环境（Ashley，1990；Dalrymple，Hoogendoorn，1997；Knaapen等，2001；Zheng等，2016；张华庆等，2016；钱宁，万兆慧，2003；程和琴等，2004；杜晓琴，高抒，2012）。我国的沙丘与沙坡主要分布区

有渤海东部浅滩、长江口外浅滩、东海中外陆架、台湾海峡的东山岛岸外、珠江口外以及海南的东方岸外等。

### 7.4.3 活动沙丘的成因及发展

1. 活动沙丘的成因机制

陆架水下沙丘底形的发育需要有较平坦的海底、丰富的砂源和较强的水动力条件。陆架 30～70cm/s 底流速的水流是塑造水下沙波的动力条件（庄振业等，2004）。风暴浪期间波浪产生的底流，连同近岸水下逆流和风海流亦可形成比潮流更强的水流，也是塑造沙丘的主要动力。无论潮流还是波流或洋流均可得到大于泥砂起动流速的流速，均可在海底塑造沙丘。

陆架底砂是水下沙丘形成发育的物质基础，其中包含砂源多寡和砂粒成分两个参数。前者是输砂率大小的问题，输砂丰富的海区是沙丘形成的先决条件。而细砂到中砂是陆架水下沙丘的主要组成粒级，粒级过大或过小均不发育水下沙丘，这主要与颗粒的起动流速有关，只有大于砂的起动流速的浪流和潮流才能塑造水下沙丘。细、中砂的起动流速均在缓紊流的流速范围内。此外，粒径大小还与沙丘的形态类型有联系，如较粗粒级的砂多发育新月形沙丘，较细粒级易形成直线沙丘。

正如风成沙丘的形成需要宽阔平坦的地形一样，陆架水下沙丘的发育也离不开这一环境。首先海底陡缓影响底砂的运移效率，通过增高输沙率而促进水下沙丘的发育；其次海底陡缓也直接影响水下沙丘的存在，从而因底坡改变沙丘的两坡形态。海底的粗糙程度也影响底砂运移和水下沙丘的迁移，而已形成沙丘的海底，也因沙丘的存在，引起糙度增大而放缓了底砂运移的速率。

陆架不同动力环境塑造不同的水下沙丘，按照成因可将陆架水下沙丘划分成潮控沙丘、浪控沙丘、混合控沙丘和残留沙丘四类。

2. 活动沙丘的观测

水下沙丘活动性强弱的标志是沙丘迁移速率（或量级）的大小。通过沙丘的形态分析可显现其动态，但常是定性的，只有通过对其迁移速率的计算或实际测量才能对其活动性进行定量评价。目前采用的方法主要有定位观测法和水文泥沙计算法。水文泥沙计算法得到的沙丘迁移速率的可靠性，取决于公式是否合适、采用的水文动力参数是否有代表性等，这种方法尚有待认真评估和更深入的研究。现场定位观测法费时、费力、投入高，但得到的沙丘迁移速率通常会比较确切。

3. 活动沙丘的发展

砂质底形发育从活动到不活动直至消亡的过程中，经历了活动和稳定两种状态。活动性强度的直接标志是其迁移速率的大小，而稳定性主要表现在不活动和消亡（被埋藏）时的海底特征上。每一阶段均存在一定的海底动态标志，如沙丘的形态特征、

结构特征、运动状态等方面。

判定砂质底形稳定性有以下标志或标准：

(1) 表层被泥层覆盖或砂层含黏粒，稳定性重矿物和黏土矿物逐渐向表层增加，反映底形趋向稳定。这是因为随着动力的降低，悬浮沉积物逐渐代替推移、跃移质砂的沉积。

(2) 底形表面性质：稳定海底（长期没有底沙运动）虫迹较多，生物碎屑和有机质相对丰富，有孔虫破损破碎较少，并以底栖种为主，少见浮游属种。

(3) 从沙丘、沙脊外形特征来看，两坡交切脊模糊浑圆，沙丘指数和不对称指数值较小的沙丘往往是长期不迁移运动的沙丘，反之，则反映沙丘运动迁移较强烈。沙脊表面两坡交切脊线十分模糊，陡缓坡区别不大和表面不覆盖大小沙丘者均属于稳定沙脊。相反，脊线越尖、陡坡越陡甚至前置纹层越明显的沙脊，活动性越强。

(4) 沙丘脊线弯曲越大（相对于直线型沙丘），沙丘指数和不对称指数越大，反映水流动力越强，沙丘活动性越强。

(5) 沙丘迁移率越高，底形表面砂活动层越厚，底形的活动性越强；反之，趋向稳定。

按照上述标准，对水下沙丘、沙脊进行动态分类，见表7-5。

**表7-5　水下沙丘、沙脊动态分类和标志**

| 类型 | 特征标志 | | |
|---|---|---|---|
| | 形态 | 结构 | 活动性 |
| 强活动 | 脊线弯曲，两坡交切尖锐，沙丘指数和不对称指数均大，坡表面光滑或叠置顺流小沙丘 | 细、中砂分选好，松散，轻、重矿物比高，有孔虫壳有磨损、破碎 | 迁移速率大于1m/a，底沙活动层大于5cm |
| 弱活动 | 脊线直，两坡交切尖锐，沙丘指数和不对称指数较大，坡面叠置异向小沙丘 | 松散的细、中砂，分选较好，有孔虫壳有磨损、破碎 | 迁移速率小于1m/a，底沙活动层小于5cm |
| 稳定 | 两坡交切浑圆，脊线模糊，沙丘指数和不对称指数均较小，表面有植物碎屑和生物痕迹 | 细、中砂为主，含5%～10%以上的粉砂黏土，硬度较大，有孔虫壳有锈染 | 不移动，无底沙活动层 |
| 消亡 | 丘状起伏可见，脊线模糊不清，表面见植物碎屑和生物活动痕迹 | 丘表面粉砂黏土层覆盖砂层，致密或胶结 | 长期不移动 |

## 7.4.4　活动沙丘对海上风电场的危害及防治

海底沙丘沙脊底形长期处于海洋水动力的作用之下，组成底形的砂和底形本身都处于不断运动状态。水下沙丘是陆架海底最不稳定的底形之一，活动性的海底沙丘会对海底浅基础构筑物的安全造成严重威胁，如引起海底电缆、管道的裸露、掏空和断

裂，酿成重大工程事故。陆架沙脊底形的面积大，砂层厚，酿成的工程事故的严重性和波及的范围甚至会大于水下沙丘。水下沙丘迁移所引起的管线掏空高差一般不过1～2m，而受侵蚀的沙脊有可能造成10～20m的砂质陡坎，除引发管线裸露、悬空断裂外，还有可能造成砂层突然滑塌，进而导致钻塔、平台等海底构筑物地基失稳。

为了防止和减少活动性沙丘沙脊引起的工程灾害，在海上风电场等海上工程选址时应尽可能避开活动性底形区，当工程布置无法避开时，则需对砂质地形海区做详细、有针对性的调查研究，查明沙丘或沙脊的分布、形态特征、动力环境和底形的迁移活动性，以便在工程设计、施工、运行阶段采取相应的对策与措施。

## 7.5 浅　层　气

### 7.5.1 浅层气类型及基本特征

海底浅层气一般指海底以下1000m之内地层中所聚集的气体（Floodgate G D，Judd A G，1992；Davis A M，1992），主要分布于河口与陆架海区的浅沉积层中，是一种常见的地质现象。浅层气的组分主要包括甲烷、二氧化碳、硫化氢、乙烷等，其中以甲烷含量最高，分布最广。根据气源物质不同，海底浅层气可分为有机成因气和无机成因气两大类。有机成因气是指沉积物中分散状或集中状的有机质通过细菌作用、化学作用和物理作用形成的气体；无机成因气指在任何环境下非有机物质形成的天然气，一般来自热液、火山喷发等，也可是地幔中原捕获的气体沿深断裂等上移并聚集成浅层气。按有机质演化阶段，有机成因气又可进一步分为生物成因气（简称“生物气”）和热成因气。我国科技工作者经过30多年的研究和实践，形成了一套天然气地质理论，并建立了比较系统的天然气成因分类及判别标志（陈义才等，2007）。如徐永昌、刘文汇等按照有机质的成烃演化规律，将有机质的热演化过程分为未成熟、成熟（包括低成熟和高成熟）、过成熟等阶段，相应地将有机成因气分为生物气、生物-热催化过渡带气、热解气、裂解气，同时又按有机质母质类型不同分为油型气和煤型气。

有机成因气和无机成因气在我国海域均有发现，其中以生物气分布最广，对海上工程建设影响最大的浅层气也主要为生物气。

生物气是沉积物中有机质在未成熟阶段经厌氧生物化学分解作用而生成的气体，以甲烷为主。厌氧细菌在缺氧的还原环境中生存，有机质在厌氧菌作用下通过碳酸盐还原生产甲烷等气体。在封闭、缺氧的水域，其可在海底面附近生成。对于开阔的海域，甲烷则一般产生于海底表层氧化带及其下面的厌氧碳酸盐还原带之下（Kaplan，1974），通常生成于最小埋深为海底面以下数米的沉积物中。生物气最大可生成埋深达2000m左右（郭泽清等，2006）。浅层气生成后，受到岩层孔隙压力或浮力的作用不停运移与聚集。作为低温未成熟阶段生成的气体，生物气主要特征为（刘文汇等，1996）：有机质成熟度低；甲烷含量高，一般大于96%；重烃含量低；甲烷碳同位素富含$^{12}C$等。

资料表明，我国东南沿海平原、河口、海湾和近海区域广泛发育第四纪沉积，沉积物富含有机质，浅层气分布广泛，埋深一般不大于100m，气体基本属于生物气且特征明显。研究表明。生物气也是我们近海海域埋深深度10m以内的浅层气的主要类型（李先奇等，2005）。

浅层气因埋藏浅，又常具有高压性质，其对海底沉积物的胶结、硬度和强度等均产生较大影响，是一种具有活动能力的破坏性海底地质灾害。

### 7.5.2　海底浅层气的赋存特征

浅层气在海底沉积层中形成后，由于各组分结构简单，具有分子小、密度小、浮力大、黏度低、吸附能力小、扩散作用强、易溶解、易挥发的特点，时刻都在运移与聚集，特别在浮力、地层静压力和动压力等作用下，易向上运移。在渗透性低的沉积物中（如黏土、粉砂质黏土），浅层气一般是沿垂直方向向上运移；在高渗透性的砂质沉积物中，浅层气多是沿地层上倾方向运移（叶银灿等，2003）。浅层气也可沿断层、底辟等向上运移。

经过地质时期的运移与聚集，如果圈闭和盖层条件好，浅层气可稳定地埋藏于海底储气层中；如果圈闭和盖层条件不好，浅层气会向上逸散，直至最终喷逸出海底到海水中。

通常浅层气以4种形态赋存于海底沉积地层中（叶银灿等，2003），具体如下：

（1）层状浅层气：主要发育于海底埋藏古湖泊、古河道、古三角洲沉积中，沉积环境比较稳定，沉积物中的有机质丰富，分解生成的气体与沉积物相伴生，呈埋藏深度不一的大面积的层状分布。

（2）团块状浅层气：由于海底沉积层中富集的有机质含量不同和沉积物孔隙率的大小不同，浅层气在地层中不是均匀分布，而是成团（块）地相对富集于某一区块或某几个区块。

（3）柱状或羽状、“烟囱”状分布的浅层气：海底较深部生成的天然气沿断层面、底辟及地层孔隙等通道向海底浅部运移，形成柱状、羽状或“烟囱”状的浅层气分布。如气源充足，海底没有很好的不透气盖层，浅层气可一直上升直至喷逸出海底。这类浅层气的分布常与底辟泥火山和断层伴生。

（4）高压气囊和气底辟：天然气在海底较深处向浅部运移，如圈闭和盖层封盖条件合格，天然气可在海底储层中不断聚集，随着时间的推移，气压力越来越大，形成

高压气。高压气囊在长期强大的压力下，进一步向上部覆盖层的薄弱处冲挤，出现气底辟。

浅层气向海底喷逸的形式多种多样，有的呈“烟囱”状，有的呈“蘑菇云”状，也有呈“火山”状激烈喷发，有时甚至连海面都可以观察到海水异常的波动，海水中气泡成串。

总体而言，在我国近海海域，黏土、淤泥质黏土一般是海底浅层气的主要生气层与覆盖层，本身含气量并不大，真正的主力储气屋为砂土地层。黏性土中间的储气砂土地层，气体连续，体积大，压力高，对工程特性影响大（钟方杰，2007）。

### 7.5.3 浅层气勘察手段及表现特征

由于海底浅层气的重要性，国外对浅层气勘察进行了多年探索，采用地球物理探测、取样、地球化学分析、现场观察和其他一些方法，总结出了多方面的勘察方法（Judd 等，1992；叶银灿等，2003；陈林等，2005；顾兆峰等，2006，2009b），其中以地球物理探测方法应用最广。

国内几十年海洋工程实践表明，海底浅层气勘探除可以通过地震探测剖面中地震反射特征（例如声学反射空白、声学反射混浊等）识别含浅层气地层外，还可以通过海底面声学探测和水体层声学探测，将海底浅层气伴生现象（例如麻坑、水体气苗等）进行识别，综合进行海底浅层气勘探。主要技术手段包括浅地层剖面、中地层剖面、高分辨率多道地震测量、侧扫声呐和多波束测量等，其中高分辨率地震探测由于其高分辨率、经济实用的优点，成为海底浅层气勘探的主要有效手段（邢磊等，2017）。

1. 地震波探测剖面上的海底浅层气表现特征

海底浅层气在地震波探测剖面上通常表现为声混浊、增强反射、声空白带（空白反射带）、亮点、速度下拉和相位反转、柱状声扰动或气烟囱等特征（Judd 等，1992）。

（1）声混浊，表现为无定形的混乱反射，在剖面记录上看起来像无序排列的黑色污点，屏蔽了海底沉积层中的层反射，是由于声波、地震波能量被气泡散射所致。前人研究表明，只要沉积层有 1% 的含气量就可能在地震剖面中产生声混浊（Fannin，1980）。声混浊可以呈“毯” （blanket）状，反映层状分布的浅层气，也可以呈“帘”（curtain）状，反映团块状分布的浅层气。声混浊是浅层气在地震剖面中最常见的表现之一，但要根据声混浊来确定气源一般比较困难（Taylor，1992）。邢磊等（2017）研究指出，声学反射混浊区主要出现在浅地层剖面上，表现为无定形的混乱反射。主要是由于下面地层浅层气的存在使得上下两层的波阻抗差异较大，形成了强反射界面，进而完全屏蔽了下面地层的地震信号。在浅地层剖面上，含有浅层气的地层的顶界有时直接沿海底分布。地震反射混浊区浅层气存在以下区域的勘探可以利用多道地震勘探来进行弥补，多道地震勘探可以利用其远偏移距道的信息来了解下面地层的地质信息。

(2) 增强反射，表现在剖面上局部幅度增强反射，是浅层气或含气沉积物与上覆无气沉积层之间明显声阻抗差异所致，一般指示局部气体浓度增加，相当于数字地震剖面的“亮点”。增强反射常从声混浊带侧向延伸而出，一般认为浅层气聚集在孔隙度比较大（如富含砂、粉砂）的沉积物中时，浅层气顶面以增强反射为特征，而当浅层气散布在渗透性差（如富含黏土）的沉积物中时，常以声混浊为特征（Judd等，1992）。增强反射常出现在高压气囊顶面和浅层气喷逸处附近。

(3) 声空白带，是一个内部反射突然变弱或消失，内部反射结构不可见的区域，是由于孔隙气体运移扰乱沉积层或声波、地震波能量被含气层吸收，使很少或无能量被反射所致（Judd等，1992）。声空白带常出现在增强反射之下，如出现在高压气囊内部、浅层气强声混浊带或浅层气喷逸处增强声反射以下。

(4) “亮点”，一般是指地震剖面上一个高幅度、负相位的局部增强反射，代表了气顶面，是由浅层气层与上覆沉积层显著声阻抗差异所引起。“亮点”可在多道数字地震剖面中的浅层气顶部出现，也可在单道数字地震剖面中出现。由于浅层气存在区域的地层孔隙度大，有气体存在，因此造成沉积物的纵波速度和密度均下降，导致含气沉积层和非含气沉积层的波阻抗差异较大，因此造成含浅层气地层的顶界在地震剖面上反映为能量非常强，类似于油气地震勘探中的“亮点”。由于不同位置地层收到的压力和下伏地层的浮力不同，同时由于上覆地层的孔隙度、密度等的差异，导致含气地层顶界不规则，因此也造成了“亮点”的不规则分布（邢磊等，2017）。

(5) 速度下拉和相位反转，表现为水平反射层向下倾斜或弯曲，并相位反转，通常在气体聚集区的边缘地带出现，是由于声波速度在气体聚集带或气烟囱边缘下降所致。声波速度在气体聚集带下降的原因为在含气地层并不是在横向上完全展布的，而是分布于某一特定区域。其两侧边界与周边地层完全接触，由于含气地层的孔隙度、渗透率、饱和度等岩石物理参数与周边地层存在较大差异，导致波的传播速度也存在较大差异，因此在去除正常时差影响的情况下，同一深度位置的地层的地震反射信号到达海平面水平拖缆的时间也出现了较大差异，表现在地震剖面上就像是含气地层两侧的地层被顶上去了，含气地层的相位被拉下来了（邢磊等，2017）。

(6) 柱状声扰动或气烟囱，为剖面上的一个垂向特征，是由于气体向上运移导致正常地层层序的地震反射被扰乱所致。

2. 海底面声探测图像上的海底浅层气表现特征

侧扫声呐、测深、浅地层剖面等声学方法探测海底面地形地貌的图像中也可识别海底浅层气，主要包括负向海底地形的麻坑和正向海底地形的凸起、底辟、泥火山及强反射海底等（Judd等，1992）。

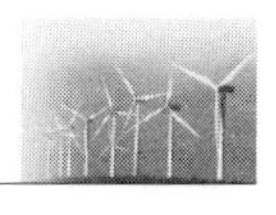

麻坑是指海底流体（绝大多数情况是气体）喷逸在海底造成的洼坑，King和Mclean于1970年首次提出了这一术语（King等，1970）。麻坑的大小决定于海底沉积物的性质和浅层气的强度，水平尺寸一般可从数米到数百米，深度可从不到1m至20m以上（Judd等，1992）。

如南海北部一些区域发现有海底浅层气喷逸造成的麻坑，形态很多，有圆形、椭圆形、碟形、盆形等，有成群分布，也有单个存在，一般宽为数十米，深2～3m（叶银灿等，2003）。南黄海也有麻坑报道（顾兆峰等，2006）。麻坑在浅地层剖面上常呈V形凹坑。

浅层气造成的海底凸起一般高度较小（1～2m），但平面上的直径可超过100m，被认为是麻坑发育的最初阶段，一种理论认为由于浅层气替换了海底浅层沉积物孔隙中的水，使体积增加造成海底呈圆丘状凸起（Judd等，1992）。当浅层气向海底喷逸但强度不是很大时，浅层气也能拱起海底浅表层沉积物，在海底形成高度不大且形状不规则的凸起地形，长江口区域曾有发现，在侧扫声呐、测深、浅地层剖面等记录上均可识别。

浅层气在海底不断聚集，强度增大，可形成底辟。条件合适时进一步向上运移，喷逸出海底，可在海底形成泥火山，在地震波、声波探测剖面上易于识别。

实践证明，地震和声学探测手段是进行浅层气探测的既有效又经济的手段（Hagen R A，1999；Ergun M等，2002；Sauter E J M等，2006）。

3. 钻探钻孔浅层气表现特征

钻孔揭示浅层气时，常有气体从孔内喷出，形成井喷现象，喷出高度受气体压力所控制，喷出气体常伴有水和泥状物。如1986年上海市合流污水治理项目，32个勘探孔中16个钻孔中钻遇浅层气，最大喷溢高度达15m，喷溢时间最长达半个月。2000年上海港外高桥新港区码头工程地质勘察时，曾在4个钻孔钻遇浅层气形成井喷。2015年福建宁德某跨海大桥勘察时，有钻孔钻遇浅层气形成井喷，高度达13m，持续时间1个多小时。

由于声波探测对海底浅层气非常敏感，浅地层剖面和单道地震剖面调查等一般识别的经常是最上层浅层气的顶界面，由于这一层气的屏蔽作用，无法有效探测下伏的含气层，而钻孔钻遇浅层气则需在压力较高、有气喷出时才能明显察觉到，具有较大偶然性，所以浅层地球物理勘探和钻探获得的浅层气分布经常会出现不一致。

### 7.5.4 浅层气的工程影响及危害

浅层气具有压力高、井喷强烈且速度快、处理难度大的特点，含浅层气的沉积物具有高压缩性、低抗剪强度的特征，加剧了海底的不稳定性，影响工程基础。在浅层气存在地区进行钻井施工时，会出现井喷、发生孔壁坍塌等事故，甚至造成施工平台下陷、倾覆及至发生火灾，对海上桩基和钻井施工具有很大危害性。例如，1975年，墨西哥湾内的一个自升式平台钻到高压浅层气发生井喷，接着平台开始倾斜、起火燃烧，最后倾覆、沉没。我国2002年杭州湾大桥工程的地质勘探过程中钻井时也曾出现强烈浅层气井喷现象等。

海底浅层气对海洋工程的影响主要表现在易形成不良地基、影响勘察钻孔施工、对桩基造成危害等三个方面。

1. 海底浅层气对土体性状影响形成不良地基

含浅层气的海底土存在固、液、气三相，是一种特殊的非饱和土。它与不含气的一般海底饱和土不同，同时由于其气相基本上与大气不连通，也与陆地上常见的非饱和土处于气敞开的情况完全不同。浅层气的存在对海底土体的工程特性造成严重影响，而这种影响由含浅层气土体的固、液、气三相组成所处状态以及三相组成发生改变时的独特应力路径所决定。

针对含有封闭大气泡的黏性土，国外一些学者曾进行过较为系统的试验和理论研究，提出了其气体赋存状态的概化模型。已有的研究表明，土中封闭的大气泡对土的变形强度特性会产生明显的影响：一方面，气泡的存在大大增加了土的压缩性；另一方面，气泡破坏了土的骨架结构，当土受到外荷时，在气泡周围的土骨架中会产生应力集中，使得土的抗剪强度与弹性模量降低，引起近海基础极限承载力减小和瞬间沉降增大，封闭气体突然大量释放引起海底地层塌陷与不稳定事故，气泡越多，土抗剪强度下降越大（Wheeler等，1991；Sil等，1992，2001）。实际勘察资料显示，海上含气黏土层中气泡的直径为0.5～1.0m，大者可达4～5m，气泡体积要远大于黏土颗粒的体积，浅层气对黏性土工程特性会产生明显的影响（唐益群等，2001）。

2. 浅层气对工程勘察钻孔施工影响

钻孔作业过程中钻遇含浅层气地层时，由于卸荷作用，气体会逸出甚至强烈井喷，当气量较多、气压较高时，其间歇性喷出势必影响孔壁稳定性，泥沙涌入发生孔内坍塌、埋钻等，甚至造成作业平台沉陷、倾覆甚至发生火灾，严重威胁作业人员安全。在杭州湾大桥水上搁滩钻孔作业时（陈庆等，2012），曾遇气体间歇喷溢，钻探船被频繁抬起后坠落，粉细砂土质发生液化，导致作业设备被掩埋。

3. 浅层气对风电场桩基造成危害

在浅层气分布区域，砂土层是主要的含气层，同时也是柱基的主要持力层。如浅层气释放不合理，尤其是无控条件下释放，可能对桩基造成不利影响甚至引起工程灾害。在浅层气气压水平较高条件下，含气砂层中的有效应力要明显低于自重应力，一旦气体在无控制条件下释放，含气层气压力将急剧下降，必然会导致水气界面向喷气口推进，快速的气流对土层产生强烈的冲刷作用，从而引起含气层和上覆土层的剧烈扰动，并带走大量的土颗粒及水，引起流砂及上覆土层的坍塌，产生较大的海底

沉降。

（1）土体剧烈扰动显著降低柱基承载力。浅层气释放在无控制或控制不当条件下，土体产生大变形的非饱和渗流破坏，不仅剧烈扰动含气砂层，同时扰动上覆软土层，也可能对下卧持力层有不同程度的扰动，使得柱周土层的压缩性增大，抗剪强度明显降低，引起柱周土固结沉降，在一定程度上引起桩侧阻力降低，甚至出现负摩阻力，从而使柱基承载力显著降低。

（2）桩基发生不均匀沉降或桩腿下沉。大多数浅层气分布不均匀，气压也不相等，即使是相同地层，浅层气气压不同将在不同程度上引起地层承载力的不均匀性，尤其是在浅层气不合理的释放情况下，进一步增大地层土体物理力学指标的差异，引起地层的不均匀沉降，桩基承载力的差异可能会进一步扩大，从而诱发承台桩腿的不均匀下沉；如将持力层选在含高压气层中，一旦高气压突然释放，将可能引起燃烧和桩腿突然下沉，造成生命和财产损失。

（3）柱基中产生负摩擦力。对于摩擦桩而言，桩基承载力的主体由桩侧阻力承担，除在打桩过程中（如采用打入桩）土体受到扰动后的再固结可能会引起桩上负摩擦力外，造成柱基产生负摩擦力的真正原因在很大程度上取决于浅层气释放是否会引起含气砂层的压缩及上覆软土层的固结沉降。

（4）阻碍桩基础顺利施工。浅层气对桩基础施工的影响主要是影响钻孔桩的安全成孔。在成孔过程中，当到达含高压气地层时，可能会出现强烈的井喷，不仅因气压力降低造成塌孔，而且严重威胁施工人员的人身安全。

### 7.5.5　海上风电场浅层气防治建议

（1）勘察阶段对于浅层气分布区应加密勘察工作，宜采用补充加密地球物理探测工作（浅地层剖面和中地层剖面）探测，并补充钻孔探测，以探明浅层气分布，用于项目规划风机布置。

（2）勘察阶段如发现风机位或升压站分布有浅层气，宜尽量避让，无法避让时按以下方法进行稳定性评价：

评估浅层气在黏土层中对桩承载力影响的程度可依据 APIRP－2A WSD（2000）中提到的方法（见参考文献［25］）。

对于固定式桩基础平台，其单桩极限承载力表达式为

$$Q=Q_f+Q_p=f_sA_s+q_pA_p \tag{7-1}$$

$$q_p=9S_u \tag{7-2}$$

$$f_s=\alpha S_u=\beta\alpha'_{v0} \tag{7-3}$$

当土层中含有气体时，有

$$f=\frac{S_u}{\alpha'_{v0}}(\alpha'_{v0}-\Delta u) \tag{7-4}$$

式中　$Q$——桩的极限承载力；

$Q_f$——桩的表面摩擦力；

$Q_p$——桩端承载力；

$f_s$——单表表面摩擦力；

$A_s$——埋入泥面以下桩侧总面积；

$q_p$——单位桩端承载力；

$A_p$——桩端面积；

$\alpha$——黏聚力系数；

$S_u$——黏性土的不排水抗剪强度；

$\alpha'_{v0}$——计算点处的有效上覆压力；

$\beta$——不排水抗剪强度与有效上覆压力的比值；

$\Delta u$——超孔隙压力。

从以上分析可看出，由于浅层气的存在会使土体中的超孔隙压力 $\Delta u$ 增加，因而降低了土体的有效应力 $\alpha'_{v0}$，使土的强度和硬度降低，从而降低了土层的承载力。由此，只要能得到超孔隙压力参数，即可对含气地层的承载力进行分析，进而定量地评价浅层气对基础稳定性的影响程度。孔压静力触探（PCPT）和孔压消散试验（PDT）是可以测量地层中超孔隙压力的一种原位测试方法。

由于浅层气对打入桩施工的影响较小，而对钻孔桩施工的影响较大，考虑到施工可行性，在浅层气气压相对较高的区域，宜选用钢管柱基础型式。

## 7.6　埋藏古河道及古三角洲

### 7.6.1　埋藏古河道

#### 7.6.1.1　埋藏古河道类型及特征

1. 埋藏古河道的定义

埋藏古河道广泛分布在大陆架区，是冰期低海面时河流下切而形成的河流地貌。但经冰后期海面上升、波浪、潮流等水动力作用，被现代沉积物不断充填、覆盖，形成了埋藏在现代沉积物中的一种地貌类型，称为埋藏古河道。

晚更新世的玉木冰期，全球海平面普遍下降，海水退出，陆架裸露成陆，其上发育有各种规模的河道和湖泊。全新世以来，随着海平面的大幅度上升，早期的河道纷纷沉入海底，并且绝大部分埋藏于不同厚度的沉积物之下，形成埋藏古河道。埋藏古河道沉积物多具复杂性和多变性，粒度组分、分选程度、密度、抗压和抗剪强度等一系列物理和力学性质在水平方向上变化很大，具有不同的抗剪强度，持力不均。

2. 埋藏古河道的类型及表现特征

对埋藏古河道的分类，大多数学者或专家已依据现代河流的平面发育模式及河道的断面形态特征，将古河道分为顺直型、弯曲型、辫状型三类（Leopold的河型分类法）。与顺直型、弯曲型、辫状型三种河型相对应，在声学地层的横断面上分别为对称型、不对称型和复杂型［双（多）层型、复式型］三种古河道断面。

（1）顺直型古河道又称为对称型古河道，在地震剖面中常常显示出对称型河道断面。古河道断面边界轮廓显示出河谷两岸的边坡坡度大数相等，河谷底部平缓或尖窄，断面呈“U”或“V”形。河谷中充填沉积物的声学反射特征多呈现出亚平行倾斜层理，倾斜方向大致上由两岸向河中心方向、或者向一侧方向倾斜。这种对称型河道断面边界形态单一，充填物沉积结构及构造也比较单一，河谷内没有河漫滩、点坝及沙洲等河流相沉积体，反映河流处于刚刚形成的青年期，一般为顺直型的小型分支河流在快速海进时期产生溯源堆积形成。

（2）弯曲型古河道又称为不对称型古河道，在地震剖面中常常显示出不对称型河道断面。在声学地层剖面中，古河道两岸边坡一边较缓，另一边较陡，河谷底部不平。声学反射特征在不同部位有差异：河谷底部以强振幅、变频率的杂乱反射为主；缓坡一侧多呈现出叠瓦状反射结构，表现为小型、相互平行或不规则的倾斜同相轴向河缓岸一侧依次叠置的反射特征，具有低角度交错层理和波状层理。缓坡的河漫滩内具有明显的向河床倾斜的层理构造，反映出沉积物的侧向加积或点坝发育。这种不对称型河道断面边界形态多变，充填物沉积结构及构造也比较复杂，在较长时期的河流发展过程中，形成包括河漫滩、江心洲、点坝在内的一系列河流相沉积体，反映河流已经发育成熟，为弯曲型河流重要特征之一。不对称型河道断面分布广泛，陡岸是河流主泓河岸，多为侵蚀岸，缓岸为堆积岸，也是河流的点坝侧向加漫滩发育岸。弯曲型河道的规模大小不等，但总体上要大于顺直型河道。

（3）辫状型古河道又称为复杂型古河道，在地震剖面中常常显示出一种较为复杂的河道断面。除了发育对称和不对称两种河道断面以外，还发育较为复杂的河道断面。虽然在声学地层剖面中，古河道断面边界轮廓呈强反射，显示清晰，但往往在一个大河谷内有两个或多个河槽地形特征，或者在原来古河道沉积地层中发育了后期的古河道，发育多期河流沉积相地层，因而不能单一地判别古河道的断面性质。辫状型河道断面中，沉积物的声学反射特征以强振幅为主，有变频率杂乱反射、叠瓦状前积反射、平行或亚平行低角度层间反射、波状或交错状层间反射等。这些声学反射特征，反映了古河道有侧向加积的点坝发育、有向江心加积的江心洲发育、具有低角度倾斜层的河漫滩相及向两岸加积的海侵地层等的沉积特征。从沉积特征的复杂性和河谷演变的多期性，反映出古河道从发育—演变—消亡的各阶段的作用过程，这些特征往往是辫状河道的特征之一，当然某些曲流河也会发育多槽或多期河道的断面特征。

刘世昊等（2013）在对黄河三角洲滨浅海50m以浅埋藏古河道研究中提出，黄河三角洲区除发现对称型、不对称型和复杂型三种古河道断面外，同时还发现了埋藏河流阶地断面。河流阶地是在河流下切和新构造运动隆升下共同作用形成的呈阶梯状的地貌形态，具有由上至下，地层越新对应于之上的河道形成越晚的性质。

古河道不仅发育在同一地层层位上，往往在一个埋藏古河道的上部或下部地层中（李凡等，1991）能够发现不同时代的古河道，或与河流发育有关的地貌单元，如牛轭湖、河口三角洲等。

**7.6.1.2　埋藏古河道勘察手段及表现特征**

目前，国内外探测古河道主要采用高分辨率地震剖面仪探测，往往是在探测线横切或斜交古河道走向时，方能较明显地揭示古河道的形态特征。在顺着古河道走向的声学地震剖面中，古河道的形态特征并不清晰，其中只有少部分有地质钻孔资料的验证。

在浅地层剖面图上，河道充填物多呈复杂的波状及杂乱反射结构、高角度倾斜交错反射结构，极少出现连续层理。由于古河流的特征不同，测线与河流相交的角度不同，在高分辨率浅地层剖面的记录上，出现了各种不同的断面特征。由于不同时期的古河道交错纵横，互相重叠，变化非常复杂。古河道在横断面上主要有以下声反射特征：

（1）在高分辨率地震剖面中，古河道的河床横断面边界轮廓声反射振幅较强，边界轮廓线明显，具有明显的河谷横断面形态特征。反射底界往往呈波状起伏，多呈不对称的“U”形或“V”形（图7-3）。

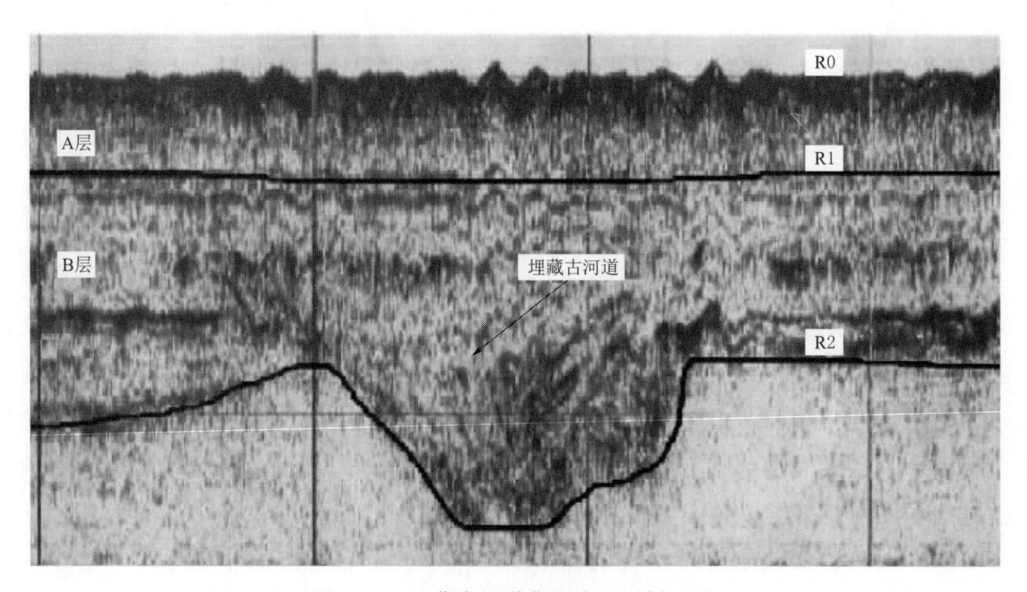


图7-3　埋藏古河道典型浅地层剖面图

（2）古河道内沉积物的声学反射结构特征与其周围地层沉积物的声学反射结构特征具有明显区别，古河道内充填的沉积物具有清晰的倾斜层理，而周围地层介质均一，无明显的层理，两者呈不整合接触。

（3）埋藏古河道地层往往为中振幅中频率、连续或较连续的，呈现海侵夷平面，区域上与古河道沉积地层呈不整合或假整合接触，古河道内具有倾斜层理的堆积物之上，有清晰的水平地层，这是海侵地层，与下伏的古河道堆积体呈明显的不整合接触。

（4）古河道内充填的沉积物，其声学反射结构特征以强振幅、变频率的杂乱反射为主。同相轴短，常有严重扭曲，不连续，有丘状突起或槽形凹陷的结构形态。此外，同相轴有归并现象，通常形成小型的眼球状结构。在河道顶部普遍有同相轴突然中止，为明显的上超顶削。

（5）在一些较大型的古河道里，有叠瓦式反射结构，表现为小型、相互平行或不规则的倾斜同相轴向河缓岸一侧依次叠置。组合相邻测线埋藏古河道的叠瓦式发射结构，有利于分析河流的空间流向。还有一些上超充填型反射结构，在河床中的反射同相轴仅水平，在河流深泓线位置，同相轴向下略有弯曲，沉积层向河流缓岸的漫滩阶地逐层上超。

古河道中充填物的主要声学反射结构有杂乱反射、丘形反射；前积反射、斜交和交错反射；发散反射、平行和亚平行反射等。不同的反射结构，反映了沉积物的不同沉积特征、组构关系和工程性质。

（1）杂乱反射、丘形反射，多见于古河道底部，一般为汛期洪水带来的滞留沉积，呈杂乱堆积。这些由洪水从近岸冲塌下来的粗至漂石、卵石、砾石、粗砂，细至黏土，为分选极差的混杂土堆积，一般较为密实，振幅强。其工程性质为：充填物颗粒大小不均匀；分布范围呈条带状、透镜状；层厚不均；承载力较好。但因其分布极不均匀，与周边地层沉积物的性状差异较大，往往给海洋工程的基础设计带来麻烦。

（2）前积反射、斜交和交错反射，多见于古河道较缓一侧边坡，一般为曲流河凸岸边堆积的反射特征，构成脊槽相间的弧形堆积体系，称曲流沙坝或点沙坝，也包括了河漫滩、牛轭湖和阶地堆积等。边滩堆积的沉积物比较复杂，主要为砂类土，局部也含有砾石层。向上变细，为细砂或粉砂夹黏土等，具有下粗上细的分选特征，发有槽状交错层理。河漫滩的沉积物较粗，发育于河流的中上游段，一般为磨圆度较好的卵石、砾石及各类砂土，有时也有粉土和黏性土夹层。牛轭湖一般发育于河流的中下游段，洪水期牛轭湖成为溢洪区才接受河流相沉积，沉积物比其他河流相要细，细砂、粉砂及黏土覆盖在原来已经形成的泥炭或淤泥土之上。阶地堆积地层的上部，沉积物较细，主要为洪水期沉积的粉质黏土、粉土和砂土，阶地的下部基座为河漫滩相沉积物。

曲流河凸岸边堆积物受沉积环境、物质来源、作用过程等条件影响，其工程性质各不相同，比较复杂。曲流沙坝的物质组成及构造比较复杂，沉积物在横向或垂向上的变化较快，还有一些倾斜结构面，对工程基础的稳定性不利，工程性质较差。

河漫滩堆积物的组成也比较复杂，但主要以卵石和砾石等粗粒物质为主，充填砂土类物质，分选性差，密实度较好，承载力较好。河漫滩沉积地层在纵横方向上的发育有一定规律，地层的结构面基本水平或微倾斜，工程性质较好。

牛轭湖堆积物主要为粉砂、黏土、泥炭或淤泥等，这类土呈互层状，含水量高，具有高灵敏度、高压缩性、低承载力的工程性质，工程性质差。

阶地堆积物主要为粉质黏土和粉土，因阶地长期高出河漫滩，经过较长时期的排水固结作用和化学风化等胶结作用，土的工程性质均较好。阶地堆积层平面分布比较稳定，基底以河漫滩相为主。

（3）发散反射、平行和亚平行反射，多见于溯源堆积的古河道。由于海平面的快速上升，河口向内陆退缩，由河流携带的泥沙落淤河口内，在河口段形成溯源堆积。沉积物由两侧边岸向河中心淤积，形成与河岸边坡基本一致的倾斜层理或水平层理，在声学地层上呈现平行或亚平行反射结构特征。一些古河道在溯源堆积过程中，由于两岸边坡堆积的速率在边坡坡角与坡肩处不一致，在声学地层中呈现发散反射结构。溯源堆积的古河道沉积物多为分选性较好的细砂和粉砂，孔隙度大，易引起砂土液化，工程地质条件较差。

#### 7.6.1.3　古河道对风电场工程的影响及危害

由于古河道纵向切割深度不同，横向沉积相相变迅速，在近距离范围以内存在完全不同的力学支撑，诸如河道砂体和河漫滩泥质沉积物具有不同的抗剪强度，软的黏土沉积在不均匀压实或受重力和地震力的作用下，极易产生蠕变，引起滑坡，导致地质灾害。古河道一般是浅地层中的透镜体，当钻井平台桩脚插入不同地质体时，由于持力不均会导致平台歪斜，甚至倾覆。如莺歌海 2 号钻井平台，两条桩腿插在古河道岸上，一条桩腿插入古河床，导致平台因地基不均匀沉降发生倾斜（陈俊仁，1993）；“勘探二号”在珠七井的 1 号井位就位，由于场地下软弱沉积夹层的存在，套管下套时自行下沉达 6m 多，导致钻井重新移位。

根据古河道特有的地质条件，它可能会因以下不稳定因素的存在而引起海洋地质灾害的发生：

（1）古河道沉积的上、下界面及边界均为不整合接触面，曾经历过地质历史时期的风化作用或海水浸泡，物质疏松，结构面往往是软弱面，在外力作用下，容易引起层间滑动，使建于其上的海洋工程构筑物有产生突然倾倒的危险。

（2）古河道沉积物以粗碎屑砂砾石为主，孔隙度较大，层间水循环快，具有较大

的渗透性，在地层中形成长期的侵蚀及冲蚀，在上覆荷载作用下，容易引起局部塌陷，造成地基结构的破坏，使上部构筑物倾倒而毁坏。

(3) 古河道纵向切割深度不同，横向上沉积相变迅速。古河道内充填物质不同，其力学性质较古河道周边地层差异较大，如河道内为粗粒沉积物时，其较周边地层力学性质好，若河道内为细粒沉积物时，其力学性质多较周边地层差，在上部荷载作用下，不同力学性质的地层往往产生不均的沉降变形，而对诸如采油平台、钻井平台皆会有失去平衡导致灾害发生的威胁。另外，在不均匀荷载的作用下，软硬相间的地层结构中软弱淤泥质夹层极易产生蠕变性层间滑动，导致上部构筑物倾倒破坏，引发地质灾害。

(4) 古河道中粗粒沉积物利于浅层气的储藏，导致沉积物结构疏松，使孔隙水压力增大，降低了地基土的有效应力，容易使上部构筑物失稳。如钻孔直接钻入高压气囊，还有可能导致井喷失火等事故。

(5) 古河道河口段常常发育诸如江心洲、边滩等均质的粉砂及细砂堆积体，含水量高，在波浪、地震等动荷载作用下，地基容易产生砂土液化现象，失去承载力，造成上部构筑物的倾倒或破坏，导致灾害发生。

#### 7.6.1.4 海上风电场古河道的防治建议

海上风电场工程如遇古河道时应引起注意，特别是采用导管架或吸力桶基础时，应根据浅地层剖面和中地层剖面解译成果，适当补充勘察工作，有效查明风电机组机位或升压站范围古河道岩土层分布及力学特征。对于古河道所在区，沉桩（桶）应尽量避让古河道岩土层显著差异变化区，避免引起桩（桶）脚倾斜。单桩基础在查明古河道岩土层分布及力学特征情况下，可有效利用古河道内粗粒沉积物作为桩端或桩周力学支撑，减少工程造价，但需确保桩基在古河道粗粒沉积物沉桩的可行性。

### 7.6.2 埋藏古三角洲

#### 7.6.2.1 古三角洲特征

我国海域在晚里斯冰期至晚玉木冰期期间，有数次较大规模的海退过程，在海平面下降过程中，河床不断下切，由河流携带的泥沙源源不断地被输送至河流出口处，堆积在河口与海洋相互作用的河口区域，形成三角洲沉积体系。随着海平面的不断下降，河口也不断向海洋方向延伸，河口三角洲沉积体自然不断向海洋方向扩展，后期海进时期，这些河口三角洲沉积体被海进沉积物覆盖形成古三角洲。

古三角洲的发育包括堆积前展和侵蚀破坏两个阶段，各自可以形成相应的砂体。砂体是三角洲的骨架，真正能够影响三角洲砂体形成的因素只有河床水流、波浪和潮流，形成以河流型、潮汐型和波浪型三类为主的三角洲。

(1) 河流型三角洲，如现代黄河三角洲，河道改道频繁，叉道延伸，坡降减小，洪水冲决天然堤而形成决口，河水溢出决口，产生决口扇，尔后水流逐渐归槽，成为新的叉道。随着新叉道的延伸，又重复上述过程，三角洲在河流不断地频繁改道中不断延伸。因此，三角洲平原上发育交错叠置的决口扇和纵横交错的古河道沉积体，这是河流型三角洲的主要特点。

(2) 潮汐型三角洲，由潮汐作用产生的河口沙坝占主导地位是其主要特点。如现代长江三角洲，自全新世最大海侵以来，形成以镇江为顶点的巨大河口湾，相继形成六期自 NW 向 SE 呈雁行状排列的河口沙坝。

(3) 波浪型三角洲，发育滨外沙，形成泻湖体系。波浪对三角洲的改造作用甚强，在三角洲前展过程中不断形成滨外沙坝，它由水下增长至水上，拦截新的水域，形成新的泻湖，原来的滨外沙坝也就成了新泻湖的砂体，成为波浪型三角洲骨架的重要砂体类型。

这些不同成因类型的三角洲体系，在沉积作用和沉积物结构构造上具有不同的特点。因此分析古三角洲沉积体系的成因，对评价不同类型三角洲沉积体的工程性质具有实际意义。

古三角洲沉积可分为三角洲平原、三角洲前缘和前三角洲沉积，在黄海、东海和南海陆架上由高分辨率地震探测发现的古三角洲沉积地层往往只有三角洲平原和三角洲前缘两部分，缺失前三角洲地层。主要因为前三角洲地层较薄，不易被声学探测所发现，或在海侵到来时已被海营力破坏而不复存在。

1. 古三角洲平原沉积特征及工程性质

古三角洲平原沉积相包括河流、潮坪、滨海沼泽、泛溢平原、泻湖相和沙坝等。在黄海、东海和南海陆架上由高分辨率地震探测发现的古三角洲平原，其主要特征显示为河流型，由叉道和泛滥平原两大部分组成。河流型三角洲沉积过程的主要特点是改道频繁、叉道延伸，因此三角洲平原上发育交错叠置的决口扇和纵横交错的古河道沉积体。泛溢平原一般向海倾斜，坡度较小，沉积物较细、以粉砂质黏土和粉砂等细颗粒为主，含丰富的植物碎屑和根系，同时也含少量的海相生物残骸。发育水平层理和龟裂状垂直裂隙，含水量和有机质含量较高，压缩性、灵敏度高，抗剪强度低，工程性质差。但是古三角洲地层在低海面时期，因长期出露海面，经过长期地质作用，很多土层已经呈超固结状态，土的工程性质较好。

河流型三角洲平原中发育的古河道以废弃古河道为主，这种废弃古河道有别于潮汐型古河道。河流的生命期往往很短，形体较小，河谷浅，断面窄，充填物质比较单一，沉积物多以细砂或粉砂为主，黏土含量很少，含少量陆相和海相生物残体，呈松散状，容易产生砂土液化，土的工程性质较差。

2. 古三角洲前缘沉积特征及工程性质

古三角洲前缘沉积包括诸如河口坝、叉道河床、河口天然堤、叉道间浅滩、前缘

斜坡等沉积体，但大多数三角洲前缘沉积并不具备所有这些沉积地貌类型特征。古三角洲前缘斜坡的沉积物主要为黏土质粉砂和砂，其中常常夹有高含水量的淤泥质黏土层，土的抗剪强度小。三角洲前缘斜坡有向海方向倾斜的倾角一般大于1°的结构面，常常会因重力、地震、波浪等因素引起滑坡等地质灾害，从而形成重大工程事故。

#### 7.6.2.2 古三角洲勘察手段及表现特征

古三角洲勘察常使用高分辨率地震剖面探测，并结合钻孔验证。根据已有资料，在南黄海中部地区、东海外陆架中部地区、南海北部陆架及海南岛东部外陆架地区均发现了具有明显席状平行或亚平行反射结构、大面积楔形前积反射结构及局部地带有侵蚀充填与杂乱反射结构特征的沉积地层，反映了三角洲平原相及三角洲前缘相沉积特征的古三角洲沉积体系。它具有独特的沉积特征，含特有的生物种类，沉积物以细砂和粉砂为主，分选较好，概率曲线呈二段或三段结构、悬移质组分含量很少，显示出以流水搬运的水动力特征。地层具平行或亚平行层理，发育虫孔、粉砂团块、植物残体等。声学反射特征为大尺度低角度前积交错反射，反映了古三角洲沉积作用过程中向前发展的不同方向和倾向，是多期决口扇叠置的亚三角洲相地层组合的特征。在古三角洲内发现的古河道沉积体，佐证了古三角洲平原叉道发育的事实。由此判断，形成于晚更新世低海面时期的古三角洲主要为河流型三角洲，这与当时的古地理、古气候有关。

古三角洲沉积层序可分为三角洲平原相、三角洲前缘相和前三角洲相三个相带，这三个沉积相带是渐变的，中间没有突变界线，是三角洲沉积最主要的特征。古三角洲底积层和覆盖层一般为海侵地层，与三角洲相沉积层构成不整合接触关系，有时三角洲沉积层顶部没有覆盖层，但有海侵改造层。

1. 三角洲平原相声学反射特征

古三角洲声反射特征主要有席状平行或亚平行反射及低角度交错状反射等结构特征，反映出泛滥平原、决口扇、滨海沼泽、潮坪等沉积相具有水平层理、低角度叠瓦状层理和低角度交错层理等特征。局部的侵蚀充填与杂乱反射结构特征反映出三角洲泛滥平原上叉道沉积、沙坝及天然堤等三角洲平原相沉积特征。

2. 三角洲前缘相声学反射特征

三角洲前缘的砂质沉积中层理构造复杂，有交错层理、平行层理、递变层理等，三角洲前缘斜坡具有明显的倾斜层理。在声学反射特征上，最明显的是大面积楔型前积反射结构特征。

3. 前三角洲相声学反射特征

前三角洲相地层以水平层理为主，与浅海相呈渐变关系，在声学反射特征上以平行反射结构为主。由于前三角洲沉积地层往往较薄，受海洋营力的改造，在声学地层中难以与浅海相或残留相沉积地层区分。

4. 三角洲底积层声学反射特征

三角洲下伏底积层为海侵地层，一般具有水平层理，但通常被海进时的海洋营力所破坏，声学反射特征以平行或亚平行反射结构为主，且振幅较弱，与上部的三角洲相地层呈不整合接触关系。

#### 7.6.2.3 古三角洲对海上风电场工程的危害及防治

由于大部分三角洲前缘相保存相对完整、坡度大，其沉积构造复杂，沉积速率快，前积层内可能含有大量的孔隙水或浅层气，使土层的压缩性增强、抗剪能力减弱，十分容易形成滑坡、泥流；在三角洲河口间湾环境容易产生淤泥质夹层，古三角洲地区辫状古河道发育，还容易形成浅层气……这些都可能造成持力层不均。因此，涉及古三角洲地区的海洋工程设计前必须进行详细的灾害地质调查。

海上风电工程如遇古三角洲时，应详细查明古三角洲地层分布，可采用高分辨率地震剖面法探测，结合钻孔验证，风电场区应选择古三角洲分布稳定的区域建设，对于底积层与下部地层具有较大不整合接触角度时，因易引发滑海底坡等地质灾害，宜进行避让。对于古三角洲岩土层显著差异变化区，应分析古三角洲沉积环境及背景，并补充高分辨率地震剖面和钻孔，必要时宜逐桩勘察，以详细查明海上风电构筑物岩土层分布特征及力学性质，为基础设计提供支撑。

## 7.7 泥　底　辟

### 7.7.1 泥底辟特征

泥底辟是泥质沉积在上覆地层压力下呈现的塑性上拱现象，有的刺穿海底，形成泥火山。底辟是一种与周围地层岩性不同的、以高度塑性岩层（如泥质岩、岩盐和石膏）为核心并刺穿上覆脆性地层的一种构造，又称穿刺构造，底辟核部由泥质地层组成的称泥底辟。

泥底辟在我国各大河口区均有发育，在滦河、黄河、老黄河、长江水下三角洲前缘都发现了泥底辟（杨子赓，2000）。渤海地区已发现的底辟构造主要位于莱州湾和辽东湾地区，探测揭示泥底辟构造带长约40km，宽为1～2km，隆起幅度最大可达6km。南海油气资源开发区浅地层剖面探测发现许多泥底辟：规模较大的泥底辟宽度约3km，柱高40～50m；规模较小的泥底辟主体宽度约1km，高30m。已有资料揭示，珠江口盆地外发现两个泥底辟，均刺穿海底，具明显活动性，主要出现在卫滩地区，北卫滩底辟在海底上拱10m左右，南卫滩底辟高出海底约40m，直径约600m，具有丘状外形，上拱部分均切断两侧连续沉积层，未见根底。

国内对泥底辟的研究已有30多年，韩光明等（2012）在对莺歌海彭迪底辟本质

研究后提出，底辟的本质应该是深部泥底辟与浅层流体底辟的组合体，且其长期处于动态平衡状态。海底盆地快速沉降充填，泥页岩处于欠压实状态，流体不能及时排出，随着埋藏加深，孔隙流体热增压、黏土矿物演变以及有机质生烃等作用，使得盆地形成超压。在区域走滑拉伸的外动力背景下，雏泥底辟开始发育，当达到或超过上覆地层破裂强度时，泥底辟迅速上拱。在深部温-压作用下泥底辟得以刺穿上覆地层（张敏强等，2004；解习农等，1999），而这种刺穿并不是无止境的，随着地层减薄，温-压的减弱，上覆地层还未被泥底辟刺穿，便已形成了很多裂隙、裂缝甚至断层。深部泥底辟携带的巨大能量在温-压降低的情况下将沿着裂隙以流体的形式迅速释放，形成浅层的流体底辟。流体释放后，底辟能量减弱，中、浅部地层中的裂隙、裂缝等重新合拢，底辟在排烃等作用下继续增压，直到下次超压的形成，然后继续上拱，周而复始，最终达到一种动态平衡状态。需要指出的是，当第 2 次超压形成后，底辟不一定 2 次都上拱，其可在超压下使得裂缝、微裂隙等重新开启，以流体形式向外释放能量。

宋瑞有等（2017）在对莺歌彭迪底辟类型及侵入方式研究后提出，泥底辟是由泥质、灰质、砂质等固相组成，含有未经压实排净的水而具有塑性。这种物质经塑性流动而相互混杂，成为物性均匀体，已不具有原始沉积层理，地震剖面上无法形成反射界面的波阻抗差，故为模糊异常体。模糊异常体同围岩有明显的区别，模糊带呈侵入状，其内没有地震界面或反射界面不清楚。莺歌海盆地底辟可以大致分为缓慢挤入型、持续刺穿型、周期塌陷型和混合（交替）突破型四种侵入方式。缓慢挤入型底辟主要由砂、泥质组成，流体成分少，其物质具有高黏度、低塑性的特点，同流体相比，同样地质时间段和浮力作用下上侵难度较大，相对滞缓。持续刺穿型底辟为流体前锋引导的刺穿行为，具有下部泥底辟和上部流体底辟的双元结构。这种刺穿行为由于不产生大规模喷发，故具有高能量刺穿的持续性。流体刺穿主要集中在泥底辟上部，故浅层断裂系相对集中，围岩破碎程度低。周期塌陷型底辟是底辟超强能量周期性释放后，底辟口回抽沉积的结果。这种类型构造属于超强能量刺穿初始地表的泥-流体底辟构造。混合突破型底辟为两种以上形式组合的侵入过程，其具有各组合类型的特点，主要控制因素是底辟侵入能量、成分的改变以及地层沉积结构的差异。

### 7.7.2 泥底辟的勘察手段及表现特征

目前海底泥底辟探测主要采用地球物理探测，如浅地层剖面、中地层剖面、高分辨率多道地震测量、侧扫声呐等。

现有资料研究表明底辟一般于声学剖面上有两种形式：泥底辟造成的孤岛状海底凸起，或层内凸起；因年青支流河口砂坝不断堆积在古三角洲上部，软黏土经差异荷载呈底辟状侵入或向上挤出（或含有气体）。

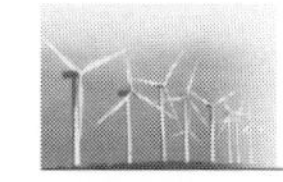



孟祥君（2012）依托南海西北部边缘莺歌海盆地中央泥底辟和东海冲绳海槽泥底辟地球物理探测研究提出，海底泥底辟及泥火山多道地震剖面特征为地震传播速度具有明显的低速异常，在常规二维反射地震剖面及速度谱资料上，具有明显的低速异常特征，在地震相上为不连续、弱振幅的空白反射或杂乱反射，呈柱状与围岩不整合接触。同时，钻井及地震资料亦揭示泥火山分布区存在明显的异常高温超压的地质特点，在泥火山主体多具有各种形态的杂乱模糊反射或空白反射的地球物理特征，其两侧或顶部则具有明显的强振幅特点。

海底泥火山侧扫声呐图像特征：海底泥火山粗糙的海底表面和泥质角砾岩碎屑能在声呐图上产生较强的逆向散射特征，通过发射声脉冲来获取海底逆向散射回来的声波幅度，侧扫声呐能构建海底地貌图像。逆向散射是海底表面粗糙程度和沉积物粒度的函数（Johnson J E，2003）。在海底泥火山周围，由于存在海底沉积物物性变化，侧扫声呐图像上显示增强的逆向散射，可以通过侧扫声呐图像直接对海底泥火山进行识别。

海底泥火山多波束图像特征，海底泥火山、泥底辟会在海底形成隆起的地貌，该地貌特征可以在多波束地形图上得到反映。

### 7.7.3　泥底辟的危害及防治建议

泥底辟一般是地质构造形成，但美国对密西西比河三角洲的研究表明，快速沉积的、密度大的河口沙坝盖在密度较低的前三角洲和浅海相泥质沉积物之上，由于重力差异作用，在河口沙坝的发育过程中，低密度泥质沉积物逐渐被挤压向上运动而形成海底泥底辟。我国在黄河口也发现海底泥底辟现象。由于泥底辟上拱沉积物天然容重比上覆三角洲前缘沉积物低，造成覆盖层密度比下部大的极不稳定结构，因此前三角洲沉积层可称为软层，它在不均的压力下具有在倾斜的老海底层面上发生流动、变形特点，所以又可称其为工程软弱层。因受高压影响（地质构造挤压或上部沉积物挤压影响）和其工程软弱性，泥底辟对海底工程建设存在不利影响。海上风电场工程建议应避让海底泥底辟灾害。

## 7.8　不规则浅埋基岩及礁（孤）石等

### 7.8.1　不规则浅埋基岩及礁（孤）石特征

不规则浅埋基岩主要是指海上工程基础埋置深度范围内的基岩，基岩面起伏强烈且不规则，其本身不具破坏能力，但对海上工程建设起限制影响作用，属不具活动能力的限制性地质条件（冯志强等，1994）。

浅埋基岩及礁（孤）石主要分布在近岸和岛屿周围海域，岩面起伏不规则程度主要受岩体差异风化控制，而岩土差异风化与岩性、地质构造、岩石中矿物成分等因素的不同影响有关。如软质岩石比硬质岩石更容易风化，岩浆岩中超基性岩、基性岩比中性岩、酸性岩抗风化能力弱，变质岩中深变质岩比浅变质岩更易风化；受构造影响破碎岩石较完整岩石更易风化，断层带或易风化岩脉较围压容易风化；长石矿物为主岩石较石英为主矿物更易风化等。喷出岩岩面埋深及起伏与古地形、喷出位置等有关。

据刘锡清等（2015）研究，陆架浅埋基岩多出现在距基岩海岸、岛屿较近的地方，或者在陆架边缘隆起带上。

孙杰等（2010）通过对珠江口海域灾害地质研究发现：珠江口近岸不规则浅埋基岩主要分布在沿岸区域和岛屿附近。不规则浅埋基岩面起伏都在 8m 以上，最大起伏可达 50m，局部出露海底成为暗礁，它们在高潮时淹没，低潮时可见白色的浪花，对船只的安全航行构成了威胁。

不规则浅埋基岩其不仅仅在海岛周边发育，还与地质环境密切相关，如广东某海上风电场，距离岸边约 20 多 km，周边未发现海岛，受区域构造及地质环境控制，基岩埋深 15～60m 不等，且以白垩系沉积的碎屑岩和晚白垩纪侵入的花岗岩为主，受区域性大构造控制，基岩多破碎，碎块状强风化及中等风化岩面起伏剧烈，岩面变化 15～50m 不等。

花岗岩中常发育孤石，花岗岩在三组相互正交的原生节理切割下，形成许多长方形或近似正方形的岩块，受岩性控制在物理风化和化学风化共同作用下，将周边棱角磨圆，岩块逐渐球化，形成了球状风化物，称为孤石。花岗岩孤石主要分布于残积土及全～强风化风化岩体中，分布杂乱且无规则，孤石大小往往受岩性、构造等控制，多随原岩结晶晶体大小变化，晶体越大，往往越易形成孤石，且形成孤石直径越大。

### 7.8.2 不规则浅埋基岩及礁（孤）石探测与表现特征

目前，海上工程对不规则浅埋基岩主要勘测手段为采用单道地震发射剖面法探测，埋藏较浅的基岩在浅层剖面上也有明显的判别特征，海底裸露凸起的基岩可采用多波速结合侧扫声呐探测。

陈卫民等（1997）指出，由于基岩与松散沉积物之间的声阻抗系数较大，在浅地层剖面记录上很容易追索出这条强声学反射界面。若无沉积物覆盖，基岩便裸露在海底之上，在声呐记录上表现为强反射，并伴有声学阴影，据此可圈划出岩石露头的形态和出露范围，依据起伏变化的测深记录可量测出其起伏高度。

起伏基岩面的反射特征以中-低频、强振幅、中-低连续性为主，反射形态主要表现为随机的高低起伏，基岩面的凸起多表现为圆锥状或尖峰状，内部反射模糊杂乱，无层次，部分可见绕射波（孙杰等，2010）。

冯京（2014）研究指出，浅部埋藏不规则基岩面在浅地层声学探测剖面上以中-低频、强振幅、低连续性为主，内部反射杂乱模糊，无层理，对两侧地层无明显扰动，上覆少量沉积物或直接出露海底。

海上风电场工程采用浅地层剖面法、单道地震发射剖面法和侧扫声呐法可大范围查明工程区浅埋基岩分布特征，可依据其探测成果并结合已有钻孔数据绘制工程区基岩面等值线图（等高线比例尺与测线间距等密切相关），基岩面等值线可用于海上风电机组的机位规划布置以及海底路由管道路径选择，如图7-4～图7-7所示。

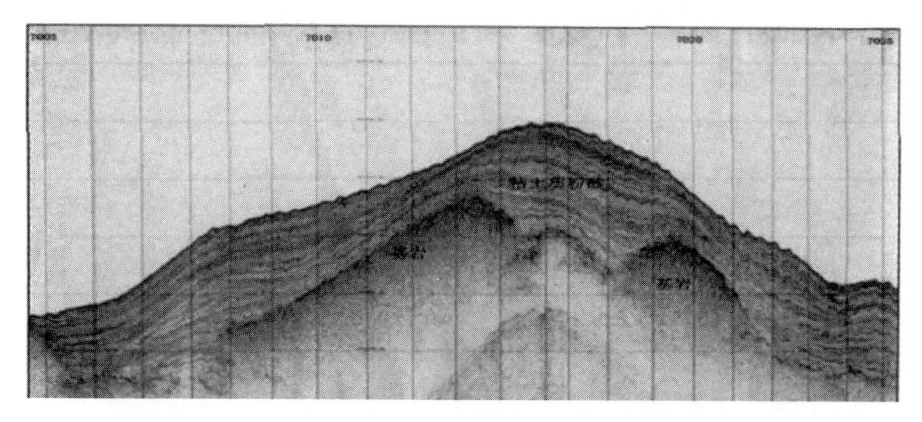

图7-4　浅地层剖面上显示的不规则浅埋基岩（刘杜娟等，2014）

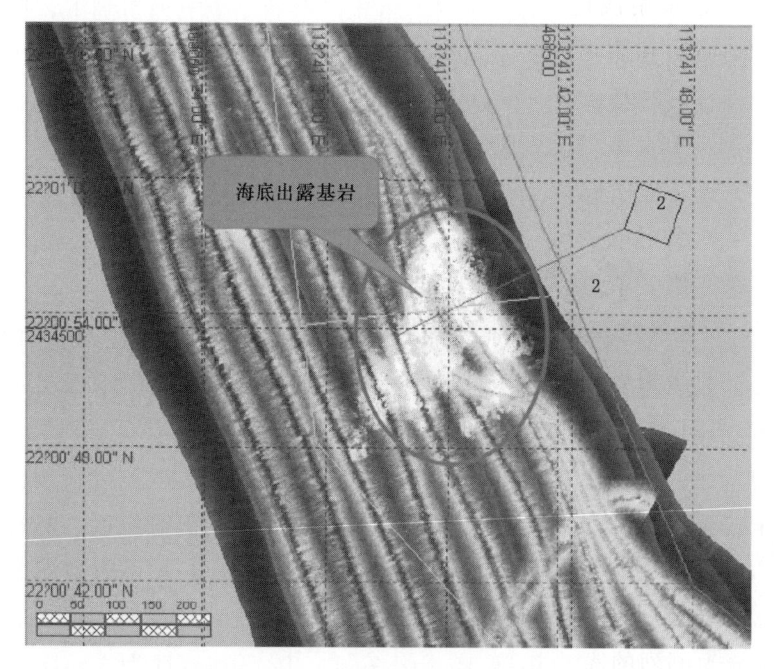


图7-5　侧扫声呐成果显示的强反射海底出露基岩（珠海，2013）

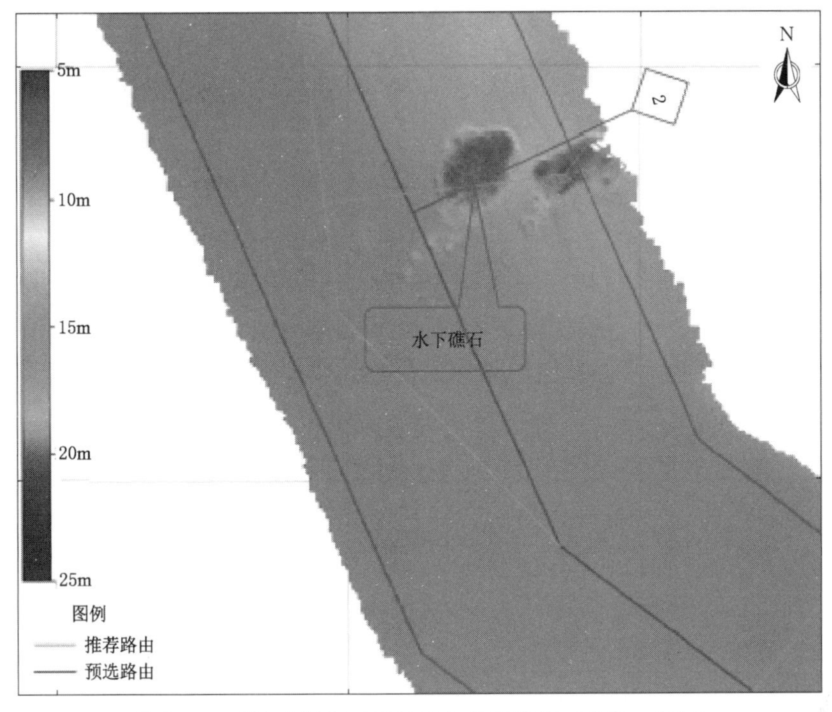


图 7－6　多波速数据成果显示的海底礁石（珠海，2013）

作为项目施工图设计时，对于不规则浅埋基岩区，除采用浅地层剖面法、单道地震发射剖面法和侧扫声呐法探测外，还可依据拟采用的基础型式及布置布置勘察钻孔。

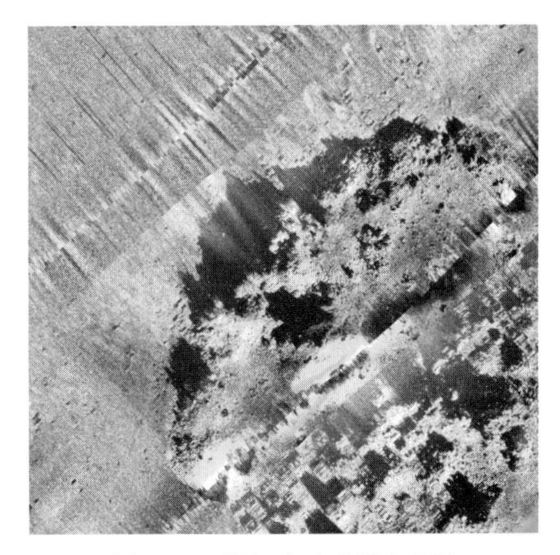

图 7－7　侧扫声呐成果上显示的海底礁石（汕尾，2019）

水域孤石探测及地质层位分层可根据其波阻抗差异，采用单道地震法和多道地震法的物探方法。单道地震法工作时接收水听器仅为单道，空间采样率低，信噪比差，勘探精度一般较低；多道地震法穿透能力最强，空间采样率高，信噪比高，勘探精度较高，如图 7－8 所示。

## 7.8.3　不规则浅埋基岩及礁（孤）石的危害

表面起伏较为剧烈的浅埋藏基岩面有可能和滑坡、断层等相伴生，可能导致地质灾害的发生（仇建东等，2012；王奎峰等，2018）。

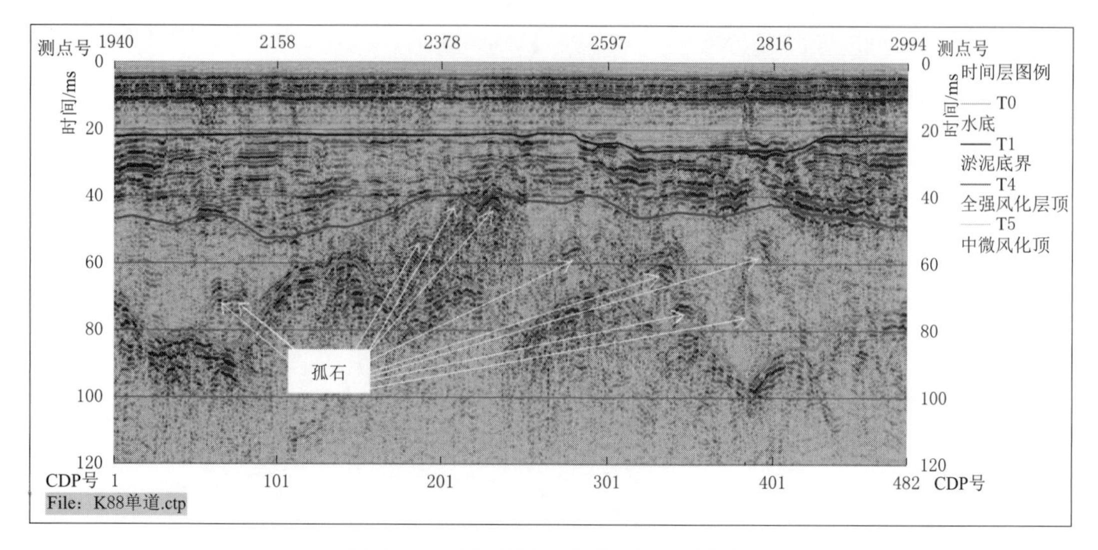


图 7-8　多道地震剖面揭示的孤石异常

对于工程建设，基岩是很好的持力层，但如果基岩面起伏不平，由于其与围岩岩性的不均一，产生承载力差异，可能造成海上构筑物基础持力不均，导致构筑物整体倾斜、差异沉降，甚至倾覆，对海上构筑物基础安全构成威胁，故其不利于海上工程基础的选型，不利于持力层的选择。对于近岸海缆路由管道的铺设与防护、石油平台的拖航与坐底、锚地与航道等均会产生较大的安全隐患，须避开或清除。

孤石对海洋工程建设的危害主要在于两个方面：一是大直径孤石，易被误判为基岩，造成桩基短桩；二是引起围压风化差异大，桩基施工时难以穿越，造成沉桩困难，且桩基倾斜度难以控制。

### 7.8.4　不规则浅埋基岩及礁（孤）石海上风电场防治建议

由于不规则浅埋基岩地段基岩面起伏强烈，海上风电机组桩基基础施工如遇基岩或孤石，施工难度大、周期长且费用高昂，不均匀地基也会导致风电机组基础倾斜等，故海上风电机组的机位选择应尽量避让不规则浅埋基岩及孤石强烈发育段，无法避让时，宜加大机位勘察工作量，如一桩一孔勘察，超大直径桩基时可采用多孔勘察，也可根据查明的机位不规则浅埋基岩和孤石分布特征调整机位基础选型，如改用吸力桶基础等。海上路由选择尽量避让基岩裸露地段，无法避让时，应采取相应保护措施。

综上所述，根据海洋地质灾害活动能力和危害程度，活动断裂及地震活动、海底滑坡、浅层气、海底浊流、活动沙丘与沙丘、泥底辟等对场地稳定性具有决定性影响，场地建设应进行避让。古河道及古三角洲、不规则浅埋基岩及礁（孤）石作为不具活动性能力的限制性地质条件，其对场地整体稳定性影响较小，多影响地基基础稳

定性，一般可采取避让处理，若无法避让时，则可根据其经济性选择合适的工程措施进行防治。

# 参 考 文 献


[1] 李西双，刘保华，赵月霞，等. 海底活动断裂研究方法及我国近海活动断裂研究 [J]. 海洋地质动态，2008 (3)：8-13.

[2] 赵根模，赵国敏，杨港生，等. 声波探测显示的渤海湾西部全新世断层活动 [J]. 中国地震，2005，21 (2)：139-146.

[3] 刘科，王建华. 珠江口盆地海底滑坡发育特征及成因机制 [J]. 海洋通报，2017，36 (1)：60-66.

[4] 朱超祁，贾永刚，刘晓磊，等. 海底滑坡分类及成因机制研究进展 [J]. 海洋地质与第四纪地质，2015，35 (6)：153-163.

[5] 陈自生. 海底滑坡问题的初义 [C]//滑坡文集（第六集），北京：中国铁道出版社，1988：154-160.

[6] 寇养琦. 南海北部的海底滑坡 [J]. 海洋与海岸带开发，1990，7 (3)：48-51.

[7] 冯文科，石要红，陈玲辉. 南海北部外陆架和上陆坡海底滑坡稳定性研究 [J]. 海洋地质与第四纪地质，1994，14 (2)：81-94.

[8] 徐景平. 海底浊流研究百年回顾 [J]. 中国海洋大学学报（自然科学版），2014，44 (10)：98-105.

[9] 李利阳. 浊流沉积研究的新进展：鲍马序列、海底扇的重新审视 [J]. 沉积与特提斯地质，2015 (12)：106-111.

[10] 冯志强，刘宗惠，柯胜边. 南海北部地质灾害类型及分布规律 [J]. 中国地质灾害与防治学报，1994 (10)：171-180.

[11] 孙杰，詹文欢，贾建业，等. 珠江口海域灾害地质因素及其与环境变化的关系 [J]. 热带海洋学报，2010，29 (1)：104-110.

[12] 刘杜娟，胡涛骏，黄潘阳，等. 舟山海域海洋灾害地质因素分类及其分布规律 [J]. 海洋湖沼通报，2014，3：153-160.

[13] 冯京. 基于高分辨率声学探测的渤海海峡地貌及灾害地质研究 [D]. 青岛：中国海洋大学，2014.

[14] 仇建东，刘健，孔祥淮，等. 山东半岛南部滨浅海区的海洋灾害地质 [J]. 海洋地质与第四纪地质，2012，32 (1)：27-33.

[15] 陈卫民，等. 危害近岸工程的海洋地质灾害现象及其探测方法 [J]. 自然灾害学报，1997，6 (2)：48-54.

[16] 王奎峰，张太平，王岳林，等. 黄河三角洲高效生态经济区海岸带地貌环境特征及发育模式 [J]. 山东国土资源，2018，34 (5)：87-94.

[17] 赵景蒲，贺森，张建英，等. 东营市近海海域灾害地质类型及特征分析 [J]. 山东国土资源，2018，34 (7)：55-60.

[18] 宋瑞有，于俊峰，等. 莺歌海盆地底辟类型及侵入方式 [J]. 世界地质，2017，4：1235-1234.

[19] 张敏强，钟志洪，夏斌，等. 莺歌海盆地泥-流体底辟构造成因机制与天然气运聚 [J]. 大地构造与成矿学，2004，28 (2)：118-125.

[20] 解习农，李思田，胡祥云，等. 莺歌海盆地底辟带热流体输导系统及其成因机制 [J]. 中国科学，1999，29 (3)：247-256.

[21] 韩光明，周家雄，裴健翔，等. 莺歌海盆地底辟本质及其与天然气成藏关系［J]. 岩性油气藏，2012 (5)：27 - 31.
[22] 孟祥君，张训华，韩波，等. 海底泥火山地球物理特征［J]. 海洋地质前沿，2012 (12)：6 - 9.
[23] 叶银灿，等. 中海海洋地质灾害地质学［M]. 北京：海洋出版社，2012.
[24] 崔振昂，夏真，林进真，等. 南海北部湾全新世环境演变及人类活动影响研究［M]. 北京：海洋出版社，2017.
[25] AP Institute. Recommended practice for planning，designing and constructing fixed offshore platforms - working stress design：upstream segment [A]//American Petroleum Institute [C]，1987.

# 第8章　海上风电场地基岩土工程条件分析及设计参数确定

## 8.1　概　　述

海上风电岩土勘察通过测试、勘探、模拟、分析等手段为海上风电场建设提供必需的、可靠的海底岩土和海洋环境特征，查明海上结构物影响范围内的岩土层分布及其物理力学特征，以分析影响地基稳定的不良地质现象，为风电机组基础设计、海上施工、安装以及不良地质现象的防治措施提供科学依据。

## 8.2　岩土分类及特征

海上风电场区域工程地质条件复杂，区域差异性大，软弱土层、液化层、基岩、砂卵砾石、浅气层、埋藏古河道、断层、沙丘、沙脊、冲刷影响等海洋地质现象发育。

### 8.2.1　海洋沉积物的分布和工程性质

海洋沉积物是相对于陆上沉积物而言的，是由物理、化学和生物过程的综合作用产生的，其形成和分布规律对海底电缆铺设、海上平台设计、海底矿产开采等有着重要的影响。

#### 8.2.1.1　海洋沉积物的起源和分布

1. 沉积物颗粒类型

海洋沉积物是由陆源碎屑物质和生物、化学过程的溶液中形成分解出来的物质组成。陆源碎屑主要由河流、冰山和风携带的微粒组成，有机物质大多数来源于贝壳和海洋生物体的骨骼。海洋沉积物颗粒按其成因可分为三类：

（1）岩成颗粒：主要由硅酸盐类矿物和颗粒组成，由风化作用时陆地岩石破碎而来，此外还有火山喷发和宇宙的尘埃陨石等天体中的外来物。

（2）生物颗粒：海洋生物体的骨骼、牙齿和贝壳等难溶解的残余部分。

(3) 水成颗粒：海水或沉积物内的水与其他物质发生化学反应形成的颗粒。

2. 海洋沉积物的起源

河流是海洋沉积物的最大来源，每年将大约200亿t的沉积物质贡献给海洋，其中大部分来源于亚洲，其次是非洲。

风每年能够将10亿t的尘埃物质搬运到海洋中，其中主要来自沙漠和高山。

生物成因沉积物在成分上可能是钙质或硅质的。钙质的碳酸盐沉积物分布范围比较广，其中钙质软泥分布约占洋底面积的47.7%。远洋硅质沉积是含生物骨屑50%以上、硅质生物遗骸30%以上的沉积物。

3. 海洋沉积物的分布

北纬30°到南纬30°之间的环境条件特别有利于钙质沉积物的形成，而硅质生物沉积物主要发现于高纬度和赤道太平洋地区。其中：钙质软泥在大西洋中含量最高，太平洋最低，印度洋居中；硅质软泥则相反，印度洋最高，太平洋次之，大西洋最低；红褐色黏土又称红黏土，主要分布在太平洋，覆盖了总面积的49.1%，褐色黏土区的深度多大于4800m；此外，还有蚀流沉积物和火山灰，前者主要分布在大西洋和印度洋，后者主要分布在太平洋。

#### 8.2.1.2　海洋土的原位应力状态

海洋土与陆地土一样，也存在正常固结土、超固结土和不完全固结土（欠固结土）三种原位应力状态。一般而言，陆架和陆坡上的沉积物处于超固结状态，三角洲沉积处于不完全固结状态，深海平原沉积物处于正常固结状态。在海洋中正常沉积过程所形成的海洋土应是正常固结的，但海底土因沉积环境的改变，有时在同一地区上下土层可能处于不同的固结状态。

1. 超固结作用的可能机制

超固结作用起因于固结后的应力解除，在海洋条件下它可能由于浅水环境的海洋侵蚀和以前冰川作用的影响而引起，也可能由以往波浪加载的影响而引起，特别是浅水区前期固结压力可能因此而得以增加。除此以外，H G Poulos认为，在海洋中还有以下方面的过程可能导致超固结：

(1) 蠕变或二次固结：在恒定的有效应力下，导致孔隙比减小，从而导致前期固结压力明显提高，包括直接压缩和滞后压缩，后者随时间而增加，并导致抵抗进一步压缩的储备抵抗力和准前期固结压力的产生，并同样地随时间而加强，在后来加载时，土体将呈现像超固结一样，直到有效应力达到前期固结压力$P'_c$后，压缩才沿着瞬时的压缩曲线继续进行。

(2) 胶结作用：由胶结物质的沉降而产生的化学黏合的发展。

(3) 触变硬化：这种作用在碳酸盐含量很高的钙质沉积物中最为突出，它导致在

成分不变的情况下强度随时间增加而增大，触变的影响在蒙脱石中最为显著。

2. 不完全固结的可能机制

不完全固结通常和土体中的超孔隙水压力有关，造成超孔隙水压力的因素归纳起来有以下几种：

(1) 快速沉积作用：在沉积期间，随着超孔隙水压力的增加，总应力也增加，但超孔隙水压力的消散可能相当慢，它取决于沉积厚度及固结系数，还有排水情况，因此，有效应力会小于最终值，土体将保持不完全固结状态，直至超孔隙水压力消散到与静水压力相等。

(2) 沉积物中的气体：主要指沉积物中的密闭气体，它的压力可能导致沉积物的超孔隙水压力增加，从而造成有效应力小于土体的上覆自重应力。密闭气体可由原与大气相通的吸附气体或游离气体转变而成，或由生物作用形成。

(3) 沉积物中渗透压力的存在：土层中的地下水或海水，只要有水头差的存在（地形或涨落潮的影响），受到静水压力的作用，就会有一个渗透压力，此压力可使孔隙水压力增大，尤其是在有水流溢出地表时。

(4) 波浪诱导的重复荷载：大的风暴产生的周期性荷载能够在土层中产生超孔隙压力，尤其是在饱和的松软土中，使有效应力小于有效覆盖压力。对于渗透性低的沉积物，一次风暴产生的孔隙水压力可能叠加在早期风暴或其他机制产生的孔隙水压力上，使土层有效应力进一步减小。

#### 8.2.1.3 海洋土的物质组成和微结构特征

由于海洋沉积物来源多样，经过搬运和沉积的过程不同，又因气候和海底不同的动力环境，形成了不同物质组成和结构特征的沉积物。

1. 海洋土的物质组成

海洋土与陆地土相比，在物质成分上有很大的不同，特别是土中含有很高的可溶盐生物组分和碳酸盐组分，影响着海洋土的工程性质。

大陆台阶（大陆架和大陆坡）、深海丘陵和深海平原不同环境中沉积物的粒度成分和颗粒密度有较大的差别，据相关统计结果，大陆边缘的沉积物中粗粒沉积物较多，平均粒径和颗粒密度比深海平原和丘陵要高。在大洋中火山沉积和浊流沉积的平均粒径比硅质和碳酸盐软泥要高，褐色和红色黏土最细。由于沉积类型的不同，它们的饱和容重、孔隙度和声波在其中的传播速度也不同。海洋沉积物中的矿物成分和化学成分与沉积物来源密切相关，很难有统一的规律，不同程度上影响着沉积物的物理性质。

沉积物中的黏土矿物是构成黏土颗粒的主要成分，是控制黏性土工程性质与变化的主要因素之一。高岭土的晶体化学结构特点决定了高岭石与水相互作用所表现的物理、化学性质较弱，含高岭石矿物的黏性土工程性质不易因外界条件变化而变化。蒙脱石的晶体结构特点决定了蒙脱石具有很大的亲水性、吸附性、离子交换容量，与水相互作用表现了强烈的物理化学性能，并对外界条件非常敏感，其性质易随外界条件变化而变化。伊利石的亲水性、置换与吸附等物理化学性能介于蒙脱石与高岭石之间，绿泥石亦类似。

沉积物中的化学成分，特别是可溶盐类的含量对松软土工程性质的影响，以及难溶盐类的含量对海洋土工程性质的影响较大，碳酸盐含量增加，内摩擦角增大，液限和塑性指数减小，塑性降低，表现为粒状土的倾向。

2. 海洋土的微观结构特征

(1) 结构类型。根据高国瑞的研究，海洋土的微观结构大体可分为以下类型：

1) 粒状胶结结构。粒状胶结结构是指以集粒或粉粒为骨架、粒间颗粒基本上互相接触、粒间孔隙较小的土体结构。由于胶结材料的不同，粒状胶结结构又可分为粒状盐晶胶结结构和粒状黏土胶结结构两个亚类。

2) 粒状链接结构。粒状链接结构是指以集粒或粉粒为骨架，粒间颗粒间有一定的距离，粒间由黏土“畴”构成的链把粒状连接在一起，是粒间孔隙较大的土结构。

3) 絮状链接结构。絮状链接结构是指以絮凝体为骨架，由黏土“畴”构成的链将凝聚体连接在一起，构成絮状链接结构。根据絮凝体的疏密程度和连接链的长短，可分为致密絮凝长链结构、致密絮凝短链结构、开放絮凝长链结构和开放絮凝短链结构四个亚类。

4) 黏土基质结构。这种结构含有大量黏土“畴”凝聚成规则或不规则的凝聚体，凝聚体再进一步聚合在一起，形成黏粒基质结构。如果黏土基质中凝聚体排列比较紧密，而生成面-面叠聚形态，称为定向黏粒基质结构，一般存在于较深的沉积物中；如果凝聚体内“畴”的排列比较疏松，而且是边-面间连接形式，凝聚体内微孔隙大而多，并且互相连通呈开放排列，称为开放黏粒基质结构，这种结构一般存在于浅层土中。

(2) 微结构类型与工程性质的关系。海洋沉积物的微结构对其工程性质有重要的影响，详见表8-1。

**表8-1　不同结构类型的海洋沉积物的工程特性**

| 结构类型 | 工程特性 | | | | |
| --- | --- | --- | --- | --- | --- |
| | 强度 | 孔隙度 | 压缩性 | 灵敏性 | 流变性 |
| 粒状盐晶胶结结构 | 中偏高 | 低 | 低 | 中 | 低 |
| 粒状黏土胶结结构 | 中偏高 | 低 | 低 | 中 | 低 |
| 粒状长链连接结构 | 较高 | 中 | 中偏高 | 高 | 中偏高 |
| 粒状短链连接结构 | 中 | 中偏高 | 中 | 中 | 中 |

续表

| 结构类型 | 工程特性 | | | | |
| --- | --- | --- | --- | --- | --- |
| | 强度 | 孔隙度 | 压缩性 | 灵敏性 | 流变性 |
| 致密絮凝长链结构 | 中偏高 | 高 | 中偏高 | 高 | 中偏高 |
| 致密絮凝短链结构 | 中 | 中 | 中 | 中 | 中 |
| 开放絮凝长链结构 | 很低 | 很高 | 高 | 高 | 高 |
| 开放絮凝短链结构 | 低 | 高 | 中偏高 | 中 | 中偏高 |
| 黏粒定向基质结构 | 中偏高 | 中 | 中 | 中 | 中 |
| 黏粒开放基质结构 | 中偏低 | 中偏高 | 高 | 高 | 高 |

从表 8-1 中可以看出，粒状胶结结构的土具有较小的孔隙度、较高的强度、较低的压缩性。粒状链式连接的沉积物的强度比较高，但其孔隙比较大、压缩性中等偏高。絮凝结构的沉积物往往具有高压缩性、高流变性、高灵敏性和低强度的特点，这种不良的工程性质在开放絮凝长链结构中表现尤为突出。黏粒开放基质结构的情况比开放絮凝结构的稍好。

低强度是开放絮凝链式连接的一大特点，这种连接一般发生在集粒和黏土凝聚体之间，这些黏土凝聚体是在海水条件下，由黏粒和黏土畴凝聚成各种大小不同的凝聚体，凝聚体之间并不相互接触，相隔一段距离，一些小凝聚体有的像链条那样把两个大凝聚体控制住，有的像桥那样把凝聚体连接在一起，这种连接强度并不高，链的长细比越大，强度越低，在剪应力作用下将产生长时间的流动变形。

粒状胶结结构和定向黏粒基质结构强度是比较高的，因为粒状胶结结构中颗粒基本上是相互接触的，粒间孔隙较小，定向黏粒基质结构的基质黏土中凝聚体内“畴”的排列比较紧密，而且是面-面的叠聚，凝聚体内微孔隙较小而少，所以强度较高，不像开放黏粒基质结构那样，凝聚体内“畴”的排列比较疏松，而且是边-面连接，凝聚体内微孔隙大，互相连通，所以强度较低。

高压缩性一般发生在开放长链结构中，因为“长链”连接意味着存在着大量不稳定的粒间孔隙。“开放”絮凝结构意味着有较多的絮凝体内的粒内孔隙，具有这种结构的土在一定的压力作用下就会产生较大的变形。

高灵敏性和开放絮凝结构中“畴”的排列方式有关，如果黏土畴呈边-面-角的空间网格排列，这种排列具有一定的空间刚度，结构破坏时强度将急剧降低，因此表现为高灵敏性。

高流变性主要产生在长链结构中，不管骨架颗粒是粒状体还有絮凝体，在长期应力作用下都将发生长期的流动变形，根据一些学者的研究，主要是剪切应力使连接链条拉长和畸变的结果。

#### 8.2.1.4 海洋土的工程性质

现有海洋土的工程性质资料绝大部分是大陆边缘的，深海资料较少。下面将主要

依据 H G Bouls 所著的 Marine Geotechnics 一书引用资料及其他学者研究成果进行简单介绍。

1. 无机黏土

海洋黏土沉积与陆上黏土的差异在于海洋沉积物中有原位应力状态并可能有气体存在，但大量实验资料也证明，海洋黏土和陆上黏土的基本性质是相同的，特别是在滨海地区，陆上黏土工程性质中某些关系可应用到海洋中。

深海黏土在塑性、强度、固结特征、变形参数等许多方面与陆上黏土也有许多相似之处，主要差别在结构上多以絮状结构出现而具有高压缩性、高灵敏性、高流动性、低强度的特点。

2. 钙质沉积物

（1）有效内摩擦角比较高，通常高于硅质砂，随着围压的增大，抗剪强度显著减小。原因是钙质砂含有大量的角粒颗粒及相应的粒间孔隙，其摩擦角高于石英砂。其工程性质在很大程度上取决于以下因素：

1）平均有效应力：随着平均有效应力的增加，土从破裂时膨胀变化到更具塑性性质，在此情况下剪切呈现出体积的减小，此种转变一般在较低围压（200kPa）时出现，而陆上的硅质砂通常要在 2000kPa 时才出现这一转变。

2）压碎效应：内摩擦角值随平均有效应力增大而减小，归因于颗粒的压碎效应，颗粒破碎的发生使钙质砂剪胀性减小，体积收缩应变增大，峰值强度降低。

3）胶结效应：胶结作用破坏，碳酸盐会表现出像未胶结的钙质粉砂一样，在纯流体静应力下，胶结破坏发生在 1～5MPa 之间的压力，取决于胶结物胶结的强度。

4）碳酸盐含量效应：随着碳酸盐含量增加，有效内摩擦角值增大，破坏时孔隙压力减小，液限和塑性指数减小。

（2）固结特性在高压力下压缩性有明显降低的趋势，在更高的应力水平下，呈现出与某些灵敏度高的黏土和硅质砂相似的情况。

3. 硅质沉积物

硅质沉积物平均比重为 2.45，最低为 2.30，主要由比重为 2.10 的蛋白二氧化硅组成。其中放射虫软泥具有最低的容重（平均为 1.12g/cm$^3$），最高的孔隙度（89%）和最高的含水量（平均 389%），它们具有很高的粒间孔隙度，每一骨架颗粒都是空心和多孔的。

硅藻黏土的特点是具有高的含水量（89%～205%），非常低的抗剪强度和非常低的水下容重。

4. 半远洋沉积物

半远洋沉积物出现在所有大陆边缘的斜坡和大陆裙上部，是大陆风化产物通过各种途径搬运来的碎屑物质的快速沉积。

北太平洋远洋沉积物的总平均粒径为 3.36μm，饱和容重为 0.95 g/cm$^3$，含水量为 90%，孔隙度为 67%。

5. 浊流沉积物和火山灰

北太平洋的浊流沉积物是由极细砂和中粉砂向上递变为黏土的序粒层组成的，其物理性质见表 8-2。

**表 8-2　北太平洋浊流沉积物的物理性质**

| 沉积类型 | 平均粒径/μm | 饱和容重/(g/cm$^3$) | 含水量/% | 孔隙度/% |
|---|---|---|---|---|
| 黏土 | 1.06 | 1.46 | 104 | 71 |
| 泥 | 2.41 | 1.55 | 86 | 68 |
| 粉砂 | 21.38 | 1.82 | 47 | 54 |
| 砂 | 128.33 | 2.12 | 20 | 34 |

#### 8.2.1.5　海洋土的工程分类

海洋土按工程特点主要可分为黏性土、粉土和砂性土。不同地域的黏性土受地形特征、物质来源、水动力条件、物质组成等方面的不同而具有不同的差异性，黏性土的工程性质受微结构影响，其中物理性质参数与孔隙大小与数量有关，而力学性质受孔隙大小数量和几何形状同时影响。粉土作为砂性土和黏性土之间的一种过渡类型，是具有特殊工程性质的土。粉土中含有砂粒、粉粒、黏粒三种颗粒成分，在结构上呈现出砂性土的散粒接触连接向亚黏土的水胶连接逐渐过渡的结构型式，其特性与砂性土和黏性土既有类似之处，又存在显著的差异。砂性土的工程特性与其颗粒大小、级配、相对密实度等因素相关。由于海洋土的特殊性及海洋环境荷载的复杂性，海洋结构物不仅受到结构及设备自重引起的竖向荷载长期作用，而且往往遭受风、波浪等引起水平、力矩荷载的循环或瞬时作用，地基的承载力与荷载组合方式等密切相关，因此需关注不同类型土的土动力学问题。

#### 8.2.1.6　海洋土主要物理力学性质

海洋沉积物工程地质性质有十大特征：①高灵敏性；②高孔隙比；③高触变性；④高蠕变性；⑤高液化性；⑥高含水性；⑦高压缩性；⑧变异性；⑨低渗透性；⑩低强度。海洋沉积物不同区域具有如下一些特点。

1. 滨海区海洋土类型及其物理力学性质

滨海区主要是指自低潮线以下至水深 5m 的海区，通常称水下浅滩岸坡区。滨海区地质地理环境复杂，有河口、水下三角洲、港湾、滨海平原、水下岸坡、水下浅滩、潮流沙脊槽沟、海底沙坡等；海洋土类型复杂多样，主要有淤泥质黏土、老黏土、粉细砂、中细砂等。

淤泥质黏土为多为全新世以来的沉积物，主要分布在海湾、泻湖、河口水下三角洲、滨海平原等地，厚度不等，土体呈灰、深灰色，流塑状。总体而言，土体松软，

孔隙大，软水性强，压缩性高，承载力小，通常与其他土类构成双层或多层结构。老黏土形成于早更新世，土体呈红、棕红、棕褐、白、灰等杂色，亦称“杂色黏土”，呈坚硬状或硬塑状。粉细砂广泛分布于河口、水下三角洲和滨海平原区，呈灰、灰褐或浅灰色，细砂占48%～62%，粉砂占28%～32%，黏土很少，含水量高，多处于饱和状态。中细砂主要分布在河口水下三角洲地区，呈浅灰、黄褐色，属陆源碎屑沉积，细砂占60%～75%，中砂占23%～35%，含少量粗砂和小砾石，以松散-中密居多。常见单层结构，有时也与其他土体组成双层或多层结构。

滨海区还有一种特殊土类——人工填土，见于海湾、港口、码头等人类活动频繁海区，厚1～2m，主要是生活垃圾、工业或建筑废料，成分复杂，结构松散，力学强度变化大。

2. 海峡区海洋土类型及其物理力学性质

海洋土体主要为低液限黏土、高液限黏土、级配不良砂、粉砂质砂、黏土质砂等。

低液限黏土呈浅灰、灰、灰褐色，主要为黏土、粉砂，含少量铁质、钙质结核，呈流塑状态。高液限黏土呈灰、深灰色，呈流塑状。级配不良砂呈浅黄、棕黄、黄褐色，含砾石、粗砂、中砂、细砂、粉砂等，不含黏土，但见铁锰质结核。粉砂质砂呈灰、浅灰色，常与黏土质砂、低液限黏土、低液限粉土构成互层，有时出现薄层钙质砂层。黏土质砂呈灰、灰黑色，层理发育，夹多层薄层状砂或黏土夹层。

3. 内陆架海洋土类型及其物理力学性质

内陆架一般指水深50m之内的海区，主要为淤泥、淤泥质黏土、粉砂质黏土、黏土质砂、细砂、中细砂等。据$^{14}$C测年结果，内陆架表层主要为7500a B.P以来的沉积物。

淤泥、淤泥质黏土呈浅灰、灰色，上部为淤泥，下部为淤泥质黏土，一般比重为2.71，饱和度99.8%。粉砂质黏土呈灰、浅灰色，比重为2.72，饱和度为99.4%。黏土质砂呈浅灰、灰黄色，比重为2.70，饱和度为99.0%。细砂、中细砂呈灰、灰黄、黄色，含贝壳碎屑或泥砾团块。总体上，该土层孔隙比高，压缩性大，透水性低。

内陆架有时发育一种特殊土体——风暴流沉积物（风暴岩），由突发性台风引发的狂涛巨浪而引起。如1971年我国南海地区15号台风就引发了速度高达2.61m/s的局部海底水流，这种风暴流作用在局部海底形成的沉积称为风暴岩。风暴岩多呈斑块状，长20～150m，厚1～3m，底部为含砾中粗砂，向上递变为中砂—细砂，顶部为砂—粉砂—黏土，具正粒级递变层理。风暴岩的比重、含水量、孔隙比、液限、塑性指数一般比周围海底土相对低，而干容重、天然容重、不排水剪切强度比周围海底土高。

4. 外陆架海洋土类型及其物理力学性质

水深50～160m为外陆架，主要为残留沉积物（relict sediment）或准残留沉积物（plimpsest sediment），以黄褐、黄灰、浅灰色细砂、粉砂为主，局部地区为砂、粉砂、黏土、中细砂、中砂、砾砂。

外陆架残留砂与内陆架海底砂性土相比，其比重、含水量、孔隙度、孔隙比等较小，干容重、天然容重较大，不排水剪切强度高，压缩系数小。

5. 陆坡、深海平原海洋土类型及其物理力学性质

陆坡、深海平原海洋土主要为砂砾土、钙质生物软泥、含钙的硅质生物软泥、硅质生物软泥、深海黏土。

砂砾土以成片或呈条带状分布，主要以粉砂、细砂等陆源粗碎屑物为特征。由于此处靠近陆架外缘，其沉积物很可能受到外陆架残留砂的影响，或者与陆架陆坡转折区发生的崩塌堆积相关。钙质生物软泥主要发育于大陆坡，由于远离大陆，海底沉积物以黏土为主，粉砂很少，生物壳体占重要地位。从大陆架外缘开始，钙质生物（主要为有孔虫）含量逐渐增加，形成有孔虫软泥，一般黏土占45%～55%，有孔虫占20%～50%，钙质超微化石占5%～10%，硅藻占3%。含钙的硅质生物软泥分布于大陆坡之下部，一般有孔虫含量为5%～15%，放射虫为7%～15%，硅藻为10%～15%。硅质生物（放射虫）软泥分布在下陆坡至深海平原交界区，其放射虫含量30%～40%，硅藻7%～15%，含水量高。

深海黏土发育在水深4000m以下的中央海盆、西南海盆，为棕褐色黏土，黏土含量大于70%，碎屑矿物极少，偶见火山碎屑。黏土矿物中以伊利石含量最高（47%～54%），其次是蒙脱石（16%～27%）、绿泥石（17%～20%）、高岭石（8%～13%）。深海黏土含水量高达150%以上，最高达207%。深海黏土的微结构研究发现，黏土微粒一般以面-面、面-边结合，组成球状微集聚体。也有以面-面或低角度的面-边结合组成薄片状微粒集聚体。这是最基本的微结构单元，其黏粒间的连接作用超过水化膜形成的斥力。最发育的是蜂窝状微结构，蜂窝一般呈等轴状，直径5～10μm，蜂窝壁由叶片状微集聚体以小角度的面-边组合而成，蜂窝状孔隙属微集聚体间孔隙。还有一种基质状微结构，它是由黏土微粒集聚体以面-面、面-边、边-边组合成疏松基质状微结构，孔隙发育，但大小不一，形态变化多端。由于深海黏土一般是在静水环境中形成的，仅历经沉积阶段，尚未经过压密、脱水作用，其微结构单元之间的连接为凝聚型接触，单元与单元之间存在均衡水化膜，相互间不能直接接触，仅靠分子力的作用来维持。这种具有大量开口孔隙的结构特征就是深海黏土结构最疏松、强度最低、压缩性最高的根本原因。

### 8.2.2 我国已建或规划风电场岩土分布特点

目前我国已建成或审批的风电场主要位于江苏、浙江、广东等省市周边海域。江

苏、浙江省的海上风电场的沉积环境一般为第四系海相、陆相沉积以及海、陆交互沉积地层，沉积条件复杂，上部海相沉积多为厚20～60m的粉土、砂土或淤泥质土；海相沉积下部一般为陆相或海、陆交互沉积地层，工程性质较好，一般为可塑～硬塑状黏性土或中密～密实的粉土、砂土层，是风电场风电机组等构筑物的主要桩基持力层。上部地层主要存在的特性为：

(1) 欠固结性：上部土层为新近沉积土，这些土在自重作用下还没有完全固结，土中孔隙水压力仍在继续消散。

(2) 粉土、砂土液化：上部20m深度内饱和砂土在相应设防地震烈度下可能发生液化现象。

下部土层工程性能较好，是风电机组基础的主要桩基持力层，但下卧层可能存在软弱夹层。

例如，广东省海上风电场工程规划场地为广东南部近海海域，水深一般为15～30m，场地第四系覆盖层上部主要为海相沉积的流塑状态淤泥及淤泥质土、海积松散～中密状态的砂土、粉土，海陆过渡相沉积软塑～可塑状态的黏性土、中密～密实状态的砂土，下部土层工程性能较好，一般为海陆交互相沉积可塑～硬塑状态的黏性土、密实状态的砂土，残积可塑～硬塑状态的黏性土。各区段场地第四系覆盖层厚度不尽相同，一般大于30m，大部分地段中等风化等级以上基岩埋藏深度大，大多需要采用桩基础。广东省已规划的风电场中，汕头、揭阳、汕尾、惠州、珠海、江门基岩以花岗岩为主，阳江地区以混合岩为主，部分为花岗岩，湛江地区基岩以玄武岩为主。海相沉积地层同样存在欠固结及液化可能。

## 8.3　岩土勘察基本要求

(1) 根据海洋地质环境特点，以及相关规程规范的要求，海上风电场岩土勘察的主要内容包括：

1) 水深与海底地形、地貌特征。

2) 工程地质单元划分，地层岩性、结构、层序、厚度及分布等。

3) 岩土层物理力学性质及其空间变化等。

4) 海底灾害地质要素及分布特征。

5) 地震地质构造及地震安全性评价。

6) 海底工程地质区划与岩土工程条件综合评价。

(2) 海洋岩土勘察方法包括工程地质调查、工程勘探、工程物探、原位测试、野外及室内岩土水试验等。

(3) 海上风电岩土勘察一般包括风电机组、海上升压站、35kV集电电缆、220kV

海底电缆等几部分的勘察。

（4）可行性研究阶段勘察要求包括：

1）初步查明风电场场址勘察范围内各岩土层的名称、性质、成因类型、地质年代、风化程度及分布规律和特征等。

2）提供各岩土层的基本物理力学指标及工程设计参数，如泊松比、承载力、抗剪强度、标贯击数、不同桩型的极限侧阻力、极限端阻力和抗拔折减系数、液化土层的液化折减系数、黏土层在1/2最大应力时的应变值、不排水抗剪强度值$C_u$、砂土层的内摩擦角及水下休止角、黏土和砂土的$p-y$、$q-z$、$t-z$曲线等。

3）提出风电机组基础、升压站基础型式和桩端持力层的建议。

4）对不良地质作用进行分析评价。

5）进行区域地质和构造稳定性评价，提供场址地震动参数及相应的地震基本烈度。

6）初步查明场址区域水文地质条件，分析提出海床岩土体电阻率与剪切波速，评价环境介质对混凝土和钢结构的腐蚀性。

（5）施工图阶段对于风电机组机位、海上升压站的勘察要求包括：

1）查明各风电机组机位及海上升压站的地基岩土类别、层次、厚度及沿垂直方向的分布规律。

2）提供各风电机组机位及海上升压站的地基岩土基本物理力学参数、承载力、土层抗剪强度指标（黏聚力、内摩擦角）及标贯击数、压缩指标、沿土层的不同桩型的侧极限摩擦阻力及桩端极限阻力、地震液化承载力折减系数。

3）对各风电机组机位及海上升压站的不良地质作用进行评价及说明。

4）提供各土层物理力学指标（包括弹性模量与应变关系曲线、泊松比等）。

5）在非嵌岩风电机组机位进行部分静力触探试验，提供各土层CPT侧摩与端阻数据。

6）综合原位试验、取样室内试验及静力触探试验等方法，提供各揭露土层的$p-y$、$q-z$、$t-z$曲线。

（6）施工图阶段对于35kV集电电缆、220kV海底电缆的勘察要求包括：

1）提供风电机组与风电机组、风电机组与海上升压站之间35kV海底电缆路由区域以及升压站与登陆点之间整段220kV海底电缆海底地形平面及地形剖面图、海底底质及障碍物扫测。

2）提供风电机组与风电机组、风电机组与海上升压站之间35kV海底电缆路由区域以及升压站与登陆点之间整段220kV海底电缆路由沿线土壤热阻系数。

（7）勘察方法包括：①工程地球物理勘探（水深测量、侧扫声呐探测、地层剖面探测、高分辨率多道数字地震调查）；②海底岩土采样和水采样；③工程地质钻探；

④原位试验；⑤土工试验与腐蚀性环境参数测定。

## 8.4　岩土参数分析及地基承载力评价

### 8.4.1　岩土参数的分析和选定

海上风电场岩土参数根据室内试验成果、静力触探等原位测试成果以及当地工程经验等综合确定。通过对原位测试和室内试验数据进行处理、加工，从中提出代表性岩土参数，是岩土勘察分析评价的重要依据。

现有国家规程规范对海上风电场岩、土、水试验已有明确的规定，海上风电场静力触探等原位测试估算岩土参数亦有成熟经验，各地区海上风电场规划开发已积累丰富的工程经验。海上风电场岩土参数分析和选定可按以下要求确定。

1. 岩土工程计算的要求

（1）按承载能力极限状态计算，可用于评价岩土地基承载力和地基稳定性等问题，根据有关设计规范规定，用分项系数或总安全系数方法计算，有经验时也可用隐含安全系数的抗力容许值进行计算。

（2）按正常使用极限状态要求进行验算控制，可用于评价岩土体的变形、动力反应、透水性和涌水量等。

2. 岩土计算所需参数

应根据工程特点和地质条件选用，并按如下内容评价其可靠性和适用性：

（1）取样方法及其他因素对试验结果的影响。

（2）采用的试验方法和取值标准。

（3）不同测试方法所得结果的分析比较。

（4）测试结果的离散程度。

（5）测试方法与计算模型的配套性。

3. 岩土参数统计的要求

（1）岩土的物理力学指标应按场边的工程地质单元和层位分层统计。

（2）计算平均值 $f_{\mathrm{m}}$、标准差 $\sigma$、变异系数 $\delta$ 和标准值 $\varphi_{\mathrm{k}}$，计算公式为

$$f_{\mathrm{m}}=\frac{\sum_{i}^{n} f_{i}}{n} \tag{8-1}$$

$$\sigma=\sqrt{\frac{1}{n-1}\left[\sum_{i=1}^{n} f_{i}^{2}-\frac{\left(\sum_{i=1}^{n} f_{i}\right)^{2}}{n}\right]} \tag{8-2}$$

$$\delta=\frac{\sigma}{f_{\mathrm{m}}} \tag{8-3}$$

$$\varphi_{\mathrm{k}}=r_{\mathrm{s}}f_{\mathrm{m}} \tag{8-4}$$

$$r_{\mathrm{s}}=1\pm\left(\frac{1.704}{\sqrt{n}}+\frac{4.678}{n^{2}}\right)\delta \tag{8-5}$$

（3）分析数据的分布情况并说明数据的取舍标准。当试验个数不小于 6 个时，提供的统计成果包括一般提供统计个数、最大值、最小值、平均值、标准差、变异系数和标准值（力学指标）；当试验个数小于 6 个时，提供的统计成果仅包括统计个数、最大值、最小值、平均值；当试验个数为 1 时，提供单值。

（4）主要参数宜绘制沿深度变化的曲线，并按变化特点划分为相关型和非相关型。需要时应分析参数主在水平方向上的变异规律。

（5）在岩土工程勘察报告中，应按设计需要提供岩土参数值。

### 8.4.2 地基承载力及变形评价

1. 天然地基

（1）地基承载力一般按极限平衡理论公式计算，并结合原位测试和实践经验综合确定；在理论计算中应考虑作用于基础底面合力的偏心距 $e$ 和倾斜率 $\tan\delta$ 的影响；对非黏性土地基上的Ⅲ级建筑物可查表确定；当基础有效宽度大于 3.0m、埋深大于 1.5m 时，按《港口工程地基规范》（JTS 147－1—2010）查得的地基承载力，尚应按有关公式进行深宽修正。

（2）对设计组合情况计算地基的承载力时，宜用固结快剪强度指标；对饱和软土，计算地基在短期内的承载力时，宜用十字板剪切强度指标，有经验时可采用直剪快剪强度指标。

（3）对于采用固结快剪强度指标计算确定地基承载力时，安全系数不得低于 2～3，其中对Ⅰ级、Ⅱ级建筑物取较大值，Ⅲ级建筑物取较小值；以黏性土为主的地基取大值，以砂土为主的地基取小值，基床较厚取大值；对于采用十字板剪切强度指标计算饱和软黏土地基的短暂状况时，安全系数不得低于 1.5～2，由砂土和饱和软黏土组成的非均质地基取高值，以波浪力为主导可变作用时取较高值。

（4）沉降计算一般只计算持久状况下的最终沉降量，但作用组合中，永久作用应采用标准值，可变作用应采用准永久值，水位宜用设计低水位，非正常因结情况下应考虑超固结比，有边载时应考虑边载影响；如建筑物地基为岩石、碎石土、密实砂土和第四纪晚更新世 Q3 及其以前沉积的黏性土，可不进行沉降计算。

2. 桩基

（1）单桩轴向承载力通常应根据静载荷试验确定，但当附近工程有试桩资料且沉桩工艺相同、地质条件相近，工程中的附属建筑物、桩数较少的建筑物经技术论证，可以按经验公式计算确定。

（2）单桩轴向承载力为桩的极限承载力除以分项系数，当桩的承载力按经验公式计算或通过试桩确定时，分项系数根据相应规范规定确定。

（3）对于大直径预应力混凝土管桩和钢管桩的单桩承载力，应根据静载荷试验确定，对钢管桩还要加强评价水、土对其的腐蚀性。

## 8.5　岩土工程分析评价

海上风电场岩土工程分析评价是在海上风电岩土勘察的基础上，结合工程特点和要求进行的。海上风电场岩土工程分析评价应满足以下要求：

（1）充分了解工程结构的类型、特点、荷载情况和变形控制要求。

（2）归纳总结整个场区地形、地貌、地质构造背景、海底面状况与障碍物分布、地层层序与空间分布、岩土特性等工程地质条件。

（3）评价场区的海底灾害地质要素及其分布特征。

（4）充分考虑当地经验和类似工程的经验。

（5）选用岩土指标时，要考虑岩土体材料的非均匀性和各向异性，指标与原位岩土体性状之间的差异及随工程环境不同可能产生的变异。

（6）对比不同勘测方法获得的成果数据，分析其代表性、可靠性和相关性，结合地区经验按规范要求推荐合适的岩土参数。对不合理的测试数据，应查明原因，必要时应复查验证，确定取舍。对主要特性指标变异系数较大的单元体，应分析土质的均匀性、试验指标的正确性和单元体划分的合理性。

（7）应在定性的基础上进行定量分析，岩土体变形、强度和稳定性应进行定量分析；场地适宜性、地质条件的稳定性可作定性分析。

（8）若采用桩基础，需提供桩基础设计相关参数和可打入性分析。

（9）对存在或可能引起的工程地质环境问题，应提出预测和防治的建议。

海上风电场应按不同的勘察阶段进行分析、评价；对可行性研究阶段，重点评价场地的建设可行性和场地的整体稳定性与适宜性；初步设计阶段除重点评价场地分区地质特点及其建设适宜性，为初步设计方案提出建议和相应设计参数外，尚要兼顾下阶段的内容，针对每个风机位和升压站，提出基础设计的相关指标；施工图设计阶段，在初步设计阶段基础上，进行细化、补充，并针对场地不良工程地质、水文地质现象防治等提出可行的处理意见，同时提出设计、施工中应注意的问题。对海上风电场的岩土工程分析评价主要包括下述内容。

## 8.5.1 水文地质条件分析评价

海上风电场场地为海水所覆盖，场地地下水与海水联系密切：一方面岩土体含水量与其物理力学性质有直接联系，同时也影响地震波的传播速度与场地的地震烈度的判定，故风电场的建设在场地的选择和分区时，有必要充分考虑地下水和海水对基础的影响，并评估其对未来施工可能带来的不利因素；另一方面风机和升压站基础位于海水中，处于长期浸水状态，承台以上结构部分位于海水及其涨落潮影响区，处于干湿交替状态，海水会对桩基结构产生腐蚀，桩基位于泥面以下的部分，长期与桩基岩土接触，也可能被其腐蚀，因此需对基桩周围的环境介质进行腐蚀性评价。

查明场地的水文地质条件，可以有效避开或地减少地下水与海水的危害。海上风电场建设必须查明地下水与海水的类型、埋藏条件、承压水的埋深以及化学成分，分析其对建筑材料的腐蚀性。

地下水按赋存形式和埋藏条件，分为松散岩类孔隙水和基岩类裂隙水两种类型。松散岩类孔隙水主要赋存于上部全新统～更新统沉积层以及土状风化岩层内。若场地分布有黏性土层，其渗透性差，为相对隔水层，故其间或其下伏呈层状或透镜体状分布的砂土层中的孔隙水一般具有微承压性。基岩裂隙水主要赋存于基岩的风化裂隙、构造裂隙及断层破碎带中，受岩体风化程度和裂隙发育程度控制，富水性不均。松散岩类孔隙水与海水水力联系密切，主要接受海水补给，往地势低洼处径流排泄。块状岩类裂隙水主要接受大气降水渗入侧向补给，补给区为边缘岛屿，接受岛屿区块状岩类裂隙水侧向径流补给；当海水水面低于裂隙水的水头时，孔隙水接受裂隙水的补给，垂直越流通过含水顶板，以泉或散流的形式排泄于海水中。

## 8.5.2 场地地震效应

场地的地震效应分析对建筑物的选址是很重要的，在选择建筑场地时，场址稳定问题是方案比选的内容之一，因此在查明场地工程地质条件的基础上做出场地地震效应的分析是一项必要的工作。

场地地震效应除了区域地震基本烈度外，还受诸多因素影响，主要是地质因素，场地的工程地质条件不同，在相同的地震烈度下，对风电场建筑物的影响和破坏程度是不同的。影响场地地震效应的因素主要有：①岩土类型；②地形；③地下水和海水。

场地的地震效应主要包括地震液化和软土震陷。

### 8.5.2.1 地震液化

地震液化是指饱和砂土、粉土在地震荷载作用下，土颗粒孔隙水压力上升、有效应力减小所导致的砂土从固态到液态的变化现象。地震液化的必要条件是地震条件下，有饱和砂土、粉土并有地下水，地震设防烈度不小于7度时，应进行液化评价。凡判别为液化的土层，应按现行国家标准《建筑抗震设计规范》(GB 50011—2016)的规定确定其液化指数和液化等级。

工程上对地震液化的简化判别方法有两种：一是经验法，即以陆域液化现场实测资料为基础建立起来的经验公式，它给出了判定液化的条件和界限；二是试验-分析法，即以液化试验和土体地震、波浪反应分析结果为依据进行判定。目前国内较典型的液化判别方法主要是我国规范判别法和Seed简化法。

1. 我国规范判别法

我国规范判别法属于经验法，是根据在邢台地震（1966年）、通海地震（1970年）、海城地震（1975年）、唐山地震（1976年）以及国外大地震后陆域液化场地和非液化场地进行的对比性试验数据建立起来的判别准则，适用于砂土和粉土，具有较强的实用性和针对性。根据我国现行的国家标准《岩土工程勘察规范》(GB 50021—2001)，场地液化判别应先进行初步判别，基本上采用黏粒含量百分率、地质年代、地下水位深度和上覆非液化土层厚度四个指标进行初步判别，当初步判别认为有液化可能时，应作进一步判别，《建筑抗震设计规范》(GB 50011—2016) 规定：地震液化的进一步判别应在地面以下15m范围内进行，对于桩基和基础埋深大于5m的天然地基，判别深度应加深至20m。进一步的液化判别可采用多种判别法综合判定液化可能性，包括标准贯入试验法、静力触探试验法、剪切波速试验法、Seed简化等。判别原则是将实测值与临界值相比较，当实则值大于临界值时，判别为不液化，实测值小于临界值，判别为液化。不同方法临界值的计算如下：

（1）标准贯入试验法。在地下20m深度范围内，液化判别标准贯入锤击数临界值计算公式为

$$\left.\begin{aligned} N_{cr} &= N_0[0.9+0.1(d_s-d_w)]\sqrt{\frac{3}{\rho_c}} \quad d_s \leqslant 15\text{m} \\ N_{cr} &= N_0(2.4-0.1d_w)\sqrt{\frac{3}{\rho_c}} \quad 15\text{m} < d_s \leqslant 20\text{m} \end{aligned}\right\} \tag{8-6}$$

式中　$N_{cr}$——液化判别标准贯入锤击数临界值；

$N_0$——液化判别标准贯入锤击数基准值，取值可按《建筑抗震设计规范》(GB 50011—2016) 规定取值；

$d_s$——饱和砂土标准贯入点深度，m；

$d_w$——地下水位埋藏深度，m，当地下水位等于或高于地表时，取0；

$\rho_c$——黏粒百分含量，当小于3%或为砂土时，取3。

（2）静力触探判别。规范考虑了近震与远震、黏粒含量对液化的影响，提出了在一定地震烈度条件下，场地的饱和砂土发生液化时所对应的单桥触探液化临界比贯入

阻力 $P_{scr}$ 或双桥触探液化临界锥尖阻力 $q_{ccr}$ 的表达式，即

$$P_{scr}=P_{s0}\alpha_w\alpha_u\alpha_p \tag{8-7}$$

$$q_{ccr}=q_{c0}\alpha_w\alpha_u\alpha_p \tag{8-8}$$

其中

$$\alpha_w=1-0.065(d_w-2)$$

$$\alpha_u=1-0.065(d_u-2)$$

式中　$P_{s0}$——液化判别比贯入阻力基准值；

$q_{c0}$——地下水深度 $d_w=2$m、$d_u=2$m 时，饱和土液化判别锥尖阻力基准值，MPa；

$d_u$——上覆非液化土层厚度，m，计算时应将淤泥和淤泥质土层厚度扣除；

$d_w$——地下水位深度，m；

$\alpha_w$——地下水位埋深影响系数，地面常年有水且与地下水有水力联系时，取 $\alpha_w=1.13$；

$\alpha_u$——上覆非液化土层厚度影响系数，对于深基础，取 $\alpha_u=1.0$；

$\alpha_p$——与静力触探摩阻比有关的土性修正系数。

(3) 剪切波速试验判别。饱和砂土或饱和粉土液化剪切波速临界值表达式为

$$\nu_{scr}=\nu_{s0}(d_s-0.0133d_s^2)^{0.5}\left[1-0.185\left(\frac{d_w}{d_s}\right)\right]\sqrt{\frac{3}{\rho_c}} \tag{8-9}$$

式中　$\nu_{s0}$——与地震烈度、土类有关的经验系数，m/s；

$d_s$——剪切波速测点深度，m。

以上规范规定的液化判别公式均以陆域震害场地的地质勘察资料为基础建立，对于海域发生的地震需要做哪些方面的改进，应结合海域震害场地勘察资料作进一步的研究。

2. Seed 简化法

Seed 简化法是国外较多采用的液化判别方法，其实质是将砂土中由振动作用产生的剪应力与发生液化所需的剪应力进行比较，当循环剪应力大于抗液化强度时土层就判为液化。

(1) 循环剪应力比 $CSR$ 的计算。根据一系列强震记录分析，Seed 建议将等效平均剪应力修改简化成等效循环剪应力比 $CSR$。考虑地震震级的影响，通过震级比例系数将 $CSR$ 转换为震级 $M_s=7.5$ 下的等效 $CSR$，即

$$CSR_{7.5}=\frac{\tau_{av}}{\sigma'_{v0}}=0.65\frac{a_{max}}{g}\frac{\alpha_{v0}}{\sigma'_{v0}}\frac{\gamma_d}{MSF} \tag{8-10}$$

$$MSF=\frac{10^{2.24}}{M_W^{2.56}}$$

或

$$MSF=\left(\frac{M_W}{7.5}\right)^{-2.56} \tag{8-11}$$

式中　$\tau_{av}$——地震产生的平均剪应力，Pa；

$\sigma_{v0}$——土体计算深度处竖向总应力，kPa；

$\sigma'_{v0}$——土体相同深度处竖向有效应力，kPa；

$a_{max}$——地震动峰值加速度，$m/s^2$；

$g$——重力加速度，$m/s^2$，$a_{max}/g$ 可查表取值；

$\gamma_d$——应力折减系数；

$MSF$——震级比例系数，可查表或按计算得到。

（2）砂土的液化应力比CRR的计算。砂土的液化应力比可以用原位测试参数计算或室内试验数据确定。原位测试参数计算方法包括标准贯入试验计算法、静力触探计算法和剪切波速试验计算法。具体计算过程可查阅相关文献。

#### 8.5.2.2　软土震陷

软土是海上风电工程不可避免会遇到的特殊性岩土，软土在地震荷载作用下极易丧失强度，同时产生较大的附加沉降以及不均匀沉降，对风电场建筑物建设极为不利。风电场勘察需查明软土分布和性质，为基础设计提供依据。

按照《岩土工程勘察规范》（GB 50021—2018）第5.7.11条条文说明，当地基承载力特征值或等效剪切波速满足表8-3所规定的数值条件时，可不考虑震陷影响。否则进行基础设计时，应考虑软土震陷可能造成的危害，并考虑软土固结产生的不利影响。

表8-3　震陷影响判别标准

| 抗震设防烈度 | 7 | 8 | 9 |
|---|---|---|---|
| 承载力特征值/kPa | >80 | >100 | >120 |
| 等效剪切波速/(m/s) | >90 | >140 | >200 |

### 8.5.3　特殊性岩土

根据海上风电场的选址要求，场区多位于滨海地段，覆盖层为滨海相、泄湖相、溺谷相和三角洲相沉积物。场内特殊性岩土主要为软土、混合土以及风化岩和残积土。

#### 8.5.3.1　软土

1. 软土的划分

软土是指天然孔隙比大于或等于1.0，且天然含水量大于液限、具有高压缩性、低强度、高灵敏度、低透水性和高流变性，且在较大地震作用下可能出现震陷的细粒土，包括淤泥、淤泥质土、泥炭、泥炭质土等，分类标准见表8-4。

**表8-4 软土的分类标准**

| 土的名称 | 划分标准 | 土的名称 | 划分标准 |
| --- | --- | --- | --- |
| 淤泥 | $e \geqslant 1.5$，$W > W_L$ | 泥炭 | $W_u > 60\%$ |
| 淤泥质土 | $1.5 > e \geqslant 1.0$，$W > W_L$ | 泥炭质土 | $10\% < W_u \leqslant 60\%$ |

注 $e$ 为天燃孔隙比；$W$ 为天然含水量；$W_L$ 为液限；$W_u$ 为有机质含量。

2. 软土地基稳定性评价

(1) 场地稳定性评价。

1) 当软土下卧层为基岩或硬土层且其表面倾斜时，应分析判定软土沿此倾斜面产生滑移或不均匀变形的可能性。

2) 当地基土层中含有浅层沼气，应分析判定沼气的逸出对地基稳定性和变形的影响。

3) 当软土层之下分布有承压含水层时，应分析判定承压水水头对软土地基稳定性和变形的影响。

4) 当风电场位于强地震区时，应分析评价场地和地基的地震效应。

(2) 拟建场地和持力层的选择。

1) 软土不宜作为风机和升压站桩基持力层，应选择软土层以下的硬土层或砂层作为桩基持力层。

2) 当地基主要受力层范围内有薄砂层或软土与砂土互层时，应分析判定其对地基变形和承载力的影响。

3) 地面变形评价。软土地基沉降计算可采用分层总和法或应力历史法，并应根据当地经验进行修正。必要时，应考虑软土的次固结效应。

#### 8.5.3.2 混合土

1. 混合土的定义

由于海底沉积物在漫长的形成过程中经历了多次的海进和海退，形成粗细粒混杂的土，其中细粒含量较多，在颗粒分布曲线形态上呈不连续状。由细粒土和粗粒土混杂且缺乏中间粒径的土称为混合土。当碎石土中粒径小于 0.075mm 的细粒土质量超过总质量的 25%时，为粗粒混合土；当粉土或黏性土中粒径大于 2mm 的粗粒土质量超过总质量的 25%时，为细粒混合土。

混合土的性质主要决定于土中的粗、细颗粒含量的比例，粗粒的大小及其相互接触关系和细粒土的状态。资料表明，粗粒混合土的性质将随其中细粒含量的增多而变差，细粒混合土的性质常因粗粒含量的增多而改善。在上述两种情况中，存在一个粗、细颗粒含量的特征点，超过此特征点后，土的性质会发生突然的改变。黏性土、粉土中的碎石组分的质量只有超过总质量的 25%时，才能起到改善土的工程性质的作用；而在碎石土中，黏粒组分的质量大于总质量的 25%时，则对碎石土的工程性质有明显的影响，特别是当含水量较大时。

2. 混合土的地基稳定性评价

对混合土地基，应充分考虑其与下伏岩土接触面的性质，层面的倾向、倾角，混合土体中和下伏岩土中存在的软弱面的倾向、倾角，核算地基的整体稳定性。对于含巨大漂石的混合土，尤其是粒间填充不密实或为软弱土所填充时，要考虑这些漂石的滚动或滑动，影响地基的稳定性。

#### 8.5.3.3　风化岩和残积土

1. 风化岩和残积土工程评价的要求

(1) 对于厚层的强风化和全风化岩石，宜结合当地经验进一步划分为碎块状、碎屑状和土状；厚层残积土可进一步划分为硬塑残积土和可塑残积土，也可根据含砾量或含砂量划分为黏性土、砂质黏性土和砾质黏性土。

(2) 建在软硬互层或风化程度不同地基上的工程，应分析不均匀沉降对工程的影响。

(3) 对岩脉和球状风化体（孤石），应分析评价其对地基（包括桩基）的影响，并提出相应的建议。

2. 对风化岩和残积土评价时应考虑的因素

(1) 岩层中软弱层和软硬互层的厚度、位置及其产状，对海底边坡稳定性、地基稳定性和均匀性的影响。

(2) 球状风化作用在各风化带中残留的未风化球状体及岩脉的平面和垂直位置及其对地基均匀性的影响。

(3) 岩层中断裂构造破碎带、囊状风化带的平面和垂直位置及其对地基均匀性的影响。

(4) 花岗残积土以及各风化岩层的厚度及其厚度的均匀性。

(5) 残积土上部由于红土化所形成的硬壳层的厚度及厚度的均匀性，应优先考虑利用该层。

(6) 风化岩残积土是否具有膨胀性和湿陷性。

### 8.5.4　地基稳定性及适宜性评价

1. 地基稳定性评价

地基稳定性主要是指由于地形、地貌、设计方案造成风机或升压站地基侧限削弱或不均衡，而可能导致的基础整体失稳；或由于软弱地基、局部软弱地基超过承载能力极限状态的地基失稳。其含义包含以下方面：

(1) 风电机组和升压站基础在施工和使用过程中，地基承受荷载的稳定程度——变形验算。

(2) 地基在上部荷载作用下抵抗剪切破坏的稳定安全程度——承载力特征值的确定。

(3) 地基岩土体在承受上部荷载条件下的沉降变形、深层滑动等对工程建设安全稳定的影响程度——与岩土工程条件和地质环境条件的关联度。

地基稳定性评价的目的是避免由于风电机组和海上升压站的兴建可能引起的地基过大的变形、侧向破坏，以及滑移造成的地基破坏。

按照《岩土工程勘察规范》(GB 50021—2018) 第 14.1.3 条规定，应在定性分析的基础上进行定量分析，评价地基稳定性问题时按承载力极限状态计算，评价岩土体的变形时按正常使用极限状态的要求进行验算。

2. 场地适宜性评价

场地适宜性与场地稳定性、地基稳定性密切相关。理论上而言，没有不能用于建筑的场地，但遵循技术经济原则，存在地基稳定性问题或其他不良条件的场地通常不适于进行工程建设。

场地适宜性定性评价主要从风电场工程地质与水文地质条件、场地治理难易程度等方面进行评价。在定性评判风电场建设适宜性时应充分考虑场地治理难易程度，即补救性工程措施、经济可承载能力对风电场建设的影响。场地治理难易程度主要从基础选型及施工条件、工程建设诱发次生环境地质灾害的可能性、地质灾害治理难度等方面进行评价。

### 8.5.5　地基基础型式分析评价

海上风电机组基础对整机安全至关重要，其结构具有重心高、承受的水平力和倾覆弯矩较大等特点，在设计过程中需充分考虑海床地质条件、海上风浪和海流等外部环境的影响，其约占海上风电场工程总造价的 20%～30%。

海上风电机组基础根据与海床固定的方式不同，可分为固定式和浮式两大类，类似于近海固定式平台和移动式平台。两类基础适应于不同的水深，固定式一般应用于前海，适应的水深在 0～50m，其结构型式主要分为桩承式基础和重力式基础；浮式基础主要用于 50m 以上水深海域，是海上风电机组基础的深水结构型式。

#### 8.5.5.1　海上风电机组基础型式特点

1. 桩承式基础

桩承式基础结构受力模式和建筑工程中传统的桩基础类似，由桩侧与桩周土接触面产生的法向土压力承受结构的水平向荷载，由桩端与土体接触的法向力以及桩侧与桩周土接触产生的侧向力承受结构的竖向荷载。桩承式基础按照结构型式可分为单桩基础、三脚架基础、导管架基础和群桩承台基础等，按材质分为钢管桩基础和钢筋混凝土管桩基础。

（1）单桩基础为最简单的基础结构型式，其受力型式简单，在陆地预制而成，通过液压锤锤击贯入海床或者在海床上钻孔后沉入。其优点主要是结构简单、安装方便、施工快捷；其不足之处在于受海底地质条件和水深约束较大，单桩桩径大，受水流和波浪水平作用力较大，水太深易出现歪曲现象，对冲刷敏感，在海床与基础相接处需做好防冲刷措施，施工安装需要专用的设备，施工安装费用较高。单桩基础时目前使用最为广泛的一种基础型式。

（2）三脚架基础采用标准的三腿支撑结构，由圆柱钢管构成，增强了周围结构的刚度和强度，三脚架中心轴提供风机塔架的基本支撑，类似单桩基础。其适用于比较坚硬的海床，具有防冲刷的优点，适用于小于50m的水深。

（3）导管架基础是一种钢质锤台性空间框架，以钢管为骨棱，基础为三腿或四腿结构，由圆柱钢管构成，基础通过结构各个支腿处的桩打入海床。导管架基础的特点是基础整体性好，承载能力较强，对打桩设备要求较低。导管架的建造和施工技术成熟，基础结构受到海洋环境载荷的影响较小，对风电场区域的地质条件要求也较低。

（4）群桩承台基础为码头和桥墩常用的结构型式，由桩和承台组成，根据实际的地质条件和施工难易程度，可以选择不同根数的桩，外围桩一般整体向内有一定角度的倾斜，用以抵抗波浪、水流荷载，中间以填塞或者成型方式连接。承台一般为钢筋混凝土结构，起承上传下的作用，把承台及其上部荷载均匀地传到桩上。群桩承台基础具有承载力高、抗水平荷载能力强、沉积量小且较均匀的特点，缺点是现场作业时间长、工作量大。

2. 重力式基础

重力式基础利用自身的重力来抵抗整个系统的活动和倾覆，重力式基础一般由胸墙、墙身和基床组成。

重力式基础根据墙身结构不同可划分为沉箱基础、大直径圆筒基础和吸力式基础。其中沉箱基础和大直径圆筒基础是码头中常用的基础结构型式。重力式基础必须有足够的自重来克服浮力并保持稳定。因此，重力式基础是所有基础类型中体积和质量最大的，其重量和造价随着水深的增加而成倍增加。重力式基础具有结构简单、造价低、抗风暴和风浪袭击性能好等优点，其稳定性和可靠性是所有基础中最好的。其缺点在于地质条件要求较高，并需要预先处理海床，由于其体积大、重量大（一般要达1000t以上），海上运输和安装均不方便，并且对海浪的冲刷较敏感。

吸力式基础是一种特殊的重力式基础，也称负压桶式基础，分为单桶（即一个吸力桶）、三桶和四桶等结构型式。这是一种新的基础结构概念，在浅海和深海区域中都可以使用。在浅海中的吸力桶实际上是传统桩基础和重力式基础的结合，在深海中作为浮式基础的锚固系统，更能体现出其经济优势。吸力式基础利用了负沉贯原理，是一钢桶沉箱结构，钢桶在陆上制作好以后，将其移于水中，向倒扣放置的桶内充

气，将其气浮漂运到就位地点，定位后抽出桶体中的气体，使桶体底部附着于泥面，然后通过桶顶通孔抽水桶体中的气体和水，形成真空压力和桶内外水压力差，利用这种压力差将桶内插入海床一定深度，省去了桩基础的打桩过程。桶式基础大大节省了钢材用量和海上施工时间，采用负压施工，施工速度快，便于在海上恶劣天气的间隙施工。由于吸力式基础插入深度浅，只需对海床浅部地质条件进行勘察，而且风电场寿命终止时，可以简单方便地拔出并可进行二次利用。但在负压作用下，桶内外将产生水压差，引起土体渗流，虽然渗流能大大降低下沉阻力，但是过大的渗流将导致桶内土体产生渗流大变形，形成土塞，甚至有可能使桶内土体液化而发生流动等，在下沉过程中容易发生倾斜，需频繁矫正。

3. 浮式基础

浮式基础由浮体结构和锚固系统组成，浮体结构是漂浮在海面上的合式箱体，塔架固定其上，根据锚固系统的不同而采用不同的形状，一般为矩形、三角形或圆形。锚固系统主要包括固定设备和连接设备，固定设备主要有桩和吸力桶两种，连接设备大体上可分为锚杆和锚链两种，锚固系统相应地分为固定式锚固系统和悬链线锚固系统。浮式基础是海上风电机组基础的深水结构型式，主要用于 50m 以上水深海域。

浮式基础按照基础上安装的风电机组的数量分为多风电机组式和单风电机组式。多风电机组式即在一个浮式基础上安装有多个风电机组，但因稳定性不容易满足和所耗费的成本过高，一般不予考虑；单风电机组式主要参考现有海洋石油开采平台而提出，因其技术上有参考对象，且成本较低，是未来浮式基础发展的主要方向。

浮式基础按系泊系统不同主要可分为 Spar 式基础、张力腿式基础和半潜式基础三种结构型式。Spar 式基础通过压载舱使得整个系统的重心压低至浮心之下来保证整个风电机组在水中的稳定，再通过悬链线来保持整个风电机组的位置。张力腿式基础通过操作张紧连接设备使得浮体处于半潜状态，成为一个不可移动或迁移的浮体结构支撑。张力腿通常由 1～4 根张力筋腱组成，上端固定在合式箱体上，下端与海底基座相连或直接连接在固定设备顶端，其稳定性较好。半潜式基础依靠自身重力和浮力的平衡，以及悬链线固系统来保证整个风电机组的稳定和位置，结构简单且生产工艺成熟，单位吃水成本最低，经济性较好。

浮式基础属于柔性支撑结构，能有效降低系统固有频率，增加系统阻尼。与固定式基础相比，其成本较低，容易运输，而且能够扩展现有海上风电场的范围。由于深海风电机组承受荷载的特殊性、工作状态的复杂性、投资回报效率等，浮式基础目前在风电行业仍处于研究阶段。

#### 8.5.5.2 地基基础型式分析评价

海上风电机组基础处于海洋环境中，不仅要承受结构自重、风荷载，还承受风浪、海流水平力等，桩基设计除验算竖向承载力外，还需对其水平荷载、水平变形和上拔力等进行验算。

根据风电机组基础型式特点，以及海洋大陆架沉积环境复杂特征，对于不同的水深和海底地质条件，风电基础的选型不同。一般情况下，海洋水深小于 40m 时，若海底沉积层厚且工程性较好，风电机组基础可优选单桩基础；若海底沉积层厚且工程性质差，风电机组基础可选择导管架基础或群桩承台基础；若海底沉积层较薄（但具一定厚度）且工程性质差，风电机组基础可选择吸力桶基础，不具备实施吸力桶基础的条件时，可考虑嵌岩式的单桩或导管架基础。海洋水深大于 40m、小于 50m 时，风电机组基础选择导管架基础或群桩承台基础等为主。海洋水深大于 50m 时，根据海底地质条件，选择合适的浮式基础型式。

当风电机组基础型式确定时，应根据基础型式及其施工方法，分析评价基础沉桩可行性，预测施工中可能遇到的岩土工程问题，并制订相应的处理控制措施。

## 参 考 文 献

[1] 李红有，吴永祥，周全智，等. 我国海上风电场地质勘察问题及对策 [J]. 船舶工程，2019，41 (S1)：399 - 402.

[2] 郭玉贵. 中国近海及邻域环境地质稳定性分析 [J]. 中国地质灾害与防治学报，1998，9 (2)：51 - 62.

[3] 孙毅力. 工程地质分区与岩土工程问题 [J]. 地质灾害与环境保护，2015：86 - 89.

[4] 陈达. 海上风电机组基础结构 [M]. 北京：中国水利水电出版社，2014.

# 第9章 海上风电场主要勘察技术手段

## 9.1 地球物理勘探

### 9.1.1 概述

海洋约占据了地球4/5的表面积，近海是人类开发利用海洋活动最早、最频繁的地带。近海工程是人们开发利用海洋活动的具体体现，需要进行海洋工程环境调查、监测和评价、海底障碍物与海底缆线和管道的探测。海洋工程地质环境相比常规陆地环境有其独特之处，主要表现在海底被海水覆盖，无法进行直接观察，只能通过间接的技术手段进行，增加了研究难度；海水动力作用持续而强烈，波浪、海流、潮汐及风暴潮等的强烈作用下的各种工程地质问题；沉积物软弱，使取样观测困难。因而近海工程地质调查高度依赖海洋物探手段，尤其是多种探测技术的结合，包括侧扫声呐，合成孔径声呐，浅地层剖面探测，中、深地层剖面探测，多道地震勘探，磁法勘探，电磁感应法等。

在海水中，光波和电磁波衰减严重，传播距离十分有限，难以满足海洋探测的需要。相比之下，声波在水中的传播性能要高得多，基于海洋声学技术研发的声学探测装备成为人类探测海底世界的“耳朵”，成为海洋探测设备的主流。侧扫声呐主要用于海底地貌研究和水下目标探测。相比侧扫声呐，基于合成孔径成像技术的合成孔径声呐则可以实现更高分辨率的海底地貌成像，同时装备有低频换能器（频率30kHz以下）的合成孔径声呐具有较好的穿透能力，可实现海底掩埋物探测（深度2m以内）。合成孔径声呐技术正逐步走向成熟。浅地层剖面探测可以探测到海底以下浅部沉积地层的结构，识别海底滑坡、浅层气、古河道、浅断层等海洋地质灾害，在海底管线探测中也具有很多应用。海上浅层地震探测技术可分为单道地震和多道地震探测，是海上工程地质调查与评价常用的地球物理调查手段之一，是查明晚第四系（从数十米到上百米）沉积结构与厚度、判断晚第四纪（甚至第四纪）断层存在及其活动性的有效方法。电磁感应和海洋磁法探测则在海底铁磁性障碍物和海缆路由追踪中具有独特的效果。

### 9.1.2 侧扫声呐

声波是已知的唯一能在水中远距离传播的能量形式，因此声波作为在水中进行探

测和通信的主要手段，在海洋监测、海洋工程、海洋科学研究等方面发挥着不可替代的作用。声呐是利用声波对水下物体进行探测和定位识别的方法及设备的总称，是英文 Sonar 一词的音译。Sonar 一词由 sound navigation and ranging（声学导航与测距）的字头组成。

侧扫声呐又称海底地貌仪，是利用回声探测原理探测海底地貌和水下物体的设备。侧扫声呐换能器阵在走航时向两侧下方发射扇形波束的声脉冲，并接收海底表面或水下物体对入射声波的反向散射信号来探测海底地貌和水下物体（图 9-1）。

图 9-1　侧扫声呐作业示意图

侧扫声呐具有分辨率高、设备价格较低的特点，该项技术自 20 世纪 50 年代提出时就受到广泛的关注。该技术历经多年发展，90 年代后一批成熟的商业侧扫声呐系统纷纷推出。目前侧扫声呐在海底地貌探测、海底障碍物探测、水下目标探测、海底管线探测等方面得到广泛应用。

侧扫声呐探测是非常高效的海洋探测技术手段，在海底地貌和水下目标探测中得到广泛应用。但目前高端仪器和处理软件主要依赖进口。

针对侧扫声呐瀑布图像成图质量不高、使用不直观等问题，需要进行细致的数据处理改善原始侧扫声图质量并获得真实反映水下目标信息的声图。

侧扫声呐只能获取海底相对起伏的数据，而无法获取精确的水深数据，且信号不具备穿透性。因此在实际应用中，常需要结合其他探测方法（如多波束测深仪、浅剖仪）共同实现水下探测目标。

#### 9.1.2.1　工作原理

侧扫声呐的基本工作原理如图 9-2 所示，侧扫声呐左右两侧各安装一条具有扇形指向性的换能器线阵，航线的垂直平面开角为 $P_v$，水平面内开角为 $P_h$。换能器线阵发射一个声脉冲，按球面波方式向外传播，在一侧照射一窄梯形海底（图 9-2 阴

影部分)。照射梯形的近换能器底边 $AB$ 小于远换能器底边 $CD$。脉冲声波碰到海底或水中物体，会产生反向散射波（或称回波），回波会按照原传播路线返回换能器被接收。一般距离近的回波先到达换能器，距离远的回波后到达换能器，因此换能器正下方的海底回波先返回，倾斜方向远距离的回波后到达。换能器发出一窄脉冲信号后，会接收一长时间序列的回波。回波数据显示在显示器的一条横线上，每一点的显示位置和回波到达的时刻对应，每一点的亮度和回波的幅度有关。工作船向前航行，换能器按一定时间间隔进行发射/接收操作，将每次接收到的回波数据一线接着一线纵向排列显示出来，就得到了连续的二维海底地貌的声学图像。一般情况下，硬的、粗糙的、凸起的海底，回波强；凹陷的、平滑的海底回波弱。通过计算机进行进一步的数据处理形成灰度（或伪彩色）图像就可以对海底地貌和底质分布进行识别和判断。

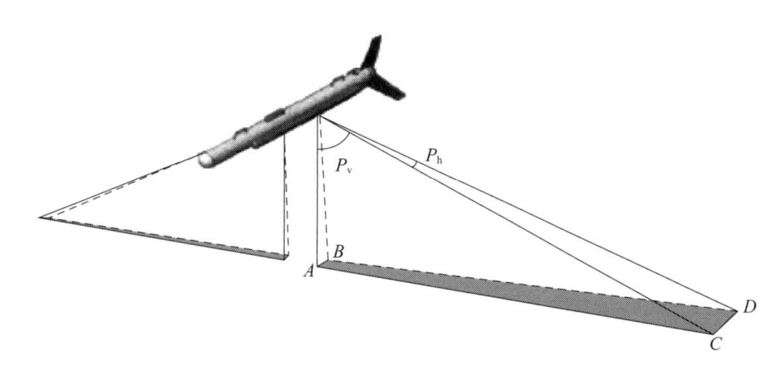


图 9-2 侧扫声呐工作原理图

依据不同的作业环境、探测需求可以选择不同类型的侧扫声呐。表 9-1 列出了按照不同原则分类的侧扫声呐类型。

**表 9-1 侧扫声呐分类表**

| 分类原则 | 类　型 | 分类原则 | 类　型 |
|---|---|---|---|
| 安装方式 | 舷挂、拖曳 | 波束数 | 单波束、多波束 |
| 安装对象 | 水面船只、水下运载器 | 工作原理 | 单脉冲、多脉冲 |
| 工作频率 | 低频、中频、高频 | 工作深度 | 浅拖、深拖 |
| 信号类型 | 脉冲信号、线性调频 | | |

#### 9.1.2.2 基本结构

侧扫声呐系统一般包含采集工作站（含定位导航、收发处理单元等）、拖鱼、拖曳电缆、GPS 接收机以及绞车等辅助设备。

工作站是侧扫声呐的核心，它控制整个系统的工作，具有数据接受、采集、处理、显示、储存及图形镶嵌、图像处理功能。它由硬件和软件两部分组成，硬件主要包括一台高性能的计算机及收发处理单元，软件承担声呐数据采集、显示、处理功能。

侧扫声呐的拖鱼是一个流线型稳定拖曳体，它由鱼前部和鱼后部组成。鱼前部由鱼头、换能器舱和拖曳钩等部分组成；鱼后部由电子舱、鱼尾、尾翼等部分组成。尾翼用来稳定拖鱼，当它被渔网或障碍物挂住时可脱离鱼体，收回鱼体后可重新安装尾翼。

拖曳电缆安装在绞车上，其一头与绞车上的滑环相连，另一头与侧扫声呐的鱼体相连。拖曳电缆有两个作用：①对拖鱼进行拖曳操作，保证拖鱼在拖曳状态下的安全；②通过电缆传递信号。

GPS接收机是侧扫声呐的外部设备，主要为侧扫声呐数据提供定位数据，用户可以根据需要配置不同型号和不同功能的GPS，系统留有标准接口，可以方便地与有NMEA－0183标准接口的定位设备连接。

拖鱼安装常有船舷旁挂和船尾拖曳两种方式，两种安装方式各有利弊。侧扫声呐作业时常采用船尾拖曳方式，目的是保证拖鱼的稳定姿态，使其不受测量船摆动的影响。但因为采用非刚性连接，这种方式无法保证拖鱼定位的准确性，另外此种拖曳方式在浅水域容易造成拖底和碰撞，安全性较差。如果采用船舷旁挂方式，拖鱼与测量船是联动的，所以受测量船姿态影响比较大，在海况不好的情况下成像的清晰度较差，同时易受测量船发动机、水花等噪声影响。

采用船尾拖曳方式时，绞车是侧扫声呐的必不可少的设备。其由绞车和吊杆两部分组成，主要的作用是对拖鱼进行拖曳操作。

#### 9.1.2.3　典型的侧扫声呐系统和主要性能指标

国内目前使用的侧扫声呐以欧美进口产品居多。目前世界较先进的侧扫声呐产品主要包括Klein公司的Klein系列侧扫声呐（Klein 3900、Klein 4900等）、美国EdgeTech公司的EdgeTech 4200等。

侧扫声呐的主要性能指标包括工作频率、最大作用距离、波束开角、脉冲宽度及分辨率等，这些指标都不是独立的，它们之间互相都有联系。侧扫声呐的工作频率基本决定了最大作用距离，在相同的工作频率下，最大作用距离越远，其一次扫测的范围越大，扫测效率越高。脉冲宽度直接影响了分辨率，一般来说，宽度越小，其分辨率越高。水平波束开角直接影响水平分辨率，垂直波束开角影响侧扫声呐的覆盖范围，开角越大，覆盖范围越大，在声呐正下方的盲区越小。只要了解这些指标，就能够大致了解侧扫声呐的性能。

1. Klein系列侧扫声呐

Klein公司在研发和生产高性能侧扫声呐行业里具有40多年的历史，Klein系列侧扫声呐性能优异，国际用户广泛，如图9－3所示。

Klein 3000数字侧扫声呐是一款经典的高分辨率侧扫声呐，具有132kHz和

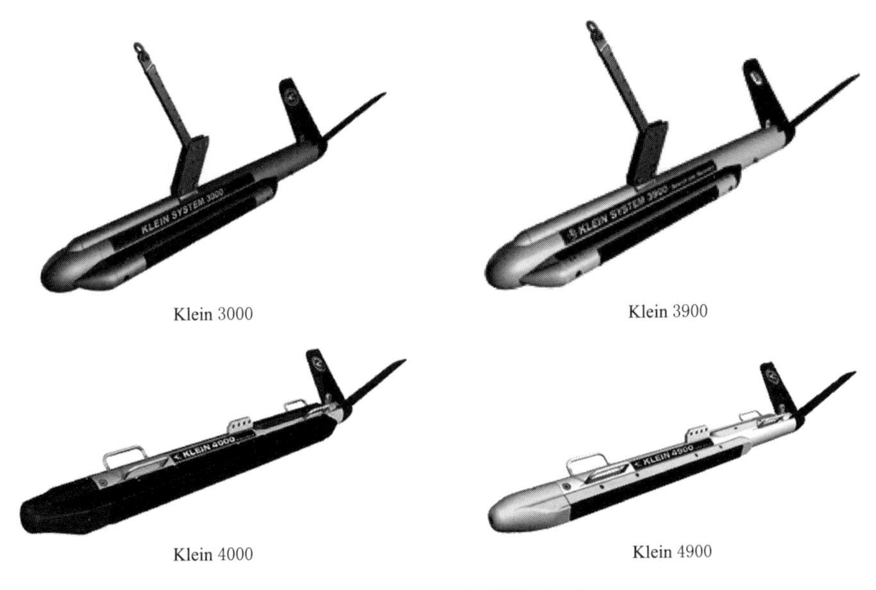

Klein 3000
Klein 3900
Klein 4000
Klein 4900

图 9-3　Klein 系列侧扫声呐

445kHz 两种频率，可同时双频工作，先进的信号处理技术保证了出色的高信噪比侧扫图像生成。该型号体积小，重量轻，设计简捷。

Klein 3900 是高分辨率数字侧扫声呐。该型号为双频可选，445kHz 适合低频、高分辨率、远距工作，900kHz 对识别的目标有更高的分辨率，适用于浅水、小型作业船、单人操作。

Klein 4000/4900 侧扫声呐采用了用户可选的连续波（CW）脉冲和先进的 FM 线性调频调制（CHIRP）信号处理技术，结合了 Klein 公司的 De-speckling 算法，提供了超远范围和高分辨率的海底图像。Klein 4000 的 100kHz/400kHz 提供了远距离的测量，100kHz 单侧扫宽 600m 以上，400kHz 单侧扫宽 200m。Klein4900 换能器充分利用超窄的水平波束角来进一步改善图像质量，进而提高沿航迹分辨率。455kHz 单侧扫宽 200m，900kHz 单侧扫宽 75m。

Klein 系列侧扫声呐特点与技术参数见表 9-2。

**表 9-2　Klein 系列侧扫声呐特点与技术参数**

| 型号 | 特　点 | 技术参数 |
| --- | --- | --- |
| Klein 3000 | 先进的信号处理和换能器获得出众的成像<br>经济效益好，价格合理<br>PC 操作系统工作的 Klein 声呐专用软件 SonarPro®<br>体积小，重量轻，设计简捷，易于操作及维护<br>容易安装在 ROV 以及用户的拖体上<br>满足 IHO&NOAA 测量标准 | 频率：100kHz/500kHz<br>波束开角：水平 0.7°@100kHz，0.21°@500kHz，垂直 40°<br>最大量程：600m@100kHz，150m@500kHz<br>额定深度：1500m |

续表

| 型号 | 特　　点 | 技 术 参 数 |
|---|---|---|
| Klein 3900 | 高分辨率和远距图像<br>重量轻，单人可操作，便携，适用于小型露天作业船<br>特定的软件功能进行目标物分析<br>完整的一体式系统，随时现场使用<br>低成本，高效操作<br>可选的双频操作（445kHz 和 900kHz）<br>磷光漆面<br>笔记本电脑和无线局域网兼容 | 频率：445kHz/900kHz<br>波束开角：水平 0.21°@900kHz，0.21°@445kHz；垂直 40°<br>最大量程：150m@445kHz；50m@900kHz<br>额定深度：200m |
| Klein 4000 | 双频，100kHz/400kHz，同步操作<br>宽频 CHIRP 和 CW 声呐发射模式<br>先进的变量带宽遥测技术（AVRBT）<br>最大深度 2000m<br>不锈钢拖鱼配备：航向、横摇和纵摇传感器；压力传感器 | 100kHz/400kHz 双频同步操作<br>波束开角：水平 0.7°@100kHz，0.3°@400kHz；垂直 50°<br>最大量程：600m@100kHz，200m@400kHz<br>垂直航迹分辨率：8.0cm@100kHz；1.75cm@400kHz<br>额定深度：2000m |
| Klein 4900 | 同步双频<br>CHIRP 和 CW 操作模式<br>交流或直流电源工作<br>额定深度 300m<br>流体动力不锈钢拖鱼<br>集成磁力仪和应答器接口<br>易操作 | 频率：455kHz/900kHz<br>波束开角：水平 0.3°@455kHz；0.3°@900kHz<br>最大量程：200m@455kHz；75m@900kHz<br>垂直航迹分辨率：2.4cm@455kHz；1.2cm@900kHz<br>额定深度：300m |

2. EdgeTech 系列侧扫声呐

EdgeTech 系列侧扫声呐如图 9－4 所示。

（a）EdgeTech 4125

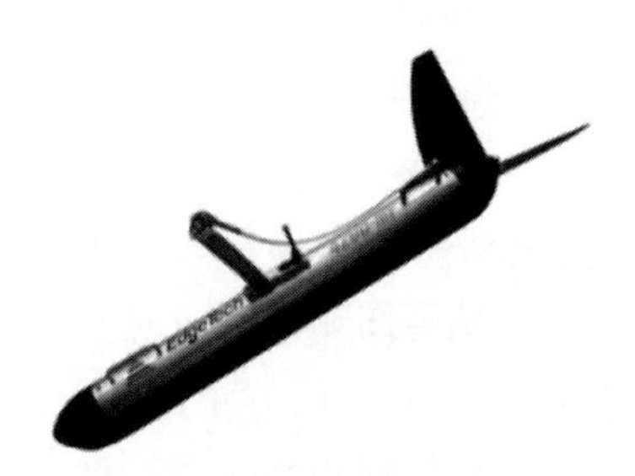

（b）EdgeTech 4200

图 9－4　EdgeTech 系列侧扫声呐

EdgeTech 4125 高频侧扫声呐系统是一种高分辨率海底地貌成像系统。利用其宽频带 CHIRP 扫描技术，频率组合为 400kHz/900kHz 或 600kHz/1600kHz，适合于水底小目标探测和浅水域海底地貌调查。400kHz/900kHz 频率信号适用于浅海海底地貌调查，600kHz/1600kHz 适用于高分辨率水底小目标探测。该系统采用便携式设计，一个人就可配置安装，可以在非常小的船上作业。

EdgeTech 4200 型侧扫声呐系统将 EdgeTech 公司的全频谱 CHIRP 和多脉冲技术集成于一体。与常规的双频侧扫声呐系统相比，4200 系统具有其独特的技术优势。系统提供 100kHz/400kHz 或 300kHz/600kHz 两种同步双频的设置；通过软件提供两种可选的工作模式：高分辨率模式（HDM）为常用的同步双频工作模式，通过加长阵列获得更高分辨率；高速模式（HSM）在任一个选定的频率上在速度高达 10 节时以多脉冲方式进行测量，测量结果可满足 NOAA 和 IHOS－44 关于“有效目标探测点数”的要求（常规声呐要满足上述要求，其测量速度不能大于 4 节）。

EdgeTech 系列侧扫声呐特点与技术参数见表 9－3。

**表 9－3　EdgeTech 系列侧扫声呐特点与技术参数**

| 型号 | 特　　点 | 技　术　参　数 |
| --- | --- | --- |
| EdgeTech 4125 | 宽频带 CHIRP 扫描技术<br>双频工作模式<br>便携式设计 | 频率：400kHz/900kHz、600kHz/1600kHz 可选<br>发射模式：CHIRP<br>波束开角：水平 0.46°@400kHz，0.28°@900kHz，0.33°@600kHz，0.20°@1600kHz<br>垂直 50°<br>垂直航迹分辨率：2.3cm@400kHz；1.5cm@900kHz；1.5cm@600kHz；0.6cm@1600kHz<br>最大量程：150m@400kHz，75m@900kHz；120m@600kHz，35m@900kHz<br>额定深度：200m |
| EdgeTech 4200 | 100kHz/400kHz 或 300kHz/600kHz 同步双频<br>全频谱 CHIRP 处理技术<br>内置的航向、纵横摇传感器 | 频率：100kHz/400kHz、300kHz/600kHz 可选<br>发射模式：CHIRP<br>波束开角：水平 1.5°@100kHz，0.5°@300kHz，0.4°@400kHz，0.26°@600kHz<br>垂直 50°<br>垂直航迹分辨率：8.0cm@100kHz；3.0cm@300kHz；2.0cm@400kHz；1.5cm@600kHz<br>最大量程：500m@100kHz，230m@300kHz；150m@400kHz，120m@600kHz<br>额定深度：200m |

#### 9.1.2.4　侧扫声呐声图成像特征

1. 声图结构

侧扫声呐原始数据以瀑布声图形式存在（图 9－5），由 4 种线组合构成，具体如下：

（1）图 9－5（a）中央，纵向直线称为拖鱼航迹线。这条轨迹线是测量声图两侧目标距离、目标位置、目标高度、拖鱼高度的基准线。

（2）在拖鱼航迹线左右两侧，有纵向连接延伸的曲线，一般靠近拖鱼航迹线的纵向连接曲线称为水面线。

（3）在水面线外侧的纵向连续曲线称为海底线，实为垂直波束遇到海底后的第一个回波形成的图像。海底线的起伏变化反映海底起伏形态，海底线与拖鱼航迹线之间

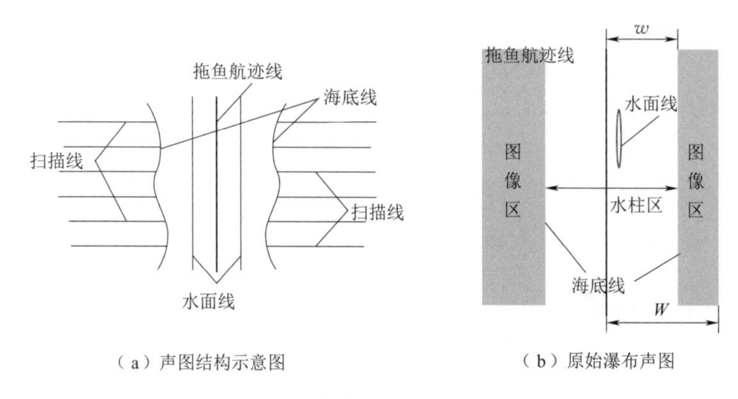


图 9-5　侧扫声呐的声图结构

的间距变化显示拖鱼高度变化。海底线之间为弱回波水柱区域，换能器仅能接收到来自水体噪声。

(4) 在两侧海底线外侧，有横向连续排列直线，称为扫描线。扫描线为单次发射（也称 ping）的时序回波序列，由像素点组成，像素点随回波信号的强弱变化而产生灰度强弱的变化。将所有扫描线组合起来便形成海底侧扫声呐图像。

2. 声图的几何关系

了解声图的几何关系是目标解译的关键。由侧扫声呐系统的工作原理可知，其记录的是拖鱼到海底目标点的倾斜距离，并非拖鱼在海底的投影到目标点的水平距离，因此，必须通过斜距改正得到相应的水平距离。当海底存在凸起的目标物时，其后一定距离的声波将会被遮挡，出现阴影，根据阴影距离的长度和对应的声波掠射角可解算出该凸起目标物的高度。

3. 声图的回波特性

声图依据扫描线像素的灰度变化显示目标轮廓和结构以及地貌起伏形态目标。成像灰度有两种基本变化特征（图 9-6）：

(1) 隆起形态的灰度特征。海底隆起形态在扫描线上的灰度特征是前黑后白，即黑色反映目标实体形态，白色为阴影。

(2) 凹陷形态的灰度特征。海底凹洼形态在扫描线上的灰度特征是前白后黑，即白色是凹洼前壁无反射回声波信号，黑色是凹洼后壁迎声波面反射回波信号加强。

海底面起伏形态和目标起伏形态在声图上反映灰度变化，是以上两种基本特征的组合排列。

**9.1.2.5　侧扫声呐数据处理**

原始侧扫声呐瀑布声像不同于直观的光学成像，存在辐射畸变、倾斜几何畸变、压缩畸变等变形，准确判读需要丰富的人工经验，仅能进行水下目标的定性分析，不具备直观的坐标信息，难以与其他地理信息数据进行有效融合等特点。为了正确判读

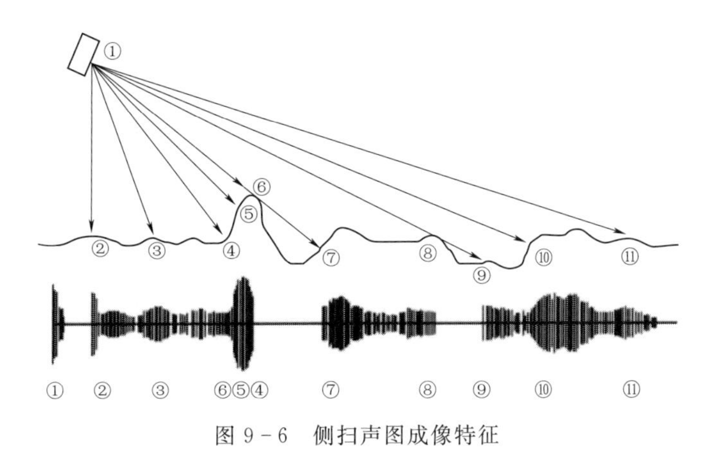


图 9－6 侧扫声图成像特征

图像，消除仪器、水深、入水姿态等多种因素的影响，需要对原始声呐数据进行处理，改正几何变形，压制无关噪声，使声呐图像真实反映海底实际地貌形状和相对位置关系，为声呐图像的正确解译提供可靠依据。

侧扫声呐数据处理主要包括海底追踪、斜距改正、灰度均衡、地理编码等内容。

1. 海底追踪

海底线提取是侧扫声呐数据处理关键的一步，为下一步的斜距改正提供精确的依据。目前在海底大致平坦且水柱区无明显回波时，海底线都通过算法自动拾取。当声呐数据受到强尾流、水中悬浮物等强干扰时，仍需要手动提取。常见的海底线自动拾取方法有最大振幅法、梯度法、边缘检测算法等。图 9－7 为通过自动算法提取海底线的效果图。

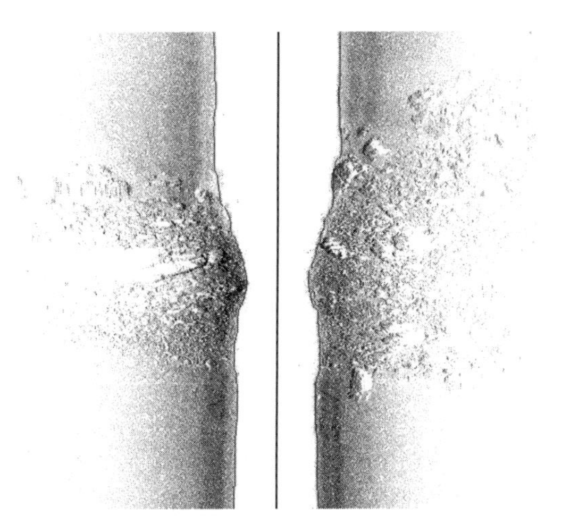

图 9－7 海底线提取效果图

2. 斜距改正

声呐记录的距离由脉冲从发射到接收的时间乘以声速计算得到，因而侧扫声呐图像上的目标物在横向上存在压缩，且离拖鱼越近的目标物，其横向压缩率越大，相反远处则压缩率小。如图 9－8 所示，实际目标物 $A_1$ 和 $A_2$ 的实际长度均为 $L_1$，而其反映在声呐图像上的距离分别为 $D_1$ 和 $D_2$，且 $D_1<D_2$。

斜距改正就是利用拖鱼、海底及回波的三角关系，计算每一个回波的水平距离，将侧扫声图上的灰度像素点归位到对应的水平距离上，重新绘制相应的灰度图，获得反映真实水平距离的剖面图像。斜距改正可以去除水柱区域，合并左右声呐图像，并削弱侧扫声图在横向上的几何畸变，恢复海底目标物的真实形状和大小。图 9－9 显

示了斜距改正前后的效果对比。

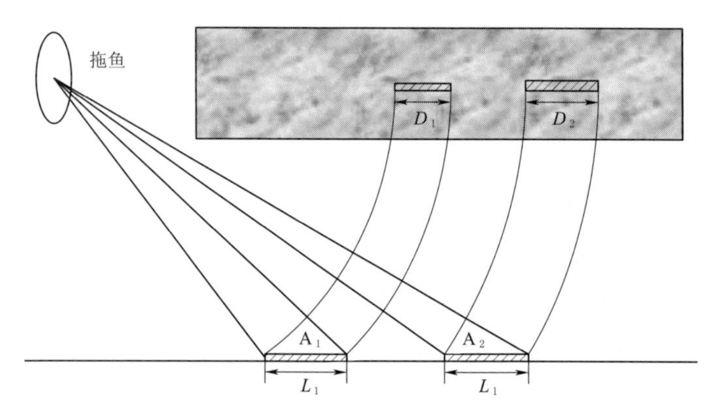


图 9-8　海底目标倾斜几何畸变示意图

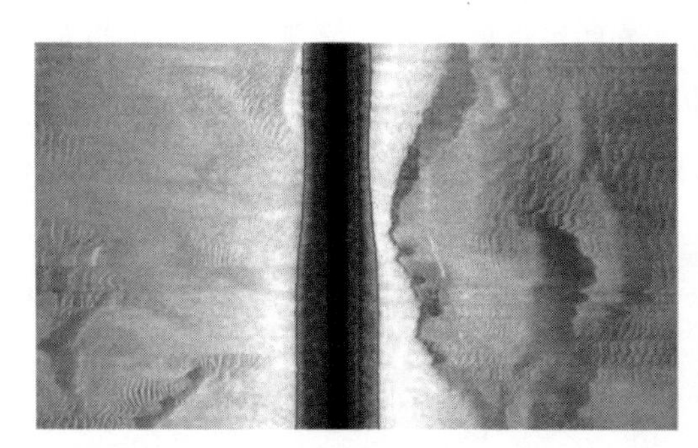

(a) 处理前

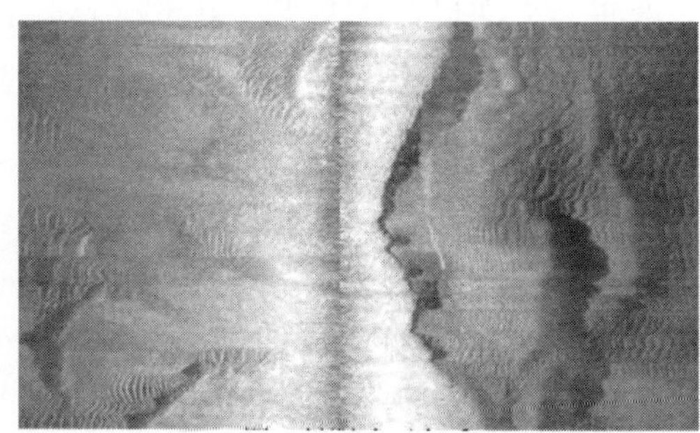

(b) 处理后

图 9-9　斜距改正处理效果

3. 灰度均衡

侧扫声呐图像存在辐射畸变，主要表现为横向的灰度不均衡化。其主要原因是声波随着传播距离增加而产生的扩展损失和吸收损失，远处回波的强度明显低于近处回波的强度。在侧扫声图上表现为，中间区域较亮，两侧边缘较暗。

通常利用时变增益（TVG）可以对灰度差异进行调整，消除因接收时差而产生的回波信号强度差异。如图 9-10 所示，经过 TVG 校正之后，图像中间区域的强回波

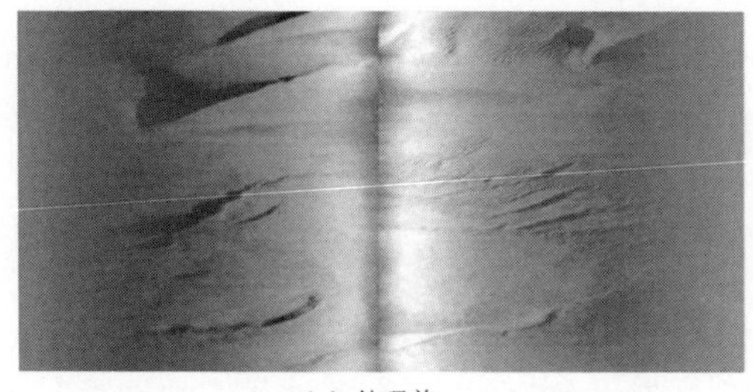

(a) 处理前

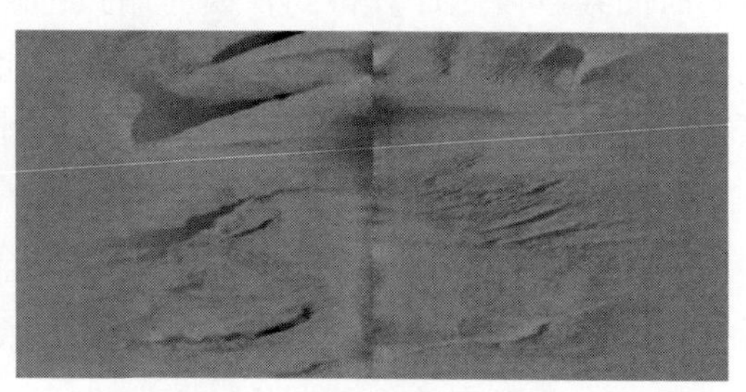

(b) 处理后

图 9-10　TVG 处理效果

得到较好的压制，图像均衡化较好，色调表现一致，靠近中间区域的一些地貌细节特征也清晰可辨。

4. 地理编码

经过上述处理后的侧扫声图仍然是按采集时间序列排列的图像，不具备准确的地理位置，因此有必要进行图像地理编码，使得图像的像素点具有指定坐标系下的坐标，使声图纵横比相等，消除走航造成的几何变形。

通常 GPS 定位系统的采样率明显低于侧扫声呐回波（ping）采样率，会出现多个 ping 共用同一个航迹定位点的情况。因此地理编码之前需要进行航迹点处理。通常可以对导航定位数据进行内插处理，恢复出每个 ping 真实的航迹点。

一般认为侧扫声呐扫描线与航迹线是垂直的，因此可以根据航迹线的方向计算扫描线的方向。如图 9－11 所示，根据航迹线扫幅宽度及回波序列号可估算出每一个回波的地理位置，并将该回波的幅值赋到该位置的像素点上。

如图 9－11 所示，由于航速和航向的变化，经过地理编码后的图像像素点存在缝隙和和重叠，因此需要进行像素点的融合和内插，最终实现图像地理编码。经过地理编码后的侧扫声图中每一像素点都具有明确的地理坐标，易与其他地理信息数据融合，对开展更深入的定量分析奠定了基础。

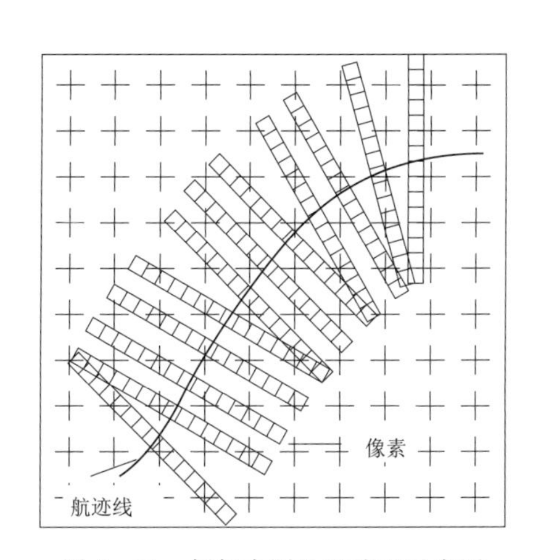


图 9－11　侧扫声图地理编码示意图

图 9－12　经地理编码后的侧扫声图

在完成单条侧扫声呐条带图像处理之后，还可以进行相邻条带图像之间的配准及镶嵌处理，实现相邻条带图像的拼接，最终形成覆盖整个工区范围的侧扫声呐图像。

**9.1.2.6　侧扫声呐的应用**

侧扫声呐已成为水下探测的主要设备之一，在海洋工程领域的应用主要在海洋地貌调查、海底底质分类、海底障碍物探测、海底管线探测四个方面。

1. 海洋地貌调查

海底微地貌类型可分为沙丘、沙脊、海底潮流冲刷、洼槽蚀余地貌等。

一般情况下，有较强潮流和底沙分布的海域都有沙丘或沙脊的存在。沙丘在底流特别是风暴潮的驱动下发生活动时，具有强烈的侵蚀作用，很容易造成海底管线裸露或悬空、平台桩腿锚固力降低或走锚，严重影响了海洋工程施工及运营的安全，是在海洋工程中应当考虑的潜在海底地质灾害类型之一。沙丘在侧扫声呐图像上一般以波纹状排列，纹理相对较粗，灰度深浅相间交替变化，且较规律（图 9－13）。

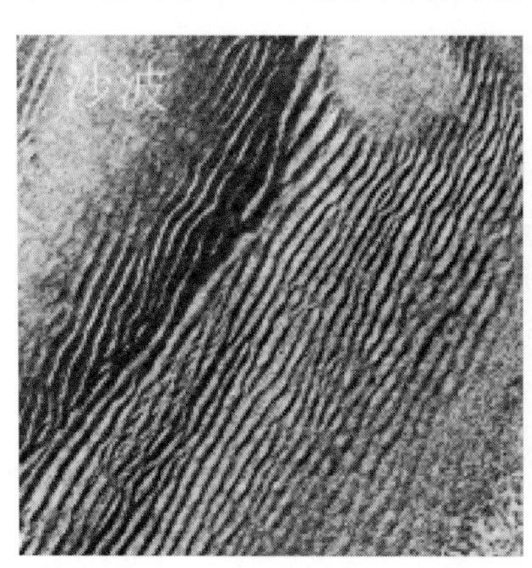


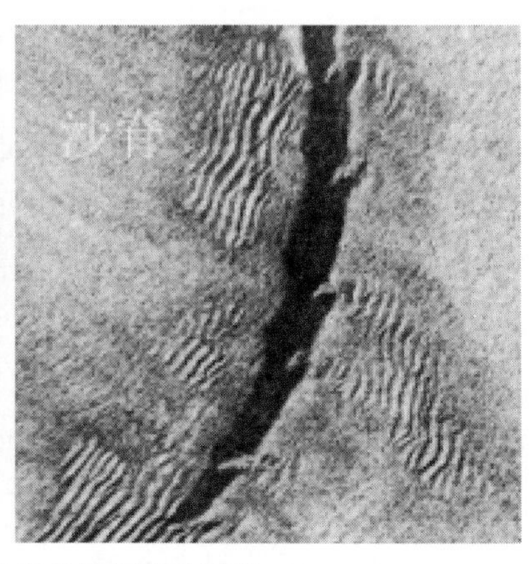


图 9－13　沙丘和沙脊的侧扫声呐图像

海底潮流冲刷与水沙交换活跃有关，海底因冲刷作用产生凹凸不平的形态特征。海底潮流冲刷地貌的侧扫声呐图像纹理比较粗糙，纹理不规则，且具有一定形状的边界（图 9－14）。

图 9－14　海底潮流冲刷地貌的侧扫声呐图像

洼槽蚀余地貌槽底起伏不大，较为平坦，声呐图像上表现为灰阶颜色较深的陀状分布的单元，在水动力条件下泥沙搬运形成泥斑状蚀余高地底质类型（图 9－15）。

2. 海底底质分类

在侧扫声呐图像中，不同海底底质的纹理结构是不同的，声呐图像的纹理信息能

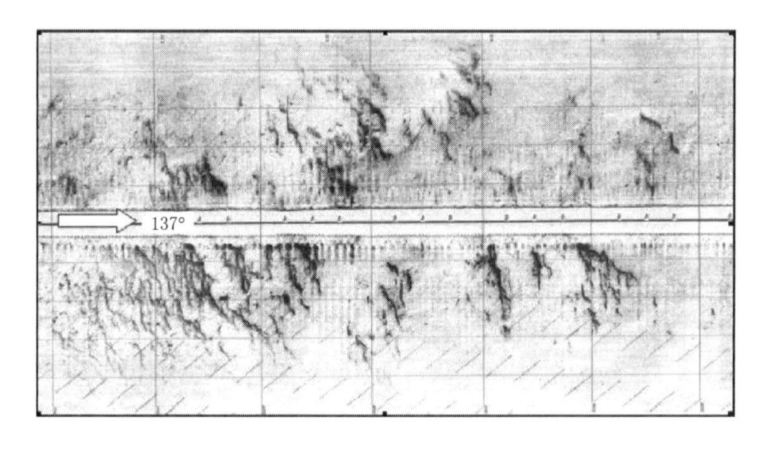


图 9-15 洼槽蚀余地貌典型侧扫声呐图像

够直接反映出海底底质的表面结构。

图 9-16 给出了 4 种不同类型的海底底质侧扫声呐图像，可以看出不同底质的纹理特征具有较大差异，从泥土到基岩，表面越来越粗糙。其中基岩底质的侧扫声呐图

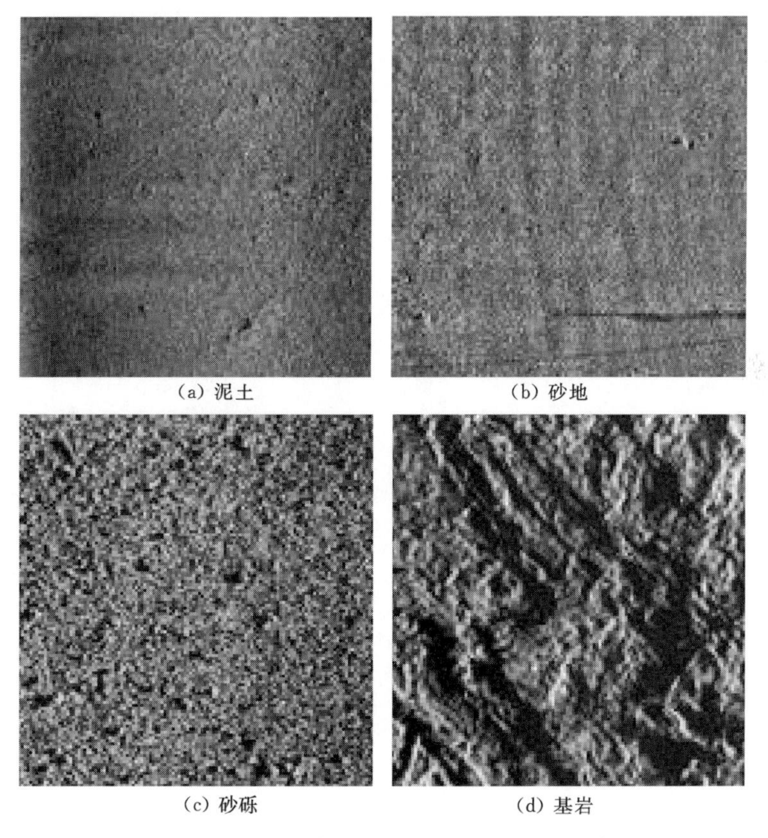


图 9-16 不同类型的海底底质侧扫声呐图像

像纹理明暗对比强烈，细节和边缘信息丰富，最容易识别。砂砾的侧扫声呐图像也包含大量的细节和边缘信息。海底泥土底质和砂土底质的侧扫声呐图像比较相近，但泥土底质的图像纹理通常更为细腻。海底侧扫声呐图像不仅与海底底质有关，还受海底地形地貌影响，在海底底质复杂海域仅凭侧扫声呐图像有时无法准确判断，应辅以海底取样或其他手段协助判断海底底质类型。

3. 海底障碍物探测

常见的海底障碍物包括沉船、废弃锚链、抛石、渔网地笼以及施工后未清理的遗留物等。海底障碍物的探测方法首选侧扫声呐法。对于裸露的障碍物，高出海底的部分将在侧扫声呐图中形成阴影，阴影在距离向的长短与目标的位置、高度及拖鱼的位置等有关，可据此判断目标体的高度。图9-17～图9-21为常见各类海底障碍物的侧扫声呐图像。

图9-17　海底渔网的侧扫声呐图像

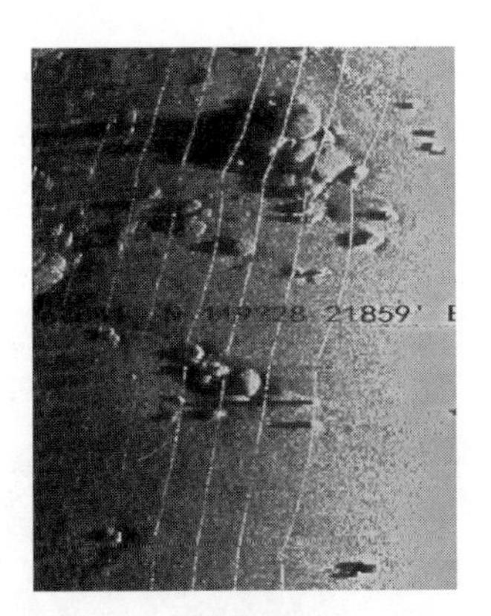

图9-18　抛石的侧扫声呐图像

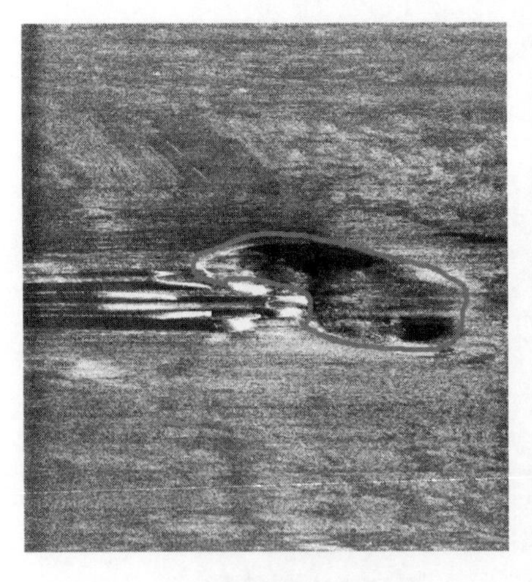

图9-19　因风电机组基础施工时形成深坑的侧扫声呐图像

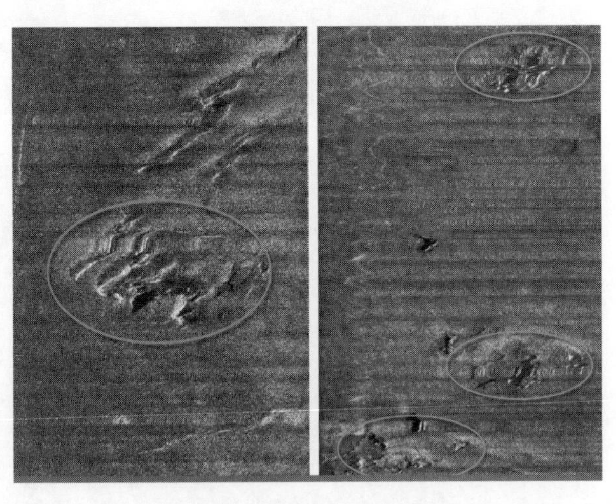

图9-20　未知可疑障碍物的侧扫声呐图像

4. 海底管线探测

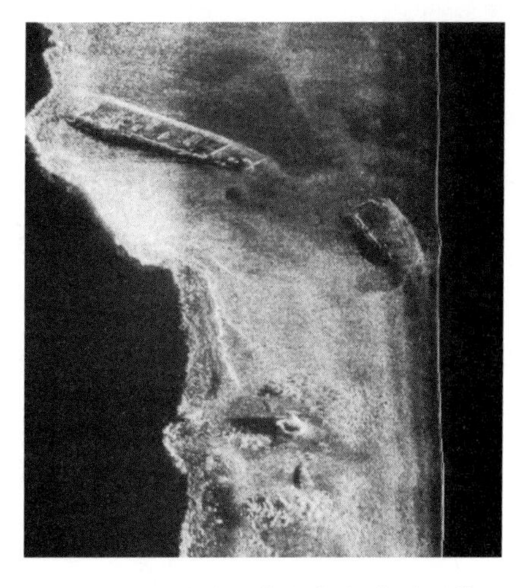

图 9-21 海底沉船的侧扫声呐图像

与海底障碍物类似，海底管线也分裸露和掩埋两种情形。在侧扫声呐图像中，裸露海底的管线比较容易探测和识别。对于平坦海底面上的管道，依据声呐记录上管道声影区与管道影像的尺寸和相互接触关系，能够计算出管道的裸露或悬跨高度。如图 9-22 所示，当海底管道平铺于海底面时，突出的海底管道由于较强的散射在声呐图像上呈明显的亮条状，由于管道的遮挡，管道后方在声图上形成阴影区。如图 9-23 所示，对于悬空管道，管道下方的海底面也能够对声呐信号进行散射，但由于其反射信号晚于管道反射信号到达声呐接收端，形成的声像位于管道亮条的后方，这样管道遮挡形成的声影区与管道声像会间隔一定距离。

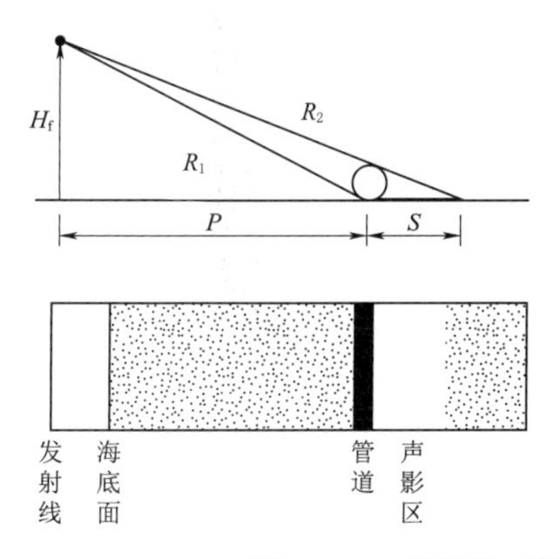


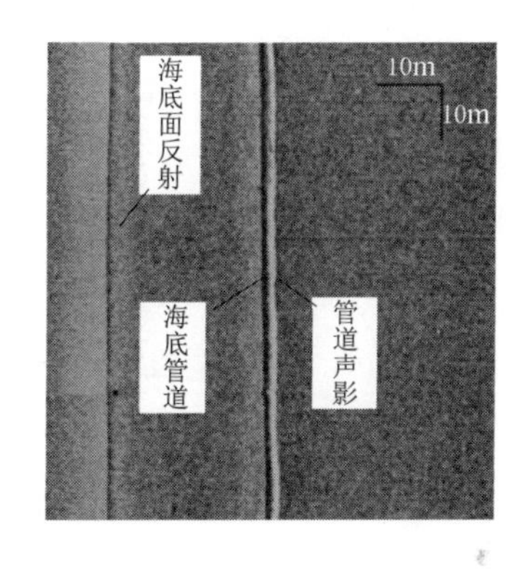


图 9-22 平铺海底管道的侧扫声呐图像特征

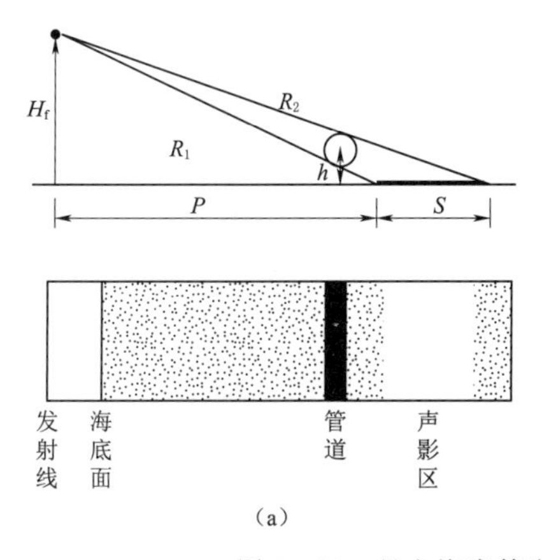


(a)

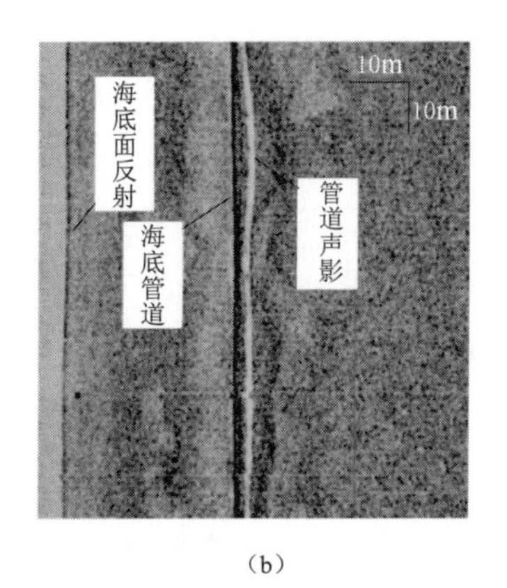


(b)

图 9-23 悬空海底管道的侧扫声呐图像特征

侧扫声呐不具备穿透性，无法探测海底埋藏管线。

### 9.1.3　合成孔径声呐

合成孔径声呐（Synthetic Aperture Sonar，SAS）是一种新型高分辨率水下成像声呐，其思想来自合成孔径成像（SAR）技术。它通过对不同位置和观察角度的接收信号进行联合接收并处理，合成大的虚拟孔径，获取远高于物理孔径所能达到的空间分辨力，并可实现成像分辨力与距离、频率无关。SAS 的引入使得基于低频小孔径物理阵实现高空间分辨力成为可能。

与目前工程上常用的普通侧扫声呐相比，SAS 图像具有更高的径向和方位向分辨率，且与距离无关，可在较宽的测绘带内实现海底地貌的高分辨率成像，目标识别率相比传统侧扫声呐大大提高。同时装备有低频换能器（频率 30kHz 以下）的 SAS 具有较好的穿透能力，可实现海底掩埋物探测，传统的侧扫声呐不能工作在此频段；而浅剖声呐测绘条带宽度极窄，大范围扫测的效率远远低于 SAS。因此，低频 SAS 被认为是掩埋物探测最可行、最有潜力的手段。

SAS 从理论研究逐步走向成熟，凭借着宽测绘条带、高分辨率与低频穿透能力的特性在海洋地质环境调查领域具有广阔的应用前景。特别是双频 SAS 在准确探测海底掩埋物这一难题上提供了较理想的解决方案。

复杂水声环境、实际海况引发的载体运动误差制约着 SAS 成像质量进一步提高。已有的海上测试结果表明，采集原始数据质量受拖鱼姿态影响较为明显，当海况超过 5 级、海浪超过 4m，拖曳速度大于 5 节或者小于 3 节时，数据质量大幅下降。因而需要进一步完善 SAS 数据处理方法，探索复杂水声海况环境对数据质量的影响规律，研究更加科学合理的现场作业方法。

目前常见的商业 SAS 价格高昂，拖体相对较大，组件较多，甲板工作站也相对复杂，现场操作和数据处理要求高，这些因素均制约着 SAS 的推广应用。

#### 9.1.3.1　SAS 的发展历程

SAS 研究从 20 世纪 60 年代起步，Walsh 最早提出了 SAS 原理。由于声波传输速度比电磁波低、水下环境恶劣、声呐载体平台运动不稳定等原因，SAS 的技术研究陷入低潮。在 SAS 研究领域，制约其技术发展的两个关键问题为：水声信道不稳定，浅海水声环境一般比较恶劣，不同波信号的相干性难以满足合成孔径处理的需要；水中声波传播速度比电磁波慢得多，载体相同速度情况下信号空间采样率较低，满足采样率需求必须极大地限制 SAS 载体的运动速度，进而限制了测绘速度的提高。

在 SAS 研究处于低潮时期，仍有一些学者坚持不懈地探索，并进行了一系列水声环境实验。结果表明，水声信号的相干性能够满足合成孔径成像要求。声传播速度慢导致信号空间采样率低和限制 SAS 载体运动速度等问题也可以通过多子阵的办法来弥补。

直到20世纪80年代后期，自动聚焦算法（Auto Focus）的发展又使SAS的运动补偿研究出现了重大进展，SAS的研究开始活跃起来，并成为国际水声学研究的热点。

进入20世纪90年代，西方主要发达国家纷纷投入巨资，针对SAS科学和技术问题开展研究工作，研制了多种不同型号的SAS系统样机。欧洲SAMI SAS于1995年进行了海上试验，获得了较远距离上的大面积范围海底测绘。美国雷神公司和DTI公司从1994年起合作研制了SAS系统DARPA和CEROS，分别用于探测水雷和近水域埋藏的爆炸物。

进入21世纪，SAS技术取得了快速发展，相关技术已达到实用水平，相应的商业产品和军用装备也已经出现。如欧洲国家（法国、英国、丹麦、希腊等）参与研制的SAMI SAS、美国Raytheon公司的DARPA SAS、挪威Kongsberg公司和FFI联合研制的HISAS、法国IXSEA公司的SHADOWS SAS、美国EdgeTech公司的4400 SAS和加拿大Kraken公司的MINI SAS等。美国、法国、挪威和瑞典海军也陆续开始装备SAS作为反水雷装备。我国国家海洋局引进过2套SHADOWS SAS用于海底探测。

我国在SAS技术研究方面起步晚，但发展非常快，中国科学院声学研究所、浙江大学、海军工程大学、中船715所等科研院所和高校先后进行了SAS成像研究。在科技部“863”计划课题的支持下，中国科学院声学研究所李启虎院士带领团队于1997年启动对SAS的研究，在SAS原理、算法、技术、系统、应用各个方面取得一系列进展。先后突破了SAS总体设计、多子阵快速成像、基于传感器和原始回波数据的联合运动补偿、自聚焦、信号调理和采集一体化模块、大功率发射机等一系列关键技术，研制了高频系统、低频系统样机。2010年年底完成的SAS工程样机是世界上首次研制完成的同时具备高、低频同步实时成像能力的SAS系统，其各项性能指标均达到国际领先水平，在一系列国际合作、国内重大项目中得到应用，取得非常好的应用成果。SAS工作在高频段，可大幅提高成像分辨率，成为传统侧扫的升级换代产品。而在低频段，它可穿透成像，实现对掩埋物的探测识别，填补传统成像声呐在该方面的空白。浙江大学在SAS成像算法的研究中拥有较多积累，并在浙江大学985二期建设项目的支持下实现了基于自主水下机器人平台（AUV平台）的SAS系统。

在产业化方面，苏州桑泰海洋仪器研发有限责任公司的高频、低频SAS也已经进入市场。双频SAS在进行海底管道探测时，最大探测宽度可达300m，探测深度可达2m，在探测宽度范围内可以探测出连续的管道图像，易对海底管道进行追踪。其弥补了浅地层剖面仪只能垂向交点探测的不足，提高了探测精度和工作效率，是掩埋海底管道探测的有效技术手段。在海洋公益专项“海底管道探测技术集成及风险评估技术研究与示范应用”支持下，国家海洋局联合苏州桑泰海洋仪器研发有限责任公司等单位建立了一套以双频SAS为主的海底管道探测系统，实现了海底管道的高效、高分辨率探测。

#### 9.1.3.2 SAS技术原理

在真实孔径声呐中，方位分辨率与声波波长成正比，与孔径 $D$ 成反比，波长的选择一般固定在一个范围内，理论上增加孔径 $D$ 就可以提高方位分辨率。加大声呐基阵尺寸又受到基阵载体、工程实现等方面的限制，在现实中不可能实现很大的天线孔径尺寸。

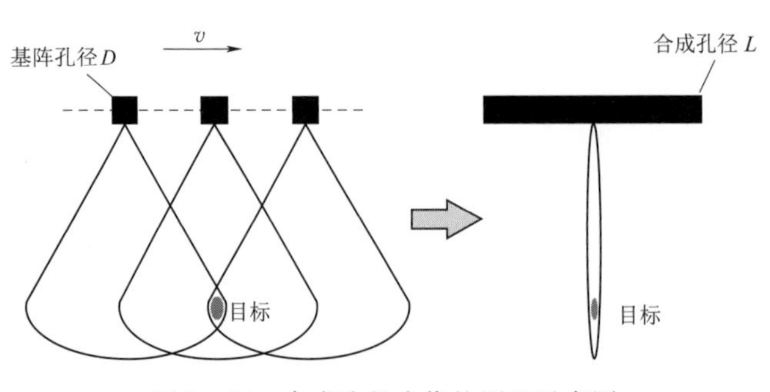

图 9-24　合成孔径成像的原理示意图

合成孔径成像的原理如图 9-24 所示，利用小孔径基阵，在直线运动轨迹上匀速移动，并在确定位置顺序发射，接收并存储回波信号。根据空间位置和相位关系对不同位置的回波信号进行相干叠加处理，合成虚拟大孔径的基阵，从而获得沿运动方向的高分辨率。合成孔径成像技术自 20 世纪 50 年代提出并应用于雷达成像中，目前合成孔径雷达（SAR）技术已经日趋成熟，成功地用于环境资源监测、灾害监测、海事管理及军事等领域。

SAS 的分辨率包括距离向分辨率和方位向分辨率，其中，距离向分辨率通过脉冲压缩获得，而方位向分辨率通过孔径合成的方法获得。本研究主要探讨方位向分辨率。

在 SAS 中，系统发射的不是同侧扫声呐一样的窄波束，而是一宽波束，从海底目标反射的声波在换能器接收范围内（几个 ping 以上）都会不断地被接收。随着平台的前进，平台和目标的相对位置关系会发生变化，从而在返回的声波上产生多普勒（Doppler）效应，这种偏移等效于 CHIRP，采用相应的算法就可以改善方位向的分辨率。

对实孔径声呐系统，在距离发射阵 $r$ 处，方位向分辨率 $\delta y$ 的计算公式为

$$\delta y=\frac{\lambda}{D}\times r=\frac{vr}{fD} \tag{9-1}$$

式中　$D$——发射阵方位向尺寸；

$\lambda$——发射信号波长；

$v$——声速；

$f$——信号频率。

考虑到发射与接收双程影响，目标相当于孔径长度为 $2L$（图 9-25）的基阵照射，方位向分辨率的计算公式则变为

$$\delta y=\frac{\lambda}{2L}\times r=\frac{D}{2} \tag{9-2}$$

由此可见，在理论上，SAS 方位向分辨率与目标位置、距离及信号频率无关，完全由基阵尺寸决定，这也是 SAS 可实现高分辨率成像的原因。基阵尺寸越小，波束

越宽，目标接收回波信号的时间越长，对应的合成孔径越长，由此得到较高的方位向分辨率，实现远距离目标的高分辨率成像。这也是小孔径 SAS 的分辨率与频率无关，但与孔径大小有关的特性。

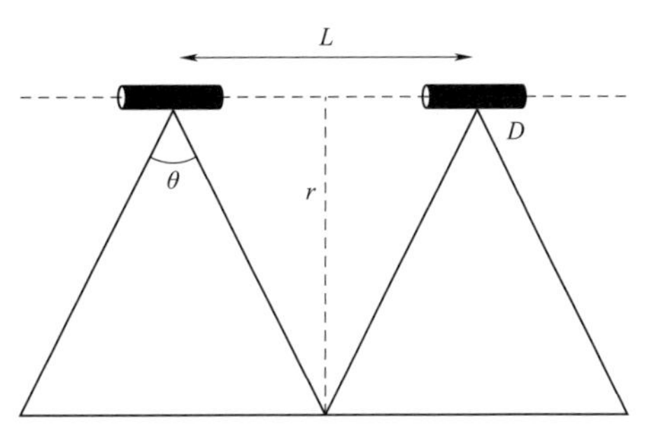


图 9-25 合成孔径长度示意图

低频穿透是指 SAS 可在相对较低的频率下（30kHz 以下）工作，并且在掩埋目标探测的过程中具有一定的穿透性。根据海水中声吸收系数与频率的关系可知，频率越高，声吸收系数越大，在 5～50kHz 范围内的同一频率，海水的声吸收比淡水大 30 多倍，因此，高频信号表现为强衰减特性，所以，低频信号传播距离较远，且对掩埋目标具有一定的穿透能力。

综上，对 SAS 而言，孔径合成、高分辨率与低频穿透三个特性相辅相成，通过小孔径发射基阵合成大孔径，可采用低频信号实现水底掩埋目标的高方位分辨率成像。由于 SAS 对目标的探测是采用多次照射和相干积累处理实现的，所以点目标信噪比改善较大，适合于漫散射背景下孤立目标的检测。

**9.1.3.3 SAS 成像算法**

SAS 成像算法的基本原理就是利用接收到的回波信号的时延信息求解出目标与收发换能器之间的距离，进而推导出目标的所在位置。成像声呐根据回波信号解算出声呐图像（反射系数矩阵）的过程是图像重建过程，相应的计算方法称为成像算法或图像重建算法。SAS 成像算法可以用空间波束形成的概念来描述。

由于 SAS 载频较低，为了提高成像分辨率，必须采用宽带信号。大部分快速算法都是建立在窄带近似基础上的，不适合进行合成孔径成像。波数域算法和基于时空域的成像算法（包括时域相关、反投影算法等）是适合宽带成像的算法。时域逐点延时相加法是 SAS 最基本的成像方法，但这种方法运算效率比频域算法低得多，目前很少采用。FFBP 算法是一种源于医学影像中的快速后向投影算法，通过牺牲一定的分辨率提升运算速度，兼具时域算法的灵活性和频域算法的高效性。法国 IXSEA 公司的商用 SAS SHADOWS 以及瑞典 FOI 装备 HUGIN AUV 的 SAS 都采用 FFBP 成像算法作为实时成像算法。总体上经过多年的发展，SAS 成像算法基本成熟，可以满足工程实际要求。

**9.1.3.4 运动误差的补偿方法**

运动补偿一直是本领域关注的焦点问题。运动误差的测量、估计及补偿是 SAS 处理中十分关键的问题。SAS 成像算法假设被测船牵引的平台（拖鱼）按照直线匀速移动的。实际上，波浪、潮汐、洋流等都会引起平台或者拖鱼偏离航线，产生运动误差，包括左右摆动、偏航、升沉、纵摇、前后波浪扰动和横摇，如图9-26所示。为了使图像不出现显著斑点，移动误差必须保证在1/8波长范围内。

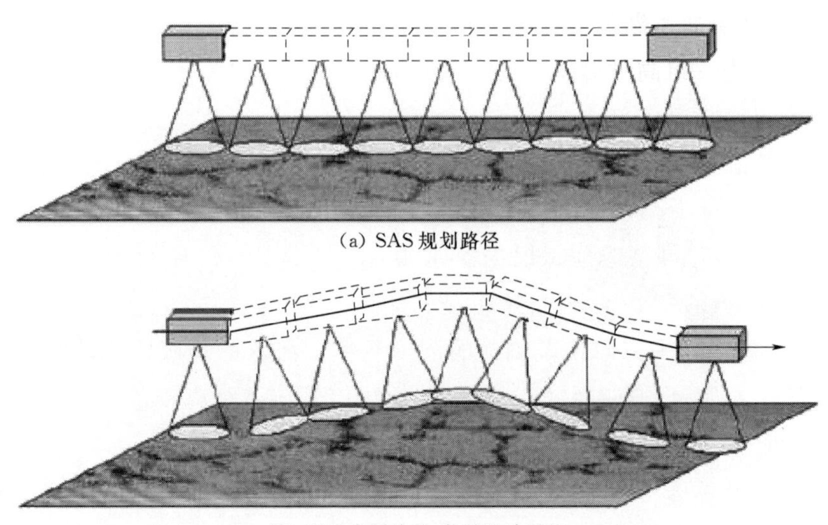

(a) SAS规划路径

(b) SAS实际路径：伴随运动误差

图9-26　SAS（侧扫）运动误差

一般将改正运动误差的方法分三类：①利用硬件跟踪平台的方向；②根据原始的回波数据估计误差；③根据图像数据采用自动聚焦算法估计误差。对于第一种方法是利用惯性导航、电罗经和加速度计来记录每次采样瞬间拖鱼的方向。这些设备虽然有较高的精确度，但成本昂贵，现在很少采用。第二种方法非常适合海底没有强反射目标的情况，它通过转移天线的相位中心，控制拖鱼速度，以便相邻的ping之间的相位中心出现在航线上的位置相同。但拖鱼的速度必须保持一致，否则会大大增加数据处理的难度，实际上很难控制拖鱼速度保持不变。第三种方法是基于原始数据来改正误差，称为自动聚焦算法。

自动聚焦算法是目前解决运动误差方法的主流技术，其根据数据本身来估计拖鱼的运动或者路径偏差，进而补偿运动误差，消除图像斑点噪声。目前有很多实现自动聚焦的图像处理方法，常用的自动聚焦算法主要包括偏移相位中心算法（DPC）和相位梯度自聚焦算法（PGA）。

尽管从起步阶段便一直受到关注，也取得一系列研究成果，不过SAS运动补偿研究尚未成熟。而且随着分辨率、作用距离等需求不断提升，工程实践上对运动补偿的要求也越来越高。

#### 9.1.3.5　SAS的典型应用案例

1. 水底地貌高分辨率成像

与普通传统侧扫声呐相比，SAS的成像原理保证在其全测绘带内保持恒定的分辨率，这样可在较宽的测绘带内实现高分辨率成像，目标识别率相比传统声呐大大提高。同时，由于较大的测绘效率和较高的识别率，探测平台的出动次数和探测时间大大缩短，作业效率得以提高。

国内 SAS 样机通过湖上、海上试验，取得了大量清晰水底和小目标图像的试验结果。图 9－27 为一组高频 SAS 千岛湖水下地貌成像。千岛湖，即新安江水库，是为建新安江水电站拦蓄新安江上游而成的人工湖，被淹没前为农田，图中可见梯田、河道、废弃桥墩等。

(a) 淹没在水下的山坡和农田　　(b) 淹没在水下的梯田

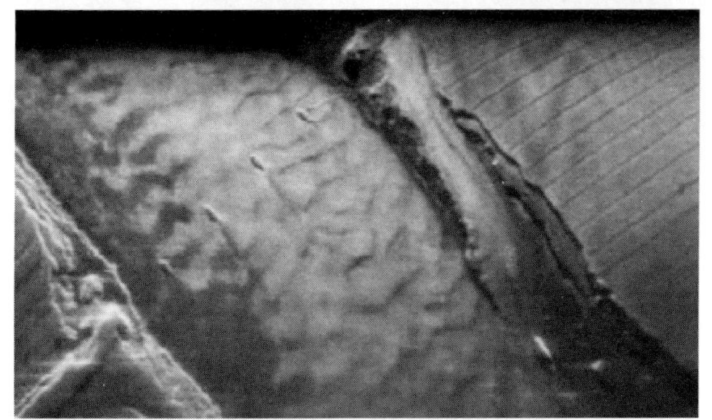

(c) 淹没在水下的桥墩与河道

图 9－27　高频 SAS 千岛湖水下地貌成像结果

2. 沉底目标探测

沉底目标探测在军事和民工领域具有重大的应用价值，涉及水雷探测、沉底失事船舶（或飞机）搜寻、水下考古、海底管线探测、海洋工程建设中的海底障碍物探测等。SAS 由于其大范围高分辨率成像能力，在沉底目标探测中具有广阔的应用前景。

Kongsberg Maritime 公司利用搭载在 HUGIN 1000 AUV 上的 HISAS 1030 SAS 探测二战期间沉没的 Holmengraa 号邮轮，取得了令人满意的结果（图 9－28）。该油轮长约 68m，宽约 9m，沉没海域水深约 77m，SAS 探测图像中油轮残骸的各个细节非常清晰。

图9-28 二战期间沉没的Holmengraa号邮轮残骸的SAS图像
(Kongsberg Maritime公司提供)

Kongsberg Maritime公司对圣地亚哥外海的海底管道进行了探测(图9-29)。探测结果清晰地反映了海底管道的位置、大致状态和周边海底的地形地貌。值得关注的是,SAS对管道旁的绳子也能清晰成像,显示了其对小目标的成像能力。

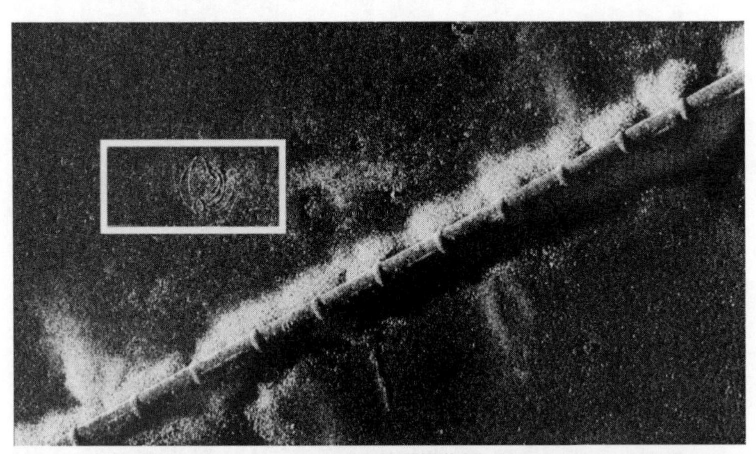

(a) 海底管道影像图

(b) 管道旁的绳子

图9-29 圣地亚哥外海的海底管道SAS探测成果

牟健等将SHADOWS型SAS系统与高性能侧扫声呐（Edge Tech 2400）在南海海域进行了海上对比试验。结果表明，SAS在图像分辨率、成图效果、沉底小目标定位精度等方面明显优于传统侧扫声呐。图9-30为探测效果对比，SAS在有效量程内维持恒定分辨率，成果图像无失真，无探测盲区，海管清晰可见，并且在海管附近发现电缆线；对比用的侧扫声呐成果受船只剧烈摇晃影响导致成像失真较大，海管呈扭曲状。

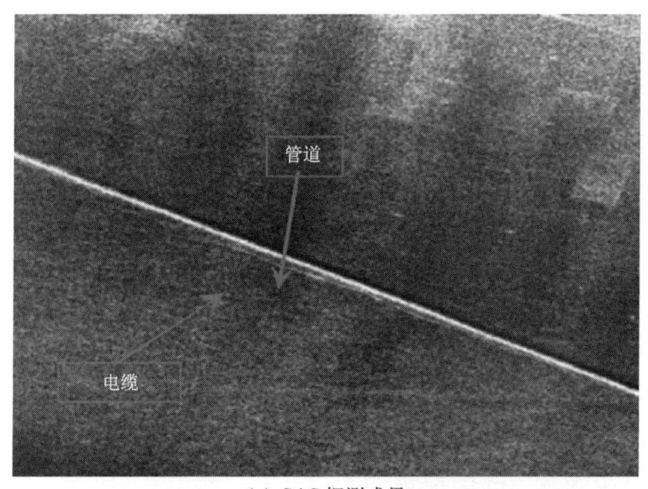


(a) SAS探测成果

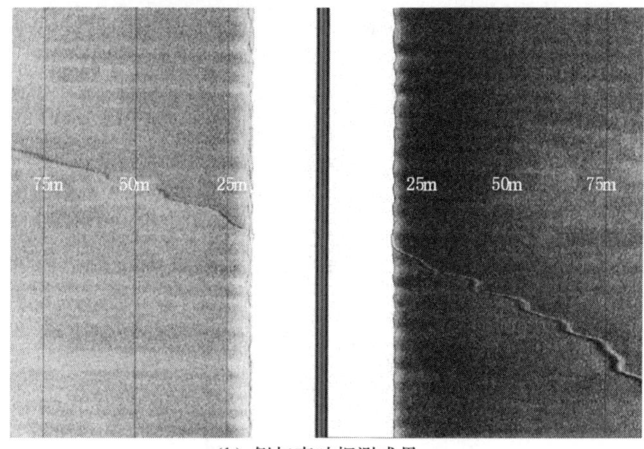


(b) 侧扫声呐探测成果

图9-30 SAS和侧扫声呐海底管道探测影响对比

3. 海底掩埋目标探测

准确探测海底掩埋物的埋深和状态目前仍然是世界性难题。各类海底管线是常见的海底掩埋物。侧扫声呐和多波束声呐能准确探明裸露状态沉底物的位置，但不适合海底掩埋物的探测；海洋磁法可以探测磁性目标物，对非铁磁性或磁异常较小的目标（海底光缆等）无能为力，同时该方法的平面位置精度有限，也无法提供埋深信息。

浅地层剖面仪是目前最常用的对掩埋目标进行探测的方法，但只能得到测线剖面的海底地层和掩埋物的位置。在探测作业时测线必须正好穿越目标体时才能探测到。因而测线布设基本原则是垂直海底管线走向布设，一般采用以管线的走向为轴线，按"Z"字形式走航测量的方式来进行测量，而平行于管线布设测线是探测不出管道的，这种作业方式大大降低了探测效率及作业难度。但探测结果仅仅是测线与管线相交时的一个点，无法连续追踪管线位置和状态。

SAS能工作在比侧扫声呐更低的频段，低频声波信号具有一定的穿透能力，因而低频SAS是非常具有应用潜力的掩埋目标探测技术。只要目标体在SAS的探测范围内即可探测到目标体，可以很方便地对目标体进行跟踪探测。这解决了浅地层剖面仪只能垂向交点探测的不足，大大提升了探测精度和工作效率。双频SAS可高低频同步成像，由于高频不具备掩埋探测能力而低频具备，所以通过双频成像结果比对可以直观判读海底目标物的存置状态（悬空、裸露、掩埋）。双频SAS探测的不足在于目前对掩埋深度只能进行定性判断，尚不能定量计算埋藏深度。对于需要精确探测埋深的路由段，需使用浅地层剖面仪进行探测，确定准确埋深。

国家海洋局北海分局利用国产DF-SAS型高分辨率双频SAS进行了试验。结果表明双频SAS对至少埋深2m的掩埋的海底管道和电缆等目标均能清晰成像，可进行持续追踪。

图9-31为同一个区域双频SAS成像结果。图9-31（a）为掩埋输油管低频成像结果，海底管道非常清晰，而图9-31（b）为同一区域高频成像结果。通过两图比对，可以确定海底输油管为掩埋状态。

(a) 低频SAS成像结果（掩埋深度1m的海底输油管道）

(b) 高频SAS成像结果（无穿透能力，看不到掩埋油管）

图9-31　同一区域双频SAS成像结果

### 9.1.4　浅地层剖面探测

浅地层剖面探测是一种基于水声学原理的连续走航式探测海底浅部地层结构和构造的地球物理方法。它利用声波在海水和海底沉积物中的传播和反射特性及规律对海底沉积物结构和构造进行连续探测，从而获得较为直观的海底浅部地层结构剖面。它采用走航式测量，

工作效率高，是进行海洋地球物理调查的常用手段之一。随着近海海上风电的大规模开发以及带来的海底电缆的大量敷设，浅地层剖面探测因其灵敏度和分辨率高、连续性好且效率高而在海上风电领域得到重要的应用。在海上风电项目建造阶段，浅地层剖面探测能快速探明海上风电场区和沿海底电缆路由的海底浅地层的地质特征及其分布，辅助查明海底管线及障碍物的分布情况（沉船、铁锚、抛石等），了解海域灾害地质情况（如浅埋基岩、浅层气、滑坡等），从而为海上风电场建设和海底海缆铺设提供技术支持；而在运行阶段，浅地层剖面探测还能用于探测海底电缆的路由和埋深信息。

#### 9.1.4.1 基本原理

浅地层剖面仪是按照回声测深原理设计的，通过接收发射的回波信号来探测海底地层信息。声波是物质运动的一种形式，由物质的机械运动产生，通过质点间的相互作用将振动由近及远地传播。声波在不同类型的介质中具有不同的传播特征，当岩土介质的成分、结构和密度等因素发生变化时，声波的传播速度、能量衰减及频谱成分等亦将发生相应变化。声波的速度与介质的密度和压强等因素有关，因此声波在不同的介质中传播时其传播速度不同，在弹性性质不同的介质分界面上还会发生波的反射和透射。由于海底不同地层之间存在分界面，假设分界面内地层的密度和声波的传播速度分别为 $\rho_i$ 和 $V_i$，声波在不同地层的界面上会发生反射和透射，每个层的反射声波均会被接收。如图 9－32 所示，在工作过程中，浅地层剖面仪主机和定位的 GPS 固定在改装后的测量船上，利用 GPS 定位使航向维持预定的测线方向。测量船按一定的速度行驶，发射基阵和接收基阵安置在水面下，根据工区实际地质情况，主机设定发射声脉冲的频率范围和功率等参数，重复向下发射一脉冲，接收基阵接收到回波并转换成电信号，主机对其进行初步的增益和滤波处理后，就可以实时地将探测到的水下地质情况利用纸质输出或数字输出。

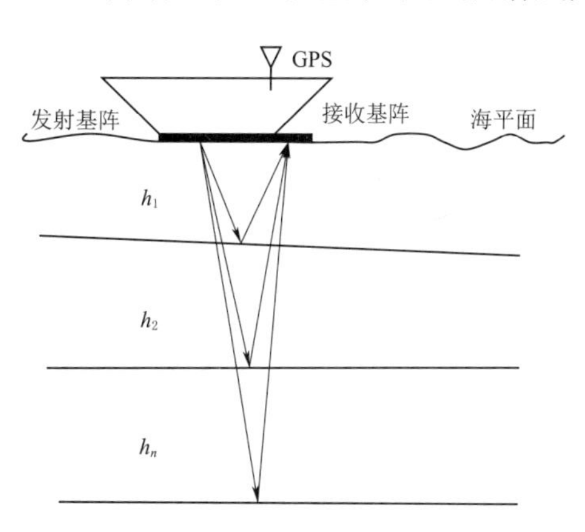

图 9－32 浅地层剖面仪工作原理

海底以下各地层界面的反射强度和地层的反射系数 $R$ 有关，其计算公式为

$$R=\frac{\rho_2 V_2-\rho_1 V_1}{\rho_1 V_1+\rho_2 V_2} \tag{9-3}$$

地层的反射系数越大，发射强度越强，则反射信号也越强，反之越弱。接收到的反射信号中携带了海底介质中大量有用的地质信息，通过连续拖曳观测、记录、分析等处理，最后输出的成果图可以直观地识别地层、地质构造，并了解沉积物的地质

属性。

### 9.1.4.2　主要技术参数

1. 仪器组成和技术分类

浅地层剖面仪主要分为甲板单元和水下单元两个部分。甲板单元主要由采集系统主机、导航地位系统组成，水下单元则主要是声波换能器，此外还有电缆、电源、安装支架等其他辅助设备。甲板单元负责系统的导航、采集参数设置、数据的采集与实时存储等，水下单元负责向海底发射声波信号并接收回波信号。

至今为止，浅地层剖面仪的发展经历了CW技术、CHIRP技术和非线性调频技术（即参量阵差频SES）三种技术。目前使用的浅地层剖面仪根据发射声源技术主要分为CHIRP和SES两种类型；根据工作水深可以分为浅水型和深水型；根据功能分为单功能和多功能型；根据探测方法和成图维数分为2D和3D等，其种类和类型繁多，各有优缺点，适合不同的工作情况需求。

常规的浅地层剖面仪由于使用CW技术，存在穿透深度浅、分辨率不高的局限性。采用CW技术的系统，要获得高分辨率，就必须使用窄的发射脉冲，但窄的发射脉冲由于能量有限，因此穿透深度小，不能探测埋藏较深的物体或地层；如果要获得较深的探测效果，就必须增大发射脉冲宽度以增加发射能量，但脉冲宽度增大，其分辨率就降低了，因此CW技术的脉冲宽度越大，分辨率越低。这就是传统浅地层剖面仪的技术局限。

CHIRP技术的出现完全克服了常规浅地层剖面仪的技术局限。它发射一个线性扫频调制的宽带脉冲，该脉冲由于带宽很宽，因此能量大、穿透深。由于CHIRP技术的系统分辨率是由带宽决定而不是由脉冲宽度决定的，加之系统采用匹配滤波的方法来进行信号处理，因此能获得很高的分辨率。简而言之，采用CHIRP技术克服了发射脉宽和分辨率、分辨率和穿透深度之间的矛盾，使系统的穿透深度大、分辨率高。由于受线性调频声呐工作机制的限制，为了产生具有足够穿透力的低频，它的换能器必须做得大而重，因此安装很不方便。此外，其发射的波束角较大，对地层的分辨率尤其是横向分辨率也较差。

基于线性调频的缺点，人们提出了参量阵原理，即换能器发射主频（100kHz）附近的两组频率稍微不同的高频声波，由于在高声压下声波传播的非线性，这两组声波互相作用，产生了一组新的、频率很低的声波，而且仍然保持高频时的束角不变，称为次频（4kHz、5kHz、6kHz、8kHz、10kHz、12kHz、15kHz），如图9-33所示。利用这种原理，换能器发射的低频信号具有很强的穿透性。不仅换能器体积小、重量轻，而且发射的差频声波波束角很小，旁瓣效应低，在不牺牲分辨率的情况下保持了较强的穿透能力，可以探测出海底较小目标物和地层结构。

CHIRP技术的优点是在较高分辨率的前提下能量大、穿透深；而SES技术虽然

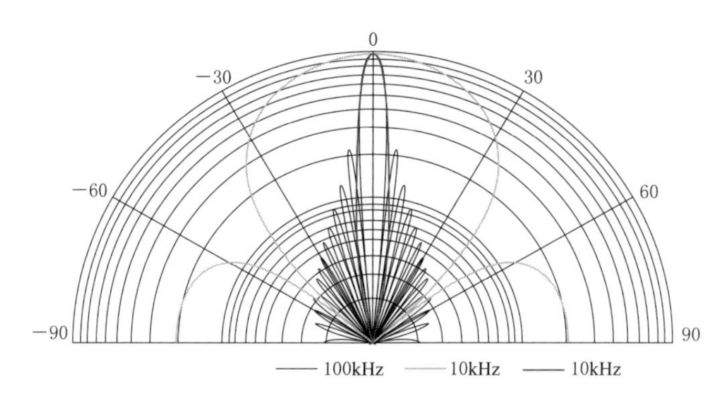


图 9-33　20cm×20cm 参量阵声呐波束方向图

穿透相对较浅，但纵向和横向分辨率高、体积轻、安装方便。因此这两种声源方式的浅地层剖面仪各有优点，选择时应根据各自的需求分别对待。

在声波遇到差异大的层面时，浅地层剖面的反射波组的振幅、频率、连续性、波形和反射形态会发生相对变化，如图 9-34（a）所示，该图为浅地层剖面仪对湖泊沉积物做的探测。可以看出，湖底沉积物的表面和底部分界面清晰可见，而沉积物的反射较强，使反射波的波形和反射形态变得不规则、紊乱。浅地层剖面探测结果提供的海底地质情况有助于确定海缆的埋设位置。对于管线或者是电缆，由于其结构和围岩性质相差很大，探测时浅地层剖面仪在管线上方正交经过，管线在浅剖断面图上表现为单独的抛物线，如图 9-34（b）所示，管线的存在造成地下反射层中断，反射波变得不能连续追踪。对管线进行埋深定位时先找到抛物线识别管线，之后确定其最大值对应深度即管线所处位置，和相应位置海底高程之差就是管线在海底的埋深。

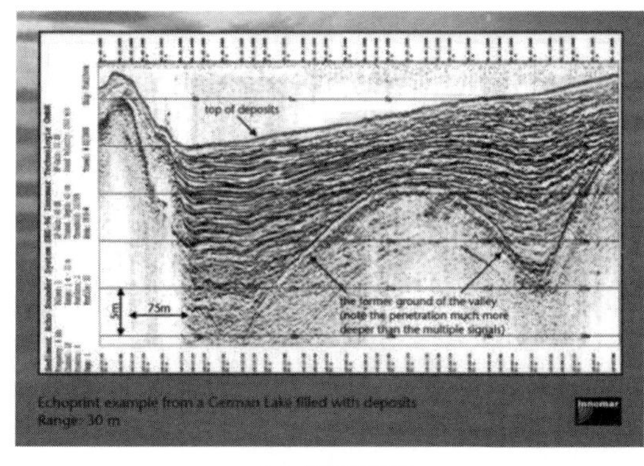


（a）沉积物探测

（b）管线探测

图 9-34　参量阵技术浅地层剖面仪应用效果

SES 技术浅地层剖面仪出现的初期，其穿透深度要低于 CHIRP 型，随着技术的发展，目前两者之间已经不存在穿透深度的差别，要大的穿透深度，可以选择深水类型仪器，但是相应的分辨率就会降低，重量也会增大。但是 SES 技术浅地层剖面仪在轻便、经济和分辨率，尤其是水平分辨率上还是优于 CHIRP 型浅地层剖面仪的，值得一提的是 SES 系列的浅地层剖面仪均带有较精确的水深测量功能，可提高解释精度；由于 SES 技术的束角很窄，使其可以工作在浑浊水域。

浅地层剖面仪对浅地层的分辨率很高，可以高分辨率地描述浅海底地质情况，并反映海缆的存在，是一种高效、经济的海底物探方法。但是提高穿透深度则以降低分辨率和增大仪器重量为代价，当这对矛盾无法平衡时，需要考虑采用电火花或 Boomer 震源加水听器的方法解决。

2. CHIRP 技术

CHIRP 技术研制的浅地层剖面仪以 2D 为主，主要由便携式甲板处理器（图 9 - 35）、电脑、拖鱼（图 9 - 36）及拖缆组成，配置专门的数据采集控制软件，根据水深和勘测目的配备不同拖鱼。主流设备技术指标包括：换能器频率输出 3.5～16kHz 可选，输出功率一般大于 300W（脉冲），垂直分辨率 6～20cm（与频带宽度有关），波束宽度 16°～32°（同样依赖于频带宽度或中心频率），穿透深度一般不超过 50m。

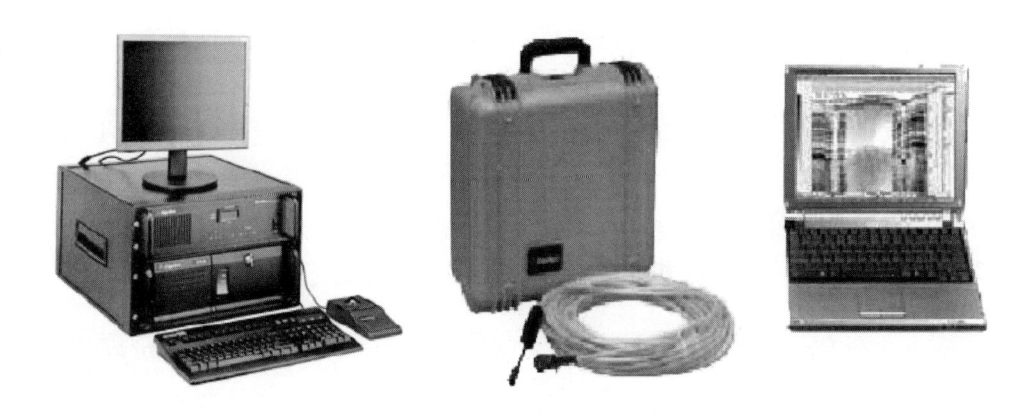

图 9 - 35　CHIRP 型浅地层剖面仪甲板处理器

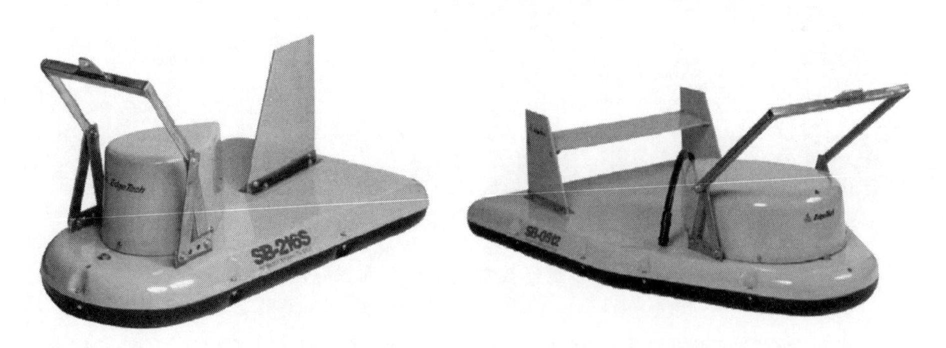


图 9 - 36　CHIRP 型浅地层剖面仪拖鱼系列

CHIRP 型浅地层剖面仪应用效果如图 9－37 所示。

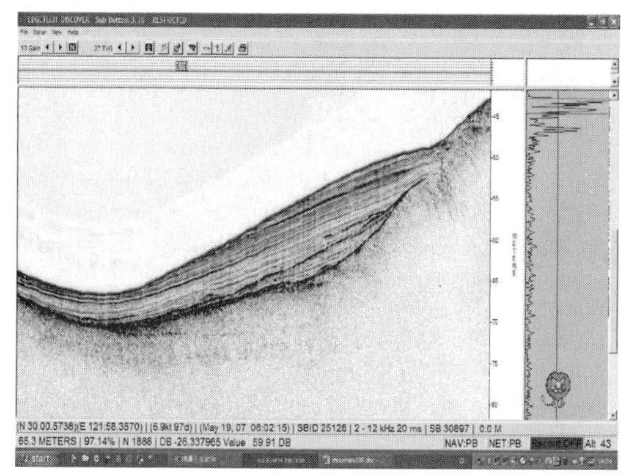

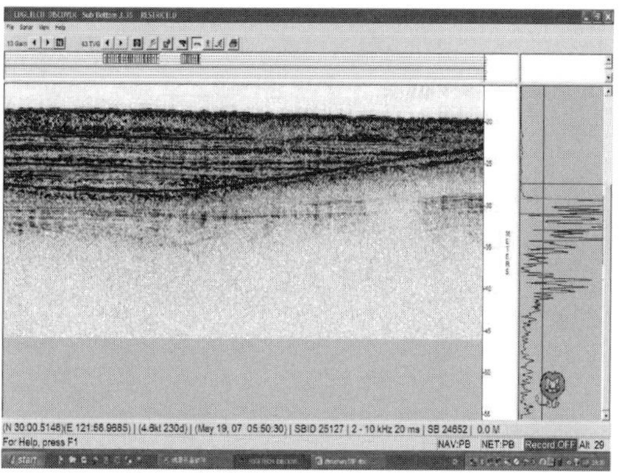

图 9－37　CHIRP 型浅地层剖面仪应用效果

3D－CHIRP 型浅地层剖面仪是在 2D 浅地层剖面仪的基础上发展起来的，采用 2D 网格划分接收单元形成真正的 3D 浅剖系统。发射系统由 4 个换能器组成，发射频率为 1.5～13kHz，接收包含 60 个水听器构成最优化几何构造，水平和纵向 25cm 的间隔；$x$、$y$ 方向水平分辨率为 5cm，$z$ 方向垂直分辨率为 10cm；RTK－GPS 定位和基于 GPS 的姿态系统；3D 数据处理包括几何结构处理、逐条迹线处理、中点网格化、三维基尔霍夫叠前偏移等。达到厘米级分辨率，结构如图 9－38 所示，应用效果如图 9－39所示。

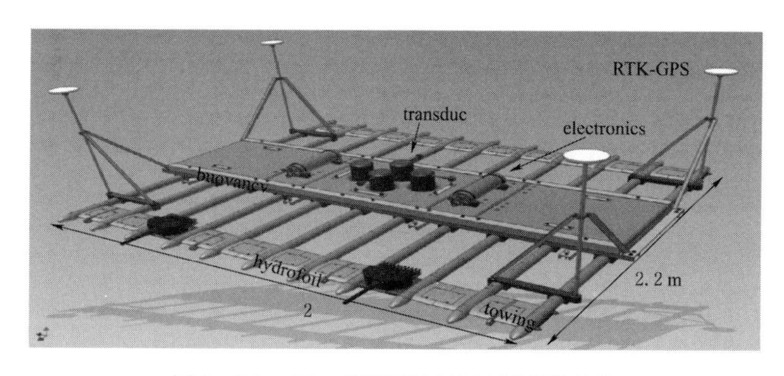


图 9－38　3D－CHIRP 浅地层剖面仪结构

3. SES 技术

采用 SES 技术的浅地层剖面仪（图 9－40）重量轻，换能器直接安装在船舷边，对载船要求很低，因而经济、快速、安全。主要技术指标有：探测水深 1～500m；对于所有频段（4kHz、5kHz、6kHz、8kHz、10kHz、12kHz、15kHz、100kHz）波束发射角均只有±1.8°；在测量浅地层数据信息的同时还可获得精度很高的水深数据；测深精度为 0.02m±测量值的 0.02%；由于带宽高，系统可发射非常短的脉冲；脉冲无响声（ringing）干扰，最高垂向分辨率可达 5cm；总重量约 30kg；由于换能器和

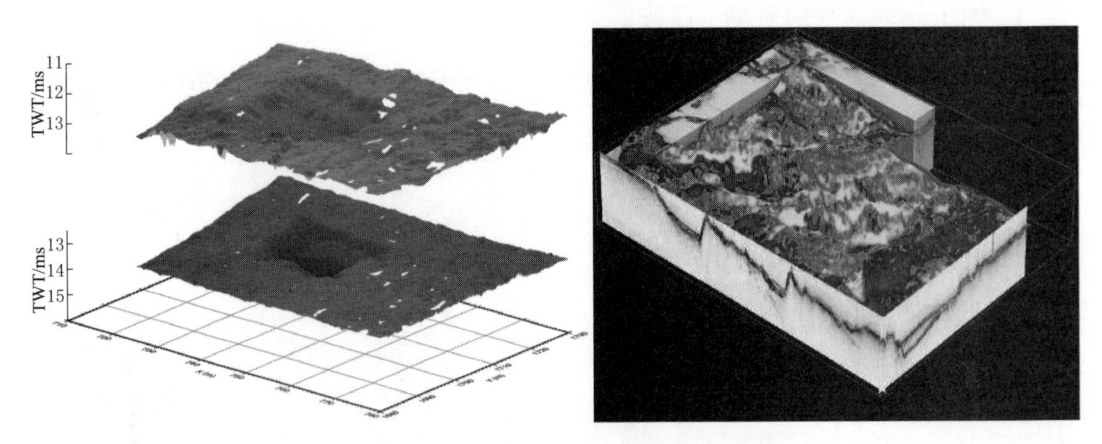


图 9-39　3D-CHIRP 浅地层剖面应用效果图

GPS 定位均在水面，因此定位准确；除此之外，波束角窄使 SES 系统可工作于非常浑浊的水域。

图 9-40　采用 SES 技术的浅地层剖面仪

### 9.1.4.3　工作方法

1. 野外数据采集

（1）资料收集。在野外工作开展之前，需要收集的资料包括海图、水深图、前期勘探数据等。根据收集到的水深、海底地质资料等确定选用仪器设备的类型和采集参数。

（2）测线布置。主测线的布置一般应沿电缆路由及平行线布置，检测线垂直于主测线布置。风电场区测线一般沿风电机组位置按纵横向网格状布置。

（3）设备安装。设备一般安装在勘探船一侧的支架上，换能器通过支架固定于水下一定深度，正上方安装导航信标机天线，如图 9-41 所示；在涌浪影响较大时，还可以选择将换能器安装在拖筏上拖曳于船的尾部。

（4）现场采集。每次出海前，应检查仪器设备稳定情况及线路联通情况。检查开始前，在作业海区调试设备，确定最佳工作参数，水深变化较大时，还要及时调整记

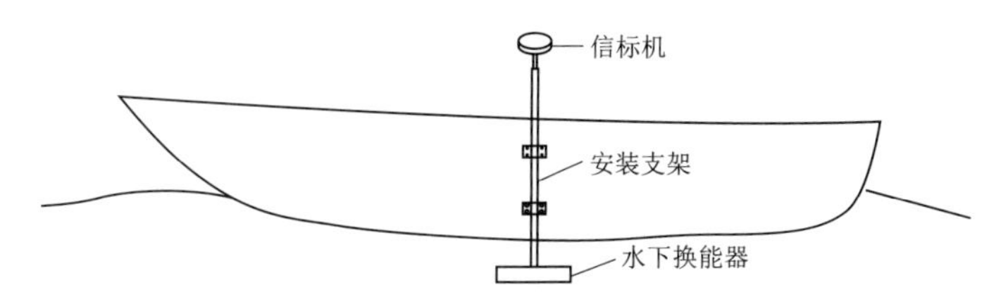


图 9-41 浅地层剖面仪安装示意图

录仪的量程及延时。在风浪较大的情况下，可使用涌浪补偿器或数字涌浪滤波处理方法进行滤波处理。对现场记录剖面图像初步分析发现可疑目标时，应布设补充测线加密探测以确定其性质。

根据探测目的的不同，选择合适的换能器频率。以探测海底浅部地层结构或障碍物为主要目的时，选用主频在 3.5kHz 左右的换能器，既保证了地层的分辨能力，也保持了一定的穿透能力；在探测海底管线时，需要选用主频在 14kHz 左右的换能器，虽然其穿透能力减弱了，但是大大提升了其分辨能力，可以更好地识别海底管线的异常。

(5) 班报记录。内容包括项目名称、调查海区、测量者、仪器型号、调查日期、开始和结束时间、测线编号、数字记录文件名、仪器作业参数、航速、航向等，见表 9-4。

**表 9-4 浅地层剖面探测班报记录表**

项目名称　　　　调查海区　　　　仪器型号　　　　调查日期　　　　天气

| 测线编号 | 数字记录文件名 | 开始时间 | 结束时间 | 仪器作业参数 | 航速 | 航向 | 测量者 | 备注 |
|---|---|---|---|---|---|---|---|---|
| | | | | | | | | |
| | | | | | | | | |
| | | | | | | | | |
| | | | | | | | | |
| | | | | | | | | |
| | | | | | | | | |

浅地层剖面探测野外采集的数据受多种因素影响。海底沉积物构造状况特别是海底沉积物类型及物性，在相同参数设置的情况下决定了仪器所能勘探的最大深度，如砂、岩石、珊瑚礁和贝壳等硬质海底面严重制约了声波穿透深度，限制了浅地层剖面仪勘探的深度。处于系统频带范围内的外界噪声可能干扰信号图像，如环境噪声和船只发出的低频机械噪声，噪声在浅地层剖面上会或多或少地显示出来，从而降低勘测数据质量，甚至对解释剖面产生重大影响。船只在航行过程中的摆动会使换能器不能保持平稳状态，造成图像质量不佳。海底界面状况、船航行过程中的尾流、潮汐和仪

器自身等都会对浅地层剖面仪获得的数据产生干扰，从而影响浅地层剖面图像质量。

2. 数据处理与解释

浅地层剖面探测仪激发出的声波辐射到地质体上，经地质体反射后携带了所需要的地质信息，实际由于地质条件的复杂性和接收设备工艺不完善等因素，使记录到的地质信息含有大量的干扰成分。因此，在进行地质解释前，必须进行必要的资料处理。这里，对最基本的浅地层剖面仪的噪声压制和纵向分辨率提高技术进行讨论。

(1) 数据干扰类型与识别。在野外数据采集的过程中，通常会受到设备本身或者外界噪声带来的干扰。除了海底地层反射回波外，其他接收到的信号都属于干扰波，根据其形成机理及特点，可以分为规则干扰和随机干扰。有用信号与干扰信号的比值称为信噪比，显然，信噪比越高的数据质量越好。

规则干扰主要是由声源或次生声源形成的干扰波，一般表现为多次反射、虚反射和侧面反射等。最严重和常见的规则干扰是多次反射波，海面是海水和空气的分界面，海底面则是海水和海底地层的分界面，这两个界面都是波阻抗差异大的强反射界面，因此极易产生强烈的多次反射波。特别是在浅水区域，多次反射波与有效波叠加在一起，让剖面中有用的地层反射波信号难以识别。浅地层剖面探测中的多次波一般由水面和海底的二次或多次反射产生，尤其以二次反射最为明显，在时间剖面上表现为海底面反射双程旅行时的2倍左右位置，如图9-42所示。当水深大于要求的勘探深度或仪器的穿透深度时，多次反射波在时间剖面上出现在目的层以下，不再对剖面解释构成影响，如图9-43所示。

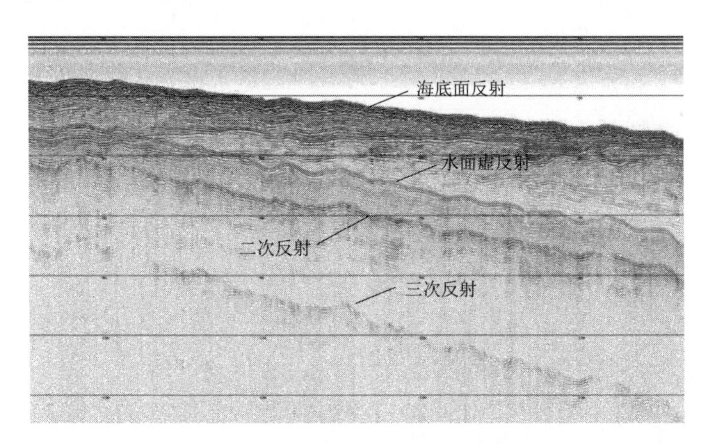


图9-42　浅地层剖面上的多次反射波

虚反射经换能器发射的声信号向上传播，经水面反射后向下，再经海底反射回来被换能器所接收，反射路径如图9-42所示。侧面反射波则来自与测线侧面的水下陡坎、海底潜山和突起礁石等的声波反射信号，在船体或换能器晃动较大等指向性较差时，侧面反射更明显，对剖面解释带来很大干扰。

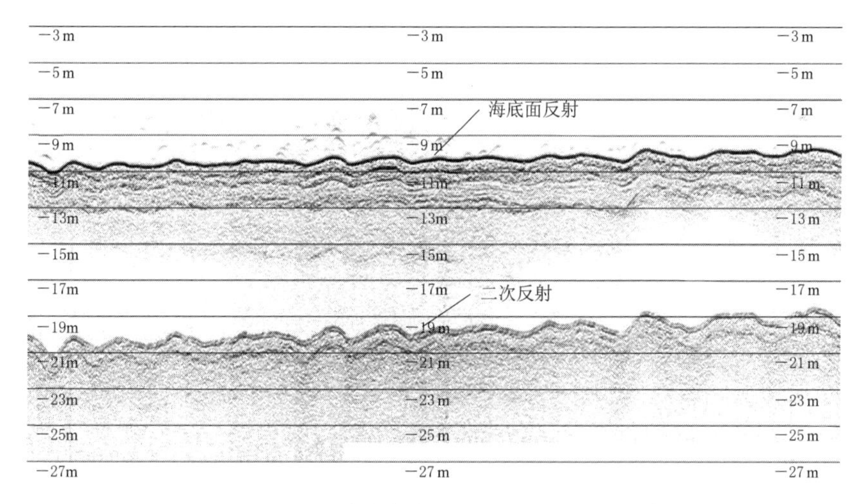


图 9-43 不受多次波影响的浅地层剖面图像

绕射波是一种特殊的反射波，在海底物质或岩性的突变点，如断点、突出点和管线点等，走航式观测剖面上会产生绕射波。绕射波在剖面上的几何形态为双曲线，其顶部就是绕射点的位置，绕射波在绕射点的信号最强，两侧逐渐变弱。在海底浅层地层结构探测中由于掩盖了地层反射有效波被视为干扰波，但在探测海底管线和障碍物时，绕射波不再是干扰波，而是用于判断管线和障碍物位置的有效波。

随机干扰在浅地层剖面中一般分布比较均匀，其产生的原因不同则呈现出不同的形态。海上的海流、波浪是一种工作环境带来的随机噪声，基本涵盖所有频率，理论上具有无限大频宽，采集时通过提高有效信号强度，控制信噪比，后期处理通过滤波等方法压制。船体的机械振动、仪器本身的电磁干扰等也是一种随机干扰，这些干扰往往具有一定的主频，在剖面上容易识别，通过改造工作环境可以压制。还有一种因浅地层剖面仪接地不良或接触不良引起的电干扰波，在剖面上留下一些条带状干扰，严重时难以辨别有效波，一般重新检查、连接设备后自动消失。因此，在进行外业数据采集时，必须要准确合理地安装设备，工作前进行充分调试，工作时根据海况选用3～5节船速进行采集，才能有效地抑制随机干扰，最大限度地提高数据质量。

(2) 数据处理方法。

1) 带通滤波。为了接收到更多的波组信息和特征，得到更全面的海底反射信息，浅地层剖面仪进行记录的频带通常会进行拓宽，但是这样也会增加干扰波被记录的机会，导致信号的信噪比降低。在接收到的原始信号中，反射信号往往只在一个固定的频带（此频带与发射声源的主频和地层性质有关）附近能超过噪声。因此，利用有效波和干扰波的频率差异，可以设置一个滤波器，只保留这个频带附近频率的信号，而压制其他频率的信号，能最大限度地突出有效信号，从而提高信噪比。

浅水区的海上风电勘测中，探测深度较浅，有效波频率只比换能器主频略低，带

通滤波一般会以换能器的主频为中心采用一维频率域滤波进行处理。低频部分主要滤除掉风浪、主机本身和电缆噪声带来的影响，高频部分则滤除掉一些电磁干扰等。浅地层剖面图像带通滤波前后对比如图 9-44 所示。

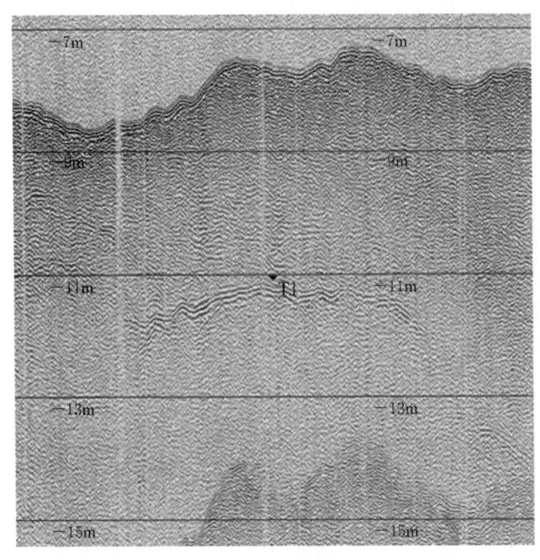


（a）滤波前

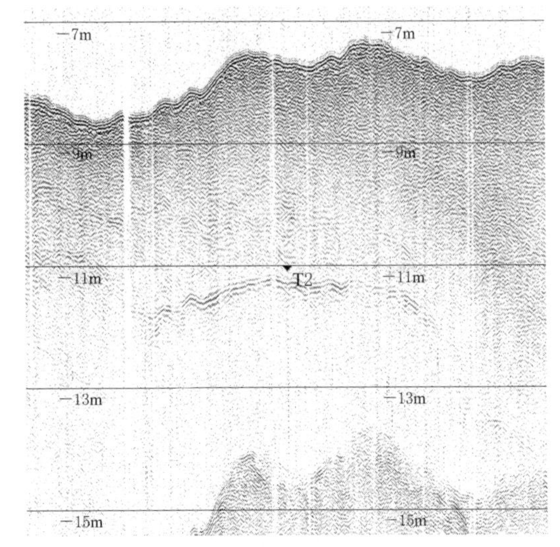


（b）滤波后

图 9-44　浅地层剖面图像带通滤波前后对比

2）增益处理。声信号在传播的过程中，特别在穿透深度逐渐变大的过程中，信号衰减很快，必须对浅部的强信号进行适当压制，对深部的弱反射信号进行放大，才能更好地识别海底反射带来的地质信息。增益处理是浅地层剖面探测中常用的数据处理方法之一，一般采用时变增益处理方法，即按时变比例进行信号强度的均衡调整，而且这种比例按一定的函数关系进行了预先设定。通过时变增益的处理，相当于对每一道信号进行了归一化，可以更好地识别深部反射界面和浅部反射的相对关系。浅地层剖面时变增益处理前后对比如图 9-45 所示。

3）反褶积。反褶积可以看成是用一个反滤波器与信号进行褶积，声信号在传播过程中，整个大地相当于一个滤波器，地层相当于一系列畸变滤波器，为了提高垂直分辨率和识别同相轴，反褶积通过压缩地震子波，用于提取记录中的反射系数序列。反褶积常用于地震反射波勘探的数据处理，浅地层剖面探测的原理和数据结构与地震反射波勘探基本相同，因此反褶积也可以用于提高浅地层剖面探测数据的剖面分辨率。

由于反褶积处理通过压缩地震子波来达到提高分辨率的目的，很容易把有效频带内的噪声也放大了，导致信号信噪比下降。因此，在数据本身信噪比足够高、噪声不强烈、可以忽略反褶积处理带来的影响时，才建议使用该方法提高分辨率。

（3）数据解释。浅地层剖面探测的直接测量成果是双程反射时间剖面，其物理本

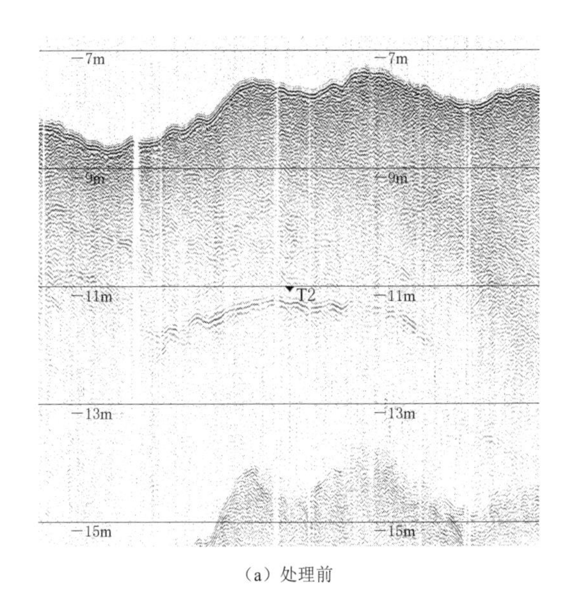


(a) 处理前

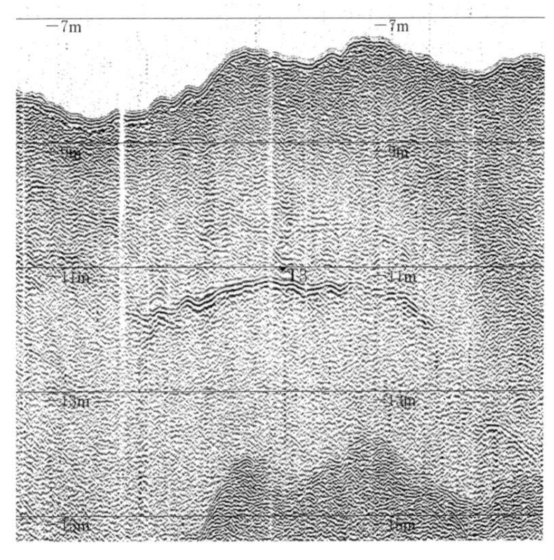


(b) 处理后

图 9-45 浅地层剖面时变增益处理前后对比

质是地层界面间声波阻抗的反映。通过数据处理，可以最大程度压制干扰和突出有效信号，根据探测目的的不同，数据解释也有差异。

1）海底管线与障碍物探测。浅地层剖面探测应用于海底管线与障碍物探测时，调查的主要目的是查明海底浅层地层（一般 5～10m），发现海底及以下可能存在的海管或障碍物，海管或孤立障碍物在剖面图中表现为声波遇到反射形成的双曲线状的反射波。在管线资料解释前，首先识别剖面记录中的干扰波，去除地质假象，初步分析各层面的空间形态及层间的接触关系，然后根据测区资料进行时-深转换，使用的时-深转换声速一般为 1500～1600m/s，计算海管埋藏深度；最后确定管道或障碍物的位置及埋深。

2）海底浅部地层探测。浅地层剖面探测应用于海底浅部地层探测时，由于选用频率较低的换能器，其探测深度可达 30m 甚至更深。经过处理的声学地层剖面能反映地下地层分布和地质构造的一些特点，但由于海底地层复杂，很多剖面上反映的现象也可能是假象。因此，在浅地层剖面解释时应充分分析区域地质资料，结合钻探和原位测试成果，对浅部地层进行解释。解释成果一般可以达到以下目标：

a. 海底底质情况分类。通过浅地层剖面探测结合取样，可以区分海底底质类型。淤泥和淤泥质土底质一般海底反射不强，穿透能力强，分层性较好；砂质土底质一般海底反射较强，穿透能力较弱，具有一定分层性；礁石或基岩底质一般海底反射强烈，海底以下无回波。

b. 浅部地层分析。结合钻探和原位测试资料，分析剖面中的同向轴的分布和延续方式，寻找代表地层界面的反射波同向轴并进行追踪，达到探测浅部地层结构和分布的目的。此外，浅地层剖面探测得到的是时间剖面而不是深度剖面，进行地质解释时还需进行时-深转换，转换的速度可以采用地区经验速度，也可以通过钻孔标定地层的实际深度和双层反射时间进行反算。

### 9.1.4.4　海上风电勘测中的应用

1. 海底障碍物调查

浅地层剖面探测在海上风电勘测中应用于探测海底浅层的地质情况及目标较大的障碍物时，一般选用主频为3.5kHz左右的换能器，实际探测分辨率一般可达0.2m左右，在淤泥及淤泥质土中的最大穿透深度可达40m左右。在风电场区，浅地层剖面探测主要用于探测风电机组机位的浅部软土层厚度、分布情况以及浅埋基岩等；在海底集电电缆和输出海缆勘测时，浅地层剖面探测主要用于探测沿海底电缆路由通道内的海底表层土分布情况以及对海缆施工造成影响的礁石、浅埋基岩等。其他海底障碍物则主要有海底沉船、弃锚及其他人类活动遗弃物等。

（1）海底礁石调查。海底电缆一般会埋设于海底以下3m左右，施工时一般会先由海缆工程船在海底冲挖出海缆沟，放入海底电缆后回填。因此，沿海缆路由不能出现礁石，否则不仅冲埋设备难以推进，还会损坏设备。浅地层剖面探测可以很好地探明沿海底电缆路由中存在的礁石，不仅能探明出露海底的礁石，还能探测海底表层未出露的礁石。图9-46为广东汕尾海域浅地层剖面探测的海底礁石，其最大突出海底面的高度超过2m，海底电缆路由需要避让或者对海底电缆采取专门的保护措施才能确保后续的正常运营。

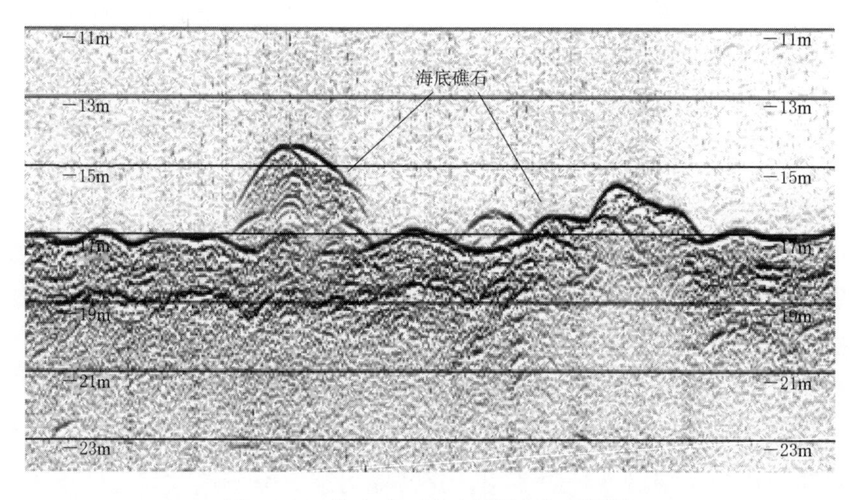


图9-46　海底礁石浅地层剖面探测图像

（2）浅埋基岩调查。图9-47为珠海海域某海上风电场的浅地层剖面探测图像，其清楚地探测到了海底面以下浅埋的基岩面反射波。该基岩面起伏较大，最浅埋深不到1m，对海上风电工程的设计和施工产生影响。

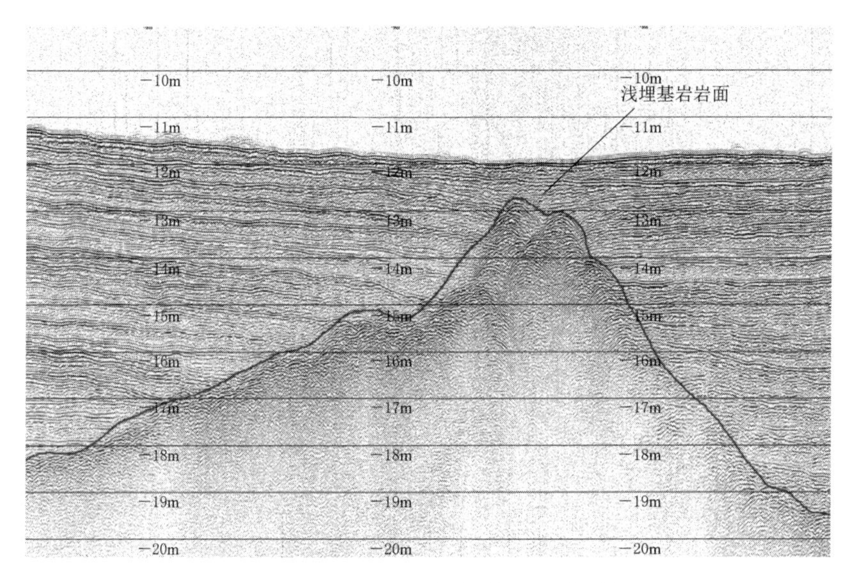


图 9-47　海底浅埋基岩浅地层剖面探测图像

2. 海底管线探测

浅地层剖面探测在海上风电中的另一个重要应用，是对风电场区和海底电缆路由通道进行海底管线和障碍物的探测。浅地层剖面探测用于海底管线与障碍物探测时，一般选用主频为 12～14kHz 的换能器，实际探测分辨率一般可达 0.1m 左右，但其地层最大穿透深度只有 10m 左右。海上风电建设中遇到的海底管线主要有已建海底电缆、海底光缆及海底各类管道等。

浅地层剖面探测仪辨识海缆并确定海缆埋深的方法是：当海底存在管线或海缆时，由于其结构和周围介质的性质相差很大，探测时浅地层剖面探测仪在管线上方正交经过，管线在浅地层剖面探测断面图上表现为单独的抛物线，如图 9-48 所示。当进行连续拖曳式迂回测量后，在浅地层剖面探测仪的测量结果上找到每个抛物线点连接起来就可以描述海缆的路由。当识别管线或海缆之后，如还需定位其埋深，需找到抛物线顶点，即管线或海缆所处位置，此深度与相应位置海底高程之差即为管线或海缆在海底的埋深。

图 9-48 为阳江海域某海底电缆的浅地层剖面探测图像，采用 12kHz 工作主频，清楚地探测到了直径约 12cm 的海底电缆产生的绕射波。3 根海底电缆的位置相距约 50m，埋深约 3m。

## 9.1.5　中、深地层剖面探测

### 9.1.5.1　基本原理

浅地层剖面探测仪是分辨率最高的一种海洋地层剖面探测仪器，但是它的穿透能

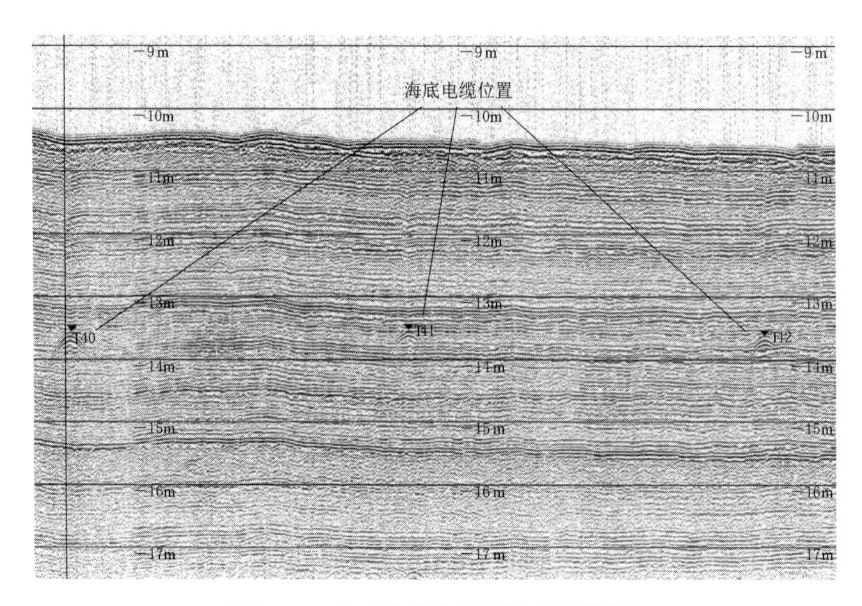


图 9-48　海底电缆浅地层剖面探测图像

力低，当要求较深的穿透深度时，需要采取其他震源对海底地质情况进行探测：Boomer震源是一种高分辨率震源，频谱范围为300～5000Hz，地层穿透深度在70m以内，地层分辨率稍低于浅地层剖面探测仪；多电极电火花震源（MES），习惯上简称为电火花震源，其频谱范围为100～2000Hz，穿透深度在250m以内，电火花震源的地层穿透能力更强，受海况环境制约程度远低于浅地层剖面探测仪和Boomer震源，更适合于海洋工程地质调查。

在海上风电勘测中，这种以Boomer震源和电火花震源为主（震源频谱范围为100～5000Hz）的单道地震勘探技术称为中地层剖面探测，在单炮发射能量超过6000J时也可称为深地层剖面探测。

中地层剖面探测主要有两个性能指标：①地层穿透深度，即能接收到的最大地层反射信号的深度，与探测系统的发射能量、频率以及探测地层的特性有关（图9-49）；②分辨率，即区分相邻地层界面反射信号的能力。

电火花震源、Boomer震源及浅地层剖面探测仪震源子波频率较高，穿透深度不大，主要用于浅层高分辨率地层剖面探测。Boomer震源具有良好的电声转换效率，在较大能量脉冲条件下，拥有稳定的广谱频谱，能够很好地获得穿透和分辨的平衡。典型的Boomer震源频谱范围为400～5000Hz，有效脉冲功率可达数百焦耳。由于该技术无需对水放电，因此可在各种水体中应用，但其穿透能力在大部分海域都难以达到要求。

海上风电场中地层剖面探测数据采集时主要使用电火花震源，其原理是通过置于水中的电极瞬间释放电容器储存的电能，放电转化的机械能以声脉冲的形式向四周传

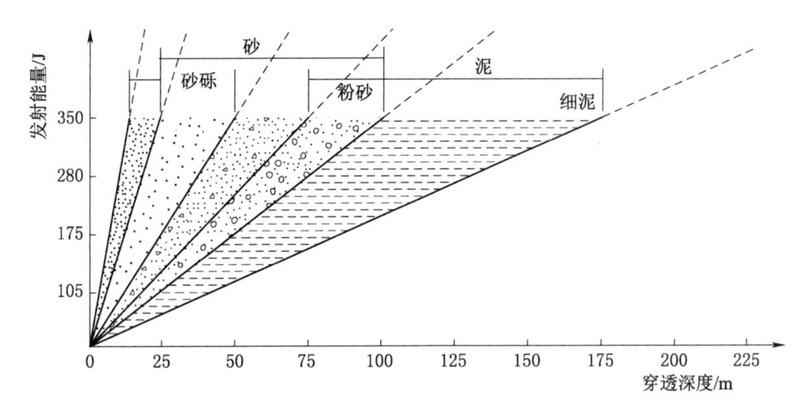


图 9-49 不同发射能量在各类海底地层中的穿透深度（Boomer 震源）

播，通过接收和分析地层界面反射回波达到地层剖面探测目的。应用于中地层剖面探测的电火花震源要求能量大，频率相对浅地层剖面较低。一般电火花震源激发信号频率较高，有效频率范围为 100～2000kHz，随着电火花震源激发能量的增大，低频部分能量也增大，地层的穿透深度增加，地层分辨能力降低。

在电火花震源中，脉冲电源产生的高压脉冲经过传输线输送到发射电极并引发水下高压脉冲放电。按放电形式划分，水中高压脉冲放电可分为脉冲电弧放电和脉冲电晕放电两种形式。传统的电火花震源主要采用脉冲电弧放电的形式，其主要特点是在两个间距很近的电极之间形成电弧通道。脉冲电弧放电的工作电压高，峰值电压一般大于 10kV，存在电气安全性差、输出波形不稳定以及开关寿命、电极寿命较短的问题。由于诸多原因，基于脉冲电弧放电的电火花震源很难在高分辨率或超高分辨率的地震勘探工程中得到应用。因此新的电火花震源主要采用脉冲电晕放电。脉冲电晕放电电极间没有形成放电通道，等离子体仅形成于场强较大的电极尖端。其放电在电导率高的海水中非常容易形成，并且重复性优于脉冲电弧放电。目前，基于此种放电形式，国外已有多家公司研制的新一代电火花震源系统用于高分辨率的海洋勘探。国内科研单位也研制了基于电弧放电原理的电火花震源，如国家海洋局第一海洋研究所等单位研制了等离子体震源，其工作原理是采用电容储能，通过触发放电开关瞬间释放能量，输出高功率电脉冲从而实现在水体中进行等离子体放电。电源采用负高压放电，能有效减少放电电极的烧蚀，单脉冲震源能量范围为 500～50000J。

地层剖面仪的探测分辨率包含垂直分辨率和水平分辨率：垂直分辨率指用地层剖面探测仪记录沿垂直方向能分辨的最薄的地层厚度；水平分辨率指沿水平方向能分辨多大的地质体。影响地层剖面探测分辨率的主要因素有：反射信号的主频和频带宽度、子波形态、信噪比和采样率等。采样率包括时间采样率和空间采样率，对垂直分辨率来说，采样间隔必须保证对有效波的最高频率满足采样定理，而不出现假频，才能保证有效信号不被抑制；水平分辨率则取决于道间距，间距越小，分辨率越高，空间采样率必须满足水平分辨率的要求才能保证水平分辨率满足要求。

### 9.1.5.2　主要技术参数

中地层剖面探测仪由声发射基阵、声接收基阵、能量发射单元、控制处理单元等组成。目前海上风电勘测中使用的主流设备仍以国外进口设备为主，常用的中地层剖面探测仪厂家主要有英国AAE公司，法国SIG公司和荷兰GEO公司等。

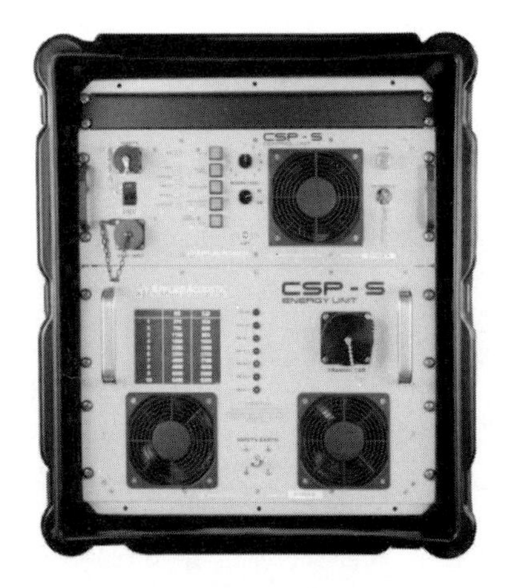

图9-50　甲板能源箱

整个中地层剖面探测仪涵盖了震源、信号接收电缆、采集工作站和后处理软件等，各模块的功能参数决定了整个系统的探测能力。其主要技术指标如下。

1. 甲板能源箱

甲板能源箱如图9-50所示。

能量输出：100～6000J，20个分挡设置不同发射功率。

兼容电火花Sparker和电磁脉冲Boomer发射震源。

12U机架设计的一体式防溅仪器箱：尺寸68cm×52cm×92cm，毛重114kg。

输入电压：240VAC，45～65Hz。

可变电压AVIP软启动专利技术。

充电速率：2500J/s连续能量输入技术。

发射速率：6次/s。

充放寿命：800$\mu$F，$10^8$次充放电。

安全防护：供电主控电路，高压接头双层保护，使用高通无容性电阻和外壳、接头内锁保护装置，开路触发自动断电保护，遥控触发和操作，警示灯，30s安全超时自保护。

2. 电火花震源

电火花拖筏如图9-51所示。

电极头3×3列，每束15个，共135个电极头；或选用铜棒电极头3×3个（更深穿透）。

声学脉宽：0.3～5ms（根据发射能量大小调整）。

声源级：226dB re 1$\mu$Pa at 1m。

质量：50kg（空气质量）。

图9-51　电火花拖筏

工作模式：筏体设计水面拖曳作业，水下0.2～0.4m处声源发射，没有被刮碰丢失问题。

3. 350J电磁脉冲水下震源（适用高分辨穿透）

Boomer震源拖筏如图9-52所示。

发射功率：100～300J/炮。

最大输出功率：1000J/s。

根据地质结构不同，地层穿透为30～100m，分辨率15cm左右。

尺寸：62cm×52cm。

质量：空气/水为25kg/14kg。

工作模式：筏体设计水面拖曳作业，水下0.2～0.4m处声源发射。

4. 24单元宽间距水听器阵和50m信号电缆

24单元宽间距水听器阵如图9-53所示。

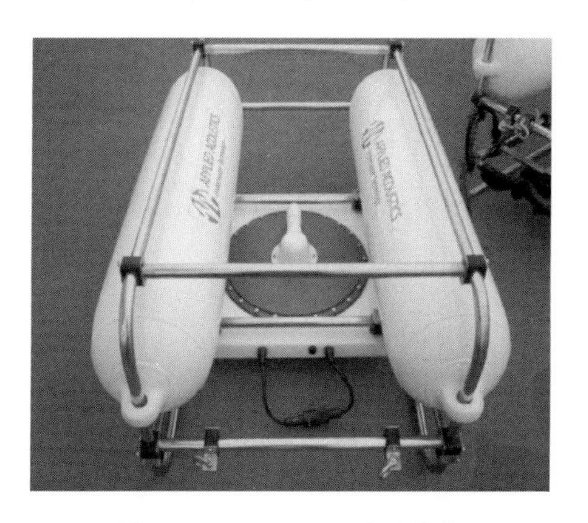

图9-52 Boomer震源拖筏

图9-53 24单元宽间距水听器阵

带前置放大器和增益控制盒、50m信号接收拖缆。

检波单元：24单元。

单元间距：61cm。

检波器规格：53mm×20mm。

检波器单元接收阵长度：14m（比常规高3倍）。

频响：115～7200Hz（-3dB）。

灵敏度：-162dB ref 1V per μPa。

前置放大：增益和滤波控制盒，可变输出。

5. 信号电缆

高压信号电缆（图9-54），长度50m。

6. 采集工作站

采集工作站如图9-55所示。

图 9-54　高压信号电缆

图 9-55　采集工作站

输入端：数字和模拟信号均可接入（原始数据和通用格式数据均记录）。

输出款：USB 端口接入第三方笔记本。

500-USB（单触发双通道-可接入声呐或浅剖信号，不同步）。

能够实时进行数据采集和显示，支持绝大多数地层剖面探测仪系统，能够输入导航等数据，实时测线生成、编辑，并同时在驾驶舱分屏显示，便于测量船沿着测线进行测量工作，支持外部定标和注释功能，具备自动或手动底部跟踪模式。

7. 后处理软件

实时接收外部设备的 NMEA0183 或 X、Y 格式定位数据；进行增益调整、直达波剔除、自动 TVG 补偿以及图像输出等后处理；通用软件兼容的格式和原始数据进行数据储存可以驱动所有通用热敏记录仪。可以对地层剖面进行“人工干预”，直接输出数字化剖面，数据采集、接收、显示及后处理一体化。

具备信号处理和增益控制功能，包括波束角度校正、滤波、TVG、AGC 和回放；具备目标测量和标注，可链接任意外部打印机或记录器；如需特别精度要求时，还可输出 GeoTiff（TIFF/TFW）格式的镶嵌图形文件。

### 9.1.5.3　工作方法

1. 野外数据采集

在实际工作时，采用拖曳走航式的工作方式，选择较牢固的船体部分安装工作站和能量发射单元，并对每一个接口进行检查（特别是水下接口），确保连接正确、符合工作要求；将各接口已连接好的电火花震源（或 Boomer 震源）探头拖筏用缆绳悬挂于侧舷，投入水中后拖在船后 20m 左右；将水听器链悬挂于船的另一侧舷，选择入水深度一般为 0.2～1.5m，后拖约 20m，中地层剖面探测工作示意如图9-56所示。

按目前海上风电机组基础类型的要求，中地层剖面探测用来查明海底以下 100m 内（或探测至基岩面）地层情况，提供探测深度范围内的覆盖层厚度、基岩面起伏及

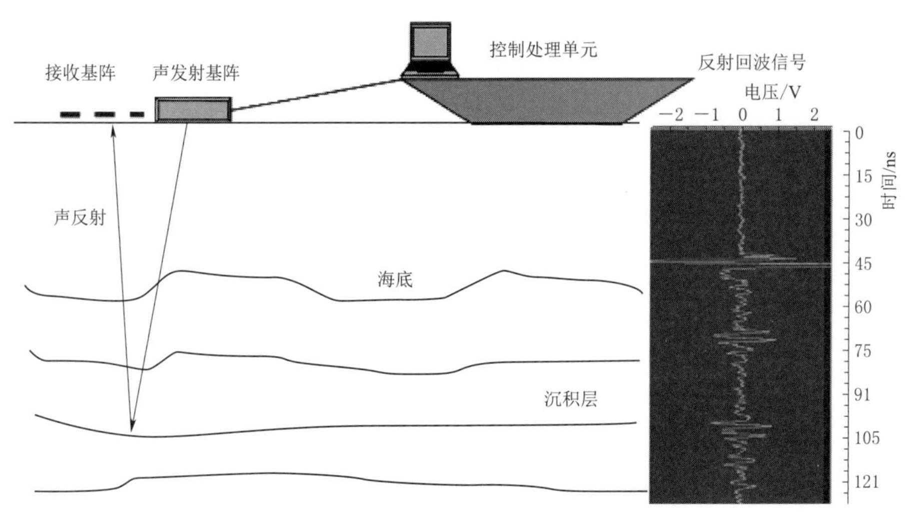


图 9-56 中地层剖面探测工作示意图

埋深、地质构造的分布、不良地质现象等。

(1) 测线布置原则。测线一般布置为直线，尽量从两个垂直方向经过风机位和海上钻孔；在基岩起伏较大的区域应加密测线进行探测；如搜集到探测区域构造资料，测线还应尽量垂直构造走向布置。除此之外，测线还应适当往风电场区外延伸，一般建议延伸约 300m。

(2) 野外数据采集过程。野外数据采集一般按以下步骤进行：

1) 设备安装。控制处理单元一般安装在探测船的驾驶室或导航控制室，拖曳式声源和水听器阵拖曳于船尾涡流区外且以大于 5m 以上的间距平行列置，声源和水听器阵稳定拖浮在海面以下 0.2～1.5m。

2) 参数试验和调试。调查开始前，在作业海区调试设备，确定最佳工作参数。工作参数主要包括船速、信号采样长度、采样间隔、激发能量和频率等。

3) 采集过程中的调整。水深变化较大时，及时调整记录仪的量程及延时；在风浪较大的情况下，使用涌浪补偿器或数字涌浪滤波处理进行滤波处理。

4) 现场记录。班报记录内容包括项目名称、调查海区、仪器型号、调查日期、数字记录文件名、开始和结束时间、仪器作业参数、航速、航向、测量者等，具体见表 9-5。

5) 现场补测。提前上线，延迟下线，对现场记录剖面图像初步分析发现可疑目标时，补充测线以确定其性质。

为了获得信噪比高的原始数据，野外采集时还要注意：①降噪措施，水听器阵列和电火花放电装置应尽量避开船尾涡流区，一般拖曳在船尾 20m 以上并外向一侧，且尽量保持匀速拖曳；②航速控制，勘探船航速和触发间隔决定了水平采样间隔的大小，直接影响了水平分辨率，一般海况下建议船速为 4 节左右匀速行驶，触发间隔设置在 1s 以内，这样既保证了水平分辨率，又可以将水听器阵列的拖曳噪声控制在一个合理水平。

**表 9-5　中地层剖面探测班报记录**

项目名称　　　　调查海区　　　　仪器型号　　　　调查日期　　　　天气

| 测线编号 | 数字记录文件名 | 开始时间 | 结束时间 | 仪器作业参数 | 航速 | 航向 | 测量者 | 备注 |
|---|---|---|---|---|---|---|---|---|
| | | | | | | | | |
| | | | | | | | | |
| | | | | | | | | |
| | | | | | | | | |
| | | | | | | | | |
| | | | | | | | | |

2. 数据处理与解释

为提高地层剖面质量，提高解释准确性，应对野外采集的中地层剖面记录进行数据处理，以争取得到尽可能大的地层穿透深度和分辨率。目前采用的中地层剖面处理软件主要为 Seismic+、PROMAX 等数据处理软件。

(1) 中地层剖面探测数据处理流程一般如下：

1) 数据分析。对即将处理的剖面原始采集数据进行分析，初步区分有效波和干扰波，确定有效反射波频带及主频、干扰波的类型及其主要特征。

2) 干扰波压制。中地层剖面探测干扰波与浅地层剖面探测干扰波类型和特点基本相同，不同点在于中地层剖面探测时震源拖筏和水听器阵受船行驶尾流影响更大。干扰压制的主要有频率扫描、带通滤波、预测反褶积等，主要压制的干扰信号包括多次波、机械噪声、水体噪声及随机噪声等。

a. 频率扫描。按照一定频带宽度对原始资料进行频率扫描，对得到的系列扫描图进行对比分析，确定有效波带宽。

b. 带通滤波。根据频率扫描与分析结果可以确定时变滤波参数，对采集数据进行带通滤波，去除有效波频带以外的干扰波信号，如机械噪声、随机噪声等。

c. 预测反褶积。对于存在比较明显的多次波干扰的剖面，采用预测反褶积处理可以有效压制短周期的多次波。对预测反褶积而言，算子长度和预测步长是两个非常重要的参数。由于水深和地下地层形态的不同、不同测线的算子长度和预测步长不同、不同测线间的剖面数据算子长度通常差别较大，当同一条测线的水深变化较大时，需要针对性采用空间变化算子长度和预测步长。

d. 基于波动方程的多次波压制。其基本原理是基于波动方程原理利用反射记录

计算和预测多次波，然后根据能量最小准则从原始数据中自适应地减去预测出的多次波。采用此方法进行多次波压制的关键点是自适应相减过程中所使用的相减方法及其参数。自适应相减比较成熟的方法有1D、2D最小平方法和1D、2D模式匹配法，通过实验，2D最小平方法能获得较好的多次波压制效果。

如果工作区域水深不大，建议采用多种方法来压制多次波。如南黄海中部发育的多次波主要是海底相关多次波，根据南黄海中部地层剖面中多次波能量强、频带范围较宽等特点，利用常规的多次波去除方法难以去除干净。王小杰等采用针对性的多次波压制方法进行去除，具体方法为：首先进行海底反射时间拾取，目的是确定海底相关多次波的周期及其范围，通过拾取结果，可以看出拾取的时间与海底反射同相轴相吻合；然后对确定的多次波进行频谱分析，得出频率主要集中在90Hz以下，因此对多次波进行90Hz的高通滤波；最后根据多次波的周期，采用二维自适应相减法去除多次波。多次波消除前后对比如图9－57所示。

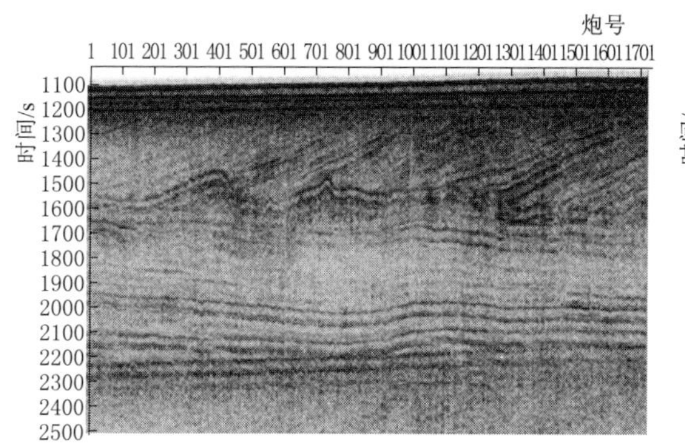


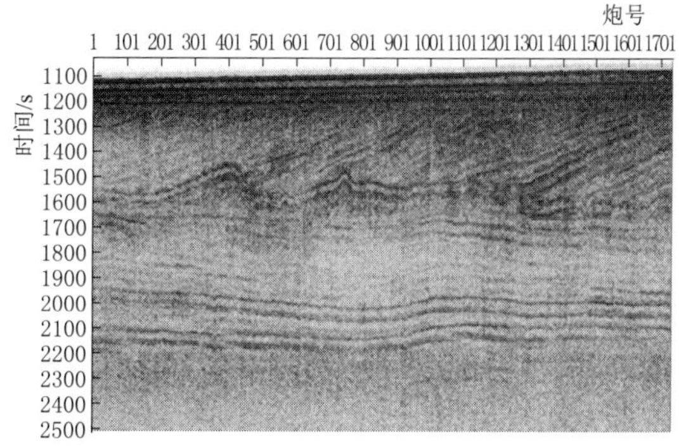


图9－57　多次波消除前后对比（图片来自王小杰等）

3）涌浪及剩余静校正。通过校正消除涌浪和炮点与检波点距离变化产生的海底面和地层的虚假起伏。

在海上采集时，由于采集设备和采集环境造成的炮点与检波点的距离存在变化，记录到的海底反射波旅行时随之发生变化，造成海底反射不能反映真实的海底形态，因此引入剩余静校正，主要用来校正炮检距变化引起的海底反射时差，保留了地层的真实起伏形态。通过图9－58中剩余静校正前后的效果对比可以看出，锯齿状的海底反射形态得到了消除，真实海底反射形态得以体现。

4）增益控制。增益控制方法包括程序增益控制（PGC）、自动增益控制（AGC，又包括均方根振幅自动增益控制和瞬时自动增益控制）。由于震源的球面扩散效应，通常浅部地层反射能量较强，但下部地层的反射地震波能量会随着地震波传播被快速吸收衰减而变得很弱。通过增益控制，可以对深层反射能量进行补偿，深部地层的反射更清楚。另外，使用增益控制对剖面进行道内、道间能量均衡，可使得道内上下之

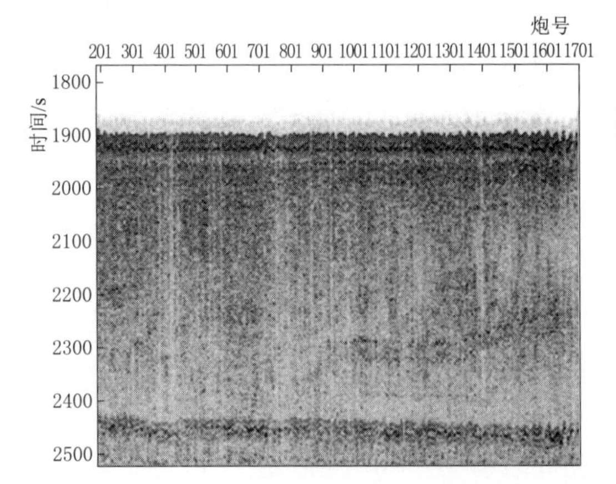

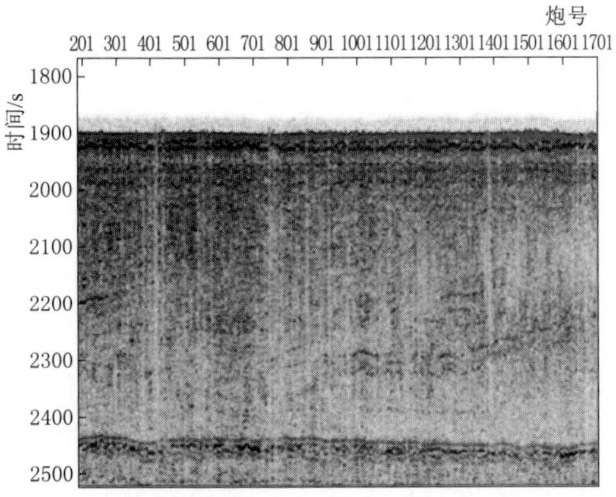


图9-58　剩余静校正前后对比（图片来自王小杰等）

间、相邻道之间的能量达到均衡化，使整个剖面更加清晰。

5）剖面输出。剖面处理完成后进行输出时，需选择合理的水平比例和垂直比例。水平比例和垂直比例的值与剖面的水平分辨率和垂直分辨率有关，一般使用的水平比例为15道/cm，垂直比例为40cm/s。输出剖面一般可以为.tiff格式、.bmp格式和.jpg格式。

（2）中地层剖面探测数据解释。声信号反射界面是波阻抗有差异的界面，在地质上此界面通常对应为层面、不整合面、剥蚀面、断层面、侵入体接触面、流体分界面，以及任何不同岩性的分界面。但声学反射界面与地质界面不一定具有一一对应关系，在某些情况下二者是有差异的，如同一砂层中由于上层含气、下层含水而形成明显的波阻抗界面，也可能产生反射界面，该反射界面却不是地质界面。一般情况下，中地层剖面探测资料解释原则如下：

1）区域性强反射且临层对比差异明显界面，通常是不同沉积物类型的界面或沉积间断面。

2）层内及层界面的反射波位移（错位）或扭曲变形，一般是断裂或构造运动引起的地层牵引。

3）波层组呈现声屏蔽现象，在杂乱反射情况下出现透明亮点，通常反映沉积物中存在含气层，如图9-59所示。

4）层界面起伏较大，其下波反射模糊，一般定为声波基底。

5）呈双曲线反射现象常是水下管道或较大的特异物体的反映。

6）地层剖面的准确解释应与钻探资料相结合。

地层剖面数据处理解释过程包括地层反射界面追踪、特殊反射体标识、钻孔资料比对等。根据上述原则，地层剖面探测剖面解释步骤如下：

1）在剖面上进行反射波对比追踪，重点选取剖面上具有特定地质意义的特征反

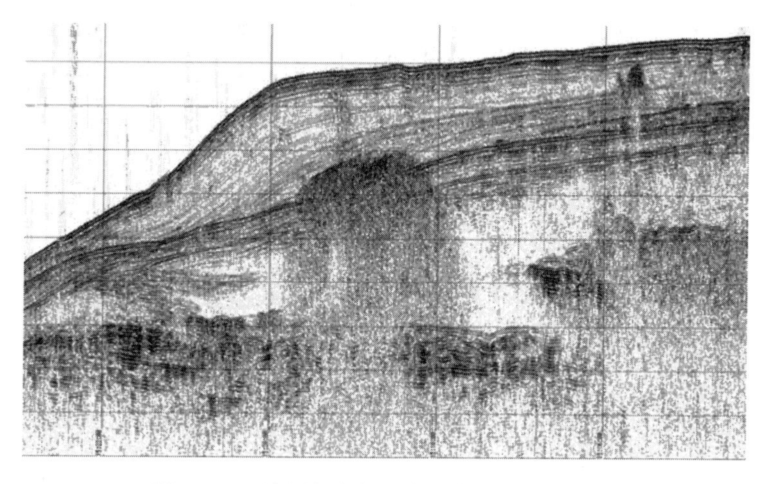

图 9-59 浅层气在剖面中的产生声屏蔽现场

射波同相轴进行追踪、对比、闭合，读取双程反射时间。地层界面可在时间剖面上形成强反射相位或地震相的界面，从而可在钻孔地层与探测剖面之间一一对应。根据弹性波的基本理论和传播规律，分析剖面资料的运动学与动力学特征，识别真正来自海底地层中各反射界面的反射波，并且在时间剖面上识别属于同一界面的反射波。

2）对各反射异常点的位置、规模进行标识，并读取双程反射时间。由于沉积环境或构造运动作用的变化，造成地层沉积相与岩性变化，形成不同地层在弹性波振幅、频率、连续性、反射结构与形态、接触关系等方面的变化。因此代表不同沉积环境或构造运动事件前后形成的两套地层间必然产生反射波的振幅、频率、连续性、反射结构、形态、接触关系的变化，并可形成相应的特征反射波。

3）通过对钻孔揭露的地层深度与反射界面时间进行比对，确定区域地层平均速度，并对时间剖面进行时-深转换。根据钻孔地层埋深与中地层剖面上相应相位间的弹性波双程旅行时进行计算，可得到钻孔处的地层速度。调查区内钻孔较多时也可根据各钻孔的速度转换结果，对调查区的速度进行拟合，以得到符合全区变化趋势的弹性波速度表达式。

4）对剖面进行地质解释，利用平均速度对读取的反射界面及反射异常点的双程反射时间进行时-深转换，解释海底自上而下依次划分特征反射界面和各地层界面特征、时代、接触关系与意义，得到地层反射界面的深度剖面和反射异常点的深度范围及规模。结合钻探及其他试验资料，在地层界面与层序地层划分的基础上，对组成地层的区域或局部分布地质体、地质现象进行划分、解释，确定它们的地质与分布特征。

5）成果输出。输出成果主要是编写技术总结报告和绘制各测线地质解释剖面图、场地各地层界面埋深等值线图等。

#### 9.1.5.4　应用与案例

中、深地层剖面探测技术在海上风电勘测中主要用于探测海上风电场区海底以下各岩土层及基岩面分布起伏情况、排查海底构造和不良地质现象等，如图 9-60 和图 9-61 所示。

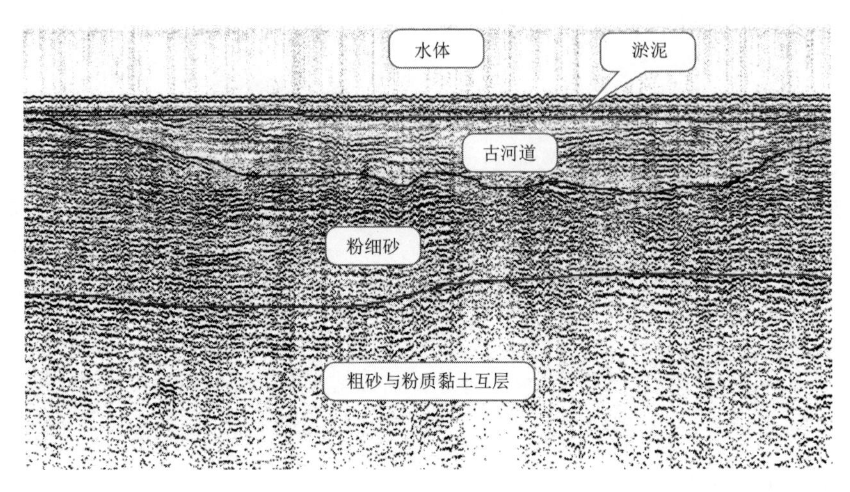


图 9-60　广东汕头海域某海上风电场中地层剖面

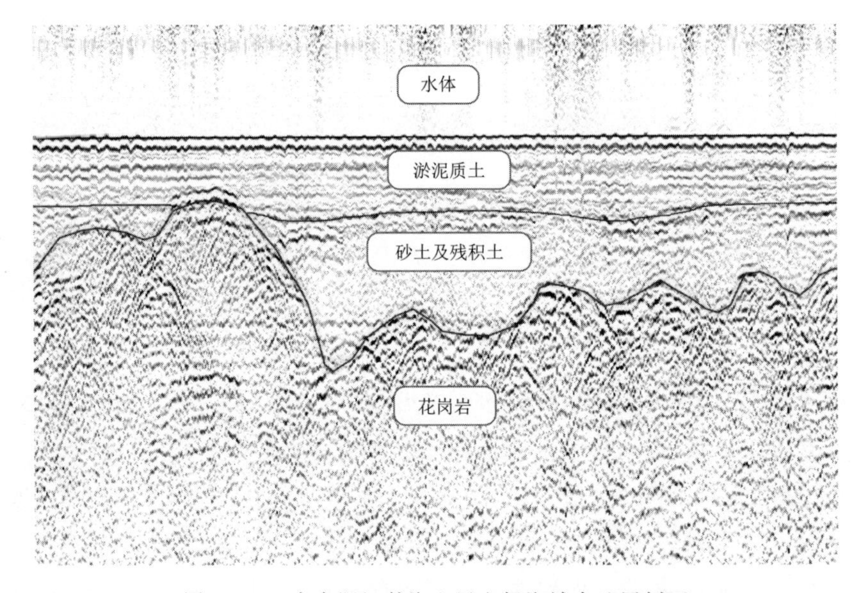


图 9-61　广东阳江某海上风电场海域中地层剖面

### 9.1.6　多道地震勘探

海洋地震勘探技术由陆地地震勘探技术发展而来，主要应用于海洋石油的勘探。随着非炸药震源、漂浮电缆等装备技术的发展，海上多道地震勘探技术得到了迅猛发

展，多次覆盖技术和数据重复性处理技术使探测精度和探测能力大大提升。随着计算机技术的发展，出现了数字地震仪、电火花和气枪震源等，能量和激发效率不断提升，海洋多道地震勘探技术朝着高分辨率、多覆盖次数、三维探测等方向发展。出于经济性的考虑，一般情况下，海上风电工程勘测在中地层剖面探测效果不佳的区域，才考虑使用多道地震勘探技术，以浅层高分辨率多道地震勘探方法为主。

#### 9.1.6.1 基本原理

1. 地震波动力学原理

地震波以体波和面波的形式在地球深部和表面传播。体波分为纵波（P 波）和横波（S 波），面波分为瑞利波（Rayleigh Wave）、勒夫波（Love Wave）和斯通利波（Stoneley Wave）。P 波是由胀缩力扰动弹性介质发生体积应变引起的波动，其质点的运动方向与波传播方向平行；S 波是由旋转力扰动，弹性介质发生剪切应变引起的波动，其质点的运动方向垂直于波的传播方向。在海洋探测中，P 波可以通过悬浮在水中的压力传感器（水听器）或者沉放在海底的位移检波器进行捕捉。由于海水的泊松比为 0.5，不能产生剪切应力，所以水中无法观测到 S 波。体波存在于整个弹性空间，但面波只能分布于弹性界面附近。海洋多道地震勘探技术以水体中激发地震波、漂浮电缆观测的水面方法为主，因此接收的回波只有纵波，不存在横波和面波干扰。

地震波的动力学研究主要基于波动理论研究地震波的传播规律，其理论基础主要有惠更斯原理和菲涅尔原理。惠更斯原理提出了由地震波某时刻的波前求解下一时刻波前的原理：当前波前上的每一个点，都可以看做一个点源，由此源再次向所有方向发射新的地震子波，下一个波前即为这些二次子波前的包络，而同一时刻刚停止振动的点形成的包络成为下一时刻的波后，如此反复不断向前推进。

惠更斯原理给出了波传播的空间几何位置，菲涅尔原理又引入了波的干涉理论，认为波动仅出现在二次子波相互干涉增强的位置，而相互干涉抵消处质点为静止状态，因此观测点记录到的振动曲线是来自介质空间波前面上各点形成的二次扰动的叠加，是震源传播到观测点的总扰动。在同一波阵面上，各点所发出的子波经传播在空间相遇时，会相互叠加产生干涉，介质中任意一点的波动都是来自各个方向的波动（二次扰动）叠加的总扰动，这就是菲涅尔原理。

比如在海水中激发地震波，经过海水传播到达海底及以下地层，反射波返回到水层中，被记录仪器接收，同时还接收到了其他振动（如天然地震波、鱼虾的游动等），最终形成了一条复杂的振动曲线。在海洋地震探测中，对探测有用的波称为有效波，对探测没有用的波称为干扰波，它们只是一个相对的概念。

此外，通过菲涅尔原理，还可以用于推导地震记录的最小垂向分辨率。每一道地震反射记录中，有效信号包含了各海底地层的反射。显然，岩层较薄时，根据菲涅尔

原理，各层的反射波将会叠加在一起，当反射波的频率不够高时，上一层反射波的波后和下一层反射波的波前混合在一起，会导致岩层的界面难以分辨。

垂向分辨率是指垂直方向上能区分两个相邻地质体最小间隔的能力，通常以长度表示，有时也以时间表示。它与时空采样率、源信号性质及地下地质体物性等都存在联系。其中，源信号频率是主要因素，也就是地震子波的主频，一般认为，反射波能分辨地下地层厚度的极限是1/4个波长。也就是说，震源频率越高，激发的地震子波频率越高，其垂直分辨能力将越强，但频率越高的地震子波在地层能量衰减越快，穿透深度受限。因此，在实际海洋地震勘探过程中，往往要根据实际工程需要选择合适的震源频率。在海上风电工程中，多道地震勘探技术往往用于勘探0～500m范围内的大型地质构造、不良地质作用等，其分辨率要求较高，选择的震源频率一般为20～500Hz。

2. 地震波运动学原理

地震勘探的主要目的是探测地下地质构造、地层分布等，都跟地质体的空间位置有关，地震波运动学研究地震波波前的空间位置与其传播时间的关系，用来解决上述地质问题。地震波运动学与几何光学相似，也是用波前、射线等几何图形（图9-62）来描述波的运动过程和规律，因此又称几何地震学。地震波运动学主要基础理论有斯奈尔定律和费马原理，只考虑地震波在介质空间中的传播路径、传播速度和传播时间，如果已知介质某个范围内地震波的传播速度，就能够研究地震波波前在这个范围的空间分布。

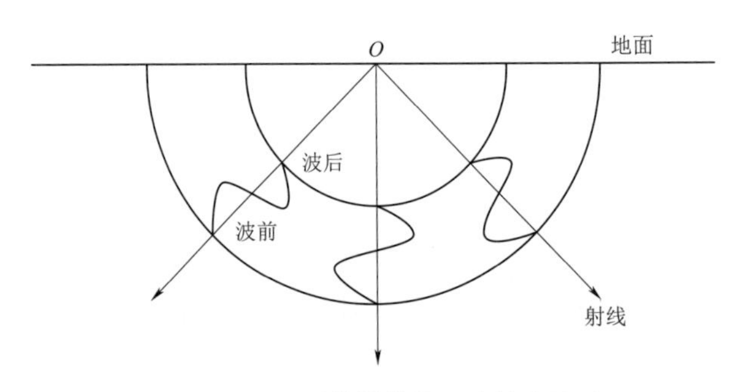

图9-62　地震传播射线、波前和波后

斯奈尔定律是指当地震波穿过两层或多层各向同性水平层状介质的分界面时，会按一定的规律发生透射、反射和折射等现象。地震波在遇到分界面时，波的传播方向发生改变，且一部分能量被反射，另一部分能量透过界面，若再次遇到分界面，会继续发生反射和透射，透射波继续向下传播，直至其能量完全损耗。

费马原理又称最小时间原理，可表述为波在各种介质中的传播路径满足时间为最短的条件，也可表述为波沿垂直于波前面的路径传播时间为最短。费马原理不考虑地震波的波场及能量等问题，类似于利用几何光学性质来描述地震波的传播路经，这个传播路经近似可看成是一条射线。因此费马原理也可以表述为波沿射线传播时间为最短。在均匀介质中波沿直线传播，最小时间和最短距离是一致的，在非均匀介质中，两者不一定一致，但波是沿最小时间路径（而不一定是最短路程）传播的，接收到的

初至波就是沿时间最短时间路径到达的。

3. 气枪震源原理

常见的海洋地震震源主要有电火花震源、水枪震源、气枪震源、机械冲击震源等。其中气枪震源子波频率低、穿透深度大，是海洋多道地震勘探技术中最主要的震源。

空气枪是一种在极高压力下将气体突然释放到水中，产生短促、高能脉冲的装置。虽然各种枪具的结构不同，但工作原理大致相同，主要基于“自由气泡震荡”理论，广泛采用空气枪迅速释放高压气体的方法，其过程可近似描述为：①空气枪将高压空气瞬间在水中释放，高压空气急剧膨胀，开始形成气泡，并推动气泡壁向外加速扩张，气泡半径变大，气泡克服海水表面张力、静水压及黏滞力等阻力对外做功；②随着高压空气的完全释放和气泡持续对外做功，气泡外部静水压持续增大，某一时刻将等于气泡内部压强，由于惯性作用，气泡将继续向外扩张，半径持续变大，但速度减慢；③当气泡向外扩张的速度减至零时，气泡外部静水压远大于内部压强，推动泡壁向相反方向运动，气泡开始收缩，此时气泡半径最大；④随着气泡的持续收缩，外部静水压对气泡做功，其内部压强持续增大，某一时刻将等于外部静水压，由于惯性作用，气泡将继续向内收缩，半径继续变小，但速度减慢；⑤当气泡向内收缩的速度减至零时，气泡内部压强远大于外部静水压，气泡又开始向外扩张，此时气泡半径最小。如此反复，直到气泡破碎，这个反复的过程称为气泡脉动。当气泡半径较小、内部压力较大时，产生纵波，也称压缩波。

现阶段海上多道地震勘探空气枪震源占到了95%以上，空气枪震源有多种，包括Sleeve枪、Bolt枪、G枪和GI枪。

#### 9.1.6.2 野外数据采集

海上多道地震勘探仪与浅、中地层剖面探测仪一样，工作时将多道地震勘探仪和震源安装在船上，使用海上专用的电缆和检波器，按预定的航线行驶，过程中不断激发和接收地震波。多道地震勘探仪采用多次覆盖技术，为了满足多次覆盖的需要，等浮电缆必须满足一定的道数，海上风电工程勘测一般采用24道固体电缆接收。

1. 测线布置原则

海上多道地震勘探仪的测线布置原则与中地层剖面探测仪相同，测线一般布置为直线，尽量从两个垂直方向经过风机位和海上钻孔；在基岩起伏较大的区域加密测线进行探测；如搜集到探测区域构造资料，测线还应尽量垂直构造走向布置。除此之外，测线还应适当往风电场区外延伸，一般建议延伸至少300m。

2. 野外数据采集过程

野外数据采集一般按以下步骤进行：

(1) 设备安装。控制处理单元一般安装在探测船的驾驶室或导航控制室，震源拖曳于船尾涡流区外，多道接收电缆按设计的偏移距拖曳于震源后面，震源和多道接收电缆稳定拖浮在海面以下0.5～2m。

（2）设计观测系统、参数试验和调试。调查开始前，设计多次覆盖观测系统，包括测线长度、方位、炮点坐标和炮间距、检波点位置、道间距以及偏移距等；在作业海区调试设备，确定最佳工作参数，工作参数主要包括航速航向、信号采样长度、采样间隔、单炮激发能量等。

（3）采集过程中的调整。水深变化较大时，及时调整记录仪的量程及延时；在风浪较大情况下，使用涌浪补偿器或数字涌浪滤波处理进行滤波处理。

（4）现场记录。班报记录内容包括测线编号、数字记录文件名、开始及结束时间、采集参数、航速、航向、测量者等，见表9-6。

**表9-6 海上多道地震勘探班报记录表**

| 测线编号 | 数字记录文件名（起始文件名～结束文件名） | 开始时间 | 结束时间 | 采集参数 | 航速 | 航向 | 测量者 | 备注 |
|---|---|---|---|---|---|---|---|---|
| | | | | | | | | |
| | | | | | | | | |
| | | | | | | | | |
| | | | | | | | | |
| | | | | | | | | |
| | | | | | | | | |

（5）现场补测。提前上线，延迟下线，对现场剖面不清晰、干扰严重的单炮记录超过5%或连续多个单炮记录模糊时，补充测线或重测。

为了获得信噪比高的原始数据，取得较好的多次覆盖效果，野外采集时还要注意以下方面：①船速控制，进行多次覆盖观测时，观测船的前进速度必须保持稳定，这直接关系到震源的激发时间设置和多次覆盖叠加信号的效果；②海流影响，海流的影响会导致电缆测线与测线方向具有一定的夹角，激发点间距也不均匀，导致在反射层倾角较大时共反射点道集内反射点分散。为减少海流影响，测线要尽可能垂直反射层走向，或减小航向和海流流向的夹角等。

海上多道地震勘探采集示意图如图9-63所示。

#### 9.1.6.3 数据处理与解释

海上多道地震勘探的数据处理沿用了陆上多道地震勘探的处理技术，主要处理过程包括预处理、反褶积、抽取共中心点道集、速度分析、动校正、叠加后处理和偏移等步骤，处理流程如图9-64所示。

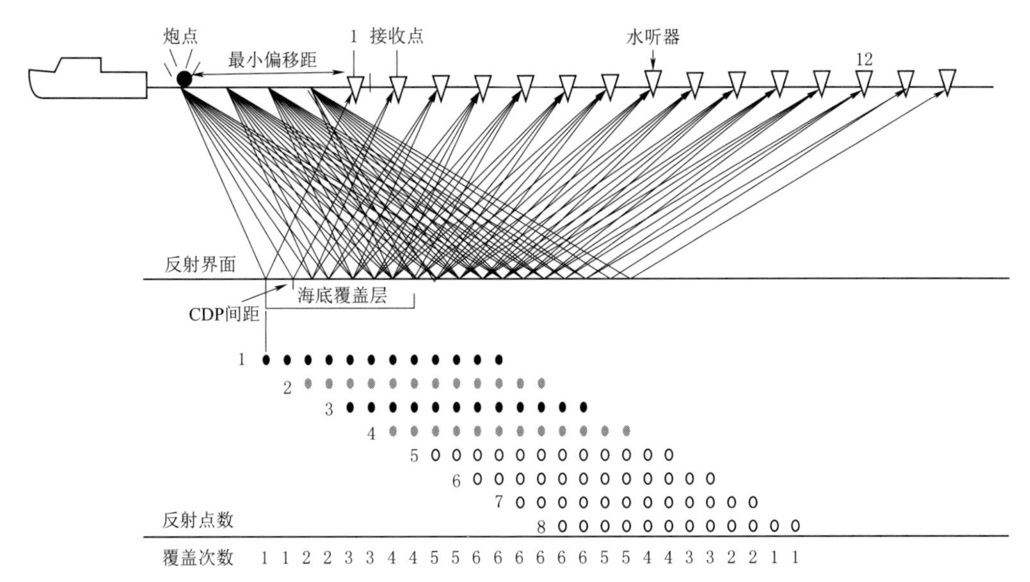


图 9-63 海上多道地震勘探采集示意图

1. 预处理

数据的预处理主要包括以下方面：

（1）数据解编。将数据转成标准格式的共炮点记录，标准格式需满足后续处理软件的要求，国际通用格式一般有 SGY 格式、SG2 格式等。

（2）道的编辑。剔除单炮记录中坏道、坏炮记录，改正极性反转的道。

（3）增益恢复。为消除球面扩散效应和地层吸收对信号的影响，需对数据加一增益恢复函数对深部反射层和大偏移距反射数据中的反射信号进行均衡和放大，补偿能量损失。

（4）观测系统定义。根据预设的观测系统，对单炮数据的炮点和所有检波点位置进行赋值。

野外带
观测记录
1. 预处理—解编—格式转换—编辑—几何扩散校正—建立野外观测系统
2. 反褶积及道均衡
3. 共中心点道集
4. 速度分析
5. 动校正—切除—叠加
6. 时变带通滤波
偏移
增益
增益

图 9-64 海上多道地震勘探数据处理流程图

2. 反褶积

反褶积的主要作用是通过压缩地震道中的有效震源子波为尖脉冲来改进时间分辨率。在常规处理中反褶积所依据的是最佳维纳滤波，因为尖脉冲拓宽了地震数据的频

谱，使地震道包含有更多的高频信号，从而使数据分辨率得到提升。但由于噪声信号的高频成分也增强了，反褶积后往往需要进行一次宽带通滤波。此外，反褶积后要用某种类型的道均衡以使数据达到通常的均方根振幅水平。

3. 抽道集

多道地震勘探数据采用多次覆盖技术，其数据的采集在炮点—接收点（$s$，$g$）坐标中进行，而数据的处理通常是在中心点—偏移距（$y$，$h$）坐标内进行的。图 9－65 为地震数据采集（$s$，$g$）坐标，射线与一个平的水平反射层有关，从炮点 $S$ 到几个接收点 $G$。而处理坐标为（$y$，$h$）坐标，用（$s$，$g$）坐标各项定义，炮点轴向与剖面方向相反时换算关系为 $y=(g+s)/2$，$h=(g-s)/2$。

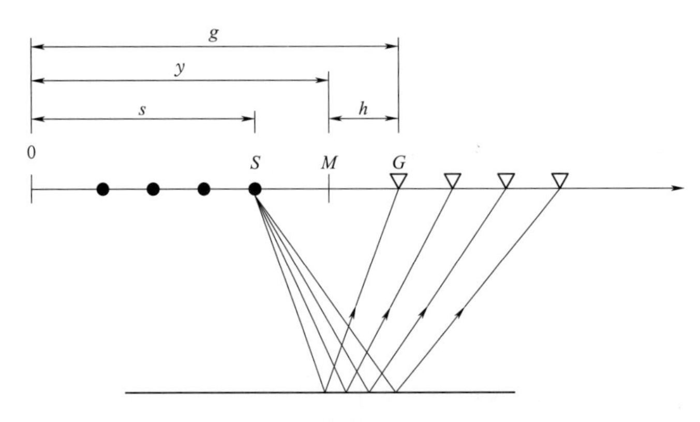


图 9－65　数据采集坐标与处理坐标关系图

抽道集的过程就是将单炮记录中同一反射点所有的道集抽出来，让具有同一中心点的那些道集聚集在一起，组成共中心点道集（Common Middle Point，CMP）。图 9－66 所示为某个中心点相关的道集组成的 CMP 道集，当反射层水平，且地层速度没有横向上的变化时，CMP 道集等同于共深度点道集（Common Depth Point，CDP）。

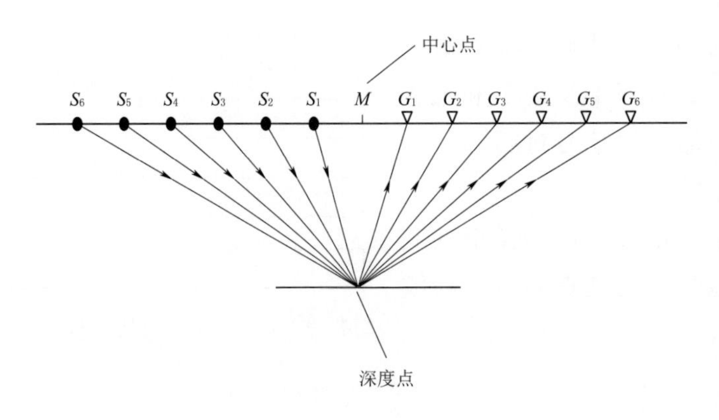


图 9－66　CMP 道集

4. 速度分析

在所选的 CMP 道集或道集的组合上进行速度分析，通过对地下不同深度地层赋予一定的速度，将偏移距全部换算成零的方法。速度分析是动校正的基础，CMP 道集的代表性和分析的准确性直接关系到数据叠加的质量。

多道地震勘探中有多种不同定义的速度，物理意义也各不相同，主要有：①真速度，真实反映岩性的速度称为真速度，它就是地层纵波速度和横波速度，但是由于地下地质情况复杂，所以真速度在地下空间的分布相当复杂；②层速度，当把地层按地层物性将地下空间分成若干个厚度不等的地震层时，每一个地震层都被认为是均匀介质，取其中真速度的平均就是层速度；③平均速度，从地面到某一层底的全部介质中垂向传播速度的加权平均值称为平均速度；④均方根速度，用双曲线时距关系代替水平层状介质非双曲线时距关系时所对应的速度；⑤射线速度，沿一条射线取平均算出的速度，射线不同，速度也不同；⑥叠加速度，在多次覆盖水平叠加资料处理中，叠加效果最好时所对应的那个速度就称为叠加速度。

常用的速度分析方法是速度谱法，其输出是将速度作为零偏移距双程时的函数的数值表。这些数值代表沿双曲线的信号相干性的某一量度，且这个双曲线受速度、偏移距及旅行时的控制，然后根据最大相干性的峰值在这些速度谱中选择速度-时间对，最后在整条剖面上在这些分析点之间对速度函数进行空间内插，以便对剖面上的每一个 CMP 道集提供速度-时间函数。

在复杂地质构造区等横向速度变化大的情况下，速度谱常常不能提供足够精确的速度值，这时就需要采用其他的速度分析方法。

5. 动校正和叠加

动校正和叠加是地震数据处理的基本内容，动校正的目的是消除炮检距不同对反射波旅行时的影响，叠加的目的是增强有效波能量并压制噪声干扰，达到提高地震数据的信噪比的目的。

（1）动校正。当地层介质为单层水平层状介质时，由不同的炮点激发、不同检波点接收，由共反射点所构成的反射波时距曲线为一条双曲线，其表达式为

$$t^2(x)=t^2(0)+\frac{x^2}{v^2} \tag{9-4}$$

式中 $x$——炮检距，即炮点到检波点的距离；

$v$——波在水平层状介质中的传播速度；

$t(x)$——炮检距 $x$ 处的地震反射波的旅行时间；

$t(0)$——炮检距为零时的地震反射波的垂直旅行时间。

由于零炮检距反映的是自激自收时地震波在地层中的双程旅行时间，直接反映了地层厚度，与地下构造有着直接的关系。因此，需要将非零炮检距上的旅行时间校正

到零炮检距上的旅行时间。可得到非零炮检距旅行时间与零炮检距旅行时间之差为

$$\Delta t(x)=t(x)-t(0)=\sqrt{t^2(0)+\frac{x^2}{v^2}}-t(0) \tag{9-5}$$

由炮检距引起的非零炮检距旅行时间与零炮检距旅行时间之间的差称为正常时差。从式（9-5）中看出，正常时差是反射时间的函数，不同的反射时间，正常时差的大小也不同，因此正常时差也称为动态时差。而将非零炮检距旅行时间校正到零炮检距旅行时间的过程就称为动校正。动校正中的“动”主要体现在同一地震道上不同发射时间的动校正量不同。

从式（9-5）可以看出，动校正的值随着炮检距的增大而增大，随着反射深度的增大而递减，随着速度的增大而递减。

当地层介质为单层倾斜介质时，得到的反射波时距曲线公式为

$$t^2(x)=t^2(0)+\left(\frac{x}{\frac{v}{\cos\varphi}}\right)^2 \tag{9-6}$$

式中　$\varphi$——地层倾角，此时的动校正速度为$\frac{v}{\cos\varphi}$。在地层倾斜的情况下，动校正的速度要大于上覆地层的层速度。

当地层介质为多层水平层状介质时，共深度点反射波时距曲线不再是标准的双曲线，得到的反射波时距曲线公式可以近似展开为

$$t^2(x)=t^2(0)+\frac{x^2}{v_{\text{rms}}^2}+C_2x^4+C_3x^6+\cdots \tag{9-7}$$

$$v_{\text{rms}}^2\approx\frac{1}{t(0)}\sum v_i^2\Delta t_i \tag{9-8}$$

式中　$C_2$、$C_3$——与地层厚度和速度有关的函数；

$v_{\text{rms}}$——均方根速度。

当排列较短、炮检距小于反射点深度时，反射波时距曲线可以近似为

$$t^2(x)=t^2(0)+\frac{x^2}{v_{\text{rms}}^2} \tag{9-9}$$

当地层为任意倾斜层状介质时，反射波时距曲线方程为

$$t^2(x)=t^2(0)+\frac{x^2}{v_{\text{NMO}}^2}+T_{\text{H}}(x) \tag{9-10}$$

$$v_{\text{NMO}}^2=\frac{1}{t(0)\cos^2\beta_0}\sum_{i=1}^{n}v_i^2\Delta t_i\prod_{k=1}^{i-1}\left(\frac{\cos^2\alpha_k}{\cos^2\beta_k}\right) \tag{9-11}$$

式中　$\alpha_k$、$\beta_k$——零偏移距地震波在传播时在第 $k$ 个界面的入射角和透射角；

$\Delta t_i$——零炮检距地震波在第 $i$ 个界面的双程旅行时间；

$T_H(x)$——高阶项。

当排列较短、炮检距小于反射点深度时，任意倾斜层状地层反射波时距曲线可以近似为

$$t^2(x) \approx t^2(0) + \frac{x^2}{v_{NMO}^2} \tag{9-12}$$

动校正把炮检距不同的各道上来自同一界面同一点的反射波到达时间校正为共中心点的回声时间，以保证在叠加时各道反射波能实现同相叠加。其实现的关键在于选用的校正速度。校正速度过大时，会使计算得到的动校正量偏小，动校正后的同相轴下拉，导致校正不足；校正速度过小时，会使得计算得到的动校正量偏大，动校正后的同相轴上抛，导致校正过量；只有校正速度准确时，地震道集中的反射波双曲线才能被校正为一条直线，叠加时能够保证实现同相叠加。

经过动校正之后，共中心点道集中各道反射波到达时间已换算为从一个统一基准面计算的共中心点处自激自收时间，为下一步叠加处理做好了准备。

(2) 叠加。叠加处理的方法很多，常规叠加是地震资料处理工作中最常使用的一种方法，其公式为

$$y(j) = \frac{1}{n}\sum_{i=1}^{n} g_i(j) \quad (j = 0, 1, 2, \cdots, L) \tag{9-13}$$

式中 $y(j)$——叠加结果（叠加道上第 $j$ 个样值）；

$g_i(j)$——叠加输入道集中第 $i$ 道第 $j$ 个样值；

$j$——采样序号；

$i$——共深度点道集中记录道序号；

$n$——道集中总道数；

$L$——每道的总采样点个数。

由式（9-13）可以看出，常规叠加法是将道集中经过动校正后的各道上序号相同的采样值取算数平均值，形成最后的叠加结果。这种叠加方法对各道参与叠加的信号都是平等的，无论是有效信息还是噪声干扰。为了能更有效地突出有效波信息，压制干扰，又发展了自适应加权叠加法。自适应加权叠加法的基本思想是使质量好的地震道参与叠加的成分多，质量差的地震道参与叠加的成分少，质量很差的地震道不参与叠加。

### 6. 叠后处理

地震数据叠加处理后，一般会对叠加剖面进行数字滤波和增益处理，以便更好地识别有用信号，提高剖面的解释精度。

(1) 数字滤波。数字滤波是利用有效波与干扰信号之间在频率方面的差异来压制干扰的方法。

滤波处理前，首先要对已知的地震道信号进行频谱分析，进而设计出合适的滤波器，再进行滤波运算，最后对输出的信号谱进行傅里叶反变换得到滤波后的结果。一般情况下，既有高频干扰，又有低频干扰，需要设计带通滤波器，滤除掉高频噪声干扰和低频噪声干扰，只保留中间频段的有效信号。带通滤波是将频率为某一段特定值的信号进行输出，而将频率不是这一段特定值的信号进行滤除，从而得到滤波信号。带通滤波的公式为

$$\widetilde{H}(\omega)=\begin{cases}1, & \text{当 } \omega_0-\Delta\omega<\omega<\omega_0+\Delta\omega \text{ 或 } -\omega_0-\Delta\omega<\omega<-\omega_0+\Delta\omega \\ 0, & \text{其他}\end{cases} \tag{9-14}$$

（2）增益处理。为了使水平叠加剖面上层次清晰、波组突出，或为了使得时间、空间方面的幅值相近，便于显示在一张图上，还需要对剖面作进一步的修饰性处理，即增益。增益处理的内容很多，最主要的两种处理包括振幅平衡和相干加强，此外，有时还会进行圆滑、混波等工作。

1）振幅平衡。叠加剖面上，由于球面扩散效应，会出现浅部和深部反射波的能量差异较大或道与道之间能量差异很大的现象，不利于地层信号的识别和后续解释，必须进行振幅平衡处理。振幅平衡包括道内平衡和道间平衡。

a. 道内平衡。道内平衡是单个地震道内的动态平衡，其处理过程是将一道记录的振幅值在不同时间段内乘以不同的权系数，浅部能量强的时间段上权系数小而深部能量弱的时间段上权系数大。处理后，浅部反射波和深部反射波之间的能量差会大大减小，最终控制在一定的动态范围之内。

b. 道间均衡。道间均衡是解决不同地震道之间能量不均衡的问题，其处理思想与道内均衡一样，即各道按不同权系数进行加权，能量强的道加权系数小，能量弱的道加权系数大。

2）相干加强。相干加强是根据相邻记录道之间反射波形具有相似性而干扰波形不具有相似性这一特点，对相干波予以加强而非相干波予以减弱的一种处理方法。利用相关函数测定两个以上记录道时间序列的相似程度，按相似程度的大小对记录进行加权，使得相似性好的波得到加强，相似性不好的波相对削弱，从而使连续性好的反射界面有明显改善，提高信噪比。在有效波连续性差的剖面中，应注意相干加强处理导致的干扰波假象，避免得到错误的解释结果。

7. 偏移

偏移处理又称为再定位处理、偏移归位处理或成像处理。一般分为叠前偏移和叠后偏移，既可以在时间剖面上处理也可以在深度剖面上处理。

叠前偏移是先进行偏移处理，再进行水平叠加。叠前偏移能解决反射层位和绕射波的收敛，不能解决倾斜界面的非共反射点叠加问题。

叠后偏移就是先进行水平叠加，然后再进行偏移处理。经过水平叠加后的信号是

炮检距为零的自激自收记录，记录的时间为共中心点的垂直旅行时间，记录的反射振幅放在共中心点的正下方。因此叠后偏移是对自激自收记录的反射振幅进行偏移处理，使它归位到对应的反射点。实现叠后偏移的方法有很多，如绕射扫描叠加偏移、有限差分偏移、克希霍夫积分偏移等。

绕射扫描叠加偏移是完全从绕射波归位到其顶点的概念出发讨论偏移问题的一种基于几何地震学的偏移方法。绕射扫描叠加偏移将所有可能的绕射双曲线上的能量全都汇聚于其顶点处。具体做法是：首先将地下空间进行网格剖分，将每一个网格点都当作是绕射点，根据网格点的坐标计算出每个位置所发出的绕射波的时距曲线；其次，按照次绕射双曲线给定的时距关系在实际记录道上取对应的振幅值，相加放在绕射点处，作为偏移后该点的输出振幅。对每一个剖分的网格点都作如上处理就可以完成绕射扫描叠加偏移处理。

有限差分偏移与绕射扫描叠加偏移相比有本质上的重大改进，该方法需要延拓和成像两个基本步骤。延拓是利用地面记录的波场，通过运算，得到地下某个深度上地震波场的过程；成像是利用延拓后的波场值得到该深度的反射位置和反射强度的过程。

克希霍夫积分法偏移成像是实际地震数据成像中经常使用的偏移方法。克希霍夫积分法偏移也是沿绕射双曲线进行能量叠加，但是克希霍夫积分法偏移成像对高频成分具有一定的补偿作用，且保持了振幅特性。

通过比较可知，有限差分偏移是求解近似波动方程的一种数值解法，近似解是否能收敛于真实解与差分网格的划分和延拓步长的选择有关。一般而言，网格剖分越细，精度越高，计算量越大。有限差分法在理论和实际应用上都比较成熟。但是受反射界面倾角的限制，当倾角较大时产生频散现象，使波形畸变，且需要等间距剖分网格。克希霍夫积分偏移则建立在物理地震学的基础上，能适用于任意倾角的反射界面，对剖分网格要求灵活，但难以处理横向速度变化。

8. 剖面解释

海上多道地震探测资料解释主要利用处理得到的反射地震剖面和各种物性参数剖面，结合区域地质、钻探等其他资料，对海底以下地质情况进行综合解释，研究地层分层、地质构造等信息。

地层剖面解释主要是利用地震波的运动学信息（地震波反射时间、同相性和速度等），主要包括地震剖面的对比、速度场的分析、地震剖面的地质解释、深度剖面与构造图的绘制等。地震剖面的对比实际上是对反射波的追踪，也是对同相轴的对比。同一界面的反射波其同相轴一般具有强振幅、同相性、波形相似性三个相似的特点。在进行了初步对比后，可以把沿地层倾向或走向的各个剖面依次序排列起来，纵观各反射波的特征及其变化，划分地层分层、地质构造等。

地震波场分析是对地下地质体总的地震响应的分析。特殊的地质构造在水平叠加剖面上会形成由特殊波组成的地震波场，回声时间大小、振幅强弱、同相轴的连续性等是识别它们的重要标志。当地质剖面上有小的凹陷、或者断层附近由于牵引作用形成凹界面时，此时在水平叠加剖面上会形成反射点位置和接收点位置相互倒置的回转波场。背斜型界面如同凸面镜一样，对能量有扩散作用，所以会显示为发散波，在岩性的突变点处会产生绕射波。当断层的断距较大，断层面两侧的岩层波阻抗有着明显差别且断面又比较光滑时，界面上会产生断面波。

层位、断层解释的任务包括划分构造层、确定反射层的地质属性、了解地层厚度的变化即接触关系、对断层等地质构造作出解释。不同的地质时期构造变动往往出现不同的反应，会出现地层的不整合接触，这些不整合接触是划分不同构造层的标志。对地层地质属性的确定可以借助于已知的钻探、测井等资料。断层在水平叠加剖面上具有明显的识别标志，如反射波同相轴错断、反射波同相轴突然增减或消失、反射波同相轴产状突变等，根据这些识别标志可以确定断层位置。

## 9.1.7　磁法勘探

### 9.1.7.1　磁法勘探概述

磁法勘探，是通过观测和分析由地质体或其他探测对象（目标体）磁性差异所引起的磁异常，进而研究地质构造和矿产资源或其他探测对象（目标体）分布规律的一种地球物理方法。磁异常主要由磁性目标体在地球磁场磁化作用下而产生，其中目标体磁性是内因，地球磁化场是外因。

随着磁力仪灵敏度和磁法勘察精度的提高，海洋磁法勘察作为一项传统的海洋调查方法，近年来在海洋工程方面得到了广泛的应用。目前其主要应用范围包括场址区工程地质调查、海底铁磁性障碍物探测、海底管道探测、海底缆线探测等。调查时根据工程项目实际情况和要求布设测线或测网，作业时适当控制磁力仪探头的深度和调查船的速度，尽量获取高精度的磁测资料。海洋磁法也存在一定的局限性，主要体现在：容易受强磁干扰（如来往船舶、航标、平台等），较弱的磁异常目标（海底通信光缆等）被干扰掩盖；探测成果精度较低，目标体水平位置一般根据磁异常特征定性判断，纵向深度的探测精度一般较差，需要其他方法验证。

根据工作环境，磁法勘探可分为海洋磁法、地面磁法、航空磁法和井中磁法四类。

（1）海洋磁法是在质子旋进式磁力仪问世后发展起来的。近些年海洋磁法在综合性海洋地质调查及海洋工程（沉船、障碍物调查、海底管道、电缆铺设等）勘察中发挥了重要作用。

（2）地面磁法应用最早也最广泛。高精度地面磁法在配合大、中、小比例尺区域

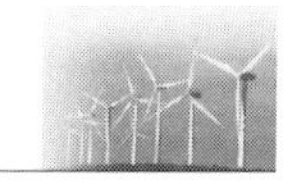

地质调查提供研究基础地质资料、寻找弱磁性矿产、间接找矿（如圈定岩体、划分地层、追踪断裂、寻找盲矿等）、水工环地质勘查中均有应用。

（3）航空磁法是第二次世界大战后发展起来的方法，它不受水域、森林、沙漠等自然条件的限制，测量速度快、效率高，已广泛应用于区域地质调查、储油气构造和含煤构造勘查、成矿远景预测，以及寻找大型磁铁矿床等方面。

（4）井中磁法是地面磁法向地下的延伸，主要用于划分磁性岩层，寻找盲矿等，其资料对地面磁法起印证和补充作用。

随着社会发展和科学技术水平不断提高，磁法勘探在数据资料处理、仪器设备改进等方面均有较大提升。机械式的磁法勘探仪器已逐渐被淘汰，取而代之的是性能更好、集成性更高的电子式设备。由于采用了近代物理学的质子旋进、磁通门、光泵与超导等原理，磁法仪精度提高了几个数量级。随着数字计算机的广泛应用，数据整理、资料的处理和解释、成果的图示等均有了较大的改进，这也为磁法勘探由传统的区域地质调查、矿产勘查等领域，向精度要求更高的工程勘察领域进军提供了有力的保障。

近年来，随着国民经济快速发展，海洋工程建设也在迅速发展。磁法勘探在海洋工程建设中应用更加广泛。例如在海上风电场选址、海底障碍物（沉船、弱磁性废弃物）调查、海底光缆路由调查及海底油气管线调查等方面均有较好的应用。

#### 9.1.7.2 磁法勘探原理

*1. 磁法勘探理论*

自然界各种物体在天然磁场的作用下，在周围空间又产生出磁场，这种磁场相对于天然磁场分布而言，称之为磁异常。由于各种物体的磁性不同，那么它产生的磁场强度也不同。同时，物体空间分布的不同（包括埋深、倾向、大小等），使其在空间磁场的分布特征亦不同。

由于地球本身就是个大磁体，因此对磁力的测量值应进行校正，求出只与目标体磁性有关的磁力异常。磁法测量分绝对测量和相对测量。绝对测量一般用于正常场的测量，磁法勘探主要是采用相对测量，其单位是 nT（纳特）。

探测范围内磁场的分布特征由该区内的物体分布情况及空间位置来决定，通过用专门的仪器（磁力仪）来测量、记录测区内磁场分布，根据所测得的磁场分布特征可以推断出地下各种目标体的形状、位置等特征。一般铁磁性物质含量越高，磁异常越强。

*2. 磁法勘探资料处理*

利用磁力仪进行磁测的原始结果可以反映磁场的相对变化，即各测点的读数相对于基点的读数差，该观测结果是将各种影响因素包括在内的读数。因此，原始磁测资料在正式使用前，需要对资料进行预处理（各项校正），以消除干扰因素所造成的影响：在日变校正的基础上进行观测质量的评价，如果观测质量符合工作设计的要求，再根据需要进行正常梯度校正（经、纬度校正）、高度校正、日变校正等。其中，正常梯度校正（经、纬度校正）是把随地球经、纬度不同而引起的磁场变化值校正掉，纬度校正对于大范围磁测工作是必须要做的，对于工区范围不大、纬度变化较小的工区可以不做正常梯度校正；高度校正一般在地形高程变化大于 11m（Ⅰ级精度）、29m（Ⅱ级精度）、41m（Ⅲ级精度）时需要做；日变校正是去掉地球磁场日变化对磁法测量的影响。

为了方便起见，在解释大面积磁测资料时往往需要根据异常的特征对其进行分区、分带，确定解释推断的单元。必要情况下，还要对磁测资料进行必要的转换和处理。

3. *磁法勘探资料解释*

野外磁测资料经过一定的整理计算，最终得到的是磁异常的分布图（平面等值线图和剖面平面图）。磁异常是地下磁性不均匀分布的客观反映。为了研究磁异常与磁性目标体之间的关系，故对各种已知简单形体的目标体，分析其异常特点，找出异常与目标体性质、位置之间联系，从而指导对磁异常的解释。根据已知目标体，计算其磁异常的特征及分布规律，称之为正演；根据磁异常的特征及分布规律，反推出磁性目标体的形态、构造等，称之为反演。反演是目的，正演是基础，两者密切相关，不可分割。磁异常的解释推断是磁法工作的重要环节。通常把磁异常的解释分为定性解释和定量解释两个步骤。前者是根据磁异常的特征，结合目标体的物性资料，初步判断引起磁异常的原因及获得关于磁性体的形状、产状和空间分布的概念；后者是在定性解释的基础上，选择合适的方法对磁异常作定量计算，以取得关于磁性体的空间位置及其形状、产状等进一步的结果。定性解释在磁异常解释中占有重要的地位。

在对磁测资料的解释工作中，应充分了解工区已知的资料，对磁异常场源的形状、产状和埋深进行大致判断，确定磁异常的成因后，再对有意义的异常进行定量解释，以提供场源的位置、埋深、规模大小等参数。

磁法探测的最终成果常用图件形式直观表示出来，主要有磁异常平面剖面图、磁异常等值线平面图、典型异常综合剖面图、推断成果图（推断平面图及推断剖面图）。其中以磁异常平面图在生产中最为常用。

#### 9.1.7.3　海洋磁法勘探仪器设备

海洋磁法勘探在海洋地物调查和海洋工程中均有着广泛的应用，现代海洋磁力仪按工作原理主要可以分为质子旋进式、欧弗豪塞（Overhauser）式和光泵式 3 种不同类型。质子旋进式磁力仪的工作原理是利用质子旋进频率和地磁场的关系来测量磁场。Overhauser 式磁力仪是在质子旋进式磁力仪基础上发展而来的，尽管它仍基于质子自旋共振原理，但在多方面与标准质子旋进式磁力仪相比有很大改进，其带宽更

大，耗电更少，灵敏度比标准质子旋进式磁力仪高一个数量级。光泵磁力仪是利用近些年新发展起来的光泵技术制成的高灵敏度磁力仪，光泵磁力仪的基本原理是以塞曼效应为基础，利用拉莫尔频率与环境磁场间精确的比例关系来测量磁场的。

目前具有代表性的海洋磁力仪主要有美国 Geometrics 公司生产的 G-882、加拿大 Marine Magnetics 公司生产的 SeaSPY、中国船舶重工集团公司第七一五研究所生产的 GB-6A 等。

G-882 型海洋磁力仪是美国 Geometrics 公司较新的海洋磁力仪（图 9-67）。该型号仪器是一种先进的铯光泵磁力仪，有以下特点：利用铯光泵的高性能极大地提高了对各种尺寸铁磁性目标的探测能力和探测范围；新型内置式计数器，内含闪存，可保存用户设置的参数；仪器比较轻便；将两条拖鱼组合，可组成横向或纵向梯度系统；可以最大限度地增加对小目标的探测能力，并减少噪声影响。

加拿大 Marine Magnetics 公司的 SeaSPY 型海洋磁力仪采用一种专门适用于氢核子的核磁共振的特殊技术来测量周围的磁场（图 9-68），其具有以下特点：SeaSPY 传感器所产生的信号量完全独立于地磁场的方向，目前传感器的绝对精度可达到 0.2nT；SeaSPY 传感器之间具有优于 0.01nT 的重复精度，使用两个独立的传感器，利用各自的输出数据来比较测量它们之间的磁力梯度值；灵敏度高，抗噪性强，耗电较少；仪器集成性高，耐用，维护简单。该磁力仪可应用于海洋油气勘探和海洋研究、海底考古、海底不明物调查、海洋环境调查等领域。

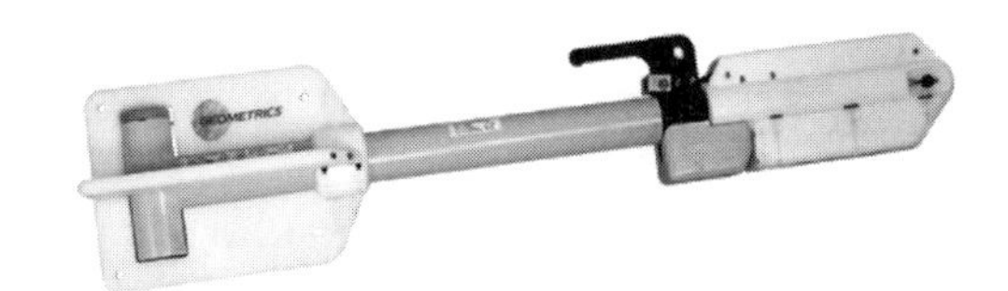

图 9-67 G-882 型海洋磁力仪（拖鱼）

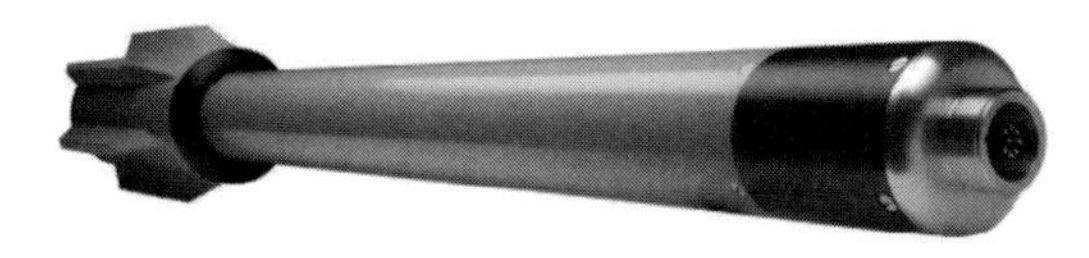

图 9-68 SeaSPY 型海洋磁力仪（拖鱼）

GB-6A 型海洋氦光泵磁力仪是中国船舶重工集团公司第七一五研究所的一种原子磁力仪（图 9-69），其具有以下特点：用光泵技术制成，灵敏度高，具有无零点漂移、不须严格定向、对周围磁场梯度要求不严、可连续测量等显著优点；使用无磁干扰下的被动定深和姿态稳定技术，使拖体的最大定深达到 40m 水深；1Hz 采样率下，仪器的灵敏度可达 0.002nT；实时监视水深和拖体离水面的深度。该磁力仪主要应用于近海铁磁物质的探测与定位，在港口、航道、锚地等的对泥下障碍物、管道及海缆路由调查、重要工程水域磁场测量等海洋工程中得到了有效应用。

#### 9.1.7.4 海洋磁法探测在海洋工程中的应用

在工程可行性研究阶段，海洋磁法可用于调查区域内断层等活动构造，研究工程选址区域的稳定性。海洋磁法探测技术在海上风电勘测中更广泛地应用于海底障碍物、海缆路由、海底管道等的排查。海底障碍物主要有沉船、战争遗留炮弹、船锚及

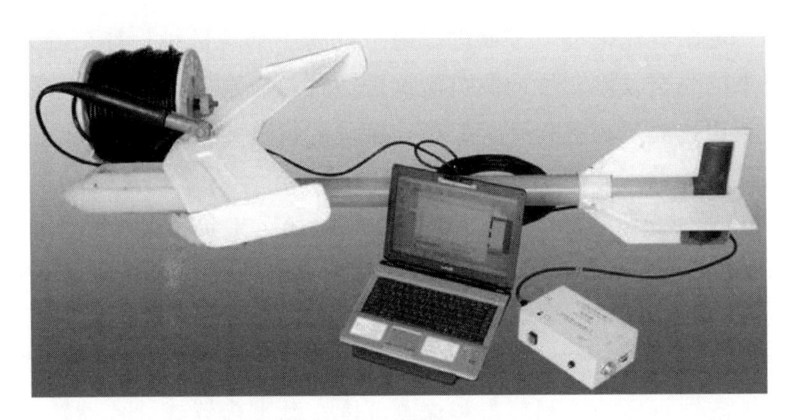

图 9-69　GB-6A 型海洋磁力仪

锚链等。用于探测类似于海底管道等线状障碍物时，测线布置需垂直于管道的路由；用于探测类似于沉船等孤立障碍物时，需对可疑目标布置网格状测线。海洋磁法探测是基于目标体与周边物质的磁性差异来探测目标体的技术，海域常见物质的磁化率统计见表 9-7。

**表 9-7　常见物质磁化率统计**

| 磁性物质 | 磁化率 | 磁性物质 | 磁化率 |
| --- | --- | --- | --- |
| 江水 | $<10^{-4}$ | 水泥构件 | $10^{-2}\sim10^{-1}$ |
| 淤泥 | $<10^{-4}$ | 常见钢铁 | 5～12 |
| 沉积物 | $<10^{-3}$ | | |

为了消除船磁影响，海洋磁力仪一般采用拖曳式工作。对海底光缆等弱磁性目标体或者作业水深较深的情况，应当使磁力仪的拖鱼尽量下沉贴近海底，如图 9-70 所示。可以采取两种办法：一是加配重，在距拖鱼较近位置的海缆上加上多个配重块，配重使拖鱼因重力而下沉；二是降低船速，低船速可以确保拖鱼在到达目标体的已知坐标点附近时能以较小的离底高度从上面缓缓滑过。

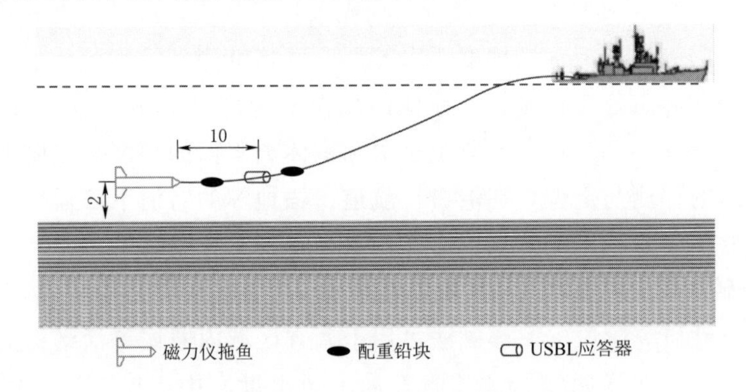


图 9-70　磁力仪拖鱼沉于海底示意图（单位：m）

磁异常曲线形态与线缆方位、磁化倾角等因素有关。通过磁异常曲线对管线进行定位的原则如图 9－71 所示，对于那些钟形异常曲线［图 9－71（a）］，极值点在航迹的投影点即是被测缆线在海面的投影点；对于 S 形异常曲线［图 9－71（b）］，曲线的拐点在航迹线上的投影点就是光缆在海平面的投影点；对于其他异常曲线，则根据其与上述曲线的接近程度来对缆线进行定位，如与钟形曲线较接近，则其定位点较接近极值点［图 9－71（c）］；如与原点对称的曲线较接近，则其定位点较接近拐点［图 9－71（d）］。

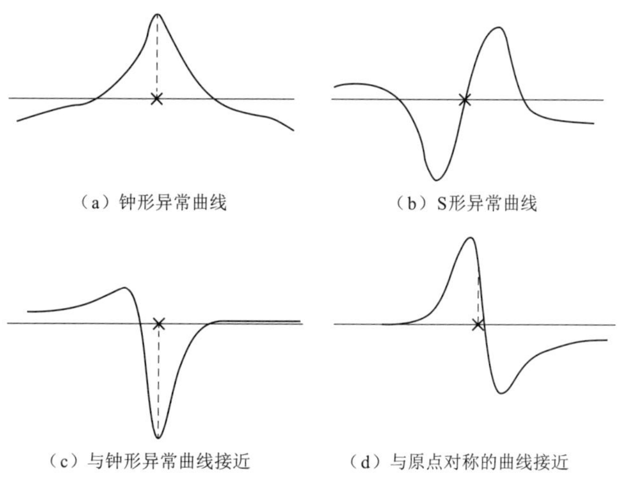


图 9－71　磁异常曲线目标体定位原则示意图

对线状目标体，海洋磁力仪的探测成果可以利用磁异常平面剖面图的形式来表示。将每个测点的磁异常值垂直投影到磁力仪实际探测的航迹线上，可直观地了解整条航迹线上的磁异常值变化情况，在没有其他磁性体干扰的情况下，海底电缆上方的磁异常会非常明显。根据磁异常成果绘制的平面剖面图，连接每条航迹线上探测到的磁异常点，即可得到电缆的位置和走向。

1. 场址区工程地质调查

海上风电场等海洋工程在可行性研究阶段需要确定区域的稳定性问题，重点了解工程区域内的断层及其他构造的存在情况及其活动性。在此类工程中，磁法勘察可与浅地层地震勘察配合进行，调查场地的主要活动构造。依据工作需要，可垂直构造线方向布设多条测线，或者在测区内布设测网。资料处理时，对磁力数据进行正常场改正和日变改正，绘制磁异常（$\Delta T$）剖面图和等值线图，结合地震资料和钻孔资料进行综合地质解释。图 9－72 为某海洋工程勘测区磁异常平面等值线图，可以看出有一条纵贯测区的线性磁异常带，根据与地震及多波束资料的对比分析，可以确定这是一条较大规模的断裂带，后经钻探得到验证。

2. 海底铁磁性障碍物探测

海洋磁力探测是发现海底管线的常用手段。如果某一区域的磁力场受到外界铁质物体的入侵，将会受到铁质物体产生的相对于自身磁力场的作用，从而被干扰，而且其干扰基本存在于入侵铁质物体的周围。当磁场受到外来入侵，导致磁场强度出现了变化，那么位于附近的磁力仪会相应地测量磁力数值，从而探测出铁磁性障碍物的磁

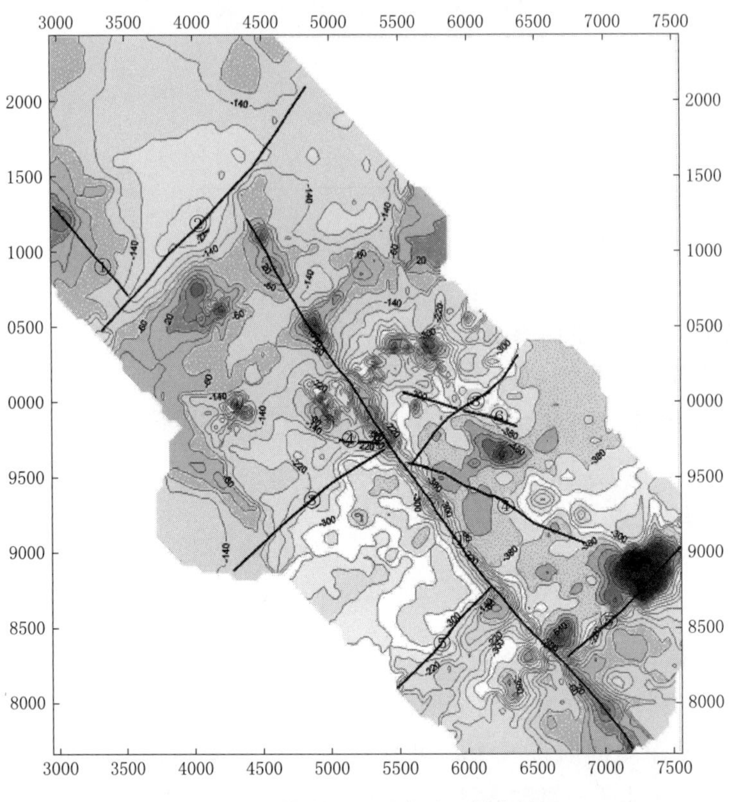


图 9－72　勘测区磁异常平面等值线图

异常值和平面位置。海洋磁法探测对沉底和掩埋的铁磁性障碍物均有效，但无法准确判断障碍物埋深。

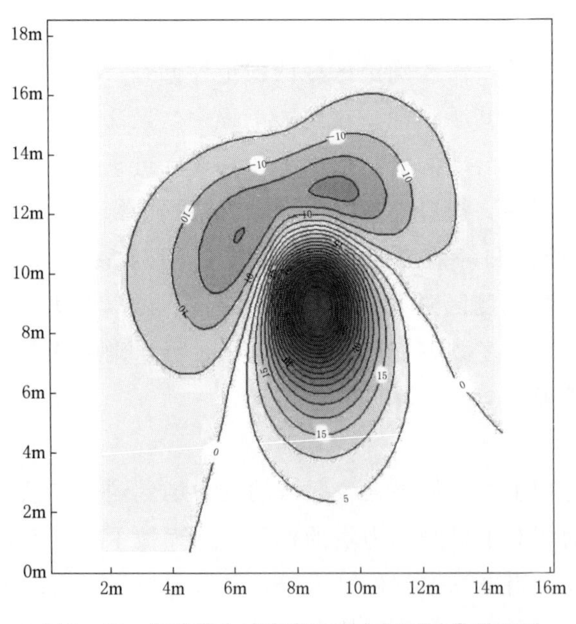


图 9－73　深圳某水域滨海区磁力探测异常平面图

通过表 9－7 可知，铁磁性材料相对于其他材料来说，其磁化率最强，而且相差达几个数量级，而磁化率对磁场的影响最强，因此海底探测目标障碍物中铁磁性材料是磁力仪辨识目标物与其周围物体的一个应用前提。图 9－73 为深圳某水域滨海区磁力探测发现的磁异常图，从磁异常的分布形态上判断，其与有限长圆柱磁性体（航空炸弹、炮弹等物）所引起的磁场分布极为相似，后经开挖验证，确定为一形状极似航空炸弹的铁质物体。

图 9－74 为某沉船水域高精度磁力探测异常平面图，发现多个完整的磁异常，经处理之后可以较准确地确定场源的位置和规模。后有关部门在磁法测量确认的地点打捞出多条金属沉船。

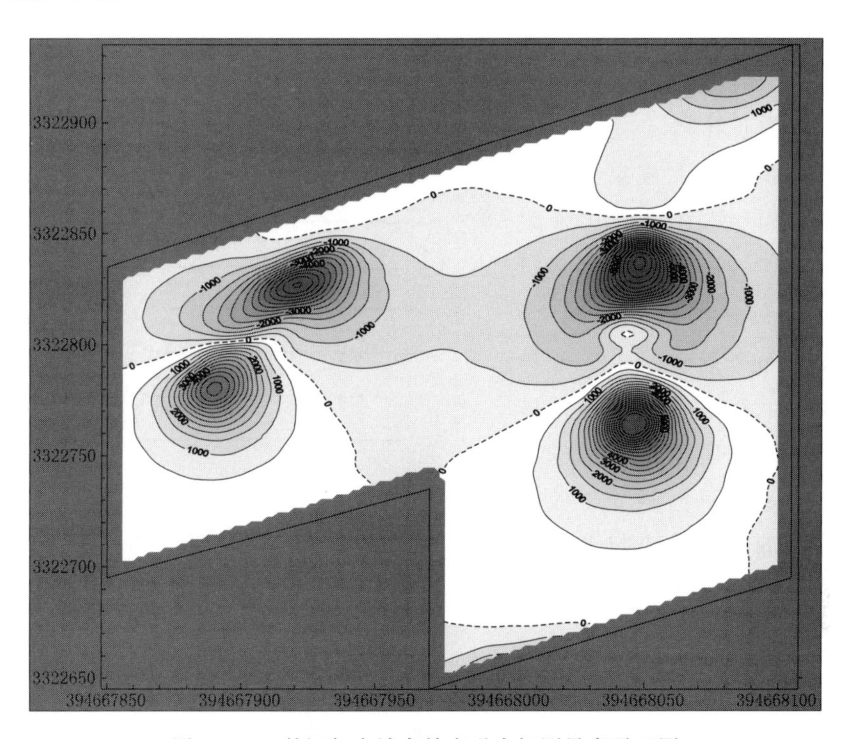


图 9－74　某沉船水域高精度磁力探测异常平面图

3．海底管道探测

海底管道主要指承担供水、供油、供气、排污等功能的铁质、水泥质的管状物。根据表 9－7 可知，铁质和水泥质物质相对海底环境存在较大的磁性差异，通常能产生较大的磁异常，探测效果较好。某工程位于潮间带，工区内存在 2 根埋深 10m 左右的钢筋混凝土材质的引水管道，2 根引水管大致平行。为了探测引水管的准确位置，共布置 13 条测线，测线大致垂直于引水管方向，间距约 10m。图 9－75 中实线为每条磁法测线上对应的磁场曲线；虚线为两条引水管平面位置示意。每条磁场测线均有两处明显的磁异常，不同测线上的磁异常有很好的连续性。分别将每条测线两个磁异常位置连接起来，即为两条引水管中心平面位置。

4．海底缆线探测

海缆主要包括海底通信光缆、海底通信电缆、海底动力电缆等。

通常认为海缆产生磁异常的原因有两种：一是海缆包含的铁磁性材料产生的磁异常（如铠装层中的钢丝等），其等效为无限延伸的圆柱体；二是海缆中的电流产生的磁异常。根据电磁学原理可知，通电导体会在其周围产生磁场，电流越大，磁场越

强。海底通信光缆中为了达到光信号远距离传输的需要，在光缆上都要加装一定数量的光信号转发器，这些转发器必须依靠电流才能正常工作。海底动力电缆则加载着超大电流，可引起强磁异常。

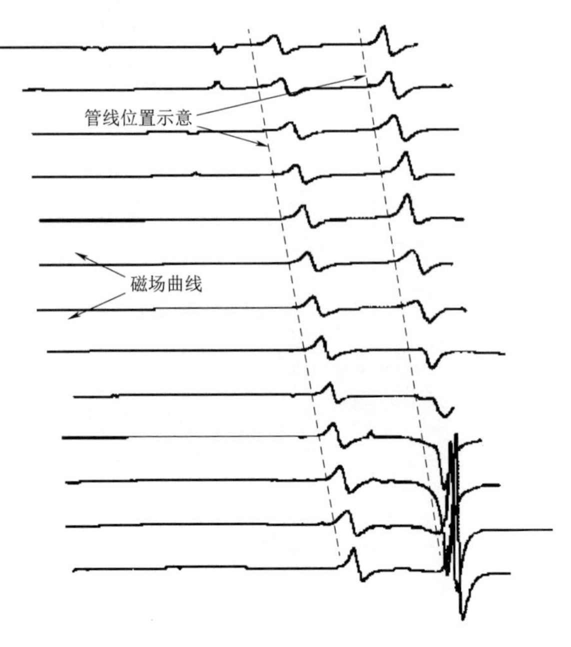


图 9-75　某工程区域钢筋混凝土引水管磁力探测剖面成果

海洋磁力仪的探测成果可以利用磁异常平面剖面图的形式来表示。将每个测点的磁异常值垂直投影到磁力仪实际探测的航迹线上，可直观地了解整条航迹线上的磁异常值变化情况，在没有其他磁性体干扰的情况下，海底电缆上方的磁异常会非常明显。根据磁异常成果绘制的平面剖面图，连接每条航迹线上探测到的磁异常点，即可得到电缆的位置和走向。

经验表明（图 9-76），海底通信光缆在水深 10m 左右能引起 8～20nT 幅值的磁异常，异常宽度可达约 5m，磁异常比较规则、完整；海底动力电缆在水深 10m 左右，它能引起约 2000nT 幅值的强磁异常，异常宽度达 150m，识别寻找此类电缆比较容易。

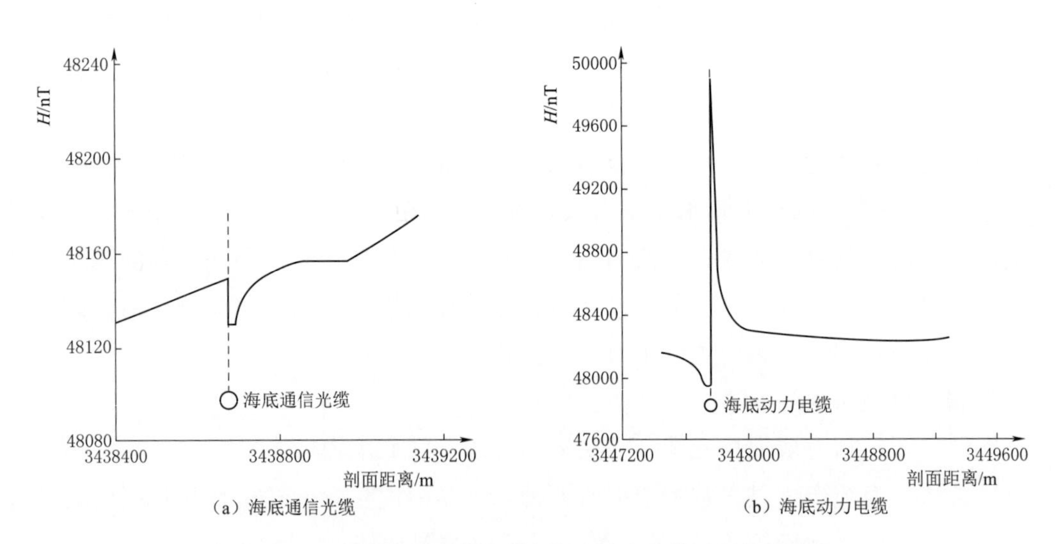


图 9-76　典型海底通信光缆与海底动力电缆引起的磁异常

### 9.1.8 电磁感应法

海上风电场建设需要敷设大量的海缆，包括连接风电机组与海上升压站、海上升压站与陆地集控中心之间的海缆。已有的工程实践表明，将海缆埋设于海床下（通常为1～3m）是保护海缆安全最经济、最有效的方法。在海缆埋设过程中无法完全保证海缆被埋设于设计深度的位置，需要及时监测铺设的海缆是否满足设计要求。海缆埋设完毕后，海流冲刷海底，会使得海缆裸露于海底甚至在海底悬空，海底浊流和碎屑流直接冲刷海缆，严重威胁海缆安全。监测海缆方位、跟踪海缆路由是维护海缆正常运营的必要手段。当海缆受损时，必须及时对海缆故障位置进行定位和维修。海缆的探测定位、追踪监测已成为海上风电场工程勘测的新热点和难点之一。

海缆直径较小，常规地球物理方法如浅地层剖面仪、磁力仪、侧扫声呐等均无法单独胜任海缆精细探测的要求。在满足海缆中携带交变电流并且可构成回路的条件下，交流载波法是最合适的海缆探测方法。这种方法技术上成熟，探测精度高，资料处理解释简单。当不满足前提条件时，可依据海缆性质，考虑使用脉冲响应法或磁法探测。

国外已有商品化的海缆探测系统，可以实现海缆的路由追踪、埋深探测和故障点定位。多数情况下，海缆探测需要ROV设备支持，作业成本高昂，因此发展集成化和轻量化的海缆探测系统依然是重要方向。

目前还未有商品化的国产海缆探测系统进入市场，随着国内海上风电场和跨海输电项目的建设，对海缆探测设备的需求与日俱增，国内应尽早推出相关产品，填补空白。

#### 9.1.8.1 方法原理

通过电磁感应原理进行海缆追踪主要有交流载波法和脉冲感应法两种方法。

1. 交流载波法

交流载波法基于电磁场理论，当电缆中有交流电时，在其周围必然存在相同频率的交变电磁场。长直电缆产生的感应磁场空间分布如图9-77所示，感应磁场强度与到电缆中心的垂直距离呈反比，磁力线为以海缆中心为圆心的同心圆。当交变磁场通过接收线圈时，就会在接收线圈感应出交变的感应电压，感应电压与穿过它的磁通量成正比，因而感应电压与电缆距线圈的距离成反比，同时与接收线圈的方向有关。单个分量的线圈与电缆的方位成平行状态时其线圈中输出的电压为0，当处于垂直状态时输出的电压信号达到最大，而有夹角时介于两者中间。据此原理，通过测量感应电压可推算海缆距线圈的距离和方位，配合自带的高度计，可以精确地探测出海缆的埋设深度。交流载波法的探测精度很高，且不受电缆直径、埋深和材质的影响。

当单一线圈探头以平行海平面和垂直海缆路由的姿态跨越海缆时，可实现粗测海

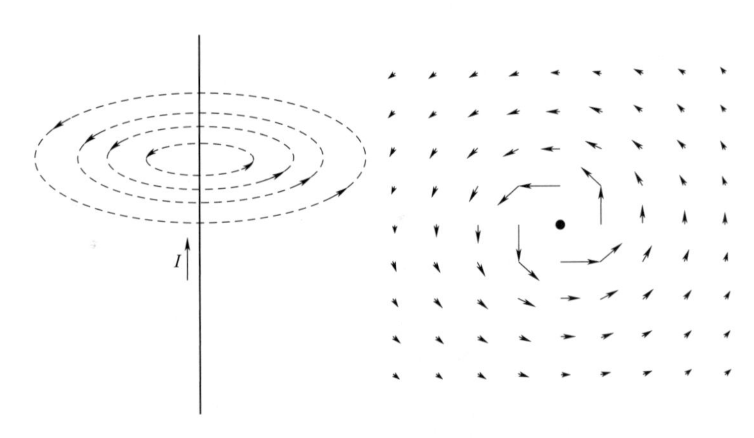


图 9-77　长直电缆的感应磁场空间分布

缆位置。如图 9-78 所示，$P_2$ 处距离电缆距离最近，感应磁场场强最大，同时 $P_1$、$P_2$、$P_3$ 三点有不同的场强方向，感应线圈在 $P_2$ 处因场强方向与线圈方向相同，磁通量达到最大，其感应电压最大。可见，当探头以水平朝向水平移动时，感应电压从无穷远处的很小渐渐递增，到 $P_2$（海缆正上方）达到最大，接着渐渐变小，到无穷远又变得很小，其感应电压强度变化如图 9-78（b）所示的钟型曲线，信号强度极值点即指明一个海缆位置点。据此，当探测线圈往复横穿海缆上方，获得一系列峰值点，其连线即对应海缆的路由。

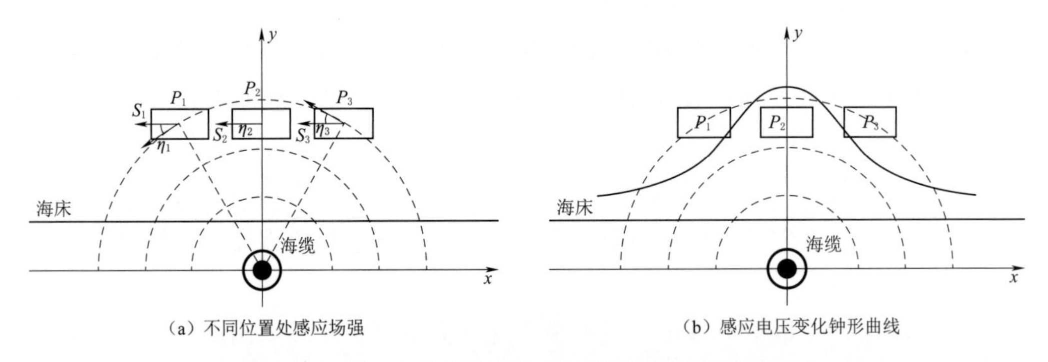


图 9-78　单一水平线圈峰值法探测海缆路由原理示意图

当单一探测线圈以同时垂直海平面和海缆路由的姿态跨越海缆时，也可实现粗测海缆位置。

明显地，探测线圈在 $P_2$ 处，因场强方向与线圈方向垂直，穿过线圈的磁通量为 0，故该处感应电压为 0。而 $P_1$、$P_3$ 位置，强场方向与线圈方向不垂直，则存在感应电压。也就表明，当探头处于垂直状态，且探测线圈以平行于地面的从由远而近接近再由近而远远离海缆时，相应的感应电压信号变化过程呈无→渐强→最强→零（海缆正上方）→最强→渐弱→无的 M 形，如图 9-79（b）所示。

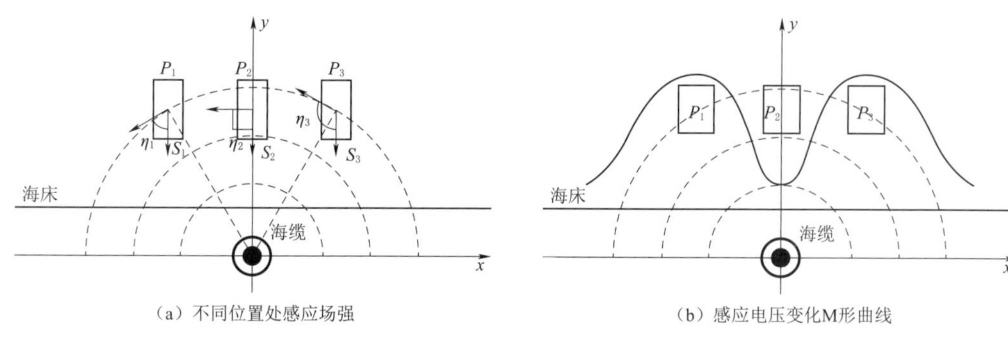


（a）不同位置处感应场强　　（b）感应电压变化M形曲线

图 9-79　单一垂直线圈哑点法探测海缆路由原理示意图

当探头到达海缆正上方时，信号会消失为零（称为“零值”或“哑点”），此刻探头的正下方即为海缆位置。据此，当探头往复跨越海缆时可获得一系列哑点，其连线所确定的线路即是海缆的路由。此方法相比于峰值法的优点在于：它在哑点出现前，会出现一次峰值；再经过哑点后，又出现一次峰值。这样可以比较准确地判定依此规律变化的感应电压，所过的哑点处正是海缆的正上方。

为了尽量避免在探测海缆的过程中左右反复移动搜索，实现水下自动搜索定位，基于该方法的系统通常包含多个感应探头，通过计算可实现高精度海缆定位，如英国INNOVATUM公司生产的MARTRAK6系统和英国TSS公司生产的TSS 350系统。

如图9-80所示，SMARTRAK 6水平布置多个探测线圈，而TSS 350的设计更加巧妙，采用两组水平布置的三分量探头。两个相互垂直的线圈——水平方向和垂直方向探头同时探测海缆时，探头与电缆之间的夹角可以由两个方向的感应电压比值直接得出。如图9-81所示，当采用两组线圈同时探测海缆时，就可以根据夹角以及两组线圈之间的距离和线圈高度来确定海缆的埋深和水平位置。

该类系统作业时依据精度要求和现场条件，既可以直接搭载在水面作业船舶上，

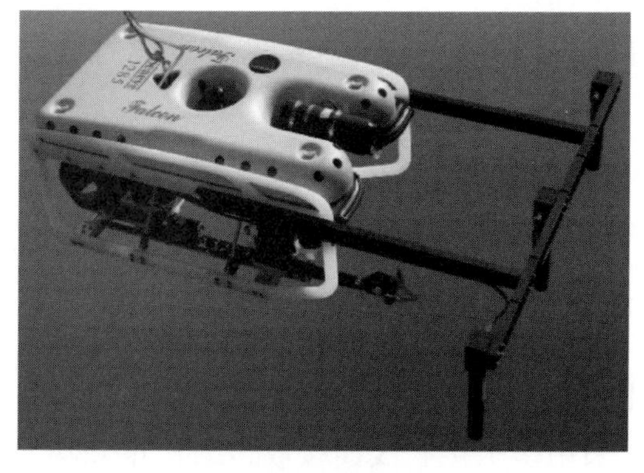

（a）SMARTRAK 6 系统实物图

（b）TSS 350系统实物图

图 9-80　基于交流载波法的海缆探测系统

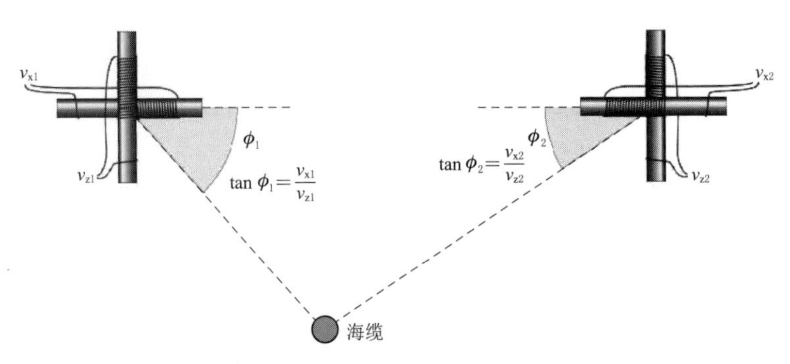


图 9－81　TTS 350 系统海缆位置计算方法

也可以搭载于 ROV 等水下机器人在海底作业（图 9－82），或者在海缆敷设过程中搭载在埋设犁上检测海缆埋设深度。

（a）搭载在水面作业船舶上

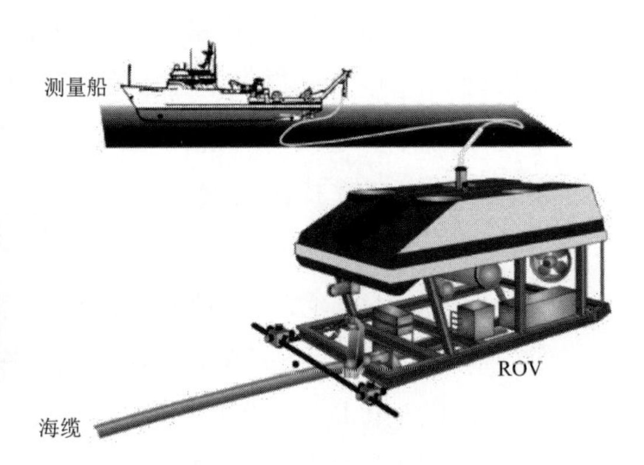


（b）搭载在ROV上

图 9－82　TSS 350 系统的搭载方式

TSS 350 系统运行时可以选择前向搜索模式和运行模式，首先采用前向搜索模式确定海缆的位置，当确定海缆的位置之后，采用运行模式保持 ROV 处于海缆的上方进行追踪探测（图 9－83）。系统可实时显示海缆与线圈组的相对水平位置和垂直距离。

TSS 350 能搜寻其周围 10m 左右范围内的海缆信号，系统精度为 0.1m 左右，可对海底管道进行连续跟踪探测，该系统也可找寻海缆因意外事故而断裂的位置点。

2. 脉冲感应法

脉冲感应法（Pulse Induction Technology）也可称为金属探测法。该方法的原理是通过在不接地回线中输入交变电流，变化的电流会产生变化的磁场，海底目标良导体感应这个一次电磁场会产生二次电磁场，采用多个接收线圈接收该二次电磁场对应的感应电压，就可以确定目标物的水平和垂直距离。接收感应信号的强度与目标体的电导率和尺寸正相关，与目标物和接收线圈之间的距离成反相关。就铠装电缆而言，

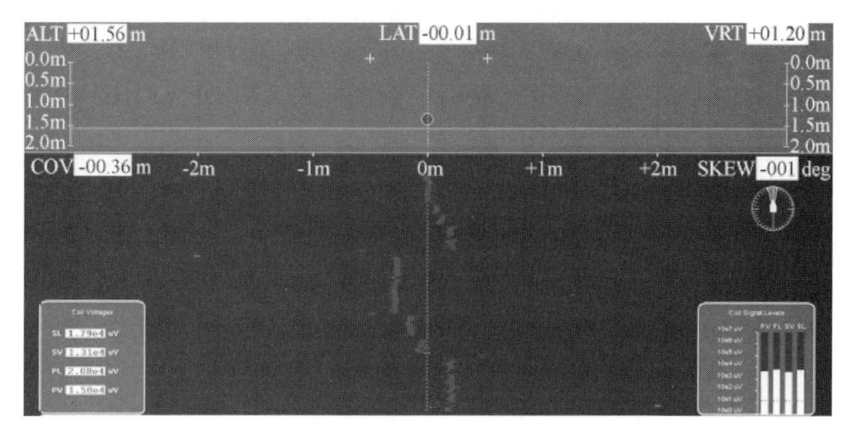


图 9－83　海缆探测系统运行实时界面显示图

该种方法的探测深度和精度取决于海缆外径。该方法不需要对海缆进行额外供电，因而又被称为无源法。

由于海水属于良导体，其同样能产生很大的感应电压，对目标体产生的感应电压形成了干扰。为了尽力消除这种干扰，脉冲感应法设备作业常需要结合 ROV 等设备在海底进行（图 9－84），努力贴近海底目标体，以减轻海水的干扰程度，同时在后期资料处理中进行海水影响补偿来减轻海水干扰程度。

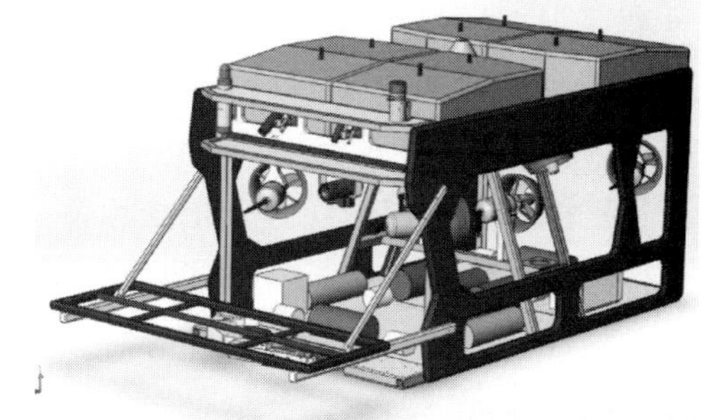

图 9－84　搭载在 ROV 上的 TSS 440 作业示意图

目前工程中应用较多的主要为英国 TSS 公司生产的 TSS 340/440 海缆探测系统（图 9－84），该系统配置了 3 个感应线圈和 1 个高度计，可对任何电导性材料进行探测，既可以探测海缆，也可以探测海底管道。

#### 9.1.8.2　海缆探测作业流程

高精度的海缆探测都要借助 ROV 设备进行，此处重点介绍基于 ROV 的海缆探测流程。按照一般的工程实践经验，ROV 总是从远处平行或大斜度相交靠近海缆，在其上方有一定的距离，最终的稳态应该是水下机器人连同探测器处于海缆正上方距离较小处，沿海缆路由行进，实时动态调整误差。其探测海缆的作业流程可以分为探测前、探测中和探测后三个阶段，全程跟随作业母船完成工程任务。

1. 探测前

（1）设备和人员就位。包括搭载海缆探测系统的 ROV 和工程作业方案，专业的 ROV 操控员和探测作业员。

（2）系统安装。把设备各组件牢固安装到 ROV 上，是能否准确完成海缆探测任务的关键步骤。该步骤主要包括水下舱室安装和探测线圈安装，确保所有缆线状态良好和水下连接器配合无误。

（3）参数设置和系统测试。根据作业方案选择合适的参数。下水前需要对设备进行测试。测试时，通过设备配备的信号发生器，在探测线圈附近移动，查看显示器信号。系统具有软件显示功能，可实时输出准确的图像格式数据信息。

（4）系统释放。海缆探测系统捆绑在 ROV 上，系统释放入水由 ROV 收放系统控制。

2. 探测中

（1）操纵 ROV 平台，ROV 接近海缆准备开始探测。探测工作主要针对海缆路由的搜索、跟踪和埋设深度探测精度两个方面。启用探测系统至搜索模式，系统就会搜索目标频率的交变磁场信号，当探测器与海缆距离进入有效探测范围内时，就能得到海缆的大概位置和路由，根据探测数据调整 ROV 位置至海缆正上方（两个探测器分别位于海缆左右两侧，其连线方向与海缆路由垂直），完成对目标海缆的搜寻。

（2）执行主要探测任务。记录相关探测数据，作业时注意控制可能影响探测结果的内外各种因素。探测系统到达目标海缆的上方后，启用海缆路由跟踪模式，实时显示海缆与阵列的相对水平位置和垂直距离。在沿海缆路由向前跟踪的过程中，不断根据探测得到的阵列与海缆之间的关系调整阵列位置至海缆正上方。记录阵列中间位置即为海缆坐标，阵列与海缆的垂直距离减去其与海底的距离即为海缆的埋深。

（3）完成探测。保存所有记录的数据，保持 ROV 和探测系统处于良好状态以准备未来的作业任务。

3. 探测后

回收 ROV：关闭 ROV 和探测系统电源。

#### 9.1.8.3　典型应用案例

1. 海缆带电检测

采用传统交流载波法进行海缆探测时，通常需要预先给待测海缆供一已知频率的电流信号。为达到理想的探测效果，需将被探测海缆停运，然后额外加载不超过 0.5A 的电流。海缆停运带来了极大不便：一方面造成直接经济损失，同时冲击电网稳定运行；另一方面海缆探测对海况本身要求苛刻，海况合适的作业时间窗口与电网调度允许的时间窗口匹配难度大。因此，亟须研究利用带电海缆中的电流进行海缆探测的技术。

高压或超高压海缆携带的电流很大，直接使用 TSS 350 系统对带电海缆进行追踪时，常遇到感应线圈信号饱和的问题。通过去磁芯、降低前置放大系数等措施对该系统进行改进才可使用高压电缆强电流产生的强感应电压。南方电网和广东省电力设计

研究院对改进后的系统在带电高压海缆上进行了试验，结果较理想。该项改进大大地提升了海缆检测的自由度，为常态化海缆带电检测提供了技术支撑。

广东省电力设计研究院采用人工抬升仪器进行了一系列测量，测试了 TSS 350 系统对海缆埋深的探测精度，其运行界面如图 9－85 所示。具体结果详见表 9－8，结果表明，TSS 350 能较为准确地探测到海缆与仪器天线的垂直距离，从而确定海缆的埋深，精度在 0.1m 左右。

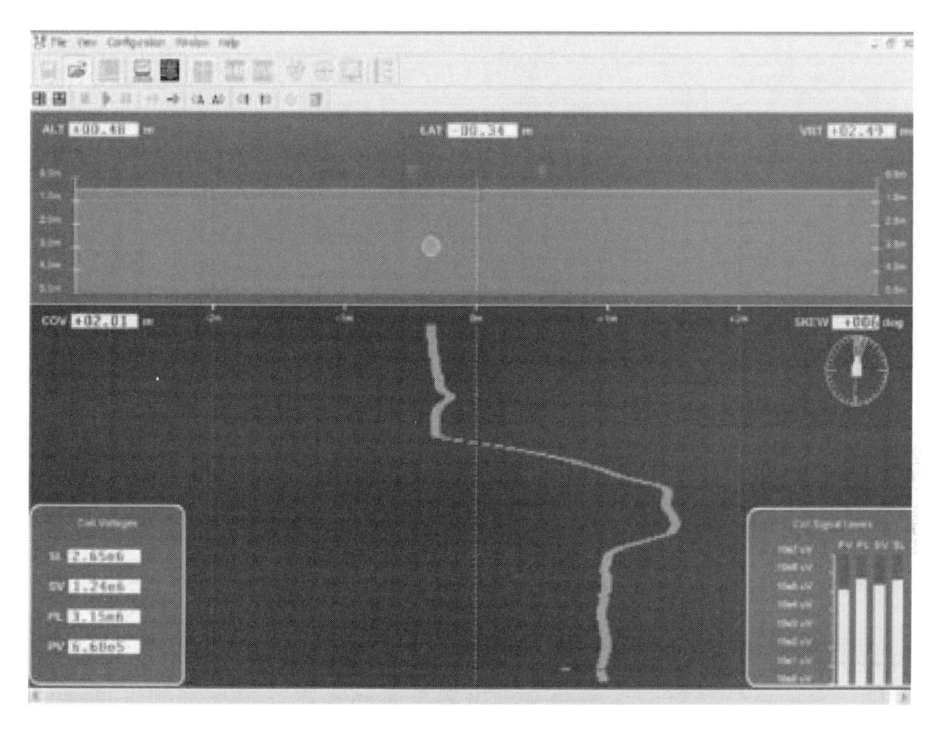

图 9－85　50Hz 高压带电海缆检测运行界面

**表 9－8　不同抬升高度测得的海缆埋深对比结果**

| 抬升高度/m | 垂直距离/m | 海缆埋深/m | 埋深差异/m |
|---|---|---|---|
| 0 | 1.65 | 1.65 | 0 |
| 0.76 | 2.4 | 1.64 | －0.01 |
| 1.45 | 3.2 | 1.75 | ＋0.1 |
| 1.97 | 3.7 | 1.73 | ＋0.08 |

需要注意的是，当为设备供电的电流频率与信号电流频率相同或者是信号电流频率的整数倍时，会产生干扰。保证作业不受带电高压电缆 50Hz 电流的影响，ROV 设备可采用 60Hz 电流进行供电。

2. 海缆故障点定位

当海缆发生断裂故障后，海缆芯线或金属护层已与海水构成回路，可认为故障点已

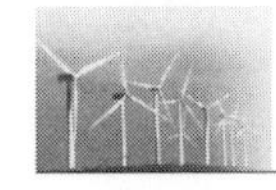



经自然接地，可以为故障电缆注入检测电流，当利用交流载波法追踪海缆时，一旦过了故障点，将接收不到有效信号，由此可确定故障点的位置。TSS公司为故障海缆注入33Hz、1A电流进行故障海缆检测，故障检测系统具体运行界面如图9-86所示。

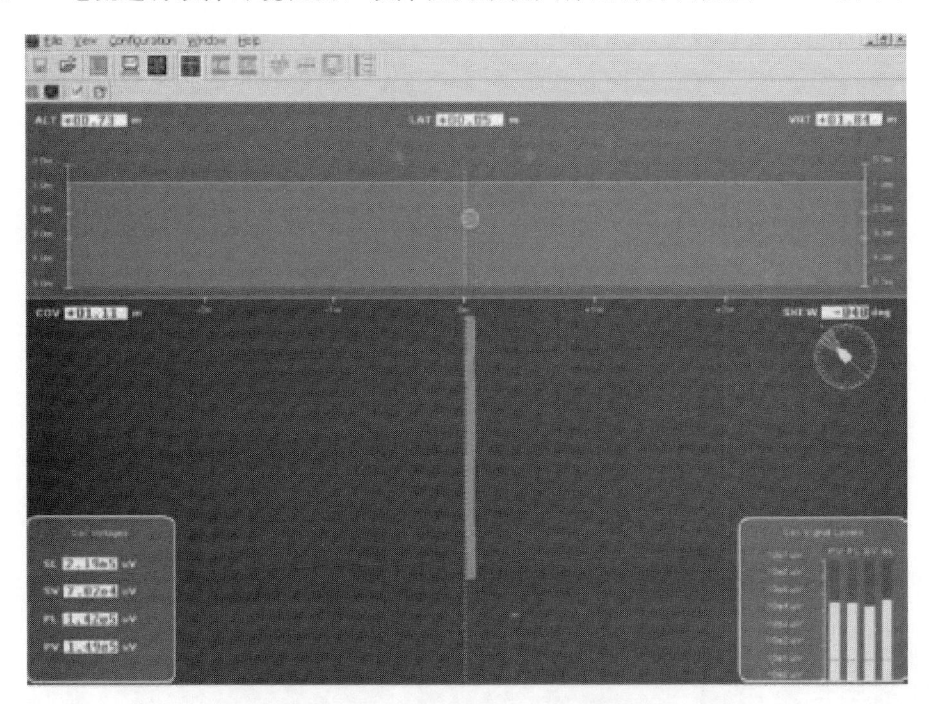

图9-86　注入33Hz、1A电流进行故障海缆检测运行界面

#### 9.1.8.4　发展趋势

依靠单一方法进行海缆的探测通常难以满足实际需求。根据经验统计，在渤海海上油田区，有近一半的海底供电电缆仍然无法被海缆探测仪探测出，因而，发展高度集成一体化的探测系统，实现提升作业效率，降低作业成本是大趋势。中国南方电网有限责任公司进行海缆检测时在ROV设备上集成了侧扫声呐、水下海底摄像、电磁感应海缆探测系统（代表设备为TSS 350）进行联合作业，同时进行海缆探测和地形地貌检测及流速观测，从而可更好地分析海缆路由变化及造成裸露、悬空产生的原因。TSS公司推出的最新一代海缆探测系统TSS Dualtrack则集成了原来TSS 350和TSS 440的全部功能。TSS 440的升级版本TSS 660则实现轻量化，不再需要作业级ROV的支持，可搭载在观测级ROV上。

## 9.2　钻探和取样

随着世界经济的不断发展，能源成为很多国家关注的焦点问题，发展可再生能源是大势所趋，已成为各国实施可持续发展战略的重要选择。相对太阳能、潮汐能、波

浪等可再生能源，风能发电产业化基础较好，在经济上比较成熟，是最接近商业化的可再生能源。相对于陆地风能，海上风电具有资源丰富、发电利用小时数高、不占用土地、对环境影响小、适宜大规模开发等优点，因此海上风电的开发和利用越来越受到重视。我国拥有漫长的海岸线，海域风能资源丰富，可开发利用前景广阔，近年来我国沿海各海域海上风电建设快速发展，海上风电也成为我国能源供应体系的一个主要组成部分。

在海上风电场建设过程中，合理的岩土参数、正确的工程地质条件评价是确保风电机组基础设计经济合理、工程安全可靠的基础。高质量、高精度的岩土勘探是合理确定岩土参数、正确评价风电场工程地质条件的先决条件。而海上风电钻探及取样是海上风电勘探的主要手段，对于查明风机基础主要的工程地质问题至关重要。

随着海上风电技术的进步，海上风电场精细化勘测设计工作的开展，对海上风电钻探及取样的质量和精度要求越来越高，先进的海上风电钻探、取样设备及高质量、高精度的地质钻探施工工艺越来越受到重视，同时提高海上风电钻探与取样的质量和效率也是社会经济发展、科学技术水平提高的必然要求。

目前从事海上风电场勘察的主要单位是中国长江三峡集团上海勘测设计研究院有限公司（简称上海院）、中国能源建设集团广东省电力设计研究院有限公司（简称广东院）、中国电建集团华东勘测设计研究院有限公司（简称华东院）等单位，这些单位原来都是从事陆上能源工程勘测设计的，随着风电建设从陆地走向海洋而逐步“下海”。从 20 世纪 90 年代以来，我国海上风电勘察从滩涂到浅海（按海上风电场划分，一般指水深 0～50m 海域）再到深海（水深大于 50m 的海域），水深越来越深，海洋环境越来越复杂。虽然我国海上风电钻探和取样经验和技术都源于陆域，但在大量海上风电场的地质勘探实践中，积累了相当多的海上风电钻探与取样的技术和经验，不仅体现在装备上，更体现在工艺流程上，为我国风电场设计、施工建设打下了一定的基础。

1. 海上风电钻探及取样的任务

在岩土工程勘察中，钻探取样是陆上勘探最广泛采用的一种手段，同时也是海洋岩土工程勘察的成熟手段之一。海上风电钻探，是指利用一定的载体（漂浮式钻探平台、固定式钻探平台和自升式钻探平台等）、采用一定的钻探机具及设备来破碎岩土层，从而在岩土层中形成一个直径较小、深度满足海上风电基础设计要求的钻孔，可以采取岩土试样进行鉴别描述、进行室内岩土试验获取岩土物理力学参数，同时可进行孔内原位测试、孔内地球物理勘探或波速测试等。

海上风电钻探及取样的主要任务是按照风电场不同设计阶段的要求查明拟建风电场场区或风机位位置海床面以下一定深度范围内地质条件，为拟建风电场设计、施工

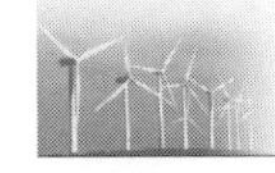



提供基础的地质资料，为涉及的一般性或重大的工程地质问题做出合理正确的评价提供依据。其具体的任务如下：

（1）查明风场区的地层岩性、岩土层厚度变化情况，查明软弱岩土层的性质、厚度、层数及空间分布。

（2）查明所涉及的基岩风化带的深度、厚度和分布情况。

（3）查明风场区浮泥、流泥、风暴岩、贝壳土等海洋特殊岩土体的分布和厚度。

（4）查明场区地下水类型、层数、水文等水文地质参数。

（5）利用钻孔进行孔内原位测试、孔内地球物理勘探、孔内现场剪切等工作。

（6）利用钻孔采取岩土样，以便进行室内岩土物理力学性质试验等。

2. 海上风电钻探及取样难点

我国风电场的规划和建设最早从陆域开始，无论是在平原地区还是在山地丘陵，不论是在深厚覆盖层地区还是在基岩地区，在陆域风电场建设过程中已经积累了丰富的钻探及取样技术的经验。

与陆域钻探相比，海上风电钻探及取样受风、浪、潮等海洋水文气象环境、勘探成本制约较大。由于海洋独特的海洋水文气象环境，海上风电钻探及取样往往具有如下难点：

（1）钻探施工窗口期短、工期紧。受风、浪、流、潮汐等诸多自然因素的影响，海上风电钻探可连续作业的窗口期不多，特别是在夏秋季，还经常受热带风暴及台风影响，对钻探施工作业安全、施工工期保障有较大影响。另外，海上风电钻探通常在大于 6 级风的情况下很难施工。

（2）钻探施工技术难度大。与陆域钻探相比，海域钻探的环境要复杂得多，而且不同海域的环境差异大。

规划海上风电场海域一般离岸较远，具有水面宽阔、海域水深变化大、波涌浪起伏较大、海水流速较快等特点，这些复杂海况使海上风电钻探面临较多技术难题。如潮水涨退时水流流速快且流向多变，使得勘探平台船舶定位困难，甚至定位失败；波浪起伏、深水海域的涌浪波长较大、波高较高、周期较长，对作业平台船舶的摇摆、升沉、晃动强烈，使钻探作业困难，甚至无法连续进行钻探作业。

（3）岩芯采取率低及土样易扰动。在海上风电地质勘察过程中，使用漂浮式平台进行钻探作业时，在风浪的作用下，平台不可避免地会产生左右摇摆或上下颠簸等不利因素，这些因素很大程度上会影响土样采样级别以及岩芯的采取率，特别是基岩破碎带、节理裂隙密集带等。如果采取率低、土样质量差，就很难正确分析不良地质现象，为设计提供准确可靠的地质参数。

（4）钻孔准确就位难度大。海域环境潮流、涌浪使海上风电钻探平台就位困难，很难像陆域钻探一样精确定位，一般选择在平潮期间进行钻探定位，同时在施工过程中需要动态调整。

## 9.2.1 海上风电钻探

### 9.2.1.1 海上风电钻探平台选择

海上钻探平台选择应根据风电场所在具体分布海域位置及海域区域的海况等因素综合确定。目前，根据我国已建、在建或规划拟建风电场场址的情况，分布海区大致可以分为潮间带风电场、潮下带风电场和近海风电场三类，应根据上述三类海区的特点而选择不同的钻探平台。

1. 潮间带或潮下带风电场

潮间带风电场是指在沿海多年平均大潮高潮线以下与理论最低潮位之间的海域开发建设的风电场。潮下带风电场指在沿海多年平均大潮低潮线以下至波浪作用基面以上或至理论最低潮位以下5m水深内的海域开发建设的风电场。其特点为该区域水深浅，滩涂面反复出露和淹没，在钻探过程中钻探平台经常搁浅，大多施工平台无法到达施工孔位。江苏沿海有不少风电场场址选择在此区域，在此区域进行风电场风机位的钻探可以选择以下钻探平台：

(1) 浮箱式平台。浮箱式平台主要由两个浮箱连接而成，两个浮箱面相对位置中间设置月池，月池上面布置钻机进行钻探，四个角安装锚机，锚机与船尾成45°角（图9-87）。

该类钻探平台的主要优点是安装、拆卸、运输方便快捷，使用成本低；缺点是抗风浪能力弱，平台在搁浅钻探施工过程中，平台底部易被冲刷淘蚀，造成施工过程中平台倾斜，存在一定的安全隐患。

(2) 单体平底船式平台。为了弥补浮箱式平台在潮间带钻探施工的不足，也可以采用单体平底船预留通孔的浮动式平台（图9-88）。该类浮动式平台采用平底结构类型船舶，船舶在建造时预留好钻孔孔眼，钻孔孔眼前方甲板钻场有效使用长度

图9-87 浮箱式平台

图9-88 单体平底船式平台

一般超过 10m，该空间能基本满足海洋地质钻探使用，只要架设机台就可以直接安装钻机。

该类钻探平台的主要优点是不需专门搭建钻探平台，钻机安装方便快捷；既能满足浅水位钻探又能实现搁浅钻探的要求；转场移位时间耗时较少；缺点是船舶一般吨位偏小，在风浪影响下，船的摇摆幅度较大，容易因船体走锚而重新起下套管，影响整体钻探作业效率。

图 9-89　桁架式平台

（3）桁架式平台。当施工海域位于沿海潮间带上、滩面表层为砂性土层、潮差较大时，可以采用桁架式平台进行钻探施工（图 9-89）。

通过施工钢管（钢构脚手架）搭建海上钻探平台，并在四角使用钢斜撑固定，施工平台用木板铺平，四周焊接安全围栏，将钻机安装在平台上，并进行必要的固定。这种方式可以克服因海况复杂船舶不能进行勘察施工的困难。

该类钻探平台的优点是结构比较简易，主要选择在落潮时进行快速搭建完成，一般在样机或少量机位情况下使用；缺点是不适宜在大规模风机机位钻探时使用。

2. 近海风电场

近海风电场是指在理论最低潮位以下 5～50m 水深的海域开发建设的风电场。近海风电场海况要比潮间带或潮下带风电场复杂，其主要体现在有较大的涌浪，且涌浪的平复期需 2～3 天，一般吨位较小的船舶无法满足该区域的风电场的地勘需要，因此在此区域进行风电场风电机组机位的钻探可以选择以下钻探平台：

（1）单船侧舷式钻探浮动平台。

1）船舶选择。单船侧舷式钻探浮动平台一般由普通货船或一般干货船经过一定的改造而成，根据其船底的形状一般可以分为平底船和尖底船。平底船稳定性比尖底船差，没有特殊设施辅助的话，只能在紧邻海边的地方行驶；而尖底船水下部分更多，可以利用水下面积稳定船身，可以最大程度抵消波浪、涌浪的影响，保证钻探施工的安全。因此，单船侧舷式钻探浮动平台一般选择尖底船作为钻探平台，船舶宽度应大于 10m，其船舶总吨位一般要求在 1000t 以上。

2）平台搭建。单船侧舷式钻探浮动平台一般选择在船舶重心位置的一侧搭建，重心位置一般在船中稍后，这个位置船舶的颠簸最小。但有时为了满足钻探施工作业场地和空间的需要，钻探平台需前靠，不在重心位置，这时需要对船首进行必要的压载，使得船舶的重心也适当前移，确保所搭建的平台基本处于重心位置上。

单船侧舷式钻探浮动平台的面积一般在 $60m^2$ 左右，搭建的主要材料有工字钢、槽钢、角钢和花铁板等。通过电焊将各种材料按计划焊接在一起，搭建一个具有一定结构强度且能够放置钻机的工作平台，并在平台四周及上下梯子部位设置高度不低于 1.2m 的防护栏杆，同时悬挂安全防护网及必要的救生圈。单船侧舷式钻探浮动平台如图 9-90 所示。

(2) 自升式钻探平台。自升式钻探平台由平台、桩腿和升降机构组成，一般无自航能力或仅可在风电场区内短距离自航，长距离航行需要靠拖轮拖移。平台能沿桩腿升降，即不钻探时，把桩腿升高，平台浮在水面；钻探时用拖轮把平台拖到作业区，利用驱动装置将桩腿插入海底一定深度，使平台升到不受潮水、浪、涌的影响的高度，实施水上钻探作业。自升式钻探平台皆为多腿式，但四腿的较多。升降机构驱动方式有滑轮、液压驱动及电动机驱动等方式。自升式钻探平台如图 9-91 所示。

图 9-90　单船侧舷式钻探浮动平台

图 9-91　自升式钻探平台

与我国传统的将钻机固定在改装的钻探船（工程船、货船或其他船舶）上进行海上钻探作业的方式相比，自升式钻探平台克服了因波浪引起的船只晃动问题，从而解决了由其产生的影响钻探质量、取土质量和孔内原位测试精度的缺点，同时也扩大了海上勘探作业窗口期。

在欧美国家，自升式钻探平台广泛运用于海洋工程领域勘察工作。但在我国运用较少，主要原因包括：建造平台初期投入大、使用过程中安全风险比较高、后期维护费用不菲；平台搭建、移动等需要较多的辅助设施支持，进一步加重了钻探成本；为避免风、浪、涌等环境因素影响作业平台的稳定性，钻孔定位后桩腿需要预压及调整，故钻探作业时间长；遭遇意外阵风风浪时，作业人员从平台向交通船上撤离时非常困难。此外，最为重要的是国外钻探收费很高，而目前国内市场很不规范，海洋勘察钻探费用较低，致使勘察企业无利可图，甚至担负着高额亏损的风险。

国内勘察单位在近海勘察中使用的海上钻探平台最早的为中交一航院，即 1990 年在河北沧州黄骅港 3 万吨级码头工程地质勘察中使用的中交系统。中交一、三、四航院均拥有拼装式海上钻探平台，平台都投入到海外港口、码头工程勘察中。

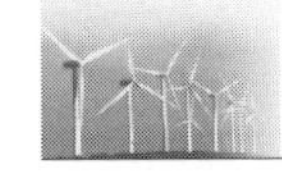



近年来，海上风电勘察单位也加大了投入，陆续设计建造了一批自升式钻探平台，现在海上风电钻探领域已有的自升式钻探平台适应的水深多在35m以内。随着海上风电建设水深越来越深，目前上海院、华东院正在研制水深超过50m的自升式钻探平台。

从钻探工程勘察质量、工期保证等因素考虑，我国近海海上风电场海上钻探领域海洋钻探发展的方向是自升式钻探平台和配备带波浪补偿功能的海洋钻机的钻探船（如上海勘测设计院的“梅航863”）。

3. 远海风电场

远海风电场水深一般超过50m，一般采用海洋石油行业综合物探船或科考船。

中海油田服务股份有限公司的综合勘察船“海洋石油707”（图9-92）已经进入海上风电钻探领域。作为海洋油气田钻探的主力船型，具有钻探取样、海洋水文调查和海底地形地貌勘察等多种功能，最大作业水深600m，最大钻进深度200m。其钻探能力完全能够满足目前海上风电场的技术要求。

海洋石油707的主要不足是施工成本过高，类似船舶设备数量极少，只有石油系统、海洋资源调查或科考单位才有。

#### 9.2.1.2　海上风电钻探设备

1. 常规工程钻机

常规工程钻机一般是指在陆域工程勘察领域已经广泛而成熟使用的系列钻机。根据不同的海况及工作要求，用于海上钻探的设备多是回转式立轴钻进设备。目前海上风电钻探常用的钻机型号有GXY-1B和XY-2型。

GXY-1B型钻机适用于工程地质勘察、固体矿床的普查勘探、爆破孔用各种混凝土结构的检查孔等，根据地层的不同，可选用金刚石、硬质合金、螺旋等钻头钻进，图9-93为实物图片，其主要技术参数见表9-9。

图9-92　海洋石油707

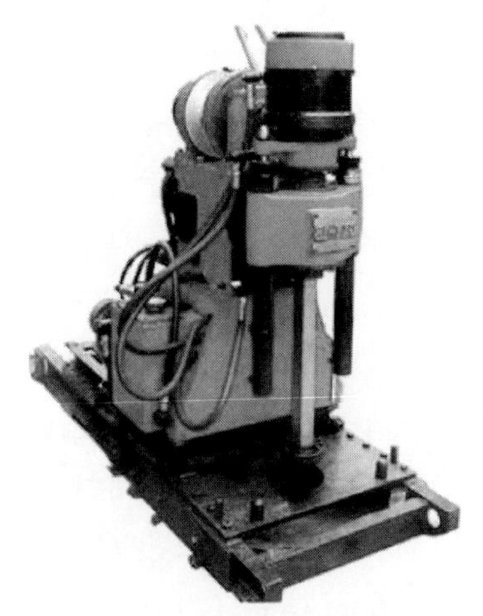

图9-93　GXY-1B型钻机

GXY-1B型钻机的主要特点有：①钻机输入功率大，输出扭矩大，钻进能力强；②具有油压给进机构，立轴上端配有液压卡盘夹持机构，提高钻进效率，减轻工人劳动强度；③钻机采用双片常闭摩擦式离合器，开闭灵活，操作调整方便；④钻机变速箱采用汽车变速箱式结构，单手把变速，并具有互锁机构，操作方便；⑤钻机与水泵分离，水泵、钻机单独配备动力，可以提高钻机的输出扭矩，特别在进入深孔钻进时不会因动力下降致使水泵发生矛盾，避免出现孔内事故；⑥可根据需要加装配备大通孔振动器及控制系统，提高了处理事故的能力。

**表9-9 GXY-1B型钻机主要技术参数**

| 项目 | 数值 | 项目 | 数值 |
|---|---|---|---|
| 钻杆直径/mm | 42、50 | 钻杆夹持方式 | 液压卡盘 |
| 钻孔深度/m | 0～200 | 卷扬机提升能力/kN | 15 |
| 动力头输出转速/(r/min) | 61～654（4挡）、反：45 | 卷扬机提升速度/(m/s) | 0.22、0.95、1.95、5.3 |
| 立轴行程/mm | 500 | 钻孔倾角/(°) | 0～90 |
| 最大加压力/kN | 15 | 钻机外形尺寸（$L\times B\times H$）/mm | 1800×1200×1500 |
| 最大起拔力/kN | 25 | 钻机重量（不含动力机）/kg | 650 |

XY-2型钻机是一种中浅孔、机械传动、液压给进的立轴式岩芯钻机，适用于金刚石、硬质合金及钢粒钻进，也可用于工程地质勘察、水文水井钻探以及大口径工程施工钻探。图9-94为实物图片，其主要技术参数见表9-10。

XY-2型钻机的主要特点有：①回转器具有八级正转和二级反转，调整范围较合理，便于一机多用；②钻机重量较轻（不含动力机，重950kg），可拆装性能好；③给进行程较长（600mm），有利于提高钻进效率，减少事故；④液压系统采用双联泵供油，改善了系统工作状况，功率消耗降低；⑤钻机可进行高速钻进，也可进行大口径低速钻进。

**表9-10 XY-2型钻机主要技术参数**

| 项目 | 数值 | 项目 | 数值 |
|---|---|---|---|
| 钻杆直径/mm | 42、50 | 钻杆夹持方式 | 液压卡盘 |
| 钻孔深度/m | 0～300 | 卷扬机提升能力/kN | 30 |
| 动力头输出转速/(r/min) | 70～1241（8挡）、反：55、257 | 卷扬机提升速度/(m/s) | 0.41、0.73、1.15、1.58 |
| 立轴行程/mm | 600 | 钻孔倾角/(°) | 0～90 |
| 最大加压力/kN | 54 | 钻机外形尺寸（$L\times B\times H$）/mm | 2150×1200×1500 |
| 最大起拔力/kN | 72 | 钻机重量（不含动力机）/kg | 950 |

图 9-94　XY-2 型钻机

图 9-95　XD-30DB 型顶驱钻机

2. 顶驱钻机

顶驱钻机是近年来我国创新开发的新型地质钻探设备（如 XD-30DB 型顶驱钻机，如图 9-95 所示，主要技术参数见表 9-11），主要由动力驱动装置、主绞车、变频控制系统、钻塔和泥浆泵等组成。其主要优点是在操控性能、钻进功效和参数化孔内实时监控等方面具有明显优势。整套系统采用了变频控制、数字传输和集中操作，融合机、电、液、电子及信息化技术于一体，大大提高了岩芯钻探装备的智能化、数字化和自动化水平，大大降低了能耗和劳动强度，提高了工作度和安全性。XD-30DB 型顶驱钻机目前主要应用于地质深部钻探，如铀矿普查、煤层勘探等，要应用于工程钻探，须进行一定的技术改造以满足工程钻探的需要。

3. 海洋工程钻机

由于海上风电钻探的作业窗口期较短，在深海区钻探作业既要考虑钻探施工的经济性，还要考虑施工效率。海洋工程钻机是专为海洋地质勘探取芯作业而设计，主要适用钻进地层为海洋沉积淤泥地层、黏土地层、砂质黏土、粉砂层、砂层、砂砾岩及

**表 9-11　XD-30DB 型顶驱钻机主要技术参数表**

| 序号 | 项　目 | 参　　数 | XD-30DB |
| --- | --- | --- | --- |
| 1 | 钻进能力 | $\phi$89 绳索钻杆 | 3000m |
| 2 | 钻塔 | 井架形式 | A 型 |
|  |  | 钻塔高度 | 29m |
| 3 | 顶驱 | 驱动形式 | 交流变频直驱 |
|  |  | 电机额定功率 | 2×55kW |
|  |  | 转速 | 0～650r/min |
|  |  | 最大扭矩 | 8kN·m |

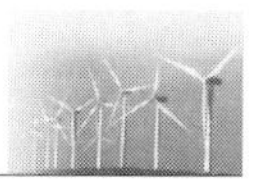

续表

| 序号 | 项　目 | 参　　数 | XD-30DB |
|---|---|---|---|
| 4 | 主绞车 | 最大输入功率 | 160kW |
| | | 单绳最大拉力 | 125kN |
| | | 转速 | 0～1m/s |
| 5 | 泥浆泵 | 驱动形式 | 交流变频 |
| | | 型号规格 | BW-300/16B |
| | | 最大流量 | 330L/min |
| | | 最高压力 | 16MPa |

基岩地层，是一种高效的工程地质钻进取芯设备。其钻机操作采用手动换向阀和电磁阀组控制，操纵控制集中便捷，相比传统的工程钻机，其钻进效率及安全性更有保障。

海洋工程钻机主要由钻塔、底座、液压动力头、液压系统、波浪补偿系统、动力站、冲击卷扬、泥浆泵和操作台等组成，适应地层范围广，可以满足风电场基础范围内所有地层勘探的不同钻进取样工艺的需要。

目前使用较多的海洋工程钻机为 HD-600 型和 HD-1000 型，如图 9-96 和图 9-97所示，钻机主要技术参数见表 9-12 和表 9-13。HD-1000 为 HD-600 的升级版，主要适用于中间开月池的工程船。

图 9-96　HD-600 型海洋工程钻机

图 9-97　HD-1000 型海洋工程钻机

相比传统的陆域钻机，海洋工程钻机具有以下特点：①便捷的操控性能，实现数字化、智能化集中操控，钻进操作均由液压手把、电控元件或数字化操作完成，减轻了劳动强度，减少了人力；②司钻房操作，改善了劳动环境、提高了安全性和舒适度；③可靠性高，辅助时间短，施工效率高；④钻机给进行程长，有利于提高钻进效率；⑤采用液压传动，钻进扭矩、转速可在大范围内无级调节；⑥模块化结构，安装快捷，运输方便；⑦钻机配有波浪补偿装置，即蓄能器和油缸补偿器，可防止取样断

表 9-12　HD-600 型海洋钻机主要技术参数表

| 项　目 | 参数 | 项　目 | 参数 |
|---|---|---|---|
| 钻孔深度（水深 50m 时）/m | 600 | 动力头给进行程/mm | 6000 |
| 钻孔直径/mm | 91 | 升沉补偿行程/mm | ±1500 |
| 钻杆直径/mm | 89 | 钻塔高度/m | 9.5 |
| 钻孔倾角/(°) | 90 | 泥浆泵最大流量/(L/min) | 250 |
| 动力头转速/(r/min) | 103～548 | 泥浆泵最大压力/MPa | 5 |
| 动力头最大扭矩/(N·m) | 3400 | 动力机型号 | 4BTAA3.9-130 |
| 主卷扬最大提升力/kN | 80 | 动力机功率/kW | 97 |
| 主卷扬单绳最大提升速度/(m/min) | 45 | 动力机转速/(r/min) | 1500～2000 |
| 液压泵排量/(mL/r) | 71+40+28 | | |

表 9-13　HD-1000 型海洋钻机主要技术参数表

| 项　目 | 参数 | 项　目 | 参数 |
|---|---|---|---|
| 钻孔深度（水深 50m 时）/m | 1000 | 液压泵排量/(mL/r) | 71+32+32 |
| 钻孔直径/mm | 98 | 动力头给进行程/mm | 7000 |
| 钻杆直径/mm | 89 | 升沉补偿行程/mm | ±1500 |
| 钻孔倾角/(°) | 90 | 钻塔高度/m | 11.5 |
| 动力头转速/(r/min) | 103～548 | 钻塔额定负载能力/kN | 400 |
| 动力头最大扭矩/(N·m) | 4000 | 泥浆泵最大流量/(L/min) | 250 |
| 主卷扬最大提升力/kN | 80 | 泥浆泵最大压力/MPa | 5 |
| 主卷扬单绳最大提升速度/(m/min) | 45 | 动力机型号 | 4BTAA3.9-130 |
| 液压系统主油路额定压力/MPa | 25 | 动力机功率/kW | 97 |
| 液压系统辅助油路额定压力/MPa | 25 | 动力机转速/(r/min) | 1500～2200 |

芯，其中蓄能器通过对补偿油缸储存和释放液压油，避免在海上钻进的时候由于波浪的起伏使钻具对钻孔造成扰动，提高成孔及取芯质量，油缸补偿器可以保证在海上波浪起伏造成船舶甲板随波浪上、下移动时，钻具钻头始终触于孔底，避免发生断芯现象；⑧海洋工程钻机泥浆泵采用了陶瓷缸套，钻塔及各种重要部件采用特殊工艺进行了防锈处理，极大程度上避免了海上作业对设备的腐蚀性；⑨冲击卷扬采用汽车变速箱，速度调节范围宽，提升能力强，可很好地适应各种复杂的海上工况；⑩液压管路连接采用快速接头插接为主，减少液压油漏油的可能性，可较好地解决因油污流失造成环境污染的问题。

4. 海底钻机

海底钻机目前主要应用于深海底矿产勘探与地质科学研究，钻机通过船载光纤动

力缆绞车下放至海底；着底后，依靠光纤动力缆供电和通信、甲板远程操控，开展钻进取芯作业。钻进结束后，整机收回至甲板，取出钻具内岩芯管后提取岩芯样品，完成一次钻进取芯作业。

海底钻机主要由甲板高压共变电装置、甲板人际操控界面、水下钻机主机三部分组成。我国国产的深龙-10M-D96（图9-98）绳索取芯海底钻机主要技术参数包括：①工作水深不大于4500m；②最大钻孔深度：10.5m/21m；③岩芯样品直径54mm/64mm；④取芯方式：提杆取芯/绳索取芯；⑤结构：模块化功能构件，4个调平支腿；⑥电气：3200V交流供电；⑦钻进参数：无级调速，转速调解范围0～800r/min；⑧液压系统压力：20MPa；⑨在线监控：温度、钻速、钻压等钻进系统参数，以及4K高清寻址监控和4路高清钻机状态监控。

图9-98 深龙-10M-D96

海底钻机的主要优点是适应较大的水深，整机的自动化、可视化程度高，操作方便简单；不足是钻进深度有限，目前只能在风电场海底路由钻探中采用，适用范围较窄。

5. 高频振动取样钻机

高频振动取样钻机采用先进的声波振动技术，通过产生可以调节的高频振动，围绕平衡点进行重复摆动，使取样管不断向岩土中钻进并送入预定地层，再通过取样管尾部特殊的机械结构设计达到取样的目的。

该钻机的核心设备是声波钻进头（振动器），振动器能够产生纵向正弦压力波，该正弦压力波传递到与钻头连接的钻杆上。当振动与钻杆的自然谐振频率叠合时，就会产生共振。此时钻杆的作用就像飞轮或弹簧一样，把极大的能量直接传给钻头。频率通常为50～185Hz。该钻机的主要结构如图9-99所示，声波钻进头位于地面上，圆筒的上端是压重物，工作活塞在圆筒的内腔中作往复运动。工作活塞与活塞杆相连，活塞杆的一端伸入压重物的内腔中，液体密封位于内腔中，保证在圆筒的内腔和周围环境之间的密封。活塞杆的另一端延伸穿过密封圈，密封圈装在圆筒的内腔末端，以保证工作活塞之下的圆筒的内腔孔与周围环境之间的密封。活塞杆在地面与钻杆连接。

该钻机的主要优点是，钻进过程中，当动力头产生的高频振动波频率与钻柱固有频率相吻合时，诱发钻柱产生共振，使能量向孔底传递达到最大。在大多数情况下，孔底的岩土层在声波频率的振动下会发生液化现象。液化后的土层其力学性质中的承

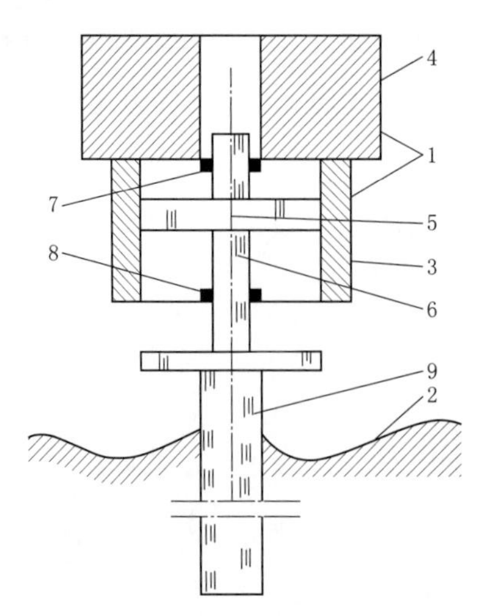


图9-99 高频振动取样钻机结构
1—声波钻进头；2—地面；3—圆筒；4—压重物；5—工作活塞；6—活塞杆；7—液体密封；8—密封圈；9—钻杆

载力、抗剪强度等参数均发生大幅度下降，液化后的岩土层也产生了更好的护壁和润滑效果，因而有利于快速钻进成孔。

主要不足是不能采取原装土样且钻进深度有限，只能在风电场海底路由勘察时作为辅助钻探工具使用。

6. 海洋石油钻机

海洋石油钻机一般用于海洋油气田开发项目的勘察作业，其钻探装备先进、钻进效率高、适应范围广、自持能力强，目前我国的海洋石油钻机有海洋石油623、海洋石油707、海洋石油708、海洋石油709。

海上风电勘察中，在特殊情况下也会选择海洋石油钻机进行地质勘探，但其数量少且不具备经济性，成本消耗大，限制了海洋石油钻机在海上风电钻探领域的大规模应用。

#### 9.2.1.3 海上风电钻探设备选择

海上风电钻探施工可以根据风电场的地层情况、开孔和终孔条件，结合该海域的海况以及设备承载平台的大小，选择合适的钻探设备，由于海上风电钻探施工的钻进及取样条件复杂，因此选用的设备功率尽可能要大一些，这样既能满足一般情况的作业要求，也能满足特殊紧急情况下的施工要求。

1. 潮间带、潮下带近海区（水深小于50m）

潮间带或潮下带区水深小于50m，一般离岸较近，钻进过程中易受涨落潮的影响，但在可作业窗口期内海况不是很复杂，可以选择GXY-1B、XY-2或海洋工程钻机置于漂浮式平台或固定式升降平台上进行钻探施工作业。近海区水深小于50m，有条件的话宜尽量选择带波浪补偿装置的海洋工程钻机或自升式钻探平台。

2. 深海区（水深大于50m）

拟建风电场若位于离岸较远的深海区，鉴于深海区海域的水深、风浪、水流等情况较复杂，一般传统的工程钻机难以应对复杂的海况，而且容易出现安全事故。在深海区进行钻探施工，应选择海洋工程钻机或满足水深条件的专业自升式钻探平台，在特殊情况或要求下，也可选择海洋石油钻机。

3. 海缆路由

海缆路由勘察是一种沿着预选路由专门针对海缆工程而进行的海洋工程勘察。海

缆路由勘察与海上风电勘察的主要区别有：区域跨度大，海缆路由勘察区为条带状，路由越长，条带越明显，跨度就越大；比较注重表层的浅地层结构，海缆路由勘察主要是针对海缆建设，大部分需要埋设的海缆深度在5m以内，因此海缆路由勘察更关注表层的浅层结构，其勘察设备可以选用常规钻机，也可以选择海底钻机和高频振动取样钻机。

#### 9.2.1.4 海上风电钻探施工方法

1. 漂浮式平台作业流程

漂浮式平台水上钻探作业主要分两个部分，分别是钻探船定位和钻探作业，具体如图9-100所示。

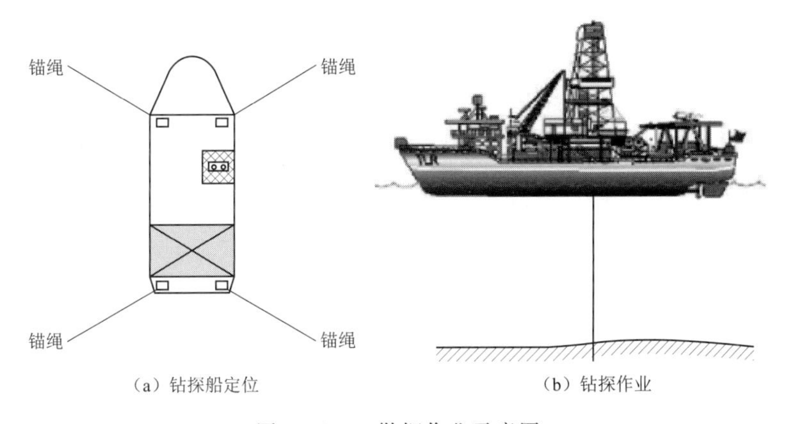


图9-100 勘探作业示意图

(1) 钻探船抛锚定位。钻探船采用抛锚泊位，为保证孔位准确，钻探船在施工期间固定，不产生漂移，作业船上配备6只铁锚（2只为备用锚），形为齿状，先抛首尾4只主锚，备用锚2只，单个锚重为1.5～2.0t，总锚重为船受综合外力（风浪潮流）之和的30%。当某一侧锚因水流方向变化或发生较大潮汐变化出现微走锚时，在可能造成平台船漂移的流向方向上增补，提高船在施工时抗漂移的能力，抛锚绳长度一般为100～250m，锚绳直径15～25mm。锚绳与水面夹角应控制在10°左右，以保证船舶的最佳拉系状态和锚的稳定。

(2) 钻孔定位。抛锚定位前，应做侧流分析，确定海流的流速、流向后，船艏应顶流，同时还需注意风的速度和方向。另外，测量技术人员可以根据孔位及锚绳的长度预先设计好抛锚点位的坐标，并在该点放置浮标，有利于快速抛锚定位。

根据现场实际情况，滩涂风电场可采用全站仪或GNSS接收机，近海风电场或深海风电场采用GNSS接收机或星站差分接收机，利用相关资料（如风速、波浪、潮汐等）对水深数据进行改正，相对于参考站，在钻探船静止不动的情况下，平面定位精度可控制在0.3m以内，水深在100m以内，精度可控制在0.5m以内。

在钻探施工过程中，船舶工作人员应通过测深仪定时查看应潮水涨落产生的深度变化，及时调整各锚绳的长度，确保锚绳与水面的角度一直处在合理的范围内，保证钻探施工的安全和连续性。

(3) 下隔水导向套管。钻探船确认按设计坐标定位并稳固后，根据水深和水流情况，下入直径168mm的水中保护套管，以隔绝流水对钻进的影响并对钻孔起导向作用。为保持套管的垂直度，在套管柱下部设置定位绳，用水平尺校测并通过调整定位绳保证套管柱的垂直下入，进入海床5～10m，为消除潮汐水深变化对钻探的影响，采用下伸缩管的方法，在保护套管外层再套下一层按最大潮差2倍左右长度的套管，管口固定在钻探船上，钻探船升降时套管高度和上下钻具均正常不受影响。

(4) 钻具选择。海上钻探使用的钻具主要包括钻杆、岩芯管、钻头以及各种接头等，大致与陆地钻探施工一致，海上风电钻探施工不同于陆地钻探的主要是从钻孔孔口至海床有一段几十米的悬空距离，为了保证钻进过程中钻孔的稳定以及冲洗循环液的正常工作，必须选用合适的套管将海水隔离。由于受海流的影响，特别是水深大于30m的情况下，一般直径127mm的套管不能满足实际工况要求，容易溜偏。实际施工中可以采用直径194mm和127mm相结合的套管。

在一般地层的钻进过程中采用单层岩芯管，但面对复杂地层，由于采用单层岩芯管导致冲洗液直接冲刷岩芯，致使部分层位的岩芯难以辨识，影响对地层问题的判断。在这种情况下，实际钻探施工中采用双层岩芯管钻进，其主要优点是，岩芯进入内管，冲洗液自钻杆经岩芯管内、外管壁间循环，不会进入内管冲刷岩芯，从而有效地保护岩芯，提高采取率。

另外，软土地区一般采用合金钻头，基岩地区采用金刚石或复合片钻头。复杂岩层及特殊地段地层取样管采用双管单动岩芯管。

(5) 钻孔冲洗液的选择。钻孔冲洗是海上风电钻探施工必不可少的工序，冲洗液的质量直接影响钻孔成孔和取芯的质量。冲洗液在成孔中的主要作用是平衡地层压力、悬浮和携带岩屑、润滑并冷却钻头、在孔壁形成泥皮、增加孔壁稳定性。由于海域钻探环境和造浆水源与陆域差别很大，在海域钻探过程中的泥浆循环工艺有其独特性。

传统的海上钻探泥浆使用海水配置，在配置泥浆的同时需要加入一定量的降失水剂，如Na-CMC降失水剂、分散剂［火碱（NaOH）和纯碱（$Na_2CO_3$）］，防止钻孔坍塌，提高泥浆的再生性能。

作业中一般采用由泥浆槽—泥浆泵—钻机—钻孔—泥浆槽的泥浆循环路径。在海上风电钻探施工时，泥浆循环回收再利用要注意的主要问题包括：下放套管时要逐节拧紧，减少泥浆从套管接口处的渗漏；套管最好下到可塑状的黏土层上，并挤压密实，防止泥浆从套管底部渗漏；要根据涨、落潮情况及时增减套管，保证正常的钻进循环；使用泥浆钻进时须做好环保工作，减少对施工海域的污染。

然而近年来，随着我国对环境保护力度的加大，对海上风电钻探过程中泥浆外溢

造成的环境污染越来越重视，因此，对冲洗液也提出了更高的环保要求。

目前，在石油钻井领域使用的环保型冲洗液有烷基塘苷冲洗液、硅酸盐冲洗液、合成基冲洗液、聚合醇冲洗液。

在海上风电钻探领域，由于环保型冲洗液使用成本高，需要与大量处理剂复配、现场维护不易等问题，对环保型冲洗液的大范围应用造成了一定的影响。

(6) 钻孔钻进。开孔采用直径 110mm、终孔一般不小于直径 91mm 的全孔连续取芯。为防止淤泥层和含水黏土层缩径，可采用外肋骨钻头。为避免从岩芯管取出岩样时的人为扰动，可采用水压退芯方式。按单孔任务书的要求进行标贯、触探、取样等各种试验。若遇砂层或粉细砂层，应采用泥浆循环、套管护壁，钻头使用活门钻头取样，便于提高岩芯采取率及取样质量。海上风电钻探岩芯采取率要求见表 9-14。

**表 9-14　海上风电钻探岩芯采取率**

| 地层类别 | 岩芯采取率/% | 地层类别 | 岩芯采取率/% |
|---|---|---|---|
| 淤泥、淤泥质土层 | ≥90 | 碎石土层 | ≥70 |
| 黏土层 | ≥90 | 破碎岩层 | ≥70 |
| 粉土层 | ≥85 | 完整岩层 | ≥90 |
| 砂土层 | ≥70 | | |

(7) 终孔及移位。等钻至计划深度即可终孔，拔起套管，施工结束。移至下一孔位，重复以上步骤。

2. 自升式钻探平台作业流程

自升式钻探平台作业是由管柱支撑于海床，并通过自身配备的起升设备将平台托起至海面以上一定高度的平台。

自升式钻探平台作业流程主要分为拖船就位、插桩平台托起、钻探施工和拔桩平台下降。

(1) 拖船就位。一般情况下，自升式钻探平台由港口转移至指定风电场施工地点时，需要使用拖船拖带。

自升式钻探平台在使用拖船拖航过程中，为保证拖船中平台的安全，一般至少需要两条拖船，分别为主拖船和辅拖船。主拖船在拖航作业中拖带平台航行，辅拖船从事人员和货物运输并协助平台起抛锚和定位作业，并在特殊情况下作为备用拖船。在拖航过程中如遇特殊突发海况，且超过平台拖航对海况的要求时，需要在确认海底底质情况后，立即进行强行插桩，尽快将平台升起离开水面，等待海况好转后再继续拖航。

拖船将平台拖到距钻探目标孔位 5 海里[1]左右，平台降桩准备减速，通过专业测量设备引导平台初就位，拖轮协助方锚，使用锚泊系统结合专业测量设备进行精确

[1] 1 海里=1852m。

定位。

（2）插桩平台托起。平台精准定位的同时，开始插桩。插桩时应使平台为正浮状态，以便能使桩腿尽可能垂直入底质；下桩时应避免单根桩腿触碰海底底质，保持 4 根桩腿均衡下放；压腿时应单腿压载，减小平台与桩腿的倾角，避免桩腿穿刺对平台造成危害；插腿过程中，操作人员应密切关注控制台上的平台水平仪，确保平台水平，使桩腿升降装置的齿轮受力均衡，避免单个齿轮荷载过大而造成机械损坏。当平台升到指定高度后，使用锁紧装置锁住桩腿，将平台重量和荷载由升降系统转移到锁紧装置上，提高施工的安全性。

（3）钻探施工。钻探施工前，应仔细查清实际施工钻孔孔口处是否有妨碍钻探的障碍物，孔口周围是否有不利于平台安全作业的物体。

下隔水导向套管，隔水导向套管采用静压或锤击方式贯入，并进入相对密实或坚硬土层。根据水深及水流情况，隔水套管一般选择直径 146mm 或直径 194mm，或两者的组合形式。

钻进过程分为下钻具、岩土破碎钻进、冲洗钻孔、加钻杆、取土样和提钻具。

（4）拔桩平台下降。在一个钻孔完成后，需要恢复到漂浮状态，以便移动到下一个钻孔位置。将平台降到水面，然后依靠船体浮力将桩靴从海底泥面下拔出。当桩靴入泥较深时，为了顺利拔桩，需进行冲桩，利用高压水冲掉附在桩靴上的泥土，消除桩靴底部的吸附力。

拔桩结束后，进入下一个钻孔作业流程。

#### 9.2.1.5　海上风电钻探钻孔编录

钻孔的编录是将钻进过程中的地质情况客观地用文字记录在固定的记录纸上，这些记录的地质资料就是钻孔原始资料。因此，编录人员必须是相关专业的技术人员，记录过程中除了认真、仔细外，还应全面、准确地反映地质情况。

1. 岩芯观察、描述和编录

岩芯的描述应该包括岩性名称、分层深度、岩土性质等，各类地层描述应包括以下内容：

（1）卵砾石土。颗粒级配、颗粒含量、颗粒直径、磨圆度、颗粒排列及层理特征。

（2）砂性土。颜色、湿度、密实度；颗粒级配、颗粒形状和矿物组成及层理特征；黏性土含量。

（3）粉土。颜色、湿度、密实度；包含物、颗粒级配及层理特征；干强度、韧性、摇振反应、光泽反应。

（4）黏性土。颜色、湿度、状态；包含物、结构及层理特征。

（5）岩土。地质年代、地质名称、颜色、主要矿物、结构、构造和风化程度、岩

芯采取率、岩石质量指标（RQD）。对沉积岩尚应描述沉积物的颗粒大小、形状、胶结物成分和胶结程度；对岩浆岩和变质岩尚应描述矿物结晶大小和结晶程度。

2. 钻进过程记录

钻进过程应记录使用的钻进方法、钻具名称、规格、护壁方式等；钻进时候的难易程度、进尺速度、操作手感、钻进参数的变化情况；取样及原位测试的编号、深度位置、取样工具名称规格、原位测试类型及其结果。

特别要注意地层变化时的深度、钻具陷落、孔壁坍塌等。如果钻进不平稳，钻具抖动剧烈，表明此处岩层破碎或处于构造破碎带中。

3. 钻孔深度

海上风电钻探与陆域钻探最大的不同就是钻孔深度的计算。海上风电钻探过程一直受涨落潮的影响，海水的深度一直在变化过程中，因此，准确计算孔深对于精确划分地层界限十分重要。

海上风电钻探孔深需要知道主动钻杆的长度 $L_1$，测量孔口与海面的距离 $L_2$，这个测量值是固定的，在钻进过程中每隔 20min 测量海水的深度 $L_3$，所有钻杆的长度是 $L_4$，主动钻杆的余尺为 $L_5$，则该孔的孔深 $L=L_1-L_5+L_4-L_1-L_2$。

4. 钻探岩芯保管

海上风电钻探取得的地质岩芯实物资料是重要的地质资料，应进行妥善保护和保存，岩芯保管分为现场保管、临时保管和永久保管。应设计或业主的要求，海上风电场岩芯主要分为现场保管和临时保管。

（1）现场保管。钻孔完成后，岩芯按照从左到右、从上到下的顺序整齐地摆放在岩芯箱里，写好岩芯牌，置于回次底部，待专人对岩芯拍照留存。岩芯摆放场地必须安全可靠，严禁选择在人员通道或作业平台上摆放，必须配备防雨和遮阳设施。现场岩芯箱应摆放整齐，岩芯箱垛不宜超过 1.5m，现场保管期间应防止岩芯丢失或损坏。

（2）临时保管。钻孔编录完成且验收合格后，根据设计或业主的要求，将岩芯运送到安全可靠的房屋中进行临时保管。岩芯运送至房屋前，应对岩芯、岩芯牌、岩芯箱、岩芯编号等进行细致检查，确保无误。

临时库房应选择场地干燥、排水通畅、通风良好、交通便利的房屋，同时应满足防潮、防火、防盗、防虫等要求。在岩芯保管期间，每半年应对临时保管库房的安全及可靠性进行至少一次检查，若发现不利因素需及时修整或转移处理。

#### 9.2.1.6 海上风电钻探施工安全

海上风电钻探施工难度较大，安全风险高，技术要求高，船舶施工受环境因素影响较大，特别台风或季后风。因此，为了防范和减少各类事故，必须牢固树立“安全发展”的理念，坚持“以人为本、安全发展、安全第一、预防为主、综合治理”的方针，加强安全管理。

1. 收集风电场海域基础资料

根据拟建风电场所在海域位置，认真收集该工程勘察区域的气象、水文、地形、地质、航运及障碍物分布等基础资料。熟悉钻孔任务书的技术要求和安全交底。

钻探施工前，应详细研究拟建风电场海域的风向、风力、水深、波浪、水流、潮汐、雷雨、台风等气象资料。另外，还应掌握海缆、光缆、管道的分布及走向，以及海域内船只的流量等情况，海底底质对钻探船舶锚泊定位的影响。分析上述因素对钻探施工可能造成的影响，制订切实可行的钻探施工方案。

2. 合理选择钻探平台及正确搭建施工平台

钻探平台可根据施工海域的海况和特点选择，可采用漂浮式钻探平台或自升式钻探平台。

(1) 漂浮式钻探平台。在选择漂浮式钻探平台时，拟选船舶要满足抗7级以上大风能力；船舶的吨位一般要大于1000t；允许进行沿海航行；船舶的配员应与配员证书相符；船舶消防救生设施完备、船舶通信设施齐全有效；船舶锚泊系统、主机保养维护良好；螺旋桨及方向舵无异常或故障。

在满足上述要求后，可以在船舶上搭建钻探施工平台，首先必须符合《岩土工程勘察安全标准》(GB/T 50585—2019)、《地质勘探安全规程》(AQ 2004—2005) 的规定，所有材料的焊接强度必须可靠，连接牢固，施工平台面必须铺设平整，平台四周设置不低于1.2m的安全栏杆，并涂上红白相间的颜色；为保证夜晚作业的可视性，在平台四周还应配置灯光照明。

(2) 自升式钻探平台。自升式钻探平台在选取时应充分了解掌握风电场所在海域的水深及其涨落潮时的变化幅度情况，在此基础上选择与水深相适应的施工作业平台，平台必须有相应的合格证书，且升降机构保养良好。

3. 建立健全安全生产管理制度

海上风电钻探因其所处的环境较为复杂，存在的风险点也较多，既有客观的原因，也有主观的原因。因此，建立健全符合海上风电钻探实际工作需要的安全生产制度及措施是确保安全生产的一项基础性工作。用制度来规范员工的日常行为，是日常安全检查的主要依据。

建立安全管理制度的过程也是明确海上钻探施工过程中各方安全职责的过程，严格按制度落实安全生产责任，使得安全管理不仅要进行事前预防，也要在事中进行控制。同时遵循以下原则：源头治理，预防为主，短板管理，重点控制；谁施工，谁负责安全，谁主管现场生产必须管好安全；从严治理，奖罚分明。

目前，通过风电钻探实践，通过不断探索和总结，已形成了一整套有关海上钻探施工的安全管理制度，如《安全组织机构》《船舶安全协议书》《防灾害天气及防雷、防暴应急预案》《危险源辨识与风险评价表》《海上作业应急措施》《外委安全生产协

议》《钻探安全操作规程及岗位安全职责》等。这些规章制度在促进施工人员提高安全意识，降低安全风险，保证勘探施工安全有序开展等方面起到了良好的推进作用。

4. 海上风电钻探危险源辨识

海上风电钻探危险源辨识是有效防止产生安全事故的重要手段之一，也充分体现了“安全生产，预防为主”的理念。只有尽可能地把所有潜在危险源辨识清楚，才能有针对性地采取预防措施，确保钻探作业安全有序地开展。

(1) 船上生活区的危险源包括：随处丢弃的烟头；开关、插座等电器的使用；使用大功率电器；消防设施、器材出现故障或失效；光线差，船舶摇晃；生活食品不分；液化气、天然气泄漏等。这些危险源可能导致火灾、触电、落水和疾病等事故。

(2) 交通船乘坐可能的危险源包括：恶劣天气（大风、大雾）；酒后或疲劳开船；上下交通船时船只不稳或风浪较大。这些危险源可能导致翻船、碰撞、挤手挤脚等事故。

(3) 钻探作业时主要的危险源包括：不戴安全帽和不穿救生衣；突然起大风、台风、风暴潮等；酒后上岗、机械伤害；高空坠物；高处作业；视线差、犯困；过往船舶；渔网、渔船。这些危险源可能导致人身落水、走锚、翻船、船舶撞击和影响施工等事故。

5. 海上风电钻探施工主要注意事项

海上风电场一般离岸较远，如广东、福建沿海的风电场一般离岸20海里左右，江苏沿海有的风电场离岸将近40海里。这就意味着一旦出现安全事故，一般很难得到及时救治。因此，为了避免发生安全事故，需在以下几个方面进行注意或引起高度重视：

(1) 钻探施工前，应了解工作范围内的水域情况（水深、水流、浅滩、礁石及其他等），选择好避风锚地，并与海事、港务等相关部门取得联系。

(2) 海上勘探作业船只，不论大小都应证件齐全，要由熟练的船工驾驶，救生设备按工作人员配齐。

(3) 海上作业船只应挂慢车旗或其他标志，若当天工作未能完成需要退管时，则抛在海上的套管必须高出当地的最高潮位，并在套管顶端安装灯光信号，以供过往船只识别。

(4) 海上钻探作业船只在航行、停泊进行工作时，应按当地海事、港务部门有关规定进行。在航道附近工作（尤其在夜间），应悬挂有关施工、航行、停泊的安全信号。

(5) 海上钻探夜间施工，必须要有专人值班瞭望，如有过往船舶必须提前做好准备；照明设施配备齐全，夜间信号灯全部开启，平台上不能有黑暗死角，每个锚漂上必须安装夜间使用的频闪灯。

(6) 由专人负责掌握当地天气预报，并结合当地实际情况分析气象变化，决定工作措施。

(7) 上下船只要遵守纪律，依次上下船，严禁穿拖鞋，两手不得插入口袋，不能脚踏两只船或跳板上停留。上船后，听从船长指挥。遇险时更应镇静，服从命令，不得乱动。

(8) 乘坐交通船不得超载，并穿好救生衣；不能在施工之排泥管上行走，以防脚滑落水。

(9) 船在航行中，不得进行有落水危险的工作，以防发生人身事故。

(10) 风电场场内移孔作业，套管应提出水面，并用绳索将套管与平台固定设施拴牢，确保行船安全。

(11) 海上钻探工作开始前，必要时办理航行通告和水上水下施工作业许可证。

(12) 钻探人员无论水域、陆域作业期间，严禁饮酒，确保作业、施工安全。

(13) 使用平台钻探施工一定要配备应急交通船，遇到突发异常天气需确保人员能够全部撤离作业区。

6. 海上风电钻探常见事故应急处置措施

海上风电钻探过程中，一旦发生事故，应采取必要的应急抢救措施，尽最大努力减少人员财产损失。常见的事故应急措施主要包括：

(1) 触电事故应急处置措施。触电急救的要点是动作迅速，救护得法，切不可惊慌失措，束手无策。要贯彻“迅速、就地、正确、坚持”的触电急救八字方针。发现有人触电，首先要尽快使触电者脱离电源，然后根据触电者的具体症状进行对症施救。

(2) 火灾和爆炸事故应急处置措施。

1) 发生火灾和爆炸，应迅速启动应急水泵扑灭火源，及时疏散有关人员，对伤者进行救治。

2) 火灾发生初期是扑救的最佳时机，发生火灾部位的人员要及时把握好这一时机，尽快把火扑灭。

3) 在扑救火灾的同时及时向上级有关部门及领导报告。

4) 现场的消防安全管理人员，应立即指挥员工撤离火场附近的可燃物，避免火灾区域扩大。

5) 组织有关人员对事故区域进行保护。

6) 及时指挥、引导员工按预定的线路、方向疏散、撤离事故区域。

7) 发生员工伤亡，要马上进行施救，将伤员撤离危险区域，以最快的速度送至港口同时打120电话求救。

(3) 中暑事故应急处置措施。当有人出现头痛、头晕、耳鸣、眼花等症状继之出

现恶心、呕吐、全身皮肤发红，同时感到剧烈口渴、小便增多，脉搏快速而微弱等症状时，表示已经中暑。此时，应该迅速将病人移至阴凉通风的地方，解开其衣服，让病人平卧，头部不要垫高，用冷水毛巾敷头部，用风扇吹病人（不能太大风）或用较凉的水（刚开始不要用很凉的水，而要使水温逐渐变凉）擦其身体（头部、腋下、股窝等处）再用风扇吹，一般中暑病人就能逐渐好转。必要时可服人丹、十滴水等药物，如果还不能缓解应尽快送医院救治。

(4) 高处坠落事故急处置措施。发生高处坠落事故后，应马上组织抢救伤者，首先观察伤者的受伤情况、部位伤害性质，如伤员发生休克，应先处理休克；遇呼吸、心跳停止者，应立即进行人工呼吸，胸外心脏按压。处于休克状态的伤员要维持其安静、保暖、平卧、少动，并将下肢抬高20°左右，尽快送医院进行抢救治疗。

(5) 食物中毒事故应急处置措施。一旦发生食物中毒，中毒者应及时送医院治疗。在送医院前，如果发现中毒者口服的毒物并非强酸、强碱或其他腐蚀物，又能清醒配合时，即可让其饮水2～3碗，至感饱满为度；随即用手刺激其咽部与舌根，引起迷走神经兴奋而发生呕吐，将毒物吐出。

(6) 人员落水（淹溺事故）应急处置措施。

1) 现场人员会水者及救护人员发现溺水者，立即进行施救工作。

2) 现场人员不会水时，立即用绳索、竹竿、木板或救生圈等使溺水者握住后拖上岸。

3) 溺水者被抢救上岸后，立即清除口、鼻的泥沙和呕吐物等，松解衣领、纽扣、腰带等，并注意保暖，必要时将舌头用毛巾、纱布包裹拉出，保持呼吸道畅通。

4) 立即对溺水者进行控水（倒水），使胃内积水倒出。控水（倒水）方法：溺水者俯卧，救护者双手抱住溺水者腹部上提，或将溺水者放于救护者跪撑腿上，同时另一手拍溺水者后背，迅速将水控出。

5) 有呼吸（有脉搏）时使溺水者处于侧卧位，保持呼吸道畅通。

6) 无呼吸（有脉搏）时使溺水者处于仰卧位，扶住头部和下颚，头部向后微仰保证呼吸道畅通，进行人工呼吸，吹气时，用腮部堵住溺水者鼻孔，每3s吹气一次。

7) 无呼吸（无脉搏）时使溺水者处于仰卧位，食指位于胸骨下切迹，掌根紧靠食指旁，两掌重叠，按压深度4～5cm，每15s吹气2次，按压15次。

8) 在送往医院的途中对溺水者进行人工呼吸，心脏按压也不能停止，判断好转或死亡才能停止。

9) 被救上岸的溺水者，在实施抢救时，立即拨打急救中心120电话，进行现场抢救。

(7) 机械伤害应急处置措施。

1) 轻伤事故。

a. 立即关闭运转机械，保护现场，向应急小组汇报。

b. 对伤者采取消毒、止血、包扎、止痛等临时措施。

c. 尽快将伤者送医院进行防感染和防破伤风处理，或根据医嘱做进一步检查。

2）重伤事故。

a. 立即关闭运转机械，保护现场，及时向现场应急指挥小组及有关部门汇报，应急指挥部门接到事故报告后，迅速赶赴事故现场，组织事故抢救。

b. 立即对伤者采取包扎、止血、止痛、消毒、固定等临时措施，防止伤情恶化。如有断肢等情况，及时用干净毛巾、手绢、布片包好，放在无裂纹的塑料袋或胶皮袋内，袋口扎紧，在口袋周围放置冰块、雪糕等降温物品，不得在断肢处涂酒精、碘酒及其他消毒液。

c. 迅速回港并拨打120求救和送附近医院急救，断肢随伤员一起运送。

d. 遇有创伤性出血的伤员，应迅速包扎止血，使伤员保持在头低脚高的卧位，并注意保暖。正确的现场止血处理措施包括：①一般伤口小的止血法，先用生理盐水（0.9%NaCl溶液）冲洗伤口，涂上红汞水，然后盖上消毒纱布，用绷带较紧地包扎；②加压包扎止血法，用纱布、棉花等做成软垫，放在伤口上再加包扎，来增强压力而达到止血的目的；③止血带止血法，选择弹性好的橡皮管、橡皮带或三角巾、毛巾、带状布条等，上肢出血结扎在上臂上1/2处（靠近心脏位置），下肢出血结扎在大腿上1/3处（靠近心脏位置）。结扎时，在止血带与皮肤之间垫上消毒纱布棉纱。每隔25～40min放松一次，每次放松0.5～1min。

*7. 加强安全检查，重视隐患问题整改*

根据安全管理制度，分级定期对钻探施工进行全过程施工安全检查，及时发现问题，及时整改。检查的内容主要包括：安全管理机构及人员配备；安全生产责任制落实情况；项目作业船舶以及船舶操纵人员是否具有相应资质；高危作业是否有岗位作业流程；现场员工是否全员接受过入职安全教育；钻探施工是否编制安全生产应急预案，是否定期开展应急演练；相关救援设施、设备、物资是否齐全；是否编制水上（水下）作业专项施工方案；是否办理通航水域施工许可；进入施工区域人员是否佩戴安全帽及救生衣等。

针对上述内容应做好详细的检查情况记录，并就相应问题提出整改要求，特别是比较隐秘的不容易察觉的问题，应立即整改，确保钻探施工人员的安全。

### 9.2.2　海上风电取样

海上风电场地质勘察中，采取岩土样品是必不可少的工作之一，而且是十分重要的一项工作。是否能够取得合格的岩土样品也是能否准确定量评价工程地质问题的前提条件。

根据勘察设计的要求，不同质量等级的岩土样的用途是不一样的。例如，有的试样主要用于岩土分类定名，有的主要用于研究其物理性质，有的除了上述用途外还要研究其力学性质。为了保证所取样品能够符合试验要求，必须采用合适的取样技术和方法。

海上钻探取样的工况环境与陆地不同，须在钻探设备、取样工艺和运输包装上多管齐下才能为实验室提供高质量的岩土样。

**9.2.2.1 土样的质量等级**

土样的质量实质上是土样的扰动问题。土样的扰动表现在原位应力状态、含水率、结构和组成成分等方面的变化，它们产生于取样之前、取样之中以及取样之后直至试样制备的全过程。完全不扰动的真正原状土样是无法取得的。

按照土样的扰动程度可分为4级，分别为不扰动、轻微扰动、显著扰动和完全扰动。在实际取样过程中，可以根据土层特点、钻探设备的特点、地区经验和工人的操作水平来预判所取样品能达到的质量等级。

**9.2.2.2 取土器及适用条件**

1. 浅层取土器

海底底质浅部调查分为柱状取样和表层取样两种，如果采用平台方式取样，其效率和经济性都非常低，实际操作过程中，通常采用的取样方法有重力式柱状取样、振动式柱状取样、蚌式取样和箱式取样，其主要优缺点见表9-15。

**表9-15 浅层取土器一览表**

| 取土器种类 | | 结构特点 | 适用土层 | 优缺点 |
|---|---|---|---|---|
| 柱状取样 | 振动式 | 采用先进的声波振动技术，通过围绕平衡点进行重复摆动而形成可调节的高频振动，使钻杆和钻头不断向岩土中钻进并送入预定地层，通过钻杆中间的取样管取得土样 | 可塑～流塑状黏性土、部分粉土和粉砂土 | 结构简单，操作方便，主要适用扰动样的采取 |
| | 重力式 | 由采泥器（含配重尾翼、锁水装置、不锈钢套管、透明采样管）和采样管（带橡胶塞和底盖）组成 | 可塑～流塑状黏性土、部分粉土和粉砂土 | 结构简单，操作方便，主要适用扰动样的采取 |
| 表层取样 | 蚌式 | 由两片类似蚌壳的钢制抓斗组成。当抓斗碰触海底时，就会启动触发装置，当抓斗上提时，抓斗片就会插入海底并合拢到一起，将进入内部的底质样品取上来 | 均匀的黏性土，部分粉土、砂土和砾砂等 | 结构简单、操作方便、不易变形受损，能取多种土类；土样易受扰动，质量为Ⅳ级，完全扰动土 |
| | 箱式 | 箱式取样器主要由一个箱壁薄面和开口面积为20cm×30cm或更大、高60～90cm的不锈钢箱体，以及一个可转动的铲刀、释放系统、加重中心体等部件组成 | 可塑～流塑状黏性土、部分粉土和粉砂土 | 其采集的样品数量大，满足各种试验要求，不足之处是仪器笨重且操作不便。取样质量Ⅰ～Ⅱ级，适用于较软土层 |

2. 深层取土器

海上风电钻探过程中使用的深层取土器主要有贯入式和回转式两种。其结构要求主要是进入土层要顺利，尽量减小摩擦阻力；取土器要有可靠的密封性能，使得取土时不至于掉土；结构简单，便于加工和操作。

此外，还应考虑下列因素：土样顶端所受的压力，包括钻孔中心的水柱压力、大气压力及土样与取土筒内壁摩擦时的阻力；土样下端所受的吸力，包括真空吸力、土样本身的黏聚力和土样自重；取土器进入土层的方法和进入土层的深度。

(1) 贯入式取土器。贯入式取土器可分为敞口取土器和活塞取土器两大类型。敞口取土器按管壁厚度分为厚壁式、薄壁式和束节式三种；活塞取土器则分为固定活塞薄壁式、水压固定活塞式、自由活塞薄壁式等几种。其主要优缺点见表9-16。

**表9-16　贯入式取土器一览表**

| 取土器种类 | | 结构特点 | 适用土层 | 优缺点 |
|---|---|---|---|---|
| 敞口取土器 | 厚壁式 | 取样管为两个对分半圆管，内设衬管；其上端接装有上提活阀的取土器头部，下端接加厚管靴 | 均匀的黏性土，部分粉土和砂土 | 结构简单、操作方便、不易变形受损，能取多种土类；土样易受扰动，质量为Ⅱ～Ⅲ级，且易脱土 |
| | 薄壁式 | 取样管为薄壁（厚1.5～2mm），内不设衬管；上端与取土器头部用螺丝连接；下端无管靴，通过管口切削形成一定的刃口角度和内间隙比。取土器提出地面后，卸下固定螺丝，土样与取样管一起封装 | 可塑～流塑状黏性土、部分粉土和粉砂土 | 土样扰动少，质量Ⅰ～Ⅱ级，适用于较软土层；需要备有许多取样管，管材消耗大，不经济，遇较硬、密实土体刃口易损坏 |
| | 束节式 | 综合厚壁式与薄壁式优点的变径取土器，即下端刃口段为薄壁管；取样管整圆或对分半圆，内装衬口或环刀；上端取土器头部结构与厚壁式相同 | 可塑～流塑状黏性土、部分粉土和粉砂土 | 土样扰动少，质量Ⅰ～Ⅱ级；不能取较硬、密实土体，否则刃口段易损坏 |
| 活塞取土器 | 固定活塞薄壁式 | 在敞口薄壁取土器的基础上，加设一个与取样管内径匹配的活塞。取样开始时，活塞位置处于取样管底端，封闭取样管；贯入取样过程中上提活塞；贯入结束提升取土器时，活塞可隔绝土样顶部水压力 | 软塑～流塑状黏性土、部分可塑状黏性土，粉土和粉砂土 | 为高质量取土器，土样质量Ⅰ级；取土成功率高，逃土可能性小。结构较复杂，安装和操作较麻烦；只能取软土 |
| | 水压固定活塞式 | 具上下两个活塞，下活塞固定，通过一段活塞杆与取土器头部及钻杆相接。上活塞可动，连接在取样管上端，还连接一压力缸。取样开始时，将钻杆下活塞固定，且下活塞在孔底封闭取样管；通过钻杆施加水压，驱动上活塞及取样管向下贯入取样；贯入达满行程时，压力水通过活塞杆的泄水孔排出，压力下降。取样管厚薄壁皆可 | 软塑～流塑状黏性土、部分可塑状黏性土，粉土和粉砂土 | 具有固定活塞取土器的基本优点，土样质量Ⅰ～Ⅱ级；操作较方便，但结构较复杂；一般只限于较软的土样 |
| | 自由活塞薄壁式 | 将固定活塞取土器的活塞延伸杆去掉，仅保留活塞通向取土器头部的一段。通过装设于取土器头部的弹簧锥卡来限制活塞的方向移位。贯入取样时，活塞可随着土样相对于取样管而向上移动 | 可塑～流塑状黏性土、部分粉土和粉砂土 | 结构和操作较简单，类似于一般、敞口薄壁取土器。土样上顶活塞时易受扰动，故可塑状黏性土能取得Ⅰ级土样，流塑、软塑状黏性土只能取得Ⅱ级土样 |

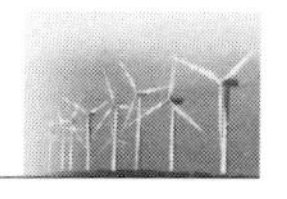

由表9-16可知，贯入式取土器一般适用于采取相对较软的均匀细颗粒土。对于坚硬、密实的细粒土以及砂类土来讲，要取得高质量的取样，则必须采用回转式取土器。

(2) 回转式取土器。回转式取土器的基本结构与岩芯钻探的双层岩芯管相同，常用的有单动和双动两类。

回转式取土器可采取较坚硬、密实的土类至软岩的样品。单动型取土器适用于软塑～坚硬状态的黏性土和粉土、粉细砂土，土样质量Ⅰ～Ⅱ级；双动型取土器适用于硬塑～坚硬状态的黏性土、中砂、粗砂、砾砂、碎石土及软岩，土样质量也可以达到Ⅰ～Ⅱ级。

#### 9.2.2.3 取样方法和技术

1. 取样方法

海上风电钻探取样的质量级别的高低往往跟取样工具以及操作工艺是否熟练有很大的关系。

(1) 海底底质取样。海底底质取样应在孔口套管安装前进行。底质取样可以分为表层取样和柱状取样。表层取样可以采用蚌式取样器或箱式取样器；柱状取样可采用重力式或者振动式取样器。柱状样直径不宜小于65mm，黏性土柱状样长度不小于2m，砂性土柱状样长度不宜小于0.5m，表层底质采样不宜少于1kg。

(2) 一般地层取样。

1) 击入法。击入法是用人力或机械力操纵落锤，将取土器击入土中的取土方法。按锤击次数分为轻锤多击法和重锤少击法；按锤击位置又分为上击法和下击法。经过取样试验比较认为：就取样质量而言，重锤少击法优于轻锤多击法。

2) 压入法。压入法可分为慢速压入法和快速压入法两种。

3) 回转法。使用回转式取土器取样，取样时内管压入取样，外管回转削切的废土一般用机械钻机靠冲洗液带出孔口。这种方法可减少取样时对土试样的扰动，从而提高取样质量。

(3) 复杂或特殊岩土层取样方法。

1) 淤泥质黏土。淤泥质黏土含水量高，强度低，灵敏度高，极易受扰动，因此在淤泥质黏土中采取高质量等级试样必须选用薄壁取土器。

2) 风化破碎带。风化破碎带一般是地质工程师比较关注的地层，岩芯采取率的高低直接影响地质问题的正确判断。因此，在此类地层中采取双层单动岩芯管配合SM植物胶冲洗液的钻进工艺，不仅有利于钻孔结构的稳定，而且大大提高了钻进效率和岩芯采取率。

(4) 砂土取样。砂土在钻进和取样过程中，由于砂土没有黏聚力，当提升取土器时，更容易受到结构的扰动，砂样也极易掉落。

在实际钻探施工过程中，一般采用环刀取砂器通过适当的锤击来取得砂样，或者通过双层岩芯管配合植物胶冲洗液，采用较平稳的回转式钻进来取得砂样。

2. 取样技术要求

（1）注意孔底浮土的清除。钻探取样过程中，在预定位置取土前必须先清除孔底残留的浮土，孔底残留浮土厚度不得大于取土器上端废土段长度。清除过程中要控制好深度，以免对待取样土层造成扰动，降低采取土样的级别。

（2）取土器应平稳下方。在下放取土器取样的过程中，应尽量避免在船舶摇摆晃动剧烈的时候进行。否则会在取土器下放过程中不断侧刮孔壁，引起孔内事故。取土器在即将下放至孔底时，速度宜缓慢，避免突然下落至孔底扰动下部土层。

（3）贯入方法合适。贯入取土器力求快速连续，最好采用静压方式。如要采用锤击法，应做到重锤少击，孔口应安装导向装置，以避免锤击时摇晃。饱和粉、细砂土和软黏土必须采用静压法取样。

（4）取样器提升要平稳。当土样贯满取土器后，在提升取样器前应旋转 2～3 圈，确保土样根部与母体顺利分离，减少逃土的可能性。提升时速度要平稳，切忌陡然升降或碰撞孔壁，以免土样掉落。

3. 土样的封装和储存

（1）取样采取后，应立即采用蜡封和粘胶带缠绕等密封保存方式，并写上相应的标签。同时将密封好的土样放在阴凉处，避免太阳暴晒和寒冷冰冻。

（2）如果条件允许，应及时将采取的土样送至指定实验室，在送样过程中应选用抗振的箱体装运，对于易于振动液化和水分离析的土样应就近进行试验。土样的储存时间一般不宜超过 3 周。

#### 9.2.2.4　取样问题和对策

1. 海上风电取样的主要问题

在海上钻探作业具有受风浪、潮汐及潮流影响较大，取样主要存在以下问题：

（1）孔壁的稳定性问题。护壁的工艺关系到孔壁具有的稳定性与钻进效率，在开展近海钻探时，因为受到波浪与潮汐及底层压力的影响，使得钻杆与孔壁之间出现横向作用力，进而在底层或砂土层内部会出现孔壁坍塌的情况，使起下钻过程变得困难，影响了钻探的效率。所以解决孔壁坍塌问题，对于提升钻探效率与取土效果具有很大的帮助作用。

（2）原状取样。海洋因为受到潮流及气候等因素的影响，需要在短时间内尽可能多地完成规定的工作，提升工作的效率。考虑到上面的因素，对于泥质土、黏性土及砂土等都是钻具取样，扰动非常大，样品的失真也比较大，不能很好地满足试验的要求，因此造成数据的误差大。

2. 相关对策研究

(1) 孔内注入黏土球。由于在钻探的海域将有较大的涌浪使得套管随着风浪起伏较大,难以发挥套管的作用,还不能利用循环泥浆护壁,为此可以向钻孔底部注入黏土球进行保护。为了较好地提升膨润土的造浆性能,可以在膨润土中加入7%的纯碱,搅拌成直径为2.0~3.0cm的黏土球,阴干开始使用。在钻孔进入到砂层0.5m之后停止钻进并将管钻提出,沿着套管将制好的黏土球投至孔底。再次冲击钻进的时候不要过高,黏土球经过反复冲击破损之后形成泥浆,在管钻反复作用下泥浆会在孔壁形成泥皮,从而对孔壁形成有效的保护。最后提出钻具时,因为具有泥皮的保护,钻孔相对稳定,砂层内的承压水不会轻易进入孔内,孔壁不会再次坍塌。在实际钻探时,一般每次钻进需要投放黏土球1次,钻进的间隔为1m,只有这样才会保证钻孔底部泥浆的浓度不会出现变化,进而保护钻孔孔壁的稳定。

(2) 控制钻进的速度。在进行钻进时一定要注意控制冲击的高度,冲击高度不高于0.3m,冲击频率要控制在20次/min以内,避免因冲击振动过大影响孔壁的稳定性,减少对于孔壁上部的泥皮创伤。如涌浪较大时要尽量停止钻进,将钻具放到钻孔底部,待涌浪过后再进行钻进。可以适当增加钻进的回次,每回次的钻进量最好不超过1.0m,保证新钻孔壁的挂浆量,确保将土样的扰动降到最低,同时配合原状取砂器、原状薄壁取土器等取样设备,保证土样的采集质量。

# 9.3 海上原位测试

## 9.3.1 静力触探试验

### 9.3.1.1 测试技术及发展

随着我国海洋战略的高速发展,如何合理高效利用海洋资源成了如今重要的问题。海上风电场工程作为近年来国家发展的重点,而岩土工程作为海上风电场工程中重要的一环,存在许多亟待解决的问题,比如钻孔取样扰动导致的岩土参数不可靠和不明确等问题等。

原位测试技术对土体扰动较少,高精度现场原位测试能够有效获得土体参数。而静力触探试验(CPT)作为主要原位测试技术,在海上风电场工程中应用广泛,在国外海上风电场工程中已有许多工程经验。

静力触探试验是通过采用准静力以恒定贯入速率将圆锥探头压入土中,同时测量并记录贯入过程中的探头阻力来反算土体参数的一种原位测试方法。静力触探试验具有测量速度快、数据连续、再现性较好、操作省时、经济性较好等特点。可对土层的端阻和侧阻特征值进行估算,为基础设计提供基本参数。随着海上风电场工程的发

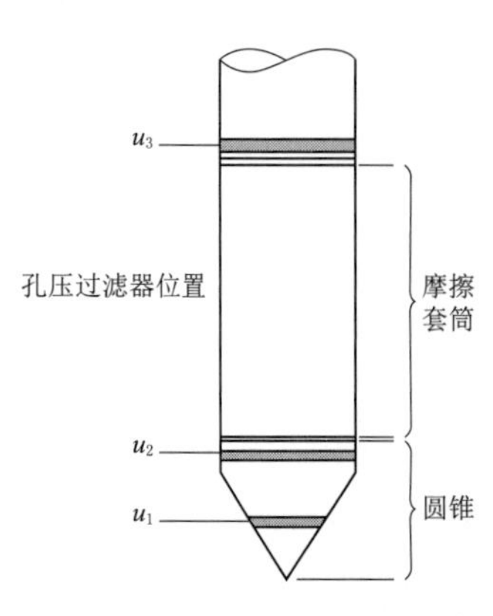

图 9-101　孔压静力触探探头

展，传统的双桥静力触探已不能满足工程需要，因此常在静力触探探头上增加不同的传感器，形成了多功能静力触探探头，以实现对不同土体参数的测试，例如电阻率、剪切波速等。

孔压静力触探（CPTU）探头是在标准电测式静力触探的探头中安装透水滤器及两侧孔隙水压力的传感件，可以测试锥面 $u_1$、锥肩 $u_2$ 及摩擦套筒尾部 $u_3$ 的孔隙水压力的一种新型触探探头（图 9-101）。当探头在饱和土中贯入时，可以测得土中的孔隙水压力，既可以测得贯入引起的超孔隙水压力，还可以测试到探头停止贯入时超孔压随时间消散过程，一直测试至超孔隙水压力全部消散，直至达到稳定的静水压力。

在国际上，孔压静力触探试验的测试成果可用于地层划分、岩土的工程性质指标计算、桩基承载力参数计算和砂土液化可能性分析等。目前，我国还未见具备自主产权的适用于较深水域的海洋沉底式静力触探设备。在水深较浅的海域，可采用海上自升式平台和大型勘探船进行孔底或井下静力触探试验，一定环境下也可将静力触探探头直接压入地层进行测试。

据统计，不少于 95%的海洋土原位测试中应用到了静力触探试验/孔压静力触探试验（Lunne 等，2011）。静力触探试验/孔压静力触探试验的测试成果已在海上风电场工程中得到了广泛应用，尤其对于难以获取原状土样的深水环境，静力触探试验/孔压静力触探试验成果的精确性和可重复性显得日益重要。

从 20 世纪 40 年代开始至今，国外从未停止对静力触探试验开展研究和改进，而我国静力触探试验技术在机理、理论研究与应用方面均落后于国际水平，主要差距体现在如下方面：

（1）技术规格方面。我国主要采用单桥和双桥探头，探头截面积为 $15cm^2$，而国际上普遍采用 $10cm^2$ 探头。

（2）指标方面。我国主要采用实测锥尖阻力 $q_c$、侧壁摩阻力 $f_s$、比贯入阻力 $p_s$，而国际上已普遍采用孔压参数 $B_q$、摩阻比 $R_f$ 等孔压静力触探试验可测得的参数指标。

（3）理论研究方面。国际上静力触探试验的应用建立在较为完善的理论基础上，例如地基承载力理论和孔穴扩张理论等，且测试环境因素评判修正、指标选取方面已较为成熟。而我国仍采用区域性陆上的经验关系，将贯入阻力与土的物理力学性质做回归分析，建立经验公式，对沿海区域的适用性不足。

（4）精度和可靠度方面。我国主要采用单桥、双桥静力触探试验数据与土性指标

的回归关系来评价土的工程性质，而这些回归经验公式均为区域性简单公式，全国各地差异性较大，直接套用在海上风电场工程中可靠性不够，所以静力触探试验成果一般作为初步设计参考值，不直接作为设计参数使用，设计参数主要仍以土工试验成果确定。而国际上利用静力触探试验成果求取土的各种参数的可靠性和公式灵活性方面均比国内先进，在地质分层精度方面，国际上定量地分析区别于我国定性地判断，能够识别夹薄层和互层等现象，排除人为经验干扰。

(5) 桩基承载力指标分析方面。我国以双桥探头测试的经验方法为主，仅适用于小桩径的混凝土预制桩和灌注桩承载力，陆域工程的适用性较好，海域工程的适用性需进一步评价分析；国际上已经有相对完善的理论方法，对于水域的、大直径的及不同材质、不同桩型的桩基比我国研究更为深入。

因此采用与国际接轨的多功能孔压静力触探试验技术是海洋原位测试的大趋势。

目前在海上勘察中，国内外主要有平台式、海床式和井下式三种施工工艺。

1. 平台式静力触探

平台式静力触探的特点是借助于自升式或底吸式的海上勘探平台，将静力触探设备固定于平台上，反力由平台自重及嵌固力或底吸力提供。静力触探作业时，探杆从平台穿过海水层，再贯入海底土体。由于平台与海底相对静止，其作业模式与陆地基本相同。

2. 海床式静力触探

海床式静力触探的特点是贯入设备稳定支撑于海床面上，探头直接、连续贯入海底，可在配有合适的吊车或吊架的船只上使用，或安装在遥控水下机器设备上，作业效率高。

3. 井下式静力触探

井下式静力触探是一种钻探和静力触探相结合的系统，其特点是探头从钻孔的底部贯入到土中，可借助钻探系统在任一深度进行静力触探试验，钻具的稳定性主要通过船上的波浪补偿设备器和海底钳控制。该系统在深层海底测试方面具有明显优势，如探杆长度只需满足单个周期贯入深度即可，理论上静力触探可达到与钻探相同的深度，并可利用钻探手段调整贯入路径的垂直度。该系统通常依托船只进行，对配套船只要求极高，作业费用昂贵，目前国内仅有中海油田服务股份有限公司、广州海洋地质调查局等少数单位有配备。

4. 不同施工工艺静力触探特点对比

平台式静力触探对贯入系统设备要求不高，技术门槛低，作业平台稳定性好，由于设备依托平台开展测试，适用水深不宜过深，一般不超过 30m，而目前很多风电场选址在外海，水深大于 30m，天气、海况条件较恶劣。海床式静力触探由于设备直接稳定支撑于海床面上，故受水深影响较小；但由于其反力有限，遇较硬地层时难以贯穿，贯入深度较大时，孔斜问题较突出。井下式静力触探能适应较硬地层，理论作业深度大，依托船只作业时，作业效率高；缺点是对配套船只要求高，成本昂贵。目前，对于深覆盖层地区的海上升压站和风机基础，满足基桩设计要求的勘察深度往往需要达到60～90m，因此，在选择静力触探施工工艺时，在考虑成本的同时，应充分考虑不同勘察施工环境、地层分布、勘察深度要求，选择最为合适的施工方法。

**9.3.1.2　静力触探数据处理**

孔压静力触探试验实际可以测得探头的锥尖阻力 $q_c$、锥尖位置的孔隙水压力 $u_1$、锥肩位置的孔隙水压力 $u_2$、套筒尾部位置的孔隙水压力 $u_3$、侧壁摩阻力 $f_s$。在不同的土类中，静力触探产生的孔压有很大差异，对有效应力产生影响，同时影响着锥尖阻力和侧壁摩阻力。采用锥肩位置的孔隙水压力 $u_2$ 对实测锥尖阻力 $q_c$ 进行修正是最为有效且准确的方法（Lunne等，1997），其修正公式为

$$q_t=q_c+u_2(1-a) \tag{9-15}$$

$$a=\frac{A_a}{A_c} \tag{9-16}$$

式中　$q_t$——修正后的锥尖阻力；

$q_c$——实测的锥尖阻力；

$u_2$——锥肩位置的孔隙水压力；

$a$——有效面积比，大部分探头为0.55～0.9，常为0.8；

$A_a$——顶柱的横截面积；

$A_c$——锥底的横截面积。

如果探头锥肩处无传感器，无法测得 $u_2$，也可以采用探头锥尖处的孔压 $u_1$，通过经验公式（Sandven，1990）计算得

$$u_2-u_0=K(u_1-u_0) \tag{9-17}$$

式中　$u_1$——锥尖位置的孔隙水压力；

$u_0$——静水压力；

$K$——经验系数。

对于同时量测 $u_2$ 和 $u_3$ 的测量装置，可以对侧壁摩阻力进行修正（图9-102），公式为

$$f_t=f_s+\frac{u_3A_{st}-u_2A_{sb}}{A_s} \tag{9-18}$$

式中　$f_t$——修正后锥尖位置的孔隙水压力；

$u_3$——套筒尾部位置的孔隙水压力；

$A_{st}$——套筒顶部的横截面积；

$A_{sb}$——套筒底部的横截面积；

$A_s$——侧壁摩擦筒表面积。

在细粒土中超孔隙水压力对结果影响巨大，一般情况下当 $A_{st}=A_{sb}$时，$f_t \approx f_s$，影响可以忽略不计。

一般情况下，在设备制造时基本上仅在锥肩位置设置孔压传感器，测量 $u_2$，并且使得让 $A_{st}=A_{sb}$，这样仅需一个孔压传感器对 $u_2$ 进行测量就可以完成所有的阻力修正。

孔压静力触探试验数据解译时主要用到摩阻比 $R_f$ 和孔压比 $B_q$，计算公式为

$$R_f=\frac{f_s}{q_c}\times 100\% \text{或} R_f=\frac{f_s}{q_t}\times 100\% \tag{9-19}$$

$$B_q=\frac{u_2-u_0}{q_t-\sigma_{v0}}=\frac{\Delta u}{q_t-\sigma_{v0}} \tag{9-20}$$

式中 $\sigma_{v0}$——竖向总应力；

$\Delta u$——超孔隙水压力；

图 9-102 锥尖阻力与侧部摩阻力修正的不等端面积示意图

孔压静力触探试验利用土的天然重度，可以用于土样分类。对于黏性土，可以对前期固结压力和超固结比（OCR）、侧压力系数 $K_0$、不排水抗剪强度、灵敏度、压缩模量、不排水杨氏模量、小应变剪切模量、渗透系数、固结系数等进行估算；对于无黏性土，可以对相对密实度 $D_r$、状态参数 $y$（描述高应变下砂土的压缩性和剪胀性）、有效内摩擦角 $\varphi'$、割线杨氏模量 $E_s$、测限模量 $M_0$、小应变剪切模量 $G_0$ 等进行估算。

**9.3.1.3 静力触探土类划分**

挪威学者 Senneset 与 Janbu（1985）采用了孔压参数比 $B_q$ 与修正后的锥尖阻力 $q_t$ 对土体进行分类（图 9-103）。张诚厚（1999）基于荷兰地区的黏性土和泥炭土的数据，采用以上方法，发现大部分的资料分布在不明区域，同时该图也未考虑 $B_q<0$

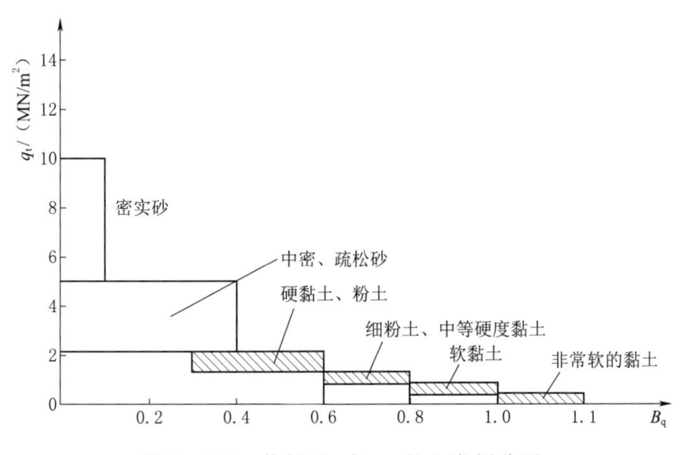


图 9-103 依据 $B_q$ 与 $q_t$ 的土类划分图

的情况，无法对超固结土与剪胀性土进行判别，因此其适用性不是很强。

Robertson 与 Campanella（1986）根据 Douglas 与 Olsen（1981）的土质分类图，通过收集资料提出了简单实用的土类划分图［图 9 - 104（a）］，并基于此提出了以 $q_t$ 与 $B_q$ 为依据的土类划分图［图 9 - 104（b）］。值得注意的是采用图 9 - 104 进行分类时，对于深度大于 30m 的土层分类结构可能会产生偏差。

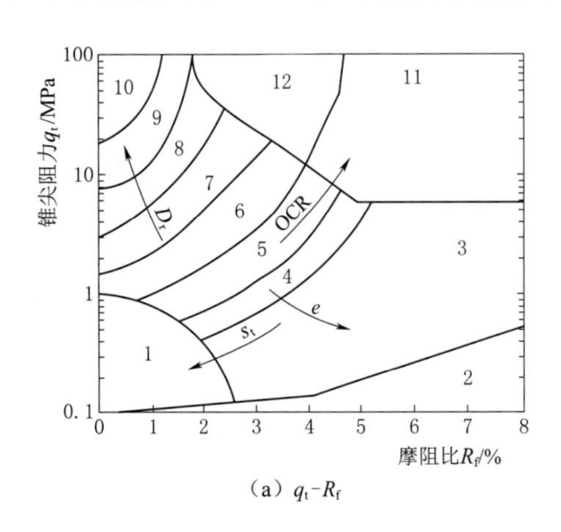


（a）$q_t$-$R_f$

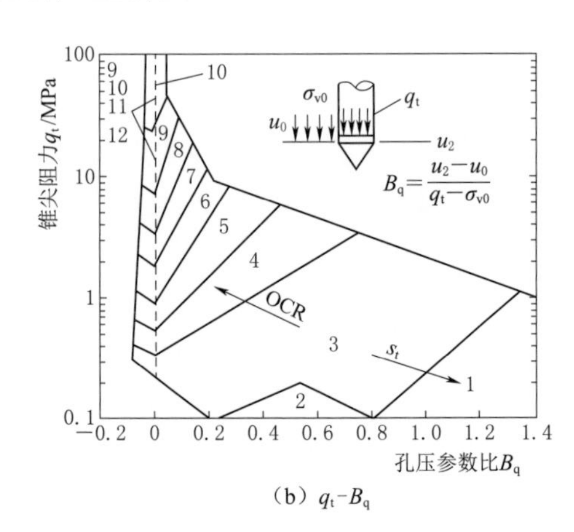


（b）$q_t$-$B_q$

图 9 - 104　Robertson 与 Campanella（1986）提出的基于孔压静力触探试验的土类划分图

1—灵敏细粒土；2—有机质土、泥炭；3—黏土；4—粉质黏土～黏土；5—黏质粉土～粉质黏土；6—砂质粉土～黏质粉土；7—粉质砂土～砂质粉土；8—砂土～粉质砂土；9—砂土；10—砾砂～砂土；11—非常坚硬的细粒土（超固结或结构性土类）；12—砂土～黏质砂土（超固结或结构性土类）

Robertson（1990）对锥尖阻力 $q_t$ 与摩阻比 $R_f$ 进行了进一步修正，考虑了上覆应力的影响，采用归一化锥尖阻力 $Q_t$ 和归一化摩阻比 $F_r$、孔压参数比 $B_q$ 对土进行分类（图 9 - 105）。

$Q_t$ 与 $F_r$ 的计算公式为

$$Q_t=\frac{q_t-\sigma_{v0}}{\sigma'_{v0}} \tag{9-21}$$

$$F_r=\frac{f_s}{q_t-\sigma_{v0}} \tag{9-22}$$

式中　$\sigma_{v0}$——竖向总应力；

$\sigma'_{v0}$——竖向有效应力；

$Q_t$——归一化锥尖阻力；

$F_r$——归一化摩阻比。

Jefferies 与 Davies（1993）认为对 Robertson 提出的归一化土类划分图（$Q_t$ - $F_r$ 图和 $Q_t$ - $B_q$ 图）可以合并统一为同心圆形式，并用土行为分类指数 $I_c$ 对土质进行分类（表 9 - 17），$I_c$ 的表达式为

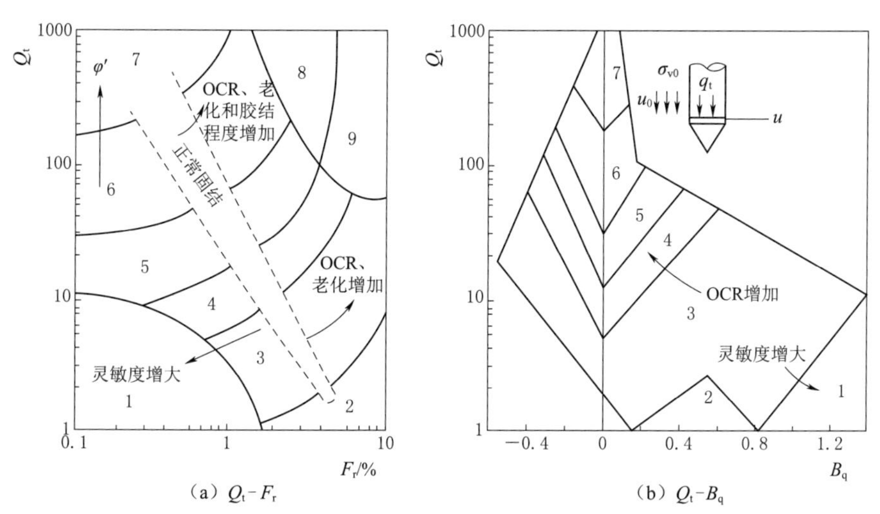


图 9-105 Robertson (1990) 提出的归一化参数土类划分图

1—灵敏细粒土；2—有机质土、泥炭；3—黏土～粉质黏土；4—粉质土黏土混合～粉质黏土；5—砂混合：粉质砂～砂质土；6—砂土～粉质砂土；7—砾质砂～砂；8—极硬砂～黏质砂；9—极硬细砂

$$I_c=\sqrt{\{3-\lg[Q_t(1-B_q)]\}^2+(1.5+1.3\lg F_r)^2} \tag{9-23}$$

式中 $I_c$——土行为分类指数。

**表 9-17 土行为分类指数 $I_c$ 的土质分类方法 (Jefferies 与 Davies, 1993)**

| 土类 | $I_c$ 值范围 | 土类 | $I_c$ 值范围 |
|---|---|---|---|
| 有机质黏土 | $I_c>3.22$ | 砂质混合物 | $1.90<I_c<2.54$ |
| 黏土 | $2.82<I_c<3.22$ | 砂土 | $1.25<I_c<1.90$ |
| 粉土混合物 | $2.54<I_c<2.82$ | 砾砂 | $I_c<1.25$ |

Lunne 等 (1997) 基于 Jefferies 与 Davies (1993) 和 Robertson (1990) 的研究成果，给出了新的基于归一化锥尖阻力和小应变剪切模量的土分类图（图 9-106），并提出了新的同心圆方程，新的土行为分类指数 $I_c$ 的计算公式为

$$I_c=\sqrt{(3.47-\lg Q_t)^2+(\lg F_r+1.22)^2} \tag{9-24}$$

#### 9.3.1.4 静力触探指标估算地层参数

1. 土体重度

关于土的重度，Larsson 和 Mulabdic(1991) 基于欧洲地区的孔压静力触探试验数据结果，提出采用净锥尖阻力 $q_{net}$ 和孔压系数 $B_q$ 来估算黏土的重度。但是缺点在于，计算 $q_{net}$ 和 $B_q$ 时需要用到土的重度，因此计算时需要进行迭代计算，计算效率较低，不易使用。

Lunne 等 (1997) 提出采用 Robertson 等 (1990) 提出的 SBT 分类方法来对土体进行分区，再利用表 9-18 来确定土的天然重度。

表 9-18　Lunne 等（1997）根据 SBT 分类方法估算土的重度

| 土　类 | 重度/(kN/m³) | 土　类 | 重度/(kN/m³) |
|---|---|---|---|
| 灵敏细粒土 | 17.5 | 粉质砂土～砂质粉土 | 18.5 |
| 有机质土 | 12.5 | 砂土～粉质砂土 | 19.0 |
| 黏土 | 17.5 | 砂土 | 19.5 |
| 粉质黏土～黏土 | 18.0 | 砾砂～砂土 | 20.0 |
| 黏质粉土～粉质黏土 | 18.0 | 非常坚硬的细粒土 | 20.5 |
| 砂质粉土～黏质粉土 | 18.0 | 砂土～黏质砂土 | 19.0 |

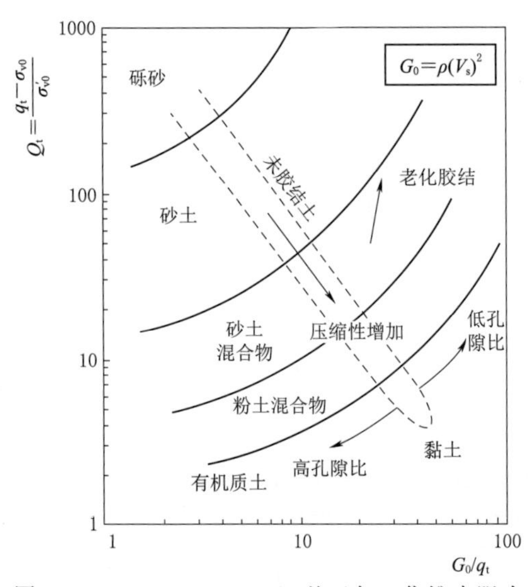


图 9-106　Lunne（1997）基于归一化锥尖阻力和小应变剪切模量的土类划分法

Mayne（2007）对 727 个试验数据点进行了研究，发现饱和土的饱和重度的计算公式为

$$\gamma_{sat}=8.32\lg V_s-1.61\lg z \quad R^2=0.808 \tag{9-25}$$

式中　$\gamma_{sat}$——饱和重度；

$V_s$——剪切波速；

$z$——土体深度。

另外，在仅仅采用单桥静力触探时，也有基于比贯入阻力 $p_s$ 估算土体重度的经验公式，我国的《铁路工程地质原位测试规程》（TB 10018—2018）中提到了比贯入阻力 $p_s$ 与土体饱和重度的关系为

$$\left.\begin{aligned}\gamma_{sat}&=8.23p_s^{0.12}, & p_s&<400\text{kPa}\\ \gamma_{sat}&=9.56p_s^{0.095}, & 400\text{kPa}\leqslant p_s&<4500\text{kPa}\\ \gamma_{sat}&=21.3, & p_s&\geqslant4500\text{kPa}\end{aligned}\right\} \tag{9-26}$$

式中　$p_s$——比贯入阻力。

2. 土体的压缩模量

土的压缩模量 $E_s$ 可通过直接或者间接方法进行估算，一般间接方法采用不排水抗剪强度 $s_u$ 作为中间量，而直接方法则采用锥尖阻力 $q_c$ 与压缩模量 $E_s$ 建立关系。由于压缩模量是在无侧向应变的一维压缩条件下测得的，采用孔压静力触探试验进行估算会有一定的误差，因此采用孔压静力触探试验估算土体压缩模量 $E_s$ 需要慎重。

采用直接法时，估算土体压缩模量的回归经验公式（Lunne 等，1997）为

$$E_s=aq+b \tag{9-27}$$

式中　$E_s$——压缩模量；

$q$——广义锥尖阻力，可取锥尖阻力 $q_c$ 或比贯入阻力 $p_s$ 等；

$a$、$b$——经验系数。

蔡国军（2010）和刘松玉等（2013）基于苏北里下河流域泻湖软土的现场SCPTU数据提出了预测方法，结果与实测对比较好，即

$$\left.\begin{aligned} E_s=3.53q_t \qquad R^2=0.96 \\ E_s=3.73q_{net} \qquad R^2=0.95 \end{aligned}\right\} \tag{9-28}$$

式中 $q_t$——修正锥尖阻力；

$q_{net}$——净锥尖阻力。

3. 土体的超固结比

关于先期固结压力 $p_c$ 或超固结比 $OCR$，Mayne（1991）采用孔穴扩张理论和临界状态理论提出了计算超固结比的半经验半解析公式，即

$$OCR=2\left[\frac{1}{1.95M+1}\left(\frac{q_t-u_2}{\sigma'_{v0}}\right)\right]^{1.33} \tag{9-29}$$

式中 $OCR$——超固结比；

$M$——临界状态线的斜率。

Lunne等（1997）提出采用归一化锥尖阻力 $Q_t$ 的曲线来估算 $OCR$，即

$$OCR=k\left(\frac{q_t-\sigma_{v0}}{\sigma'_{v0}}\right) \tag{9-30}$$

式中 $k$——经验参数，一般为0.2～0.5。

Mayne等（2005）给出了用于估算先期固结压力的简化公式为

$$\sigma'_p=0.33(q_t-\sigma_{v0})^m \tag{9-31}$$

式中 $m$——土类参数，随细颗粒含量的增加而增大。

Robertson（2009）在Lunne等（1997）的基础上提出了新的 $OCR$ 估算公式为

$$OCR=0.25Q_t^{1.25} \tag{9-32}$$

4. 土体的侧向静止土压力系数

Mayne与Kulhawy（1982）通过室内高压固结试验和三轴应力路径试验得到 $K_0$ 与 $OCR$ 的关系为

$$K_0=(1-\sin\varphi')/OCR^{\sin\varphi'} \tag{9-33}$$

式中 $K_0$——侧向静止土压力系数；

$\varphi'$——土体的有效内摩擦角。

Kulhawy和Mayne（1990）通过自钻式旁压仪测得的 $K_0$ 作为基准值，提出采用 $q_t$ 和 $u_1$ 孔压来估算黏性土静止土压力系数 $K_0$ 的计算方法，由于标准的孔压力静力触探探头一般测量 $u_2$，因此，一般采用 $q_t$ 估算 $K_0$，即

$$K_0=\frac{0.10(q_t-\sigma_{v0})}{\sigma'_{v0}} \tag{9-34}$$

5. 砂土的相对密实度

砂土的相对密实度一般通过标定罐试验或者室内试验进行统计分析得到。

Baldi 等（1986）根据 Ticino 砂土标定罐试验，建议采用的预测公式为

$$D_r=\frac{1}{C_2}\ln\frac{q_c}{C_0(\sigma')^{C_1}} \tag{9-35}$$

式中　$C_0$、$C_1$、$C_2$——土常数，对不同区域的砂土，其参数不同；

$\sigma'$——有效应力，可以采用平均有效应力或竖向有效应力。

Kulhawy 和 Mayne（1990）对不同压缩特性的土进行了研究，发现对于不同压缩系数的土，其相对密实度的估算公式为

$$D_r=\left[\frac{Q_{t1}}{305k_1\cdot OCR^{0.18}\left(1.2+0.05\lg\frac{t}{100}\right)}\right]^{0.5}\times100\% \tag{9-36}$$

式中　$k_1$——经验参数，一般为 1.0 左右；

$OCR$——超固结比；

$t$——胶结年代。

Mayne（2007）和 Jamiolkowshi 等（2001）对不同压缩特性的土进行了研究，发现对不同压缩系数的土，其相对密实度满足

$$D_r=100\left[k_1\ln\left(\frac{\frac{q_t}{p_a}}{\sqrt{\frac{\sigma'_{v0}}{p_a}}}\right)+k_2\right] \tag{9-37}$$

式中　$k_1$、$k_2$——经验参数，对不同压缩特性的土，其范围不同；

$p_a$——大气压力。

Robertson 等（2009）建议采用的相对密实度的估算公式为

$$D_r=\sqrt{\frac{Q_{tn}}{C_{Dr}}} \tag{9-38}$$

式中　$Q_{tn}$——归一化锥尖阻力，kPa；

$C_{Dr}$——经验系数，一般取 300～400。

对于单桥静力触探，我国《铁路工程地质原位测试规程》（TB 10018—2018）给出了比贯入阻力 $p_s$ 与石英砂相对密实度 $D_r$ 的对照表，见表 9－19。

**表 9－19　基于单桥静力触探的比贯入阻力 $p_s$ 与石英砂相对密实度的关系**

| 密实程度 | 比贯入阻力 $p_s$/MPa | 相对密实度 $D_r$ | 密实程度 | 比贯入阻力 $p_s$/MPa | 相对密实度 $D_r$ |
|---|---|---|---|---|---|
| 密实 | $p_s\geqslant14$ | $D_r\geqslant0.67$ | 稍密 | $6.5\geqslant p_s\geqslant2$ | $0.40\geqslant D_r\geqslant0.33$ |
| 中密 | $14>p_s>6.5$ | $0.67>D_r>0.40$ | 松散 | $p_s<2$ | $D_r<0.33$ |

6. 砂土的有效内摩擦角

砂土的有效内摩擦角主要通过经验或半经验相关关系法（标定罐试验）来评价，还可以通过承载力理论方法评价。采用相对密实度 $D_r$ 来评价峰值摩擦角是工程界的普遍做法，Schmertanan（1978）提出了有效内摩擦角 $\varphi'$ 与相对密实度 $D_r$ 的区间图，如图 9-107 所示。

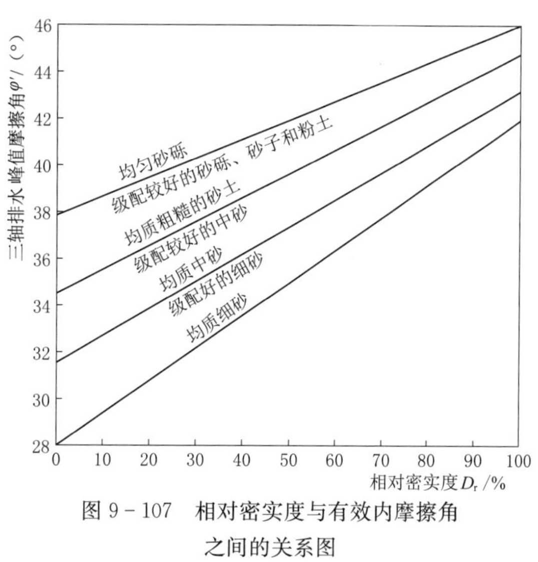


图 9-107 相对密实度与有效内摩擦角之间的关系图

Lunne 与 Christophersen（1983）和 Robertson 与 Campanella（1983）进行了标定罐试验，总结出了关于锥尖阻力 $q_c$ 与有效内摩擦角 $\varphi'$ 的关系。其中有效内摩擦角 $\varphi'$ 采用砂土三轴 CD 试验获得，侧限应力近似等于标定罐的水平应力，标定罐试验得到的 $N_q-\varphi'$ 关系如图 9-108 所示。

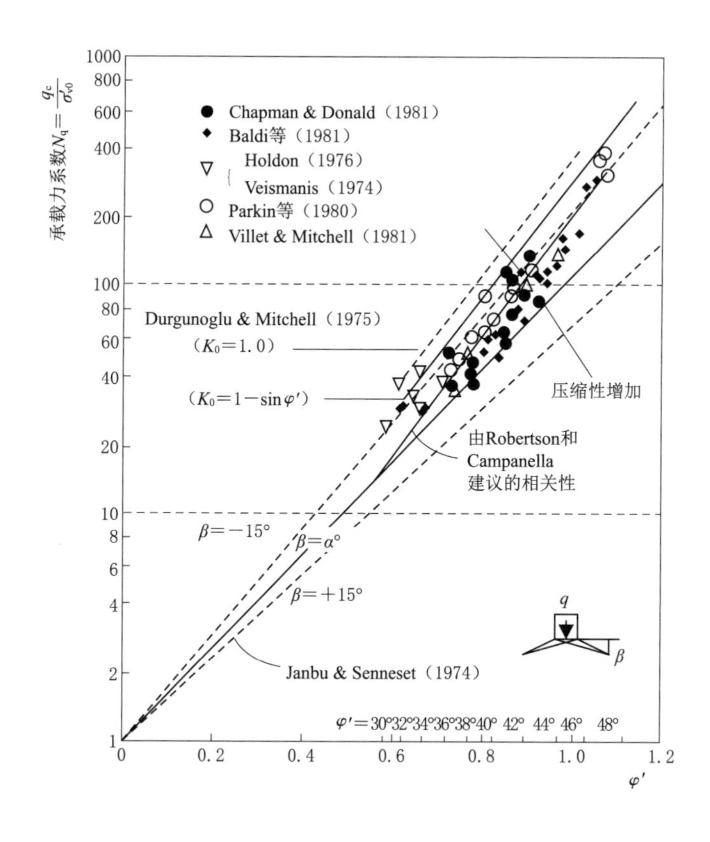


图 9-108 标定罐试验得到的 $N_q-\varphi'$ 关系图

7. 黏土的液性指数

我国《铁路工程地质原位测试规程》(TB 10018—2018)提出采用孔压系数 $B_q$ 和修正锥尖阻力 $q_t$ 对黏性土的塑性状态进行评价,见表9-20。

表9-20　孔压静力触探参数判别黏性土的塑性状态

| 分级 | 液性指数 | 修正锥尖阻力 $q_t$/MPa | 相对密实度 $D_r$ |
|---|---|---|---|
| 坚硬 | $I_L \leqslant 0$ | $q_t > 5$ | $B_q < 0.2$ |
| 硬塑 | $0 < I_L \leqslant 0.5$ | $q_t \leqslant 5$<br>$3.12B_q - 2.77q_t < -2.21$ | $B_q < 0.3$ |
| 软塑 | $0.5 < I_L \leqslant 1.0$ | $3.12B_q - 2.77q_t \geqslant -2.21$<br>$11.2B_q - 21.3q_t < -2.56$ | $B_q \geqslant 0.2$ |
| 流塑 | $I_L > 1.0$ | $11.2B_q - 21.3q_t \geqslant -2.56$ | $B_q \geqslant 0.42$ |

同时基于单桥静力触探的比贯入阻力,《铁路工程地质原位测试规程》(TB 10018—2018)中也给出了相应的关系,见表9-21。

表9-21　单桥静力触探比贯入阻力 $p_s$ 和黏性土的液性指数 $I_L$ 的对应关系

| 液性指数 $I_L$ | 0 | 0.25 | 0.50 | 0.75 | 1 |
|---|---|---|---|---|---|
| 比贯入阻力 $p_s$/MPa | 5～6 | 2.7～3.3 | 1.2～1.5 | 0.7～0.9 | <0.5 |

8. 黏土的不排水抗剪强度

黏土的不排水抗剪强度 $s_u$ 的计算方法有很多种,一般可以分为理论计算法和经验公式法。理论计算法主要有承载力理论法、孔穴扩张理论法和应力路径理论法等。目前海上风电场工程中主要以经验公式法为主,计算公式如下:

修正锥尖阻力法

$$s_u = \frac{q_t - \sigma_{v0}}{N_{kt}} \tag{9-39}$$

有效锥尖阻力法

$$s_u = \frac{q_t - u_2}{N_{ke}} \tag{9-40}$$

超静孔压法

$$s_u = \frac{u_2 - u_0}{N_{\Delta u}} \tag{9-41}$$

式中　$N_{kt}$、$N_{ke}$、$N_{\Delta u}$——经验系数;

$u_2$——锥肩部孔压力;

$u_0$——静水压力。

对于修正锥尖阻力法,$N_{kt}=7\sim32$,而Robertson (2010) 认为 $N_{kt}=10\sim18$,由此看出 $N_{kt}$ 本身作为经验系数对于不同场地有着不同的数值,所以国外经验只能作为参考,对于我国不同海域的黏土,其 $N_{kt}$ 的参考范围均不同。

对于有效锥尖阻力法，Senneset 等（1982）建议 $N_{ke}=9\pm3$，但是有许多学者认为 $N_{ke}$本身较为离散，适用性不强。对于超静孔压法，从孔穴扩张理论（Vesic，1972；Randolph 与 Wroth，1979；Campanella 等，1985）推导得到 $N_{\Delta u}$的理论值为2～20，Lunne 等（1985）发现 $N_{\Delta u}$与 $B_q$ 有很好的相关性，根据室内 CU 试验得到的强度反推得到的 $N_{\Delta u}=4\sim10$。

## 9.3.2 标准贯入试验

### 9.3.2.1 标准贯入试验基本原理

标准贯入试验（Standard Penetration Test，SPT）最早由土力学始祖 Terzaghi 于1947 的美国 Texas 土力学大会中提出，会中提出了采用标准贯入装置得到的试验参数与土体设计参数之间的经验关系，此后在岩土界逐渐传开，得到了广泛应用。

标准贯入试验是用质量为 63.5kg 的重锤按照规定的落距 76cm 自由下落，将标准规格的贯入器打入地层，根据贯入器在贯入一定深度得到的锤击数来判定土层的性质。标准贯入器可以参考图 9-109，标准贯入试验的设备规格可以参考表 9-22。

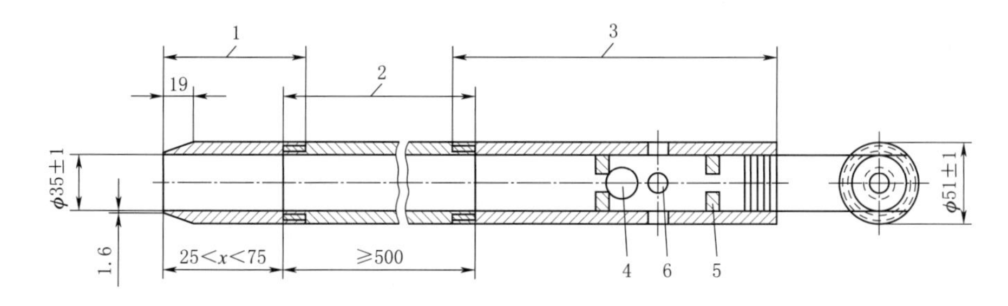


图 9-109　标准贯入器（单位：mm）

1—贯入器靴；2—取土器；3—贯入器身；4—单向球阀；5—插销；6—通气孔

**表 9-22　标准贯入试验设备规格**

| 设　备 | | 参　数 | 数　值 |
| --- | --- | --- | --- |
| 落锤 | | 锤的质量/kg | 63.5 |
| | | 落距/cm | 76 |
| 贯入器 | 对开管 | 长度/mm | >500 |
| | | 内径/mm | 35±1 |
| | | 外径/mm | 51±1 |
| | 管靴 | 长度/mm | 50～76 |
| | | 刃口单刃厚度/mm | 1.6 |
| | | 刃口角度/(°) | 18～20 |
| 探杆 | | 直径/mm | 42 |
| | | 相对弯曲 | <1/1000 |

一般情况下，在某一地层中，需要预先将标准贯入器贯入15cm后，再记录累计打入30cm的锤击数作为实测锤击数，此时的实测锤击数就是标准贯入锤击数$N$。需要注意的是，如果实测锤击数已达到50击，但是贯入深度未达到30cm，可以终止试验，采用公式计算标准贯入锤击数$N$，即

$$N=\frac{30\times 50}{\Delta S} \tag{9-42}$$

式中　$N$——标准贯入锤击数；

$\Delta S$——实测锤击数达到50击时对应的锤击深度。

标准贯入试验的成果可以用于判断砂土、粉土物理状态，用来估算地基承载力特征值，判别砂土和粉土的液化可能性，对沉桩、成桩的可能性进行评价等。

在海洋地层中进行标准贯入试验的原理与陆地相同，适用于砂土、粉土和黏性土层，但是对于海上风电场工程勘察，其海洋环境相较于陆地更为复杂，因此推荐在固定式平台上进行，漂浮式平台得到的标准贯入试验结果较差。同时，海洋环境对标准贯入试验的影响因素更多，因此在使用标准贯入试验数据成果时，其应用更具有经验性，同时应该考虑锤击能量传递效率。

#### 9.3.2.2　标准贯入试验成果分析

美国ASTM D4633-10（Standard Test Method for Energy Measurement for Dynamic Penetrometers）和ISO 22476-3（Geotechnical Investigation and Testing-Field Testing-Part 3：Standard Penetration Test）中都有提及标准贯入试验中能量传递效率的问题。传递能量因子$E_r$的定义是取样器的实际贯入能量除以输入的锤击能量，目前基本上都是以传递能量因子$E_r$为60%对应的标准贯入修正值$N_{60}$作为一般设计采用值。

Youd等（2001）总结出标准贯入试验击数受孔径、取样器是否装有衬管、杆的长度和锤击能量传递效率的影响，$N_{60}$的修正公式为

$$N_{60}=N_m C_B C_S C_R C_E \tag{9-43}$$

式中　$N_{60}$——能量传递因子为60%时的标准贯入修正锤击数；

$C_B$——孔径修正系数；

$C_S$——衬管修正系数；

$C_R$——杆长修正系数；

$C_E$——锤击能量修正系数。

Youd等（2001）指出，一般情况下，孔径在65～115mm范围内，可以取$C_B=1.00$；孔径150mm时，$C_B=1.05$；孔径200mm时，取$C_B=1.15$。对于有衬管的情况下，取$C_S=1.0$；而对于无衬管的情况下，根据地区经验取$C_S=1.1\sim1.3$。

Skempton（1986）给出了杆长修正系数$C_R$与杆长的关系（表9-23），同时该关

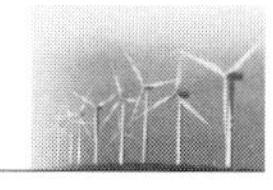

系也得到了 ISO 22476-3 的采用。

表 9-23 杆长修正系数 (Skempton, 1986)

| 杆长 $L$/m | 3～4 | 4～6 | 6～10 | >10 |
|---|---|---|---|---|
| $C_R$ | 0.75 | 0.85 | 0.95 | 1.0 |

第一届贯入试验国际会议 ISOPT-1（1988）中也给出了标准贯入试验的杆长修正系数，见表 9-24。

表 9-24 杆长修正系数 (ISOPT-1, 1988)

| 杆长 $L$/m | 3 | 6 | 9 | 12 | ≥15 |
|---|---|---|---|---|---|
| $C_R$ | 0.77 | 0.92 | 0.97 | 0.99 | 1.0 |

我国在《建筑地基基础设计规范》（GBJ 7—1989）中也提到了杆长 $L=3\sim21$m 时需要进行修正，由于杆长修正问题非常复杂，而标准贯入试验本身也不是特别精确的试验方法，且影响因素众多。最新版本的《建筑地基基础设计规范》（GB 50007—2011）和《岩土工程勘察规范》（GB 50021—2001）中都未提及标准贯入的杆长修正系数，默认为 1.0，同时最新版本的 ASTM D4633-10 也删除了老版本 ASTM D4633-88 的杆长修正系数 $\alpha_L$ 的取值范围（周瑞林等，2006）。从以上可以看出，SPT 的杆长修正很多时候依赖于岩土工程技术人员长期积累的经验。

锤击能量修正系数 $C_E$ 的取值与设备本身能量因子有关，对于不同钻机，其传递能量因子 $E_r$ 与锤击数 $N$ 的乘积为常数，即

$$E_{r1}N_1=E_{r2}N_2 \tag{9-44}$$

式中 $E_{r1}$、$E_{r2}$——两种设备的传递能量因子；

$N_1$、$N_2$——两种设备对应的锤击数。

从式（9-44）可以看出，当计算传递能量因子为 60 时，$N_{60}$的计算公式为

$$N_{60}=\frac{E_{r0}N_0}{E_{r1}}=\frac{E_{r0}N_0}{60} \tag{9-45}$$

式中 $E_{r0}$——某种给定设备的传递能量因子；

$N_0$——对应该种设备的实际锤击数。

从（9-45）可以看出，对应 $N_{60}$的锤击能量修正系数 $C_E$ 为

$$C_E=\frac{N_{60}}{N_0}=\frac{E_{r0}}{60} \tag{9-46}$$

目前美国 PDI 公司已经研发出带有量测锤击能量功能的标准贯入分析仪（图 9-110），该种分析仪可以通过应变传感器和加速度传感器［图 9-110（b）］获得力和速度信号，据此计算转换能量，准确确定能量修正系数 $C_E$。

ISO 22476-3 中提出，对于砂土的标准贯入锤击数还受到上覆应力的影响

(a) 数据采集显示器

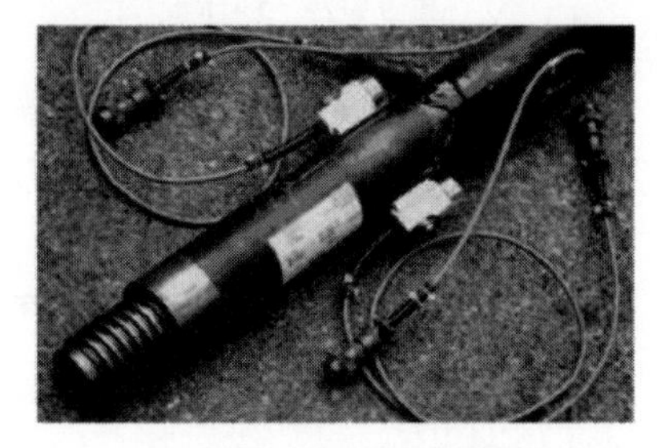
(b) 应变传感器和加速度传感器

图 9-110　美国 PDI 公司标准贯入分析仪

(Terzaghi 和 Peck，1996)，对于传递能量因子为 60%、上覆应力为 100kPa 的标准贯入锤击数 $(N_o)_{60}$ 还需要进行修正，即

$$(N_o)_{60}=N_{60}C_N \tag{9-47}$$

式中　$(N_o)_{60}$——传递能量因子为 60%、上覆应力为 100kPa 的标准贯入锤击数；

$C_N$——上覆应力修正系数，最大值不超过 1.7。

Seed 和 Idriss (1982) 以及 Liao 和 Whitman (1986) 分别提出了估算上覆应力修正系数 $C_N$ 的公式，即

$$C_N=\frac{2.2}{1.2+\sigma'_{v0}/P_a} \tag{9-48}$$

$$C_N=\left(\frac{P_a}{\sigma'_{v0}}\right)^{0.5} \tag{9-49}$$

式中　$\sigma'_{v0}$——竖向有效应力；

$P_a$——大气压力，可以取 $P_a=100$kPa。

对于正常固结的砂土，ISO 22476-3 推荐采用的上覆应力修正系数 $C_N$ 计算公式为

$$C_N=\sqrt{\frac{98}{\sigma'_v}} \tag{9-50}$$

式中　$\sigma'_v$——竖向有效应力。

#### 9.3.2.3　标准贯入试验成果应用

标准贯入试验本身精度不是很高，只能用于对地层进行定性的分析，虽然国内外有部分采用标准贯入击数 $N$ 定量分析土体性质指标的方法，但是各个地区的经验不同，采用标准贯入击数估算土体性质指标时存在场地适用性，因此在使用时需进一步检验，并慎重考虑。在此提供几种估算方法，仅供参考。

1. *砂土密实度*

标准贯入试验常用来估算砂土的密实度，国际上，对于纯净中砂可以采用实测的标准贯入击数 $N$ 或者修正后的 $(N_o)_{60}$ 对相对密实度 $D_r$ 进行估算，见表 9-25。

**表 9-25　标准贯入击数与纯净的中砂密实度的关系**

| 土层描述 | 相对密实度 $D_r$ | 标准贯入击数 | |
|---|---|---|---|
| | | 原始值 $N$ | 修正值 $(N_o)_{60}$ |
| 非常松散 | <15% | ≤4 | ≤3 |
| 松散 | 15%～35% | 4～10 | 3～8 |
| 中密 | 35%～65% | 10～30 | 8～25 |
| 密实 | 65%～85% | 30～50 | 25～43 |
| 非常密实 | >85% | >50 | >43 |

Skempton (1988) 基于修正后的标准贯入击数 $(N_o)_{60}$ 给出了细砂、中砂和粗砂的相对密实度估算方法（表 9-26），修正后的标准贯入击数 $(N_o)_{60}$ 可以参见式 (9-43) 和式 (9-47)，组合后得

$$(N_o)_{60}=N_m C_B C_S C_R C_E C_N \tag{9-51}$$

**表 9-26　修正标准贯入击数与细砂、中砂、粗砂的密实度关系**

| 土层描述 | 相对密实度 $D_r$ | 修正后的标准贯入击数 $(N_o)_{60}$ | | |
|---|---|---|---|---|
| | | 细砂 | 中砂 | 粗砂 |
| 非常松散 | <15% | ≤3 | ≤3 | ≤3 |
| 松散 | 15%～35% | 4～7 | 4～8 | 4～8 |
| 中密 | 35%～65% | 8～23 | 9～25 | 9～27 |
| 密实 | 65%～85% | 24～40 | 26～43 | 28～47 |
| 非常密实 | 85%～100% | 40～55 | 44～60 | 48～65 |

我国标准以及国内研究机构也对标准贯入击数与砂土的相对密实度关系进行了一定研究，基本上还是采用实测击数 $N$ 进行估算，并未采用修正标准后的贯入击数 $(N_o)_{60}$ 来估算砂土密实度，而且相对密实度的划分也与国际不太相同，但是大致对应区间还是一致的。表 9-27 给出了我国部分标准以及研究机构给出的标准贯入击数 $N$ 与密实度的关系。

**表 9-27　标准贯入击数与细砂、中砂、粗砂的密实度关系**

<table>
<tr><th rowspan="3">土层描述</th><th rowspan="3">相对密实度 D<sub>r</sub></th><th colspan="5">标准贯入击数 N</th></tr>
<tr><th rowspan="2">南京水利科学研究院<br>江苏水利厅</th><th colspan="3">原水电部水利水电科学研究院</th><th rowspan="2">岩土工程<br>勘察规范</th></tr>
<tr><th>粉砂</th><th>细砂</th><th>中砂</th></tr>
<tr><td>松散</td><td><20%</td><td><10</td><td><4</td><td><13</td><td><10</td><td><10</td></tr>
<tr><td>稍密</td><td>20%～33%</td><td>10～30</td><td rowspan="2">>4</td><td rowspan="2">13～23</td><td rowspan="2">10～26</td><td>10<N≤15</td></tr>
<tr><td>中密</td><td>33%～67%</td><td>30～50</td><td>15<N≤30</td></tr>
<tr><td>密实</td><td>67%～100%</td><td>>50</td><td>—</td><td>>23</td><td>>26</td><td>>30</td></tr>
</table>

2. 黏土的天然状态和无侧限抗压强度

《水运工程岩土勘察规范》(JTS 133—2013)中给出了定性评价的方法，见表9-28。

表9-28　标准贯入击数与黏性土天然状态的关系

| 标准贯入击数 $N$ | $N<2$ | $2\leqslant N<4$ | $4\leqslant N<8$ | $8\leqslant N<15$ | $N\geqslant 15$ |
|---|---|---|---|---|---|
| 天然状态 | 很软 | 软 | 中等 | 硬 | 坚硬 |

对于黏性土的无侧限，Terzaghi 和 Peck（1967）给出了标准贯入击数 $N$ 与无侧限抗压强度 $q_u$ 之间的参考关系，并且也可以评价黏性土的天然稠度状态，见表9-29。

表9-29　标准贯入击数与黏性土无侧限抗压强度之间的关系

| $N$ | <2 | 2～4 | 4～8 | 8～15 | 15～30 | >30 |
|---|---|---|---|---|---|---|
| 稠度状态 | 极软 | 软 | 中等 | 硬 | 很硬 | 坚硬 |
| $q_u$/kPa | <25 | 25～50 | 50～100 | 100～200 | 200～400 | >400 |

3. 砂土的地基承载力

标准贯入试验还可以用来估算砂土的地基承载力，Peck 和 Bryant（1953）提出了砂土承载力的图解法，当安全系数取3.0、砂土重度为16kN/m³、基础埋置深度 $d=0$m、基底至地下水位的高度 $H$ 大于基础宽度 $B$ 时，可以采用图9-111(a)直接查得；当基础埋置深度 $d>0$m 时，则需要采用图9-111(b)进行深度修正。

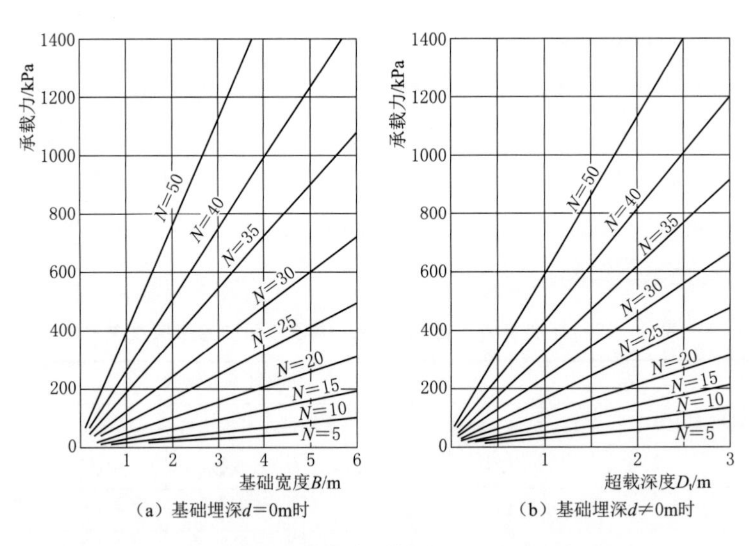


图9-111　砂土的地基承载力图解法（Peck 和 Bryant，1953）

Meyrhof（1956）给出了更为简便的容许地基承载力（安全系数 $FS=3.0$）与标准贯入击数 $N$ 的关系，见表9-30。

**表 9-30 容许地基承载力与砂土标准贯入击数的关系**

| 基础宽度 $B$/m | 容许地基承载力/kPa | | | | | |
|---|---|---|---|---|---|---|
| | $N=5$（松散） | $N=10$ | $N=20$（中密） | $N=30$ | $N=40$（密实） | $N=50$（非常密实） |
| 1 | 50 | 100 | 225 | 350 | 475 | 600 |
| 2 | | | 200 | 300 | 425 | 525 |
| 3 | | | | 275 | 375 | 475 |
| 4 | 25 | 75 | 175 | | 350 | 450 |
| 5 | | | | 250 | | |

4. 砂土的压缩模量

除了判别砂土密实度、黏土天然状态以及砂土的地基承载力以外，标准贯入试验还可以用于评价土体的变形参数，例如压缩模量，其计算公式为

$$E_S=\begin{cases}4.0+C(N-6),N\geqslant 15\\C(N+6),N<15\end{cases}\tag{9-52}$$

$$E_S=C_1+C_2N\tag{9-53}$$

式中 $E_S$——压缩模量；

$C$、$C_1$、$C_2$——经验系数，由地区经验确定或者查表 9-31 或表 9-32 确定。

**表 9-31 $C$ 的经验取值**

| 土类 | 含砂粉土 | 细砂 | 中砂 | 粗砂 | 含砾砂土 | 含砂砾石 |
|---|---|---|---|---|---|---|
| $C$/(MPa/击) | 0.3 | 0.35 | 0.45 | 0.7 | 1.0 | 1.2 |

**表 9-32 $C_1$ 和 $C_2$ 的经验取值**

| 土类 | 细砂 | 砂土 | 黏质砂土 | 砂质黏土 | 松砂 |
|---|---|---|---|---|---|
| | 地下水下 | | | | |
| $C_1$/MPa | 7.1 | 3.9 | 4.3 | 3.8 | 2.4 |
| $C_2$/(MPa/击) | 0.49 | 0.45 | 1.18 | 1.05 | 0.53 |

5. 单桩承载力

在无其他更为精确的原位测试数据（例如静力触探试验）时，也可以采用标准贯入试验数据估算桩基础的单桩承载力，日本建筑钢桩基础设计规范就有提到单桩承载力特征值为

$$P_u=\begin{cases}400NA_P+2\overline{N}A_S,\text{全部为砂土时}\\400NA_P+2\overline{N}A_S+5\overline{N}_CA_C,\text{砂土、黏土时}\end{cases}\tag{9-54}$$

式中 $P_u$——单桩承载力特征值，kN；

$N$——桩端处的标准贯入锤击数，当桩端以下 $N$ 值变化较大时，取桩端以下

$2B$（桩的宽度）范围内 $N$ 的平均值；

$\overline{N}$——桩全长的 $N$ 的平均值；

$A_P$——桩端面积，$m^2$；

$\overline{N}_C$——桩在黏土部分的 $N$ 的平均值；

$A_S$——桩在砂土部分的侧面积，$m^2$；

$A_C$——桩在黏土部分的侧面积，$m^2$。

## 9.3.3　圆锥动力触探试验

### 9.3.3.1　圆锥动力触探试验的原理

海洋圆锥动力触探试验与陆上圆锥动力触探试验的设备和机理相同，但是由于海洋动力触探试验出露海底以上部分的杆长较长，在锤击过程中，有可能出现压杆失稳、探杆弹性变形现象，造成试验失败或者数据失真，因此在采用动力触探试验结果进行土参数估算时需要慎重。

动力触探试验（dynamic cone penetration test，DPT）是利用一定的落锤质量，将一定尺寸、一定形状的圆锥探头打入土中，根据打入的难度，即贯入锤击数来判定土层名称及其工程性质的原位测试方法。如果将锥形探头换成标准贯入器，落锤质量采用63.5kg时，则可转换为标准贯入试验（SPT）。

国内目前常用的落锤质量有轻型10kg、重型63.5kg和超重型120kg，分别对应轻型动力触探试验、重型动力触探试验和超重型动力触探试验。轻型动力触探试验适用于黏土和粉土，重型动力触探试验适用于砂土、碎石土和极软岩，超重型动力触探试验适用于碎石土、极软岩和软岩。在海洋工程勘察中，由于能量传递较少，轻型触探已不被采用，主要采用重型动力触探试验或者超重型动力触探试验（表9-33），常与标准贯入试验和静力触探试验联合使用对土的工程性质进行判断。

**表9-33　动力触探试验设备规格**

| 类　型 | | 重　型 | 超　重　型 |
|---|---|---|---|
| 落锤 | 锤的质量/kg | 63.5 | 120 |
| | 落距/cm | 76 | 100 |
| 探头 | 直径/mm | 74 | 74 |
| | 锥角/(°) | 60 | 60 |
| 探杆直径/mm | | 42 | 50～60 |
| 指标 | | 贯入10cm的读数 $N_{63.5}$ | 贯入10cm的读数 $N_{120}$ |
| 适用地层 | | 砂土、中密及以下碎石土、极软岩 | 密实和很密实的碎石土、极软岩、软岩 |

动力触探的锤击能量=重锤重量×落距。用于克服土对探头的贯入阻力的能量称为有效能量，还有其他能量消耗于锤与触探杆的碰撞、探杆变形、探杆与孔壁土的摩擦和贯入时地基土产生的变形等。动力触探试验的有效锤击能量方程为

$$\eta MgH=R_{\mathrm{d}}Ae \tag{9-55}$$

式中 $\eta$——锤击效率；

$M$——锤的质量；

$g$——重力加速度；

$H$——重锤落距；

$R_{\mathrm{d}}$——探头单位贯入阻力；

$A$——探头截面积；

$e$——每击贯入度。

由于"有效锤击能量"的存在，实测的动力触探击数 $N'_{63.5}$ 或者 $N'_{120}$ 并不能反映真实情况，因此需要进行修正。动力触探探杆杆长修正，实际上就是有效锤击能量的修正，其原理是，通过利用不同实测击数（$N_{63.5}$ 或 $N_{120}$）和不同杆长（$L$），以及有效锤击能量建立关系式，以重型动力触探试验为例，有

$$E=f(L,N'_{63.5}) \tag{9-56}$$

式中 $E$——有效锤击能量；

$L$——动力触探探杆杆长；

$N'_{63.5}$——实测重型动力触探锤击数。

假设杆长 $L=2\mathrm{m}$、$N'_{63.5}=5$ 击时作为基准值，当任意杆长 $L$ 和任意实测重型动力触探击数 $N'_{63.5}$ 时，杆长修正系数 $\alpha$ 为

$$\alpha=\frac{f(L,N'_{63.5})}{f(2,5)}=\frac{E_{(\mathrm{L},N'_{63.5})}}{E_{(2,5)}} \tag{9-57}$$

式中 $\alpha$——杆长修正系数；

$E_{(\mathrm{L},N'_{63.5})}$——任意杆长 $L$ 和任意实测重型动力触探击数 $N'_{63.5}$ 对应的有效锤击能量；

$E_{(2,5)}$——杆长 2m 和实测重型动力触探击数 $N'_{63.5}$ 为 5 击对应的有效锤击能量。

通过将实测值乘以修正系数，可以得到最终的动力触探击数 $N_{63.5}$，即

$$N_{63.5}=\alpha N'_{63.5} \tag{9-58}$$

重型动力触探试验的杆长修正系数 $\alpha$ 可用简化公式计算，即

$$\alpha=1-[0.004(N'_{63.5}-5)^{1.18}+0.0114(L-2)] \tag{9-59}$$

同理，超重型动力触探锤击数 $N_{120}$ 的修正公式与重型动力触探一致，即

$$N_{120}=\alpha' N'_{120} \tag{9-60}$$

式中 $\alpha'$——超重型动力触探杆长修正系数，可查表 9-34 获得。

**表 9-34　超重型动力触探杆长修正系数 $\alpha'$**

| L/m | $N'_{120}$ | | | | | | | | | | | |
|---|---|---|---|---|---|---|---|---|---|---|---|---|
| | 1 | 3 | 5 | 7 | 9 | 10 | 15 | 20 | 25 | 30 | 35 | 40 |
| 1 | 1.00 | 1.00 | 1.00 | 1.00 | 1.00 | 1.00 | 1.00 | 1.00 | 1.00 | 1.00 | 1.00 | 1.00 |
| 2 | 0.96 | 0.92 | 0.91 | 0.90 | 0.90 | 0.90 | 0.90 | 0.89 | 0.89 | 0.88 | 0.88 | 0.88 |
| 3 | 0.94 | 0.88 | 0.86 | 0.85 | 0.84 | 0.84 | 0.84 | 0.83 | 0.82 | 0.82 | 0.81 | 0.81 |
| 5 | 0.92 | 0.82 | 0.79 | 0.78 | 0.77 | 0.77 | 0.76 | 0.75 | 0.74 | 0.73 | 0.72 | 0.72 |
| 7 | 0.90 | 0.78 | 0.75 | 0.74 | 0.73 | 0.72 | 0.71 | 0.70 | 0.68 | 0.68 | 0.67 | 0.66 |
| 9 | 0.88 | 0.75 | 0.72 | 0.70 | 0.69 | 0.68 | 0.67 | 0.66 | 0.64 | 0.63 | 0.62 | 0.62 |
| 11 | 0.87 | 0.73 | 0.69 | 0.67 | 0.66 | 0.66 | 0.64 | 0.62 | 0.61 | 0.60 | 0.59 | 0.58 |
| 13 | 0.86 | 0.71 | 0.67 | 0.65 | 0.64 | 0.63 | 0.61 | 0.60 | 0.58 | 0.57 | 0.56 | 0.55 |
| 15 | 0.86 | 0.69 | 0.65 | 0.63 | 0.62 | 0.61 | 0.59 | 0.58 | 0.56 | 0.55 | 0.54 | 0.53 |
| 17 | 0.85 | 0.68 | 0.63 | 0.61 | 0.60 | 0.60 | 0.57 | 0.56 | 0.54 | 0.53 | 0.52 | 0.50 |
| 19 | 0.84 | 0.66 | 0.62 | 0.60 | 0.58 | 0.58 | 0.56 | 0.54 | 0.52 | 0.51 | 0.50 | 0.48 |

动力触探探头连续贯入过程的影响因素较多，试验结果受到临界深度 $h_{cr}$、土层界面、碎石和卵石颗粒含量等的影响，如图 9-112 所示。

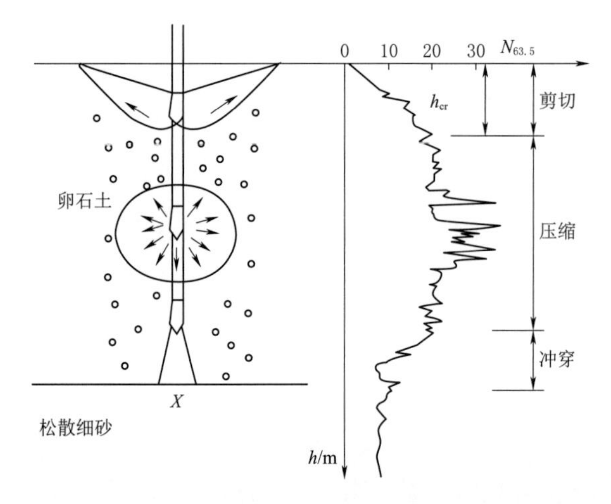


图 9-112　动力触探探头连续贯入过程的影响因素

对于临界深度 $h_{cr}$，在动力触探贯入的初期，动力触探锤击数 $N_{63.5}$（或 $N_{120}$）随着贯入深度的增加而增加，土体会产生隆起或者开裂；达到一定深度后，$N_{63.5}$（或 $N_{120}$）逐渐趋于稳定，从记录的锤击数 $N_{63.5}$（或 $N_{120}$）-深度 $h$ 曲线上可以看到有明显的变化，该深度就是动力触探的临界深度 $h_{cr}$。

动力触探试验资料显示，动力触探探头的贯入锤击数会受到上下一定深度范围内土层性质的影响，这就是土层界面的影响。一般情况下，上下地层的物理力学性质指标都不相同，在下卧土层对上覆土层的动力触探锤击数产生“超前反映”影响，上覆土层对下卧土层的动力触探锤击数产生“滞后反映”影响。当上覆为硬层，而下层为软层时，“超前反映”段要明显大于“滞后反映”段；当上覆为软层，而下层为硬层时，“超前反映”段要明显小于“滞后反映”段。

对于不同的土层，动力触探试验 $N_{63.5}$-$h$ 曲线也会有明显的差异，同一层的黏性土与砂土的 $N_{63.5}$-$h$ 曲线较为平缓，而卵石和碎石土的 $N_{63.5}$-$h$ 曲线会呈现不规则锯

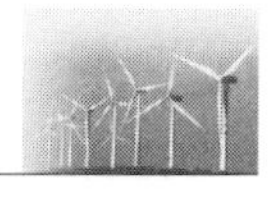

齿状。因此通过动力触探的曲线 $N_{63.5}-h$ 可以判别土层的类别，还可以简单地说，卵石、碎石密实度和颗粒越大时波峰越高；卵石颗粒含量越多时波峰与波峰的间距越小。利用动力触探曲线的形态特征，可以初步判别土层的类别，甚至可以对粗粒土的粒径和含量做粗略评价。

在动力触探试验时，卵石颗粒的含量对试验结果也存在较大的影响，卵石颗粒的阻挡会使得动力触探锤击数增高，这种主要与被击卵石颗粒的粒径还有周围介质的密实度有关，总的来说卵石的影响还属于可以接受范围。而对于漂石或者块石类大粒径，会导致动力触探锤击数明显增大，因此在采用动力触探数据进行分析时还需要结合钻孔结果对数据进行分析，排除影响因素。

圆锥动力触探试验与标准贯入试验一样，是传统的原位测试方法，但在应用到海洋地层中时，会受到海水暗流、波浪袭扰以及作业平台晃动等的影响，有待进一步深入研究。

#### 9.3.3.2 基于圆锥动力触探的地层指标计算方法

利用圆锥动力触探曲线可以评价地基土的密实度，估算地基土的承载力、变形（压缩）模量及抗剪强度指标等。

1. 地基土的密实度

用重型圆锥动力触探锤击数确定砂土的密实度详见表 9-35。

**表 9-35 重型圆锥动力触探锤击数 $N_{63.5}$ 与砂土密实度的关系**

| 土的分类 | 触探锤击数 $N_{63.5}$ | 砂土的密实度 | 孔隙比 |
|---|---|---|---|
| 砾砂 | ＜5 | 松散 | ＞0.65 |
| | 5～8 | 稍密 | 0.65～0.50 |
| | 8～10 | 中密 | 0.50～0.45 |
| | ＞10 | 密实 | ＜0.45 |
| 粗砂 | ＜5 | 松散 | ＞0.80 |
| | 5～6.5 | 稍密 | 0.80～0.70 |
| | 6.5～9.5 | 中密 | 0.70～0.60 |
| | ＞9.5 | 密实 | ＜0.60 |
| 中砂 | ＜5 | 松散 | ＞0.90 |
| | 5～6 | 稍密 | 0.90～0.80 |
| | 6～9 | 中密 | 0.80～0.75 |
| | ＞9 | 密实 | ＜0.70 |

我国《岩土工程勘察规范》（GB 50021—2001）（2009 年版）和《建筑地基基础设计规范》（GB 50007—2012）中有关碎石土的密实度与重型和超重动力触探击数的关系见表 9-36。表中锤击数是经综合修正后的平均值。

**表 9-36　重型或超重型动力触探锤击数与碎石土密实度的关系**

| 重型动力触探锤击数 $N_{63.5}$ | 密实度 | 超重型动力触探锤击数 $N_{120}$ | 密实度 |
|---|---|---|---|
| $N_{63.5} \leqslant 5$ | 松散 | $N_{120} \leqslant 3$ | 松散 |
| $5 < N_{63.5} \leqslant 10$ | 稍密 | $3 < N_{120} \leqslant 6$ | 稍密 |
| $10 < N_{63.5} \leqslant 20$ | 中密 | $6 < N_{120} \leqslant 11$ | 中密 |
| $N_{63.5} > 20$ | 密实 | $11 < N_{120} \leqslant 14$ | 密实 |
| | | $N_{120} > 14$ | 很密 |

2. 地基土承载力

我国多采用重型动力触探锤击数 $N_{63.5}$ 来确定地基土的承载力。通过将平板载荷试验测得的地基承载力与动力触探试验结果进行对比，采用线性和非线性两种线型分别进行统计分析发现，非线性的回归关系更符合碎石类土，其公式为

$$\sigma_0 = \frac{1}{7.8 \times 10^{-4} + 0.246 e^{-\left(\frac{\overline{N}_{63.5}}{8} + 4.5\right)}} - 230 \tag{9-61}$$

式中　$\sigma_0$——地基土基本承载力，kPa；

$\overline{N}_{63.5}$——重型动力触探锤击数平均值，击/10cm。

重型动力触探本身主要用于中砂至砾砂等颗粒较大的砂类土中，关于粉砂和细砂常采用标准贯入进行试验，因此只给出中砂～砾砂土的经验公式，即

$$\sigma_0 = 5.65 + 38.38 \overline{N}_{63.5} \tag{9-62}$$

根据式（9-61）和式（9-62）的计算值，同时考虑到实测值与计算值的偏差值后，得到了重型动力触探锤击数 $\overline{N}_{63.5}$ 确定地基土基本承载力的关系表，见表 9-37。

**表 9-37　中砂～砾砂土、碎石土的地基土基本承载力**　　单位：kPa

| $\overline{N}_{63.5}$ | 3 | 4 | 5 | 6 | 7 | 8 | 9 | 10 | 12 | 14 |
|---|---|---|---|---|---|---|---|---|---|---|
| 中砾～砾砂土 | 120 | 160 | 180 | 220 | 260 | 300 | 340 | 380 | | |
| 碎石类土 | 140 | 170 | 200 | 240 | 280 | 320 | 360 | 400 | 480 | 540 |
| $\overline{N}_{63.5}$ | 16 | 18 | 20 | 22 | 24 | 26 | 28 | 30 | 35 | 40 |
| 碎石类土 | 600 | 660 | 720 | 780 | 830 | 870 | 900 | 930 | 970 | 1000 |

**注**　本表适用于冲积、洪积地层；适用的深度范围为 1～20m。

3. 地基土的变形模量

圆锥动力触探试验还可以用于估算地基土的变形模量，主要用于卵石、圆砾层。动力触探探头在贯入过程中，当深度超过临界深度 $h_{cr}$ 后，土体处于挤压状态，会形成一个直径大于 74mm 的圆柱形空间，地基土的密实程度决定了土体向四周挤压的难易程度。因此，可以采用重型动力触探锤击数的平均值 $\overline{N}_{63.5}$ 来反映卵石、圆砾的变形特征，也就是变形模量，即

$$E_0 = f(\overline{N}_{63.5}) = 4.48\overline{N}_{63.5}^{0.755} \tag{9-63}$$

式中 $E_0$——地基土的变形模量，MPa；

$\overline{N}_{63.5}$——重型动力触探锤击数平均值，击/10cm。

卵石、圆砾的变形模量见表9-38。

**表9-38 卵石、圆砾的变形模量 $E_0$** 单位：kPa

| $\overline{N}_{63.5}$ | 3 | 4 | 5 | 6 | 8 | 10 | 12 | 14 | 16 |
|---|---|---|---|---|---|---|---|---|---|
| 卵石、圆砾 | 10 | 12 | 14 | 16 | 21 | 26 | 30 | 34 | 37.5 |
| $\overline{N}_{63.5}$ | 18 | 20 | 22 | 24 | 26 | 28 | 30 | 35 | 40 |
| 卵石、圆砾 | 41 | 44.5 | 48 | 51 | 54 | 56.5 | 59 | 62 | 64 |

**注** 本表适用于冲积、洪积地层；适用的深度范围为1～12m。

4. *砂土的内摩擦角*

砂土和碎石土的内摩擦角也可以用重型动力触探锤击数 $N_{63.5}$ 估算，但是需要注意的是，重型动力触探试验与标准贯入试验类似，都属于精度不高的试验，因此在采用重型动力触探试验结果估算砂土内摩擦角时需要慎重，最好能够结合海洋土层的钻孔室内试验结果联合确定。砂土和碎石土的内摩擦角标准值 $\varphi_k$ 可以采用经验公式确定，即

$$\varphi_k = \begin{cases} 0.4879N_{63.5} + 33.499 & \text{卵石} \\ 0.4817N_{63.5} + 30.568 & \text{圆砾、砾砂} \\ 0.4888N_{63.5} + 27.512 & \text{中粗砂} \\ -0.0237N_{63.5}^2 + 1.233N_{63.5} + 18.583 & \text{粉细砂} \end{cases} \tag{9-64}$$

式中 $\varphi_k$——内摩擦角标准值，(°)；

$N_{63.5}$——重型动力触探锤击数，击/10cm。

另外，也可以采用表9-39直接查得砂土和碎石土的内摩擦角标准值。

**表9-39 砂土和碎石土的内摩擦角标准值 $\varphi_k$**

| 重型动力触探锤击数 $N_{63.5}$ | 内摩擦角标准值 $\varphi_k$/(°) | | | |
|---|---|---|---|---|
| | 卵石 | 圆砾、砾砂 | 中、粗砂 | 粉、细砂 |
| 2 | 34.5 | 31.5 | 28.5 | 21.0 |
| 4 | 35.5 | 32.5 | 29.5 | 23.0 |
| 6 | 36.4 | 33.4 | 30.4 | 25.0 |
| 8 | 37.5 | 34.4 | 31.4 | 27.0 |
| 10 | 38.4 | 35.4 | 32.4 | 29.0 |
| 12 | 39.4 | 36.4 | 33.4 | 30.0 |
| 14 | 40.0 | 37.4 | 34.4 | 31.0 |
| 16 | 41.3 | 38.3 | 35.3 | 32.0 |

续表

| 重型动力触探锤击数 $N_{63.5}$ | 内摩擦角标准值 $\varphi_k$/(°) | | | |
|---|---|---|---|---|
| | 卵石 | 圆砾、砾砂 | 中、粗砂 | 粉、细砂 |
| 18 | 42.3 | 39.3 | 36.3 | 33.0 |
| 20 | 43.3 | 40.3 | 37.3 | 34.0 |
| 25 | 45.7 | 42.2 | 39.7 | — |
| 30 | 48.2 | 45.2 | 42.2 | — |

## 9.3.4　十字板剪切试验

### 9.3.4.1　十字板剪切试验原理

十字板剪切试验（Vane shear test）适用于灵敏度 $S_t \leqslant 10$ 的饱和软黏土，其优点在于可以直接测得软黏土的不排水抗剪强度，无需经过经验公式解译获得，其物理意义明确，同时还可以测得软黏土的灵敏度。十字板剪切试验的缺点在于其仅适用于饱和软黏土，对于强度较高（大于 100kPa）的硬黏土，其适用性较差，很有可能造成十字板剪切试验设备损坏，同时十字板剪切试验结果与静力触探试验相比具有非连续的缺点，因此在海上风电场工程勘察中常作为辅助测试手段，与静力触探试验结合来确定软黏土层的设计参数。

十字板剪切试验设备一般由压入主机、探杆、十字板头、扭力装置和测试仪组成。十字板头可以采用的规格大小（图 9-113）各不相同，一般情况下十字板头的高度与宽度之比 $H:D=2:1$，尺寸越大的十字板头所能量测的不排水抗剪强度范围越小，反之则可测量范围越大，具体的高度 $H$ 和宽度 $D$ 则可以根据需求定做和选用。

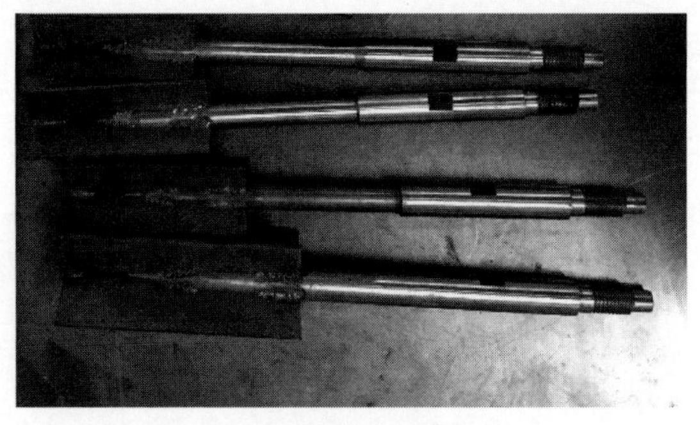

(a) 不同规格的十字板头

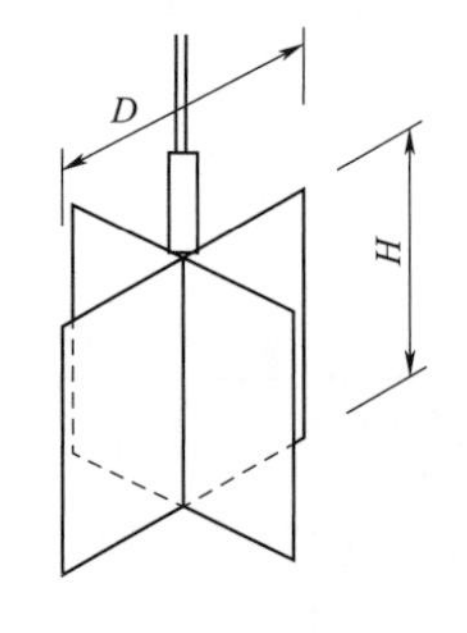


(b) 十字板头规格示意图

图 9-113　十字板剪切试验用十字板头

十字板剪切设备按照扭力装置和测试仪的类型可以分为扭力弹簧式和电测式。扭力弹簧式一般为手动施测设备，根据标定扭力弹簧的转角与扭矩的关系，通过扭力弹簧转动的角度得到剪切过程的扭矩，然后通过计算公式得到软黏土的不排水抗剪强度，也有部分设备的测试仪表盘上自带通过计算公式计算完的不排水抗剪强度，可以

直接读取。扭力弹簧式的优点在于携带方便，无需通电，不需要其他配套设备；其缺点在于需要人工操作转动十字板头，因此速率无法准确控制，测得的结果可靠性较低，因此逐渐被电测式十字板剪切设备淘汰。

电测式十字板剪切试验设备是目前海上风电场工程勘察中的主流设备，其本身自带扭矩传感器，只需要事先进行传感器标定后，便可直接输出结果，快速且方便。电测式十字板剪切试验设备需要额外的扭转驱动设备，设备需要能够匀速控制转动速率。关于十字板剪切试验的剪切速率问题，有试验结果表明，当软黏土处于不排水状态时，如果剪切速率大，其不排水抗剪强度也大；如果剪切速率小，其不排水抗剪强度也小。因此，十字板剪切试验的十字板头扭转速率应控制在适当范围内，需要保证土体的剪切过程处于不排水状态，又不至于速率过快导致强度高估。《岩土工程勘察规范》（GB 50021—2001）中规定十字板剪切试验的扭转速率一般取（1°～2°）/10s。

海上风电场工程勘察作业时，漂浮式平台由于会受到风浪的影响，十字板剪切试验难以实施，采用固定式平台或者海床式设备可以消除风浪影响，十字板试验得以顺利实施。

固定式平台作业时，为了消除风浪影响，常采用外套管作为护管，预先贯入浅表层土中，而后再将连接至探杆的十字板头通过压力设备缓慢压入土中。十字板头至指定位置后，开启扭转驱动装置，维持扭转速率（1°～2°）/10s，当显示数值达到峰值时再测记1min后停止，其峰值即为原状软黏土的不排水抗剪强度 $s_u$。如果需要测量重塑软黏土的不排水抗剪强度 $s_u'$，可以将十字板头再转动6圈，将软黏土充分扰动后静置一段时间，再重复之前的步骤，测得重塑软黏土的不排水抗剪强度，最后再计算软黏土的灵敏度。如果十字板头的贯入过程遭遇阻力过大，可能是软黏土中夹杂有硬层，遇到这种情况需立即提起探杆，防止十字板头损坏，然后进行清孔操作清除硬层后，再重新将十字板头贯入，进行试验。固定平台式受到区域的水深情况制约，对于水深较大区域，由于需要更长的探杆，在贯入过程中更容易引起探杆弯曲折断，因此对于对于水深较深的海域推荐采用海床式设备进行作业。

当采用海床式设备（图9-114）作业时，需要通过平台起重装置将海床式设备吊装入水中，等待海床式设备沉入海底，依靠自身重力作为反力，将十字板板头贯入土中进行试验，试验结束后将海床式设备吊装回收即可。需要注意的是，目前与十字板剪切试验相配套的海床式设备较少，而与静力触探配套的海床式设备较多，通常需要对现有海床式设备进行改装，或者联系厂家定制生产，成本费用较高，但是海床式设备的作业范围要优于固定平台式，适合水深更深的海上区域。

#### 9.3.4.2 十字板剪切试验成果整理

海床式设备受力如图9-115所示，十字板剪切过程中，假设十字板转动的剪切破坏面为圆柱面（闫树旺等，2009），剪切破坏时的扭矩等于破坏面上土体产生的抗

扭力矩，即

$$T=\pi DH\frac{D}{2}\tau_{fv}+2\frac{\pi D^2}{4}\frac{D}{3}\tau_{fh}=\frac{\pi D^2 H\tau_{fv}}{2}+\frac{\pi D^3\tau_{fh}}{6} \tag{9-65}$$

式中　$T$——剪切破坏时的扭矩；

$\tau_{fv}$——剪切破坏时圆柱侧面的土体抗剪强度；

$\tau_{fh}$——剪切破坏时圆柱上下面的土体抗剪强度。

图 9-114　海床式设备

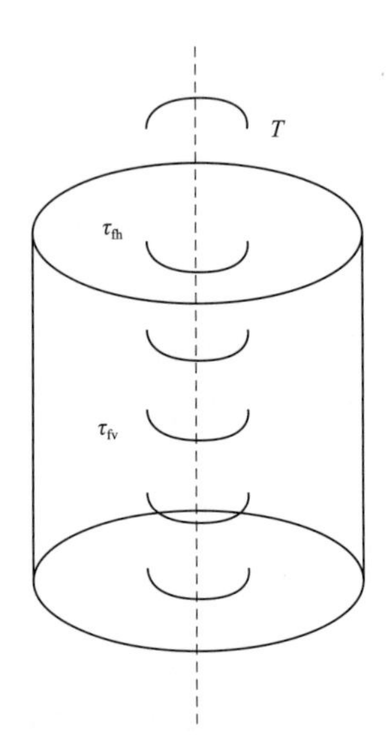


图 9-115　海床式设备受力

假定破坏圆柱体侧面的土体抗剪强度 $\tau_{fv}$ 与上下面的土体抗剪强度 $\tau_{fh}$ 相等，且等于土体的不排水抗剪强度 $s_u$，则可以得到 $s_u$ 的计算公式为

$$s_u=\frac{2T}{\pi D^2\left(H+\frac{D}{3}\right)}=TK \tag{9-66}$$

式中　$T$——剪切破坏时的扭矩，即峰值扭矩；

$K$——板头常数。

对于重塑软黏土的不排水抗剪强度，其计算方法与式（9-66）类似，可以采用重塑后土体的峰值扭矩 $T'$ 代替 $T$，可得

$$s_u'=\frac{2T'}{\pi D^2\left(H+\frac{D}{3}\right)}=T'K \tag{9-67}$$

式中　$T'$——重塑软黏土的峰值扭矩。

当软黏土的塑性指数 $I_p\geqslant 20\%$ 时，还要对测得十字板不排水抗剪强度进行修正（钱家欢和殷宗泽，1996），将十字板剪切试验结果乘上十字板剪切强度修正系数 $\mu$，就可以得到较为准确的软黏土不排水抗剪强度，十字板剪切强度修正系数 $\mu$ 可参

考表 9-40。

**表 9-40 十字板剪切强度修正系数 $\mu$（Bjerrum，1972）**

| 塑性指数 $I_p$ | 十字板剪切强度修正系数 $\mu$ | 塑性指数 $I_p$ | 十字板剪切强度修正系数 $\mu$ |
|---|---|---|---|
| <20% | 1.0 | 50% | 0.75 |
| 30% | 0.9 | 60%～70% | 0.70 |
| 40% | 0.85 | 80%～100% | 0.65 |

在得到原状软黏土和重塑软黏土的不排水抗剪强度后，可以得到软黏土的灵敏度为

$$S_t = \frac{s_u}{s_u'} \tag{9-68}$$

式中 $S_t$——软黏土的灵敏度。

一般得到不排水抗剪强度数据以后，可以绘制强度与深度曲线，如图 9-116 所示，还可以结合其他原位测试或者室内试验的结果进行对比，如图 9-117 所示。

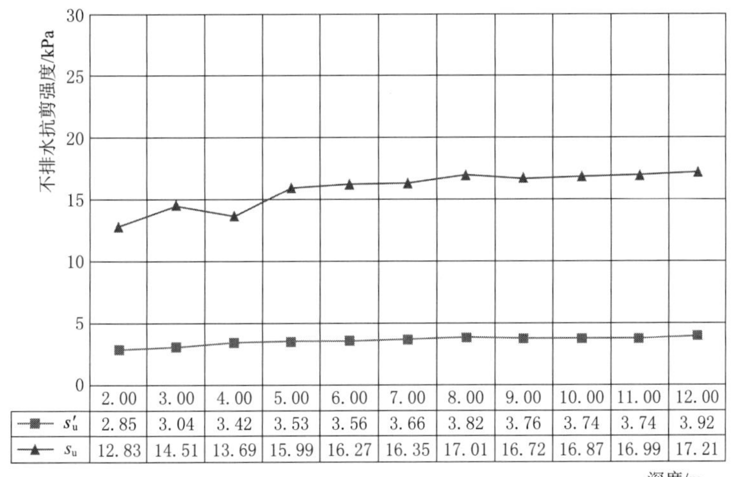


| | 2.00 | 3.00 | 4.00 | 5.00 | 6.00 | 7.00 | 8.00 | 9.00 | 10.00 | 11.00 | 12.00 |
|---|---|---|---|---|---|---|---|---|---|---|---|
| $s_u'$ | 2.85 | 3.04 | 3.42 | 3.53 | 3.56 | 3.66 | 3.82 | 3.76 | 3.74 | 3.74 | 3.92 |
| $s_u$ | 12.83 | 14.51 | 13.69 | 15.99 | 16.27 | 16.35 | 17.01 | 16.72 | 16.87 | 16.99 | 17.21 |

图 9-116 十字板剪切强度与深度曲线

## 9.3.5 扁铲侧胀试验

### 9.3.5.1 扁铲侧胀试验基本原理及技术发展

扁铲侧胀试验（The Flat-plate Dilatometer Test，DMT）的历史可以追溯到 20 世纪 70 年代。为了测定土体的原位应力状态，同时解决桩基础设计时侧向土的刚度问题，意大利 Aguila 大学的 Silvano Marchetti 教授在 1974 年发明了扁铲侧胀试验方法（Marchetti，1975）。从 1979 年在美国开始商业化应用至今，已经有许多国家引进使用，并且在岩土工程中取得了较好的效果，可以获得多种岩土参数（朱帆济，2007）。目前，在海洋工程中，扁铲侧胀试验常代替标准贯入试验，与静力触探试验

配合使用，成为为海洋岩土工程原位测试中主要的测试手段（图 9－118）。扁铲侧胀试验可用于黏土、粉土和松散至中密的砂土。

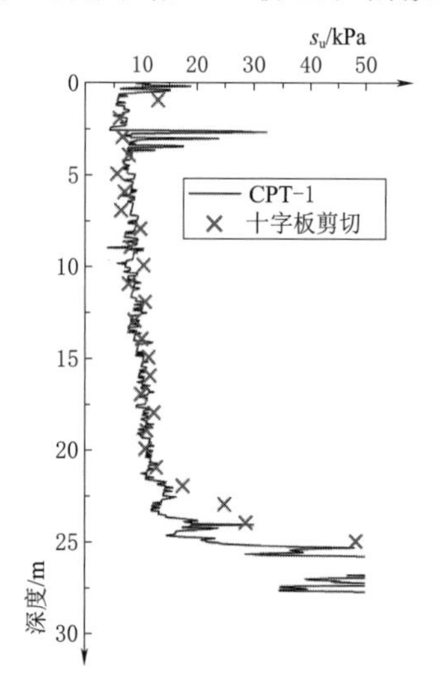


图 9－117　十字板剪切试验与静力触探试验结果对比

图 9－118　海床扁铲测试设备

扁铲侧胀试验一般用静压或者锤击动力把扁铲形探头贯入地层预定深度，利用气压使扁铲侧面的圆形钢膜向外扩张（图 9－119），量测不同侧胀位移时的侧向应力，可视为一种特殊的旁压试验。与旁压试验不同，扁铲侧胀试验仅适用于黏土、粉土和砂土，对于碎石土等颗粒粒径更大的土体无法使用。

扁铲侧胀试验设备主要包括测量系统、贯入系统和压力源。测量系统包括扁铲侧胀板头（图 9－120）、气电管路和控制装置。扁铲侧胀板头一般采用不锈钢钢板制作，

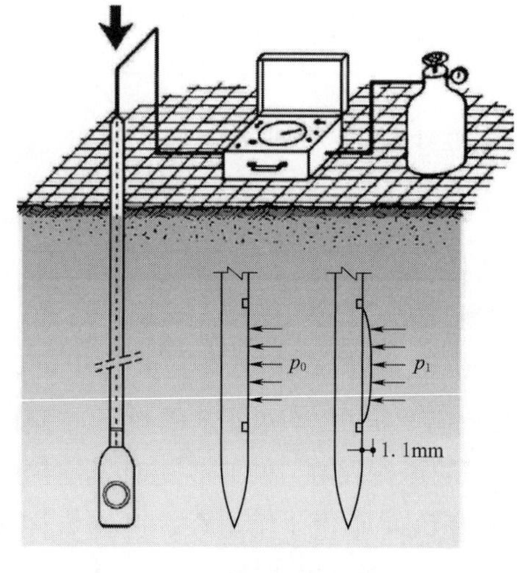


图 9－119　扁铲侧胀试验示意图

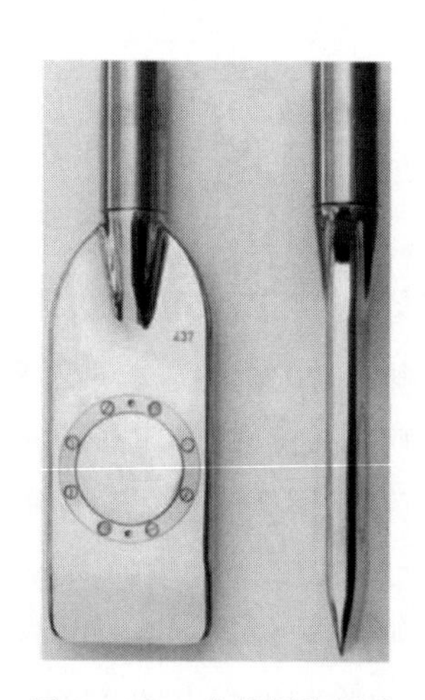

图 9－120　扁铲侧胀板头

一般规格为厚度 15mm、宽度 95mm，长度 235mm，在板头的一侧中心安装一块直径约 60mm 的圆形钢膜，厚约 0.2mm，膜片内侧设置的三位电开关应能准确显示膜片膨胀中的三个特征压力点，即气电管路由厚壁、小直径、耐高压、内部贯穿铜质导线的尼龙管组成，且端部接头经过绝缘处理；控制装置主要为控制箱，内装气压控制管路、控制电路及各种指示开关，可以控制试验的压力和指示膜片三个特定位置时的压力，并传送膜片达到特定位移量时的信号。

贯入系统包括主机、探杆和附属工具，在海洋岩土工程中，一般借用静力触探的贯入设备，将静力触探探杆与扁铲侧胀板头之间安装变径接头，这样可以实现一台贯入设备两用，降低使用成本。

压力源可采用普通或特制氮气瓶。压力源应安装压力调节器，高压气体应为干燥的氮气。每次试验前需要检查氮气瓶中气量是否充足，由于耗气量随着土质密度以及管路的增长而增加，需要一定的经验对氮气瓶的含气量进行估算，以免试验中途更换氮气瓶，增加操作难度。

扁铲侧胀板头通过变径接头连接探杆，相连的气电管路穿过空心探杆连接作业平台的控制装置，控制装置通过控制压力源，对扁铲侧胀板头中的圆形持续施加气压与电信号。当电路连通时蜂鸣器会发声，同时检流器会有读数显示，据此给出膜片处于不同位移时的压力读数。如图 9-121 所示，当扁铲侧胀板头贯入土体后，膜片此时紧紧贴住感应盘，此时为 O 位置，电路处于连通状态，蜂鸣器发声；随着压力源持续施加气压，当膜片脱离感应盘至 A 位置（膜片距离感应盘 5mm）时，电路断开，蜂鸣器停止发声；最后持续施加气压，膜片膨胀至不锈钢柱与感应盘接触时（B 位置，膜片与感应盘位移 1.10mm），电路连通，蜂鸣器响起；此时减压，当蜂鸣器回复至 B 位置后，蜂鸣器停止发声；再继续减压，当到达 C 位置（与 A 位置处于同一位置）时，膜片与感应盘接触，蜂鸣器再次响起。

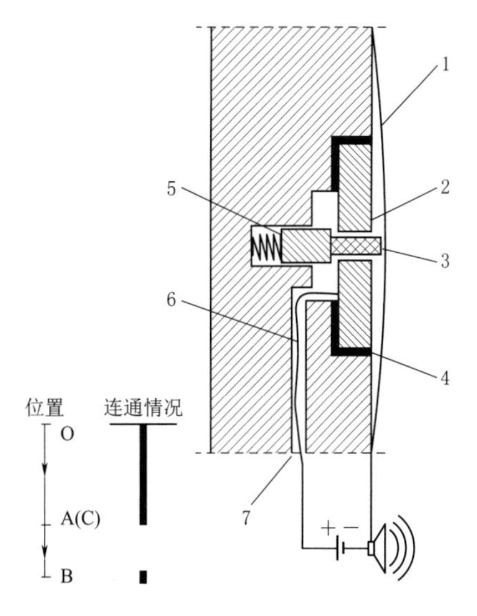


图 9-121　扁铲侧胀试验工作原理图

1—不锈钢膜片；2—感应盘；3—透明塑料体；4—绝缘塑料基座；5—不锈钢柱体；6—线路；7—进气口

扁铲侧胀试验的目的就是通过测读侧胀至不同位置（A、B、C 位置）时的实测压力值大小，对膜片约束力进行率定并扣除后，得到土体受力与变形的关系，进而将其换算成反映土的性质的不同的参数指标，例如侧胀模量 $E_D$、侧胀水平应力指数 $K_D$、侧胀土性指数 $I_D$ 和侧胀孔压指数 $U_D$。

扁铲侧胀试验结果重复性较好，并且与其他原位测试结果具有较好的一致性，已经广泛地用于勘察设计领域。目前扁铲侧胀试验已经在全世界 60

多个国家成功应用，同时也纳入美国 ASTM D6635－15（Standard Test Method for Performing the Flat Plate Dilatometer）和欧洲 Eurocode 7：Geotechnical Design Part 3：Design Assisted by Field Testing Section 9：Flat Dilatometer Test（DMT）的标准试验方法，我国于2002年也将其纳入到了《岩土工程勘察规范》（GB 50021—2001）中。

随着技术的发展，扁铲侧胀试验设备也在不断更新与改进，S波地震扁铲侧胀试验设备（图9－122）就是将地震波速测量模块与扁铲侧胀试验设备相结合的产物，在测量应力与应变关系的同时，还可以测量土体的剪切波速。海上风电场工程勘察作业时，在风浪较为平稳的情况下，可以采用漂浮式平台进行作业（图9－123），配合伸缩外套管，借助静压设备将扁铲侧胀板头贯入土体中进行测试，同时在船头放置剪切波震源，联合测试剪切波速，这种方法在海上作业过程中可以大大节约测试工期，降低作业成本。

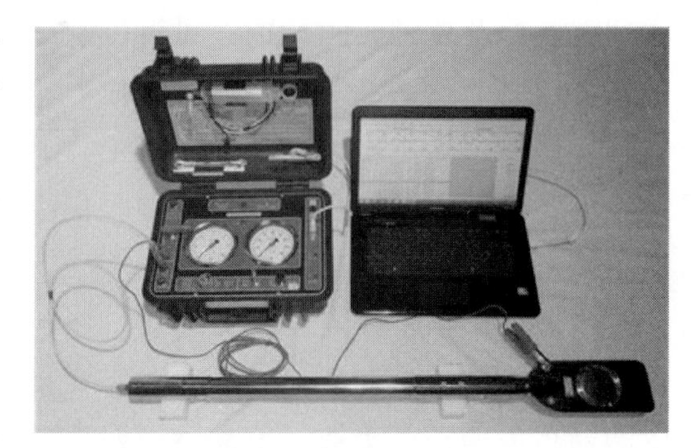

图9－122 S波地震扁铲侧胀试验设备

在海上风电场工程勘察时，如果遇到风浪较大的情况，可以采用固定式平台，其他操作方法与漂浮式平台一致。也可以将S波地震扁铲侧胀试验设备与海床式作业平台相结合，形成海床式扁铲侧胀试验设备（图9－124），海床式扁铲侧胀试验

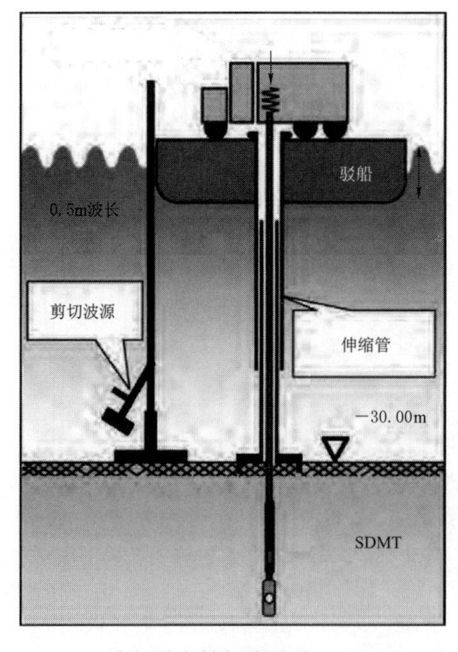


图9－123 S波地震扁铲侧胀试验（SMDT）示意图

图9－124 海床式扁铲侧胀试验设备

平台可以在水深较深的海域（大于 30.00m）进行作业，同时也可以在漂浮式平台上作业，降低了使用难度，相对比于固定式平台，漂浮式平台租赁成本更为低廉，但是海床式扁铲侧胀试验设备本身价格比一般的扁铲侧胀试验设备要贵很多，因此具体采用何种方法，需要综合考虑海域风浪情况、水深情况、平台租赁成本和设备成本进行考虑。

#### 9.3.5.2 扁铲侧胀试验数据处理

扁铲侧胀试验中，假定土体水平位移 0.05mm 时（A 位置）的侧压力为 $p_0$，土体水平位移 1.10mm 时（B 位置）的侧压力为 $p_1$，回复至初始位置（C 位置，与 A 位置相同）时的侧压力为 $p_2$，则侧压力 $p_0$、$p_1$ 和 $p_2$ 满足

$$p_0 = 1.05(A - Z_m + \Delta A) - 0.05(B - Z_m - \Delta B) \tag{9-69}$$

$$p_1 = B - Z_m - \Delta B \tag{9-70}$$

$$p_2 = C - Z_m + \Delta A \tag{9-71}$$

式中 $p_0$——膜片向土中膨胀之前作用在膜片上的接触压力，kPa；

$p_1$——膜片膨胀 1.10mm 时的膨胀压力，kPa；

$p_2$——膜片回到 0.05mm 时的终止压力，kPa；

$A$——膜片膨胀 0.05mm 时气压的实测值，kPa；

$B$——膜片膨胀 1.10mm 时气压的实测值，kPa；

$C$——膜片回到 0.05mm 时气压的实测值，kPa；

$\Delta A$——空气中标定膜片膨胀 0.05mm 时气压的实测值，kPa；

$\Delta B$——空气中标定膜片膨胀 1.10mm 时气压的实测值，kPa；

$Z_m$——未调零时的初读数，kPa。

在得到侧压力 $p_0$、$p_1$ 和 $p_2$ 后，可以通过公式直接得到土体的侧胀模量 $E_D$、侧胀水平应力指数 $K_D$、侧胀土性指数 $I_D$ 和侧胀孔压指数 $U_D$，有

$$E_D = 34.7(p_1 - p_0) \tag{9-72}$$

$$K_D = \frac{p_0 - u_0}{\sigma'_{v0}} \tag{9-73}$$

$$I_D = \frac{p_1 - p_0}{p_0 - u_0} \tag{9-74}$$

$$U_D = \frac{p_2 - u_0}{p_0 - u_0} \tag{9-75}$$

式中 $E_D$——侧胀模量，kPa；

$K_D$——侧胀水平应力指数；

$I_D$——侧胀土性指数；

$U_D$——侧胀孔压指数；

$\sigma'_{v0}$——土的有效自重压力，kPa；

$u_0$——土的静水压力，kPa。

侧胀模量 $E_D$ 是基于半无限弹性介质理论得到的，与杨氏模量不同，一般都与侧胀水平应力指数 $K_D$ 联合使用。侧胀水平应力指数 $K_D$ 是非常重要的试验结果，与常说的土的静止侧压力系数 $K_0$ 有一定的联系，不同的是 $K_D$ 是扁铲侧胀板头贯入土体后测得的土压力系数，相较于 $K_0$ 会有一定偏大，同时 $K_D$ 随深度变化曲线与土的超固结比变化曲线有一致性，工程上常采用水平应力指数 $K_D$ 来分析地基土的应力历史和固结情况。

侧胀土性指数 $I_D$ 是反映土体软硬状态和强度大小的指标，可以用来对土类进行粗略划分，但是由于硬黏土的强度也较高，容易产生误判，因此通过侧胀土性指数 $I_D$ 来划分土类存在制约性。

侧胀孔压指数 $U_D$ 可以用来表征土体的排水性质，一般情况下自由排水层中，$p_2 \approx u_0$，因此 $U_D \approx 0$；对于非自由排水层，$p_2 > u_0$，因此 $U_D > 0$。而对于密实度很大的砂土来说，由于密实砂土的剪胀作用，可能会产生侧胀孔压指数 $U_D$ 为负的情况。

#### 9.3.5.3　扁铲侧胀试验估算其他地层参数

扁铲侧胀试验可以用来估算土体的静止侧压力系数 $K_0$、超固结比 $OCR$、黏土的不排水抗剪强度 $s_u$、砂土的内摩擦角 $\varphi$、竖向压缩模量 $M_{DMT}$、水平固结系数 $c_h$ 和水平渗透系数 $k_h$ 等。

1. 土的静止侧压力系数 $K_0$

Marchetti（1980）提出了无胶结的黏土的静止侧压力系数 $K_0$ 的计算方法，即

$$K_0 = \left(\frac{K_D}{1.5}\right)^{0.47} - 0.6 \tag{9-76}$$

式中　$K_0$——土的静止侧压力系数；

$K_D$——侧胀水平应力指数。

Lacasse 和 Lunne（1988）、Powell 和 Uglow（1988）、Kulhawy 和 Mayne（1990）根据其他场地数据结果，先后对式（9－76）进行了一定的修正，因此可以发现采用侧胀水平应力指数 $K_D$ 估算静止侧压力系数 $K_0$ 具有场地经验性，如果具有场地经验时，可以对该式进行修正；如果无经验时，采用式（9－76）估算土的静止侧压力系数的准确性尚可。

对于砂土的静止侧压力系数的计算方法，常结合静力触探的结果进行联合估算，Baldi 等（1986）提出了采用静力触探锥尖阻力 $q_c$ 和侧胀水平应力指数 $K_D$ 联合计算砂土的静止侧压力系数 $K_0$ 的方法，即

$$K_0 = 0.376 + 0.095K_D - 0.0017\frac{q_c}{\sigma'_{v0}} \tag{9-77}$$

式中 $q_c$——静力触探锥尖阻力；

$\sigma'_{v0}$——土的竖向有效应力。

2. 超固结比 $OCR$

Marchetti（1980）提出了采用侧胀水平应力指数 $K_D$ 估算黏土 $OCR$ 的方法，即

$$OCR = (0.5K_D)^{1.56} = 0.34K_D^{1.56} \tag{9-78}$$

式中 $OCR$——超固结比；

$K_D$——侧胀水平应力指数。

式（9-78）的建立是基于 $K_D=2$ 时，土体为正常固结土（$OCR=1$），以英国地区试验数据给出的经验公式，对于无胶结、无结构性和无时效作用的黏土适用性较好。

Kamei 和 Iwasaki（1995）给出了修正公式为

$$OCR = (0.47K_D)^{1.43} = 0.34K_D^{1.43} \tag{9-79}$$

式中 $OCR$——超固结比；

$K_D$——侧胀水平应力指数。

可以看出，对正常的黏土来说，一般 $K_D \approx 2$，而这一假定也被许多地区的正常固结土试验结果所证实（Marchetti，2001）。

在砂土中，要确定 $OCR$ 比黏土中要困难许多，因为原状砂土样很难获得，因此目前并没有合适的砂土 $OCR$ 的经验计算方法。

3. 黏土的不排水抗剪强度 $s_u$

对 $I_D<1.2$ 的黏土，Marchetti（1980）提出其不排水强度 $s_u$ 的计算公式为

$$s_u = 0.22\left(\frac{K_D}{2}\right)^{1.25}\sigma'_{v0} \tag{9-80}$$

式中 $s_u$——黏土不排水抗剪强度；

$K_D$——侧胀水平应力指数；

$\sigma'_{v0}$——土的竖向有效应力。

Lacsse 和 Lunne（1988）、Powell 和 Uglow（1988）和 Nash 等（1992）为了研究扁铲侧胀试验对黏土强度的适用性问题，通过开展原位十字板剪切试验、旁压试验、静力触探试验以及室内三轴试验，对式（9-80）进行修正为

$$c_u = \alpha\left(\frac{K_D}{2}\right)^{1.25}\sigma'_{v0} \tag{9-81}$$

其中对现场十字板、室内单剪、室内三轴试验的强度，分别取 $\alpha=0.17\sim0.21$、

$\alpha=0.14$、$\alpha=0.2$。扁铲侧胀试验结果与其他试验方法结果对比如图 9-125 所示。

4. 砂土的内摩擦角 $\varphi$

砂土的内摩擦角可以采用侧胀水平应力指数 $K_D$ 与静力触探锥尖阻力 $q_c$ 联合确定（Marchetti，1985），也可以采用侧胀水平应力指数 $K_D$ 单独估算（Marchetti，1997）。

Marchetti（1985）提出首先通过侧胀水平应力指数 $K_D$ 与静力触探锥尖阻力 $q_c$ 计算土的静止侧向土压力系数 $K_0$，通过图解法（图 9-126）查得砂土的内摩擦角 $\varphi$。

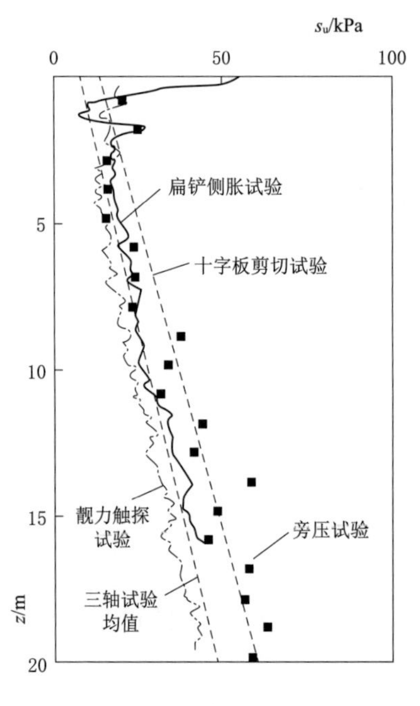


图 9-125　扁铲侧胀试验预测结果与其他试验结果对比

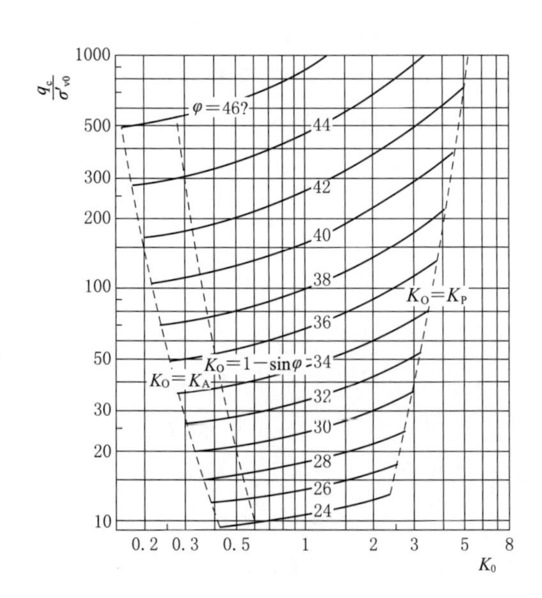


图 9-126　$q_c-K_0-\varphi$ 关系图

Marchetti（1997）对以上方法进行了改进，得到了只用侧胀水平应力指数 $K_D$ 计算砂土内摩擦角的经验公式，即

$$\varphi_{\text{safe,DMT}}=28+14.6\log K_D-2.1(\log K_D)^2 \tag{9-82}$$

式中　$\varphi_{\text{safe,DMT}}$——砂土内摩擦角的保守值；

$K_D$——侧胀水平应力指数。

需要注意的是，式（9-82）计算得到的砂土内摩擦角 $\varphi_{\text{safe,DMT}}$ 为保守值，可能要比真实的砂土内摩擦角要低 2°～4°，属于下限值。

5. 竖向压缩模量 $M_{DMT}$

采用扁铲侧胀试验计算得到的竖向压缩模量 $M_{DMT}$ 与一维压缩试验得到的压缩模量 $E_s$（或者说 $E_{oed}$）是一致的，Marchetti（1980）定义了修正系数 $R_M$，通过公式可

以将侧胀模量 $E_D$ 转化为竖向压缩模量 $M_{DMT}$，即

$$R_M=f(I_D,K_D) \tag{9-83}$$

$$M_{DMT}=R_M E_D \tag{9-84}$$

式中 $R_M$——修正系数砂土内摩擦角的保守值；

$I_D$——侧胀土性指数；

$K_D$——侧胀水平应力指数；

$M_{DMT}$——竖向压缩模量；

$E_D$——侧胀模量。

当侧胀土性指数 $I_D \leqslant 0.6$ 时，有

$$R_M=0.14+2.36\log K_D \tag{9-85}$$

侧胀土性指数 $0.6<I_D<3$ 时，有

$$R_M=R_{M,0}+(2.5-R_{M,0})\log K_D \tag{9-86}$$

$$R_{M,0}=0.14+0.15(I_D-0.6) \tag{9-87}$$

侧胀土性指数 $I_D \geqslant 3$ 时，有

$$R_M=0.14+2.36\log K_D \tag{9-88}$$

侧胀土性指数 $I_D>10$ 时，有

$$R_M=0.32+2.18\log K_D \tag{9-89}$$

通过公式计算得到的 $R_M<0.85$ 时，取 $R_M=0.85$。

Lacasse（1986）通过对挪威地区的黏土开展一维固结试验与扁铲侧胀试验，发现扁铲侧胀试验解译得到的竖向压缩模量 $M_{DMT}$ 与一维固结试验得到的压缩模量 $E_s$ 具有高度的一致性（图 9-127），也证明了该种方法的适用性。

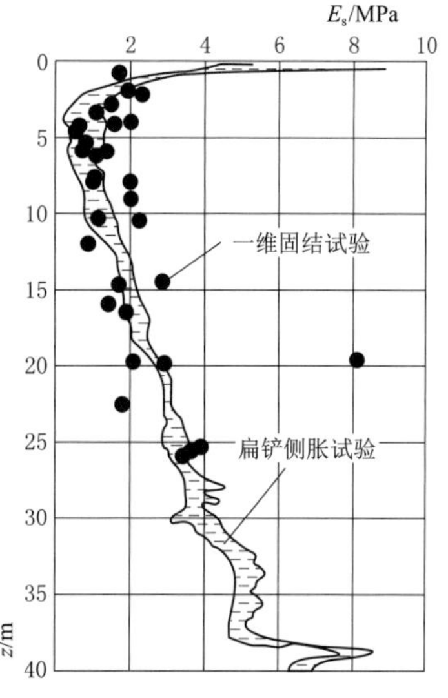


图 9-127　扁铲侧胀试验预测压缩模量与一维固结试验结果对比

## 9.3.6 旁压试验

### 9.3.6.1 旁压试验的基本原理及技术发展

旁压试验（Pressure meter Test，PMT）是指在钻孔中进行的原位水平载荷试验，其试验原理与扁铲侧胀试验类似。首先将圆柱形旁压器竖直放入土中；然后对旁压器进行加压后，使得旁压膜膨胀；最后使得土体产生变形直到破坏，通过测量横向扩张的体积以及压力，绘制横向扩张体积-压力或应力-应变关系曲线。旁压试验适用于黏土、粉土、砂土、碎石土、残积土、极软岩和软岩等岩土层。

1957 年，梅纳研制出第一代的旁压仪。随后，

欧洲、北美都相继研制出类似的旁压试验设备。早期的旁压设备都是预钻式，预钻式的缺点在于钻孔的过程中会对孔壁土体造成较大的扰动，因此，法国的道桥试验部门（Sanie Breuc）从1966年开始研究自钻式旁压仪（Le Pression meter Autoforeur，PAF），从最初的第一代手摇驱动旋转切削式PAF-68到第三代马达驱动切削式PAF-76型，PAF型旁压仪的旁压器有单腔式和三腔式两种。英国Wroth、Hughes等也于1973年研制出了一种名为Cambride-$K_0$-meter（Camkometer，剑桥式$K_0$值试验仪）的新型自钻式旁压仪，通过旋转钻杆带动探头底端的切削器转动，其变形量是通过安装在探头上的应变传感器测量的，同时探头上配备有孔压传感器。除此之外，还有日本OYO公司研制的单腔水压式LTL型预钻式旁压仪和千斤顶加载式KKT型旁压仪，加拿大TEXAM型的单腔预钻式旁压仪等。目前国际上，自钻式旁压仪以法国的道桥式（PAF）和英国的剑桥式（Cambridge）为主，预钻式旁压仪以梅那旁压仪和TEXAM型旁压仪为主。我国多采用预钻式旁压仪，以PM型预钻式旁压仪为主，自钻式旁压仪由于成本较高，操作难度较大，使用较少。

在陆上工程勘察中，常采用预钻式旁压仪，采用预钻式旁压仪时，先要预先钻孔，然后再将旁压仪放入钻孔内进行试验。目前，在海上风电场工程勘察领域中，常采用自钻式旁压仪（Self Boring Pressure Meter，SBPM），其优点在于自钻式旁压仪将旁压仪和钻机进行了一体化设计，旁压仪可以安装在钻杆上，同时在端部安装有钻头，当钻头钻进至指定标高后，可以直接开启旁压仪进行试验，可以保证对岩土层最小的扰动。自钻式旁压仪在钻进到岩土层指定位置时对土体的扰动非常小，只会有很薄一层土体（在黏土层中估计不会超过30μm）与设备有接触，其他土体都能保持其原位应力状态。典型的英国剑桥自钻式旁压仪如图9-128所示。

剑桥自钻式旁压仪有两种不同的控制类型，一种是膨胀型（应变控制），另一种

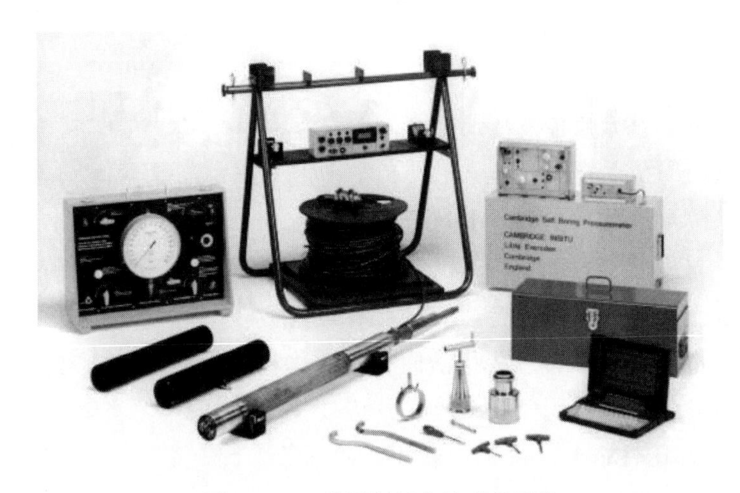

图9-128　英国剑桥自钻式旁压仪

是荷载型（应力控制），都需要使用特殊设计的自钻式钻进系统（图 9－129）进行导向自钻。两种类型的区别在于，膨胀型旁压仪为主动加压式，通过加压使得探头膨胀腔膨胀后，对周围土体施加压力，测量并记录压力值；而荷载型旁压仪为被动受压式，探头到达合适的位置后，可以感受周围土体对其施加的压力，同时连续不断地在任意水平方向进行总应力和孔隙水压力的测量，整个过程中它并没有产生膨胀或对土体施加压力。

图 9－129　自钻式旁压仪钻进系统

自钻式旁压仪在钻进过程中，仪器压入地下，土体被旋转的切削器切碎后，通过设备的环形腔与泥浆或水结合后带到自钻式旁压仪上端排出，整个过程类似于隧道工程中的盾构机掘进。自钻式旁压仪在钻进过程中除软黏土层外，一般都需要一定的反力支持，目前自钻进系统可以钻进至 60m 深度，甚至更深。

自钻式旁压仪的优点在于其通过一次测试便可以得到土体大量的基本参数，并且不需要进行分析校正，同时能保证土体的原位状态。但是自钻式旁压仪缺点也很明显，自钻式旁压仪目前在黏土层和砂土层中使用较好，对于碎石层和软岩层，有时可能无法直接钻穿，需要常规钻孔支持；同时，自钻式旁压仪的价格比预钻式旁压仪的价格贵许多，从作业成本上也需要考虑。在海洋勘察领域，国外 20 世纪就已经有使用自钻式旁压仪的成功案例（Ladanyi，1995）。一般我国海上风电场工程区域的岩土层仍然以黏土层和砂土层为主，同时自钻式旁压仪对土体的扰动较小，在成本允许的情况下，还是推荐采用自钻式旁压仪作为首选。

**9.3.6.2　旁压试验数据处理**

旁压试验可以直接测定岩土层的原位水平土压力 $p_0$、临塑压力 $p_f$、极限压力 $p_1$ 和旁压模量 $E_m$。在旁压试验试验数据采集完成后，首先得进行校正，校正后的压力以及体变量可以通过公式计算，即

$$p=p_m+p_w-p_i \tag{9-90}$$

$$V=H_xA \tag{9-91}$$

$$H_x=H_m-a(p_m+p_w) \tag{9-92}$$

式中　$p$——校正后的压力，kPa；

$p_m$——压力表读数，kPa；

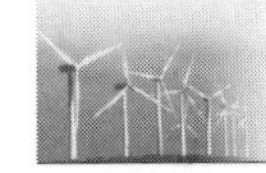



$p_w$——静水压力，kPa；

$p_i$——橡胶膜约束力，kPa，可以查橡胶膜约束力校正曲线；

$V$——校正后的体变量，$cm^3$；

$H_x$——校正后的量管水位下降值，cm；

$A$——量水管截面积，$cm^2$；

$H_m$——量水管水位下降值，cm；

$a$——仪器综合变形校正系数，cm/kPa。

压力和体变量修正后，可以绘制旁压试验 $p-V$ 曲线，在逐级加压的情况下，岩土体经历了三个变形阶段，对应的 $p-V$ 曲线（图9-130）划为可恢复区（初始曲线段）、似弹性区（弹性直线段）和塑性区（塑性屈服段）三个区。

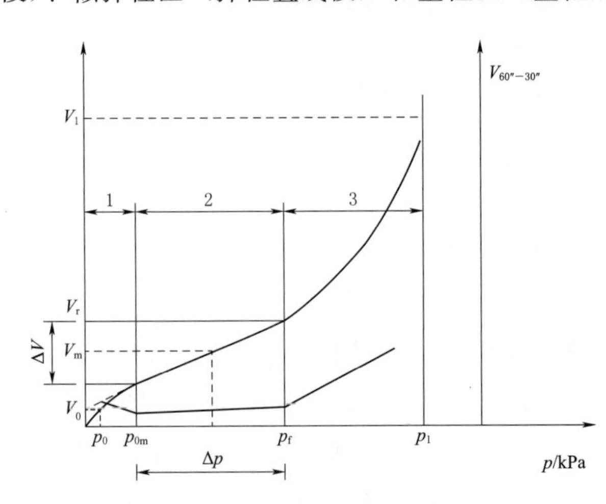


图9-130　旁压试验 $p-V$ 曲线

1—初始曲线段；2—弹性直线段；3—塑性屈服段；$p_0$—原位水平土压力；$p_{0m}$—线性段起始点压力；$p_f$—临塑压力；$p_1$—极限压力；$V_{60''-30''}$—某压力下60 s和30 s的体积读数差值

（1）可恢复区（初始曲线段）。该区的压力逐渐由0增加到原位水平土压力 $p_0$，曲线上凸，前段较陡，后段变缓，最后在 $p_0$ 处趋近于直线。产生的原因是开始时弹性膜的膨胀需要填充孔壁之间的空隙，因此受到的阻力很小。

（2）类似弹性区（弹性直线段）。该区段内的土体变形可视为线弹性，曲线基本上为直线，斜率为常值。线性段的终点压力称为临塑压力 $p_f$。$p-V$ 曲线存在一个较为明显的线性段是预钻式旁压试验的重要特点，为工程应用中估算土的变形性质创造了有利的条件。

（3）塑性区（塑性屈服段）。压力从临塑压力 $p_f$ 继续增大，体变 $V$ 增大的速度加快，塑性区不断发展，斜率变大，曲线由缓变陡。理论上说，当压力增大到某一值的时候，土体破坏，塑性区的变形会趋近无限大，此时的压力称为极限压力 $p_1$。但是实际过程中很难得到变形趋近于无限大时的压力，因此都是依据体变增量达到某一界限时的压力作为极限压力 $p_1$。

曲线最终趋向于与纵轴平行的渐进线的极限压力 $p_1$ 以及与其对应的极限体积值 $V_1$，即

$$V_1=V_c+2V_0 \tag{9-93}$$

式中　$V_1$——极限体积值，$cm^3$；

$V_c$——旁压器中腔的固有体积，$cm^3$；

$V_0$——初始体变量，孔穴体积与旁压器中腔固有体积的差值，$cm^3$。

旁压模量 $E_m$ 的计算公式为

$$E_m = 2(1+\mu)(V_c + V_m)\frac{\Delta p}{\Delta V} \tag{9-94}$$

式中 $E_m$——旁压模量，kPa；

$\mu$——泊松比；

$\Delta p$——旁压试验曲线上直线变形段的压力增量，kPa；

$\Delta V$——相应于 $\Delta p$ 的体积增量，$cm^3$；

$V_m$——平均体积增量，$cm^3$，取旁压试验曲线直线段两点间压力所对应的体积之和的 1/2。

泊松比 $\mu$ 可以通过三轴试验或者一维压缩试验测得，实际工程中，常采用规范推荐的经验取值，见表 9-41。

**表 9-41 泊松比 $\mu$ 的经验取值**

| 规范规程 | 碎石土 | 砂土 | 粉土 | 粉质黏土 | | | 黏土 | | |
|---|---|---|---|---|---|---|---|---|---|
| | | | | 坚硬 | 可塑 | 软塑和流动 | 坚硬 | 可塑 | 软塑和流动 |
| 工程地质手册 | 0.15～0.25 | 0.25～0.30 | 0.30 | 0.25 | 0.30 | 0.35 | 0.25 | 0.35 | 0.40 |
| 《土工试验方法标准》(GB/T 50123—2019) | 0.27 | 0.30 | 0.35 | 0.38 | | | 0.42 | | |
| 《铁路工程地质原位测试规程》(TB 10018—2018) | 0.25 | 0.30 | 0.30 | — | — | — | 0.33 | 0.33 | 0.38/0.41 |
| 《岩土工程勘察规范》(GB 50021—2001) | 0.27 | 0.30 | 0.35 | 0.38 | | | 0.42 | | |
| 《软土地区岩土工程勘察规程》(JGJ 83—2011) | — | — | 0.30 | 0.35 | | | 0.42 | | |
| 《水运工程岩土勘察规范》(JTS 133—2013) | 0.27 | 0.30 | 0.35 | 0.38 | | | 0.42 | | |
| 《岩土工程勘察规范》(DGJ 08-37—2002) | — | 0.33 | 0.33 | — | | | — | 0.38 | 0.41 |

#### 9.3.6.3 旁压试验结果估算其他地层指标

旁压试验结果可以用来估算地层的地基承载力特征值 $f_{ak}$、旁压剪切模量 $G_m$、压缩模量 $E_s$、静止侧压力系数 $K_0$、黏土的不排水抗剪强度 $s_u$ 和砂土的有效内摩擦角 $\varphi'$。

根据旁压试验的特征值估算地基承载力如下：

临塑压力法

$$f_{ak} = \frac{p_f - p_0}{F_{s1}} \tag{9-95}$$

极限压力法
$$f_{ak}=\frac{p_1-p_0}{F_{s2}} \tag{9-96}$$

式中　$f_{ak}$——地基承载力特征值，kPa；

$F_{s1}$、$F_{s2}$——安全系数。

对于一般地层推荐采用临塑压力法，当旁压试验 $p-V$ 曲线越过临塑压力 $p_f$ 后急剧变陡时可以采用极限压力法。《软土地区岩土工程勘察规程》（JGJ 83—2011）中指出，对于黏性土，可取 $F_{s1}=1.3$、$F_{s2}=2.5$；对粉性土，可取 $F_{s1}=1.4$、$F_{s2}=2.7$；对于砂土，可取 $F_{s1}=1.6$、$F_{s2}=3.0$。

旁压剪切模量 $G_m$ 可以直接采用旁压模量 $E_m$ 计算得到，即

$$G_m=\frac{E_m}{2(1+\mu)}=(V_c+V_m)\frac{\Delta p}{\Delta V} \tag{9-97}$$

式中　$E_m$——旁压模量，kPa；

$V_c$——旁压器中腔的固有体积，$cm^3$；

$V_m$——平均体积增量，$cm^3$，取旁压试验曲线直线段两点间压力所对应的体积之和的1/2；

$\Delta p$——旁压试验曲线上直线变形段的压力增量，kPa；

$\Delta V$——相应于 $\Delta p$ 的体积增量，$cm^3$。

另外需要注意的是，旁压模量 $E_m$ 本身与土的压缩模量 $E_s$ 不相同，旁压模量是侧向加压测得的，压缩模量为一维竖向加压测得的，但是两者有一定的经验关系，在无压缩模量 $E_s$ 室内试验结果时，也可以通过旁压模量估算，即

$$E_s=\begin{cases}(0.7\sim1.0)E_m & \text{一般黏土}\\(1.2\sim1.5)E_m & \text{粉土}\\(2.0\sim2.5)E_m & \text{粉细砂}\\(3.0\sim4.0)E_m & \text{中粗砂}\end{cases} \tag{9-98}$$

土的静止侧压力系数可以通过理论方法计算，也可以通过旁压试验结果计算，即

$$K_0=\frac{p_0}{z\gamma} \tag{9-99}$$

式中　$K_0$——土的静止侧压力系数；

$p_0$——原位水平土压力，kPa；

$z$——旁压器中心点至地面的土柱高度，m；

$\gamma$——旁压试验曲线上直线变形段的压力增量，$kN/m^3$。

按旁压试验结果计算黏土地层的不排水抗剪强度时，工程中常采用的公式为

$$s_u=\frac{p_1-p_0}{N_p} \tag{9-100}$$

式中　$s_u$——黏土的不排水抗剪强度，kPa；

$p_1$——极限压力，kPa；

$N_p$——经验系数。

《上海市岩土工程勘察规范》（DGJ08－37—2018）中建议可以取 $N_p=6.18$，而汪稔等（2003）建议取 $N_p=5.1$。因此在使用式（9－100）时需要结合实际，考虑各地工程经验来确定 $N_p$ 和 $s_u$。

另外，彭柏兴（1998）、汪稔等（2003）还提出采用估算公式计算黏性土的不排水抗剪强度，即

$$s_u=p_f-p_0 \tag{9-101}$$

$$s_u=\frac{p_1-p_0}{1+\ln\frac{G}{G_m}} \tag{9-102}$$

式中 $p_f$——临塑荷载，kPa；

$G_m$——土的剪切模量，MPa；

$G$——土的旁压剪切模量，MPa。

关于砂土的有效内摩擦角 $\varphi'$，可以采用公式进行估算，即

$$\varphi'=5.77\ln\frac{p_1-p_0}{250}+24 \tag{9-103}$$

式中 $\varphi'$——砂土的有效内摩擦角，(°)；

$p_1$——极限压力，kPa；

$p_0$——原位水平土压力，kPa。

# 9.4 室 内 试 验

## 9.4.1 试样制备与饱和

### 9.4.1.1 目的和适用条件

土样在试验前必须经过制备程序，试样的制备程序是土工试验工作的第一个质量要素。为保证试验成果的可靠性和试验数据的可比性，必须统一土样和试样的制备方法和程序。原状土土样制备包括开启、切取等，扰动土土样制备包括风干、碾散、过筛、匀土、分样和储存等预备程序和击实、饱和等试样制备程序。

海相土制备试样的颗粒粒径一般不大于 20mm，颗粒粒径大于 20mm 的试样制备可按粗粒土的相关规定制备。

试样的数量视试验项目而定，需备用试样 1～2 个。同一组原状土试样间密度允许差值为 $0.03g/cm^3$，含水率允许差值为 2%。同一组扰动土制备试样的密度与制备

标准的允许差值为0.02g/cm³，含水率与制备标准的允许差值为1%。

#### 9.4.1.2　试样制备

1. 原状土的试样制备

（1）将土样筒按标明的上下方向放置，剥去蜡封和胶带，开启土样筒检查土样结构，当确定土样已受到严重扰动或取土质量较差时，不能制备原状土试样。

（2）固结、直剪、渗透等试验的原状土试样采用环刀、削土刀制备，具体可按下列步骤：首先，将试验用的切土环刀内壁涂一薄层凡士林，刃口向下，将环刀垂直向下压，边压边削，至土样伸出环刀为止，试样与环刀需密合；然后，削去两端余土并修平，擦净环刀外壁，称环刀和土总质量，准确至0.1g。切削过程中，描述土样的层次、气味、颜色、夹杂物、裂缝和均匀性等，对低塑性和高灵敏度的软土，制试样时不得扰动。切取试样后剩余的原状土样，用蜡纸包好置于保湿器内，以备补做试验之用。切削的代表性余土可做物理性试验。

（3）无侧限抗压强度、三轴压缩、三轴蠕变、振动三轴、共振柱等试验的原状土试样采用钢丝锯、削土刀、切土器制备，真三轴试验采用方形切土器制备，具体步骤如下：

1）对于较软的土样，先用钢丝锯或削土刀切取一稍大于规定尺寸的土柱，放在切土盘的上、下圆盘之间。再用钢丝锯或削土刀紧靠侧板，由上往下切削，边切削边转动圆盘，直至土样的直径达到规定值。按试样高度的要求，削平上下两端。

2）对于较硬的土样，先用削土刀或钢丝锯切取一稍大于规定尺寸的土柱，上、下两端削平，按试样要求的层次方向，放在切土架上，用切土器切削。先在切土器刀口内壁涂上一薄层油，将切土器的刀口对准土样顶面，边削土边压切土器，直至切削到比要求的试样高约2cm为止，然后拆开切土器，取出试样，按要求的高度将两端削平。

3）制备好的真三轴试验的试样采用长方体样或立方体样，上下、前后、左右的六个面需平整，对立面互相平行、侧面垂直。制备好的无侧限抗压强度、三轴压缩、三轴蠕变、振动三轴、共振柱等试验的试样高度与直径之比为2.0～2.5，当试样直径小于或等于100mm时，土体允许最大粒径为试样直径的1/10；当试样直径大于100mm时，土体允许最大粒径为试样直径的1/5。

4）将切削好的试样称量，直径大于100mm的试样准确至1.0g；直径小于或等于100mm的试样准确至0.1g。取切下的余土，平行测定含水率。

（4）视试样性质和试验要求，决定试样是否需要饱和，当不立即进行试验或饱和时，将试样暂存于保湿器。

2. 扰动土的试样制备

（1）扰动细粒土试样可按下列步骤制备：

1）描述扰动土样的颜色、土类、气味及夹杂物等，将扰动土充分拌匀，取代表性土样测定含水率。

2）将块状扰动土放在橡皮板上用木碾或碎土器碾散，当含水率较大时，可先风干再碾散。

3）然后将碾散后的土样过筛。当试样直径小于或等于100mm时，土体允许最大粒径为试样直径的1/10；当试样直径大于100mm时，土体允许最大粒径为试样直径的1/5。

4）过筛后用四分对角取样法或分砂器，取出足够数量的代表性试样装入玻璃缸内，试样贴上标签。对风干土，需测定风干含水率。

5）根据模具的容积及所要求的干密度和含水率，计算风干土与制样所需水的用量。将需加的水量喷洒到土料上拌匀，稍静置后装入塑料袋，然后置于密闭容器内至少20h，使含水率均匀。取出土料复测其含水率。

6）将湿土倒入模具内，并固定在底板上的击实器内。对于三轴压缩试验、振动三轴试验、共振柱试验的试样，按试样高度分层击实，粉土分3～5层，黏土分5～8层击实。对于固结试验、直接剪切试验、渗透试验的试样，不用分层击实。将击样筒中的试样两端整平，取出称其质量。

（2）扰动砂土试样制备按试验类型分述如下：

1）三轴压缩试验、振动三轴试验、共振柱试验、真三轴试验的试样可按下列步骤制备：

a. 将土样过筛，当试样直径小于或等于100mm时，土体允许最大粒径为试样直径的1/10；当试样直径大于100mm时，土体允许最大粒径为试样直径的1/5。

b. 根据试验要求的试样干密度和试样体积称取所需风干砂样质量，分三等分，在水中煮沸，冷却后待用。

c. 开孔隙水压力阀及量管阀，使压力室底座充水。将煮沸过的透水板滑入压力室底座上，并用橡皮带包扎，防止砂土漏入底座中。关闭孔隙水压力阀及量管阀，将橡皮膜的一端套在压力室底座上并扎紧，将对开模套在底座上，将橡皮膜的上端翻出，然后抽气，使橡皮膜贴紧对开模内壁。

d. 在橡皮膜内注无气水约达试样高的1/3。用长柄小勺将煮沸、冷却的一份砂样装入膜中，填至该层要求高度。对含有细粒土和要求干密度较高的试样，可采用干砂制备，用水头饱和或反压饱和。

e. 第1层砂样填完后，继续注水至试样高度的2/3，再装第2层砂样。如此继续装样，直至模内装满为止。当要求干密度较大时，可在填砂过程中轻轻敲打对开模，使所称出的砂样填满规定的体积。然后放上透水板、试样帽，翻起橡皮膜，并扎紧在试样帽上。

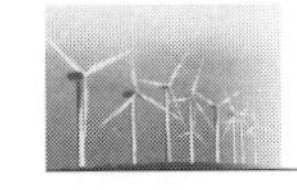



f. 打开量管阀降低量管，使管内水面低于试样中心高程以下约0.2m，当试样直径为101mm时，应低于试样中心高程以下约0.5m。在试样内产生一定负压，使试样能站立。拆除对开模，测量试样高度与直径，复核试样干密度。

2）固结试验、直接剪切试验试样可按下列步骤制备：

a. 取过2mm筛孔的代表性风干砂样1200g备用。按要求的干密度称每个试样所需风干砂量，准确至0.1g。

b. 直接剪切试验时，对准上下盒，插入固定销，将洁净的透水板或不透水板放入剪切盒内。

c. 将准备好的砂样倒入剪力盒或固结容器的环刀内，拂平表面，放上硬木块，用手轻轻敲打，使试样达到要求的干密度。

3. 环剪试验试样制备步骤

（1）将扰动的土样用纯水浸泡24h后调制均匀，制备成液限状态的土膏，将其填入限制环内。

（2）装填时，先沿限制环四周填入，然后填中部，排除试样内的气体。

（3）最后将试样顶部刮平至与试样盒上表面平齐即可。

4. 动单剪试验试样制备步骤

（1）试样为圆柱形或方形，上下面要平整、平行。试样最小直径或横向尺寸大于45mm，试样高度与直径或最小横向尺寸之比小于0.4，试样横截面积为20～80cm$^2$。试样允许的最大颗粒粒径为试样高度的1/10。

（2）原状土样制备可按本节原状土样试样制备操作。

（3）扰动土样制备可按本节扰动土的试样制备操作。

5. 空心圆柱试样制备步骤

按原状土、扰动黏土、扰动粉土和砂土等类型分述。

（1）原状土试样可按下列步骤制备：

1）将试样置于黏土空心圆柱试样切样台，并使试样固定，用钢丝锯切削外壁，待外壁成形后，用刮刀对外壁修光处理。

2）内壁切削前在成形的试样外壁包裹一层保鲜膜和对开圆模，完成试样的整体保护后再切削内壁。内壁切削可采用黏土空心圆柱试样内壁切削器，切削器与土接触处先均匀涂抹凡士林，切削过程中避免损坏内壁。

3）最后取出初步成形的空心圆柱试样，将其放入与试样外径和高度相一致的标准尺寸的外壁承膜筒中，用钢丝锯将试样上下端部削平。

（2）扰动黏土试样可按下列步骤制备：

1）采用真空负压制备装置制作扰动黏土空心圆柱试样。每批真空负压试样制备过程中配置参数保持一致。

2）现场取土后，经过风干、碾碎、过筛，获得较为干燥的均质土，并测定风干土含水率。

3）取过筛后土样，根据设计加水量配制设计含水率的泥浆，用搅拌机均匀搅拌至少10min。将搅拌好的泥浆缓慢倒入制样装置内，同时震荡泥浆，直至泥浆中无气泡为止。

4）向各制样筒内倒入等质量的泥浆，装好泥浆后将试样密封。

5）连接真空负压制备装置与真空泵，采用分级加载的方式施加小于试验固结压力的真空负压。

6）量测水气分离装置中的排水量，实时监测并控制最终扰动土样的含水率。当含水率达到目标含水率时，缓慢降低装置内的真空负压，卸荷至0kPa之后，制备装置静置至少30min。试样静置完毕后拆除制备装置，过程中不能扰动试样。

7）最后将制得的扰动黏土空心圆柱试样按原状土要求进行内、外壁精削。

（3）扰动粉土和砂土空心圆柱试样可按下列步骤制备：

1）干法制样步骤。

a. 首先安装制样装置，采用扰动无黏土空心圆柱试样成样装置。先将内膜底部牢固嵌入基座，注入无气水，通过挤压检查内膜表面是否渗水，若有渗水应卸下重新安装。将透水板穿过内膜固定在基座上，并贴上环形滤纸。将外膜底部套入基座并扎紧。安装内膜后在其内侧安装内壁模具，安装外膜后在其外侧安装外壁模具，并分别调整内、外膜，使其紧密贴合内、外壁模具。

b. 根据要求的干密度，称量所需质量的干土，平均分成5～8份，分层填筑、击实。每一层填筑时将干土均匀注入模具中，刮平，用扰动无黏土空心圆柱试样击实器进行击实，击实过程中及时测量击实后的填土高度，满足控制要求时停止击实，待刮毛后填筑下一层土样。填筑最后一层土样前在试样外壁模具上套上制样护筒，再填筑、击实最后一层土样。完成击实后拆除护筒，在试样顶端安放环形滤纸，安装试样顶盖，避免对试样产生竖向扰动。将外膜翻上顶盖外壁并扎紧，将内膜穿过顶盖内壁向外翻出并扎紧。

c. 将反压下排水口与无气水缸相连，反压上排水口与过气留水缸连通，过气留水缸再与真空泵连通。开启真空泵，吸出试样中的气体，无气水缸中的无气水则从反压下排水口进入试样。待试样内部形成一定负压后，停止抽气，拆除内壁模具，向内腔注满无气水。

d. 最后安装帽盖，将螺栓拧紧固定。

2）湿法制样步骤。

a. 测定风干土的含水率。

b. 计算加水量，将水喷洒到土料上，搅拌均匀并静置。

c. 将土样置于密闭容器内至少24h，之后取出土料复测含水率，最大允许差值为±1%。

d. 其余步骤同干法制样。

6. 含气砂土试样制备步骤

（1）试样的高度 $h$ 与直径 $D$ 之比采用2.0～2.5。

（2）根据试验要求的试样干密度和试样体积，称取所需质量的烘干砂样，分三等份。根据现场原位水压条件预设三轴试验的反压值。

（3）恒温条件下使用溶气仪，分别在溶气仪的两个溶气反应釜中各充入一半容积的无气水，将二氧化碳气源通入溶气仪，釜内气压力设定为三轴仪预设的反压值，制备饱和二氧化碳的溶气水，溶解反应时间不少于12h；溶解过程中，气源与溶气反应釜间保持联通，开启溶气仪中的磁搅拌装置。饱和二氧化碳的溶气水制备完成，切断气源，停止搅拌，关闭溶气反应釜所有阀门，待试验备用。

（4）在应力路径三轴仪上，按本章砂土扰动试样制备方法制备。

7. 腐蚀性评价的土样与水样采集与准备

（1）根据土质分析、水质分析估计所需土样量、水样量和对容器材质的要求，选择合适容积和材质的采样器，并洗净。

（2）现场取样时，采用现场水清洗采样器不少于三次。

（3）当土样、水样与空气接触易发生性质变化时，采取密闭取样与存样。

（4）当土样、水样随环境温度发生性质变化时，对样品采用温度控制措施。

8. 岩石试验的试件制备要求

（1）岩石单轴抗压、压缩变形试验的试件可采用钻孔岩芯或岩块制备成圆柱体状，试件直径采用48～54mm，且大于岩石中最大颗粒直径的10倍，高度与直径之比一般为2.0～2.5。试件两端面不平行度误差不大于0.05mm。沿试件高度，直径的误差不大于0.3mm。端面垂直于试件轴线，偏差不大于0.25°。

（2）岩石直剪试验试件的直径或边长不小于50mm，试件高度一般与直径或边长相等；岩石结构面直剪试验试件的直径或边长不应小于50mm，试件高度一般与直径或边长相等。结构面需位于试件中部；混凝土与岩石接触面直剪试验试件为正方体，其边长一般不小于150mm。接触面需位于试件中部，浇筑前岩石接触面的起伏差为边长的1%～2%。混凝土需按预定的配合比浇筑，骨料的最大粒径不大于边长的1/6。

（3）试样在采取、运输和制备过程中应避免产生裂缝。

（4）试件的含水状态可根据需要选择天然含水状态、烘干状态、饱和状态或其他含水状态。

#### 9.4.1.3　试样饱和

1. 试样的饱和方法可根据土的性质和饱和度选择

（1）砂土试样可直接在仪器内浸水饱和或水头饱和。

(2) 渗透系数大于 $10^{-4}$cm/s 的细粒土，固结试验、直接剪切试验试样采用毛管法饱和。

(3) 渗透系数不大于 $10^{-4}$cm/s 的细粒土，固结试验、直接剪切试验试样采用真空饱和法。

(4) 细粒土的三轴压缩试验、三轴蠕变试验、真三轴试验、振动三轴试验、动单剪试验和共振柱试验的试样采用真空饱和法或反压饱和法。

(5) 黏土空心圆柱试样饱和可采用反压饱和法；粉土空心圆柱试样饱和可先在压力室外采用真空饱和法，再在压力室内通过反压饱和法提高饱和度；砂土空心圆柱试样饱和可在压力室内先进行水头饱和，再通过反压饱和法提高饱和度。

2. 水头饱和步骤

(1) 安装好试样，试样顶用透水帽，试样周围不贴滤纸条。

(2) 施加 20kPa 的围压，并同时提高试样底部量管的水面和降低连接试样顶部固结排水管的水面，使两管水面差在 1m 左右。

(3) 打开量管阀、孔隙水压力阀和排水阀，使水自下而上通过试样，直至同一时间间隔内量管流出的水量与固结排水管内的水量相等。

(4) 当需提高试样的饱和度时，可在水头饱和前，从底部将二氧化碳气体通入试样，置换孔隙中的空气，二氧化碳的压力为 5～10kPa。

3. 毛管饱和步骤

(1) 选用框式饱和器，在装有试样的环刀两面贴放滤纸，再放两块大于环刀的透水板于滤纸上，通过框架两端的螺丝将透水板、环刀夹紧。

(2) 将装好试样的饱和器放入水箱中，注入清水，水面不将试样淹没。

(3) 关上箱盖，防止水分蒸发，浸水时间约 3 天。

(4) 试样饱和后，取出饱和器，松开螺丝，取出环刀，擦干外壁，吸去表面积水，取下试样上下滤纸，称环刀和试样的总质量，并计算试样的饱和度。

(5) 当饱和度低于 95%时，将环刀再装入饱和器，浸入水中延长饱和时间直至满足要求。

4. 真空饱和法步骤

(1) 选用重叠式饱和器（图 9-131）或框式饱和器，在重叠式饱和器下夹板正中放置稍大于环刀直径的透水板和滤纸，将装有试样的环刀放在滤纸上，试样上再放一张滤纸和一块透水板，以此顺序由下向上重叠至拉杆的高度，将饱和器上夹板放在最上部透水板上，旋紧拉杆上端的螺丝，将各个环刀在上下夹板间夹紧。

(2) 装好试样的饱和器放入真空饱和装置（图 9-132），盖上缸盖。盖缝内需涂一薄层凡士林，以防漏气。

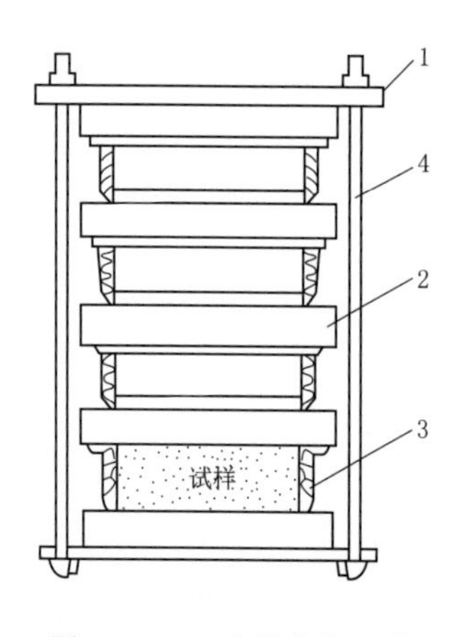


图 9-131　重叠式饱和器

1—夹板；2—透水板；3—环刀；4—拉杆

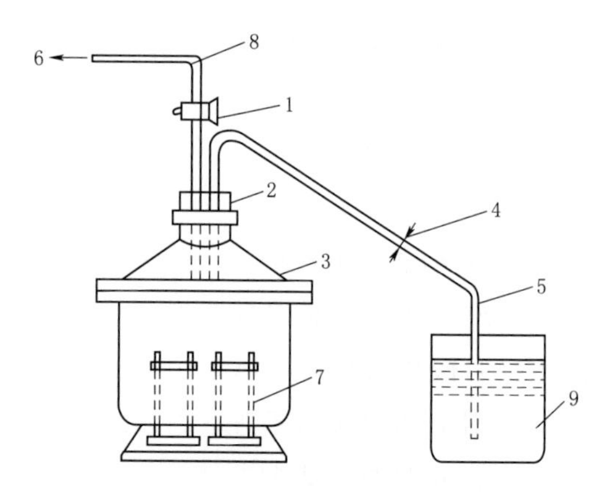


图 9-132　真空饱和装置

1—二通阀；2—橡皮塞；3—真空缸；4—管夹；5—引水管；6—接抽气机；7—饱和器；8—排气管；9—水缸

(3) 关管夹、开二通阀，将抽气机与真空缸接通，开动抽气机，抽除缸内及土中气体，当真空表接近－100kPa后，继续抽气，黏土一般为1h，粉土一般为0.5h后，稍微开启管夹，将清水由引水管缓慢注入真空缸内。在注水过程中，调节管夹，使真空表上的数值保持不变。

(4) 待饱和器完全淹没水中后，即停止抽气。将引水管自水缸中提出，打开管夹使空气进入真空缸内，静置一定时间，细粒土一般为10h，使试样充分饱和。

5. 反压饱和法步骤

(1) 试样安装后装上压力室罩，打开孔隙水压力阀和周围压力阀，对试样施加20kPa的周围压力，待孔隙水压力稳定后记下读数。

(2) 打开反压力阀，反压力、周围压力同步分级施加。在施加反压过程中，始终保持周围压力比反压力大20kPa。反压力和周围压力的每级增量，软黏土一般取30kPa，硬塑、可塑的土或初始饱和度较低的土一般取50～70kPa。

(3) 试样装好后，调节孔隙水压力等于大气压力，关闭孔隙水压力阀、反压力阀、体变管阀，测记体变管读数。开周围压力阀，先对试样施加20kPa的周围压力，开孔隙水压力阀，待孔隙水压力变化稳定，测记读数，关孔隙水压力阀。反压力分级施加，同时分级施加周围压力，以尽量减少对试样的扰动。周围压力和反压力的每级增量一般为30kPa，开体变管阀和反压力阀，同时施加周围压力和反压力，缓慢打开孔隙水压力阀，检查孔隙水压力增量，待孔隙水压力稳定后，测记孔隙水压力和体变管读数，再施加下一级周围压力和孔隙水压力，计算每级周围压力引起的孔隙水压力增量，当孔隙水压力增量与周围压力增量之比 $\Delta u/\Delta\sigma_3>0.98$ 时，认为试样饱和。

6. 岩样试件饱和步骤

(1) 采用自由吸水法时，将试件放入水槽，注水至试件高度的1/4处，隔2h后注水至试件高度的1/2处，隔4h后注水至试件高度的3/4处，6h后全部浸没试件。试件全部浸入在水中自由吸水48h后，取出试件拭干表面水分并称量。

(2) 采用煮沸法时，煮沸容器内的水面要始终高于试件，煮沸时间不少于6h。经煮沸饱和的试件放置在原容器中冷却至室温，取出试件拭干表面水分并称量。

(3) 采用真空饱和法时，饱和容器内的水面要高于试件，真空压力为－100kPa，抽气时间不少于4h，直至无气泡逸出。经真空饱和的试件放置在原容器中，在大气压力下静置4h，取出试件拭干表面的水分并称量。

### 9.4.2 土的物理性质试验

#### 9.4.2.1 含水率试验

1. 试验目的

含水率是指土样在105～110℃下烘干至恒重时所失去的水的质量与恒重后干土质量的百分比，精确到0.1%。为保证试验成果的准确性，做好试验试样的密封，防止失水。含水率计算公式为

$$w=\left(\frac{m_0}{m_d}-1\right)\times 100\% \tag{9-104}$$

式中 $w$——试样含水率，%；

$m_0$——试验湿质量，g；

$m_d$——试样干质量，g。

2. 基本方法

含水率的测定方法很多，如烘干法、酒精燃烧法、炒干法、相对密度法、微波加热法等，见表9-42。烘干法为室内试验的标准方法；在野外无烘箱设备或要求快速测定含水率时，则可根据土的性质和工程情况分别采用其他方法。

**表9-42 含水率测定方法汇总表**

| 测定方法 | 适用试样类型 | 试样质量 | 烘干温度及时间 |
| --- | --- | --- | --- |
| 烘干法 | 黏土、粉土 | 15～30g | 105～110℃下不少于8h |
| | 砂性土 | 50g | 105～110℃下不少于6h |
| | 含有机质超过干土重量5%的有机质土 | 50g | 67～70℃下烘干至恒重 |
| 酒精燃烧法 | 细粒土 | 黏土5～10g<br>砂土20～30g | 反复燃烧3次 |

续表

| 测定方法 | 适用试样类型 | 试样质量 | 烘干温度及时间 |
|---|---|---|---|
| 炒干法 | $d<5$mm | 500g | 100～150℃下炒干 |
| | 5mm$\leqslant d<$10mm | 1000g | |
| | 10mm$\leqslant d<$20mm | 1500g | |
| | 20mm$\leqslant d<$40mm | 3000g | |
| | $d\geqslant$40mm | >3000g | |
| 相对密度法 | 砂土 | 200～300g | — |
| 微波加热法 | 各类土 | 30×2cm$^3$ | — |

**注**　$d$ 为粒径。

(1) 烘干法：采用烘干法测定土样含水率时，对有机质含量不大于干土质量 5%的土，烘干温度按 105～110℃控制；对有机质含量大于干土质量 5%的土，烘干温度控制在 65～70℃。

(2) 酒精燃烧法：在试样中加入酒精，利用酒精燃烧使试样中水分蒸发将试样烤干。这是快速测定法中较准确的一种，适用于无烘箱及电源设备的情况下，一般用于现场或测定试样风干含水率供制样参考。酒精燃烧法测得的含水率低于烘干法所测的含水率。

(3) 炒干法：利用火炉或电炉将试样翻炒至表面干燥的方法。主要在工地使用，适用于砂类土及含砾较多的土，所测得含水率值略大于烘干法。

(4) 相对密度法：根据相对密度试验测定的体积，利用估算土粒相对密度间接计算试样的含水率。该法准确度较差，只适用于砂土。

(5) 微波加热法：利用微波发生器产生的微波使加热器中的试样发热，水分蒸发，具有同时加热、快速、均匀的特点。

3. 成果利用

土的含水率的变化影响到土样的稠度状态、饱和程度和结构强度等一系列物理力学性质，是计算土的孔隙比、液性指数、饱和度和其他物理力学性质的基本指标。因此，土的含水率是研究土的物理力学性质必不可少的一项指标。

根据含水率，粉土的含水量分类见表 9-43。

**表 9-43　粉土的含水率分类**

| 含水率 $w$ | $w<20$ | $20\leqslant w<30$ | $w\geqslant 30$ |
|---|---|---|---|
| 湿度 | 稍湿 | 湿 | 很湿 |

#### 9.4.2.2　密度试验

1. 试验目的

土的密度是指单位体积土的质量，即土的总质量与其体积之比；土的重度是土的总重力与其体积的比值。

对土样密度的测定可以了解土结构的密实程度，是基础承载力和沉降量的计算以及压实程度控制必不可少的指标。为保证试验成果的准确性，做好试验试样的密封，防止失水。

2. 基本方法

密度试验测定的核心是测定试验的体积，常用的方法有环刀法、蜡封法、灌砂法等。

(1) 环刀法：适用于细粒土的密度试验。按土质均匀程度及土样尺寸选择不同容积的环刀，一般选用内径 61.8mm 和 79.8mm、高 20mm、壁厚 2mm、刃口厚 0.3mm 的环刀。用环刀切土时尽量不要扰动，采取边压边削的方式，在现场可以采用直接压入法。进行平行试验时，平行差不大于 0.03g/cm$^3$。

(2) 蜡封法：适用于易破裂土、难以切削和形态不规则的坚硬土。蜡的温度刚过熔点，以达到熔点后不出现气泡为准。试样浸没蜡液提出后，如蜡膜周围有气泡，应将其刺破用蜡液并补平。进行平行试验时，平行差不大于 0.03g/cm$^3$。

(3) 灌砂法：适用于现场测定粗粒土的密度。试验前要测定标准砂的密度，试验用标准砂粒的粒径为 0.25～0.50mm，密度为 1.47～1.61g/cm$^3$。

3. 成果利用

(1) 环刀法密度计算公式为

$$\rho_0=\frac{m_0}{V} \tag{9-105}$$

式中 $\rho_0$——试样湿密度，g/cm$^3$；

$V$——环刀体积，cm$^3$；

$m_0$——试样湿质量，g。

(2) 蜡封法密度计算公式为

$$\rho_0=\frac{m_0}{\dfrac{m_n-m_{nw}}{\rho_{wT}}-\dfrac{m_n-m_0}{\rho_n}} \tag{9-106}$$

式中 $m_n$——蜡封试样质量，g；

$m_{nw}$——试样加蜡在水中的质量，g；

$\rho_{wT}$——纯水 $T$℃时的密度，g/cm$^3$；

$\rho_n$——蜡的密度，g/cm$^3$。

(3) 灌砂法密度计算公式为

$$\rho_0=\frac{m_p}{\dfrac{m_s}{\rho_s}} \tag{9-107}$$

式中 $\rho_s$——标准砂的密度，g/cm$^3$；

$m_s$——蜡封试样质量，g；

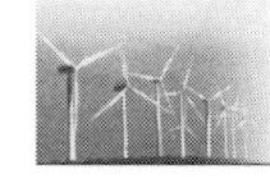



$m_p$——蜡封试样大纯水中的质量，g。

（4）灌水法试坑体积计算公式为

$$V_p=(H_1-H_2)A_w-V_0 \tag{9-108}$$

式中　$V_p$——试坑体积，$cm^3$；

$H_1$——储水筒内初始水位高度，cm；

$H_2$——储水筒内终了水位高度，cm；

$A_w$——储水筒断面面积，$cm^2$；

$V_0$——套环体积，$cm^3$。

#### 9.4.2.3　颗粒分析试验

1. 试验目的

颗粒分析试验也称粒度分析，是将土试样按粒径不同，分成不同粒组并测定其相对含量的试验方法。

土是由各种不同粒径的颗粒组成的，不同大小土粒的相对百分含量称为颗粒级配或土的粒度成分，确定土的颗粒级配可以用于土的分类及判断土的结构特征和工程性质，同时也可作为建筑材料选料的依据。

2. 基本方法

根据土的颗粒大小及级配情况，颗粒分析试验分为筛析法、密度计法和移液管法。筛析法可用于粒径为 0.075～60mm 的土；密度计法和移液管法可用于粒径小于 0.075mm 的土；当粗细颗粒兼有时，可联合使用筛析法与密度计法或移液管法。

3. 成果利用

（1）计算级配指标：土的均匀性和分选性，见表 9－44 和表 9－45。不均匀系数 $C_u$ 反映了土粒的均匀性和分选性，$C_u$ 值越大，级配曲线越平缓，说明大小土粒含量相近，土粒未经很好分选，称“级配良好”。$C_u$ 值越小，曲线越陡，说明土粒组成集中为某些粒组，分选良好，即“级配不好”。当 $C_u \geqslant 5$ 而曲率系数 $C_c=1\sim3$ 时，级配良好。

**表 9－44　计算求得的级配指标**

| 指标名称 | | 符号 | 物理意义 | 计算方法 |
|---|---|---|---|---|
| 粒径/mm | 限制粒径 | $d_{60}$ | 小于该粒径的颗粒占总质量的 60% | 级配曲线 |
| | 平均粒径 | $d_{50}$ | 小于该粒径的颗粒占总质量的 50% | |
| | 中间粒径 | $d_{30}$ | 小于该粒径的颗粒占总质量的 30% | |
| | 有效粒径 | $d_{10}$ | 小于该粒径的颗粒占总质量的 10% | |
| 不均匀系数 | | $C_u$ | 土的不均匀系数越大，土的粒度成分越不均匀 | $C_u=\dfrac{d_{60}}{d_{10}}$ |
| 曲率系数 | | $C_c$ | 某种粒径的粒组是否缺失的情况 | $C_c=\dfrac{d_{30}^2}{d_{10}d_{60}}$ |

(2) 间接计算砂土的渗透系数。

$$k=Cd_{10}^{2}(0.7+0.03t) \qquad (9-109)$$

式中 $k$——渗透系数，m/d；

$t$——渗透水的温度，℃；

$C$——常数，黏土质砂为 500～700，纯砂为 700～1000。

表 9-45 砂土的均匀性分类

| 不均匀系数 $C_u$ | 均匀性分类 |
|---|---|
| $C_u<5$ | 均匀 |
| $5\leqslant C_u\leqslant 10$ | 中等均匀 |
| $C_u>10$ | 不均匀 |

(3) 粒组的划分及砂土的分类，见表 9-46 和表 9-47。

表 9-46 粒 组 划 分

| 粒组 | 巨粒 | | 粗粒 | | 细粒 | | |
|---|---|---|---|---|---|---|---|
| | 漂石 | 卵石 | 砾粒 | | 砂粒 | 粉粒 | 黏粒 |
| | | | 粗砾 | 细砾 | | | |
| 粒径/mm | 200 | 60 | 20 | 2.0 | 0.075 | 0.005 | |

表 9-47 砂 类 土 分 类

| 砂土名称 | 颗粒含量及级配 |
|---|---|
| 砾砂 | 粒径大于 2mm 的颗粒占全重的 25%～50% |
| 粗砂 | 粒径大于 0.5mm 的颗粒超过全重的 50% |
| 中砂 | 粒径大于 0.25mm 的颗粒超过全重的 50% |
| 细砂 | 粒径大于 0.075mm 的颗粒超过全重的 85% |
| 粉砂 | 粒径大于 0.075mm 的颗粒不超过全重的 50% |

### 9.4.2.4 界限含水率试验

1. 试验目的

黏土由于土中水含量的变化明显地表现出不同的性质和不同的物理状态，如含水率增大，黏土可由固态、半固态的脆性状态变为可塑状态，最后变为流动状态或液体状态。黏土这种因含水率变化而表现出的各种不同的物理状态称为黏土的稠度，界限含水率就是量度黏土从液态过渡到固态的过程各阶段的数值。

在工程实际中，最具实用性的界限含水率为液限 $w_L$、塑限 $w_p$ 及缩限 $w_n$。将土具有最小强度时的含水率作为液态和塑态的界限值，称为液限 $w_L$；随着土中水分继续逐渐减少，土的强度逐渐增大，土体变得具有脆性，呈固态或半固态，区分塑性、固态半固态的界限含水率称为塑限 $w_p$；当饱和黏土进一步干燥至体积不再收缩时的含水率称为缩限 $w_n$。

2. 基本方法

界限含水率试验方法包括液塑限联合测定法、碟式液限仪法和搓滚法。液塑限联合测定法可用于粒径小于 0.5mm 的土和有机质含量不大于 5%的土，落锥下沉深度 17mm

时对应的含水率为液限，下沉深度 10mm 对应的含水率为塑限；碟式液限仪可用于测定粒径小于 0.5mm 的土的液限，搓滚法可用于测定粒径小于 0.5mm 土的塑限。

3. 成果利用

（1）计算求得的可塑性指标，塑性指数、液性指数、含水比及活动度，见表 9－48。

**表 9－48　计算求得的可塑性指标**

| 指标名称 | 计算公式 | 物　理　意　义 |
|---|---|---|
| 塑性指数 $I_p$ | $I_p=w_L-w_p$ | 塑性状态时土含水率的变化范围，表示土的可塑程度 |
| 液性指数 $I_L$ | $I_L=\frac{w-w_p}{w_L-w_p}=\frac{w-w_p}{I_p}$ | 土抵抗外力的量度，其值越大，抵抗外力的能力越小 |
| 含水比 $a_w$ | $a_w=\frac{w}{w_L}$ | 土的天然含水率与液限含水率之比 |
| 活动度 $A$ | $A=\frac{I_p}{p_{0.002}}$ | 塑性指数与小于 0.002mm 以下的黏土颗粒含量之比 |

（2）根据液性指数划分黏土的状态，见表 9－49。

**表 9－49　黏土的状态分类**

| 状态 | 坚硬 | 硬塑 | 可塑 | 软塑 | 流塑 |
|---|---|---|---|---|---|
| $I_L$ | $I_L<0$ | $0<I_L\leqslant0.25$ | $0.25<I_L\leqslant0.75$ | $0.75<I_L\leqslant1.00$ | $I_L>1.00$ |

（3）塑性指数用以判别土的名称，土按塑性指数的分类见表 9－50，黏土按活动度的分类见表 9－51。

**表 9－50　土按塑性指数的分类**

| 名称 | 黏土 | 粉质黏土 | 粉土 |
|---|---|---|---|
| 塑性指数 $I_p$ | $I_p>17$ | $10<I_p\leqslant17$ | $I_p\leqslant10$ |

**表 9－51　黏土按活动度的分类**

| 类型 | 不活动黏土 | 正常黏土 | 活动黏土 |
|---|---|---|---|
| 活动度 $A$ | $A\leqslant0.75$ | $0.75<A\leqslant1.25$ | $A>1.25$ |

#### 9.4.2.5　土粒比重试验

1. 试验目的

土粒比重为土粒在 105～110℃温度下烘干至恒重时的质量与同体积 4℃时纯水质量的比值，是一个无量纲的值，是土的一项重要的实测指标。通常用土粒比重试验测定土的土粒比重。

2. 基本方法

根据土粒粒径不同，土粒比重试验方法可分为比重瓶法、浮称法和虹吸筒法。比重瓶法适用于粒径小于 5mm 的土，浮称法适用于粒径不小于 5mm 且粒径大于 20mm

的颗粒小于10%的土，虹吸筒法适用于粒径不小于5mm且粒径大于20mm的颗粒大于等于10%的土。

3. 成果利用

作为土的直接测定指标，土粒比重是计算土的间接指标（干密度、孔隙比、孔隙率及饱和度）的重要参数，土的间接指标计算见表9-52。当试验值与经验值相差较大时，需进行成果分析：比重值较大，可能是重金属含量较大；比重值较小，可能是有机质含量较大。

表9-52 土的间接指标

| 指标名称 | 单位 | 计算公式 | 物理意义 |
|---|---|---|---|
| 干密度 $\rho_d$ | g/cm³ | $\rho_d=\frac{m_s}{V}$ | 土颗粒质量与土的天然状态总体积之比 |
| 孔隙比 $e$ | — | $e=\frac{V_v}{V_s}$ | 土中孔隙体积与土粒体积之比 |
| 孔隙率 $n$ | % | $n=\frac{V_v}{V}\times 100\%$ | 土中孔隙体积与土总体积之比 |
| 饱和度 $S_r$ | % | $S_r=\frac{V_w}{V_v}\times 100\%$ | 土中水的体积与孔隙体积之比 |

### 9.4.2.6 相对密实度试验

1. 试验目的

相对密实度是表征无黏性土紧密程度的指标，是无黏性土处于最松状态的孔隙比与天然状态孔隙比之差和最松状态孔隙比与最紧状态的孔隙比之差的比值。相对密实度试验的目的是测定无黏性土的最大与最小孔隙比，用于计算相对密实度。

相对密实度试验适用于透水性良好的无黏性土，对含细粒较多的试样，如无凝聚性粉砂、极细砂或砂质土，由于土中含有大量粉粒，在高击实功下得到的最大干密度往往大于振动法得到的最大干密度，不能用相对密实度来衡量。美国ASTM规定0.075mm土粒的含量不大于试样总质量的12%且能自由排水的土料，可进行相对密实度试验。当小于0.075mm土粒的含量超过12%时，可分别作相对密度和击实试验；当相对密度为70%对应的干密度小于击实最大干密度的95%时，则采用击实试验。适宜做相对密度试验的土类见表9-53。

表9-53 适宜做相对密度试验的土类

| 土类 | 细粒含量/% | 相对密度试验 |
|---|---|---|
| 各种级配的纯砂、纯砾 | <5 | 宜 |
| 砾石含粉土，砾石含黏土 | <8 | 宜 |
| 砂中含粉土，砂中含黏土 | <12 | 宜 |
| 砂与粉土，砂与黏土 | | 根据级配及塑性而定 |

2. 基本方法

相对密实度试验方法可用于粒径不大于 5mm 且粒径 2～5mm 的质量不大于总质量 15%的砂土。

最小干密实度试验的试验方法为漏斗法和量筒法，最大干密实度试验的试验方法为振动锤击法。

3. 成果利用

(1) 判定砂土的密实程度，见表 9-54。

**表 9-54　砂土的相对密实度与密实程度**

| 相对密实度 $D_r$ | $D_r<0.15$ | $0.15<D_r\leqslant0.33$ | $0.33<D_r\leqslant0.67$ | $D_r>0.67$ |
|---|---|---|---|---|
| 砂土密实程度 | 极松 | 松散 | 中密 | 密实 |

(2) 判定饱和砂土的液化。

#### 9.4.2.7　击实试验

1. 试验目的

击实试验的目的是用标准的击实方法测定土的干密度与含水率的关系，从而确定土的最大干密度与最优含水率，了解土的压实特性，为工程设计提供土的压实性资料。

土的压实程度与含水率、压实功能和压实方法都有密切关系，当压实功能和压实方法不变时，土的干密度随含水率的增加而增加，当干密度达到某一最大值后，含水率继续增加反而会使干密度减少，这一最大值就称为最大干密度，相应的含水率称为最优含水率。土的击实过程实际上是土颗粒和粒组在不排水条件下的重新组构过程，欲将土压实，必须使其水分降低到饱和程度以下。

2. 基本方法

击实试验分为轻型击实试验、重型击实试验。轻型击实试验用于粒径小于 5mm 的黏土，重型击实试验用于粒径不大于 20mm 的土。重型击实采用三层击实时，最大粒径不大于 40mm。试验的试样采用干法或湿法制备。

3. 成果利用

(1) 绘制击实试验的击实曲线。击实曲线所有试验点均在饱和曲线左边，在同一击实标准下，级配良好的砂质土最大干密度大、击实曲线陡，细粒土最大干密度小、曲线平缓。级配不好的砂，曲线缓，最大干密度较难求出，含水率大的土最大干密度小，最优含水率高。土的最大干密度、最优含水率经验值见表 9-55。

**表 9-55　土的最大干密度、最优含水率经验值**

| 类　别 | 塑性指数 $I_p$ | 最大干密度/($g/m^3$) | 最优含水率 $w_{op}$/% |
|---|---|---|---|
| 粉土 | $<10$ | 1.85 | $<13$ |

续表

| 类别 | 塑性指数 $I_p$ | 最大干密度/(g/m³) | 最优含水率 $w_{op}$/% |
| --- | --- | --- | --- |
| 粉质黏土 | 10～14 | 1.75～1.85 | 13～15 |
|  | 14～17 | 1.70～1.75 | 15～17 |
| 黏土 | 17～20 | 1.65～1.70 | 17～19 |
|  | 20～22 | 1.60～1.65 | 19～21 |

(2) 黏土的最优含水率一般接近塑限值，此外最优含水率与液限的关系为

$$w_{op}=\begin{cases}0.4w_L+6 & \text{粉质黏土}\\0.6w_L-3 & \text{黏土}\end{cases} \tag{9-110}$$

(3) 工程施工中常用压实系数 $\lambda_c$ 作为压实填土地基质量控制的有关指标，压实系数计算公式为

$$\lambda_c=\frac{\rho_d}{\rho_{dmax}} \tag{9-111}$$

式中 $\rho_d$——控制干密度，g/m³。

#### 9.4.2.8 导热系数试验

1. 试验目的

导热系数是指单位温度梯度（1K/m）时的导热通量（W/m²），即 1m 厚的材料，两侧表面的温差为 1K，在 1s 内通过 1m² 面积传递的热量。

2. 基本方法

各类均质土和软岩的导热系数试验均采用热探针法。探针法适用范围广，试验时注意加热的探针可局部改变水热梯度，对水体温度产生局部影响。同时水压梯度可引起水体温度变化，高渗透系数或表面蒸发可引起高排水量。

(1) 试验设备及校准。热探针法包含线性热源和热线偶元件，如图 9-133 所示。

使用前对仪器进行校准，测定校正系数，校准步骤如下：

1) 测定标准试样的导热系数，校正系数为

$$C=\frac{\lambda_0}{\lambda_1} \tag{9-112}$$

式中 $C$——校正系数；

$\lambda_0$——标准试样的已知导热系数，W/(m·K)；

$\lambda_1$——标准试样的导热系数实测值，W/(m·K)。

2) 标准试样可采用派热克斯玻璃 7740、石英玻璃、25℃下导热系数为 0.286W/(m·K) 的甘油或 25℃下导热系数为 0.607W/(m·K) 的含琼脂 5g/L 去离子水。

3) 圆柱体标准试样的直径不小于热探针直径的 10 倍，且不小于 40mm，长度不

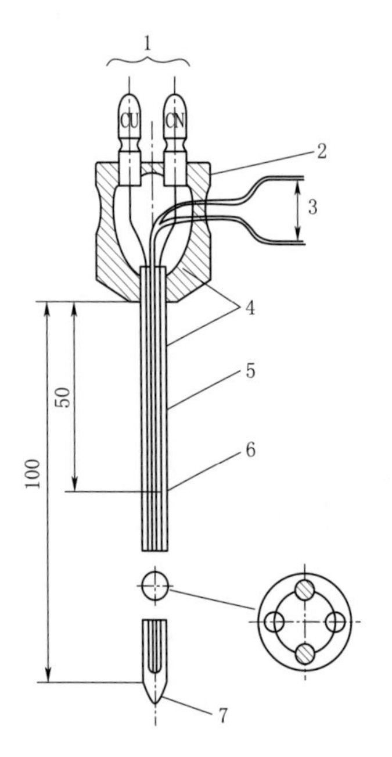

图 9-133　热探针（单位：mm）
1—热线偶插口；2—胶木；3—6～12V 恒流电源，1A；4—环氧树脂填充物；5—针管；6—热线偶接头；7—环氧树脂针尖；⊘—电热元件；⊕—30 号铜；⊖—30 号康铜

小于热探针长度的 1.2 倍。

4）对于固态标准试样，沿圆柱样的中轴钻取与热探针等深的钻孔，钻孔直径不小于热探针的直径，并用热油脂填满钻孔与探针的间隙。

（2）热探针法试验的操作步骤如下：

1）试验前，测定并记录土样的初始含水率和干密度。

2）将试样置于预设温度环境下达到恒温状态。

3）将热探针完全插入待测土样。

4）连接热探针至已知的恒流电源。

5）将测温设备连接到测温读数器。

6）对于直径不大于 2.54mm 的探针，加热时间 30～60s；直径大于 2.54mm 的探针，加热时间可适度延长。加热期间测记时间和温度 20 次以上，如需冷却段的数据，在探针冷却期间间隔测记时间和温度 20 次以上。

7）切断恒流电源。

3. 成果利用

（1）直径不大于 2.54mm 的热探针试验，剔除加热或冷却前 10～30s 的数据；对直径大于 2.54mm 的热探针，绘制温度与时间对数 $\ln t$ 的曲线图，并剔除非线性段的数据，用剩余数据采用线性回归法确定线性段的斜率。

如图 9-134 所示，$S_h$ 为加热阶段的温度与 $\ln t$ 曲线斜率，$S_c$ 为冷却阶段的温度与 $\ln[t/(t-t_1)]$ 曲线斜率（$t_1$ 为加热段时间）。由于存在瞬态条件和边界效应，测试初始和末尾部分不可用于曲线拟合。也可使用 $\lg t$ 的半对数坐标，分析时取温度和 $\lg t$ 的曲线斜率，加热阶段斜率为 $S_{h10}$，冷却阶段为 $S_{c10}$。

（2）导热系数可选择加热段或冷却段的数据，计算公式为

$$\lambda=\frac{CQ}{4\pi S}=\frac{2.3CQ}{4\pi S_{10}} \tag{9-113}$$

$$Q=I^2\frac{R}{L}=\frac{UI}{L} \tag{9-114}$$

$$S=\frac{1}{2}(S_h+S_c)$$

$$S_{10}=\frac{1}{2}(S_{h10}+S_{c10})$$

式中　$\lambda$——导热系数，W/(m·K)；

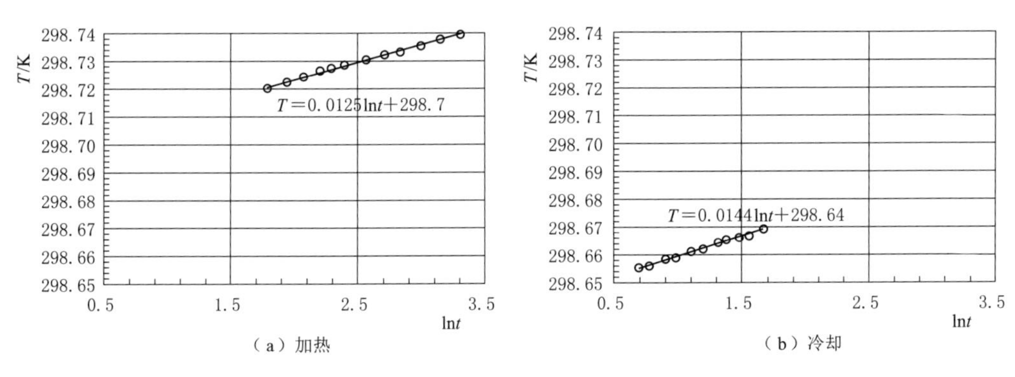


图 9-134 典型的试验结果

$C$——校正系数；

$Q$——输入的热量，W/m；

$S$——温度与时间对数 $\ln t$ 曲线图中线性段的斜率；

$S_h$——加热段温度与 $\ln t$ 曲线线性段的斜率；

$S_c$——冷却段温度与 $\ln t$ 曲线线性段的斜率；

$S_{10}$——温度与时间对数 $\lg t$ 曲线图中线性段的斜率；

$S_{h10}$——加热段温度与 $\lg t$ 曲线线性段的斜率；

$S_{c10}$——冷却段温度与 $\lg t$ 曲线线性段的斜率；

$I$——通过热线偶的电流，A；

$R$——热线偶的总电阻，Ω；

$L$——探针总长度，m；

$U$——测量电压，V。

#### 9.4.2.9 比表面积试验

1. 试验目的

比表面积是指单位体积或单位质量上颗粒的总表面积，分外表面积、内表面积。比表面积对土的热学性质、吸附能力、化学稳定性等均有明显的影响，一般比表面积大、活性大的吸附能力强。

2. 基本方法

土的比表面积试验可采用气体吸附法。介孔（2～50nm）～大孔（≥50nm）法可用于测量孔径范围为 2～100nm 的孔，气体吸附分析微孔法可用于测量孔径范围为 0.4～2.0nm 的孔。

气体吸附法以氮气为吸附质，以氦气或氢气为载气，两种气体按一定比例混合，达到指定的相对压力，混合气体流动于试样。当样品管放入液氮保温时氮气被吸附，当样品管重新处于室温时，吸附氮气脱附出来，出现脱附峰。在混合气体中注入已知体积的纯氮，得到校正峰。根据校正峰和脱附峰面积，可求出在该压力下样品的吸附量。

## 9.4.3　土的力学性质试验

### 9.4.3.1　固结试验

1. 试验目的

饱和土体受到外力后，孔隙中的部分水体逐渐从土体中排出，土中孔隙水压力逐渐减小，作用在土骨架上的有效应力逐渐增加，土的体积随之压缩，直到变形达到稳定为止。固结试验过程中试样是无侧限变形状态下，沿受力方向产生的变形。

试验适用于饱和黏土压缩性指标的测定。主要的指标为压缩系数 $a_v$、压缩模量 $E_s$、体积压缩系数 $m_v$、压缩指数 $C_c$、回弹指数 $C_s$、先期固结压力 $P_c$、固结系数 $C_v$、次固结系数 $C_a$。当只测定土的压缩系数和压缩模量时，可用于非饱和细粒土。

2. 基本方法

（1）主要设备。固结试验的主要设备包括：固结容器（主要包括环刀、护环、透水板、加压上盖和量表架），加压设备（量程为5～10kN的杠杆式、气压式或其他），变形测量设备（百分表、位移传感器）；位移传感器（最大允许误差为最大量程的±0.2%），天平（最小分度值0.01g）。分级加荷固结仪主要分杠杆式、气压式、液压式三种，其基本参数见表9-56。

**表9-56　固结仪器的基本参数**

| 型　式 | 环刀尺寸/mm | | 竖向最大压力/MPa | 竖向位移/mm |
|---|---|---|---|---|
| | 直径 | 高度 | | |
| 杠杆式 | 61.8 | 20 | 0.4，1.0 | 0～10 |
| 气压式 | 79.8 | | 2.0，3.2 | |
| 液压式 | 300 | 150 | 1.6，3.2 | 0～30 |
| | 500 | 250 | | |

试样的径高比对试验结果有一定影响，一般采用2～4。

（2）试验步骤如下：

1）切取原状土试样或制备给定密度与含水率的扰动土试样。切削试样时若对土的扰动程度较大会影响试验成果，因此要尽可能避免对土样的扰动。

2）对冲填土，可先将土样调成含水率为液限或1.2～1.3倍液限的土膏，拌和均匀，在保湿器内静置24h。再把环刀倒置于小玻璃板上用调土刀把土膏填入环刀，排除气泡刮平，称量。

3）测定试样的含水率及密度。

4）在固结容器内放置护环、透水板和薄滤纸，将带有环刀的试样小心地装入护

环，再在试样上放薄滤纸、透水板和加压盖板，置于加压框架下，对准加压框架的正中，安装量表。

5）对饱和土，上、下透水板事先浸水饱和。

6）施加1kPa的预压压力，再调整量表使指针读数为零。保证试样与仪器上下各部件之间接触良好。

7）确定需要施加的各级压力。加压等级为12.5kPa、25kPa、50kPa、100kPa、200kPa、400kPa、800kPa、1600kPa、3200kPa。最后一级压力比上覆土层的计算压力大100～200kPa。

8）确定原状土的先期固结压力时，加压率小于1，可采用0.5倍或0.25倍。最后一级压力使$e-\lg p$曲线下段出现较长的直线段。

9）第1级压力的大小视土的软硬程度可分别采用12.5kPa、25.0kPa或50.0kPa（第1级实加压力减去预压压力）。只需测定压缩系数时，最大压力不小于400kPa。

10）对饱和试样，在施加第1级压力后，立即向水槽中注水至满。

11）测定沉降速率时，加压后可按下列时间顺序测记量表读数：6s、15s、1min、2min15s、4min、6min15s、9min、12min15s、16min、20min15s、25min、30min15s、36min、42min15s、49min、64min、100min、200min、400min、23h和24h至稳定为止。

12）不测定沉降速率时，稳定标准为每级压力下固结24h或每小时变形不大于0.01mm。测记稳定读数后，再施加第2级压力，依次逐级加压至试验结束。

13）需做回弹试验时，可在大于上覆有效应力的某级压力下固结稳定后逐级卸压，直至卸至第1级压力。每次卸压后的回弹稳定标准与加压时相同，并测记每级压力的回弹量。

14）需做次固结试验时，可在主固结试验结束后继续试验至固结稳定为止。

15）试验结束后迅速拆除仪器各部件，取出带环刀的试样。如需测定试验后含水率，可用干滤纸吸去试样两端表面上的水后再测定其含水率。

（3）稳定标准。考虑土的变形能达到稳定，以及每天在同一时间施加压力和测记变形读数，每级压力下固结时间为24h。

（4）先期固结压力的确定。采用卡萨格兰德图解法确定先期固结压力。具体步骤为：选取适当比例的纵横坐标作$e-\lg p$曲线，在曲线上找出最小曲率半径$R_{min}$点$O$；过$O$点作水平线$OA$、切线$OB$及角$AOB$的平分线$OD$，$OD$与曲线的直线段$C$的延长线交于点$E$，取对应于$E$点的压力值为该原状土的先期固结压力（图9-135）。

3. 成果利用

（1）试样的初始孔隙比$e_0$的计算公式为

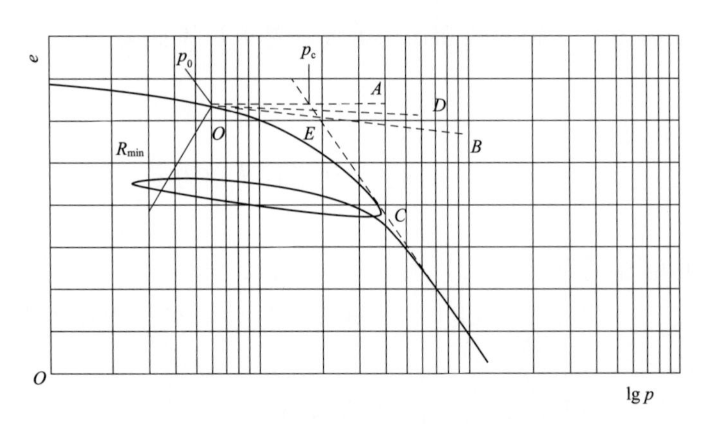


图 9 - 135　卡萨格兰德图解法求 $p_c$ 示意图

$$e_0=\frac{\rho_w G_s(1+0.01w_0)}{\rho_0}-1 \tag{9-115}$$

式中　$e_0$——初始孔隙比；

$w_0$——初始含水率，%；

$\rho_0$——天然密度，g/cm³。

（2）各级压力下固结稳定后的孔隙比 $e_i$ 的计算公式为

$$e_i=e_0-(1+e_0)\frac{\sum_{i=1}^{n}\Delta h_i}{h_0} \tag{9-116}$$

式中　$e_i$——某级压力下的孔隙比；

$\Delta h_i$——某级压力下试样高度变化，cm；

$h_0$——试样初始高度，cm。

（3）某一压力范围内的压缩系数 $a_v$ 的计算公式为

$$a_v=\frac{e_i-e_{i+1}}{p_{i+1}-p_i} \tag{9-117}$$

式中　$a_v$——压缩系数，MPa；

$p_i$——某一单位压力值，MPa。

（4）某一压力范围内的压缩模量 $E_s$ 和体积压缩系数 $m_v$ 的计算公式为

$$E_s=\frac{1+e_0}{a_v} \tag{9-118}$$

$$m_v=\frac{1}{E_s}=\frac{a_v}{1+e_0} \tag{9-119}$$

式中　$E_s$——压缩模量，MPa；

$m_v$——体积压缩系数，MPa。

（5）压缩指数 $C_c$ 及回弹指数 $C_s$ 的计算公式为

$$C_c=\frac{e_i-e_{i+1}}{\lg p_{i+1}-\lg p_i} \tag{9-120}$$

$$C_s=\frac{e_i-e_{i+1}}{\lg p_{i+1}-\lg p_i} \tag{9-121}$$

式中 $C_c$——压缩指数，$e-\lg p$ 曲线直线段的斜率；

$C_s$——回弹指数，$e-\lg p$ 曲线回弹直线段的斜率。

(6) 以孔隙比 $e$ 为纵坐标，压力 $p$ 为横坐标，绘制孔隙比与压力的关系曲线。

(7) 可采用卡萨格兰德图解法确定原状土的先期固结压力 $p_c$。

(8) 固结系数 $C_v$ 计算分别采用时间平方根法和时间对数法。

1) 时间平方根法：对于某一压力，以量表读数 $d$ 为纵坐标，时间平方根$\sqrt{t}$为横坐标，绘制 $d-\sqrt{t}$ 曲线（图 9-136）；延长 $d-\sqrt{t}$ 曲线开始段的直线，交纵坐标轴于理论零点 $d_s$；过 $d_s$ 绘制另一直线，其横坐标为前一直线横坐标的 1.15 倍，则后一直线与 $d-\sqrt{t}$ 曲线交点所对应时间的平方根即为试样固结度达 90%所需的时间 $t_{90}$，该压力下的固结系数的计算公式为

$$C_v=\frac{0.848\overline{h}^2}{t_{90}} \tag{9-122}$$

式中 $C_v$——固结系数，cm²/s；

$\overline{h}$——最大排水距离，试样初始与终了高度的平均值的一半，cm；

$t_{90}$——固结度达 90%所需的时间，s。

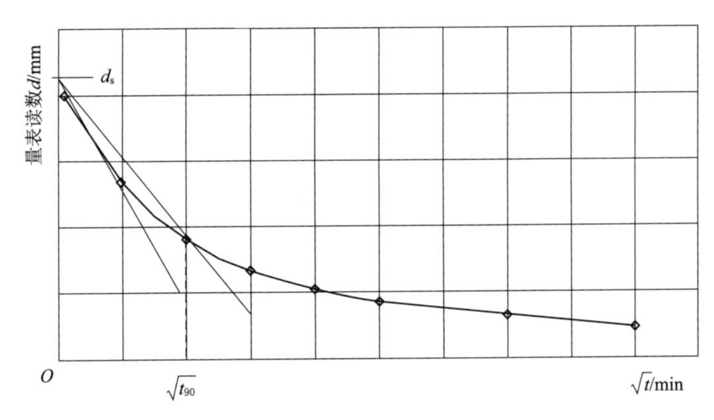


图 9-136 $d-\sqrt{t}$ 曲线

2) 时间对数法：对某一压力，以量表读数 $d$ 为纵坐标，时间在对数横坐标上，绘制 $d-\lg t$ 曲线（图 9-137）；延长 $d-\lg t$ 曲线的开始线段，选任一时间 $t_1$，相对应的量表读数为 $d_1$，再取时间 $t_2=\frac{t_1}{4}$，相对应的量表读数为 $d_2$，则 $2d_2-d_1$ 之值为 $d_{01}$。如此再选取另一时间，依同法求得 $d_{02}$、$d_{03}$、$d_{04}$ 等，取其平均值即为理论零点

$d_0$；延长曲线中部的直线段和通过曲线尾部数点切线的交点即为理论终点 $d_{100}$，则 $d_{50}=\frac{d_0+d_{100}}{2}$，取对应于 $d_{50}$ 的时间为试样固结度达到50%所需的时间 $t_{50}$。固结系数 $C_v$ 的计算公式为

$$C_v=\frac{0.197\overline{h}^2}{t_{50}} \tag{9-123}$$

式中　$t_{50}$——固结度达50%所需的时间，s。

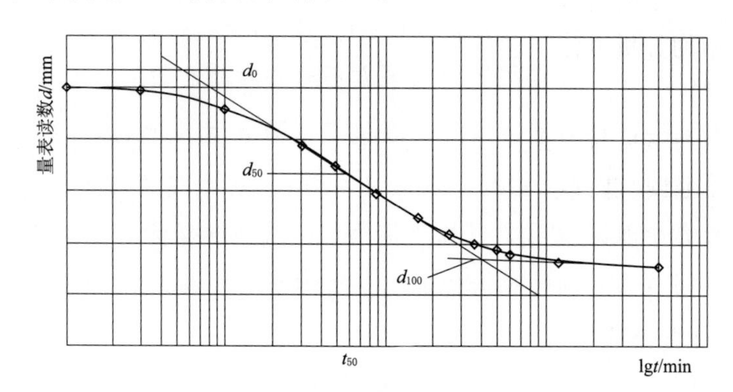


图9-137　$d-\lg t$ 曲线

对某一压力，以孔隙比 $e$ 为纵坐标，绘制 $e-\lg t$ 曲线。以主固结结束后试验曲线下部的直线段的斜率为次固结系数，计算公式为

$$C_\alpha=\frac{e_1-e_2}{\lg\frac{t_2}{t_1}} \tag{9-124}$$

式中　$C_\alpha$——次固结系数；

$e_1$——对应次固结阶段时间 $t_1$ 时的孔隙比；

$e_2$——对应次固结阶段时间 $t_2$ 时的孔隙比；

$t_1$、$t_2$——次固结阶段某一时间，min。

测定土的压缩系数和压缩模量时，校正各级压力下试样的变形量，校正后的总变形量的计算公式为

$$\sum\Delta h_i=(h_i)_t\frac{(h_n)_T}{(h_n)_t} \tag{9-125}$$

式中　$\sum\Delta h_i$——某一压力下校正后的总变形量，mm；

$(h_i)_t$——某一压力下固结1h的总变形量，mm；

$(h_n)_t$——最后一级压力下固结1h的总变形量，mm；

$(h_n)_T$——最后一级压力下达到稳定标准的总变形量，mm。

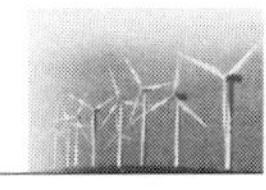

### 9.4.3.2 直接剪切试验

1. 试验目的

直接剪切试验是利用盒式剪切仪，在试样上施加竖向压力，直接测定的总抗剪强度指标的一种方法。直接剪切试验适用于砂土及渗透系数小于 $10^{-6}$cm/s 的黏土，不适于测定软黏土的不排水剪强度。

2. 基本方法

直接剪切试验方法的选择一般要按土的性质、施工条件和运用条件确定，同时也要考虑设计将采用的分析方法。直接剪切试验所测得的参数为总应力强度参数，只适用于总应力分析法。

土的抗剪强度与试验排水条件有很大关系，根据排水条件，试验方法可分为快剪试验（Q 试验）、固结快剪试验（R 试验）、慢剪试验（S 试验）三种。

（1）快剪试验。快剪试验根据工程实际和土的软硬程度确定 4 个垂直压力，垂直压力的各差值大致相等，可取垂直压力分别为 100kPa、200kPa、300kPa、400kPa。垂直压力可一次轻轻施加，当土质松软时，可分级施加以防试样挤出；施加垂直压力后，立即拔去固定销。开动秒表，以 0.8～1.2mm/min 的速率剪切；试样每产生 0.2～0.4mm 的剪切位移，测记一次剪切位移读数和测力计读数，并测记垂直位移读数。当测力计的读数达到稳定或有显著后退时，继续剪至剪切位移达到 4mm；当测力计读数持续增加时，剪切位移达到 6mm；剪切结束后，吸去剪切盒中积水，倒转手轮，移去垂直压力、框架、钢珠、加压盖板等，取出试样。

（2）固结快剪试验。固结快剪试验试样上下两面的不透水板改放湿滤纸和透水板。当试样为饱和样时，在施加垂直压力 5min 后，往剪切盒水槽内注满水；当试样为非饱和样时，可仅在加压盖板周围包以湿棉花。确定 4 个垂直压力，垂直压力可一次轻轻施加，当土质松软时，可分级施加以防试样挤出；在试样上施加规定的垂直压力后，测记垂直变形读数。固结稳定标准为每小时垂直变形读数变化不大于 0.005mm，试样固结稳定后剪切。

（3）慢剪试验。慢剪试验待试样固结稳定后剪切，剪切速率小于 0.02mm/min。根据土的渗透性大小，一般固结时间大至 3～16h 以上，每次剪切历时 1～4h。

3. 成果利用

（1）试样剪应力的计算公式为

$$\tau=\frac{CR}{A_0}\times 10 \tag{9-126}$$

式中 $\tau$——剪应力，kPa；

$C$——测力计率定系数，N/0.01mm；

$R$——测力计读数，精确至 0.01mm；

$A_0$——试样的初始面积，$cm^2$。

（2）以剪应力为纵坐标，剪切位移为横坐标，绘制剪应力与剪切位移的关系曲线。选取剪应力与剪切位移关系曲线上的峰值点或稳定值作为抗剪强度。当无明显峰值点时，取剪切位移等于4mm对应的剪应力作为抗剪强度，如图9-138（a）所示。

以破坏抗剪强度（剪应力）为纵坐标，垂直（竖向）压力为横坐标，绘制抗剪强度（剪应力）与垂直（竖向）压力的关系曲线。直线的倾角为土的内摩擦角 $\varphi$，直线在纵坐标轴上的截距为土的黏聚力 $c$，如图9-138（b）所示。

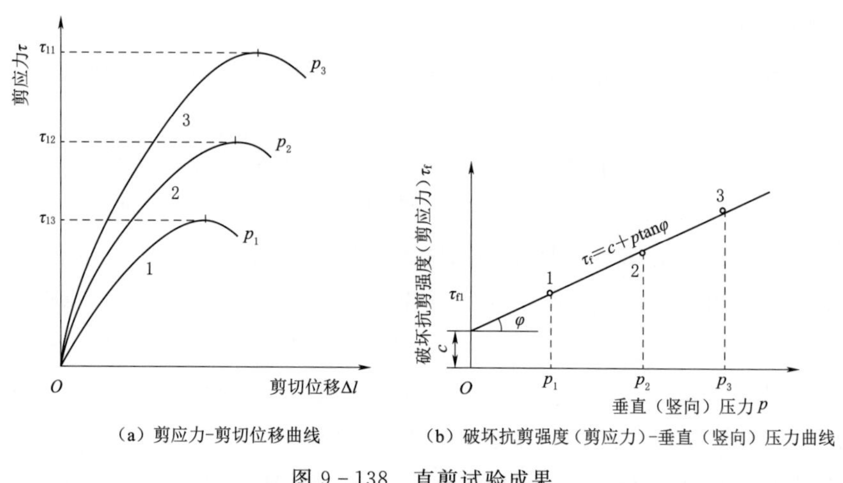


（a）剪应力-剪切位移曲线　（b）破坏抗剪强度（剪应力）-垂直（竖向）压力曲线

图9-138　直剪试验成果

（3）土的强度与其密度和含水率关系密切，强度参数也因土的性质和试验方法不同而不同，对于砂土 $c=0$，$\varphi$ 值则随密度的增大而增大。

对于正常固结黏土慢剪试验：$\varphi_s=28°\sim30°$，固结快剪试验：$\varphi_{cu}=14°\sim20°$。

对于超固结土，快剪试验结果表示：$c$ 值随超固结压力增加而增大，而 $\varphi$ 值则接近于零。图9-139是同一种黏土在超固结、正常固结、重塑三种状态时强度、变形的特性对比情况。

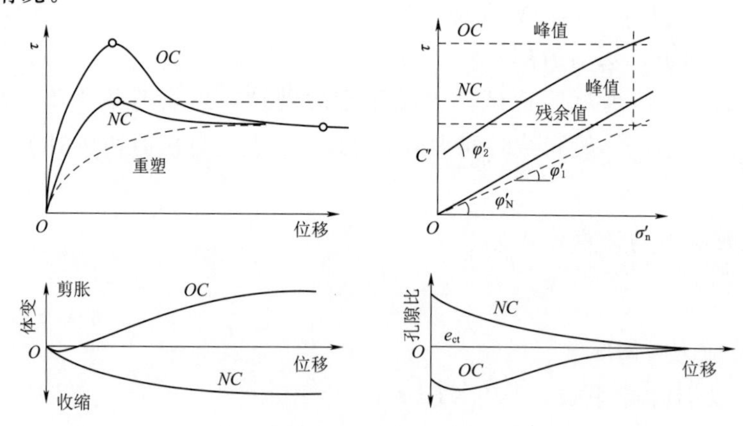


图9-139　黏土的三种状态的强度与变形

$OC$—超固结；$NC$—政党固结

#### 9.4.3.3 残余强度试验

1. 排水反复直接剪切试验

(1) 试验目的。残余强度是土在竖向荷载下强度达到峰值后，当位移继续增大，强度随位移增加而逐渐减小，最终达到稳定值的强度。它是土在该竖向压力下的最小强度。残余强度是长期稳定的计算参数。

扰动试样的残余强度通常与原状试样的残余强度相接近。对同一种土，不管是正常固结的还是超固结的，只要是在同一有效压力作用下，其残余强度均相同。它只与土的性质有关，而与应力历史无关。因此，可以用扰动土重塑后进行试验。

排水反复直接剪切试验是通过剪切后拉回的反复剪切方式来实现大剪切位移，该方法简单易行，一般用于原状试样与重塑试样，但多次反复剪切后由于土体损失，其剪切面有时不在同一个面上，且反复剪切会影响土颗粒的定向排列，强度衰减规律不是很好。环剪试验可以连续地进行环向大位移剪切，但原状试样制备较困难，一般用于重塑试样。

(2) 基本方法。排水反复直接剪切试验可用于细粒土与泥化夹层，加荷方式采用应变控制式。试验采用的仪器和直剪试验仪相同，但需将直剪试验仪的水槽与等速推动轴刚性连接，剪切盒上盒的推力曲杆与测力计连接，可使试样剪切达到一定位移后，让下盒返回到剪切前的初始位置。

试验取 3～4 个试样，分别在不同的压力下，进行同样的试验。

(3) 成果利用。残余强度反映土体滑动后滑动面上的强度，滑动面上的黏聚力已基本破坏，$c_r'$常常很小，接近于零，只保留摩擦力。

对于正常固结黏土，其峰值强度与残余强度几乎无明显差别；而对于超固结黏土，峰值强度比残余强度大，其规律为：超固结比 $OCR$ 越大，其差值越大。

2. 环剪试验

(1) 试验目的。环剪试验可用于扰动细粒土，环剪仪的优点是可以在保持剪切面积不变的情况下，沿一个方向连续不断地移动，使试样产生很大的位移。

(2) 基本方法。

1) 试验设备。环剪试验的加荷方式采用应变控制式。环剪试验可分别采用 Bishop 环剪仪（图 9－140）和 Bromhead 环剪仪（图 9－141）。

a. 应变控制式环剪仪包括剪切盒、荷载板、透水板、加载装置、测量装置、水浴等。

b. 剪切盒可采用上下侧限环或整体限环，限环内径不小于 50mm，且内径与外径之比不小于 0.6。试样在固结和预剪切之前的初始高度不小于 5mm，试样中颗粒最大粒径不大于试样高度的 1/10。

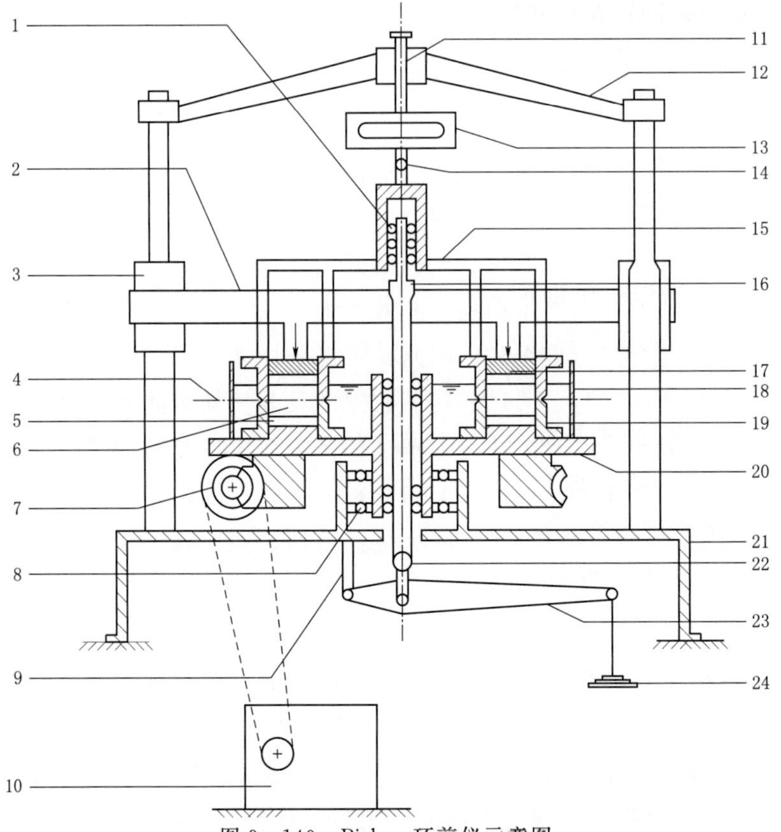


图 9-140　Bishop 环剪仪示意图

1—滚珠轴承；2—加载框架和施加力矩的横梁；3—量测剪切力的测力计；4—剪切面；5—带齿纹的透水板；6—试样；7—蜗轮蜗杆；8—定位轴承；9—可调整的支架；10—马达和变速箱；11—调整盒缝的差动螺丝；12—刚性框架；13—量测侧限环环壁摩擦力的测力计；14—可转动的连接；15—上侧限环吊架；16—主轴；17—带齿纹透水板的荷载板；18—水浴；19—上、下侧限环；20—转动台；21—底座；22—可转动的连接；23—杠杆加荷设备；24—砝码

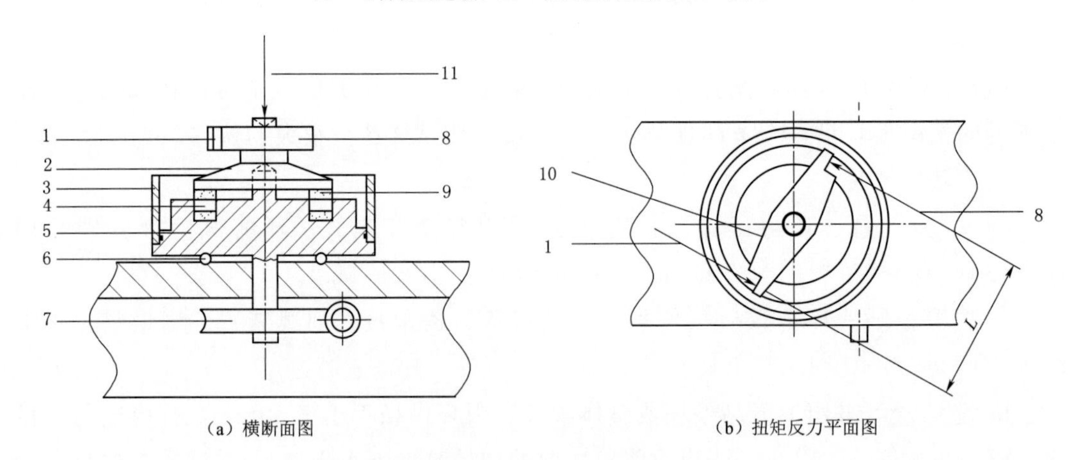


图 9-141　Bromhead 环剪仪示意图

1—剪切力反力 1；2—加载帽；3—水浴；4—试样；5—剪切盒；6—滚珠轴承；7—扭转驱动装置；8—剪切力反力 2；9—带齿纹的透水板；10—扭矩臂；11—法向荷载

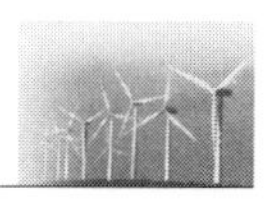

c. 透水板分别固定在荷载板与剪切盒底部。透水板表面粗糙且带齿纹，使与土样固定接触，透水板的齿纹高度一般为试样初始高度的10%～15%。

d. 加载装置包括法向加载装置与剪切加载装置。法向加载装置可采用静荷载杠杆加载架或伺服加载装置；剪切加载装置可采用电动马达和齿轮控制箱。

e. 测量装置包括剪切力测力计、摩擦力测力计、角位移传感器、位移传感器或位移计。

2）环剪试验操作步骤如下：

a. 将装有试样的剪切盒放入并固定在水浴中，将安装带齿纹的透水板的荷载板放置在试样顶部。

b. 施加3.0kPa的法向力，其中法向力包括固定荷载和荷载板重力。固定并调整垂直位移测量设备，并读取初始位移读数。

c. 用无气水充满水浴，在试样固结过程保持满水状态。分级施加垂直压力进行固结。垂直（竖向）压力可根据上覆土层的压力确定，各级差值大致相等，可取垂直（竖向）压力分别为100kPa、200kPa、300kPa、400kPa。

d. 固结稳定标准可取每小时垂直位移变化量不大于试样初始高度的0.25‰。采用Bishop环剪仪时，试样固结完成后，取出上、下侧限环之间的连接螺栓，并用差动螺丝把盒缝从开始的0.025～0.05mm扩大，缝宽保持在0.3～1.0mm。

e. 开动马达，以不大于0.048°/min的扭转速率进行剪切。当剪应力-位移曲线近似水平时停止剪切。

f. 剪切结束后测记垂直位移读数，将水浴中的水排干，吸去剪切盒中的积水，卸除位移传感器或位移计、垂直压力、测力环等。将荷载板从试样剪切盒上沿着剪切破坏面以滑移方式取出，不能将荷载板垂直于剪切破坏面拉出，避免破坏试样。可用照相、简图或者其他描述方式记录剪切破坏面形态。

（3）成果利用。

1）剪切面上的法向应力的计算公式为

$$\sigma_n' = \frac{P}{\pi(r_2^2 - r_1^2)} \times 10 \qquad (9-127)$$

式中 $\sigma_n'$——剪切面上的法向应力，kPa；

$P$——施加在试样上的法向力，N；

$r_1$、$r_2$——试样内、外半径，cm。

2）剪切面上的平均剪应力的计算公式为

$$\tau = \frac{3(F_1 + F_2)L}{4\pi(r_2^3 - r_1^3)} \times 10 \qquad (9-128)$$

其中 $$F_1 = C_1 R_1$$

$$F_2=C_2R_2$$

式中　$\tau$——剪切面上的平均剪应力，kPa；

$F_1$、$F_2$——扭矩臂两端测力计测得的剪切力，N；

$C_1$、$C_2$——扭矩臂两端测力计率定系数，N/0.01mm；

$R_1$、$R_2$——扭矩臂两端测力计读数，精确至0.01mm；

$L$——扭矩臂长度，cm。

3）剪切面上的平均剪切位移的计算公式为

$$S=\frac{\theta}{57.3}\times\frac{r_1+r_2}{2} \tag{9-129}$$

式中　$S$——剪切面上的平均剪切位移，cm；

$\theta$——环形剪切角位移，(°)。

4）以剪应力为纵坐标，剪切位移为横坐标，绘制剪应力与剪切位移的关系曲线，取曲线上最终稳定值作为残余强度。以残余强度为纵坐标，垂直（竖向）压力为横坐标，由原点绘制残余强度曲线，取其倾角为土的残余强度内摩擦角$\varphi_r$。

**9.4.3.4　土与钢管桩界面特性试验**

1. 试验目的

土与钢管桩界面特性试验可以较好地模拟打桩施工影响下钢管桩与土之间发生的大的相对位移，测定土的抗剪桩侧土的力学参数。

2. 基本方法

土与钢管桩界面特性试验可采用环剪法，加荷方式采用应变控制式，可用于细粒土和粒径小于2mm的砂土，测定土与钢管桩之间的界面参数。界面特性试验的其他方法还包括直接剪切试验和拉拔试验，当模拟钢管桩打入过程时，桩土产生较大的切向相对位移，采用环剪法较为合理。

（1）固结步骤。

1）根据原位地层水平向有效应力施加垂直（竖向）压力。垂直（竖向）压力可一次缓慢施加，若土质松软，也可分级施加以防试样挤出。在第一级荷载施加后，用无气水充满水浴，在试样固结过程保持满水状态。

2）在试样上施加规定的垂直（竖向）压力后，测记垂直变形读数。固结稳定标准为每小时垂直位移的变化量不大于试样初始高度的0.25‰。

3）Bishop环剪仪与Bromhead环剪仪垂直（竖向）压力的最小值不低于50kPa。Bromhead环剪仪垂直固结变形量不超过试样初始高度的15%。

（2）界面剪切步骤。

1）试样在一系列脉冲荷载下进行剪切，总位移不少于1m。每次脉冲剪切位移为

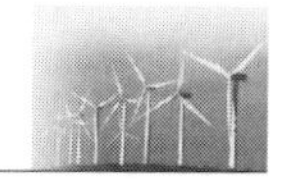

180～220mm，剪切速率为500mm/min。在每次脉冲剪切后暂停，Bishop环剪仪的暂停时间为10min，Bromhead环剪仪的暂停时间为3min，暂停过程不施加剪切力。

2）剪切过程中，当土样从界面明显挤出、垂直变形较大时，可采取降低脉冲剪切速率、减小脉冲剪切的位移、关闭Bishop环剪仪中限环与剪切面之间的间隙等措施。

3）待土样产生的超孔隙水压力消散后，施加垂直（竖向）压力进行再次固结，垂直压力为实际工程中超孔隙水压力消散后工作荷载下桩周土的径向有效应力。固结稳定标准为每小时垂直位移的变化量不大于试样初始高度的0.25‰。

4）对界面进行排水剪，对于黏性土，Bishop环剪仪的剪切速率采用0.005mm/min，Bromhead环剪仪的剪切速率采用0.02mm/min。当界面剪应力-剪切位移曲线近似水平时可停止剪切。

3. 成果利用

（1）绘制界面剪应力与剪切位移的关系曲线，取曲线上的峰值作为峰值强度，最终稳定值作为残余强度。

（2）绘制抗剪强度（剪应力）与垂直（竖向）压力关系曲线。

（3）由原点绘制峰值强度曲线，其倾角为界面的峰值强度内摩擦角$\varphi_p$。

（4）由原点绘制残余抗剪强度曲线，其倾角为界面的残余强度内摩擦角$\varphi_r$。

**9.4.3.5 渗透试验**

1. 试验目的

渗透系数是液体在多孔介质中运动的定量指标。水在土中微细孔隙中一般情况下都呈现层流状态。法国水力学家达西给出了层流状态下渗透的基本理论，即：若土中渗流呈层流状态，则渗透速度与水力坡度成正比，水力坡度为1时的渗透速度称为土的渗透系数。渗透试验的目的就是测量土的渗透系数。

2. 基本方法

（1）渗透试验分为常水头和变水头，渗透系数大于$10^{-4}$cm/s的粗粒土采用常水头渗透试验，渗透系数为$10^{-7}$～$10^{-4}$cm/s的细粒土采用变水头渗透试验。

（2）试验用水采用工程所在海域的海水，也可用纯水或过滤的清水。为避免水中气体形成的气泡堵塞土的孔隙，在试验前对试验用水采取抽气法或煮沸法进行脱气；为避免水由低温试样进入高温试样时会分解出气体，堵塞孔隙，试验时的水温高于室温3～4℃。

（3）试验时试样饱和度越小，土孔隙中残留的气体越多，土样的有效渗透面积就越小，因而试样在试验前用脱气水充分饱和，对于砂土可在仪器中直接饱和，黏土可用抽气法加快饱和。试验容器的透水石及水槽也浸水饱和。管路、试样与容器周围需要严格密封。

(4) 渗透系数的最大允许差值为 $2\times10^{-n}$cm/s，取3个或4个在允许差值范围内的数据，以其平均值作为试样在该孔隙比时的渗透系数。

(5) 试验以20℃为标准温度，计算标准温度下的渗透系数。

3. 成果利用

渗透系数是土的一项重要力学指标，是分析地基固结沉降时间，估计天然地基、填土等渗流量和渗流稳定性，以及给排水设计、降水及地基加固设计等所需的基本参数。

(1) 常水头渗透系数的计算公式为

$$k_{T}=\frac{QL}{AHt} \tag{9-130}$$

式中　$k_{T}$——水温为 $T$℃时试样的渗透系数，cm/s；

$Q$——时间 $t$ 秒内的渗出水量，$cm^3$；

$L$——两测压管中心间的距离，cm；

$A$——试样的面积，$cm^2$；

$H$——平均水位差，cm；

$t$——时间，s。

(2) 换算成标准温度下的渗透系数的公式为

$$k_{20}=k_{T}\frac{\eta_{T}}{\eta_{20}} \tag{9-131}$$

式中　$k_{20}$——20℃时试样的渗透系数，cm/s；

$\eta_{T}$——$T$℃时水的动力黏滞系数，kPa·s；

$\eta_{20}$——20℃时水的动力黏滞系数，kPa·s。

(3) 变水头渗透系数的计算公式为

$$k_{T}=2.3\frac{aL}{A(t_1-t_2)Ht}\lg\frac{H_1}{H_2} \tag{9-132}$$

式中　$a$——变水头管的断面积，$cm^2$；

$L$——渗径，即试样高度，cm；

$t_1$、$t_2$——测读水头的起始、终止时间，s；

$H_1$、$H_2$——起始和终止水头；

$t$——时间，s。

土的孔隙大小决定着渗透系数的大小，测定渗透系数时要说明土的密实程度，试验时可测定不同孔隙比下的渗透系数，作出孔隙比与渗透系数的关系曲线，即可查出任一孔隙比的渗透系数。各类土渗透系数的一般范围见表9-57。

表 9－57 各类土渗透系数的一般范围

| 土类 | 渗透系数 $k$/(cm/s) | 土类 | 渗透系数 $k$/(cm/s) |
|---|---|---|---|
| 黏土 | $<1.2\times10^{-6}$ | 细砂 | $1.2\times10^{-3}\sim6.0\times10^{-3}$ |
| 粉质黏土 | $1.2\times10^{-6}\sim6.0\times10^{-5}$ | 中砂 | $6.0\times10^{-2}\sim2.4\times10^{-2}$ |
| 粉土 | $6.0\times10^{-5}\sim6.0\times10^{-4}$ | 粗砂 | $2.4\times10^{-2}\sim6.0\times10^{-2}$ |
| 粉砂 | $6.0\times10^{-4}\sim1.2\times10^{-3}$ | 砾石 | $6.0\times10^{-2}\sim1.8\times10^{-1}$ |

#### 9.4.3.6 三轴压缩试验

三轴压缩试验是目前在室内测定土的抗剪强度指标最重要的一种方法，可以间接地确定土的强度指标。三轴压缩试验时，一般选定 3～4 个试样，分别施加不同的小主应力，只需测定相应的破坏时的大主应力即可。

常规三轴压缩试验根据试样的排水条件可分为不固结不排水剪试验（UU 试验）、固结不排水剪试验（CU 试验）及固结排水剪试验（CD 试验）三种，其区别见表 9－58。

表 9－58 三轴压缩试验的三种方法

| 试验类型 | 排水阀状态 | | 轴向应变速率 $\varepsilon/\text{min}^{-1}$ | 强度参数 |
|---|---|---|---|---|
| | 固结过程 | 轴向压缩过程 | | |
| 不固结不排水剪试验 | 关闭 | 关闭 | 0.5%～1.0% | $c_u$、$\varphi_u$ |
| 固结不排水剪试验 | 开 | 关开 | 0.5%～1.0%<br>0.05%～0.5% | $c_{cu}$、$\varphi_{cu}$<br>$c'$、$\varphi'$ |
| 固结排水剪试验 | 开 | 开 | 0.003%～0.012% | $c_d$、$\varphi_d$ |

1. 不固结不排水剪试验

（1）试验目的。不固结不排水剪试验可用于测定土的不排水抗剪强度、不排水割线模量和 $\varepsilon_{50}$。

（2）基本方法。

1）装样，轴向应变速率控制在 0.5～1.0%/min。

2）开始阶段，试样每产生 0.3%～0.4%轴向应变时，测记轴向力和轴向位移读数各 1 次；当轴向应变达 3%以后，读数间隔可延长为 0.7%～0.8%各测记 1 次；当接近峰值时要加密读数；当试样为特别硬脆或软弱土时，可加密或减少测读的次数。

3）当出现峰值后，再继续剪 3%～5%轴向应变；若轴向力读数无明显减少，则剪切至 15%～20%轴向应变。

4）试验结束后关闭电动机，下降升降台，打开排气孔，排去压力室内的水，拆除压力室罩，拭去试样周围的余水，小心脱去试样外的橡皮膜，描述破坏后形状。

（3）成果利用。不固结不排水剪试验适用于渗透系数小的饱和黏土，施工进度快，在施工期无排水固结的情况。

1）轴向应变的计算公式为

$$\varepsilon_1=\frac{\Delta h_1}{h_0}\times 100 \tag{9-133}$$

式中　$\varepsilon_1$——轴向应变，%；

$\Delta h_1$——剪切过程中试样的高度变化，cm；

$h_0$——试样初始高度，cm。

2）试样剪切时校正断面积的计算公式为

$$A_a=\frac{A_0}{1-0.01\varepsilon_1} \tag{9-134}$$

式中　$A_a$——试样剪切时的校正断面积，cm²；

$A_0$——试样的初始断面积，cm²。

3）主应力差的计算公式为

$$\sigma_1-\sigma_3=\frac{CR}{A_a}\times 10 \tag{9-135}$$

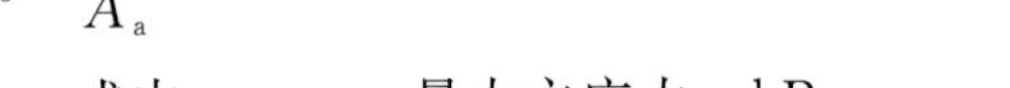

式中　$\sigma_1$——最大主应力，kPa；

$\sigma_3$——最小主应力，kPa；

$C$——测力计率定系数，N/0.01mm；

$R$——测力计读数，精确至0.01mm。

4）以主应力差为纵坐标，轴向应变为横坐标，绘制主应力差与轴向应变的关系曲线（图9-142）。取曲线上主应力差的峰值点作为破坏点，无峰值时，取曲线上15%轴向应变对应的点作为破坏点。

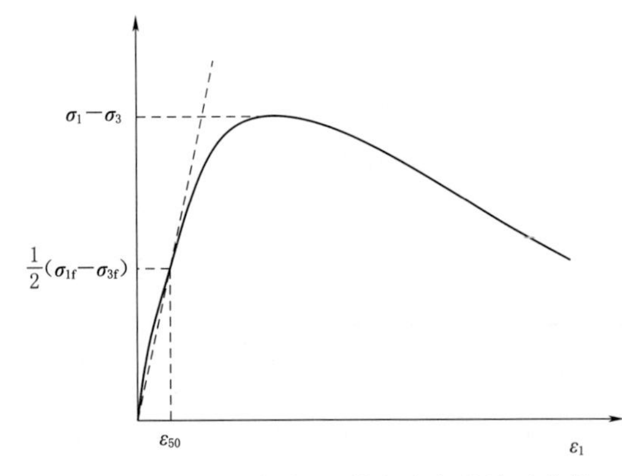


图9-142　主应力差-轴向应变的关系曲线

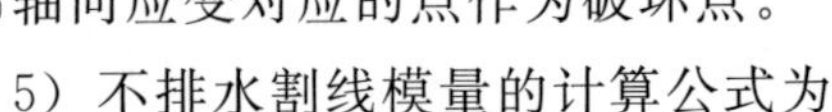

5）不排水割线模量的计算公式为

$$E_{se}=\frac{\sigma_{1f}-\sigma_{3f}}{2\varepsilon_{50}}\times 0.1 \tag{9-136}$$

式中　$E_{se}$——不排水割线模量，MPa；

$\sigma_{1f}$——破坏时的最大主应力，kPa；

$\sigma_{3f}$——破坏时的最小主应力，kPa；

$\varepsilon_{50}$——偏应力差等于50%峰值偏应力差时的轴向应变，%。

6）不排水抗剪强度的计算公式为

$$c_u=\frac{\sigma_{1f}-\sigma_{3f}}{2} \tag{9-137}$$

式中　$c_u$——不排水抗剪强度，kPa。

7）三轴压缩试验成果根据工程施工运用条件、稳定分析方法而采用，按不排水

强度划分的稠度见表9-59。

**表9-59 按不排水强度划分的稠度**

| 稠度状态 | 不排水强度 $c_u$/(kN/m²) | 稠度状态 | 不排水强度 $c_u$/(kN/m²) |
|---|---|---|---|
| 极软 | <20 | 硬～坚硬 | 75～100 |
| 软 | 20～40 | 坚硬 | 100～150 |
| 软～硬 | 40～50 | 十分坚硬 | >150 |
| 硬 | 50～75 | | |

三轴压缩试验成果应用参考见表9-60。

**表9-60 三轴压缩试验成果应用参考**

| 工程性质 | 运用条件 | 分析方法 | 测定参数 | 试验方法 |
|---|---|---|---|---|
| 建基软黏土 | 施工期 | 总应力 | $c_u$，$\varphi_u=0$ | 不固结不排水剪试验或固结不排水剪试验 |
| 建基膨胀土 | | | | |
| 挡土构筑物 | 施工末期 | 总应力 | $c_u$ | 不固结不排水剪试验 |
| | 长期运用 | 有效应力 | $c'$，$\varphi'$ | 固结不排水剪试验或固结排水剪试验 |
| | 长期稳定 | | $K_0$ | 侧向应变为零 |
| 粗粒土 | 长期 | 有效应力 | $c_d$，$\varphi_d$ | |
| 地基 | 施工期 | 有效应力 | $c'$，$\varphi'=0$ | 固结不排水剪试验，测$A$值 |
| 开挖密实黏土 | 施工期 | 总应力 | $c_u$，$\varphi_u$ | 不固结不排水剪试验或固结不排水剪试验 |
| 开挖膨胀土 | 施工期 | 有效应力 | $c'$，$\varphi'$ | 固结不排水剪试验或固结排水剪试验 |

2. 固结不排水剪试验

(1) 试验目的。适用于在一定应力条件下，已固结排水的土体，但应力增加时不排水，可用于测定土的固结不排水抗剪强度参数和变形参数。

(2) 基本方法。

1) 装样。

2) 施加所需的周围压力，周围压力大小与工程的实际应力相适应。

3) 打开孔隙水压力阀，测记稳定后的孔隙水压力读数，减去孔隙水压力计起始读数，即为周围压力与试样的初始孔隙水压力。

4) 打开排水管阀，按0、0.25min、1min、4min、9min等时间测记排水读数及孔隙水压力计读数。固结度至少达到95%，固结过程中可随时绘制排水量$\Delta V$与时间平方根或时间对数曲线及孔隙水压力消散度与时间对数曲线。当试样的主固结时间已掌握，也可不读取排水管和孔隙水压力的过程读数。

5) 固结完成后，关闭排水管阀，记录排水管和孔隙水压力的读数。开动试验机，到轴向力读数开始微动时，记下轴向位移读数，即固结下沉量$\Delta h_c$。然后将轴向力和轴向位移读数调零。

6）黏土的剪切应变速率为0.05%～0.1%/min；粉土的剪切应变速率为0.1%～0.5%/min。

7）试样开始剪切。测力计、轴向变形、孔隙水压力的测记。

8）试验结束后关闭电动机，下降升降台，打开排气孔，排去压力室内的水，拆除压力室罩，拭去试样周围的余水，小心脱去试样外的橡皮膜，描述破坏后形状。

（3）成果利用。

1）试样固结后的高度的计算公式为

$$h_c=h_0-\Delta h_c \tag{9-138}$$

式中 $h_c$——试样固结后的高度，cm；

$h_0$——试样的初始高度，cm；

$\Delta h_c$——固结下沉量，由轴向位移计测得，cm。

2）试样固结后的体积计算公式为

$$V_c=V_0-\Delta V \tag{9-139}$$

式中 $V_c$——试样固结后的体积，$cm^3$；

$V_0$——试样的初始体积，$cm^3$；

$\Delta V$——固结排水量，$cm^3$。

3）试样固结后的断面积计算公式为

$$A_c=\frac{V_c}{h_c} \tag{9-140}$$

式中 $A_c$——试样固结后的断面积，$cm^2$。

4）轴向应变计算公式为

$$\varepsilon_1=\frac{\Delta h_1}{h_c}\times 100\% \tag{9-141}$$

式中 $\varepsilon_1$——轴向应变，%；

$\Delta h_1$——剪切过程中试样的高度变化，cm。

5）试样剪切时的断面积计算公式为

$$A_a=\frac{A_c}{1-0.01\varepsilon_1} \tag{9-142}$$

式中 $A_a$——试样剪切时的断面积，$cm^2$。

6）主应力差按式（9-135）计算。

7）有效主应力比$\frac{\sigma_1'}{\sigma_3'}$的计算公式为

$$\frac{\sigma_1'}{\sigma_3'}=\frac{\sigma_1-\sigma_3}{\sigma_3'}+1 \tag{9-143}$$

其中

$$\sigma_1'=\sigma_1-u$$

$$\sigma_3' = \sigma_3 - u$$

式中 $\sigma_1'$——有效最大主应力，kPa；

$\sigma_3'$——有效最小主应力，kPa；

$\sigma_1$——最大主应力，kPa；

$\sigma_3$——最小主应力，kPa；

$u$——孔隙水压力，kPa。

8）以主应力差 $\sigma_1-\sigma_3$ 为纵坐标，轴向应变 $\varepsilon_1$ 为横坐标，绘制关系曲线；以有效主应力比$\frac{\sigma_1'}{\sigma_3'}$为纵坐标，轴向应变 $\varepsilon_1$ 为横坐标，绘制关系曲线；以孔隙水压力 $u$ 为纵坐标，轴向应变 $\varepsilon_1$ 为横坐标，绘制关系曲线；以$\frac{\sigma_1-\sigma_3}{2}$为横坐标，$\frac{\sigma_1+\sigma_3}{2}$为纵坐标，绘制总应力路径关系曲线；以$\frac{\sigma_1'-\sigma_3'}{2}$为横坐标，$\frac{\sigma_1'+\sigma_3'}{2}$为纵坐标，绘制有效应力路径关系曲线。

9）在主应力差-轴向应变的关系曲线或有效主应力比-轴向应变的关系曲线上，可取峰值点作为破坏点。如无峰值，以应力路径关系曲线的密集点或取15%轴向应变作为破坏点。经过论证也可根据工程情况选取适合的破坏标准。

10）以法向应力 $\sigma$ 为横坐标，剪应力 $\tau$ 为纵坐标。在横坐标上以$\frac{\sigma_{1f}+\sigma_{3f}}{2}$为圆心，$\frac{\sigma_{1f}-\sigma_{3f}}{2}$为半径，绘制破坏时的总应力圆，作诸圆包线，该包线的倾角为总应力内摩擦角 $\varphi_{cu}$，包线在纵轴上的截距为总应力黏聚力 $c_{cu}$；在横坐标上以$\frac{\sigma_{1f}'+\sigma_{3f}'}{2}$为圆心，$\frac{\sigma_{1f}'-\sigma_{3f}'}{2}$为半径，绘制破坏时的有效应力圆，作诸圆包线，该包线的倾角为有效内摩擦角 $\varphi'$，包线在纵轴上的截距为有效黏聚力 $c'$。

3. 固结排水剪试验

（1）试验目的。适用于排水条件好的土体，施工进度慢，在施工期不产生孔隙水压力。固结排水剪试验可测定土的固结排水抗剪强度参数和变形参数。

（2）基本方法。固结排水剪试验在剪切过程中打开排水管阀。剪切速率采用0.003%～0.012%/min。试验结束后关闭电动机，下降升降台，打开排气孔，排去压力室内的水，拆除压力室罩，拭去试样周围的余水，小心脱去试样外的橡皮膜，描述破坏后形状。

（3）成果利用。

1）体积应变计算公式为

$$\varepsilon_{v}=\frac{\Delta V_{i}}{V_{c}}\times 100\% \tag{9-144}$$

式中　$\varepsilon_v$——体积应变，%；

$\Delta V_i$——剪切过程中试样的体积变化，$cm^3$。

2）试样剪切时的断面积计算公式为

$$A_{a}=\frac{V_{c}-\Delta V_{i}}{h_{c}-\Delta h_{i}} \tag{9-145}$$

式中　$A_a$——试样剪切时的断面积，$cm^2$；

$h_c$——试样固结后的高度，cm；

$\Delta h_i$——剪切过程中试样的高度变化，cm。

3）以主应力差 $\sigma_1-\sigma_3$ 为纵坐标，以轴向应变 $\varepsilon_1$ 为横坐标，绘制关系曲线；以体积应变 $\varepsilon_v$ 为纵坐标，以轴向应变 $\varepsilon_1$ 为横坐标，绘制关系曲线；以主应力比 $\frac{\sigma_1}{\sigma_3}$ 为纵坐标，以轴向应变 $\varepsilon_1$ 为横坐标，绘制关系曲线；以 $\frac{\sigma_1-\sigma_3}{2}$ 为纵坐标，以 $\frac{\sigma_1+\sigma_3}{2}$ 为横坐标，绘制应力路径关系曲线。

4）以法向应力 $\sigma$ 为横坐标，以剪应力 $\tau$ 为纵坐标，在横坐标上以 $\frac{\sigma_{1f}+\sigma_{3f}}{2}$ 为圆心，$\frac{\sigma_{1f}-\sigma_{3f}}{2}$ 为半径，绘制破坏时的应力圆，作诸圆包线。该包线的倾角为内摩擦角 $\varphi_d$，包线在纵轴上的截距为黏聚力 $c_d$。

4. 一个试样多级加荷试验

（1）试验目的。无法取得多个均匀试样时，可以考虑一个试样多级加荷试验。试验一般采用三级加荷，累计的轴向应变不能超过20%，因此该试验方法不适用于脆性、高灵敏度、破坏应变较小的土样。一个试样的代表性低，该试验不建议替代作为常规方法采用。

（2）试验步骤如下：

1）装样。

2）施加第一级周围压力，第一级剪切完成后，退除轴向压力，待孔隙水压力稳定后施加第二级周围压力，进行排水固结。第二级和以后各级围压大于前一级围压下的破坏大主应力。

3）固结完成后进行第二级周围压力下的剪切。并按上述步骤进行第三级周围压力下的剪切，累计的轴向应变不超过20%。

### 9.4.3.7 无侧限抗压强度试验

1. 试验目的

无侧限抗压强度试验可用于饱和细粒土。无侧限抗压强度试验是在无侧限压力情况下，对试样逐渐增加轴向力直到破坏。试样达到破坏时的轴向应力称为无侧限抗压强度。根据试验测得的应力应变关系，可求得土的切线弹性模量、割线弹性模量、回环弹性模量及土的灵敏度等。它是不固结不排水剪试验周围压力为零时的一种特殊三轴试验，故 $q_u$ 反映黏土的不排水抗剪强度。

2. 基本方法

可用无侧试验仪，加荷方式为应变控制式。也可用三轴仪进行，试验方法和三轴试验不固结不排水剪试验相同，只是不施加周围压力 $\sigma_3$。

根据不同的试样尺寸采取不同的轴向变形速率，一般采取 2%～3%/min，达到破坏的时间不大于 10min。

选择变形速率时考虑，软黏土达到破坏时的变形较大，则轴向变形速率较快，对于脆性土，其破坏变形较小，采取较慢的变形速率。当测定加环弹性模量 $E_h$ 时，若轴向力 $p$ 达到试样破坏轴向力的 2/3，以同样速率使试样卸荷回弹直到轴向力回到零，然后使试样产生轴向压缩变形，直到破坏为止。

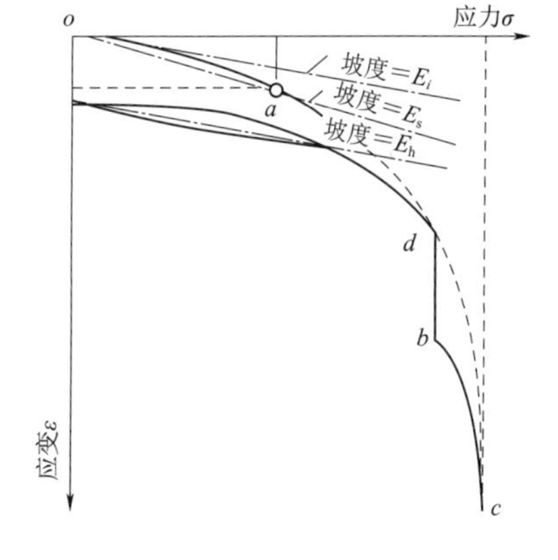


图 9-143 无侧限抗压强度试验应力与应变关系曲线

3. 成果利用

(1) 抗压强度和弹性模量的确定。根据轴向应力和轴向应变绘图，如曲线有峰值，则取峰值应力作为无侧限抗压强度；如无峰值，则取与轴向应变 20%相应的应力作为无侧限抗压强度 $q_u$。

由上述曲线可求得土的切线弹性模量 $E_i$、割线弹性模量 $E_s$ 及回环弹性模量 $E_h$，如图 9-143 所示。

(2) 根据无侧限抗压强度 $q_u$ 可区分土的稠度，见表 9-61。

**表 9-61 黏土的稠度与强度**

| 稠度 | 无侧限抗压强度 $q_u$/kPa | 标准贯入锤击数 $N$ | 稠度 | 无侧限抗压强度 $q_u$/kPa | 标准贯入锤击数 $N$ |
|---|---|---|---|---|---|
| 很软 | <24 | <2 | 硬 | 96～192 | 8～15 |
| 软 | 24～48 | 2～4 | 很硬 | 192～388 | 15～30 |
| 中等 | 48～96 | 4～8 | 极硬 | >388 | >30 |

(3) 确定土的灵敏度。土的灵敏度 $S_t$ 是原状土的无侧限抗压强度 $q_u$ 和与其试样同密度同含水率的重塑试样无侧限抗压强度 $q'_u$ 之比值，其计算公式为

$$S_t = \frac{q_u}{q_u'} \tag{9-146}$$

Terzaghi 和 Skempton 分别根据灵敏度的大小，对土进行了分类，见表 9－62 和表 9－63。

**表 9－62　Terzaghi 土的灵敏性分类**

| 土类 | 灵敏度 $S_t$ | 土类 | 灵敏度 $S_t$ |
|---|---|---|---|
| 低灵敏性土 | 2～4 | 高灵敏性土 | 7～8 |
| 中灵敏性土 | 4～8 | | |

**表 9－63　Skempton 土的灵敏性分类**

| 灵敏性分类 | 灵敏度 $S_t$ | 灵敏性分类 | 灵敏度 $S_t$ | 灵敏性分类 | 灵敏度 $S_t$ |
|---|---|---|---|---|---|
| 不灵敏 | <2 | 很灵敏 | 8～16 | 流动 | >64 |
| 中等灵敏 | 2～4 | 极易流动 | 16～32 | | |
| 灵敏 | 4～8 | 中等流动 | 32～64 | | |

灵敏度与液性指数的关系见表 9－64。

**表 9－64　灵敏度与液性指数的关系**

| 灵敏度 $S_t$ | 液性指数 $I_L$ | 灵敏度 $S_t$ | 液性指数 $I_L$ |
|---|---|---|---|
| >8.0 | >1.00 | 2.6～1.6 | 0.50～0.25 |
| 8.0～4.5 | 1.00～0.75 | 1.6～1.0 | 0.25～0.00 |
| 4.5～2.6 | 0.75～0.50 | <1.0 | <0.00 |

#### 9.4.3.8　三轴蠕变试验

1. 试验目的

三轴蠕变试验可用于测定土的蠕变参数。

2. 基本方法

三轴蠕变试验的优点为：应力条件可根据工程需要进行设定，排水条件可控制，且在试验过程中随时观察试样变化。蠕变试验是否排水，需根据工程实际条件、土性情况来确定。排水蠕变试验要求超孔隙水压力保持为零，蠕变过程中周围压力与轴向应力均保持不变；而不排水蠕变试验是在不排水条件下周围压力与轴向应力保持不变，但孔隙水压力随时间发生变化，因此平均有效应力也随着时间变化。

蠕变试验步骤：

(1) 将轴向位移计、体变管水位读数等清零进行蠕变试验。

(2) 排水蠕变时，打开排水管阀，加载速率使孔隙水压力消散为零；不排水蠕变时，关闭排水管阀。

(3) 轴向加载到设定荷载值后，立即记录时间、轴向位移计、体变管水位、孔隙

水压力读数。在整个蠕变试验过程中，保持周围压力和轴向应力不变。

(4) 每隔一定时间记录时间、温度、轴向位移计和体变管水位读数。试验第一小时的时间可选12s、30s、1min、2min、3min、5min、10min、30min、1h，在蠕变试验中期和后期可数小时或十余小时读数一次。

(5) 蠕变稳定标准可取每24h内轴向应变的变化量小于0.05‰，或取24h的轴向应变小于累计蠕变轴向应变的1‰～5‰。达到稳定标准后可结束试验。

(6) 蠕变试验可取3～5级周围压力，每个周围压力下可取3～4级应力水平。周围压力大小与工程的实际应力相适应。

3. 成果利用

(1) 蠕变轴向应变、蠕变体积应变计算公式为

$$\varepsilon_{1t}=\frac{\Delta h_t}{h_c}\times 100\% \tag{9-147}$$

$$\varepsilon_{vt}=\frac{\Delta V_t}{V_c}\times 100\% \tag{9-148}$$

式中 $\varepsilon_{1t}$——蠕变轴向应变，%；

$\varepsilon_{vt}$——蠕变体积应变，%；

$\Delta h_t$——剪切蠕变开始后到某时刻止试样的轴向变形，cm；

$\Delta V_t$——剪切蠕变开始后到某时刻止试样的体积变化，$cm^3$；

$h_c$——试样固结后的高度，cm；

$V_c$——试样固结后的体积，$cm^3$。

(2) 以时间为横坐标，以轴向应变$\varepsilon_{1t}$和体积应变$\varepsilon_{vt}$为纵坐标，绘制蠕变变形与时间的关系曲线（图9-144）。

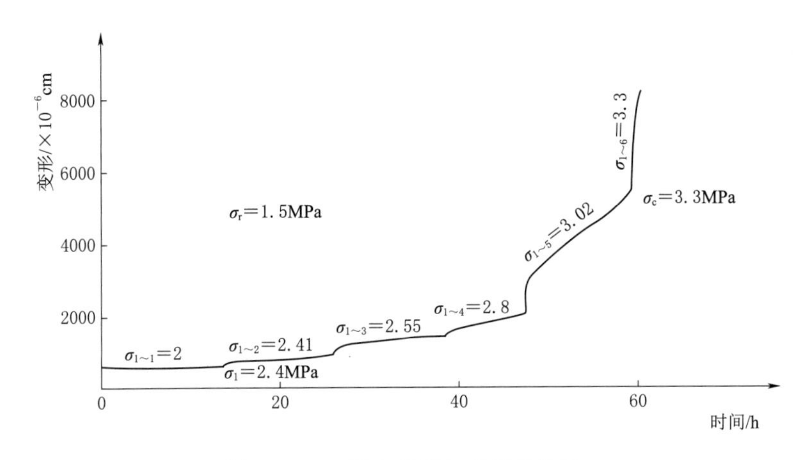


图9-144 蠕变变形与时间的关系

(3) 绘制一定周围压力下的瞬时应力-应变及阻尼-应变曲线，如图9-145所示，

并求出瞬时变形模量和阻尼变形模量。

（4）绘制一定周围压力下的应变速率和轴向压力关系曲线，如图9-146所示，直线斜率为土的黏滞系数。在三轴蠕变试验中，黏滞系数与周围压力有密切关系，周围压力不同其黏滞系数也不同。且随着周围压力的增加而增大，呈直线关系，如图9-147所示。

（5）以试验所采用的不同周围压力为小主应力，根据蠕变起始应力和破坏应力为大主应力分别绘制两组摩尔圆，连接其包络线（图9-148），求出土的瞬时强度参数及长期强度参数。

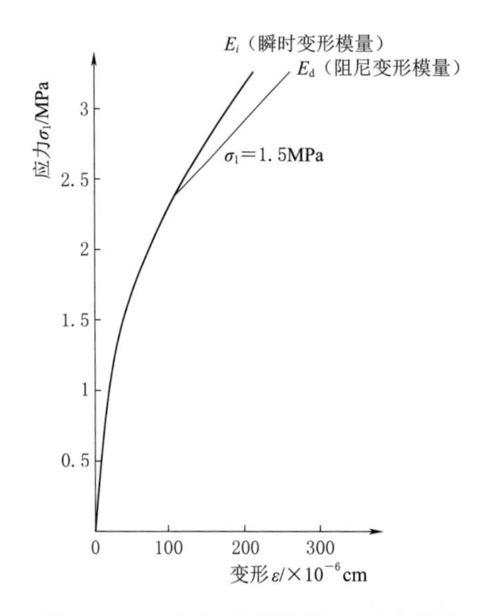


图9-145　应力-应变及阻尼-应变曲线

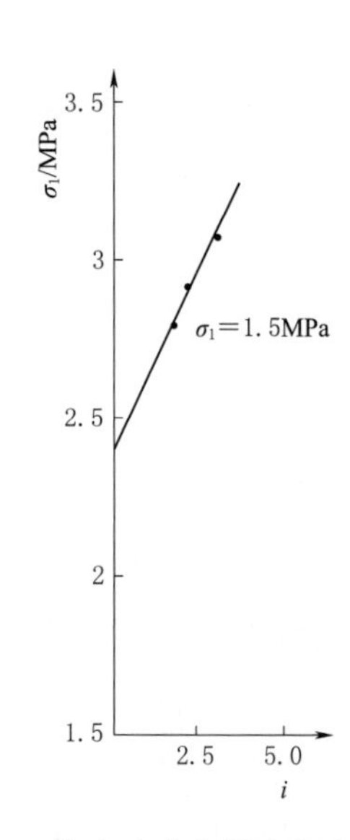


图9-146　应变速率和轴向压力关系曲线

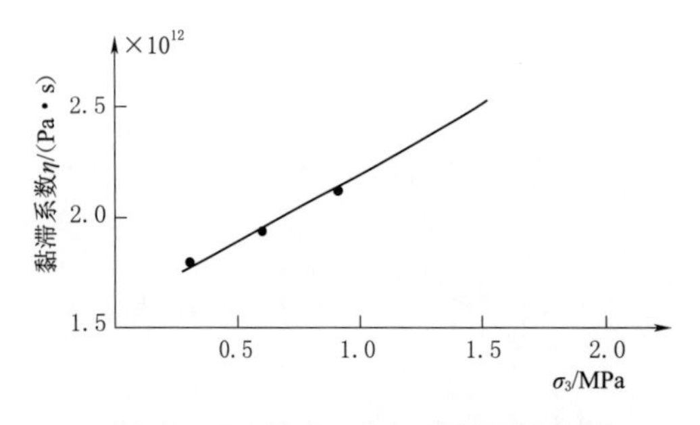


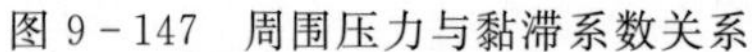
图9-147　周围压力与黏滞系数关系

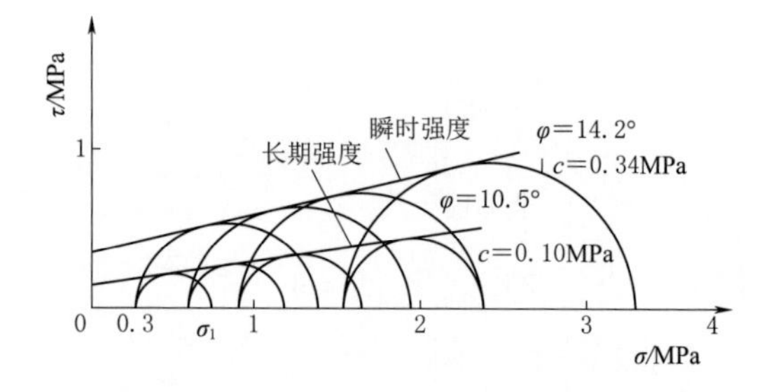


图9-148　瞬时强度与长期强度关系

（6）影响土蠕变性质的因素。影响土蠕变性质的因素主要有土的物质组成、应力条件和温度等。

土的物质组成对土的蠕变特性有一定的影响，一般土的含水率越大，黏粒含量越多，塑性指数越大，灵敏度越高，则土的蠕变变形和应力松弛变化也越大；土中的不

同次生矿物成分对土的蠕变性质影响也不相同，其中以蒙脱石对蠕变速率的影响最大，伊利土次之，高岭土最小。

应力条件对土的蠕变特性影响明显，试验时考虑试验的应力条件尽量接近工程的实际情况。

温度对蠕变特性的影响很明显，因为温度升高，土的孔隙压力增大，有效应力减小，土的强度降低，蠕变变形和应变速率增加，因此蠕变试验应在室内恒温条件下进行。

#### 9.4.3.9 真三轴试验

1. 试验目的

真三轴试验可用于细粒土和粒径小于 20mm 的砾类土和砂土，可分别采用不固结不排水剪试验、固结不排水剪试验和固结排水剪试验三种试验方法，可测得复杂应力状态和复杂应力路径下的抗剪强度参数和变形参数。

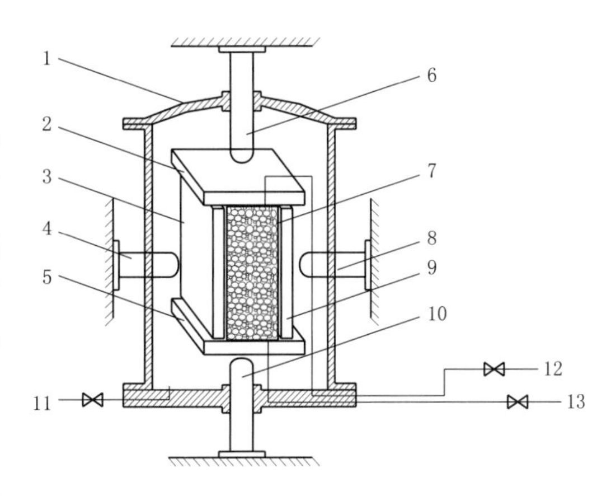


图 9-149 真三轴仪

1—压力室；2—含透水板的上加压板；3—左水平加压板；4—左水平加载系统；5—含透水板的下加压板；6—上轴向加载系统；7—试样；8—右水平加载系统；9—右水平加压板；10—下轴向加载系统；11—接最小压力系统；12—反压/排水阀；13—进水阀

2. 基本方法

(1) 试验设备。真三轴试验采用的仪器设备有真三轴仪（图 9-149）、量测设备和附属设备等。真三轴试验每组不少于 4 个试样，同步施加最小主应力、中主应力、最大主应力，加载至试样破坏。最小主应力按等比级数施加，最小主应力的最大值根据工程实际荷载确定。

(2) 不固结不排水剪试验。

1) 将透水板放在试样底座上，开进水阀，使试样底座透水板充水至无水泡逸出，关闭进水阀门。在底座上依次放置下透水板、试样、上透水板、试样帽。将橡皮膜套在试样外，橡皮膜下端与底座扎紧。开进水阀和排水阀，使无气水从试样帽缓慢流出以排出管路中的气泡，将橡皮膜上端与试样帽扎紧。

2) 安装中主应力加压板，使其直立并紧靠试样中主应力方向两侧。安装压力室，旋紧压力室与底座连接螺栓。安装中主应力方向横梁，施加中主应力，沿中主应力方向使试样与荷载传感器接触，当荷载传感器的读数变化时立即停机，然后将荷载传感器、位移传感器的读数调整到零位。

3) 打开压力室排气孔，向压力室注水，待注满水后关闭排气孔。

4) 施加最大主应力，沿最大主应力方向使试样与荷载传感器接触，当荷载传感器的读数变化时立即停机，将荷载传感器、位移传感器的读数调整到零位。关闭进水阀和排水阀。

5）设定加载速率、应力路径、数据采集间隔时间后开始加载试验。加载速率为0.5％～1.0％。

6）当最大主应力方向的荷载出现峰值时，继续剪切至最大主应变再增加3％～5％，当最大主应力方向的荷载无峰值时，剪切至最大主应变达到15％。

7）记录试验过程中的荷载、变形、排水量、孔隙水压力等。试验结束后，按顺序卸除最大主应力、中主应力、最小主应力。

8）打开压力室排气孔和压力室排水阀，排去压力室内的水，卸除压力室罩和中主应力加压板，拭去试样周围余水，小心脱去试样外的橡皮膜，并对剪切后试样进行描述。

（3）固结不排水剪试验。

1）试样安装。

2）关闭进水阀、排水阀，施加最小主应力至预定值，并保持恒定。打开排水阀，测记排水量、孔隙水压力。绘制固结过程中排水量与时间、孔隙水压力与时间的关系曲线。固结完成标准为孔隙水压力消散95％且每小时体积应变不大于0.05％。

3）固结完成后，按照中主应力方向、最大主应力方向的顺序使荷载传感器、活塞与试样接触。

4）测记最大主应力方向和中主应力方向位移，计算各方向固结变形量，测记排水量。

5）关闭排水阀。在控制程序中设定加载速率、应力路径、数据采集间隔，开始剪切试验。加载速率采用最大主应变速率控制，砂土为0.5％～1.0％/min、粉土为0.1％～0.5％/min、黏土为0.05％～0.1％/min。

（4）固结排水剪试验。试验步骤：试样安装、固结后，打开排水阀，使试样保持排水条件。加载速率采用最大主应变速率控制，砂土为0.1％～0.5％/min、粉土和黏土为0.003％～0.012％/min。

3. 成果利用

（1）最大主应力差的计算公式为

$$\sigma_1-\sigma_3=\frac{P_{v1}+P_{v2}}{2A_v}\times 10^4 \tag{9-149}$$

式中　$\sigma_1$——最大主应力，kPa；

$\sigma_3$——最小主应力，kPa；

$P_{v1}$——最大主应力方向试样上端荷载传感器读数，kN；

$P_{v2}$——最大主应力方向试样下端荷载传感器读数，kN；

$A_v$——试样剪切时最大主应力方向的截面积，cm²。

(2) 中主应力差的计算公式为

$$\sigma_2-\sigma_3=\frac{P_{s1}+P_{s2}}{2A_s}\times 10^4 \tag{9-150}$$

式中 $\sigma_2$——中主应力，kPa；

$P_{s1}$——中主应力方向试样左侧荷载传感器读数，kN；

$P_{s2}$——中主应力方向试样右侧荷载传感器读数，kN；

$A_s$——试样剪切时中主应力方向的截面积，cm²。

(3) 应力不变量的计算公式为

$$p=\frac{\sigma_1+\sigma_2+\sigma_3}{3} \tag{9-151}$$

$$q=\sqrt{\frac{(\sigma_1-\sigma_2)^2+(\sigma_2-\sigma_3)^2+(\sigma_3-\sigma_1)^2}{2}} \tag{9-152}$$

式中 $p$——球应力，kPa；

$q$——偏应力，kPa。

(4) 中主应力参数的计算公式为

$$b=\frac{\sigma_2-\sigma_3}{\sigma_1-\sigma_3} \tag{9-153}$$

式中 $b$——中主应力参数。

(5) 有效主应力比计算公式为

$$\frac{\sigma_1'}{\sigma_3'}=\frac{\sigma_1-\sigma_3}{\sigma_3'}+1 \tag{9-154}$$

其中

$$\sigma_1'=\sigma_1-u$$

$$\sigma_3'=\sigma_3-u$$

式中 $\sigma_1'$——有效最大主应力，kPa；

$\sigma_3'$——有效最小主应力，kPa；

$u$——孔隙水压力，kPa。

(6) 以最大主应力差 $\sigma_1-\sigma_3$ 为纵坐标，以最大主应变 $\varepsilon_1$ 为横坐标，绘制关系曲线；以中主应力差 $\sigma_2-\sigma_3$ 为纵坐标，以中主应变 $\varepsilon_2$ 为横坐标，绘制关系曲线；以孔隙压力 $u$ 为纵坐标，以最大主应变 $\varepsilon_1$ 为横坐标，绘制关系曲线。

(7) 在最大主应力差 $\sigma_1-\sigma_3$ 与最大主应变 $\varepsilon_1$ 的关系曲线上，以峰值点为破坏点；无峰值时，取一定最大主应变时的主应力差值点作为破坏点。

(8) 可采用摩尔-库伦破坏准则整理抗剪强度参数。

### 9.4.3.10 微型十字板剪切试验

1. 试验目的

十字板试验是将小型十字板压入土样中，然后转动十字板，靠转动扭矩使十字板周围的土达到破坏，从而求得土的总强度。微型十字板剪切试验可用于测定饱和软黏土的不排水抗剪强度。这类土的强度一般小于20kPa，难以制成试样以供三轴试验或直接剪切试验测定其强度参数。

2. 基本方法

(1) 试验设备。微型十字板剪切试验设备主要包括扭力计、扭力装置和板头，板头刀片宽度为12.7～25.4mm，板头的高宽比为2∶1，板头刀片与轴杆的截面积之和与扭转剪切圆柱体截面积的比例小于15%。

(2) 试验步骤。

1) 在进行试验之前对扭力计进行标定：扭力弹簧式标定弹簧转角与力矩的关系，电测式标定电压与力的关系。

2) 选取表面平整且大小合适的土样，试验时板头外缘距离土样外缘不小于板头直径的2倍。

3) 预估土样的不排水抗剪强度，选装合适的板头，土样保持在样筒中，将板头压入土样至不低于板头高度2倍的深度。

4) 扭矩测量采用扭转弹簧时，扭转剪切速率为60°～90°/min；扭矩测量采用刚性扭矩传感器时，扭转剪切速率为20°～30°/min。

5) 每转动5°记录一次扭力，直至扭力达到峰值或者转动角度达到180°。土体剪切破坏后，缓慢释放扭力。

6) 指针复位前，读取峰值不排水抗剪强度。

3. 成果利用

(1) 土样的不排水抗剪强度的计算公式为

$$c_u = TK \tag{9-155}$$

式中 $c_u$——不排水抗剪强度，Pa；

$T$——测量得到的峰值扭矩，N·m；

$K$——十字板头常数，$m^3$。

(2) 十字板头常数的计算公式为

$$K = \frac{2\times10^9}{\pi D^2 H\left(1+\frac{D}{3H}\right)} \tag{9-156}$$

式中 $D$——十字板头的直径，mm；

$H$——十字板头的高度，mm。

（3）绘制不排水抗剪强度随深度的变化曲线。

（4）以土圆柱表面剪应力 $S$ 及相应的扭角绘出的剪应力-扭角关系曲线，从图中求得 $C_u$、$C_r$ 值，计算土的灵敏度 $S_t$，即

$$S_t=\frac{C_u}{C_r} \tag{9-157}$$

式中 $C_u$——原状土的峰值强度；

$C_r$——重塑土的稳定强度。

（5）利用十字板测定的强度，确定土的稠度，见表 9-65。

**表 9-65 土的稠度与相应强度的关系**

| 稠度 | 十字板测定的强度/(kN/m$^2$) | 稠度 | 十字板测定的强度/(kN/m$^2$) |
| --- | --- | --- | --- |
| 很软 | 20 | 软～硬 | 60 |
| 软 | 40 | 很硬 | 90 |

#### 9.4.3.11 微型贯入仪试验

1. 试验目的

袖珍贯入仪可用于室内测定黏土、软土的液性指数和估算土的承载力。

2. 基本方法

（1）试验设备。袖珍贯入仪读数方式分机械式和电子数显式两种类型，其测力方式均通过探头贯入土体一定深度测定土体的贯入阻力。机械式袖珍贯入仪在使用过程中可能存在一定的读数误差。对于电子数显式，由于采用了数字自动显示技术，代替了机械刻度，消除了视觉误差和人为误差，精度较高。袖珍贯入仪（图 9-150）主要包括刻度仪、定位螺母、锁紧螺母、支撑杆和测头。

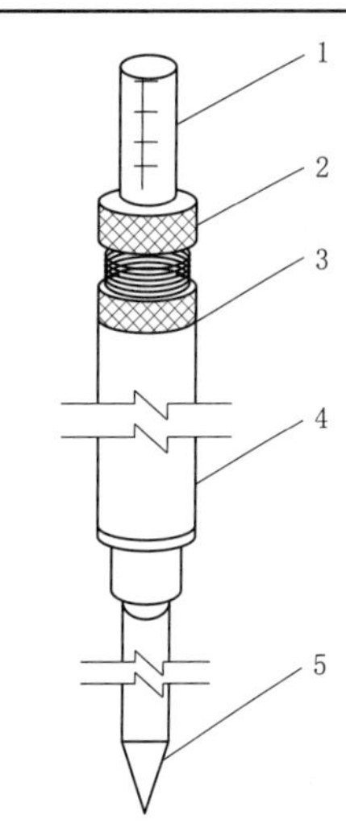


图 9-150 袖珍贯入仪
1—刻度仪；2—定位螺母；3—锁紧螺母；4—支撑杆；5—测头

可根据土质的软硬程度选择测头，测头类型及测力范围见表 9-66。

**表 9-66 测头类型及测力范围**

| 测头类型 | 直径 $d$ /mm | 长度 $l$ /mm | 测头底面积或投影面积 $A$ /mm$^2$ | 形状 | 适用土类 | 测力范围 /N |
| --- | --- | --- | --- | --- | --- | --- |
| A | 6.20 | 6 | 30.19 | 平头 | 较硬土 | 0～60 |
| B | 13.80 | 6 | 149.57 | 平头 | 较软土 | 20～40 |
| C | 5.36 | 10 | 22.56 | 锥头、锥度 30° | 较硬土 | 0～60 |

（2）试验步骤。

1）试验前标定，获得标定系数。

2）室内试验时，选取有代表性的试样，辨别土样的上下和层次，整平土样两端，放置在平台上测定。钻孔取土时，在样筒中测试，在取土器底端管靴旋下后削平土面进行测定。也可在待测地基表面去掉硬壳层后进行测定。

3）贯入点与试样边缘的距离，平行试验时同一试样上贯入点之间的距离以及试样厚度均不小于3倍测头直径。

4）贯入时测杆与土样表面垂直，测头匀速贯入土内至测头上刻划线与土面接触为止，贯入时间为10s。

5）测头从土中缓慢提出，读取贯入阻力。

6）每做完一个测点，将仪器调零。

7）贯入的平行试验次数不少于3次，剔除偏差较大的读数，取其平均值。

3. 成果利用

可根据各贯入阻力及相应土类，根据工程经验确定土的液性指数和地基承载力特征。贯入阻力的计算公式为

$$P_{ta}=K_{ta}R \tag{9-158}$$

$$P_{tb}=K_{tb}R \tag{9-159}$$

$$P_{tc}=K_{tc}R \tag{9-160}$$

式中　$P_{ta}$、$P_{tb}$、$P_{tc}$——A、B、C测头的贯入阻力，100kPa；

$K_{ta}$、$K_{tb}$、$K_{tc}$——A、B、C测头的贯入仪率定系数；

$R$——贯入读数。

根据求得的贯入阻力 $P_t$ 以及相应土类，可按表9-67～表9-74确定土的液性指数 $I_L$ 和承载力基本值 $f_0$。

**表9-67　黏土贯入阻力 $P_{ta}$ 与液性指数 $I_L$ 对照表**

| $P_{ta}$/100kPa | 0.5 | 1.0 | 1.5 | 2.0 | 2.5 | 3.0 | 4.0 | 6.0 |
|---|---|---|---|---|---|---|---|---|
| $I_L$ | 1.22 | 1.03 | 0.91 | 0.83 | 0.77 | 0.72 | 0.64 | 0.53 |
| $P_{ta}$/100kPa | 8.0 | 10.0 | 12.0 | 14.0 | 17.0 | 20.0 | 22.0 | |
| $I_L$ | 0.45 | 0.39 | 0.33 | 0.29 | 0.23 | 0.19 | 0.15 | |

**表9-68　黏土贯入阻力 $P_{tc}$ 与液性指数 $I_L$ 对照表**

| $P_{tc}$/100kPa | 0.5 | 1.0 | 1.5 | 2.0 | 2.5 | 3.0 | 4.0 | 6.0 | 8.0 |
|---|---|---|---|---|---|---|---|---|---|
| $I_L$ | 0.90 | 0.75 | 0.67 | 0.61 | 0.57 | 0.53 | 0.47 | 0.39 | 0.33 |
| $P_{tc}$/100kPa | 10.0 | 12.0 | 14.0 | 16.0 | 19.0 | 22.0 | 26.0 | 30.0 | 32.0 |
| $I_L$ | 0.26 | 0.24 | 0.21 | 0.18 | 0.15 | 0.14 | 0.08 | 0.04 | $<0$ |

**表9-69　粉质黏土贯入阻力 $P_{ta}$ 与液性指数 $I_L$ 对照表**

| $P_{ta}$/100kPa | 0.5 | 1.0 | 1.5 | 2.0 | 2.5 | 3.0 | 4.0 |
|---|---|---|---|---|---|---|---|
| $I_L$ | 1.37 | 1.18 | 1.06 | 0.98 | 0.92 | 0.87 | 0.79 |

续表

| $P_{ta}$/100kPa | 6.0 | 8.0 | 10.0 | 12.0 | 14.0 | 17.0 | 22.0 |
|---|---|---|---|---|---|---|---|
| $I_L$ | 0.68 | 0.59 | 0.53 | 0.47 | 0.42 | 0.38 | 0.34 |

**表 9-70 粉质黏土贯入阻力 $P_{tc}$ 与液性指数 $I_L$ 对照表**

| $P_{tc}$/100kPa | 0.5 | 1.0 | 1.5 | 2.0 | 2.5 | 3.0 | 4.0 | 6.0 | 8.0 |
|---|---|---|---|---|---|---|---|---|---|
| $I_L$ | 1.21 | 1.03 | 0.92 | 0.85 | 0.79 | 0.74 | 0.67 | 0.56 | 0.49 |
| $P_{tc}$/100kPa | 10.0 | 12.0 | 14.0 | 16.0 | 19.0 | 22.0 | 26.0 | 30.0 | 32.0 |
| $I_L$ | 0.43 | 0.37 | 0.32 | 0.27 | 0.22 | 0.17 | 0.12 | 0.07 | $<0$ |

**表 9-71 淤泥及淤泥质土贯入阻力 $P_{tb}$ 与液性指数 $I_L$ 对照表**

| $P_{tb}$/100kPa | 0.5 | 1.0 | 1.5 | 2.0 |
|---|---|---|---|---|
| $I_L$ | 1.31 | 1.20 | 1.10 | 1.01 |

**表 9-72 黏土及粉质黏土贯入阻力 $P_{ta}$ 与承载力基本值 $f_{0t}$ 对照表**

| $P_{ta}$/100kPa | 0.5 | 1.0 | 1.5 | 2.0 | 2.5 | 3.0 | 4.0 | 5.0 | 6.0 |
|---|---|---|---|---|---|---|---|---|---|
| $f_{0t}$ | 60 | 80 | 100 | 120 | 135 | 145 | 155 | 165 | 175 |
| $P_{ta}$/100kPa | 7.0 | 8.0 | 10.0 | 12.0 | 14.0 | 16.0 | 20.0 | 22.0 | |
| $f_{0t}$ | 185 | 195 | 215 | 225 | 235 | 240 | 250 | 255 | |

注 为了表示通过袖珍贯入仪测得的基本承载力与其他方法测得的基本承载力有所区别，故在 $f_0$ 之后加角标 $t$。

**表 9-73 黏土及粉质黏土贯入阻力 $P_{tc}$ 与承载力基本值 $f_{0t}$ 对照表**

| $P_{tc}$/100kPa | 0.5 | 1.0 | 1.5 | 2.0 | 3.0 | 4.0 | 5.0 | 6.0 | 7.0 | 8.0 | 9.0 | 10.0 |
|---|---|---|---|---|---|---|---|---|---|---|---|---|
| $f_{0t}$ | 65 | 80 | 105 | 120 | 135 | 150 | 165 | 180 | 195 | 210 | 220 | 230 |
| $P_{tc}$/100kPa | 12.0 | 14.0 | 16.0 | 18.0 | 20.0 | 22.0 | 24.0 | 26.0 | 28.0 | 30.0 | 32.0 | |
| $f_{0t}$ | 240 | 260 | 275 | 285 | 295 | 305 | 315 | 325 | 335 | 345 | (355) | |

注 1. 为了表示通过袖珍贯入仪测得的基本承载力与其他方法测得的基本承载力有所区别，故在 $f_0$ 之后加角标 $t$。
2. 表中带（）的 $f_{0t}$ 仅供内插。

**表 9-74 淤泥及淤泥质土贯入阻力 $P_{tb}$ 与承载力基本值 $f_{0t}$ 对照表**

| $P_{tb}$/100kPa | 0.5 | 1.0 | 2.0 | 4.0 |
|---|---|---|---|---|
| $f_{0t}$ | 55 | 70 | 80 | (95) |

注 1. 为了表示通过袖珍贯入仪测得的基本承载力与其他方法测得的基本承载力有所区别，故在 $f_0$ 之后加角标 $t$。
2. 表中带（）的 $f_{0t}$ 仅供内插。

## 9.4.4 土的动力性质试验

### 9.4.4.1 振动三轴试验

1. 试验目的

振动三轴试验可用于饱和细粒土和砂土，可测定海相饱和土体在动应力作用下的动强度、动应力-应变关系、动弹性模量、阻尼比及残余变形等。其主要包括三种试验：①动强度特性试验，确定土的动强度，用以分析动态作用条件下地基和结构物的稳定性，特别是砂土的振动液化问题；②动力变形特性试验，确定动弹性模量和阻尼比，用以计算土体在一定范围内引起的位移、速度、加速度或应力随时间变化等动力反应；③残余变形特性试验，确定动力残余体应变和残余剪应变特性，用于计算动荷载作用下引起的永久变形。

2. 基本方法

（1）试验仪器设备。试验仪器设备为振动三轴仪，具体包括主机、静力控制系统、轴向动力控制系统、量测系统、数据采集和处理系统，按激振方式可采用电机式、惯性力式、电磁式、电液式及气动式等。其中：

1）主机包括压力室和试样底座。

2）静力控制系统包括压力源、调压阀和压力表，用于施加周围压力、反压。

3）轴向动力控制系统包括压力源、伺服控制器、伺服阀。

4）量测系统包括轴向载荷、轴向位移及孔隙水压力传感器等。

（2）试样制备与试样固结。

1）试样制备。对于原状细粒土，直接切制即可。对于扰动土，常用两种方法制备：①湿装成形法，适用于易沉淀的砂土、粉砂等无黏性土；②击实成形法，适用于含黏粒的各类土。

2）试样固结。将制备好并已饱和的试样，在三轴压力室内安装完毕，按要求施加固结应力 $\sigma_1$ 和 $\sigma_2$ 进行固结，可分为等压固结（固结应力比 $k=\frac{\sigma_1}{\sigma_2}=1$）和不等压固结（固结应力比 $k=\frac{\sigma_1}{\sigma_2}>1$）。

（3）试验步骤。

1）动强度试验为固结不排水振动三轴试验。试验中测定应力、应变和孔隙水压力的变化过程，根据一定的试样破坏标准，确定动强度。

2）振动前，变形传感器和孔隙水压力传感器读数需调零。

3）试样安装并固结完成后，设定试验方案，包括振动荷载幅值和振动频率。试验采用正弦波激振。

4）启动激振器，打开采集器，记录荷载、变形和孔隙水压力的变化过程，达到破坏标准后再振 5～10 周可停止试验。试样的破坏标准为：对于等压固结试验，可取双幅轴向动应变极大值与极小值之差达到 5%；对于偏压固结试验，可取单幅轴向总动应变峰值达到 5%；对于可液化土的抗液化强度试验，可以初始液化作为破坏标准。

5）试验时对同一密度的试样，可选择 1～3 个固结应力比；同一固结应力比下，

可选择 1～3 个不同的侧向压力；每一侧向压力下，选择 4～6 个动剪应力水平，可分别选择 10 周、20～30 周和 100 周等不同的振动破坏周次。

（4） 动弹性模量和阻尼比试验。

1） 动弹性模量和阻尼比试验为固结不排水振动三轴试验。试验中根据振动试验过程中的轴向应力和轴向动应变的变化过程和应力应变滞回圈，计算动弹性模量和阻尼比。

2） 试样安装前，变形传感器和孔隙水压力传感器读数需调零。

3） 动应力由小到大逐级增加，后一级动应力可设定为前一级的 2 倍，每级的振动次数一般不大于 10 次，记录振动时轴向动荷载、轴向动变形和孔隙水压力，每个试样分为 4～5 级逐级施加动应力。

4） 同一密度的试样，同一固结应力比取 1～5 个不同的侧向压力。

（5） 残余变形试验。

1） 残余变形试验为饱和固结排水振动试验，试验中保持排水阀开启。根据振动试验过程中的排水量计算其残余体积应变的变化过程，根据振动试验过程中的轴向变形量计算残余轴应变及残余剪应变的变化过程。

2） 试样固结完成后，按设定的振动波形、动荷载幅值、激振频率、振动次数等进行试验，可采用正弦波激振。

3） 对同一密度的试样，可选择 1～3 个固结应力比。在同一固结应力比下，可选择 1～3 个侧向压力。每一侧向压力可采用 3～5 个试样，按设定参数进行残余变形试验。

3. 成果利用

动强度特性试验可确定土的动强度，用以分析动态作用条件下地基和结构物的稳定性，特别是砂土的振动液化问题；动力变形特性试验可确定动弹性模量和阻尼比，用以计算土体在一定范围内引起的位移、速度、加速度或应力随时间变化等动力反应；残余变形特性试验可确定动力残余体应变和残余剪应变特性，用于计算动荷载作用下引起的永久变形。

波浪作用会使海床地基土体所受主应力产生连续旋转，而振动三轴试验不能实现试验对象的主应力轴旋转，因此该试验在模拟海相土受到波浪作用的性状方面存在一定的局限性。

振动三轴试验一般适用于试样的动应变幅值大于 $10^{-4}$ 的情况，采用霍尔效应传感器可以进行动应变幅值为 $10^{-6}$～$10^{-4}$ 之间的振动三轴试验。

（1） 动强度试验成果整理。

1） 应力状态指标计算。

a. 振前试样 45°斜面上静应力的计算公式为

$$\sigma_0' = \frac{1}{2}(\sigma_{1c} + \sigma_{3c}) - u_0 \tag{9-161}$$

$$\tau_0 = \frac{1}{2}(\sigma_{1c} - \sigma_{3c}) \tag{9-162}$$

式中　$\sigma_0'$——振前试样 45°斜面上的有效法向固结应力，kPa；

$\sigma_{1c}$——初始轴向固结应力，kPa；

$\sigma_{3c}$——初始侧向固结应力，kPa；

$u_0$——初始静孔隙水压力，kPa；

$\tau_0$——振前试样 45°斜面上的剪应力，kPa。

b. 初始剪应力比的计算公式为

$$\alpha = \frac{\tau_0}{\sigma_0'} \tag{9-163}$$

式中　$\alpha$——初始剪应力比。

c. 固结应力比的计算公式为

$$K_c = \frac{\sigma_{1c}'}{\sigma_{3c}'} = \frac{\sigma_{1c} - u_0}{\sigma_{3c} - u_0} \tag{9-164}$$

式中　$K_c$——固结应力比；

$\sigma_{1c}'$——初始有效轴向固结应力，kPa；

$\sigma_{3c}'$——初始有效侧向固结应力，kPa；

$u_0$——初始孔隙水应力，kPa。

d. 轴向动应力的计算公式为

$$\sigma_d = \frac{W_d}{A_c} \times 10 \tag{9-165}$$

式中　$\sigma_d$——轴向动应力，kPa；

$W_d$——轴向动荷载，N；

$A_c$——试样固结后横截面积，$cm^2$。

e. 轴向动应变的计算公式为

$$\varepsilon_d = \frac{\Delta h_d}{h_c} \times 100\% \tag{9-166}$$

式中　$\varepsilon_d$——轴向动应变，%；

$\Delta h_d$——轴向动变形，mm；

$h_c$——试样固结后振前高度，mm。

f. 试样 45°斜面上的动剪应力的计算公式为

$$\tau_d = \frac{1}{2}\sigma_d \tag{9-167}$$

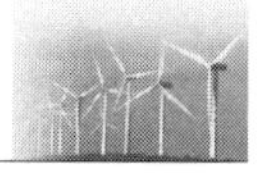

式中 $\tau_d$——试样45°斜面上的动剪应力，kPa。

g. 试样45°斜面上的总剪应力的计算公式为

$$\tau_{sd}=\frac{\sigma_{1c}-\sigma_{3c}+\sigma_d}{2}=\tau_0+\tau_d \tag{9-168}$$

式中 $\tau_{sd}$——试样45°斜面上的总剪应力，kPa。

h. 当饱和粉土或砂土液化时，液化应力比的计算公式为

$$\frac{\tau_d}{\sigma_0'}=\frac{\sigma_d}{2\sigma_0'} \tag{9-169}$$

在规定的破坏标准下，由几个不同动剪应力值的破坏试验得到破坏振次，绘制动剪应力与破坏振次的关系曲线；再根据动强度标准所规定的破坏振次，寻找相应的动剪应力值，作为土体的动强度。

2）动强度试验曲线绘制。

a. 以破坏振次 $N_f$ 的对数值为横坐标，动剪应力 $\tau_d$ 为纵坐标，在半对数坐标上绘制不同侧向固结应力下的动剪应力 $\tau_d$ 与破坏振次 $N_f$ 的关系曲线。

b. 当饱和粉土或砂土液化时，以破坏振次 $N_f$ 的对数值为横坐标，液化应力比 $\frac{\sigma_d}{2\sigma_0'}$ 为纵坐标，在半对数坐标上绘制不同固结应力比下的液化应力比 $\frac{\sigma_d}{2\sigma_0'}$ 与破坏振次 $N_f$ 的关系曲线。

c. 以破坏振次 $N_f$ 的对数值为横坐标，动孔隙水压力 $u_d$ 为纵坐标，在半对数坐标上绘制动孔隙水压力 $u_d$ 与破坏振次 $N_f$ 的关系曲线。

d. 以振前试样45°斜面上的有效法向固结应力 $\sigma_0'$ 为横坐标，振动破坏时试样45°斜面上的总剪应力 $\tau_{sd}$ 为纵坐标，绘制给定振次下不同初始剪应力比时的总剪应力 $\tau_{sd}$ 与有效法向固结应力 $\sigma_0'$ 的关系曲线。

每条曲线上都需要标明试样的密度、试验侧压力、固结应力比和破坏应变标准等。绘制半对数坐标上的动剪应力 $\tau_d$ 和破坏振次 $N_f$ 的关系曲线，用以确定标准破坏振次对应的动剪应力，即动强度值。绘制曲线用以评价有效应力和判断液化势等，其中纵坐标为动孔隙水压力 $u_d$ 与两倍振前试样45°斜面上的有效法向固结应力 $\sigma_0'$ 之比，是归一化表示方法。当有多条不同周围压力下得到的孔隙水压力振次关系曲线时，可以按此归一化方法，分析周围压力对孔隙水压力发展的影响。对于黏土而言，其孔隙水压力耗散传递需要时间，在反映试样内部的孔隙水压力变化方面具有一定难度。

海相土有别于陆相土，其承受较大的水压及初始地应力，不同地层土体的刚度相差较大，所以整理试验成果时需根据实际工况选用不同周围压力下动应力与破坏振次的关系。

抗液化强度试验曲线可参照动强度试验曲线的规定绘制。

（2）动弹性模量和阻尼比试验成果整理。

1）动弹性模量的计算公式为

$$E_d=\frac{\sigma_d}{\varepsilon_d}\times 0.1 \tag{9-170}$$

式中　$E_d$——动弹性模量，MPa。

2）动剪切模量的计算公式为

$$G_d=\frac{E_d}{2(1+\mu)} \tag{9-171}$$

式中　$G_d$——动剪切模量，MPa；

$\mu$——泊松比。

3）阻尼比的计算公式为

$$\lambda=\frac{A}{4\pi A_T} \tag{9-172}$$

式中　$\lambda$——阻尼比；

$A$——动应力-应变滞回圈（图9-151）$ABCDA$ 所包围的面积，kPa；

$A_T$——三角形 $AOE$ 的面积，kPa。

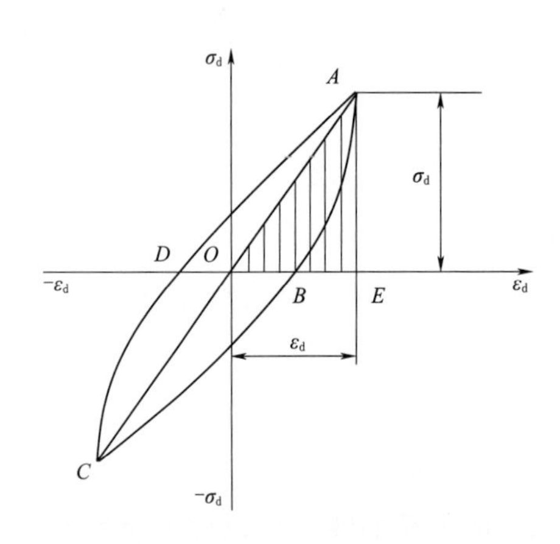

图9-151　动应力-应变滞回圈

4）动弹性模量和阻尼比试验曲线可按下列方法绘制：

a. 以轴向动应变 $\varepsilon_d$ 为横坐标，轴向动应力 $\sigma_d$ 为纵坐标，绘制轴向动应力 $\sigma_d$ 与轴向动应变 $\varepsilon_d$ 的关系曲线。

b. 以轴向动应变 $\varepsilon_d$ 为横坐标，动弹性模量倒数 $1/E_d$ 为纵坐标，绘制动弹性模量倒数 $1/E_d$ 与轴向动应变 $\varepsilon_d$ 的关系曲线，取曲线线性拟合的截距值的倒数为最大动弹性模量。

c. 以轴向动应变 $\varepsilon_d$ 为横坐标，动弹性模量 $E_d$ 为纵坐标，绘制动弹性模量 $E_d$ 与轴向动应变 $\varepsilon_d$ 的关系曲线。

d. 以轴向动应变 $\varepsilon_d$ 为横坐标，阻尼比 $\lambda$ 为纵坐标，绘制阻尼比 $\lambda$ 与轴向动应变 $\varepsilon_d$ 的关系曲线。

（3）残余变形试验成果整理。

1）根据振动三轴试验中的排水量计算残余体积应变；根据振动三轴试验中的轴向变形量计算残余轴应变和残余剪应变。

2）计算轴向应力、轴向应变、体应变。

3）以振次的对数值为横坐标，残余体积应变为纵坐标，在半对数坐标上绘制残余体积应变和振次的关系曲线。

4）以振次的对数值为横坐标，残余轴向应变为纵坐标，在半对数坐标上绘制残余轴向应变与振次的关系曲线。

#### 9.4.4.2 动单剪试验

1. 试验目的

动单剪试验可用于海相细粒土和粒径小于20mm的砾类土和砂土，动单剪试验可采用不排水剪切和排水剪切两种方式。不排水剪切可用于渗透系数较小的黏土、粉土、砂土，排水剪切可用于渗透系数较大的砂土、粉土。可测定土体的动剪应力-剪应变关系、动剪切模量、阻尼比和动强度。

2. 基本方法

（1）试验设备。伺服控制式动单剪仪如图9-152所示。

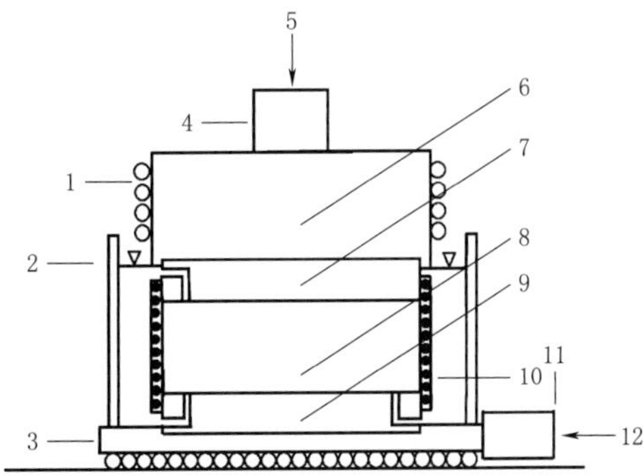


图9-152 伺服控制式动单剪仪

1—支撑轴承；2—水浴；3—剪切滑动盘；4—竖向力测量系统；5—竖向力；6—轴向加载活塞；7—上剪切板；8—土样；9—下剪切板；10—侧向约束环/侧限加筋橡皮膜；11—剪切力测量系统；12—横向剪切力

（2）试样安装与试样固结。

1）试样安装。

a. 对试样底座充水，在底座上放置透水板。

b. 将橡皮膜下端与底座扎紧，在试样和乳胶膜外面安装约束环并固定，将制备好的试样压入，在试样顶部顺序放置透水板和试样帽，并将橡皮膜与试样帽扎紧。

c. 启动控制程序，使法向活塞下降与试样帽接触。将法向荷载传感器、法向位移传感器、剪切力荷载传感器、剪切力位移传感器的读数调零。

2）试样固结。

a. 在控制界面上进行固结设置，对试样施加法向荷载，分级施加并在最后一级压力下保持恒定。

b. 可绘制法向应变与时间关系曲线。

c. 固结稳定标准取法向应变小于0.05%/h。

（3）试验步骤。

1）动剪切模量和阻尼比试验主要步骤：

a. 固结完成后对荷载传感器、位移传感器读数调零。

b. 一般根据工程实际选择排水条件和预定法向荷载。

c. 设置振幅、频率、波形、振次等动态参数和试验结束条件。波形可采用正弦

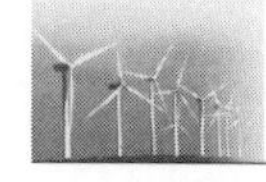



波，频率可按荷载特征确定。

d. 逐级施加动应力幅，每个试样选择4～5级的动应力幅，后一级的动应力幅值可控制为前一级的2倍左右，每级的振动次数一般不大于5次。

e. 同一干密度的试样，选择1～3个法向应力。

f. 试验结束后拆除位移计，排掉水槽内的水，依次卸除切向荷载和法向荷载。

2）动强度试验主要步骤。

a. 固结完成后对荷载传感器、位移传感器读数调零。

b. 根据工程实际选择排水条件和预定法向荷载。

c. 设置振幅、频率、波形、振次等动态参数和试验结束条件。波形可采用正弦波，频率可按荷载特征确定。

d. 同一干密度的试样，选择1～3个法向应力。同一法向应力下，宜采用4个试样，可选择10周、20周、50周、100周左右的破坏周次进行动强度试验。试样的破坏标准可取总动剪切应变达到5%，也可根据具体工程情况选取。当试样达到破坏标准后，可再振5～10周。

e. 试验结束后拆除位移计，排掉水槽内的水，依次卸除切向荷载和法向荷载。

3. 成果利用

动单剪试验可直接测定小应变时的剪切模量和阻尼比，随着振动周次增大，试样达到破坏，可确定土的动强度。

（1）主要指标成果整理。

1）法向应力的计算公式为

$$\sigma_n = \frac{F_n}{A_s} \times 10 \tag{9-173}$$

式中 $\sigma_n$——法向应力，kPa；

$F_n$——法向荷载，N；

$A_s$——试样截面积，$cm^2$。

2）法向应变宜采用的计算公式为

$$\varepsilon_d = \frac{\Delta h_d}{h_d} \times 100\% \tag{9-174}$$

式中 $\varepsilon_d$——法向应变，%；

$\Delta h_d$——法向位移，mm；

$h_d$——试样固结后的高度，mm。

3）动剪应力的计算公式为

$$\tau_d = \frac{F_\tau}{A_s} \times 10 \tag{9-175}$$

式中 $\tau_d$——动剪应力，kPa；

$F_\tau$——动剪切荷载，N。

4）动剪应变（图 9-153）的计算公式为

$$\gamma_d = \tan\theta \times 100\% = \frac{\Delta h_\tau}{h_d} \times 100\% \tag{9-176}$$

式中 $\gamma_d$——动剪应变，%；

$\Delta h_\tau$——切向动位移，mm；

$\theta$——试样剪切后倾斜面与垂直面的夹角。

5）动剪模量的计算公式为

$$G_\tau = \frac{\tau_d}{\gamma_d} \times 0.1 \tag{9-177}$$

式中 $G_\tau$——动剪模量，MPa。

6）阻尼比的计算公式为

$$\lambda_\tau = \frac{1}{4\pi} \frac{A}{A_t} \tag{9-178}$$

式中 $A$——应力-应变滞回圈（图 9-154）$ABCDA$ 的面积，kPa；

$A_t$——三角形 $OAE$ 的面积，kPa。

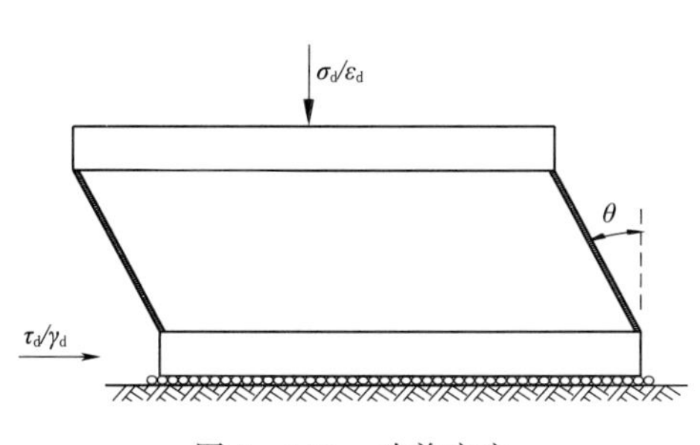


图 9-153 动剪应变

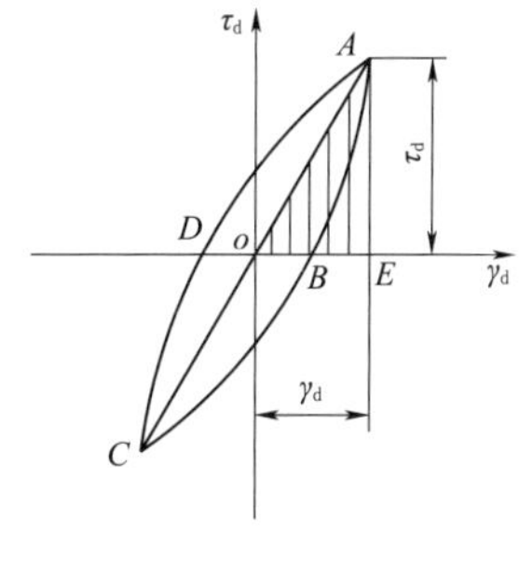


图 9-154 应力-应变滞回圈

（2）主要成果图。

1）以动剪应变为横坐标，以动剪模量为纵坐标，绘制不同法向应力下动剪模量与动剪应变的关系曲线；以动剪应变为横坐标，以阻尼比为纵坐标，绘制不同法向应力下阻尼比与动剪应变的关系曲线。

2）以破坏振次 $N_f$ 为横坐标，以动剪应力比 $\tau_d/\sigma_n$ 为纵坐标，在半对数坐标系下绘制不同法向压力下的动剪应力比与破坏振次的关系曲线。

**9.4.4.3 共振柱试验**

1. 试验目的

共振柱试验根据圆柱状试样中弹性波的传播理论来测定土的动模量和阻尼比。该试验适用于海相饱和细粒土和砂土，可测定海相饱和土体在周期荷载作用下的动剪切模量、动弹性模量和阻尼比等。

2. 基本方法

共振柱试验仪按试样约束条件，可分别采用一端固定一端自由，或一端固定一端用弹簧和阻尼器支承的方式；按激振方式可分别采用稳态强迫振动法或自由振动法；按振动方式可分别采用扭转振动或纵向振动。

（1）试验设备。共振柱试验的主要仪器设备为共振柱仪，其组成部分如下：

1）激振系统。压力室内部置放激振器和加速度计。激振控制系统包括信号发生器、功率放大器、A/D转换器和计算机。

2）量测系统。量测系统包括加速度计、电荷放大器、频率计、示波器或A/D转换器和计算机。

3）试样容器。试样容器包括制样设备、加压系统、固结排水系统等。

（2）试验主要步骤。

1）试样制备及试样固结同动三轴试验。

2）稳态强迫振动法试验步骤。

a. 开启示波器、电荷放大器和频率计电源，进行数据采集。

b. 由低频连续增大激振频率，直至系统发生共振，记录共振频率、动轴向应变或动剪应变。

c. 阻尼比测定时，当系统共振后，继续增大激振频率，振幅逐渐减小，测记每一激振频率和相应的振幅电压值。连续测记7～10组数据，关闭仪器电源。

d. 逐级施加动应变幅或动应力幅进行测试，后一级的振幅可控制为前一级的2倍。在同一试样上选用允许施加的动应变幅或动应力幅的级数时，需避免孔隙水压力明显升高。

e. 卸除压力，关闭仪器电源，取下压力室罩，拆除试样，用清水反复清洗仪器设备。

3）自由振动法试验步骤。

a. 开启电荷放大器电源预热。

b. 对试样施加瞬时扭矩后立即卸除，使试样自由振动，得到振幅衰减曲线。

c. 逐级施加动应变幅或动应力幅进行测试，后一级的振幅可控制为前一级的2倍。在每一级激振力振动完成后，逐级增大激振力，测得试样在各级应变幅值下的模量和阻尼比。

d. 卸除压力，关闭仪器电源，取下压力室外罩，拆除试样，用清水反复清洗仪器设备。

3. 成果利用

该试验适用于饱和细粒土和砂土，可测定饱和土体在周期荷载作用下的动剪切模量、动弹性模量和阻尼比等。

(1) 试样的动应变计算。

1) 动剪应变的计算公式为

$$\gamma=\frac{A_{d}d_{c}}{3d_{1}h_{c}}\times 100\% \tag{9-179}$$

式中 $\gamma$——动剪应变，%；

$A_d$——动位移，cm；

$d_1$——加速度计到试样轴线的距离，cm；

$d_c$——试样固结后的直径，cm；

$h_c$——试样固结后的高度，cm。

2) 动轴向应变的计算公式为

$$\varepsilon_{d}=\frac{\Delta h_{d}}{h_{c}}\times 100\% \tag{9-180}$$

式中 $\varepsilon_d$——动轴向应变，%；

$\Delta h_d$——动轴向变形，cm。

(2) 扭转共振时的动剪切模量计算公式为

$$G_{d}=\left(\frac{2\pi f_{nt}h_{c}}{\beta_{s}}\right)^{2}\rho_{0}\times 10^{-4} \tag{9-181}$$

式中 $G_d$——动剪切模量，kPa；

$f_{nt}$——有试样时实测的扭转振动共振频率，Hz；

$\rho_0$——试样天然密度，g/cm$^3$；

$\beta_s$——扭转无量纲频率因数。

(3) 根据试样的约束条件，扭转无量纲频率因数计算如下：

1) 无弹簧支承时的无量纲频率因数 $\beta_s$ 的计算公式为

$$\beta_{s}\tan\beta_{s}=\frac{I_{0}}{I_{t}}=\frac{m_{0}d^{2}}{8I_{t}} \tag{9-182}$$

式中 $I_0$——试样的转动惯量，g·cm$^2$；

$I_t$——试样顶端附加物的转动惯量，g·cm$^2$；

$d$——试样直径，cm；

$m_0$——试样质量，g。

2) 有弹簧支承时的无量纲频率因数 $\beta_s$ 的计算公式为

$$\beta_{s}\tan\beta_{s}=\frac{I_{0}}{I_{t}}\frac{1}{1-\left(\frac{f_{0t}}{f_{nt}}\right)^{2}} \tag{9-183}$$

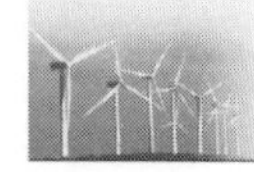



式中　$f_{0t}$——无试样时实测的扭转振动共振频率，Hz。

（4）轴向共振时的动弹性模量的计算公式为

$$E_{d}=\left(\frac{2\pi f_{n1} h_{c}}{\beta_{L}}\right)^{2} \rho_{0} \times 10^{-4} \tag{9-184}$$

式中　$E_{d}$——动弹性模量，kPa；

$f_{n1}$——有试样时实测的纵向振动共振频率，Hz；

$\beta_{L}$——纵向振动无量纲频率因数。

（5）根据试样的约束条件，纵向振动无量纲频率因数计算如下：

1）无弹簧支承时的无量纲频率因数 $\beta_{L}$ 的计算公式为

$$\beta_{L} \tan\beta_{L}=\frac{m_{0}}{m_{t}} \tag{9-185}$$

式中　$m_{0}$——试样的质量，g；

$m_{t}$——试样顶端附加物的质量，g。

2）有弹簧支承时的无量纲频率因数 $\beta_{L}$ 的计算公式为

$$\beta_{L} \tan\beta_{L}=\frac{m_{0}}{m_{t}} \frac{1}{1-\left(\frac{f_{01}}{f_{n1}}\right)^{2}} \tag{9-186}$$

式中　$f_{01}$——无试样时实测的纵向振动共振频率，Hz。

（6）阻尼比计算。

1）无弹簧支承自由振动时的阻尼比计算公式为

$$\lambda=\frac{1}{2\pi} \frac{1}{N} \ln \frac{A_{1}}{A_{N+1}} \tag{9-187}$$

式中　$\lambda$——阻尼比；

$N$——计算所取的振动次数，取 $N \leqslant 10$；

$A_{1}$——停止激振后第 1 周振动的振幅，mm；

$A_{N+1}$——停止激振后第 $N+1$ 周振动的振幅，mm。

2）无弹簧支承稳态强迫振动时的阻尼比的计算公式为

$$\lambda=\frac{1}{2}\left(\frac{f_{2}-f_{1}}{f_{n}}\right) \tag{9-188}$$

式中　$f_{1}$、$f_{2}$——稳态强迫振动振幅与频率关系曲线（图 9-155）上 0.707 倍最大振幅值所对应的频率，Hz；

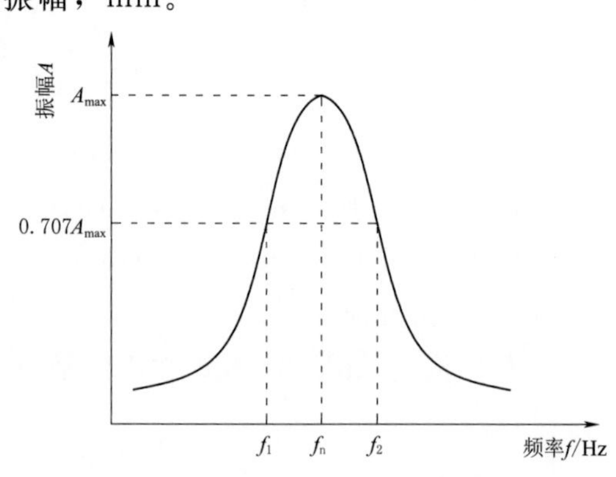


图 9-155　稳态强迫振动振幅与频率关系曲线

$f_n$——最大振幅值所对应的频率，Hz。

3）有弹簧支承自由扭转振动时的阻尼比的计算公式为

$$\lambda=\frac{1}{2\pi}[\delta_t(1+s_t)-\delta_{0t}s_t] \tag{9-189}$$

$$s_t=\left(\frac{I_t}{I_0}\right)\left(\frac{f_{0t}\beta_s}{f_{nt}}\right)^2 \tag{9-190}$$

式中 $\delta_t$、$\delta_{0t}$——有试样和无试样时系统扭转振动时的对数衰减率；

$s_t$——扭转振动时的能量比。

4）有弹簧支承自由纵向振动时的阻尼比的计算公式为

$$\lambda=\frac{1}{2\pi}[\delta_1(1+s_1)-\delta_{01}s_1] \tag{9-191}$$

$$s_1=\frac{m_t}{m_0}\left(\frac{f_{01}\beta_L}{f_{n1}}\right)^2 \tag{9-192}$$

式中 $\delta_1$、$\delta_{01}$——有试样和无试样时系统纵向振动时的对数衰减率；

$s_1$——纵向振动时的能量比。

（7）主要成果图。

1）以动剪应变 $\gamma$ 的对数值为横坐标，动剪切模量 $G_d$ 为纵坐标，在半对数坐标上绘制不同周围压力下动剪切模量 $G_d$ 与动剪应变 $\gamma$ 的关系曲线，取纵轴上的截距作为该级压力下的最大动剪切模量 $G_{dmax}$。

2）以轴向动应变 $\varepsilon_d$ 的对数值为横坐标，动弹性模量 $E_d$ 为纵坐标，在半对数坐标上绘制不同周围压力下动弹性模量 $E_d$ 与轴向动应变 $\varepsilon_d$ 的关系曲线，取纵轴上的截距作为该级压力下的最大动弹性模量 $E_{dmax}$。

3）以动剪应变 $\gamma$ 的对数值为横坐标，动剪切模量比 $G_d/G_{dmax}$ 为纵坐标，在半对数坐标上绘制不同周围压力下动剪切模量比 $G_d/G_{dmax}$ 与动剪应变 $\gamma$ 的归一化曲线。

4）以轴向动应变 $\varepsilon_d$ 的对数值为横坐标，动弹性模量比 $E_d/E_{dmax}$ 为纵坐标，在半对数坐标上绘制不同周围压力下动弹性模量比 $E_d/E_{dmax}$ 与轴向动应变 $\varepsilon_d$ 的归一化曲线。

5）以围压 $\sigma_3$ 的对数值为横坐标，最大动剪切模量 $G_{dmax}$ 的对数值为纵坐标，在双对数坐标上绘制最大动剪切模量 $G_{dmax}$ 与围压 $\sigma_3$ 的关系曲线，曲线表达式为

$$G_{dmax}=Kp_a\left(\frac{\sigma_3}{p_a}\right)^n \tag{9-193}$$

式中 $K$——当 $\sigma_3=p_a$ 时的 $G_{dmax}$ 值；

$p_a$——标准大气压值，kPa；

$\sigma_3$——周围压力值，kPa；

$n$——直线斜率。

6）以动剪应变$\gamma$或轴向动应变$\varepsilon_d$的对数值为横坐标，阻尼比$\lambda$为纵坐标，在半对数坐标上绘制动阻尼比$\lambda$与剪应变$\gamma$或轴向动应变$\varepsilon_d$的关系曲线。

**9.4.4.4　空心圆柱动扭剪试验**

1. 试验目的

空心圆柱动扭剪试验可用于海相饱和细粒土和粒径小于2mm的砂土，可测定饱和土体在主应力轴旋转等复杂应力路径下的动应力-应变关系、动强度、动剪切模量、动弹性模量和阻尼比等，试样的应变范围需大于$10^{-4}$。

空心圆柱动扭剪试验可以更好地模拟多向应力和主应力轴旋转等复杂应力路径，因此可以针对海相饱和土开展模拟波浪荷载、设备动力荷载、地震作用的循环动力试验，也可以用于静力试验以测定土体的应力-应变-强度特性、孔隙水压力变化特性，研究原状土的结构性和各向异性。

2. 基本方法

（1）试验仪器设备。

1）空心圆柱扭剪仪如图9-156所示。

2）真空饱和设备，包括真空饱和缸、真空度调节阀、真空泵、过气留水缸、无气水缸。

3）搅拌机、天平、长颈漏斗。

（2）试样制备与试样安装。

1）原状黏土空心圆柱样制备，黏土可在空心圆柱试样切样台上采用空心圆柱试样内壁切削器直接制样。

2）扰动黏土空心圆柱样制备，可采用空心圆柱试样真空负压制备装置制样；粉土和砂土空心圆柱样制备，可采用空心圆柱试样成样装置、空心圆柱试样击实器等设备制备。

3）空心圆柱试样的内、外径之比一般不小于0.6，高度与外径之比一般为1.5～2.2。

（3）空心圆柱动扭剪试验步骤。

1）试样安装结束后，排出试样内腔、压力室内部管线、接口等处的残留气体。分别用内压、反压控制器加压排气，当气体排净且排水速度恒定后，关闭排水阀并同时停止内压、反压控制器加压。

2）试样饱和后，维持反压不变，按下列步骤施加固结压力：

a. 设定轴力控制。

b. 设定外压和内压值。

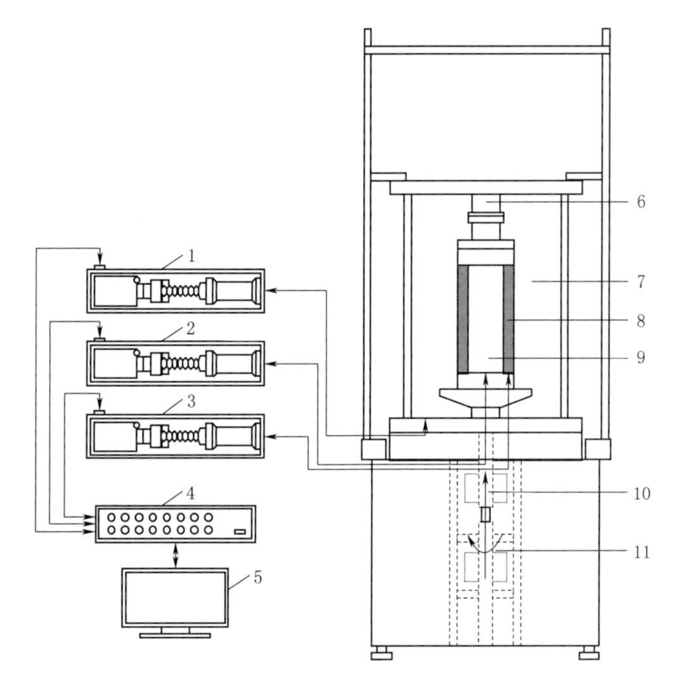


图 9-156 空心圆柱扭剪仪示意图

1—外压伺服控制加载系统；2—内压伺服控制加载系统；3—反压控制系统；4—数据控制与采集系统；5—计算机控制系统；6—轴力/扭矩耦合传感器；7—外压力室；8—空心圆柱试样；9—内压力室；10—轴力或轴向位移控制系统；11—扭矩或扭转角度控制系统

c. 设定反压，当后续加载为不排水条件时，设定反压体积值恒定；当后续加载为排水条件时，设定反压值恒定。

3）固结完成后，进入动态控制系统，设定轴力波形、扭矩波形。

4）在最大与最小主应力差值不变的主应力轴循环旋转应力路径下，动力加载按下列步骤进行：

a. 设定外压、反压和内压，其大小为固结阶段的设定值。

b. 设置轴力加载，输入轴力大小峰值的平均值、轴力幅值和加载频率。

c. 设置扭矩加载，输入扭矩大小峰值的中心值、扭矩幅值和加载频率。

5）试验加载周期及数据采集参数设置按下列步骤进行：

a. 设置一次试验的单个或多个阶段的循环周期。

b. 设置一个周期内采集的数据点数。

6）进行加载。

7）动强度试验破坏标准。

a. 试样达到破坏标准后，可再振动 5～10 周停止试验，取达到破坏标准时的振动次数为破坏振次。试样的破坏标准可取最大与最小主应变值之差达到5%；对于可液化土的抗液化强度试验，以初始液化作为破坏标准。

b. 在同一破坏标准下，试样经过相同固结条件后，一般选择4个以上的初始应力比进行试验。

3. 成果利用

空心圆柱动扭剪试验可以更好地模拟多向应力和主应力轴旋转的复杂应力路径，可以针对海相饱和土开展模拟波浪荷载、设备动力荷载、地震作用的循环动力试验，也可以用于静力试验以测定土体的应力-应变-强度特性、孔隙水压力变化特性，研究原状土的结构性和各向异性。

（1）动强度试验成果整理。

1）破坏时的动剪应力比的计算公式为

$$R_{f}=\frac{q_{f}}{2\sigma_{c}'} \tag{9-194}$$

式中　$R_{f}$——试样破坏时的动剪应力比；

$\sigma_{c}'$——试样初始平均固结应力，kPa；

$q_{f}$——试样破坏时的广义剪应力，kPa。

2）破坏时的动孔隙水压力比的计算公式为

$$u_{f}=\frac{p_{u}}{p_{0}} \tag{9-195}$$

式中　$u_{f}$——试样破坏时的动孔隙水压力比；

$p_{u}$——破坏振次所在循环的孔隙水压力均值，kPa。

（2）动强度的试验曲线成果。

1）对同一固结条件下进行的不同初始应力比的试验，以破坏振次$N_{f}$的对数值为横坐标，破坏时的动剪应力比$R_{f}$为纵坐标，在半对数坐标上绘制破坏时的动剪应力比$R_{f}$与破坏振次$N_{f}$的关系曲线。

2）对于工程要求的等效破坏振次$N$，可根据破坏时的动剪应力比$R_{f}$与破坏振次$N_{f}$的关系曲线，确定相应$N$对应的破坏时的动剪应力比$R_{fN}$。

3）以破坏振次$N_{f}$的对数值为横坐标，破坏时的动孔隙水压力比$u_{f}$为纵坐标，在半对数坐标上绘制破坏时的动孔隙水压力比$u_{f}$与破坏振次$N_{f}$的关系曲线。

（3）空心圆柱动扭剪试验的动模量计算。

1）动弹性模量的计算公式为

$$E_{N}=\frac{\sigma_{zN(\max)}-\sigma_{zN,0}}{\varepsilon_{zN(\max)}-\varepsilon_{zN,0}}\times 0.1 \tag{9-196}$$

式中 $E_N$——第 $N$ 次振动的动弹性模量，MPa；

$\sigma_{zN(max)}$——第 $N$ 次振动的最大轴向应力，kPa；

$\sigma_{zN,0}$——第 $N$ 次振动的最小轴向应力，kPa；

$\varepsilon_{zN(max)}$——第 $N$ 次振动的最大轴向应变，%；

$\varepsilon_{zN,0}$——第 $N$ 次振动的最小轴向应变，%。

2）动剪切模量的计算公式为

$$G_N=\frac{\tau_{z\theta N(max)}-\tau_{z\theta N,0}}{\gamma_{z\theta N(max)}-\gamma_{z\theta N,0}}\times 0.1 \tag{9-197}$$

式中 $G_N$——第 $N$ 次振动的动剪切模量，MPa；

$\tau_{z\theta N(max)}$——第 $N$ 次振动的最大扭剪应力，kPa；

$\tau_{z\theta N,0}$——第 $N$ 次振动的最小扭剪应力，kPa；

$\gamma_{z\theta N(max)}$——第 $N$ 次振动的最大扭剪应变，%；

$\gamma_{z\theta N,0}$——第 $N$ 次振动的最小扭剪应变，%。

## 9.4.5 岩石物理性质试验

### 9.4.5.1 含水率试验

1. 试验目的

岩石含水率是指试件在 105～110℃温度下烘至恒量时失去的水分质量与达到恒量时试样干质量的比值，以百分数表示。

2. 基本方法

岩石含水率试验采用烘干法。

在含水率试验中，“水”的含义是指空隙水或自由水，而不包括矿物结晶水，因此对于含有结晶水矿物的岩石，需降低烘干温度进行测定，《水利水电工程岩石试验规程》（SL/T 264—2020）建议这类岩石的烘干温度一般控制在 40℃±5℃。含水率试验一般是测定黏土质岩石在地质环境中的自然含水状态，因此试样必须保持天然含水率，取样不得采用爆破或湿钻，在取样、运输储存和试样制备过程中，试样含水率的损失一般不超过 1%。

### 9.4.5.2 吸水性试验

1. 试验目的

岩石自然吸水率是试样在大气压力和室温条件下所吸收水的质量与试样固体质量的比值，采用自由浸水法测定，又称岩石吸水率。岩石饱和吸水率，是试样在强制条件下最大吸水量与试样固体质量的比值。两者均以百分数表示，岩石吸水率和饱和吸水率的比值称为饱水系数，实践中往往用水中称量法，同时测定岩石吸水率、饱和吸水率、岩石块体密度和开型空隙率。

2. 基本方法

(1) 岩石吸水性试验可用于遇水不崩解、不溶解和不干缩膨胀的岩石，应包括岩石吸水率试验和岩石饱和吸水率试验。

(2) 采用自由浸水法测定岩石吸水率。

(3) 在测定岩石吸水率后进行岩石饱和吸水率测试，采用煮沸法或真空抽气法强制饱和后测定岩石饱和吸水率。

(4) 在测定岩石吸水率与饱和吸水率的同时，采用水中称量法测定岩石块体干密度。

3. 成果利用

(1) 岩石吸水率的计算公式为

$$w_a=\frac{m_0-m_s}{m_s}\times 100\% \tag{9-198}$$

式中　$w_a$——岩石吸水率，%；

$m_0$——试样全部浸入 48h 后在空气中称得的质量，g；

$m_s$——试样烘干质量，g。

(2) 岩石饱和吸水率的计算公式为

$$w_{sa}=\frac{m_p-m_s}{m_s}\times 100\% \tag{9-199}$$

式中　$w_{sa}$——岩石饱和吸水率，%；

$m_p$——试样煮沸或真空抽气饱和后在空气中称得的质量，g。

(3) 岩石饱和吸水率 $n_0$ 的计算公式为

$$n_0=\frac{m_0-m_s}{m_p-m_w}\times 100\% \tag{9-200}$$

式中　$m_w$——饱和试样在水中称得的质量，g。

(4) 岩石块体密度 $\rho_d$ 的计算公式为

$$\rho_d=\frac{m_s}{m_p-m_w}\times\rho_w \tag{9-201}$$

#### 9.4.5.3　颗粒密度试验

1. 试验目的

岩石颗粒密度是试样干质量与同体积 4℃蒸馏水质量的比值，用比重瓶法和水中称量法测定。

2. 基本方法

岩石颗粒密度试验可采用比重瓶法或水中称量法。比重瓶法适用于各类岩石，除含有水溶性矿物岩石用煤油外，其余岩石均采用蒸馏水作为测试液。

水中称量法试样尺寸需大于组成岩石最大颗粒粒径的10倍，每个试样质量需大于150g。将试样在105～110℃温度下连续烘干24h，冷却至室温，称干试样质量。饱和试样用真空抽气法对试样强制饱和后，在常温常压下静止4h，称试样的饱和质量。将试样放在水中称试样质量，并测水温。

#### 9.4.5.4 块体密度试验

1. 试验目的

岩石块体密度是试样质量与试样体积的比值，按试样含水状态，岩石密度可分为天然密度、烘干密度和饱和密度。

2. 基本方法

岩石块体密度试验可采用量积法、水中称量法或蜡封法等。

（1）凡能制备成规则试样的各类岩石，可采用量积法。

（2）除遇水崩解、溶解和干缩湿胀的岩石外，均可采用水中称量法。

（3）不能用量积法或水中称量法测定的岩石，可采用蜡封法。

#### 9.4.5.5 膨胀性试验

（1）岩石膨胀性试验包括岩石自由膨胀率试验、岩石侧向约束膨胀率试验和岩石体积不变条件下的膨胀压力试验。遇水不易崩解的岩石可采用岩石自由膨胀率试验；各类岩石均可采用岩石侧向约束膨胀率试验和岩石体积不变条件下的膨胀压力试验。

（2）试样需在现场采取，并保持天然含水状态，严禁用爆破法或湿钻法取试样。

（3）试样形态随试验方法而异。自由膨胀试验，一般采用直径或边长50～60mm的圆柱体或立方体；侧向约束试验的试样厚度不少于15mm，或大于岩石最大颗粒的10倍，直径需大于厚度的4倍；膨胀压力试验的试样厚度与径向约束试验相同，而直径只要满足厚度的2.5倍即可，两种试验如采用相同的试样形态，就可用膨胀压力试验仪的容器进行侧向约束的膨胀率试验。

### 9.4.6 岩石力学性质试验

#### 9.4.6.1 单轴抗压强度试验

1. 试验目的

岩石单轴抗压强度是试样在无侧限条件下受轴向力作用破坏时单位面积所承受的荷载。

2. 基本方法

（1）试验设备。试验设备主要包括钻石机、切石机、磨石机、车床测量平台和材料试验机。其中加载试验的压力机为定型产品，能连续加载且没有冲击，具有足够的加载能力，能在总荷载的10％～90％进行试验；压力机的承压板必须具有足够的刚度，板面须平整光滑；承压板直径须大于试样直径；压力机的校正与检验须符合国家计量标准的规定。

为了消除受载时的端部效应，试样两端安放钢质垫块。垫块直径等于或略大于试样直径。其高度约等于试样直径，垫块的刚度和平整度与承压板的要求一样。

（2）试样要求。

1）试样含水状态可根据需要选择天然、烘干或饱和状态，同一状态下每组试样数量不少于3个。

2）标准试样采用圆柱体，直径为50mm，高径比为2.0～2.5。对于非均质的粗粒结构岩石，或取样尺寸小于标准尺寸者，允许采用非标准试样，但高径比必须保持2.0～2.5的比值。对于层（片）状岩石，一般按垂直和平行于层（片）理两个方向制样。

3）不同含水状态试样按下述方法进行处理：黏土质岩石的天然含水状态试样按含水率试验方法测定天然含水率；烘干试样在105～110℃温度下烘24h，饱和试样用真空抽气法饱和。

4）试验时，将试样（包括上下垫块）置于压力试验机承压板中心，调整球形座，使之均匀受荷，以0.5～1.0MPa/s的速度加荷，直到试样破坏。

5）岩石单轴抗压强度试验可用于能制成圆柱体试样的各类岩石。

（3）试验步骤。

1）将试样置于试验机承压板中心，调整球形座，使试样两端面与试验机上下压板接触均匀。

2）以0.5～1.0MPa/s的速度加载直至试样破坏，软岩的加载速度可适当降低，并记录破坏载荷及加载过程中的现象。

3）试验结束后，描述试样的破坏形态。

3. 成果利用

（1）岩石单轴抗压强度和软化系数的计算公式为

$$R=\frac{P}{A} \tag{9-202}$$

$$\eta=\frac{\overline{R_w}}{\overline{R_d}} \tag{9-203}$$

式中　$R$——岩石单轴抗压强度，MPa；

$\eta$——软化系数，精确至0.01；

$P$——破坏载荷，N；

$A$——试样截面积，$mm^2$；

$\overline{R_w}$——岩石饱和单轴抗压强度平均值，MPa；

$\overline{R}_d$——岩石烘干单轴抗压强度平均值，MPa。

软化系数小于或等于0.75的岩石为软化岩石。

（2）确定岩石的坚硬程度，按饱和单轴抗压强度分类，见表9-75。

**表9-75 岩石按坚硬程度分类**

| 坚硬程度 | 坚硬岩 | 较硬岩 | 较软岩 | 软岩 | 极软岩 |
|---|---|---|---|---|---|
| 饱和单轴抗压强度 $R_w$/MPa | $R_w>60$ | $60\geqslant R_w>30$ | $30\geqslant R_w>15$ | $15\geqslant R_w>5$ | $R_w\geqslant 5$ |

#### 9.4.6.2 单轴压缩变形试验

1. 试验目的

岩石单轴压缩变形试验是测定试样在单轴压缩条件下的纵向和横向应变值，计算岩石弹性模量和泊松比。

2. 基本方法

岩石单轴压缩变形试验可用于能制成圆柱体试样的各类岩石，可采用电阻应变片法或千分表法。加载采用逐级一次连续加载法，根据需要可采用逐级一次循环法或逐级多次循环法，每次循环退载至0.2～0.5kN的接触荷载；最大循环荷载为极限预估荷载的50%，一般等分5级施加，至最大循环荷载后再逐级加载直至破坏；加载采用时间控制，施加一级荷载后立即读数，即可施加下一级荷载。

同一状态下每组试样数量不少于3个，试样形态和含水状态与抗压强度试样相同。

（1）电阻应变片法。

1）选择电阻应变片时，应变片阻栅长度需大于岩石最大矿物颗粒直径的10倍，并小于试样半径；同一试样所选定的工作片与补偿片的规格、灵敏系数等应相同。电阻值允许偏差为0.2Ω。

2）贴片位置选择在试样中部相互垂直的两对称部位，以相对面为一组，分别粘贴轴向、径向应变片，并避开裂隙或斑晶。

3）贴片位置需打磨平整光滑，并用清洗液清洗干净。各种含水状态的试样需在贴片位置的表面均匀地涂一层防潮胶液，厚度一般不大于0.1mm，范围大于应变片。

4）应变片要牢固地粘贴在试样上，轴向或径向应变片的数量可采用2片或4片，其绝缘电阻值不小于200MΩ。

5）在焊接导线后，可在应变片上作防潮处理。

6）将试样置于试验机承压板中心，调整球形座，使试样受力均匀，并测量初始读数。

7）加载采用一次连续加载法。以0.5～1.0MPa/s的速度加载，逐级测读荷载与各应变片应变值，直至试样破坏，记录破坏荷载。测值不少于10组。

8）记录加载过程及破坏时的现象，并对破坏后的试样进行描述。

（2）千分表法。

1）试验设备。试验设备主要包括试样制备设备、试样饱和与养护设备、应力控制式平推法直剪试验仪、位移测表。

2）试验步骤。

a. 千分表架固定在试样预定的标距上，在表架上的对称部位分别安装量测试样轴向或径向变形的测表。标距长度和试样直径需大于岩石最大矿物颗粒直径的10倍。

b. 对于变形较大的试样，可将试样置于试验机承压板中心，将磁性表架对称安装在下承压板上，量测试样轴向变形的测表表头需对称，直接与上承压板接触。量测试样径向变形的测表表头直接与试样中部表面接触，径向测表分别安装在试样直径方向的对称位置上。

c. 量测轴向或径向变形的测表可采用2只或4只。

3. 成果利用

（1）计算单轴抗压强度。

（2）各级应力的计算公式为

$$\sigma=\frac{P}{A} \tag{9-204}$$

式中　$\sigma$——各级应力，MPa；

$P$——与所测各组应变值相应的荷载，N；

$A$——试样的横截面积，$mm^2$。

（3）千分表各级应力的轴向应变值和对应的径向应变值的计算公式为

$$\varepsilon_1=\frac{\Delta L}{L} \tag{9-205}$$

$$\varepsilon_d=\frac{\Delta D}{D} \tag{9-206}$$

式中　$\varepsilon_1$——各级应力的轴向应变值；

$\varepsilon_d$——与$\varepsilon_1$相同应力的径向应变值；

$\Delta L$——各级荷载下的轴向变形平均值，mm；

$\Delta D$——与$\Delta L$相同荷载下的径向变形平均值，mm；

$L$——轴向测量标距或试样高度，mm；

$D$——试样直径，mm。

（4）绘制应力与轴向应变及径向应变关系曲线。

（5）岩石平均弹性模量和平均泊松比的计算公式为

$$E_{av}=\frac{\sigma_b-\sigma_a}{\varepsilon_{1b}-\varepsilon_{1a}} \tag{9-207}$$

$$\mu_{av}=\frac{\varepsilon_{db}-\varepsilon_{da}}{\varepsilon_{1b}-\varepsilon_{1a}} \tag{9-208}$$

式中 $E_{av}$——岩石平均弹性模量，MPa；

$\mu_{av}$——岩石平均泊松比；

$\sigma_a$——应力与轴向应变关系曲线上直线段始点的应力值，MPa；

$\sigma_b$——应力与轴向应变关系曲线上直线段终点的应力值，MPa；

$\varepsilon_{1a}$——应力为 $\sigma_a$ 时的轴向应变值；

$\varepsilon_{1b}$——应力为 $\sigma_b$ 时的轴向应变值；

$\varepsilon_{da}$——应力为 $\sigma_a$ 时的径向应变值；

$\varepsilon_{db}$——应力为 $\sigma_b$ 时的径向应变值。

（6）岩石割线弹性模量及相应的泊松比的计算公式为

$$E_{50}=\frac{\sigma_{50}}{\varepsilon_{150}} \tag{9-209}$$

$$\mu_{50}=\frac{\varepsilon_{d50}}{\varepsilon_{150}} \tag{9-210}$$

式中 $E_{50}$——岩石割线弹性模量，MPa；

$\mu_{50}$——岩石泊松比；

$\sigma_{50}$——相当于岩石单轴抗压强度 50%时的应力值，MPa；

$\varepsilon_{150}$——应力为 $\sigma_{50}$ 时的轴向应变值；

$\varepsilon_{d50}$——应力为 $\sigma_{50}$ 时的径向应变值。

岩石弹性模量值取 3 位有效数字，岩石泊松比计算值应精确至 0.01。

#### 9.4.6.3 直剪试验

1. 试验目的

直剪试验可用于测定各类岩石、岩石结构面以及混凝土与岩石接触面的抗剪强度参数，可分为软弱结构面的剪切试验、硬结构面的剪切试验以及混凝土与岩石胶结面的剪切试验。

（1）软弱结构面的剪切试验。试样一般采用边长不小于 150mm 的立方体或直径不小于 150mm 的圆柱体，每组试验取 5 个以上试样。试验采用应变控制直剪仪进行固结慢剪试验。试样固结后，以 0.025mm/h 或 0.075mm/h 的初始剪切速率剪切，待剪切达到峰值后改用 1～4mm/h 的速率剪切，直到能够确定残余强度为止。

（2）硬结构面的剪切试验。试验采用应变控制或应力控制式直剪仪进行固结快剪试验。固结稳定标准为法向位移不超过 0.05mm/h。施加剪切荷载，用应力控制时，按预估最大剪切荷载的 8%～10%分级均匀等量施工，一般不少于 10 级，当所加荷载引起的水平剪切位移为前一级位移的 1.5 倍以上时，减半施工所加荷载，直至达到峰值。用应变控制时，采用0.2～0.5mm/min的速率剪切，剪切位移一般要求达到残余强度为止。

(3) 混凝土与岩石胶结面的剪切试验。混凝土与岩石胶结面剪切试验除了用不少于5个胶结面试样在不同法向荷载下剪切外，另外用3～6个混凝土立方体试样检查混凝土强度等级。剪切试样一般为边长不小于150mm的立方体，骨料最大粒径不得大于试样边长的1/6。岩石试样边长与混凝土相同，高度为边长的一半，与混凝土胶结的岩面起伏差约为试样边长的1%～2%。

试验采用应变控制或应力控制直剪仪进行固结快剪的抗剪断和摩擦试验，按硬结构面的试验方法施加剪切荷载，直到剪切达到峰值时停止剪切，并分级退至0，使之充分回弹。在抗剪断和摩擦试验中，法向荷载保持常数，变化幅度不超过指定荷载的1%。

2. 基本方法

(1) 试样安装。

1) 将试样置于直剪仪的剪切盒内，试样受剪方向与预定受力方向一致，试样与剪切盒内壁的间隙应用填料填实，使试样与剪切盒成为整体。预定剪切面需位于剪切缝中部。

2) 安装试样时，法向荷载和剪切荷载的方向需通过预定剪切面的几何中心。法向位移测表和剪切位移测表应对称布置，各测表数量不少于2只。

3) 预留剪切缝宽度为试样剪切方向长度的5%，或为结构面充填物的厚度。

4) 混凝土与岩石接触面试样需达到预定混凝土强度等级。

(2) 法向荷载施加。

1) 在每个试样上分别施加不同的法向荷载，对应的最大法向应力值一般不小于预定的法向应力。各试样的法向荷载可根据最大法向荷载等分确定。

2) 在施加法向荷载前，测读各法向位移测表的初始值。每10min测读一次，各个测表三次读数差值不超过0.02mm时，可施加法向荷载。

3) 对于岩石结构面中含有充填物的试样，最大法向荷载以不挤出充填物为宜。

4) 对于不需固结的试样，法向荷载可一次施加完毕；法向荷载施加完毕时测读法向位移，5min后再测读一次，即可施加剪切荷载。

5) 对于需固结的软弱结构面试样，按充填物的性质和厚度分1～3级施加。在法向荷载施加至预定值后的第一小时内，每隔15min读数一次；然后每30min读数一次。当各个测表法向位移不超过0.05mm/h时，可认为固结稳定，即可施加剪切荷载。

6) 在剪切过程中，始终使法向荷载保持恒定。

(3) 剪切荷载施加。

1）测读各位移测表读数，可根据需要调整测表读数和剪切千斤顶位置。

2）根据预估最大剪切荷载，一般分8～12级施加。每级荷载施加后，立即测读剪切位移和法向位移，5min后再测读一次，即可施加下一级剪切荷载直至破坏。当剪切位移量增幅变大时，可适当加密剪切荷载分级。

3）试样破坏后，继续施加剪切荷载，直至测出趋于稳定的剪切荷载值为止。

4）将剪切荷载退至零。待试样回弹后，调整测表，再进行摩擦试验。

（4）试验结束后剪切面的描述。

1）量测剪切面，确定有效剪切面积。

2）描述剪切面的破坏情况，以及擦痕的分布、方向和长度。

3）测定剪切面的起伏差，绘制沿剪切方向断面高度的变化曲线。

4）当结构面内有充填物时，查找剪切面的准确位置，并记述其组成成分、性质、厚度、结构构造、含水状态。根据需要，可测定充填物的物理性质和黏土矿物成分。

3. 成果利用

（1）软弱结构面的剪切试验。绘制剪应力与剪切位移的关系曲线，据此确定剪应力的峰值强度和残余强度。峰值强度是剪切破坏的最大强度值，残余强度是剪应力不随剪切位移变化的强度。在正常情况下，峰值之后继续剪切，剪应力会逐渐降到残余强度，若试样受到扰动，结构强度破坏，峰值消失，则剪应力-剪位移曲线跨过屈服段直接反映残余强度。

在确定峰值和残余强度之后，以剪应力为纵坐标，法向应力为横坐标，将测点绘在直角坐标图上，用图解法或最小二乘法确定摩擦系数和黏聚力。

在慢剪试验中，监测孔隙水压力的目的主要用于分析试样固结时孔隙水压力的消散情况与剪切过程中残余孔隙水压力的大小。

（2）硬结构面的剪切试验。计算各级法向应力和剪应力，绘制剪应力-剪位移曲线，确定剪应力的峰值和残余强度值，通过剪应力-法向应力关系曲线，确定抗剪强度参数值。

（3）混凝土与岩石胶结面的剪切试验。计算各级法向荷载下的法向应力的剪应力，绘制剪应力-剪位移曲线，分别确定抗剪断和摩擦试验的峰值强度，通过剪应力和法向应力的关系曲线，分别确定两者的抗剪强度参数 $c$、$f$ 和 $c'$、$f'$。

#### 9.4.6.4 点荷载强度试验

1. 试验目的

将岩石试样置于上、下一对球端圆锥形加荷器之间，通过加荷器对其施加集中荷载直到破坏，以测得岩石的点荷载强度指数和强度各向异性指数，这一过程称为岩石点荷载强度试验。

2. 基本方法

岩石点荷载强度试验可用于各类岩石。试样可采用钻孔岩芯，或从岩石露头中采取的岩块。在试样采取和制备过程中，避免产生裂缝。

3. 成果利用

（1）估算岩石的抗拉强度。平松良雄等导出了抗拉强度与点荷载强度指数的关系，即

$$\sigma_t = kI_s = 0.9\frac{p}{D^2} \tag{9-211}$$

（2）估算岩石的单轴抗压强度，即

$$R = k'I_{s(50)} \tag{9-212}$$

（3）确定岩石的强度各向异性。表征岩石各向异性的指标为点荷载强度各向异性指数 $I_{a(50)}$，其计算公式为

$$I_{a(50)} = \frac{I'_{s(50)}}{I''_{s(50)} \parallel} \tag{9-213}$$

式中　$I_{a(50)}$——岩石点荷载强度各项异性指数；

$I'_{s(50)}$——垂直于弱面的岩石点荷载强度，MPa；

$I''_{s(50)}$——平行于弱面的岩石点荷载强度，MPa。

（4）岩石分类和风化带的研究。在岩石分类指标中，可用点荷载强度指数 $I_{s(50)}$ 取代单轴抗压强度；在岩石风化带的研究中，点荷载强度指数 $I_{s(50)}$ 可取代抗拉强度用以划分风化带。

## 9.4.7　水和土腐蚀性试验

### 9.4.7.1　水质分析

1. pH 测定

（1）基本方法。pH 的测定采用玻璃电极法，现场测定可采用笔式或携带式酸度计。所用试剂均为分析纯，试验用水为去除二氧化碳的蒸馏水或纯水。

1）水样瓶采用容积约 50mL 的具有双层盖的广口聚乙烯瓶。用少量水样洗涤水样瓶两次，慢慢地注满水样，立即旋紧瓶盖，存于阴暗处，放置时间不超过 2h。对于不能在 2h 内测定的水样，加入 1 滴氯化汞溶液固定，旋紧瓶盖，混合均匀。有效保存时间为 24h。

2）电极对使用前球泡要浸泡在饱和氯化钾溶液内。

3）pH 计在室温下用混合磷酸盐标准缓冲溶液和十水四硼酸钠标准缓冲溶液校准。将 pH 计上温度补偿器刻度调至与溶液温度一致，分别用上述两种标准缓冲溶液的温度对应的标准 pH 反复对 pH 计进行校准，至电极电位平衡稳定。每次更换标准

缓冲溶液时，用蒸馏水冲洗电极，并用滤纸吸干。

4）水样测定时，pH计校准后将电极对提起，移开标准缓冲溶液，用蒸馏水淋洗电极，并用滤纸将水吸干。将电极对浸入待测水样中，使电极电位充分平衡，待仪器读数稳定后，记下水样温度和pH计读数。

（2）成果利用。

1）水深不大于500m时，现场pH的计算公式为

$$pH_w = pH_m + \alpha(t_m - t_w) \quad (9-214)$$

式中 $pH_w$、$pH_m$——现场和测定时的pH；

$t_w$、$t_m$——现场和测定时的水温，℃；

$\alpha$——温度校正系数。

2）水深大于500m时，需作压力校正，现场pH的计算公式为

$$pH_w = pH_m + \alpha(t_m - t_w) - \beta \quad (9-215)$$

式中 $\beta$——压力校正系数，可由表9-76确定。

**表9-76 pH测定的压力校正系数β**

| $pH_m$ | 7.5 | 7.6 | 7.7 | 7.8 | 7.9 | 8.0 | 8.1 | 8.2 | 8.3 | 8.4 |
|---|---|---|---|---|---|---|---|---|---|---|
| $\beta\times10^4$ | 35 | 31 | 28 | 25 | 23 | 22 | 21 | 20 | 20 | 20 |

3）水按pH的分类见表9-77。

**表9-77 水按pH的分类**

| 水的类别 | pH | 水的类别 | pH |
|---|---|---|---|
| 强酸性水 | <5 | 弱碱性水 | 7～9 |
| 弱酸性水 | 5～7 | 强碱性水 | >9 |
| 中性水 | 7 | | |

4）根据水的pH，评价水对混凝土结构的腐蚀性。

2. 钙离子、镁离子测定

（1）基本方法。钙离子、镁离子可采用EDTA滴定法、火焰原子吸收分光光度法和电感耦合等离子发射光谱法测定。各测定方法的适用范围如下：

1）EDTA滴定法测定钙离子含量的范围为2～100mg/L，钙离子含量超过100mg/L的水稀释后测定；测定镁离子含量的范围为2～200mg/L。

2）当采用EDTA法有干扰时，可改用火焰原子吸收分光光度法，测定钙离子含量的范围为0.1～6.0mg/L，镁离子含量的范围为0.01～0.6mg/L。

3）电感耦合等离子发射光谱法可同时测定样品中多元素的含量，测定钙离子、镁离子含量的范围为0.036～0.39mg/L。

（2）成果利用。分析水质类型，评价水对混凝土结构的腐蚀性。

3. 氯离子测定

（1）基本方法。氯离子的测定可采用硝酸银滴定法、硝酸汞滴定法、电位法、离子色谱法和离子选择电极流动注射法。各测定方法如下：

1）硝酸银滴定法可用于海水，可测定氯离子含量的范围为200～20000mg/L，浓度为2000mg/L时，相对误差为±1.0%；浓度为18000mg/L时，相对误差为±0.15%；浓度为18000mg/L时，相对标准偏差为±0.10%。硝酸银滴定法的主要仪器包括10mL海水吸量管、25mL溶解氧滴定管、电磁搅拌器及包裹聚乙烯或玻璃的磁搅拌转子。

2）硝酸汞滴定法可测定氯离子含量的范围为2.00～100mg/L，浓度更高的水样可稀释后测定。

3）电位法可采用直接电位法、标准加入稀释法和电位滴定法，可用于测定氯离子含量5mg/L以上的水样。

4）当电导检测器的量程为10μs、送样量为25μL时，离子色谱法测定氯离子的最低检出限为20mg/L。

5）离子选择电极流动注射法测定氯离子含量的范围为9.0～1000mg/L。

（2）成果利用。

1）硝酸银滴定法测定的氯离子浓度的计算公式为

$$\rho_{\mathrm{Cl}}=\frac{\rho_{\mathrm{NaCl-Cl}}V_1\overline{V}_{\mathrm{W}}}{V_2\overline{V}_{\mathrm{S}}} \tag{9-216}$$

式中　$\rho_{\mathrm{Cl}}$——水样的氯离子浓度，g/L；

$\rho_{\mathrm{NaCl-Cl}}$——氯化钠标准溶液中氯离子的浓度，g/L；

$V_1$——标定硝酸银溶液时，使用的氯化钠标准溶液体积，mL；

$\overline{V}_{\mathrm{W}}$——水样滴定时，消耗的硝酸银溶液体积平均值，mL；

$V_2$——水样体积，mL；

$\overline{V}_{\mathrm{S}}$——标定硝酸银标准溶液时，消耗的硝酸银溶液体积的平均值，mL。

2）评价水对钢筋混凝土结构中的钢筋的腐蚀性。

4. 硫酸根离子测定

（1）基本方法。硫酸根离子的测定可采用EDTA－2Na滴定法、硫酸钡重量法、铬酸钡分光光度法、硫酸钡浊度法、离子色谱法和铬酸钡间接原子吸收法。各测定方法的适用范围如下：

1）EDTA－2Na滴定法测定硫酸根离子含量的范围为10～400mg/L。

2）硫酸钡重量法测定硫酸根离子含量的范围为10～5000mg/L。

3）铬酸钡分光光度法可用于清洁的地表水和地下水，测定硫酸根离子含量的范围为10～100mg/L。

4）硫酸钡浊度法可用于低含量硫酸根离子的快速测定，测定硫酸根离子含量的范围为10～100mg/L。

5）当电导检测器的量程为10μs、送样量为25μL时，离子色谱法测定硫酸根离子的最低检出限为0.09mg/mL。

6）铬酸钡间接原子吸收法测定硫酸根离子含量的范围为0.2～12mg/L。

（2）成果利用。分析水质类型，评价水对混凝土结构的腐蚀性。

5. 游离二氧化碳测定

游离二氧化碳可采用酚酞指示剂滴定法测定。游离二氧化碳采样后应及时进行测定，水样保存在低温、密封条件下，并尽快测定。

6. 侵蚀性二氧化碳测定

（1）基本方法。侵蚀性二氧化碳可采用酸滴定法或计算法测定。其中计算法适用于重碳酸盐碱度与总硬度之比为0.75～1.25的水样，在水中游离二氧化碳和碳酸氢根离子含量已测定的条件下，可用计算法复核实测值。

（2）成果利用。侵蚀二氧化碳对混凝土结构具有分解性侵蚀，测定其含量可评价水对混凝土结构的腐蚀性。

7. 铵离子测定

（1）基本方法。铵离子测定可采用纳氏试剂分光光度法、蒸馏滴定法、水杨酸-次氯酸钠盐分光光度法、离子选择电极法和气相分子吸收光谱法。各测定方法的适用范围如下：

1）纳氏试剂分光光度法可用于清洁的水样，浑浊水样先用硫酸锌-氢氧化钠溶液预处理后测定，可测定铵离子含量的范围为0.04～2.00mg/L。

2）蒸馏滴定法用于铵离子含量大于2.0mg/L的水样，可测定铵离子含量的范围为0.2～1000.0mg/L。

3）水杨酸-次氯酸钠盐分光光度法适用于地表水、地下水、海水及含肼处理水，可测定铵离子含量的范围为0.05～1.00mg/L。

4）离子选择电极法可用于清洁的水样，可测定铵离子含量的范围为0.1～1400.0mg/L。

5）气相分子吸收光谱法可测定铵离子含量的范围为0.08～100.00mg/L。

（2）成果利用。评价水对混凝土结构的腐蚀性。

8. 碱度测定

碱度测定可采用指示剂滴定法或电位滴定法。当水样浑浊、具色时，一般采用电位滴定法。

9. 钾离子、钠离子测定

钾离子、钠离子的测定可采用火焰光度法、原子吸收分光光度法、电感耦合等离子发射光谱法。各测定方法的适用范围如下：

（1）火焰光度法测定钾离子、钠离子含量的范围为0.05～50.00mg/L。

（2）原子吸收分光光度法在波长766.5nm处测定钾离子含量的范围为0.05～4.00mg/L；在波长404.5nm处测定钾离子含量的范围为1.0～300.0mg/L；在波长589.0nm处测定钠离子含量的范围为0.05～2.00mg/L；在波长330.3nm处测定钠离子含量的范围为0.5～200.0mg/L。

（3）电感耦合等离子发射光谱法可同时测定样品中多元素的含量，在波长766.49nm处测定钾离子最低检出限为0.5mg/L，在波长589.59nm处测定钠离子最低检出限为0.2mg/L。

10. 总矿化度测定

（1）基本方法。总矿化度是水化学成分测定的重要指标，用于评价水中总含盐量。总矿化度的测定方法有重量法、电导法、阳离子加和法、离子交换法、比重计法。

（2）成果利用。

1）水按总矿化度的分类见表9-78。

**表9-78　水按总矿化度的分类**

| 水的类别 | 矿化度/(g/L) | 水的类别 | 矿化度/(g/L) |
|---|---|---|---|
| 淡水 | <1 | 咸水（高矿化度水） | 10～50 |
| 微咸水（低矿化水） | 1～3 | 卤水 | >50 |
| 半咸水（中等矿化度水） | 3～10 | | |

2）评价水对混凝土结构的腐蚀性。

11. 硫酸盐还原菌测定

硫酸盐还原菌测定采用绝迹稀释法。硫酸盐还原菌在现场接种，室内培养，同时测定水温。

硫酸盐还原菌测定采用三次重复法，也可采用二次重复法，步骤如下：

（1）将测试瓶排成一组，并编上序号。

（2）取样前以5～6L/min的流速畅流3min后取样，用120℃下灭菌20min的无菌注射器取1.0mL水样注入1号瓶内，充分振荡。

（3）用另一只无菌注射器从1号瓶内取1.0mL水样注入2号瓶内充分振荡。

（4）更换一支无菌注射器从2号瓶中取1.0mL水样注入3号瓶中，充分振荡。

（5）依次类推一直稀释到最后一瓶为止，根据细菌含量决定稀释瓶数，一般稀释到7号瓶。

（6）把上述测试瓶放入恒温培养箱中培养，温度控制在现场水温的±5℃内，7天后读数。

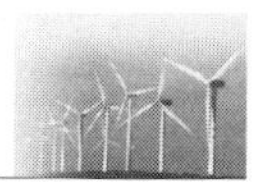

测试瓶中液体变黑或有黑色沉淀时，可确认有硫酸盐还原菌生长。

**9.4.7.2 土质分析**

土质分析通过物质间的化学反应或物理化学反应、光化学反应现象来确定土中的物质成分。

1. pH 测定

（1）基本方法。pH 测定采用玻璃电极法。

pH 测定按下列步骤进行：

1）对仪器进行预热、温度补偿调节、零点调节及校准，校准用的标准缓冲溶液接近被测沉积物的 pH。

2）称取有代表性的新鲜湿土样约 20g，于 50mL 烧杯中加入 20mL 去除二氧化碳的蒸馏水，剔除硬物后搅成糊状，并在半小时内进行测定。

3）洗净电极，用滤纸吸去水分，插入搅匀后的样品，玻璃电极的球泡部分全部浸入样品中，并稍高于甘汞电极的陶瓷芯端，放置平衡 30min 后读数，重复测量至前后两次读数差值不超过 0.02。

（2）成果利用。评价土对混凝土结构、钢结构的腐蚀性。

2. 易溶盐化学成分分析

（1）试验目的。易溶盐在土中既可呈固态，也可呈液态，并且经常转化，其含量、成分和状态及其变化对土的性质有明显影响。当土中易溶盐含量较高、孔隙溶液中电解浓度较大时，土颗粒间斥力减弱，引力增强，结构联结力提高，促使颗粒相互凝聚，土的力学强度增加。易溶性硫酸盐在干燥状态下无吸水性，结晶析出时，体积膨胀，这些性质对工程极为不利。易溶性碳酸盐溶液有较强的碱性，具有分散作用，能降低和破坏土粒间的结构联结，对土的工程性质产生不良影响。

（2）基本方法。易溶盐浸出液制取步骤如下：

1）称取过 2mm 筛下的风干试样 50～100g 置于广口瓶中，按土水比 1：5 加入纯水并搅匀，在振荡器上振荡 3min 后用 0.45$\mu$m 滤膜抽气过滤，另取试样 10～15g 测定风干含水率。

2）将滤纸用纯水浸湿后贴在漏斗底部，漏斗装在抽滤瓶上，联通真空泵抽气，使滤纸与漏斗贴紧，将振荡后的试样悬液摇匀，倒入漏斗中抽气过滤，过滤时漏斗用表面皿盖好。

3）滤液混浊时要重新过滤，如反复过滤后仍然混浊，再用离心机分离。滤液透明时为试样浸出液，储于细口瓶中待用。

（3）成果利用。

1）分析土的化合物的成分、含量。

2）评价土对混凝土结构、钢结构的腐蚀性。

易溶盐测定项目及方法见表9-79。

3. 土质全量化学成分分析

（1）基本方法。土质全量化学成分分析的方法主要有等离子光谱法和等离子质谱法。

**表9-79　易溶盐测定项目及方法**

| 分析项目 | 试验方法 | 分析项目 | 试验方法 |
|---|---|---|---|
| 总量测定 | 蒸干法 | $Ca^{2+}$ | EDTA络合滴定法 |
| $CO_3^{2-}$ 及 $HCO_3^-$ | 双指示剂中和滴定法 | $Mg^{2+}$ | EDTA络合滴定法 |
| $Cl^-$ | 硝酸银滴定法 | $Na^+$、$K^+$ | 仪器分析法 |
| $SO_4^{2-}$ | EDTA络合滴定法、比浊法 | | |

等离子光谱法试验可用于测定海底沉积物中主量及部分微量元素，主要包括$Al_2O_3$、$Fe_2O_3$、MnO、$TiO_2$、$P_2O_5$、MgO、CaO、$Na_2O$、$K_2O$中的元素，可根据测试需求增加其他元素。试验所用主要仪器包括电感耦合等离子体原子发射光谱仪、自动控温电热板和精度为0.01mg的天平。

1）等离子光谱法试验。

a. 试样粒度在200目以下，经充分干燥和混匀，再在110℃干燥5h，置于干燥器中，冷却至室温。

b. 称取0.1g试样，最小分度值为0.1mg。

c. 将试样置于聚四氟乙烯坩埚中，用数滴水润湿，加10mL氢氟酸、5mL硝酸、2mL高氯酸，于电热板上加热分解至高氯酸冒白烟并蒸至近干，取下冷却，用水冲洗坩埚壁，补加2mL高氯酸，继续加热至白烟冒尽，冷却后加5mL盐酸及数滴过氧化氢，加热使盐类溶解并使溶液清亮，冷却至室温，移入50mL容量瓶中，用水稀释至刻度并摇匀备测。

d. 分别移取标准储备溶液，稀释配制成四组混合标准溶液（STD1、STD2、STD3、STD4），保持体积分数为5%的盐酸酸度；空白标准溶液为体积分数5%的盐酸。

e. 设置仪器最佳测量条件，依次测定工作曲线系列溶液和试样溶液。

f. 随同试样进行双份空白试验，所用试剂取自同一试剂瓶。

g. 同时分析与被测样品性质相同或相近的标准物质进行试样验证。

2）等离子质谱法。等离子质谱法可测定海底沉积物微量元素，主要包括Ce、Dy、Er、Eu、Gd、Ho、La、Lu、Nd、Pr、Sc、Sm、Tb、Tm、Y、Yb、Bi、Ga、Pb、Sb、Th、Tl、U、Hf、Mo、Nb、Ta、W、Zr、Co、Cr、Cu、Mn、Ni、Ti、V、Zn、Li、Be、Cd、Ba、Rb、Sr、Cs等，可根据测试需求增加其他元素。

试验操作步骤如下：

a. 粒度 200 目以下的试样经过充分干燥和混匀，在 110℃干燥 5h，置于干燥器中，冷却至室温。

b. 称取 0.05g 试样，最小分度值为 0.1mg。

c. 用标准储备溶液按表 9-80 配制五组多元素标准溶液，盛于塑料瓶中。

**表 9-80 多元素标准溶液各元素浓度**

| 组号 | 元素 | 质量浓度/(μg/mL) |
|---|---|---|
| 1 | Ce、Dy、Er、Eu、Gd、Ho、La、Lu、Nd、Pr、Sc、Sm、Tb、Tm、Y、Yb | 100 |
| 2 | Bi、Ga、Pb、Sb、Th、Tl、U | 100 |
| 3 | Hf、Mo、Nb、Ta、W、Zr | 100 |
| 4 | Co、Cr、Cu、Mn、Ni、Ti、V、Zn | 100 |
| 5 | Li、Be、Cd、Ba、Rb、Sr、Cs | 100 |

d. 用标准储备溶液逐级稀释配制成浓度为 1μg/mL、体积分数为 2%的硝酸介质 Rh 内标溶液。

e. 用标准储备溶液逐级稀释配制成 Ba、Mn、Ti 浓度为 10μg/mL，La、Ce、Nd 浓度为 1μg/mL 的，含浓度为 0.04μg/mL Rh 的单元素标准溶液，介质为体积分数为 2%的硝酸。

f. 分别移取按表 9-80 配制的混标溶液和内标溶液，按照表 9-81 配置五组工作曲线溶液，每组曲线溶液按照 0.001μg/mL、0.01μg/mL、0.1μg/mL 以及 1μg/mL 浓度配置，保持体积分数为 2%的硝酸浓度。

**表 9-81 混标溶液各成分的浓度**

| 组号 | 标准号 | 混标质量浓度/(μg/mL) | 内标质量浓度/(μg/mL) |
|---|---|---|---|
| 1 | STD1 | 0.001 | 0.01 |
| | STD2 | 0.01 | 0.01 |
| | STD3 | 0.1 | 0.01 |
| | STD4 | 1 | 0.01 |
| 2 | STD1 | 0.001 | 0.01 |
| | STD2 | 0.01 | 0.01 |
| | STD3 | 0.1 | 0.01 |
| | STD4 | 1 | 0.01 |
| 3 | STD1 | 0.001 | 0.01 |
| | STD2 | 0.01 | 0.01 |
| | STD3 | 0.1 | 0.01 |
| | STD4 | 1 | 0.01 |

续表

| 组号 | 标准号 | 混标质量浓度/(μg/mL) | 内标质量浓度/(μg/mL) |
|---|---|---|---|
| 4 | STD1 | 0.001 | 0.01 |
| | STD2 | 0.01 | 0.01 |
| | STD3 | 0.1 | 0.01 |
| | STD4 | 1 | 0.01 |
| 5 | STD1 | 0.001 | 0.01 |
| | STD2 | 0.01 | 0.01 |
| | STD3 | 0.1 | 0.01 |
| | STD4 | 1 | 0.01 |
| 空白溶液 | Blank | 0 | 0.01 |

g. 将试样置于聚四氟乙烯密闭溶样罐中，加1mL硝酸、3mL氢氟酸，摇匀并加盖密闭，于自动控温电热板上160～180℃分解48h，取下冷却后，开启密闭盖，蒸至近干，加1mL高氯酸，蒸至白烟冒尽；冷却后加2mL盐酸，于自动控温电热板上加热，使盐类溶解，蒸至近干，加2mL重蒸硝酸，蒸至近干以除去氯离子；加1.5mL硝酸，加盖旋紧密闭，于自动控温电热板上160～180℃加热溶解12h；冷却后开启密闭盖，加入0.5mL Rh内标溶液，加盖摇匀，于自动控温电热板上80℃保温12h，冷却至室温后开启密闭盖，用2%硝酸移至50mL容量瓶中，并用其稀释至刻度后摇匀备测。

h. 设置仪器最佳测量条件，依次测定工作曲线1～工作曲线5。每次进样的清洗时间不低于2min。在相同条件下，测定试样溶液，包括空白和标准物质，每次进样的清洗时间不低于5min。每测定10个试样溶液，至少测1次标准物质试样溶液。

i. 随同试样进行双份空白试验，所用试剂取自同一试剂瓶。

j. 同时分析与被测样品性质相同或相近的标准物质进行试样验证。

k. 试样测定完毕，进行干扰系数的测定，将干扰校正用单元素标准溶液视为试样溶液，测定各元素的浓度。

(2) 成果利用。

1) $Al_2O_3$、$Fe_2O_3$、$MnO$、$TiO_2$、$P_2O_5$、$MgO$、$CaO$、$Na_2O$、$K_2O$含量以质量分数计，计算公式为

$$W_1=\frac{(\rho_1-\rho_0)V\times10^{-6}}{m}\times100\% \tag{9-217}$$

式中　$W_1$——元素百分含量，%；

$\rho_1$——仪器给出的试样溶液中各成分质量浓度，μg/mL；

$\rho_0$——仪器给出的空白溶液中各成分质量浓度，μg/mL；

$V$——试样溶液体积，mL；

$m$——试样质量，g。

2）微量元素含量以质量分数计，计算公式为

$$W_t=\frac{(\rho_i-\rho_0)V}{m} \tag{9-218}$$

$$\rho_i=\rho_{mi}-\alpha_{(i/j)}\rho_{mj} \tag{9-219}$$

式中 $W_t$——微量元素含量，μg/g；

$\rho_i$——经干扰校正后试样溶液中各元素 $i$ 的质量浓度，μg/mL；

$\rho_{mi}$——未经干扰校正后试样溶液中各元素 $i$ 的质量浓度，μg/mL；

$\rho_{mj}$——试样溶液中干扰元素 $j$ 的质量浓度，μg/mL；

$\alpha_{(i/j)}$——干扰元素 $j$ 对被测元素 $i$ 的干扰系数；

$\rho_0$——空白溶液中各元素质量浓度，μg/mL；

$V$——试样溶液体积，mL；

$m$——试样质量，g。

4. 氧化还原电位测定

（1）基本方法。氧化还原电位采用电位计法测定，可用于现场测定沉积物氧化还原电位。

1）在采泥器中直接测定；也可取刚采集的沉积物样品迅速装入 100mL 烧杯中，装入量约为半杯，样品力求保持原状，避免空气进入。

2）将已固定好的铂电极和饱和甘汞电极插入样品，深度约 3cm，电极间距 3～5cm。

3）开启电源，按下读数开关，待电位平衡后读数。

4）改变电极位置，重复测定三次，取平均值。

（2）成果利用。

1）沉积物氧化还原电位的计算公式为

$$E=E_a+E_b \tag{9-220}$$

式中 $E$——沉积物的氧化还原电位，mV；

$E_a$——饱和甘汞电极电位，mV，在 25℃时取 243mV，温度每增加 10℃，电位降低 6～7mV；

$E_b$——仪器上测得的电位值，mV。

2）评价土对钢结构的腐蚀性。

5. 腐蚀电流密度测定

（1）试验目的。钢筋腐蚀的电化学检测具有灵敏可靠、方便快捷和准确定量的特点，是无损检测的发展方向。

（2）基本方法。按测试机理的不同大概可分为线性极化法、交流阻抗谱法半电池电位法、混凝土电阻率法、腐蚀电偶法等，其中线性极化法是最成熟、应用最广泛的方法。

线性极化法的主要仪器设备包括便携式土壤腐蚀速率测量仪、土壤钻、自带参比电极与腐蚀试片的阴极保护多功能探头。阴极保护多功能测量探头埋入待测土壤前，采用膨润土将探头上的永久性固体参比电极的微孔瓷片的凹形空间填满。

自然状态下土壤腐蚀电流密度的试验步骤如下：

1）在距阴极保护多功能测量探头 2～9m 处钻入土壤。

2）将土壤钻和探头接线盒内的 5 端、2 端分别接入便携式土壤腐蚀测量仪的“辅助电极”“参比电极”和“工作”接线端（图 9－157）。

3）调节便携式土壤腐蚀测量仪的平衡电阻，使检流计不发生偏转。

4）向辅助电极 2 施加极化电流，使之极化 10mV 左右。

（3）成果利用。

1）自然状态下腐蚀电流密度的计算公式为

$$I_{corr}=1.09\frac{\Delta I}{\Delta E} \quad (9-221)$$

式中　$I_{corr}$——腐蚀电流密度，$A/cm^2$；

$\Delta I$——极化电流，mA；

$\Delta E$——极化值，mV。

2）评价土对钢结构的腐蚀性。

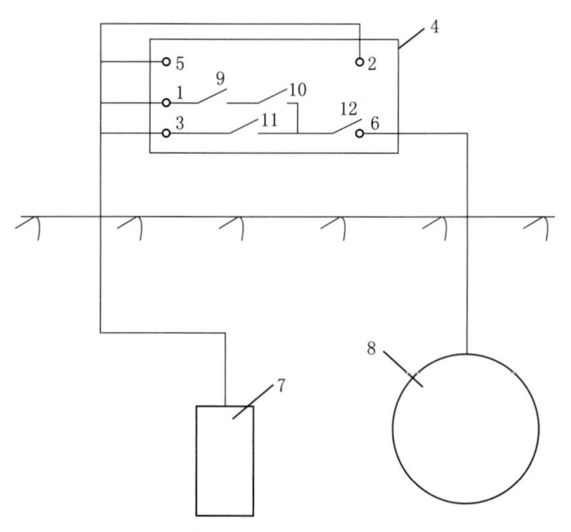

图 9－157　阴极保护多功能探头埋地接线图
1—辅助电极 1；2—辅助电极 2；3—辅助电极 3；
4—探头接线盒；5—永久性固体参比电极；
6—与管道连接端；7—探头；8—管道；
9、10、11、12—开关

6. 有机质试验

有机质试验方法包括烧失量法和重铬酸钾容量法。烧失量法可用于除有机质外受热不挥发土的试验。重铬酸钾容量法可用于有机质含量不大于 150g/kg 的土。

（1）烧失量法。

1）试验步骤。

a. 将空坩埚放入已升温至 550℃的高温炉中灼烧 0.5h，取出后静置 0.5～1min，放入干燥器中冷却 0.5h 后称量。

b. 将试样放入烘箱，在温度 100～105℃下烘干至恒重，称取通过 1mm 筛孔的烘干土 2g，精确至 0.0001g，放入已烧至恒量的坩埚中，把坩埚放入未升温的高温炉

内，斜盖上坩埚盖。徐徐升温至550℃，并保持恒温5h，取出稍冷，盖上坩埚盖。放入干燥器内，冷却0.5h后称量。重复灼烧称量，至前后两次质量相差小于0.5mg。

c. 至少进行一次平行试验。

2）成果整理。

烧失量的计算公式为

$$烧失量=\frac{m-(m_2-m_1)}{m}\times 100\% \tag{9-222}$$

式中 $m$——烘干土样质量，g；

$m_1$——空坩埚质量，g；

$m_2$——灼烧后土样及坩埚的质量，g。

（2）重铬酸钾容量法。采用重铬酸钾容量法测定土中的有机碳，乘以经验系数1.724换算成有机质，以1kg烘干土中所含有机质的质量表示。

1）试验步骤。

a. 当试样中含有机质小于8mg时，可用分析天平称取剔除植物根并通过0.15mm筛的风干试样0.1～0.5g，放入干燥的试管底部，吸取重铬酸钾-硫酸溶液10mL，加入试管并摇匀，在试管口放上小玻璃漏斗。

b. 将试管插入铁丝笼中，放入190℃左右的油浴锅内。试管内的液面低于油面，温度控制在170～180℃，从试管内试液沸腾时开始计时，煮沸5min，取出。

c. 将试管内溶液倒入三角瓶中，用纯水洗净试管内部，并使溶液控制在60mL左右，加入邻啡啰啉指示剂3～5滴，用硫酸亚铁标准溶液滴定，当溶液由黄色经绿色突变至橙红色时为止。记下硫酸亚铁标准溶液用量，准确至0.01mL。

d. 试验的同时，进行2个空白试验，取0.2g石英砂代替土样。

2）成果整理。重铬酸钾容量法有机质含量的计算公式为

$$O.M.=\frac{c(V_0-V)\times 0.003\times 1.724\times 1.10}{m}\times 1000 \tag{9-223}$$

式中 $O.M.$——土壤有机质含量，g/kg；

$c$——硫酸亚铁标准溶液的浓度，mol/L；

$V_0$——空白试验时消耗硫酸亚铁标准滴定溶液的体积，mL；

$V$——试验测定消耗硫酸亚铁标准滴定溶液的体积，mL；

$m$——干土质量，g。

计算至0.1g/kg，平行试验的最大允许误差为±0.5g/kg，试验结果取算术平均值。

# 参 考 文 献

[1] 许枫，魏建江. 第七讲，侧扫声呐 [J]. 物理，2006 (12)：52-55.

[2] 邓雪清，滕惠忠，等. 侧扫声呐图像几何纠正技术研究 [J]. 解放军测绘研究所学报，2003，023 (1)：42-45.

[3] 许剑，王胜平. 侧扫声呐图像精细化生成技术研究 [J]. 中国水运，2016，16 (9)：283-286.

[4] 王爱学，张红梅，王晓，等. 侧扫声呐条带数据处理及其无缝成图 [J]. 测绘地理信息，2017，42 (1)：26-29，33.

[5] 孙永福，王琮，周其坤，等. 海底沙波地貌演变及其对管道工程影响研究进展 [J]. 海洋科学进展，2018，36 (4)：489-494.

[6] 来向华，潘国富，苟诤慷，等. 侧扫声呐系统在海底管道检测中应用研究 [J]. 海洋工程，2011 (3)：121-125.

[7] 江泽林，刘维，李保利. 一种基于分段DPC和拟合的合成孔径声呐运动补偿方法 [J]. 电子与信息学报，2013，35 (5)：1185-1189.

[8] 刘纪元. 合成孔径声呐技术研究进展 [J]. 中国科学院院刊，2019，34 (3)：283-288.

[9] 刘维，张春华，刘纪元. FFBP算法在合成孔径声呐成像中的应用 [J]. 声学技术，2009 (5)：572-576.

[10] 牟健，贺惠忠，姜峰. SHADOWS合成孔径声呐系统及性能测试 [J]. 中国海洋大学学报：自然科学版，2011，41 (7)：159-163.

[11] 王培刚. 海洋高新技术装备选购指南：海底探测类 [M]. 北京：海洋出版社，2013.

[12] 杨敏，宋士林，徐栋，等. 合成孔径声呐技术以及在海底探测中的应用研究 [J]. 海洋技术学报，2016 (2)：51-55.

[13] 于灏，王培刚，段康弘. 合成孔径声呐技术在海底管道探测中的应用进展 [J]. 海洋测绘，2015 (3)：26-29.

[14] 陆基孟，王永刚. 地震勘探原理 [M]. 东营：中国石油大学出版社，2008.

[15] 熊章强，周竹生，张大洲. 地震勘探 [M]. 长沙：中南大学出版社，2010.

[16] 王小杰，徐华宁，刘俊. 南黄海中部浅地层剖面数据处理新进展 [J]. 海洋地质前沿，2019 (6)：69-72.

[17] 刘天佑. 应用地球物理数据采集与处理 [M]. 武汉：中国地质大学出版社，2004.

[18] R. E. 谢里夫，L. P. 吉尔达特. 勘探地震学 [M]. 北京：石油工业出版社，1999.

[19] 王秀明. 应用地球物理方法原理 [M]. 北京：石油工业出版社，2004.

[20] 张胜业，潘玉玲. 应用地球物理学原理 [M]. 武汉：中国地质大学出版社，2000.

[21] 张训华，赵铁虎，等. 海洋地质调查技术 [M]. 北京：海洋出版社，2017.

[22] 吴时国，张健，等. 海洋地球物理探测 [M]. 北京：科学出版社，2019.

[23] 姜小俊，胡建炯，史永忠. 海底基岩高程测量中浅地层剖面仪数据处理方法研究 [J]. 测绘科学，2008，5 (33)：169-170.

[24] 王福林，周利生，张军. 国产超宽频海底剖面仪 [J]. 声学与电子工程，2006，2：1-3.

[25] 张金城，等. 浅地层剖面仪在海岸工程上的应用 [J]. 海洋工程，1995，13 (2)：71-74.

[26] 李一保，张玉芬，刘玉兰，等. 浅地层剖面仪在海洋工程中的应用 [J]. 工程地球物理学报，2007，4 (1)：4-8.

[27] 庄杰枣，王绍智，兰志光. 浅地层剖面记录地质解释的若干问题 [J]. 海洋测绘，1996 (2)：17-24.

[28] 刘金俊，齐国钧. 极浅海水区浅地层剖面浅层失真及校正 [J]. 海洋地质与第四纪地质，1996，16 (1)：111-116.

[29] 刘雁春，暴景阳. 浅地层剖面仪垂直分辨率分析 [J]. 海洋科学，2003，27 (6)：77-80.

[30] 李增林，亓发庆. 采用独特低电压技术的新型浅地层剖面仪 C-Boom [J]. 海岸工程，2005，24 (3)：72-77.

[31] 赵铁虎，张志，王旬，等. 浅水区浅地层剖面测量典型问题分析 [J]. 物探化探计算技术，2002，24 (3)：215-219.

[32] 杨鲲，孙艳军，隋海琛，等. 声呐和浅剖在渤西管线物探调查中的应用 [J]. 水道港口，2003，24 (1)：43-47.

[33] 夏美永，朱晓利. 浅海剖面仪在海洋工程中的应用 [J]. 物探装备，2002，12 (1)：52-54.

[34] 刘秀娟，高抒，赵铁虎. 浅地层剖面原始数据中海底反射信号的识别及海底地形的自动提取 [J]. 物探与化探，2009，33 (5)：576-579.

[35] 徐海涛. GPY-N 型浅地层剖面仪在航道工程中的应用 [J]. 水运工程，2002，10：77-78，89.

[36] 张兆富. SES-96 参量阵测深/浅地层剖面仪的特点及其应用 [J]. 中国港湾建设，2001，3：41-44.

[37] 褚宏宪，赵铁虎，史慧杰. 参量阵浅地层剖面测量技术在近岸海洋工程的应用效果 [J]. 物探与化探，2005，29 (6)：526-532.

[38] 刘天佑. 磁法勘探 [M]. 北京：地质出版社，2013.

[39] 裴彦良，梁瑞才，郑彦鹏，等. 海底缆线的磁力探测方法与实践 [J]. 地球物理学进展，2012，27 (5)：2226-2232.

[40] 吕邦来. 磁法探测水下目标的关键技术与应用研究 [D]. 北京：中国地质大学，2015.

[41] 钟献盛，裴彦良. 应用磁力仪探测海底电缆方法的探讨 [J]. 海洋科学，2001，25 (9)：10-11.

[42] 王方旗，宋玉鹏，董立峰，等. 海底管道磁异常正演与实测结果分析 [J]. 武汉大学学报（信息科学版），2019，44 (10)：1511-1517.

[43] 杨肖迪，刘振纹，淳明浩，等. 海底管道磁法探测技术研究 [J]. 海洋测绘，2019，39 (1)：52-56.

[44] 于波，刘雁春，边刚，等. 海洋工程测量中海底电缆的磁探测法 [J]. 武汉大学学报（信息科学版），2006 (5)：454-457.

[45] 陆礼训，王水强，胡绕，等. 高精度磁法用于海底深埋管线探测 [J]. 港工技术，2015，52 (4)：99-101.

[46] 叶宇星，冀连胜，刘天将. 海洋重磁勘探仪器简介 [J]. 物探装备，2011，21 (5)：308-312.

[47] 曾亮，储韬玉，王占华，等. 海上风电勘测中的物探技术 [J]. 工程勘察，2019，47 (7)：66-72.

[48] 裴彦良，刘保华，张桂恩，等. 磁法勘察在海洋工程中的应用 [J]. 海洋科学进展，2005 (1)：114-119.

[49] 钟宏宇，等. 中国海上风电技术的挑战与应对策略分析 [J]. 东北电力技术，2016，37(1)：39-43.

[50] 欧阳志强，等. HD-600 型海洋钻机的研制 [J]. 地质装备，2018，19 (5)：9-11.

[51] 许启云，周光辉，等. 海上风电场钻探技术 [J]. 西北水电，2017，83 (4)：83-86.

[52] 耿雪樵，徐行，刘方兰，等. 我国海底取样设备的现状与发展趋势 [J]. 地质装备，2009 (8)：11-16.

[53] 段新胜，鄢泰宁，陈劲，等. 发展我国海底取样技术的几点设想 [J]. 地质与勘探，2003 (2)：69-73.

[54] 任克忍，沈大春，王定亚，等. 海洋钻井升沉补偿系统技术分析 [J]. 石油机械，2009 (9)：125-128.

[55] 张琳，王振红，徐建，等. 海洋风电钻探与取土问题初析 [J]. 浙江建筑，2016，33 (5)：35-37.

[56] 胡建平，钮建定. 近海工程勘探取样新技术及新工艺 [J]. 中国港湾建设，2013，190 (6)：36-40.

[57] 丁加宏，周永. 浅析海上几种工程勘探平台的应用 [J]. 西部探矿工程，2014 (6)：61-64.

[58] 李尚华. 浅谈水上钻探 [J]. 甘肃水利水电技术，2002，38 (2)：133-135.

[59] 丁加宏，陆生轩，周永. 水上勘察安全工作浅析 [J]. 西部探矿工程，2012 (11)：198-199.

[60] 吴涛，王志龙. 环保型钻井液的研究现状及发展趋势 [J]. 化学与生物工程，2018，35 (10)：1-5.

[61] 杨惠明. 钻探设备 [M]. 北京：地质出版社，1994.

[62] 郭绍什. 钻探手册 [M]. 武汉：中国地质大学出版社，1993.

[63] 李世忠. 钻探工艺学 [M]. 北京：地质出版社，1992.

[64] 亢峻星. 海洋石油勘探 [M]. 北京：中国石化出版社，2006.

[65] 李智毅，唐辉明. 岩土工程勘察 [M]. 湖北：中国地质大学出版社，2005.

[66] 蒋俊杰，贺惠忠，陈津，等. 海缆路由勘察技术 [M]. 北京：机械工业出版社，2017.

[67] 中华人民共和国住房和城乡建设部. JGJ/T 87—2012 建筑工程地质勘探与取样技术规程 [S]. 北京：中国建筑工业出版社，2012.

[68] 中华人民共和国能源行业标准. NB/T 10106—2018 海上风电场工程钻探规程 [S]. 北京：中国水利水电出版社，2019.

[69] 蔡国军. 现代数字式多功能 CPTU 技术理论与工程应用研究 [D]. 南京：东南大学，2010.

[70] 《工程地质手册》编委会. 工程地质手册 [M]. 5版. 北京：中国建筑工业出版社，2018.

[71] 刘松玉，蔡国军，童立元. 现代多功能 CPTU 技术理论与工程应用 [M]. 北京：科学出版社，2013.

[72] 彭柏兴. 旁压试验确定单桩承载力的方法与应用 [J]. 西部探矿工程，1998，10 (2)：24-27.

[73] 汪稔，胡建华. 旁压试验在苏通大桥地质勘察工程中的应用 [J]. 岩土力学，2003，24 (6)：887-891.

[74] 钱家欢，殷宗泽. 土工原理与计算 [M]. 2版. 北京：中国水利水电出版社，1996.

[75] 张诚厚. 孔压静力触探应用 [M]. 北京：中国建筑工业出版社，1999.

[76] 周瑞林，贾向荣，刘京红. 对标准贯入试验中杆长修正问题的探讨 [J]. 西部探矿工程，2006，7：18-20.

[77] 朱帆济. 扁铲侧胀试验研究与应用 [D]. 南京：南京工业大学，2007.

[78] 水电水利规划设计总院. 海上风电场工程岩土试验规程 [S]. 北京：中国水利水电出版社，2019.

[79] 中华人民共和国水利部. 土工试验方法标准 [S]. 北京：中国计划出版社，2019.

[80] 南京水利科学研究院土工研究所. 土工试验技术手册 [M]. 北京：人民交通出版社，2003.

[81] 林宗元. 岩土工程试验监测手册 [M]. 北京：中国建筑工业出版社，2005.

[82] Wunderlich J. Detection of embedded archaeological objects using nonlinear sub-bottom profilers [A]//Proceddings of the SeventhEu-ropean Conference on Underwater Acoustics [C]. 2004.

[83] Ruth M K Plets，Justin K Dix，et al. The use of a high-resolution 3D Chirp sub-bottom profiler for the reconstruction of the shallow water archaeological site of the Grace Dieu (1439)，River Hamble，UK [J]. Journal of Archaeological Science，2009，36：408-418.

[84] Bull J M，Gutowski M，Dix J K，et al. Design of a 3D chirp sub-bottom imaging system [J]. Marine Geophysical Researches，2005，26：157-169.

[85] Martin Gutowski，Jon Bull. Chirp sub-bottom profiler source signature design and field testing [J]. Marine Geophysical Researches，2002，23：481-492.

[86] Selby I, Foley M. An application of chirp acoustic profiling: monitoring dumped muds at sea bed disposal sites in Hong Kong [J]. Journal of Marine Environmental Engineering, 1995, 1 (3): 247-261.

[87] Schock S G, LeBlanc L R. Chirp sonar: new technology for sub-bottom profiling [J]. Sea Technology, 1990, 31 (9): 35-43.

[88] Mark E Vardy, Justin K Dix. Case history decimeter-resolution 3D seismic volume in shallow water: a case study in small-object detection [J]. Geophysics, 2008, 73 (2); 33-40.

[89] ASTM D6635-15 [S]. Standard Test Method for Performing the Flat Plate Dilatometer, 2015.

[90] Baldi G, Bellotti R, Ghionna V, et al. Flat dilatometer tests in calibration chambers [J]. In use of in situ tests in geotechnical engineering ASCE, 1986, 6: 431-446.

[91] Bjerrum L. Embankments on soft ground [C]//Proceedings of ASCE Speciality Conference on Performance of Earth and Earth Supported Structure, Purdue University, 1972: 1-54.

[92] Campanella R G, Robertson P K, Gillespie D, et al. Recent developments in in-situ testing of soils [C]//Proceedings of the 11th International Conference on Soil Mechanics and Foundation Engineering, San Francisco, 1985, 2: 849-54.

[93] Douglas J B, Olsen R S. Soil classification using electric cone penetrometer [C]//Proc., Conference on Cone Penetration Testing and Experience. American Society of Civil Engineers, St. Louis, 1981: 209-227.

[94] Eurocode 7. Geotechnical Design - Part 3: Design Assisted by Field Testing Section 9: Flat dilatometer test (DMT) [S]. 1997.

[95] Jamiolkowski M, Lo Presti D C F, Manassero M. Evaluation of relative density and shear strength of sands from CPT and DMT [C]//CC Ladd Symposium. Mass, 2001.

[96] Jefferies M G, Davies M P. Use of PCPT to estimate equivalent SPTN60 [J]. Geotechnical Testing Journal, 1993, 16 (4): 458-468.

[97] Kulhawy F H, Mayne P W. Manual on estimating soil properties for foundation design [R]. Electric Power Research Inst., Palo Alto, CA (USA); Cornell Univ., Ithaca, NY (USA). Geotechnical Engineering Group.

[98] Lacasse S. In situ site investigation techniques and interpretation for offshore practice [R]//Norwegian Geotechnical Institute, 1986.

[99] Lacasse S, Lunne T. Calibration of dilatometer correlations [J]. International Symposium on penetration testing, Orlando, 1988, 1: 539-548.

[100] Ladanyi B. A brief history of pressuremeter [R]. Proceedings of the 4th International Symposium on the Pressuremeter and its New Avenues, Sherbrooke, Québec, 1995.

[101] Larsson R, Mulabdic M. Piezocone tests in clay [R]. Swedish Geotechnical Institute, Linkoping, 1991.

[102] Liao S S C, Whitman R V. Overburden correction factors for SPT in sand [J]. Journal of geotechnical engineering, 1986, 112 (3): 373-377.

[103] Lunne T, Andersen K H, Low H E, et al. Guidelines for offshore in situ testing and interpretation in deepwater soft clays [J]. Canadian Geotechnical Journal, 2011, 48 (4): 543-556.

[104] Lunne T, Christophersen H P. Interpretation of cone penetrometer data for offshore sands [R]. Proceedings of the Offshore Technology Conference, Richardson, Texas, 1983.

[105] Lunne T, Christophersen H P, Tjelta T I. Engineering use of piezocone data in North Sea clays [R]. Proceedings of the 11th International Conference on Soil Mechanics and Foundation Engineer-

ing, San Francisco, 1985.

[106] Lunne T, Robertson P K, Powell J J. Cone penetration testing in geotechnical practice [M]. London: E & FN Spon Routlege, 1997.

[107] Marchetti S. A new in - situ test for measurement of horizontal soil deformability [J]. In - Situ Measurement of Soil Properties ASCE, 1975, 2: 225 - 259.

[108] Marchetti S. In situ tests by flat dilatometer [J]. Journal of Geotechnical and Geoenvironmental Engineering ASCE, 1980, 106 (GT3): 299 - 321.

[109] Marchetti S. On the field determination of $K_0$ in sand [R]. Discussion Session No. 2A, Proc. XI ICSMFE, S. Francisco, 1985.

[110] Marchetti S. The flat dilatometer: design applications [R]. Proc. Third International Geotechnical Engineering Conference, Keynote lecture, Cairo University, 1997.

[111] Marchetti S. The flat dilatometer test (DMT) in soil investigations [R]. IN SITU 2001. International Conference on In Situ Measurement of Soil Properties, Bali, Indonesia, 2001.

[112] Marchetti S, Monaco P, Totani G, et al. In situ tests by seismic dilatometer (SDMT) [J]. In From research to practice in geotechnical engineering, 2008: 292 - 311.

[113] Mayne P W. Determination of OCR in clays by piezocone tests using cavity expansion and critical state concepts [J]. Soils and Foundations, 1991, 31 (2): 65 - 76.

[114] Mayne P W. Cone penetration testing: a synthesis of highway practice [R]. NCHRP Report, Transportation Research Board, National Academies Press, Washington, D. C. , 2007.

[115] Mayne P W, Kulhawy F H. Calibration chamber database and boundary effects correction for CPT data [R]. Proceedings of the International Symposium on Calibration Chamber Testing, Potsdam, New York, 1992: 257 - 64.

[116] Meyerhof G G. Penetration tests and bearing capacity of cohesionless soils [J]. Journal of the Soil Mechanics and Foundations Division, 1956, 82 (1): 1 - 19.

[117] Nash D F T, Powell J J M, Lloyd I M. Initial investigations of the soft clay test site at bothkennar [J]. Géotechnique, 1992, 42 (2): 163 - 181.

[118] Peck R B, Bryant F G. The bearing - capacity failure of the transcona elevator [J]. Geotechnique, 1953, 3 (5): 201 - 208.

[119] Powell J J M, Uglow I M. The interpretation of the Marchetti dilatometer test in UK clays [R]. Penetration testing in the UK: Proceedings of the geotechnology conference, 1988.

[120] Randolph M F, Wroth C. An analytical solution for the consolidation around a driven pile [J]. International Journal for Numerical and Analytical Methods in Geomechanics, 1979, 3 (3): 217 - 229.

[121] Robertson P K. Soil classification using the cone penetration test [J]. Canadian Geotechnical Journal, 1990, 27 (1): 151 - 158.

[122] Robertson P K. Interpretation of cone penetration tests - a unified approach [J]. Canadian Geotechnical Journal, 2009, 46: 1337 - 1355.

[123] Robertson P K, Cabal K L. Estimating soil unit weight from CPT [R]. Proceedings of the 2nd International Symposium on cone penetration testing. Huntington Beach, California, 2010.

[124] Robertson P K, Campanella R G. Interpretation of cone penetration tests: part Ⅱ: clay [J]. Canadian Geotechnical Journal, 1983, 20 (4): 734 - 745.

[125] Robertson P K, Campanella R G, Gillespie D, et al. Use of piezometer cone data [R]. Proceedings of the ASCE Specialty Conference In Situ' 86: Use of In Situ Tests in Geotechnical Engineering. Blacksburg, 1986.

[126] Sandven R. Strength and deformation properties of fine grained oil obtained from piezocone tests [D]. Trondheim: Norwegian Institute of Technology (NTH), 1990.

[127] Schmertmann J H. Guidelines for cone penetration test: performance and design [R]. Washington DC: U S Dept. of Transportation, 1978.

[128] Seed H, Idriss I. Ground motions and soil liquefaction during earthquakes: engineering monographs on earthquake criteria, structural design, and strong motion records. MNO - 5 [R]. Oakland: Earthquake Engineering Research Institute, 1982.

[129] Senneset K, Janbu N. Shear strength parameters obtained from static cone penetration tests [J]. ASTM Special Technical Publication, 1985, 883: 41 - 54.

[130] Skempton A C. Standard penetration test procedures and the effects in sands of overburden pressure, relative density, particles size aging and over consolidation [J]. Geotechnique, 1986, 36 (3): 425 - 447.

[131] Skempton A W. Geotechnical aspects of the Carsington dam failure [J]. International conference on soil mechanics and foundation engineering, 1988, 11: 2581 - 2591.

[132] Terzaghi K, Peck R B, Mesri G. Soil mechanics in engineering practice [M]. 3rd Edition. Hoboken: Wiley - Interscience Publication, John Wiley & Sons, 1996.

[133] Vesic A S. Expansion of cavities in infinite soil mass [J]. Journal of Soil Mechanics & Foundations Div, 1972, 98 (sm3).

[134] Youd T L, Idriss I M. Liquefaction resistance of soils: Summary report from the 1996 NCEER and 1998 NCEER/NSF workshops on evaluation of liquefaction resistance of soils [J]. Journal of Geotechnical and Geoenvironmental Engineering, 2001, 127 (10): 817 - 833.

# 第 10 章 新技术在海上风电场勘测中的应用

## 10.1 基于无人船的船基海底地形测量

新时代信息技术和控制技术的发展使得人工智能和无人系统成为当前研究的潮流，为海洋调查的发展提供了新的思路，无人自主潜器、无人船和智能浮标等新型载体得到长足发展。其中无人船以船形浮体为载体，安装有动力系统、控制系统、通信系统和任务载荷，通过控制端发布命令进行远程控制。与载人调查船相比，无人船的优点在于无人值守，在相同作业内容下劳动强度低、操作风险小；与浮标、潜标等原位观测手段相比，无人船具有一定的机动性，易于部署、回收；与无人自主潜器相比，无人船的定位、通信等伺服技术相对简化，同时续航力有一定的优势。因此，推广无人船在海洋调查领域的应用可有效弥补传统观测手段的缺陷，加大海洋开发力度，对推动我国海洋事业的发展具有重要意义。

### 10.1.1 无人船分类

无人式水面航行器也称水面无人船（Unmanned Surface Vehicle，USV），该船问世已有 70 余年的历史，但相比于无人机/车系统，无人船仍是一种较为陌生的无人化、智能化作业平台。无人船可通过半自动或全自动的方式在水面航行，水面作业平台通过无线信号或通信电缆与控制器进行数据传输，为方便操控者对控制器添加控制指令，控制器通常位于水面载人航船或陆地上。

传统的水下地形测量作业方法一般是使用安装在载人船上的测深仪，配合 GNSS 定位产品，得到对应点的水下三维坐标。载人船只通常较大，吃水较深，在潮间带等浅滩区域、近岸海产养殖密集区、地形复杂岛礁、红树林海岸和珊瑚礁海岸等人员、船舶不易靠近的生物质海岸等区域难以开展水深测量作业。这样，测量水下地形时就会形成空白区域，虽然可以使用皮划艇，但由于吃水较浅，使得皮划艇过于灵活，比较危险，特别是在水流比较急的区域，无法找到合适的测量船只，使水下地形测量受到很大的限制。无人船测深系统集合了无人驾驶、无线电实时通信、数据自动采集传输等先进技术。测量人员无须跟随测量船载体，而是采用手动遥控和自动测量相结合的方式，该方式增加了作业的灵活性、便捷性，支持单人作业，很大程度上降低了安

全风险。

在海上各种工作环境下作业时，考虑水动力、水深和海底地形地貌等条件的差异，需使用不同类型的无人船，结合作业目的，搭载适用的调查设备。这就对无人船的分类方式及其适配任务载荷提出了要求。针对无人船的5种工作环境，按照体量、吃水深度等条件，无人船分为微型平台、小型平台、中型平台、大型平台和超大型平台，各类型无人船适配的任务载荷亦各不相同。

1. 微型平台

微型平台的船长小于2m，吃水深度小于0.3m，可搭载GNSS、单波束测深仪和小型侧扫声呐等设备，在海岛礁盘内、基岩质和生物质海岸等地带作业。在平潮水深小于3m的区域，需趁潮作业。鉴于工作环境的特殊性，无人船应设计防剐蹭、防搁浅或自带脱困装置。

2. 小型平台

小型平台船长为2～4m，吃水深度小于0.4m，任务载荷为GNSS、单波束测深仪、侧扫声呐或单频合成孔径声呐（固定安装作业）、相干声呐条带测深系统或小型浅水多波束条带测深仪和小型三维激光扫描仪。同时搭载GNSS和高频单波束测深仪，可用于礁盘内平潮时段水深3m以浅区域的水下地形测量、浅点扫测；同时搭载GNSS、相干声呐条带测深系统和三维激光扫描仪，可用于礁盘周边、泻湖内水深20m以浅区域的水下地形测量；同时搭载GNSS、小型浅水多波束和三维激光扫描仪，可用于礁盘周边、泻湖内水深20～50m以浅区域的水下地形测量。

3. 中型平台

中型平台的船长为4～6m，吃水深度小于0.6m，任务载荷为GNSS、单波束测深仪（含双频）和侧扫声呐或双频合成孔径声呐（拖曳式作业）。同时搭载GNSS、多波束条带测深系统和大量程三维激光扫描仪，可用于港口、码头周边和岛屿周边的水下及水上地形一体测量；同时搭载GNSS、拖曳式侧扫声呐或双频合成孔径声呐和浅地层剖面仪，可用于近浅海沉积环境调查。

4. 大型平台

大型平台的船长为6～8m，任务载荷为GNSS、单波束测深仪（含双频）和侧扫声呐或双频合成孔径声呐（拖曳式作业）、浅地层剖面仪和中水多波束条带测深系统。同时搭载GNSS、单波束测深仪（含双频）、中水多波束系统，可用于深远海的水下地形测量；同时搭载GNSS、拖曳式侧扫声呐或双频合成孔径声呐和浅地层剖面仪，可用于深远海沉积环境调查。该类船能以海岛为母港，在其周围一定范围内执行任务。

5. 超大型平台

超大型平台的船长在8m以上，任务载荷为GNSS、单波束测深仪（含双频）、中

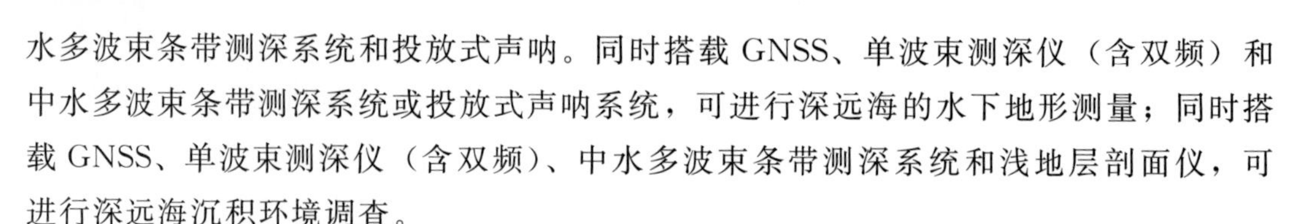

水多波束条带测深系统和投放式声呐。同时搭载 GNSS、单波束测深仪（含双频）和中水多波束条带测深系统或投放式声呐系统，可进行深远海的水下地形测量；同时搭载 GNSS、单波束测深仪（含双频）、中水多波束条带测深系统和浅地层剖面仪，可进行深远海沉积环境调查。

### 10.1.2　系统构成

无人船系统分为船体系统和作业系统，船体系统包含避障、视频系统、导航系统、动力系统、通信系统、船体构造，作业系统包含测深系统、GNSS 定位系统。无人船测量系统是整个无人船系统的核心，承担着水深测量和导航定位任务，整个测量系统组成如图 10-1 所示。

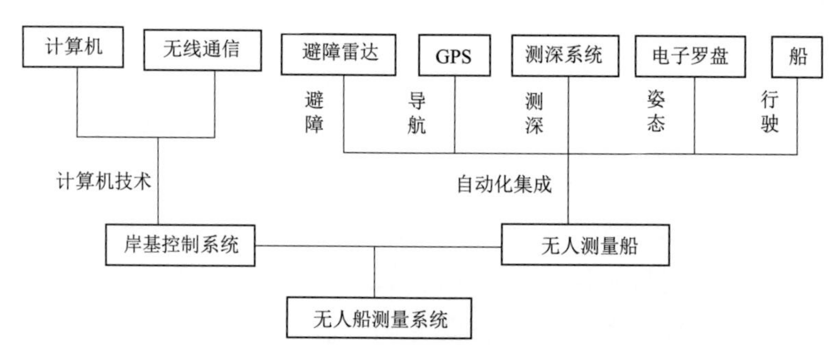


图 10-1　无人船测量系统组成

无人船测量系统的基本测量原理如图 10-2 所示。整个系统的导航定位采用 GPS-RTK动态差分定位原理，在岸基架设 GPS 基准站接收 GPS 卫星信号并将差分数据发送给无人船上安置 GPS 流动站，实现实时定位和导航功能。

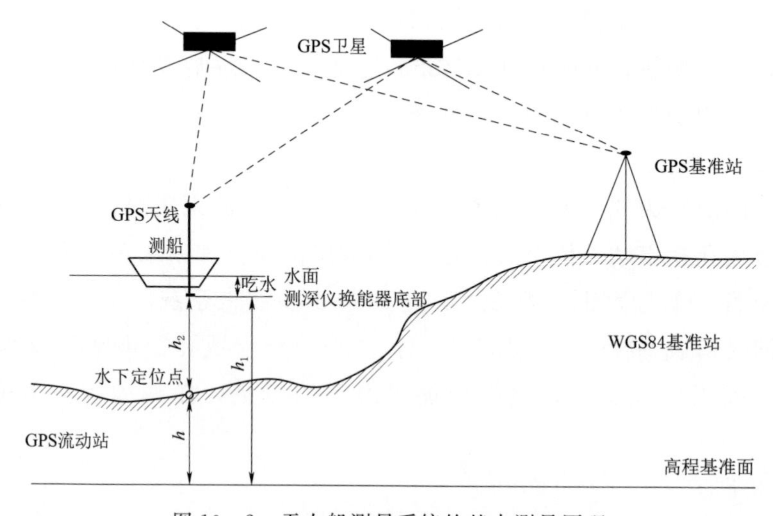


图 10-2　无人船测量系统的基本测量原理

### 10.1.3 无人船水深测量作业规定

2019年1月1日，自然资源部发布实施《无人船水下地形测量技术规程》（CH/T 7002—2018），规定了无人船水下地形测量的总体要求、测量基准、测前准备、测线布设、野外施测、数据处理、质量检验以及上交成果等相关要求。

《无人船水下地形测量技术规程》（CH/T 7002—2018）规定，无人船水下地形测量适用于1∶500、1∶1000、1∶2000比例尺的海岸带水下地形测量，系统作业流程如图10-3所示。

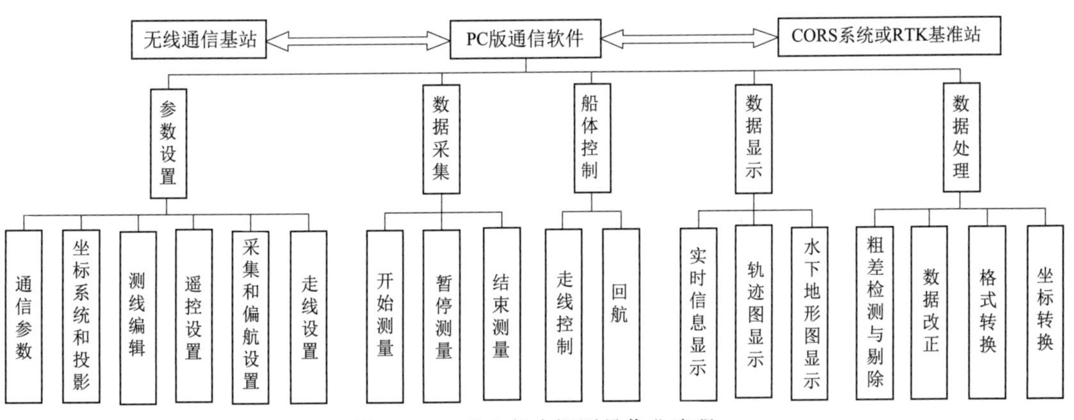


图10-3 无人船水深测量作业流程

无人船水深测量作业时的测线布设与常规测深仪测深线布设原则一致：主测线间隔为图上1cm，根据比例尺大小适当选择测线间距，水域地形变化明显地段进行适当加密，检查线垂直于主测线且总长度不小于主测线总长度的5%。

无人船航行一般为按测线自动航行，操作人员实时监测航迹，航行满足以下要求：

（1）无人船尽量保持匀速，直线航行。

（2）船只在测线航行时，风流向航向偏角不大于5°。遇到特殊情况必须停船、转向，变速时应及时定位，待情况排除后，返回原处继续测量，并保证原测线不能有断开。

（3）更换测线时，缓慢转弯。

（4）实际测线与计划测线的偏离不大于测线间距的50%。

（5）无人船在水下地形测量中，测图时定位点的点位中误差应不大于图上1.0mm。

（6）深度测量对应限差不应超过表10-1的规定。

表10-1 测量深度对应限差

| 深度范围/m | 限差/m |
| --- | --- |
| $0<H\leqslant 20$ | ±0.2 |
| $20<H\leqslant 30$ | ±0.3 |
| $30<H\leqslant 100$ | $\pm 0.01H$ |

# 10.2 反 演 技 术

## 10.2.1 卫星遥感反演水深

对于海岛海岸带浅海区域和因权益争端难以进入的海域，船载方式难以开展。遥感技术为水深测量提供了新的手段。与传统现场测量技术相比，水深遥感反演具有大范围、低成本和重复观测的优势，适用于浅海和难以到达海域水下地形的探测和动态监测，在相当程度上弥补了现场测量的不足。

卫星遥感反演水深借助可见光在水中传播和反射后的光谱变化，结合实测水深，构建反演模型，实现大面积水深反演，再结合遥感成像时刻水位反算得到海底地形。目前可用卫星主要有 IRS、Ikonos、QuickBird、AVIRIS、Sentinel－2、Landsat、TM、SPOT 等。水深光学遥感技术自 20 世纪 60 年代开始受到关注，随着多光谱遥感卫星升空，多光谱水深遥感反演模型方法得到了迅速发展，主要包括理论解析模型、统计模型和半理论半经验模型三种形式。

卫星传感器所接收的太阳光辐射主要包括水体的四种信息：①大气散射光信息；②水体表面直接反射光信息；③水体后向散射信息；④海底反射光信息。对于水深遥感，只有直接由海底反射构成的影像特征才是水下地形的直接反映，即水深遥感的有效信息源，而其他信息均为噪声，需要通过一定的数学方法加以滤除。

（1）根据水深遥感的原理和水体光谱特性，建立理论解析模型。理论解析模型即利用水体的物理光学理论，分析光在水体内的辐射传输过程，并据此建立传感器接收辐射亮度与底质反射率、水深的解析表达式，然后解算出水深。但由于光在水体中的辐射传输非常复杂，同步获取水体内部的光学参数很难，辐射传输方程除了在某些特定条件下，一般得不到精确解，所以这种方法很少使用。

（2）根据实测水深资料和遥感影像的灰度值进行统计分析，得到统计模型。统计模型通过建立遥感影像光谱值和实测水深值之间的相关关系而获得水深信息，它无需水体内部的光学参数，而是直接寻找、确定遥感影像光谱值和实测水深之间的映射关系，建立相关方程。该方法简便易行，通常情况下，首先对影像进行增强处理，如主成分分析、波段运算等，突出水深信息；然后再建立影像与水深的数学关系。由于实测水深值与遥感影像光谱值之间的事实相关性不能保证，直接利用统计相关模型计算水深，有时效果不是很理想。

（3）利用理论模型的简化模式，结合统计数据，建立半经验半理论模型。半经验半理论模型的理论基础是光在水体中的辐射衰减特性，采用理论解析模型和经验参数相结合的方式实现水深反演。

浅海水深光学遥感技术发展的展望：遥感图像预处理方面，大气校正、几何校正、图像滤噪和图像融合等预处理环节都与水深光学遥感密切相关，值得关注，需精选水深控制点和检查点的数据来源，提高实测水深数据的时效性；光学遥感模型方面，需要突破复杂海洋环境对光学遥感模型发展的根本限制。

对一类水体的特殊海域，高分辨率卫星遥感可以探测水下 15m 的目标，应用于海岛礁分布测绘、水下障航物探测、潜在航道测深等方面，当海面状况等条件较好时，多光谱卫星遥感可以探测到浅海水下地形、沉船等目标信息。

影像预处理是高分辨率卫星影像应用的技术难点。正是由于高分辨率的特点，卫星影像更容易受到各种干扰噪声的影响，如波浪、太阳耀斑、白水泡沫和云雾等，这些因素增加了水深反演的难度和误差。

卫星遥感反演水深具有经济、灵活等优点，但反演精度及范围需提高。其优势在于不受地理区域限制，是境外或困难区域测绘的有效技术手段之一。对于浅海水下地形探测，只能作为补充手段。

### 10.2.2 重力反演海底地形

卫星测高技术的发展，为构建海底地形模型提供了一种新的、可靠的技术和方法。基于重力异常与海底地形的相关性及由重力异常推估海深的研究于 20 世纪 70 年代陆续开展起来。

在研究海底地形的过程中应考虑以下方面的信息：①地球重力场信息；②海底沉积物信息；③洋流信息；④海底地质构造（包括地壳、地幔）信息；⑤以前的海底地形资料等。

重力异常和海底地形在一定波段内存在高度相关，据此可反演大尺度海底地形。重力反演地形经历了从一维到二维线性滤波的发展，其核心是反演模型构建。反演模型构建经历了直接建模和修正建模的过程，目前多采用修正建模，如利用 ETOPO5 模型、GMT 海岸线数据、卫星测高重力异常和船测水深，一些学者建立了海底地形模型。采用垂直重力梯度异常可以反演得到独立于重力异常的海底地形模型，在不同海底模型假设基础上，如在椭圆形海山模型假设基础上，利用垂直重力梯度异常、采用非线性反演法对全球的海山分布进行反演，结合高斯海山模型，通过分析地壳密度、岩石圈有效弹性厚度及截断波长对反演的影响，采用垂直重力梯度异常反演得到海底地形。

借助重力地质法（gravity geologic method，GGM），利用大地水准面数据，在频域内采用二维反演技术，以迭代法处理海底地形和大地水准面的高次项问题，削弱岩石圈挠曲强度的误差影响，改善反演精度；采用快速模拟退火法，利用重力垂直梯度可反演海底地形。比较 GGM、导纳法、SAS（Smith and Sandwell）法、垂直重力梯

度异常法和最小二乘配置法，GGM 和 SAS 法反演精度较高，GGM、垂直重力梯度异常法和最小二乘配置法适宜开展大面积海底地形反演。利用卫星测高数据计算所得的重力数据对改进开阔海洋的海深是有效的。综合考虑各种海洋信息因素，联合其他地球物理数据，顾及海洋地球补偿模式，利用低轨卫星重力探测计划所提供的更高精度和更丰富的观测量作深入的分析研究，同时进一步改进精化反演模型，可望获得分辨率优于 10km、精度优于 100m 的全球海深数值模型。

### 10.2.3 声呐图像反演高分辨率海底地形

目前，高分辨率海底地形主要通过大比例尺单波束测深系统和多波束测深系统来获取。单波束获取高分辨率海底地形需要密集布线，测量效率低、成本高；多波束测深系统测量效率高，但随着测量深度增加，其测深点间距增大，边缘地形分辨率快速下降。侧扫声呐可采用拖曳模式贴近海底，从而获得厘米级分辨率的海底地貌图像，尽管其不具有直观的地形信息，但去除底质因素的影响，声呐图像的阴影及明暗强度均与地形变化存在明显的依赖关系。

基于侧扫声呐成像机理及光照理论，借助 SFS（Shape From Shading）方法可实现基于声呐图像的海底高分辨率地形反演。SFS 方法基于声波在海床表面遵循的海底反射理论，通过构建回波强度与入射方向、地形梯度等因素之间的关系，对模型求解得到海床地形。SFS 方法仅能得到相对形状，需借助外部测深数据或侧扫声呐测量中提取出的水深数据约束，才能实现绝对海底地形的恢复。

高分辨率侧扫声呐图像为高分辨率地形反演提供了基础，以一定代表性、分辨率的外部测深数据作为声呐图像反演的基准和尺度约束。外部测深数据分辨率的选取应遵循对实际地形趋势能够真实反映的基本原则：地形变化平缓时，较低的测深分辨率即可满足需要；反之需要较高分辨率的测深数据。代表性强的外部测深数据可以提高基准和尺度约束模型的精度，进而提高反演结果的精度。

## 10.3 机载遥感测量技术

机载遥感测量主要借助机载可见光相机、可见光摄像机、红外相机、高光谱成像仪、LiDAR、SAR（Synthetic Aperture Radar）、合成孔径雷达等开展海岸带地形测量，岸线、植被、水色等监测，采用技术与卫星遥感近似。机载激光雷达测深系统 ALB（Airborne LiDAR Bathymetry）利用的是激光在海水中的传播特性完成水深测量，是一种即可用于地形测量又可用于环境监测的技术，近年来，无论在系统还是应用研究等方面，均取得了长足发展。

国际首个 LiDAR 系统由美国的雪城大学（Syracuse University）于 1968 年研制

成功，之后美国海军发展了PLDAS机载脉冲激光雷达测深系统。加拿大、澳大利亚、瑞典也相继开发出LiDAR系统，目前主流的四大系统包括美国的EAARL系统、加拿大Optech公司的SHOALS系统、瑞典AHAB公司的HawkEye系统和澳大利亚的LDAS系统。我国也于2001年在上海研制成功了机载激光雷达测深系统，主要技术指标包括激光器重复频率200Hz、测量航高500m、飞行速度6070m/s、测深点格网密度10m×10m、测线带宽240m、测深能力2～50m、测深精度0.3m等。目前，机载激光雷达测深技术已成功实现了产品化，其可靠、高效的作业特点不仅能满足海岸带区域的水深探测需求，同时也为相关工程问题的解决提供了全新的思路。

与多波束测深系统相比，机载激光雷达测深系统对海底的覆盖宽度仅仅与飞机的航高有关，而与要测量的水深无关，因此特别适合于沿岸浅水区的全覆盖水下测量。加之机载激光雷达测深系统的激光束方向性强、分辨率高，与飞机速度快的优势相结合，使得机载激光雷达测深系统成为多波束测深系统之外最有效的全覆盖测深系统。

机载激光雷达测深系统一般由测深系统、导航系统、数据处理分析系统、控制监视系统、地面数据处理系统五部分组成。测深系统使用红、绿两组激光束，红光脉冲被海面反射，绿光则穿透到海水中，到达海底后被发射回来，根据两束激光被接收的时间差可以得到水深参数；导航系统采用GPS定位设备；数据处理分析系统用来记录位置数据、载体姿态数据和水深数据并进行处理；控制监视系统用于对设备进行实时控制和监视；地面数据处理系统用来对采集的数据进行滤波和各种改正计算，得到正确的水深参数。机载激光雷达测深技术的测深能力受水体浑浊度的影响较大，在理想条件下穿透深度可达30～100m，测深精度0.3～1m。

海水组成成分复杂，主要有可溶有机物、悬移质、浮游生物等。一方面，这些物质影响了海水的透明度，使得海水的透明度从零米到几十米，这其中影响海水透明度最大的因素是泥沙含量；另一方面，这些物质对光的吸收和散射作用很强，这导致光波在海水中的衰减较大，传播距离非常短。通过对光在海水中的辐射、散射、透射等性能的研究，人们发现海水中存在一个类似于大气的透光窗口，在该窗口内，光波在海水中具有较好的传播特性，尤其是波长为0.47～0.58μm的蓝绿光表现出了衰减系数最小的特性。正是利用这一特性，人们研制开发了利用蓝绿激光进行水下测量的机载激光雷达测深系统。准确地讲，为了更好地利用激光在海水中的传播特性，机载激光雷达测深系统均采用了532nm波长的蓝绿激光作为激光器发射的光源。装载在飞机上的半导体泵浦大功率、高脉冲重负率的Nd：YAG激光器发射大功率、窄脉冲的蓝绿激光，一部分激光到达海面后反射回激光接收器；另一部分激光束穿透水体到达海底，经海底反射后，被激光接收器接收。根据海面与海底反射激光到达接收器的时间差，即可计算出海水的深度。机载激光雷达测深原理

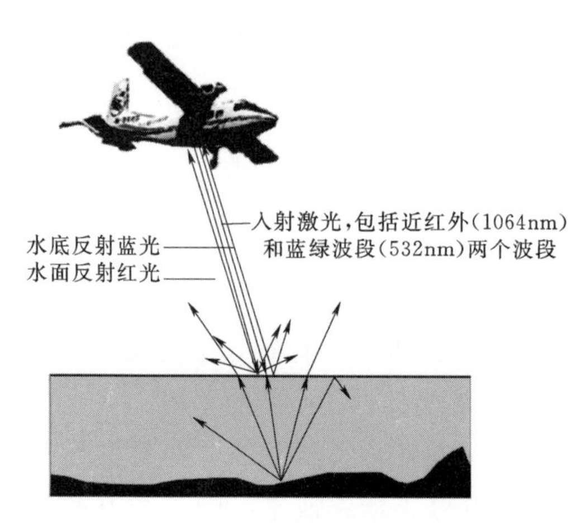


图 10 - 4　机载激光雷达测深原理

如图 10 - 4 所示。

机载激光雷达测深系统虽然受到海水透明度、天气和大气物理异常、强烈海面波动和小目标探测能力较弱的限制，但由于其快速、机动、高效、全覆盖的优势，在沿岸浅水测量时成为多波束测深系统的最有效补充。尤其在水质较为清澈的沿岸浅水区，机载激光雷达测深系统的测深效率远远高出多波束测深系统的测深效率。正是由于这些优势，使得机载激光雷达测深系统在很多方面得到了应用，或者具有应用的潜力。

(1) 沿岸浅水区水深测量。由于多波束测深系统的海底覆盖宽度与水深有关，因此在浅水区应用多波束测深系统进行全覆盖测量时的效率非常低。机载激光雷达测深系统的海底覆盖宽度与水深无关，而仅仅与航高有关，因而采用机载激光雷达测深系统进行沿岸浅水区的全覆盖水下测量较为有利。同时，出于安全考虑，测量船只无法到达大陆沿岸和岛屿周边的很多浅水区域，诸如珊瑚礁区、疑存雷区、岩礁浅滩等，这时机载激光雷达测深系统的机动性就得到了充分体现。目前，我国的沿岸水深测量仍然采用回声测深仪，一旦将机载激光测深系统应用于沿岸浅水区域的测量，必将大大提高海底地形的现势性、缩短海图的更新周期，提升海洋基础测绘服务于社会的能力。

(2) 障碍物探测。正常的飞行条件下，机载激光测深系统的测点密度可达到 2m×2m，如果采取更低的飞行高度和更慢的飞行速度，则可获得更高分辨率的测点密度。这对于探测海底障碍物是非常有效的。就目前机载激光雷达测深系统达到的分辨率而言，对于探测失事飞机、沉船、铁锚等是很合适的，完全可以与侧扫声呐的图像探测相媲美。

(3) 近岸工程建设。机载激光测深系统的高分辨率全覆盖特性使得其在近岸工程建设中具有重要的应用。港口建设、码头维护、水下管线敷设、钻井平台选址安装、航道疏浚与维护等对海底地形的需求都可以得到很好的满足。

(4) 海岸带管理。机载激光雷达测深系统由于在海岸线附近可同时进行水深和岸线地形的测量，因此其快速机动、高精度、全覆盖、水陆无缝探测的优点在海岸带管理中得到了很好的应用。它可以为海底沉积物变化、海岸侵蚀、滩涂变化等提供实时性强、准确度高的海底地形数据和海岸线附近的陆地地形数据，从而在测绘学、地质学、矿产学等方面得到应用。

# 参 考 文 献


［1］ 中华人民共和国自然资源部. CH/T 7002—2018 无人船水下地形测量技术规程［S］. 北京：测绘出版社，2019.

［2］ 朱宝星，于复生，梁为，等. 无人式水面航行器的国内外发展趋势［J］. 船舶工程，2020（2）：12-15.

［3］ 周立，张阳，张一，等. 无人时代的海洋测绘技术展望［J］. 海洋技术学报，2019（1）：85-91.

［4］ 钱辉，舒国栋，王露. 无人船测深系统在潮间带地形测量中的应用［J］. 水利水电快报，2019，40（10）：19-21，41.

［5］ 金久才，张杰，马毅，等. 一种无人船水深测量系统及试验［J］. 海洋测绘，2013，32（2）：53-56.

［6］ 罗佳，李建成，姜卫平. 利用卫星资料研究中国南海海底地形［J］. 武汉大学学报（信息科学版），2002，27（3）：255-259.

［7］ 马毅，张杰，张靖宇. 浅海水深光学遥感研究进展［J］. 海洋科学进展，2018，36（3）：331-351.

［8］ 滕惠忠，熊显名，李海滨，等. 遥感水深反演海图修测应用研究［J］//海军海洋测绘研究所，桂林电子科技大学. 第二十一届海洋测绘综合性学术研讨会［C］. 2009：540-545.

［9］ 陈文革，黄铁侠，卢益民. 机载海洋激光雷达发展综述［J］. 激光技术，1998（3）：147-152.

［10］ 刘焱雄，郭锴，何秀凤，等. 机载激光测深技术及其研究进展［J］. 武汉大学学报（信息科学版），2017，42（9）：1185-1192.

［11］ 彭聪. 基于重力地质法反演南海海底地形［J］. 海洋测绘，2018，38（2）：8-11.

## 《风电场建设与管理创新研究》丛书
## 编辑人员名单


总 责 任 编 辑　营幼峰　王　丽

副总责任编辑　王春学　殷海军　李　莉

项 目 执 行 人　汤何美子

项 目 组 成 员　丁　琪　王　梅　邹　昱　高丽霄　王　惠


## 《风电场建设与管理创新研究》丛书
## 出版人员名单


封面设计　李　菲

版式设计　吴建军　郭会东　孙　静

责任校对　梁晓静　黄　梅　张伟娜　王凡娥

责任印制　黄勇忠　崔志强　焦　岩　冯　强

责任排版　吴建军　郭会东　孙　静　丁英玲　聂彦环